ESV ERICH SCHMIDT VERLAG

Lean Management

Grundlagen der Führung und Organisation lernender Unternehmen

Von

Prof. Dr. Enno Weiß,
Dr. Christoph Strubl und Wilhelm Goschy

3., völlig neu bearbeitete und erweiterte Auflage

ERICH SCHMIDT VERLAG

Bibliografische Information der Deutschen Nationalbibliothek
Die Deutsche Nationablbibliothek verzeichnet diese Publikation in der Deutschen Nationalbibliografie; detaillierte bibliografische Daten sind im Internet über dnb.d-nb.de abrufbar.

Weitere Informationen zu diesem Titel finden Sie im Internet unter
ESV.info/978 3 503 16319 9

1. Auflage 1992 Prof. Dr. Werner Pfeiffer / Dr. Enno Weiß
2. Auflage 1994 Prof. Dr. Werner Pfeiffer / Dr. Enno Weiß
3. Auflage 2015

Gedrucktes Werk: ISBN 978 3 503 16319 9
eBook: ISBN 978 3 503 16320 5

Dieses Papier erfüllt die Frankfurter Forderungen der Deutschen Nationalbibliothek und der Gesellschaft für das Buch bezüglich der Alterungsbeständigkeit und entspricht sowohl den strengen Bestimmungen der US Norm Ansi/Niso Z 39.48-1992 als auch der ISO-Norm 9706.

Satz: L 101 Mediengestaltung, Berlin
Druck und buchbinderische Verarbeitung: Strauss, Mörlenbach

unserem akademischen Lehrer Professor Dr. Werner Pfeiffer gewidmet

Geleitwort

Zentrale Themen der hier vorgelegten 3. Auflage des „Lean Management. Grundlagen der Führung und Organisation lernender Unternehmen“ sind neben der rationalen Gestaltung von Wertschöpfungsnetzwerken das Lernen und Vertrauen im organisatorischen Kontext. Vertrauen – so der Soziologie Luhmann – ist stets riskant. Noch weitgehend geheimnisvoll ist und bleibt trotz der intensiven Forschung in den letzten Jahrzehnten das Lernen in Organisationen.

Die vorliegende Monografie zum Thema Lean Management halte ich für ein wegweisendes Werk. Das Buch fasziniert mich als langjährigen Kenner der Materie schon deshalb, weil hier erstmalig ein Versuch angestrengt wird, das Lean-Denken im Rahmen der Unternehmensführung im Sinne eines Management-Paradigmas ganzheitlich zu behandeln und einzuordnen. Jedes Unterfangen ist mutig, wenn es so umfassend angelegt ist wie vorliegend.

Manches kommt mir aus meinen eigenen Forschungen sehr vertraut vor, manche Einsicht ist gleichwohl überraschend. Viele Forschungsthemen der letzten Jahre und Jahrzehnte erscheinen durch die „Lean“-Brille in einem klaren Zusammenhang: keine asiatisch-mystischen Verklärungen mehr, sondern teilweise längst bekannte (v.a. westliche) Forschungsergebnisse, die in einer neuen Hinsicht klar nachvollziehbar und konsequent bearbeitet werden. Es ist die Geschlossenheit der Darstellung, die ihresgleichen sucht!

Nicht zuletzt macht mich das Autorenteam – meine Schüler – sehr stolz. Die höchste Befriedigung eines jeden Universitäts-Professors dürfte wohl unstreitig sein, miterleben zu dürfen, wie die eigenen Schüler die vermittelten Gedanken aufgreifen, fortspinnen und auch erfolgreich anwenden. Ganz im Sinne der These von Heinz von Foerster: „Willst du erkennen, lerne zu handeln.“ In einer solchen vertrauensvollen Tradition der „universitas“ aus Lehrenden und Lernenden, vermag man dann manch unverbindlichem und kurzlebigem Weltgeschehen etwas Bleibendes entgegenzusetzen.

Ich wünsche der vorliegenden Veröffentlichung eine möglichst weite Verbreitung in Wissenschaft und Praxis. Möge sie den Lesern zum eigenständigen Weiterdenken und lernendem Verbessern gute Dienste leisten.

Nürnberg, im Frühjahr 2015 Werner Pfeiffer

Vorwort zur 3. Auflage

Wir legen hier die 3. Auflage des Buches über Lean Management vor. Unser akademischer Lehrer Pfeiffer, der wohl als einer der ersten hiesigen Wissenschaftler die Bedeutung des Lean Management-Phänomens im Rahmen der Betriebswirtschaftslehre richtig eingeordnet hat, hat seinem Status als Emeritus entsprechend, die Besorgung dieser Auflage an mich empfohlen. Als sein langjähriger Mitarbeiter bin ich einerseits mit seinem Gedankengebäude zutiefst vertraut; andererseits hat mein beruflicher Werdegang zwischen technischer und kaufmännischer Welt sowie zwischen Wissenschaft und Praxis hinreichend Erfahrungen und Wissen ankristallisieren lassen, sich dieser Aufgabe zu stellen.

Für die nun rund zwanzig Jahre nach Erscheinen der zweiten Auflage vorgelegte 3. Auflage hatten wir einige Vorentscheidungen zu treffen. Galt es seinerzeit die interessierte Öffentlichkeit über das japanische „*Lean-Phänomen*" vor allem zu informieren und eine Interpretation zu geben, was wirklich dahinterstecken könnte, sehen wir uns heute einer stürmischen Entwicklung der Literaturproduktion über „*Lean*"-Themen in den letzten 20 Jahren gegenüber.

Klar war sofort, dass das Lean-Thema ebenfalls als umfassende *Monografie* behandelt werden sollte. Sie sollte das Thema umfassend und zugleich auf der Höhe der Zeit diskutieren. Aber warum überhaupt eine Monografie? Besitzt diese Publikationsform in der heutigen Wissenschaftslandschaft überhaupt noch Attraktivität? Bietet doch die Eventisierung der Wissenschaft in all ihren Erscheinungsformen viele Plattformen und Foren, auf denen Wissen als (persönliche) Erfahrung oder als explizites Forschungsergebnis als kleine, schnell verdaubare Happen einem breiten Publikum präsentiert werden kann.

Was aber ist, wenn diese Präsentationsformen mit ihren kurzgetakteten, gestückelten und Gegenstands-zerlegenden Möglichkeiten einen inhaltlichen Fortschritt eher verschleiert als offenlegt und die Innovation von den Erkenntnisebene auf die Ebene von Begriffen verschieben? Und was geschieht, wenn Ausdifferenzierung und Spezialisierung nur einzelne Aspekte fokussieren und diese zwar umfassend behandeln, aber der Entstehungszusammenhang als eine wichtige Sinnkomponente zur Beurteilung der pragmatischen Nützlichkeit von neuen theoretischen Ansätzen verloren geht? Schließlich neigt Wissen dazu, sich von seinem Entstehungszusammenhang und von seiner materiellen Basis zu lösen. Man kann nicht mehr alles überblicken. Was also, wenn man den Wald vor lauter Bäumen nicht mehr sieht?

Wir gehen das riskante Unternehmen einer Monografie also sehr bewusst an: Sie zwingt zur Einordnung, zur Selektion, zur Ein- und Ausgrenzung von Wissen. Weglassen und Filtern kann aber nur derjenige, der auch verallgemeinern kann. Daher muss die Argumentation sich in einer gewissen Höhenlage bewegen, um verschiedenste Sachverhalte v. a. in ihren Wechselwirkungen sichtbar zu machen.

Was dann als sichtbar präsentiert wird, ist eine Entscheidung der Autoren und damit zwangsläufig subjektiv. Andere mögen anders denken und ihre eigenen Konsequenzen ziehen und im besten Fall vielleicht ein ähnliches Unterfangen starten.

Um vor diesem Hintergrund am Konzept der Monografie festhalten zu können, musste zunächst der Tenor geändert werden: Die ersten beiden Auflagen waren noch informierend-beschreibend gehalten. Die hier vorgelegte 3. Auflage verfolgt einen eher reflektierend-aufklärerischen Ansatz. Ein „Erklär"-Buch, das nicht nur das reflektiert, was unter dem Schlagwort „lean" passiert ist, sondern auch warum es passiert ist, muss auch darauf schauen, was *vor* dem Anspringen der Lean-Resonanzwelle geschehen ist und was diese auch nachher ausgelöst hat.

Ein Erklär-Buch schließt die Argumentation nahe der Anwendbarkeit in der Praxis nicht aus. Allerdings darf man keinen *How to do-* oder *How we did it-*Ansatz erwarten. Keine Erfolgsrezepte, die versprechen, in 10 Schritten die Erfolgsleiter erklimmen zu können. Eine seriöse, theoretisch inspirierte Argumentation findet ihr Ziel anders. Einem „Scheinwerfer" gleich beleuchtet sie das Beobachtungsterrain, möglichst aus wechselnden Richtungen, so dass immer wieder andere Ereignisse und Erscheinungen sichtbar werden. Was man sieht, warum man es sieht und welche Schlüsse sich für eigene Beobachtungen und Entscheidungen daraus ziehen lassen.

„Erklär"-Buch heißt aus heutiger Sicht auch, eine Flut von Literatur sinnvoll zu ordnen, sie in einen zeitlichen und sachlichen Zusammenhang stellen. Die Schwierigkeit dabei ist v. a. die historische Perspektive: Betrachtet man die aktuelle Gegenwart (2014) als Zukunft einer vergangenen Gegenwart (1994) oder als Vergangenheit einer zukünftigen Gegenwart (2020)? Wir haben die Ausführungen eher in der ersten zeitlichen Modal-Form gehalten. Hierbei lässt sich auch gut aufzeigen, dass wir mit der Lean-Perspektive viele Entwicklungen auf einen gemeinsamen Punkt bringen können, die je für sich in welchem Kontext auch immer entstanden sind.

Auch wenn es nahe zu liegen scheint: Dies ist weder ein Buch nur über die Automobilindustrie und auch kein Buch nur über Toyota. Für beide Anwendungsfelder gibt es genügend einschlägige Literatur (vgl. z. B. Hüttenrauch/Baum (2008) und Liker (2004); Rother (2010)).

In der Tat haben wir bezüglich des Themas Lean Management die etwas widersprüchliche Situation, dass einerseits das Thema wissenschaftlich aufgebraucht scheint, andererseits die Nachfrage nach dem Lean-Thema in der Praxis größer und wirksamer zu sein scheint als je zuvor. Während Studenten heute beispielsweise kaum mehr Substanzielles mit dem Begriff Lean Management verbinden können („Schon mal gehört. Da gibt es doch so spezielle japanische Begriffe."), ertrinken Praktiker in einer Flut von Veröffentlichungen, die sich mit dem „Lean-Phänomen" (oder sind es nur andere Begrifflichkeiten?) befassen. Soweit die Literaturproduktion aus der Praxis für die Praxis erfolgt, handelt es sich überwiegend um mehr oder weniger umfassende Beschreibungen des „Toyota Systems“. Erstaunlich ist auch, dass vielerorts „Lean“-Begriffe und Kombinationen verwendet werden, ohne im Detail zu klären, was dahintersteckt, in welchem Kontext man sich bewegt.

Wir glauben mit der umfassend angelegten, reflektierenden Arbeitsweise hinreichend deutlich machen zu können, dass wir mit dem Lean-Management einen wirklichen Nachfolge-Kandidaten für die „Wissenschaftliche Betriebsführung“ und den „Fordismus“ als Management-Paradigma präsentieren können. Dieses ermöglicht nicht nur ein breiteres Lean-Verständnis, wie wir es in den Vorauflagen bereits vorgetragen haben. Es ermöglicht auch eine sinnvolle Einordnung in den gesamten Management-Kontext. Was ohne „Lean-Denke“ als lose, weitverstreute Einzelerkenntnisse erscheint, versteckt in Teilfachdisziplinen des Ingenieurswissens, der Betriebswirtschaft, der Soziologie und Psychologie, offenbart sich im Lean-Paradigma als kohärentes und stimmiges Gesamtbild von Einzelheiten. Aus Sicht des Lean-Paradigmas fügen sich seither unverbundene Mosaiksteine zu einem stimmigen Gesamtbild, die nicht die Suche weiterer Steine (Alternativen), sondern die „Bild“-Gestaltung ins Licht des Interesses rückt.

In einer solchen Ordnungsleistung mit einer erkennbaren neuen „Gestalt“ liegt ja eine wesentliche Funktion von Paradigmen. So wird aus *Organisationssicht* der Umgang mit Komplexität zu etwas Normalem, ebenso wie Netzwerke und Teamarbeit als wichtige Gestaltungsformen – bisher alles kontingente Möglichkeiten, die unverbunden gleichrangig neben anderen Möglichkeiten standen.

Auch aus *Führungssicht* lösen sich viele An- und Gegensätze der letzten Jahrzehnte vor dem Hintergrund der Komplexitätshandhabung in großen Unternehmensgebilden in ein ideologie-unverdächtiges „sowohl als auch“ auf, wie z. B. Mensch- und Dialog-orientierter Führungsaspekt im Lernmodus (heute Mentor-Mentee-Beziehung). Auch geht es nicht um Vermeidung, sondern um den Aufbau von organisatorischen Slack-Ressourcen (man höre!), um Veränderungen permanent in Gang halten zu können; um neue Formen geplanten organisatorischen Wandels, die als evolutionär offen verstandener Prozess keinen direkten Durchgriff auf ein gewünschtes Resultat erlauben. So wird jede Lean Transformation zu einem gelassenen, steten Anschieben gegen Widerstände und Veränderungen (Sisyphos als Actionheld!) unter Berücksichtigung einzelner Gestaltungsempfehlungen in den Lean-relevanten Bereichen.

Aber auch Fragen der *Unternehmenskultur* erscheinen in einem neuen Licht: Waren es vor circa drei Jahrzehnten v. a. die Entdeckungen der damals „neuen“ Unternehmenskultur als Erfolgsfaktor, so steht heute das Bewusstsein um die adäquate Gestaltung des Arbeitsumfeldes und der Ausgewogenheit der Privat/Berufssphäre für ein leistungsförderndes Arrangement zwischen Unternehmen und Mitarbeiter im Vordergrund, weil entsprechende gesellschaftliche Entwicklungen dazu zwingen. (N. B.: Entdeckt wurden die weichen Faktoren ca. fünfzig Jahre früher, aber als Fehlinterpretation dessen, was in den 1970er Jahren ff. in Japan ablief wiederentdeckt.) Insgesamt haben diese – und auch weitere – Entwicklungen und Anschlussüberlegungen dazu geführt, den Inhalt des Buches in großem Umfang neu zu gestalten.

Die vorliegende dritte Auflage ist vollständig neu bearbeitet, mit erheblichen Kürzungen einerseits und mit nicht unbeträchtlichen thematischen und Umfangserweiterungen andererseits. *Kapitel 1* bis *3* sind inhaltlich weitgehend ähnlich, aber redaktionell überarbeitet und dabei wesentlich gekürzt. Ergänzungen im Sinne von Aktualisierungen und Präzisierungen wurden vorgenommen. *Kapitel 4* ist demgegenüber völlig neu: Es ist unserer (implizit bereits angesprochenen) Einsicht entsprungen, dass man das, was von Anfang an eher vorschnell als Paradigmenwechsel von konventionellem zum Lean Management bezeichnet wurde, auch theoretisch bzw. anhand der Literatur irgendwie nachweisen können müsste. Durch die Argumentationsführung wird die Übertragbarkeitsdebatte, die in den Vorauflagen noch einen breiten Raum einnahm, letztlich gegenstandslos. Sie präsentiert sich vielmehr als ein Teil der evolutionären Beschreibung der einschlägigen Ideengeschichte.

Uns geht es auch vor allem darum, ein breiteres Verständnis zu vermitteln und die in einem engen Verständnis verankerte Produktionsfixierung aufzuheben. Lean heißt noch immer für viele, Gestaltung und Lenkung mithilfe von Lean-Methoden und -Instrumenten, zur Vermeidung von Verschwendung im Kontext des *Shopfloors*. Vor diesem Hintergrund hat man bisher Lean Management-Aktivitäten v. a. der *operativen Managementebene* zugerechnet. Diese Produktionsbereichsbezogene Zurechnung des Lean-Gedankens hat mit der Entstehungsgeschichte zu tun, ist aber u. E. als Spezial- und nicht als allumfassender Regelfall anzusehen. Die Forderung nach Wertschöpfungsnähe allen Entscheidens widerspricht nicht dem Gedanken der Übertragbarkeit des Lean-Denkens auf *alle betrieblichen Bereiche*.

Kapitel 5 wurde vollständig neu bearbeitet. Es beschäftigt sich mit dem, was man „*Framing*" nennen könnte. In den Vorauflagen waren als „konzeptionelle Voraussetzungen" verschiedene Aspekte angesprochen. Eher den Zufälligkeiten unseres damaligen Erfahrungsstandes geschuldet, wenngleich richtig – aber irgendwie pragmatisch gesetzt und nicht systematisch behandelt. Für praktisches Arbeiten mit dem Thema geht es ja darum, wie man bestimmte neue Aspekte – hier: Lean-Philosophie operationalisiert anhand der Lean-Prinzipien – in einen konkreten organisatorischen Kontext implementiert bekommt und die normativen und strategischen Voraussetzungen so gestaltet, dass eine Lean-Konzeption auch nachhaltig funktionieren kann.

Wir greifen hier auf das anerkannte „Konzept integrierten Management" der St. Galler Schule als Bezugsrahmen zurück. Er vermag damit die Bausteine systematisch offenzulegen, die ansonsten bei anderen Abhandlungen zum Lean-Thema ad hoc ergänzt werden müssten. Wir haben dabei nicht nur Forschungsergebnisse der „Pfeiffer-Schule" nach Erscheinen der 2. Auflage verarbeitet, sondern ein breites Spektrum an einschlägiger Literatur zu Organisations-, Führungs- und unternehmenskulturellen Fragen sowie Aspekte der Transformation bzw. organisatorischen Wandel.

Kapitel 6 werden theoretische Erkenntnisse und Erfahrungen, die die Gestaltbarkeit von Organisationseinheiten in verschiedenen Unternehmen nach Lean-Gesichtspunkten an Fallbeispielen in einer thematischen Spannweite aufzeigen. Hier greifen wir auf eigene Erfahrungen zurück. Das Material zu den dargestellten Fallstudien hat Herr Goschy aus seiner langjährigen Führungs- und Beratungserfahrung zur Verfügung gestellt.

Wir meinen, mit der vorliegenden Monografie wohl auch erstmalig eine stimmige Einordnung des Lean-Phänomens in die Unternehmensführung überhaupt vorgelegt zu haben. Die hier vorgelegte Veröffentlichung stellt unseres Wissens den ersten monografisch geschlossenen Versuch hierfür dar. Es wird nicht weniger behauptet als der simple Umstand: Lean Management ist kein wie auch immer ausgestaltetes Rationalisierungs-Konzept, sondern ein Management-Paradigma, das vieles, was seither als gültig gehalten wurde auf den Kopf stellt. Aber wie immer – nicht für immer, sondern nur solange bestimmte Gegebenheiten vorliegen.

Lean Management könnte somit ein Versuch sein, angesichts gegebener Unternehmens-interner und -externer Komplexitätslagen ein adäquates Management-Philosophie-Konzept zu beschreiben, das einerseits die Wirkungen des Massenproduktionsgesetz unter den Bedingungen gestiegener Steuerungskomplexität und andererseits die geforderter Individuallösungen der Kunden ermöglicht; im Grunde das, was Gutenberg und Ellinger mit dem „Dilemma der Ablaufplanung" bereits sehr früh thematisiert haben – wenngleich auf Produktionsfragen konzentriert. Wir hoffen, mit der vorliegenden Arbeit Anstöße zum Weiterdenken der Lean-Philosophie in der Wissenschaft und zu deren weiteren Verbreitung in der Praxis geben zu können.

Eine theoretisch anspruchsvolle Arbeit im Kontext der eigenen erfolgreichen unternehmerischen Tätigkeit zu schreiben, benötigt viel Ausdauer und Konsequenz. Wie so häufig tut man sich leichter in einem *Autorenteam*. Die Wahl fiel nicht schwer. Mit Dr. Christoph Strubl hatte ich nicht nur einen langjährigen Kollegen und Freund gewinnen können, der nicht nur eine Reihe gemeinsamer einschlägiger Veröffentlichungen und Beratungsprojekte am „Pfeiffer-Lehrstuhl" bestritt, sondern auch viele der Lean-Gedanken zum Vorteil seines eigenen Unternehmens umsetzen konnte. Seine praktischen Erfahrungen flossen ebenso in die vorliegende Buchveröffentlichung ein, wie des dritten Autors.
Wilhelm Goschy hat als Student ex ovo die *„Lean-Denke"* in der Pfeiffer-Schule studieren können und in seinen verschiedenen beruflichen Stationen (u.a. Porsche) kennenlernen und in seiner heutigen Vorstandsposition eines sehr anerkannten Beratungsunternehmens zu Fragen der Lean-basierten Unternehmensführung in unzähligen Projekten anwenden können.

Ihm, seinen Kollegen und Mitarbeitern bei der Staufen AG verdanken wir im Wesentlichen das Material zu den anschaulichen Falldarstellungen in Kapitel 6. Auswahl und Präsentation der Erkenntnisse oblagen mir, der ich mit soliden Ausbildungszügen (Ingenieurs- und Betriebswirtschaftsstudium) Hochschullehrer- und Beratungstätigkeit zu verbinden gelernt habe. Insofern erklärt sich auch das Interesse daran, teilweise fast vergessene theoretische Begriffe, Konzepte und Personen in in den Text zu integrieren („graue Informationskästen") und wieder ins Bewusstsein zu rufen. Sie würden sonst wohl immer tiefer in den Archiven unwiderbringlich verschwinden.

Wir hatten die Gelegenheit, in einer Reihe von Unternehmen mit Lean-Transformationserfahrung vor Ort informieren zu können. Uns schienen die Erfahrungen von Recaro, Voith und SEW besonders berichtenswert. Die *Brose-Arbeitswelt* haben wir als fortschrittliches Konzept, welches zwar individuell entwickelt wurde, sich aber bestens in unser hier vorgelegtes Lean-Verständnis fügt, berücksichtigt. Allen Unternehmen und ihren Vertretern danken wir für die vorbehaltlos gewährte Unterstützung sehr herzlich. Alle hier nicht berücksichtigten Unternehmen, die sich als Lean-Unternehmen fühlen, möchten wir dazu ermutigen, ihre Erfolgsgeschichte an unseren Ausführungen zu spiegeln und uns das Ergebnis zukommen zu lassen.

Es ist schon als ein großer Erfolg zu werten, dass die Arbeit unter der Belastung, denen sich alle Autoren im Berufs- und Privatleben gegenüber sehen, überhaupt fertiggestellt werden konnte. Dafür war nicht zuletzt die Geduld des Verlags, in Person von Herrn Christoph Landgraf sehr entscheidend. Manchmal hilft auch eine diskret vorgetragene Nachfrage nach dem Stand der Dinge, den Veröffentlichungsfortschritt zu sichern.

Meinen Mitautoren sei für die vielen spannenden Diskussionen, den intensiven Erfahrungsaustausch, für die Gespräche in und über Lean-Unternehmen ebenso gedankt wie für die gemeinsamen Aktivitäten bei der Erstellung der vorliegenden Veröffentlichung. Herrn Dr. Diego Steger danken wir sehr herzlich für vielfältige Anregungen, Diskussionen und gewonnenes Erfahrungswissen, welches auch er im Lean-Umfeld in gemeinsamen Beratungsprojekten hat gewinnen können.

Nicht zuletzt schulden wir unserem akademischen Lehrer, Prof. Dr. Werner Pfeiffer, größten Dank nicht nur für konkret gelerntes Sachwissen, sondern für fortwährende Unterstützung auch über seine Emeritierung als Ordinarius hinaus. Ihm widmen wir auch die vorliegende Auflage als Dank dafür, bei ihm gelernt haben zu dürfen, dass es auch auf die hinter den oberflächlichen Erscheinungen zu entdeckenden tieferliegenden Zusammenhänge und Wechselwirkungen ankommt.

Nürnberg, im Dezember 2014

Enno Weiß
für das Autorenteam

Vorwort zur 2. Auflage

„Lean Management" – wir bleiben bei diesem Begriff. In letzter Zeit sind viele Begriffe geboren worden und in Konkurrenz zu „Lean Management" getreten: „Virtuelle Unternehmung", „marktorientierte Produktion", „Fraktale Fabrik", „Business Reengineering", „Total Quality Management", „Soft Management", „Produktion auf Weltniveau", „Kaizen", „Just in Time", „Focused Factory" usw., usw. Allen Begriffen ist gemeinsam, daß sie auf eine Veränderung des bisherigen Managementverständnisses verweisen. Unterschiede bestehen allerdings im Umfang, wie weit bzw. tief sie das konventionelle Managementverständnis in Frage stellen, und es bestehen natürlich Unterschiede in der Qualität, in der sie dies tun.
Zweifellos verdanken wir den einzelnen „Gegen-Konzepten", „Varianten" und Begriffs-"Neuschöpfungen" wichtige (punktuelle) Erkenntnisse für ein andersartiges, zeitgemäßeres Verständnis von Management. Wer die Inhalte der verschiedenen Literatur-Beiträge genau vergleicht, sieht jedoch sehr schnell, daß mancher, schon lange bekannte „neue" Management-Baustein erneut vorgeführt wird. Dabei ist nicht immer das Neuartige erkennbar – weder für den Praktiker noch für den Wissenschaftler.
Indem wir bei dem Begriff „Lean Management" bleiben, lehnen wir uns nach wie vor an die Wortschöpfung von Krafcik an und erweitern sie gleichzeitig. Krafcik hatte von „lean production" gesprochen im Gegensatz zu „buffered production", mit der er die herkömmliche Produktionsweise bezeichnete. Mit unserer Erweiterung wollen wir bewusst demonstrieren, daß der Gültigkeitsbereich des Lean Management-Konzepts, wie wir es verstehen, wesentlich über den Produktionsbereich hinausreicht und für sämtliche Funktionen, Strukturen sowie Prozesse einer Unternehmung bzw. eines ganzen Wertschöpfungsnetzwerks relevant ist. Daß diesbezüglich auch und gerade japanische Unternehmungen aktuell einen großen Nachholbedarf in Sachen „Verschlankung" des Managements haben, gehört heute wohl nicht mehr in die Kategorie „Geheimnisse".
Insofern deckt sich unsere Interpretation von Lean Management mit der sog. „japanischen Produktionsweise" nur bis zu einem bestimmten Umfang und geht insbesondere dort, wo Fragen der Art und Weise von Führung und Organisation unternehmensweit gestellt werden, weit darüber hinaus.
Der Begriff Lean Management eignet sich in idealer Weise, eine neue ganzheitliche, integrierte „Philosophie" zu vermitteln. Alle anderen genannten Wortschöpfungen heben letztlich nur Partikular-Aspekte hervor; insofern sehen wir im Lean Management auch einen brauchbaren Begriff, alle diese partikularen Konzeptionen und Instrumente zu integrieren. In der sehr ausführlichen Explikation des Begriffs Lean Management wird dies deutlich werden.
Die vorliegende zweite Auflage hat insgesamt an Umfang zugenommen. Sie weist eine Reihe von Änderungen auf. In die vorliegende Auflage sind viele Anregungen eingearbeitet, die wir im Rahmen von Seminaren, Vorträgen, Kooperationsprojekten und Zuschriften erhielten.

Wir haben einige grundlegende Änderungen vorgenommen. Es erschien uns beispielsweise nicht mehr sinnvoll, der Übertragbarkeit des Lean Management-Konzepts auf hiesige Verhältnisse ein eigenes Kapitel zu widmen. Entsprechend wurde die Gliederung umstrukturiert. Die Ausführungen des Kapitels 4 der ersten Auflage sind nun weitgehend in die Kapitel 1 und 4 integriert. Nicht daß die vielerorts vorzufindende Skepsis gegen die Übertragbarkeit völlig verschwunden wäre – viele Kritiker sehen im Lean Management-Konzept noch immer eine typisch japanische Gegebenheit. Doch kann man mehr und mehr beobachten, daß aufgrund der generellen Wettbewerbssituation der letzten Jahre bis heute und des dadurch induzierten Handlungsdrucks die Beschäftigung mit jeglicher Form der Produktivitätserhöhung und damit auch mit den Gedanken und Prinzipien des Lean Managements deutlich gefördert wurde und die Argumente dieser Kritiker immer weniger verfangen. Gerade die von uns festgestellte Resonanz nicht nur in unseren industriellen Kooperationsprojekten zeigt uns, daß die Absicht unseres Buches, die Lean Management-Diskussion von ihrem Japan-Mythos zu entkleiden, nicht ohne Erfolg geblieben ist.

Desweiteren haben wir auch die Ausführungen zur Target Costing-Methode weggelassen, weil dieses beim Erscheinen der 1. Auflage noch recht unbekannte und oft falsch verstandene Konzept einem breiteren interessierten Publikum zugänglich ge-macht werden sollte. Mittlerweile gibt es hierzu viele einschlägige Veröffentlichungen. Wir verzichten daher auf die ausführliche Darstellung dieses Instruments und widmen uns stattdessen intensiver den konzeptionellen Ausführungen eines „richtig" verstandenen Controllings.

Dagegen haben wir die 2. Auflage auch um einige (neue) Ausführungen erweitert. Es handelt sich dabei um Aspekte, die sich in unseren Kooperationsprojekten zum Thema Lean Management als wichtige Problemkreise herauskristallisierten. Sie führten dazu, daß das Kapitel 4 „Konzeptionelle Voraussetzungen für die Umsetzung des Lean Managements" am stärksten verändert werden mußte.
Völlig neu sind die Darlegungen zur Rolle der elektronischen Datenverarbeitung im Lean-Unternehmen (Abschnitt 4.3). Unsere Beobachtungen zeigen, daß gerade hieran viele geplante Restrukturierungen zu scheitern drohen, weil in Sachen EDV zu zaghaft vorgegangen wird. Die Diskussion um „Downsizing" wird zwar geführt, aber nicht konsequent genug beherzigt. Man sieht zwar dezentrale EDV-Strukturen als mögliche Alternative, hält aber gleichzeitig an den schon vorhandenen zentralen Strukturen fest. Die Verfasser plädieren hingegen für eine konsequente Dezentralisierung, für die sie gute Gründe geltend machen können.
Überarbeitet wurde auch der Abschnitt zu Entlohnungs- und Anreizsystemen (Abschnitt 4.4). Wir sehen darin einen wesentlichen Stabilisator und Motivator, einen einmal in Gang gekommenen Restrukturierungsprozeß auf Lean Management-Basis im Wege kontinuierlicher Verbesserung permanent optimieren zu können.

Wohlgemerkt: Die Gestaltung des Anreizsystems sollte nie am Anfang, sondern am Ende eines Restrukturierungsprozesses in Richtung Lean Management stehen. Kapitel 3 blieb ebenfalls nicht unverändert. Es wurde neu durchgegliedert und mit zahlreichen Beispielen angereichert. Wir beabsichtigen damit, die hinter dem Lean Management stehenden Prinzipien gliederungstechnisch schon erkennbar zu machen (Vgl. hierzu die Überblicks-Abbildung 3.2) – primär ein didaktisches Ziel. Neu sind weiterhin die Ausführungen zu 3.3.2.3 (Reduktion der Organisations-Komplexität im Unternehmen), wo wir zusätzlich zu der Input- und Outputseite auch die Komplexitätsreduktionsmöglichkeiten in der Organisation diskutieren. Soviel zu den wesentlichen Änderungen der vorliegenden zweiten Auflage.

Insgesamt haben wir die Ausführungen auch hinsichtlich ihrer Lesbarkeit und Verständlichkeit, der Didaktik und neuer Literatur stark überarbeitet. Inzwischen haben wir in zahlreichen Industrie-Kooperationsprojekten nachweisen können, daß die „Prinzipien-Lehre“ des Lean Management, wie sie hier vorgestellt wird, mit großem Erfolg in die Praxis umgesetzt werden kann und nicht zuletzt auch den so zahlreich angebotenen Lean Management-“Rezeptbüchern“ überlegen ist. Wie wir bei der praktischen Umsetzung des Lean Management-Konzepts vorgingen, welche generell übertragbaren Erfahrungen wir gewinnen und welche beachtlichen Ergebnisse in den Unternehmen erzielt werden konnten, werden wir in einer gesonderten, demnächst erscheinenden Monografie niederlegen.

Ein Anliegen ist es uns, an dieser Stelle Dank zu sagen. Zunächst gilt unser Dank Herrn Dipl.-Vw. Bernd Masuch für die hervorragende Zusammenarbeit und die auch in diesem Fall schnelle Drucklegung dieses Buches. Den Herren Dr. Christoph Strubl, Dr. Markus Horneber, Dipl.-Kfm. Matthias Hartmann und Dipl.-Kfm. Thomas Volz möchten wir Dank sagen für die sehr vielen Anregungen. Ebenso gilt unser Dank unseren studentischen Mitarbeitern, den Herren cand. rer. pol. Steffen Wettengl und cand. rer. pol. Alexander Sasse, die uns bei der redaktionellen Arbeit unermüdlich unterstützt haben. Schließlich gebührt unseren Partnern in den zahlreichen Industrie-Kooperationsprojekten, mit denen wir gemeinsam an der Umsetzung des Lean Management-Konzepts arbeiten, nachdrücklicher Dank für wichtige Anregungen und Impulse.

Nürnberg, im Juli 1994

Werner Pfeiffer
Enno Weiß

Vorwort zur 1. Auflage

Zwei Gründe haben uns bewogen, diese Veröffentlichung vorzulegen. Einmal ist es die große Resonanz seitens der industriellen Praxis auf unseren Forschungsbericht Nr. 18: „Lean Management. Zur Übertragbarkeit eines neuen japanischen Erfolgskonzepts auf hiesige Verhältnisse“, die alle unsere Erwartungen weit übertraf. Zum anderen sehen wir bereits jetzt erste Anzeichen, daß das zunächst euphorisch diskutierte Lean Management-Konzept in der Gefahr steht, das Schicksal von „Mode-Erscheinungen“ zu teilen: von Euphorie bis zur Gewöhnung („Alles nichts Neues!“). Eine solche Haltung wird durch die sehr stark interessengefärbten, teilweise polemisch vorgetragenen Meinungsäußerungen zu diesem Thema noch erheblich verstärkt.
Wir hingegen bleiben dabei: Lean Management ist mehr als ein neues Rezept. Es ist eine radikal andere Sichtweise des bei uns üblichen Managements industrieller Prozesse. Wir sehen daher Lean Management als Gegenkonzept zu den auf das Massen-produktions-Denken des Fordismus-Taylorismus zurückgehenden Management-Konzeptionen. Unserer Ansicht nach ist Lean Management kein spezifisch-japanisches Konzept und daher prinzipiell auf hiesige Verhältnisse übertragbar. Dies zu zeigen, ist das Ziel der vorliegenden Arbeit. Wir hoffen, damit den mittlerweile in der Lean Management-Diskussion aufgebauten Japan-Mythos zu entzaubern.
An dieser Stelle dürfen wir auch Dank sagen. Zunächst geht unser Dank an den Erich Schmidt Verlag, an Herrn Dipl.-Vw. Bernd Masuch für das geduldige Warten und die schnelle Drucklegung des Buches. Den Herren Dipl.-Kfm. Matthias Hartmann und Dipl.-Kfm. Markus Horneber schulden wir ganz herzlichen Dank für sehr viele Anregungen und die lobenswerte, hervorragende Unterstützung bei der redaktionellen Arbeit. Für wichtige und kritische Hinweise bei der Durchsicht des Manuskripts danken wir Herrn Dipl.-Kfm. Christoph Strubl. Ein herzliches Dankeschön möchten wir unserem Team studentischer Mitarbeiter für die jederzeit bereitwillige und engagierte Unterstützung aussprechen. Schließlich danken wir allen Diskutanden in einer Vielzahl von Seminaren, Vorträgen und Unternehmergesprächen für viele wichtige Anregungen sowie unseren Partnern in verschiedenen Kooperationsprojekten, die gemeinsam mit uns an der Umsetzung des Lean Management-Konzepts arbeiten.

Nürnberg, im August 1992

Werner Pfeiffer
Enno Weiß

Inhaltsübersicht

Inhaltsverzeichnis

Kapitel 4: Lean Management als ein neues Paradigma

Kapitel 5: Lean Management und Unternehmensführung

Abbildungsverzeichnis

Abkürzungsverzeichnis

BddW	Blick durch die Wirtschaft
BFuP	Betriebswirtschaftliche Forschung und Praxis
CIP	Continuous Improvement Programm
DBW	Die Betriebswirtschaft
FAZ	Frankfurter Allgemeine Zeitung
FMEA	Fehlermöglichkeits Einflußanalyse
FVO	Führung vor Ort
HB	Handelsblatt
HBR	Harvard Business Review
HM	Harvard Manager
JIT	Just in Time
krp	kostenrechnungspraxis
KVP	kontinuierlicher Verbesserungsprozess
N.B.	Nota Bene
NN	Nürnberger Nachrichten
OEE	Overall Equipment Efficiency
QFD	Quality Function Deployment
SFM	Shopfloor Management
SMED	Single Minute Exchange of Dies
SMR	Sloan Management Review
SOP	Start of Production
SE	Simultaneous Engineering
TPM	Total Productive Maintanance
TQM	Total Quality Management
VDI	Verein Deutscher Ingenieure
WiWo	Wirtschaftswoche
ZfB	Zeitschrift für Betriebswirtschaft
ZfbF	Zeitschrift für betriebswirtschaftliche Forschung

Kapitel 1: Lean Management als Herausforderung – immer noch

1.1 Lean Management als Phänomen

Das Lean Management-Konzept bringt in der Führung und Organisation industrieller Unternehmen einen prinzipiellen Fortschritt, dessen Erfolgs-Dimension nur vergleichbar ist mit dem Schritt von der handwerklich orientierten Produktion zum industriellen Massenproduktions-Konzept von Frederic Winslow Taylor und Henry Ford. „*Von allem die Hälfte!*" Mit dieser Kernaussage hat die Veröffentlichung der Ergebnisse einer Studie im Rahmen des International Motor Vehicle Program (IMVP) Anfang der 1990er Jahre größte Aufmerksamkeit erreicht. Das *International Motor Vehicle Program* wurde in einem am Massachussetts Institute of Technology (MIT) in Cambridge mit Daniel Roos an der Spitze neu gegründetem „*Center for Technology, Policy and Industrial Development*" durchgeführt.

Die Studie – in Deutschland häufig einfach als „*Die MIT-Studie*" zitiert – erstreckte sich über fünf Jahre, von 1985 bis 1990. In dieser Zeit haben insgesamt 54 Experten in 15 Ländern die Herstellungsprozesse in der Automobilindustrie unter der Leitung von James P. Womack und Daniel T. Jones untersucht.[1] Im Zuge der Untersuchungen entstand der Begriff „*Lean Production*"[2]. Der Vorschlag, damit das Gegenkonzept zu einer „*buffered production*" zu bezeichnen, geht auf Krafcik zurück,[3] womit er das meint, was sich über die Jahrzehnte ausgehend vom ursprünglichen Fordismus der 1920er Jahre in der Folge in der Automobilindustrie als „*dominantes organisatorisches Design*" evolutionär entwickelt hat. Wir werden es später unter dem Begriff „*Recent Fordism*" noch näher kennenlernen.

Viele sahen im „*Lean-Konzept*" zunächst lediglich eine neue Wortschöpfung, die neben anderen, damals bereits bekannten Begriffen wie „*Total Quality Management*", „*Kaizen*", „*Empowerment*" und „*Gruppenarbeit*" und „*Just-in-time*"-*Konzepte* u. ä. tritt und von vielen auch so behandelt wurde: erst Neugierde, dann Abwiegelung und Ablehnung: „alter Wein in neuen Schläuchen".

Bei näherem Hinsehen zeigte sich jedoch, dass Lean Production einen *Paradigmen-Wechsel* im seitherigen Verständnis von Produktionsmanagement darstellt.[4] Denn schon im MIT-Ursprungskonzept der „Lean Production" gingen die gemachten

1 Vgl. Womack/Jones/Roos (1990).
2 Vgl. Suzaki (1989, 1994).
3 Vgl. Krafcik (1988).
4 Done (1990) spricht wohl als Erster von einer „lean" revolution in car making.

Beobachtungen, Analysen und Vorschläge schon weit über den Funktionalbereich Produktion hinaus und haben grundsätzliche Führungsperspektiven berührt.

Nicht zuletzt deshalb haben wir bereits von Anfang an vorgeschlagen, anstatt von „Lean Production" konsequenter Weise von „*Lean Management*" zu sprechen. Womack und Jones selbst haben dies später auch klar gesehen und die hinter der *lean production* stehenden Denk-Prinzipien herausgearbeitet und als „*Lean Thinking*" veröffentlicht: „*Lean thinking can be summarized in five principles: precisely specify value by specific product, identify the value stream for each product, make value flow without interruptions, let the customer pull value from producer, and pursue perfection.* "[5]

Wie die Konzeptionen von Taylor und Ford seinerzeit die „optimale" Antwort auf die politisch-gesellschaftlichen, wirtschaftlichen und technischen Rahmenbedingungen des beginnenden 20. Jahrhunderts waren, ist das Lean Management-Konzept die überzeugende Antwort auf die Rahmenbedingungen in Markt, Technik und Gesellschaft seit Ende des 20. Jahrhundert. In beiden Fällen ging es nicht nur um bloße Innovationen in den Methoden, sondern um *fundamentale Innovationen* im Denken, in der Philosophie von Führung und Organisation industrieller Unternehmen. Nur wer den Taylorismus-Fordismus in dieser Hinsicht als eine *fundamentale Neuerung* beobachtete, analysierte und studierte, dem wurde schon damals sehr schnell klar: Fords und Taylors Produktionskonzepte waren weder nur im wirtschaftlichen und gesellschaftlichen Umfeld Amerikas anwendbar, noch waren sie als automobilspezifische Konzepte anzusehen. Sie waren vielmehr von umfassender, allgemeiner Relevanz für die gesamte Industrie der „Neuen" und „Alten Welt".[6]

Ähnliches gilt für das *Lean Management-Konzept*. In seiner umfassendsten Ausprägung finden wir es bei der Toyota Motor Corporation umgesetzt.[7] Als Entwickler und Promotor gilt Taiichi Ohno, damals Betriebsingenieur und zuletzt Vizepräsident der Toyota Motor Corporation. Das *Toyota Production System* (TPS) ist ein Vorläufer und wesentlicher Kern des Lean Management-Systems, konzipiert und über lange Jahre erfolgreich umgesetzt von Taiichi Ohno, Shigeo Shingo and Elji Toyoda.[8] In der (hiesigen) Industrie wird der Begriff „Toyota Production System" daher weitgehend synonym zu Lean Production verwendet, was u. E. eine unnötige Engführung darstellt.

Die fundamentale und kreative Leistung von Ohno und seinen Mitarbeitern ist zunächst, dass sie die Frage nach dem unter den marktlichen, technischen und gesellschaftlichen Rahmenbedingungen in der Mitte des 20. Jahrhunderts optimalen Produktionssystem neu stellten und zu beantworten versuchten, während das westliche

5 Womack/Jones (1996), S. 10.

6 Vgl. die zeitgenössische Analyse bei Rieppel (1925).

7 Vgl. zur historischen Ausgangssituation Holweg (2007).

8 Vgl. Womack/Jones/Roos (1990); Ohno (1993); Shingo (1992); Liker, J.K. (2004).

Management – geblendet von den überzeugenden Erfolgen des tayloristisch-fordistischen Fabrik-Systems – die ursprüngliche Fragestellung aus dem Blick verloren und die damalige optimale Antwort „*dogmatisch*“ bis in die Jetztzeit tradierte. Dies konnte solange gutgehen, wie die wesentlichen Wettbewerber sich an dieselben tayloristisch-fordistischen Spielregeln hielten. Weil es Ohno und seinen Mitarbeitern beim Studium der Produktionssysteme seiner westlichen Konkurrenten in erster Linie darum ging, zu *kapieren* und nicht nur zu kopieren, entdeckten sie in der (westlichen) fordistischen Produktionsweise fundamentale Widersprüche und Friktionen. Das amerikanische System, das Anfang des 20. Jahrhunderts als das Non-plus-ultra industrieller Produktion hinsichtlich Produktivität, Qualität und Wirtschaftlichkeit angesehen wurde, tendierte für diesen kritischen und weitsichtigen Beobachter zu einer enormen Verschwendung von Ressourcen.

Womack/Jones/Roos geben in diesem Zusammenhang eine sehr aufschlussreiche Beschreibung von Ohnos Besuch bzw. von seinen Eindrücken in den Ford-Werken und von GM nach dem 2. Weltkrieg: „Für *Ohno, der Detroit direkt nach dem Kriege wiederholt besuchte, war dieses ganze System voller muda, dem japanischen Begriff von Verschwendung: verschwendete Arbeit, Materialien und Zeit. Nach seiner Meinung erbrachte außer dem Montagearbeiter keiner der Spezialisten irgeneine Wertschöfung für das Auto. Und die Montagearbeiter könnten wahrscheinlich die meisten Funktionen der Spezialisten übernehmen und wegen ihrer Vertrautheit mit den Bedingungen am Band viel besser ausüben. ... Aber die Rolle des Montagearbeiters hatte den niedrigsten Status in der Fabrik. In manchen westlichen Fabriken erzählten Betriebsleiter den Fließbandarbeitern, daß sie nur benötigt würden, weil die Automatisierung sie noch nicht ersetzen könne.*“[9]

Trotzdem bewahrte sich Ohno den kühlen Blick, ohne das Kind mit dem Bade auszuschütten, wie man es etwa dem „*Volvoismus*“ im „Schwedischen Modell“ vorwerfen kann. Er erkannte, dass viele Denkweisen und Prinzipien, u. a. insbesondere das grundlegende Prinzip prozessorientierter, fließender Fertigung, bis heute ihre Gültigkeit bewahrt hatten, vieles andere überholt war und durch neue Denkansätze ersetzt werden musste. Dazu machte er sich die zahlreichen Management-Techniken zunutze, die von Wissenschaft und Praxis in den westlichen Industrieländern entwickelt wurden.[10]

In Japan galt der Amerikaner W. Edwards Deming als „*Vater der Qualitätsbewegung*“, die dort sehr wesentlich zur positiven wirtschaftlichen Erholung beigetragen hat. Obschon seit Anfang der 1950er Jahre in Japan tätig, hat er in den westlichen Industrienationen erst als *Re-Import* Anfang der 1980er Jahre mit seinen Konzepten und Instrumenten für das Qualitätsmanagement Beachtung gefunden. Ohno formte diese Techniken nicht zuletzt auch in konsequenter Beachtung der ganz spezifischen Situation seines Unternehmens (Toyota) und des japanischen Umfelds

9 Womack/Jones/Roos (1991), S. 61.

10 Vgl. Deming (1994).

intelligent, problembezogen um, ergänzte sie durch eigene Ideen und integrierte alles in einem langen, mehr als *„30-jährigen Marsch"* des ständigen Experimentierens und Verbesserns zu einem Verschwendung vermeidenden Lean Management-System.

„A milestone year for quality control in Japan was 1949. The Japanese Union of Scientists and Engineers (JUSE) established a QC Research Group, and JUSE, together with the Japanese Standards Association (JSA), sponsored quality control seminars and launched two QC journals. Invitations went out to American QC leaders, Dr. W.E. Deming in 1950 and Dr. J.M. Juran in 1954, to lecture in Japan, and their visits are widely considered to have been highly influential. Initially, the QC training efforts were concentrated on higher managers and on engineers.
In 1960 the focus shifted for foreman: QC Text for Foreman, a two-volume set, was published by JUSE. In 1962 a periodical, Gemba To QC (QC for Foreman), was initiated. The periodical, renamed FQC in 1973, had a monthly circulation of 93,000 in 1981. Becoming aware, getting organized, and implementing Western quality control techniques (chiefly statistical sampling) constitute the thrust of the first fifteen years of quality control emphasis in Japan. *Today, after years of intensive company-wide emphasis on quality control, Japanese quality control encompasses nearly every concept and approach known to the West – and a good deal more.*"[11]

Viele halten das Lean Management-Konzept noch bis heute für ein typisch japanisches bzw. fernöstliches Produkt. Es könne nur im kulturellen und wirtschaftlichen Umfeld Japans funktionieren und sei keinesfalls zu verallgemeinern, so der Tenor. Hierzu trug nicht unerheblich bei, dass die frühen Studien der Analyse des Toyota-Systems ganz wesentlich durch Wissenschaftler mit anthropologisch-soziologischem Hintergrund stammen. Den Verfassern bzw. Arbeitsgruppen fehlte der unternehmerische bzw. betriebswirtschaftlich-technische „Background". So wurden sie zu Gefangenen ihrer eigenen einseitigen anthropologisch-soziologischen Faktenperspektive, die letztlich blind ist gegenüber den übrigen sachlich-inhaltlichen Vorgängen, die die Produktionsprozesse determinieren.[12]

Ohno als der Architekt des Toyota-Systems würde die Argumentation der Kritiker nicht mittragen. Er war überzeugt, Henry Ford, würde er heute noch leben, hätte dasselbe gemacht wie Toyota.[13] Ohno bekannte sich also nicht nur zu den westlichen Ursprüngen vieler seiner systemtragenden Denkkonzepte und vieler für die Umsetzung konstitutiven Management-Techniken, sondern er war der Ansicht, dass das von ihm zusätzlich originär Geschaffene ohne Weiteres auch im amerikanischen oder europäischen Umfeld hätte entwickelt werden können.

Was bis heute noch zu tun bleibt ist, in der Lean Management-Konzeption einen wirklichen Hebel zu Steigerung der Wettbewerbsfähigkeit für hiesige Unternehmen

11 Schonberger, R.J. (1982), S. 6 f.

12 Vgl. Jürgens/Malsch/Dohse (1989), S. 38 sowie Abbeglen (1958); Whitehill/Takezawa (1968); Cole (1971); Dore (1973); Clark (1979). Holweg (2006).

13 Zitiert bei Hayes/Wheelwright/Clark (1988), S. 45.

zu sehen. Durch konsequente Anwendung der Lean-Führungsprinzipien und -Methoden lassen sich nach wie vor große Produktivitätspotenziale heben. Das erklärt auch das Interesse am Lean-Thema in jüngster Zeit. Trotz vieler positiver Beispiele ist das mit Lean Management bei Weitem nicht ausgeschöpft. Inwieweit jeweils gut laufende aktuelle Geschäfte mit dem mühsamen Unterfangen, die eigenen Führungs- und Organisationsgrundlagen für die Zukunft nachhaltig umzubauen kompatibel sind, mag man je nach Grundstimmung selbst einschätzen. Die Tatsache ist und bleibt: Es ist ein hohes Ziel, in das sich als Unternehmen zu investieren lohnt.

1.2 Ziel und Gang der Argumentation

Schonberger hatte Recht, wenn er bereits 1982 darauf hinweist, dass *„management technology a highly transportable commodity"*[14] ist, und dass ebenso wie die Japaner damals wenig Probleme hatten, unsere westlichen Techniken zu erlernen, wir heute genauso problemlos bei ihnen lernen und Manches von ihnen übernehmen könnten. Genau dies zu zeigen, ist u. a. das Anliegen dieses Buches. Wir wollten von Anfang das Lean Management-Phänomen aus unserer spezifischen Perspektive interpretieren und es von einem „japanischen Mythos"[15] entzaubern, indem wir das Lean Management-Konzept auf grundlegende, allgemein gültige *Prinzipien* effektiver und effizienter Netzwerk-Gestaltung zurückführen und die Bedingungen der Möglichkeit durch eine adäquate Unternehmensführung diskutieren.

Wir beantworten dabei die Frage seiner Übertragbarkeit auf hiesige Verhältnisse schon immer eindeutig positiv. Mehr noch: Für uns wird dieses Problem gegenstandslos. Es stellt sich nicht die Frage nach dem ‚Ob', sondern ausschließlich nach dem ‚Wie' der Übertragbarkeit. Denn, wer das Lean-Konzept nicht zu Ende denkt und nicht bis in die letzten Verästelungen die Philosophie und Methodik versteht, wird auch kaum in der Lage sein, die Umsetzung zu Ende zu führen. Es besteht dann die Gefahr, auf *halbem Wege* stehen zu bleiben. Es ist nicht damit getan, wenn man es bei der Einführung der sogenannten *Gruppenarbeit* und *„Continuous Improvement-Programme"*[16] in den Produktionsbereichen oder selbst bei der bloßen *„Segmentierung der Fertigung"*[17] belässt. Schon in diesen Bereichen geht die Umsetzung des Lean-Konzepts weit darüber hinaus und kann nicht getrennt werden von der gezielten Umgestaltung der Zuliefer- und Absatznetzwerke.

Auf halbem Wege bleibt auch der stehen, der die Führungs- und Verwaltungssysteme nicht nach denselben Lean-Prinzipien durchkämmt und umgestaltet. Dies gilt für mittelständische und Großunternehmen gleichermaßen. Besonders relevant ist dies für die großen Unternehmungen mit *konzernartigen* Strukturen und/oder tief

---

[14] Schonberger (1982).
[15] Gendo/Konschak (1999).
[16] Vgl. Schroeder/Robinson (1991), S. 67–81.
[17] Vgl. Wildemann (1988).

gestaffelten Hierarchieebenen sowie aufgeblähten Zentralbereichen bzw. Stabsfunktionen, deren Sinn und Nutzen sich in einer Welt schnellen Wandels total überlebt hat. Wie Kirsch und Klein bereits 1977 zu Recht in einem ähnlichen Kontext anmerkten: *„Es ist zu befürchten, dass bei dem Versuch, die organisatorischen Führungssysteme zu rationalisieren, die gleichen Fehler begangen werden wie seinerzeit von Taylor und der Bewegung des Scientific Management, als es darum ging, die physischen Prozesse der Produktion zu rationalisieren."*[18] Die Positionsinhaber verstehen sich als Koordinierungs- und Steuerungsstellen oder gerieren sich in einer Art *„Anmaßung von Wissen"*[19] als Kompetenzzentren zur Herstellung von Synergien, während sie faktisch, aufgrund ihrer großen Distanz zum eigentlichen Wertschöpfungsprozess entsprechend *unzulänglich* über die Lage vor Ort informiert, nur noch eine ständige Quelle für Friktionen und Störungen für die geschäftsführenden Bereiche und deren Wertschöpfungsnetzwerk sind.[20] Der Schaden aus solchen Friktionen und Störungen übersteigt um ein Mehrfaches die enorme Kostenlast, die mit ihrer Existenz, aus der nur *Blindleistung*[21] und kaum Wertschöpfung resultiert, dem Unternehmen aufgebürdet ist.

Vielmehr muss Lean Management als eine Art *„System-Innovation"* gesehen werden, die die Umgestaltung des gesamten Wertschöpfungsnetzwerks nicht nur im Unternehmen selbst, sondern tiefe Einschnitte in die bisherigen Lieferantennetzwerke erzwingt und entsprechend ähnlich weit in die Arbeitsbeziehungen auf der Kunden- bis Kunden-Kunden-Seite einwirkt. Dies ist letztlich die Aufgabe der Herstellung eines Gesamtoptimums und erfordert bei der Umsetzung eine *Reform an Haupt und Gliedern.* Aus dieser Sicht wird u. E. verständlich, dass die Optimierung des gesamten „Super"-Wertschöpfungsnetzwerks als *Top-Management-Aufgabe* nicht delegierbar ist, wohl aber einzelne Teilaufgaben im Netzwerk. Nur das Top-Management (Unternehmensleitung) kann bei der Umsetzung des Lean Management unaufhörlich die Gesamt-Optimierung als Ganzes im Auge behaltend auf dieses hohe Ziel hinarbeiten. Klar ist auch, dass die Realisierung des Gesamtoptimums *nicht* in einem *einstufigen Prozess* zu erreichen ist. Wer dies versucht, wird nie fertig (weil er nie beginnen wird).

Den wohl entscheidenden Anstoß zur Diskussion um Lean Management in den westlichen Industrieländern gab die bereits erwähnte MIT-Studie. Von dieser Studie stammt nicht nur der Begriff, sondern auch die *fundierte Datengrundlage* des internationalen Konkurrenzvergleichs in der Automobilindustrie. Auch machte der Verkaufserfolg der „Lean-Produzenten" es schwer, die festgestellten Zahlen noch anzuzweifeln. Dieser Tatbestand und die aufgrund der *krisenartigen* Zuspitzung der

18 Kirsch/Klein (1977), S. 9–90.

19 Hayek (1975), S. 12–21 spricht bei der Diskussion eines isomorphen Problemzusammenhangs von der Anmaßung von Wissen zentraler planwirtschaftlicher Lenkungsinstitutionen.

20 Vgl. hierzu weiter auch Hayeks Analyse der eine gigantische Verschwendung erzeugenden Friktionen der Planwirtschaft, aus der eine totale Verfehlung ihrer postulierten Ziele resultiert. vgl. Hayek (1952) und (1991).

21 Vgl. o. V. (1992d), S. 116.

Situation auf dem Automobilmarkt der USA als dem größten Markt der westlichen Welt bewirkte seit Anfang der 1990er Jahre größere Aufgeschlossenheit gegenüber den Erkenntnissen. Das erklärt u. E. die *große Resonanz* auf die MIT-Studie.

Das vorliegende Buch will jedoch *keine* Zusammenfassung der MIT-Studie geben, die im Wesentlichen die gegebenen Verhältnisse beschreibt. Es soll auch keine bloße Zusammenstellung von Lean-Tools geben.[22] Und es ist vor allem auch kein Rezeptbuch (how to do). Nicht, weil wir das nicht könnten, sondern weil es hierzu genügend einschlägige Literatur gibt.[23]

Was uns bewegt ist vielmehr,
- den *Voraussetzungszusammenhang* des Lean Managements deutlich zu machen,
- die zugrundeliegenden *Prinzipien* herauszufiltern und zum *Experimentieren* motivieren und
- die Diskussion über die *Anwendung* des Lean-Methoden der letzten beiden Jahrzehnte seit Erscheinen der 2. Auflage zu reflektieren.

Die vorliegende Veröffentlichung beschäftigt sich einerseits mit den „*Grundgesetzen*“ rationeller industrieller Wertschöpfung; ebenso wie es Ohno bei seiner Analyse der Fordschen Prinzipien tat: Den Sinn begreifen und nicht blind Rezepturen übernehmen. Von Anfang an waren wir überzeugt, dass die Automobilindustrie nur ein spezifisches Anwendungsfeld des Lean Managements ist und die Diskussion auch vom *kulturellen* Entstehungskontext abgelöst laufen kann. Andererseits sehen wir die Notwendigkeit, auf die lean-adäquaten Führungsvoraussetzungen näher einzugehen.

So wie die Rezeption des Lean-Denkens in den letzten zwei bis drei Jahrzehnten bei uns gelaufen ist, haben sich unsere in den früheren Auflagen gemachten Voraussagen weitgehend erfüllt:
- Anwendbarkeit des Lean-Denkens in vielen Branchen
- Ausdehnung der Anwendung auf andere betriebliche Bereiche: auf pre- und post-processing Bereiche ebenso wie auf administrative und Service-Bereiche.
- Neues Management-Paradigma: Da die Anwendung einzelner Lean-Methoden einen Bedarf nach Koordination und Integration in ein integriertes Führungs-System induziert, entstehen immer umfassendere Führungs-Konzeptionen. Daher spricht man heute auch von „Lean Enterprise“ auch Sinn.

Ergänzend zu dem bisher Gesagten – Lean-Prinzipien, Branchen- und Kulturunabhängigkeit –, welches wir in den ersten beiden Auflagen bereits deutlich zu machen versucht haben, geht es in vorliegender Veröffentlichung vor allem auch darum, welche weiteren Entwicklungen das „Lean-Denken“ genommen hat.

---

[22] Vgl. zu einer ausführlichen Beschreibung von Instrumenten und Methoden des Lean Managements: Shingo (1992); Suzaki (1989), (1993). Neuerdings: Gorecki/Pausch (2013).

[23] Einen guten Überblick über die Lean-Literatur der letzten Jahre geben Holweg (2007), Bhasin/Burcher (2006); Hines/Holweg/Rich (2004).

Das Autorenteam befasst sich seit nunmehr rund zwei Dekaden mit Fragen des Lean Management, sowohl in wissenschaftlichem als auch in Beratungs- und unternehmerischem Zusammenhang. Unsere Analysen nehmen wir primär aus einer betriebswirtschaftlichen, unternehmerischen Perspektive vor und haben dabei stets das Unternehmen als Ganzes im Blick: Personal- und Technologieaspekte ebenso wie Probleme des Inputs/Outputs und der Organisation. Ziel unternehmerischen Denkens ist ja letztlich eine wertschöpfungsorientierte Verknüpfung der Faktoren Technologie, Personal, Input und Output durch Führung und Organisation.

Im Zuge der Adoption des Lean-Denkens hat sich nicht nur diese Ganzheitlichkeitsperspektive durchgesetzt. Vielmehr sind die Funktionsvoraussetzungen erst recht spät klar geworden, in dem die Bedeutung der Führung herausgehoben wurde.[24] In der Tat setzen lernende Organisationen ein anderes Führungs- und Kulturverständnis als strikt auf bloßen Vollzug orientierte Organisationsformen voraus. Dieser Arbeitsschwerpunkt hat für weiteres Verständnis im Umgang mit Lean Management gesorgt. Dies hat vor allem auf dem Gebiet effektiver und effizienter Gestaltung industrieller Prozesse zu einer Reihe von Einsichten geführt. Die unternehmerische Sichtweise schließt die Berücksichtigung soziologisch-anthropologischer[25], psychologischer[26] und technischer[27]Aspekte nicht aus, sie schließt sie ein. Damit meinen wir, die durch einseitige Betrachtungen hervorgerufenen irritierenden (Fehl-)Interpretationen vermeiden zu können.

Die inhaltliche Strukturierung des vorliegenden Buches spiegelt eine Reihe unserer Einsichten wider. Wie in der Vorauflage folgt nach dem Einführungskapitel zunächst eine historische Genese industrieller Produktionskonzepte in *Kapitel 2*. Mittels dieser historischen Fundierung lassen sich in *Kapitel 3* der Begriff und die grundlegenden Prinzipien des Lean Managements verständlich machen und trennscharf darstellen. Wir setzen dabei den Schwerpunkt nicht mehr auf den Nachweis der Lean-Erfolgsbilanz, der anhand von Studien und vielen Praxisbeispielen geführt wurde.

Die Erfolgsbilanz als solche ist heute nicht mehr sehr umstritten. Insofern haben wir viele Beispiele bzw. Fußnoten der Vorauflage streichen können; nicht zuletzt auch deshalb, weil viele der genannten Unternehmen so nicht mehr existieren; zumeist deshalb, weil sie in größeren organisatorischen Gebilden aufgegangen sind – aus welchen Gründen im Einzelnen auch immer. Auch haben wir auf die Ausführungen zur Übertragbarkeitsdebatte in andere kulturellen oder Branchenkontexte weitgehend verzichtet. Die ersten beiden Kapitel sind zu ca. 70% inhaltsgleich zur Vorauflage.

---

24 Vgl. Liker (2004), Liker/Meier (2006), (2007); Rother (2010).

25 Kern/Schumann (1984). Schumann (1992), S. 7. Schumann (1992), S. 35–42. Jürgens (1992) und Jürgens (1992a), S. 25–34.

26 Vgl. Sprenger (1992).

27 Vgl. Scheer (1990).

Stattdessen werden wir in einem ergänzenden *Kapitel 4* aufzeigen, woran der Paradigmen-Wechsel im Lean Management genau festgemacht werden kann, an welchen Unterscheidungen, Fragestellungen und Methoden. Hierzu haben wir die frühere aber auch die aktuelle Literatur der letzten Jahre intensiv befragt und ein *Lean-Paradigma* inhaltlich zu bestimmen versucht. Anhand dessen kann man nicht nur die verschiedenen Übergänge plausibel darstellen, sondern auch Diffusionswege des Implementierungsgeschehens im Zusammenhang mit Lean Management ableiten. Diese Überlegungen sind reflexiv gehalten und zeigen mögliche Weiterentwicklungswege in Wissenschaft und Praxis für das Lean-Paradigma auf. Demnach ist das Theorie- und Implementierungs-Potenzial von Lean Management hinsichtlich einer „Lean Enterprise" noch längst nicht ausgeschöpft. Das erweiterte Verständnis bezeichnen wir mit „Lean 2.0".

Auch wenn es immer noch so scheinen mag, als würde Lean Management, dessen Methoden und Instrumente primär kopiert, zeigen die letzten Jahre jedoch, dass die Phase des Kopierens und Anwendens einzelner Methoden vielfach beherrscht wird und sich neue Fragestellungen aufgetan haben. Mittlerweile zeigt sich die *Führungsleistung* als *kritischer Engpass* und ist daher konstruktiv zu behandeln.

In *Kapitel 5* ordnen wir daher das Lean-Denken in den allgemeinen *Führungs- und Organisationskontext* ein. Ausgehend von einem *integrierten Management-Modell* fragen wir konkret, welche *Organisation*, *Führung* und *Kultur* zum Lean-Paradigma adäquat sein kann. Diese Ausführungen nehmen verschiedene Themen, die wir bei der Behandlung der Lean-Prinzipien bereits andiskutiert haben wieder auf und vertiefen diese weiter. Diese partielle Redundanz scheint uns vertretbar, da dadurch auch die Darstellung ganzheitlicher gestaltet werden kann. Es wird sich zeigen, dass Führungsleistung nicht nur als die Führungskraft-Mitarbeiter-Interaktion bestimmt wird, sondern ganz maßgeblich von der Berücksichtigung von Aspekten des normativen und strategischen Managements beeinflusst ist.

Anhand verschiedener Fallbeispiele zeigen wir in *Kapitel 6*, in welch verschiedenen Situationen in einzelnen Unternehmen man welche Erfahrungen mit der Anwendung von Lean-Prinzipien und -Tools gemacht hat und mit welchem Erfolg. Die verschiedenen Praxisbeispiele, die alle aus dem Erfahrungsfeld des Autorenteams stammen – sind so gewählt, dass ein möglichst breites Themen- und Branchenspektrum abgedeckt wird.

In allen Fällen erweist sich die Einführung der Lean-Praktiken als ein *mehrstufiger* und *mehrjähriger* Transformationsprozess. Selbstverständlich handelt es sich um erfolgreiche Beispiele. Ein Scheitern ist angesichts der notwendigen tiefgreifenden Veränderungen nicht auszuschließen. Dennoch möchten wir dazu ermutigen, auch in Teilbereichen zu beginnen, aber dabei nie das Gesamtziel aus den Augen zu verlieren. In vielen Fällen wird es schwierig sein, den Prozessverlauf und seine Ergebnisse im Voraus abzuschätzen und zu planen. Hier wird man nur durch *experimentierendes* Vortasten in Richtung auf ein mehr oder weniger bestimmtes Ziel vorankommen.

Auch dies kann man von Lean-Unternehmen lernen: Sie wenden die *experimentierende Methode*, die im technisch-naturwissenschaftlichen Bereich ganz selbstverständlich ist, bei der Lösung komplexer sozio-technischer organisatorischer Aufgabenstellungen genauso selbstverständlich als Instrument des *Lernens* an. Und wenn dabei der Weg das Ziel ist, bleibt das auch nicht ohne Folgen für die nachhaltige „*Vitalität*" eines Unternehmens.

Kapitel 2: Genese industrieller Produktionskonzepte

Zum tieferen theoretischen Verständnis des Lean Managements ist es hilfreich, sich dessen Vorläufer genauer anzusehen. Auf der Grundlage einer historischen Genese, wollen wir daher einige verständnisfördernde historische Entwicklungen skizzieren. Wegen ihrer Leitfunktion fokussieren wir den Prototyp der *industriellen Produktion.*[1] Die Geschichte dieses Typus ist mit folgenden Paradigmen gut beschreibbar: (1) Handwerkliche Produktion, (2) „wissenschaftlicher Betriebsführung" (F.W. Taylor), (3) Fordismus (H. Ford). Bei diesen Paradigmen handelt es sich eher um rekonstruierende Beschreibungen von Zielen und Absichten ihrer „Erfinder", denn um kodifiziertes theoretisches Wissen.[2]

2.1 Handwerkliche Produktion

Die vorindustrielle Produktion war eine handwerkliche Produktion[3], die – wenn überhaupt – in Zünften organisiert war. Zünfte bestimmten Herstellungsverfahren, Werkzeugarten, Werkzeuggebrauch, u. U. sogar die Produktionsmengen. Sie gaben dem Handwerker soziale Bindung und Sicherung seines Betriebs.[4] Bis heute sind geregelte Ausbildungsgänge die Grundlage gut qualifizierter Arbeiter. Die erworbenen Fähigkeiten erlaubten eine weitgehend selbständige, dezentral organisierte Arbeit unter Einsatz von Universal-Werkzeugmaschinen.

Produkte konnten in kleinen Stückzahlen kundenindividuell gefertigt werden. Die Methodik der Arbeit war im Einzelnen nicht vorgeschrieben, vielmehr legt der ausgebildete Handwerker den Produktionsprozess in einer entsprechend ausgestatteten Werkstatt selbst fest, bestimmt Dauer und Art der einzelnen Prozessschritte selbst. Dem Arbeiter wurde nur die Arbeitsaufgabe vorgegeben, die Art der Ausführung blieb ihm selbst überlassen.[5] Die Flexibilität war daher groß, die Qualität aber auch extrem subjektabhängig. Sie folgte letztlich dem Selbstanspruch des Handwerkers und weniger dem Wunsch des Kunden. Im Extremfall war der Handwerksmeister als Künstler geachtet. Die Preise für handwerklich erstellte Güter waren entsprechend hoch.

---

1 Vgl. hierzu den historischen Abriss bei Shingo (1988), S. 258 ff.

2 Wir beziehen uns im Weiteren immer wieder auf folgende Veröffentlichungen: Ford (1923). Ohno (1993); Taylor (1983); Womack/Jones/ Roos (1991). Frenz (1920); Bönig (1989); Witte (1925); Morus (1927); Holweg (2006).

3 Vgl. zu einem historischen organisationstheoretisch ausgerichtetem Abriss der vorindustriellen Phase Frese (1987), S. 31 ff. sowie Sennet (2008).

4 Vgl. hierzu Kaiser (1994).

5 Vgl. Gilbreth (1917), S. 3.

Neben dem freien Handwerk organisierte sich die ländliche Produktion innerhalb des sogenannten *Verlagssystems*. Mit bereitgestellten Rohstoffen, arbeiteten Heimarbeiter nach Bedarf und ohne soziale Absicherung für einen „Verleger" aus dem städtischen Handel. Solche Heimarbeiter bildeten in der beginnenden Industrialisierung das Arbeitskräftepotenzial für die neuen, zentralisierten Produktionsweisen.[6]

Manufakturen haben sich aus dem Verlagssystem heraus entwickelt, wobei sehr unterschiedlichste Erscheinungsformen haben konnten.[7] Zunächst erschienen sie als zentrale Werkstätten zur Weiterverarbeitung und Veredelung ländlicher Vorprodukte und bildeten sich später aus als institutionale, technisch-ökonomisch „definierte" Manufaktur. Sie betrieb ein einheitlich technisches Verfahren, das erst ab einer bestimmten Betriebsgröße und einer bestimmten Kapitalausstattung erfolgreich war (z. B. Bergbau-Betriebe, Eisen-und Glas-Hütten).

Mit der *Fabrik* war industrielle Arbeit endgültig an einem Ort konzentriert (wegen der Bereitstellung der Kraftmaschinen) und mit dem Lauf der Maschinen synchronisiert (System der Arbeitsteilung). Ein herzustellendes Gut (Gesamtaufgabe) wird in einzelne Arbeitsgänge (Teilaufgaben) zerlegt und diese auf Hunderte und Tausende von Arbeitern verteilt. Diese „neue" Organisationsform der Produktion in Gestalt des arbeitsteiligen, mechanisierten Fabriksystems ist zunächst aus der industriellen Praxis entstanden, wurde aber bald auch theoretisch massiv unterfüttert, etwa durch Charles Babbage.[8]

2.2 Wissenschaftliche Betriebsführung im „Taylor-System"

Die traditionelle Handwerksfertigung brachte gute, aber für viele Menschen nicht erschwingliche Produkte hervor. Für einen Massenkonsum benötigte man eine Produktion, die es erlaubt, Güter zu deutlich niedrigeren Preisen auf den Markt zu bringen. Dies war der Anspruch des Taylor-Systems.[9] Es rationalisiert die Produktion, das Prinzip der Arbeitsteilung nutzend, mit dem Ziel, *„das Verhältnis zwischen Arbeitserfolg und den dafür aufgewendeten Mitteln vernunftgemäßer, richtiger zu gestalten*"[10].

Die möglichst effiziente Gestaltung von Tätigkeiten auf der Grundlage einer *„Vorherbestimmung der für eine Arbeit gebrauchten Zeit (...) war das wesentlich Neue,*

---

6 Textilmanufakturen nahmen zunächst die Vorprodukte der Heimarbeiter auf, die dann in Eigenregie oder unter eigener Kontrolle in zentralen Produktionseinrichtungen die rohen Gewebe weiterverarbeiteten.

7 Für die in Deutschland ursprünglich weitverbreiteten Porzellanmanufakturen vgl. Siebeneicker (2001).

8 Vgl. Halacy (1970), der Charles als Vater des Computers bezeichnet.

9 Vgl. Taylor, F.W. (1983). Vgl. zu einer Darstellung der Genese des ‚Scientific Management' Chandler (1977), S. 272 ff. und zu einer zeitgenössischen kritischen Auseinandersetzung vgl. auch Gottl-Ottlilienfeld (1925).

10 Rudolf Roesler in seinem Vorwort zu Taylor, F.W. (1983), S. XVIII.

das fast revolutionierend auf die Industrie wirkte"[11]. „Unterteilung der Arbeit" und „scharfe Beobachtung der Tätigkeit" – so schon Frenz[12] – sind der Kern, der den Begriff der „*wissenschaftlichen Betriebsführung*" ausmacht.[13]

2.2.1 Tätigkeitenorientierung des Taylor-Systems

Taylors Fokus war dabei auf die *innerbetrieblichen* Strukturen und Prozesse gerichtet.[14] Die Rationalisierung der Produktion (Prozesstechnologie) erreichte er über eine Planungsabteilung zur Optimierung der Produktionsplanung und -kontrolle.[15] Er standardisierte das Werkzeugwesen und reorganisierte die Maschinenanordnung und -wartung. Er hat Verbesserungen für das Lager- und Transportwesen durch Einführung von Abrechnungssystemen vorgeschlagen und ein umfangreiches Formularwesen sowie Kostenrechnungssysteme entworfen.[16] Zum Beschaffungswesen (Input), zu Fragen der Abnehmerseite (Output) und zu Problemen des zu produzierenden Gutes selbst (Produkttechnologie) nahm Taylor nicht explizit Stellung.

Die Schnittstelle der Gedanken Taylors zur Massenproduktion – wie sie Ford dann verwirklichte – ist die für die Massenherstellung „*erforderliche Schematisierung und Mechanisierung der dem einzelnen Individuum zugedachten Arbeitsleistung*"[17]. Entsprechend war sein Menschenbild konzipiert: Der Arbeiter ist und bleibt „*homo oeconomicus*". Sein Verhalten formt sich nach primär materialistischen Motiven, die mit entsprechenden Lohnanreizsystemen erfüllt werden. Die menschliche Arbeit (Personal) wird analog der Maschinenarbeit mechanistisch interpretiert. Arbeit ist das *Produkt aus Kraft und Weg.*

Um die Effizienz der menschlichen Arbeitskraft stetig steigern zu können,[18] führte Taylor umfangreiche Zeitstudien[19] durch und ergänzte die bestehenden Lohn- und Anreizsysteme durch leistungsorientierte Lohnformen.[20] Diese können als Kristallisationspunkte von Taylors Schaffen angesehen werden, wie er diese selbst in der Überschrift zu einem Aufsatz einmal zum Ausdruck brachte: „*Zeitstudium, Stückarbeit und der erstklassige Mann*".[21]

---

11 Witte (1925), S. 25.

12 Vgl. Frenz (1920), S. 20.

13 Vgl. zu einer Darstellung der Genese des ‚Scientific Management' Chandler (1977), S. 272 ff.

14 Vgl. die Darstellung Taylorscher Grundsätze bei Frenz (1920), S. 20; Frese (1987), S. 58 f.; Seubert (1919), S. 1 ff.; Witte (1925), S. 25 ff.

15 Vgl. Frenz (1920), S. 20 Punkt 1; Frese (1987), S. 58 Punkt 2.

16 Frese (1987), S. 58 Punkt 1.

17 Frenz (1925), S. 1 und S. 20 Punkt 4.

18 Taylor (1919), S. 7 fordert die Festsetzung einer erreichbaren Höchstleistungsgrenze. Seubert (1919), S. 2 Punkt 2 fordert die Orientierung an Maximalnormwerten, was bei Gilbreth dann aufgrund intensiver Ermüdungsforschung zur Kritik führt.

19 Vgl. Frenz (1920), S. 20 Punkt 2; Frese (1987), S. 59 Punkt 4; Gilbreth (1917), S. 3; Seubert (1919), S. 1 Punkt 2.

20 Vgl. Frese (1987), S. 59 Punkt 5; Frenz. (1920), S. 20 Punkt 5.

21 Vgl. Pentzlin (1963), S. 51.

Frederick Winslow Taylor (* 20. März 1856 in Germantown, Pennsylvania, USA; † 21. März 1915 in Philadelphia) war ein US-amerikanischer Ingenieur und gilt als einer der Begründer der Arbeitswissenschaft. Er ist der Begründer des „Scientific Management", das dem Taylorismus zugrundeliegt.

1903 und 1911 entstanden seine Hauptwerke „Shop Management" (1903) und „The Principles of Scientific Management" (1911). Die Grundsätze der Wissenschaftlichen Betriebsführung erschienen nicht nur als Fachbuch sondern wurden auch im auflagenstarken, populären American Magazine publiziert und machten es damit einer breiten Öffentlichkeit bekannt – und Taylor allgemein bekannt.

In Shop Management sprach Taylor bei seinem System noch von Prozesssteuerung. Der Begriff Scientific Management wurde erst später und nicht von ihm, sondern von dem Rechtsanwalt Louis D. Brandeis geprägt, der durch einen Vortrag vor der Interstate Commerce Commission (ICC), in dem er zeigte, dass die amerikanischen Eisenbahnen durch die Einführung der Wissenschaftlichen Betriebsführung rund eine Million Dollar pro Tag an Einsparungen erzielen könnten, ein landesweites Interesse an Taylors Lehre entfesselt hatte.

Literatur: Taylor (2007), (1983)

Grundsätzlich kann nach dieser mechanistischen Sicht für jeden Arbeitsprozess der *„eine beste Weg"* gefunden werden. Das durfte aber nicht dem Arbeitnehmer überlassen werden. Er hat auszuführen. Vorausdenken, Planen und Gestalten ist vielmehr Sache anderer, v.a. der Führungskräfte. Denken und Ausführen wird also konsequent getrennt.[22] Dabei übertrug Taylor den Gedanken der organisatorischen Arbeitsteilung nicht nur auf die ausführende Ebene,[23] sondern auch auf die dispositive Ebene in Form des Funktionsmeisterprinzips und der fachlich durchgreifender Verantwortlichkeit zentraler Leitungsstellen.[24] Im Grunde gilt dieses Prinzip noch bis heute.[25]

2.2.1 Weiterentwicklung des Taylor-Systems – Gilbreth-Zeitstudien

Gilbreth, ein Zeitgenosse Taylors, kritisierte diesen zwar, entwickelte aber dessen Ideen dennoch weiter. Er war weniger an einer Steigerung der Arbeitsleistung als vielmehr an der optimalen Arbeitsmethode und Arbeitsgestaltung interessiert, die gleichwohl die Arbeitsleistung positiv beeinflussen sollte. *„Der beim Taylor-System nur wenig beachtete und oft vernachlässigte ‚menschliche Faktor' ist bei Gilbreth das Wesentliche und über Taylor Hinausführende in seinen Arbeiten. Für ihn ist der Mensch, sein Verhalten und seine zweckmäßigste Behandlung der Kernpunkt des zu lösenden Problems."*[26]

22 Vgl. Pfeiffer W. (1982), S. 4 mit Verweis auf Atteslander (1978).
23 Vgl. Frenz (1925), S. 20 Punkt 3.
24 Vgl. Frese (1987), S. 58 Punkt 3; Seubert (1919), S. 1 Pkt. 1.
25 Vgl. Bleicher (1991).
26 Witte (1925), S. 33.

Gilbreth perfektionierte die Zeit- und Bewegungsstudien, die bei Taylor seines Erachtens zu ungenau waren. *„Aus den Defiziten von Taylors wissenschaftlicher Betriebsführung setzten Untersuchungen aus dem Bereich Arbeitsphysiologie und Arbeitspsychologie bzw. Psychotechnik an (...).“*[27] Alle Arbeiten Gilbreths *„gingen von dem Gedanken aus, durch seine Bewegungsstudien einwandfrei und vor allen Dingen meßbar das Wie, Wo und Wann einer jeden Arbeit zu ermitteln, und dann durch Ausschaltung alles Unnötigen die zur Zeit mögliche beste Art festzuhalten.“*[28] Jede unnötige Bewegung galt es zu vermeiden. Sie stellte Verschwendung dar, die den Mitarbeiter nur unnötig belastete und leistungsbeeinträchtigend ermüdete.

F.B. Gilbreths Werk und Folgen[29]

Gilbreths Theorie war der Ausgangspunkt für das, was später als System vorbestimmter Zeiten in die industrielle Produktion Eingang fand. Nach Gilbreths Theorie lassen sich alle menschlichen Bewegungen auf 17 Grundbewegungselemente (Therbligs) zurückführen. Um die optimale Arbeitsmethode zu ermitteln, eliminierte er nun jedes Therblig, das nicht dem Arbeitsfortschritt diente.
Gilbreth begann seine Bewegungsstudien um 1910. Asa B. Segur gelingt es dann, den Gilbrethschen Therblig Zeitwerte zuzuordnen. Damit lassen sich Bewegungsabläufe auch quantitativ bewerten. Segur veröffentlicht 1926 seine Arbeit unter dem Titel „Motion Time Analysis“ (MTA). Darauf aufbauend entwickelte Joseph Quick das WORK-FACTOR System, das 1938 umfassend erprobt und 1946 in der Industrie eingeführt wurde.
1958 übernahm REFA das Verfahren in Deutschland in Lizenz. Die Aktivitäten wurden 1964 einem eigenständigen eingetragenen Verein, der WORK-FACTOR-Gemeinschaft für Deutschland, übertragen, der das System seit 1973 im deutschsprachigen europäischen Raum allein vertritt. 2003 lebte die Kooperation mit REFA wieder auf.

Seit 2007 ist die International Industrial Consult IIC AG der Kooperations- und Vermarktungspartner. Im Laufe der Jahre hat das WORK-FACTOR-Verfahren gegen das einfachere und besser vermarktete MTM mehr und mehr an Boden verloren und führt heute ein Nischendasein. Hierzu zählen die Refa-Methoden Methods-Time Measurement (MTM), auch Arbeitsablauf-Zeitanalyse, (AAZ) ist eine Methode zur Analyse von Arbeitsabläufen und Ermittlung von Plan- und Vorgabezeiten.

Im Ergebnis verstärkte Gilbreth mit seinen Methoden den Trend zur Arbeitsteilung, versuchte aber gleichzeitig, die daraus entstehenden Nachteile für den Menschen so gering wie möglich zu halten. Das hat bereits Gottl-Ottlilienfeld sehr klar gesehen: *„Das Taylor-System selber läßt sich gemäß seiner reifsten Ausprägung in der Praxis wohl auf die Formel bringen: Organisatorisch zwangsläufige Bestgestaltung der ausführenden Arbeit im Betriebe. Ein Arbeitsbüro als Hirn und Herz zugleich des Taylor-Betriebes, besorgt vorweg die sog. ‚Normung‘ aller Handgriffe. Jeder Arbeiter für sich hängt durch die ‚Funktionsmeister‘ – von denen der eine nur drillt, der zweite die Geschwindigkeit überwacht, der dritte für die Versorgung von Werkzeugen und das Einrichten von Maschinen da ist und so fort – eine gleichsam*

27 Wulf (1987), S. 87.
28 Witte (1925), S. 32.
29 siehe url: http://gilbrethnetwork.tripod.com/gbooks.html

lebende Transmission, wieder am Arbeitsbüro der zentralen Triebwelle; und da herum drehen sich nun diese Menschenräder mit der Präzision eines Uhrwerks. ... Unter dem stählernen Stempel (dieser) ... ‚Normung' wird die Persönlichkeit des Arbeiters totgequetscht."[30]

2.3 Henry Fords „neues" Produktions-System („reiner Fordismus")

Aus historischer Perspektive hat der sog. „Fordismus" zwei unterschiedliche inhaltliche Ausprägungen: den *„reinen Fordismus"* (pure fordism) und den *„modernen Fordismus"* (recent fordism). Diese Unterscheidung verdanken wir Krafcik, der aus amerikanischer Sicht den ‚Reinen Fordismus' zeitlich um 1920 verortet und den ‚Modernen Fordismus' um 1960 bis heute.[31] Der *„Reine Fordismus"* steht dabei für das ursprüngliche, von Ford selbst verfolgte Konzept. Der *„Moderne Fordismus"* repräsentiert die Weiterentwicklungen und Differenzierungen – die Gewordenheit – des Ford-Systems.

Die Erörterung dieser beiden *„Fordismen"* zeigt uns zugleich den Einfluss, den unterschiedliche Rahmenbedingungen auf die Anwendung eines Konzeptes zeitigen können.

2.3.1 Ford als Sozialutopist

Der „Fordismus" enthält eine Vermischung unterschiedlichster sozial-ideologischer und sachlich-technischer Fakten und kann als eine Art Sozial-Ideologie interpretiert werden.[32] Man spricht von einer *„Vision des Fordismus"* resp. einer *„genialen ideologischen Einkleidung des Fordismus"*[33] und sogar davon, dass Henry Ford als ein *„sozialer Messias"* zu betrachten sei[34]. Bönig spricht von einer „Verhaltenszumutung", *„die zunächst kulturell verarbeitet werden und als Fortsetzung der bisherigen Tendenz eines technisch verstandenen Fortschritts begriffen werden sollte."*[35]

Nur durch die *sozial-ideologische Überhöhung* lässt sich unmittelbar einsichtig machen, warum Arbeiter und Gewerkschaften die „Verhaltenszumutung" der neuen Arbeitsform zunächst so widerspruchsfrei akzeptierten. Zwei Gründe dürften hierfür den Ausschlag gegeben haben:

– Zum einen stellten (v. a. im Deutschland der 1920er Jahre) die Gewerkschaften die Leistungen und die unternehmerische Haltung Fords (v. a. Lohnsteigerungen bei gleichzeitigen Preissenkungen)[36] gegen die der sonst patriarchalisch und konservativ eingestellten Unternehmer.

[30] Gottl-Ottlilienfeld (1925), S. 8.
[31] Vgl. Krafcik (1988), S. 44.
[32] Vgl. Bönig (1989), S. 237–263.
[33] So z. B. Bönig (1989), S. 237 und S. 258.
[34] Vgl. Morus (1927), S. 207.
[35] Bönig (1989), S. 256.
[36] Vgl. auch die Ausführungen zum „‚weißen Sozialismus' Fords" bei Bönig (1989), S. 240.

– Zum anderen stuften die Gewerkschaften und Rationalisierer das Fließband als Maschinen zur Lösung eines Transportproblems und nicht als Instrument zur Arbeitsstrukturierung ein.[37] Ein an Konsequenzen reicher Unterschied, der nicht zuletzt aus der anziehenden Wirkung der Autobiographie von Ford resultierte![38]

Henry Ford als Sozialutopist

Gottl-Ottlilienfeld, der wohl als erster von „Fordismus“ als Bezeichnung der Produktionsweise und Betriebspolitik des Automobilherstellers Henry Ford sprach, verehrte diesen als „*Großmeister der technischen Vernunft*“. Fordismus wurde von Gottl-Ottlilienfeld als „*weißer Sozialismus*“, „*Führersozialismus*“ oder „*Privateigentum ohne Kapitalismus*“ bezeichnet.[39]

Er teilte auch die Unterscheidung Fords in ein produzierendes Kapital und ein Zinskapital. Der größte Verdienst Fords sei es, durch die regelmäßige Reinvestition eines großen Teils seines Profits die Produktion auszuweiten und somit den Wohlstand der gesamten Gesellschaft zu fördern. Insofern grenze sich Fordismus klar vom Taylorismus ab, da der Fordismus tatsächlich im Stande sei, die soziale Frage zu lösen. Er warnte daher vor den betrieblichen Nachteilen und menschlichen Gefahren des Taylor-Systems.

Gemeinsam mit dem Ingenieur Paul Rieppel und Carl Hollweg meinte er, der Fordismus sei die Möglichkeit, den Kapitalismus in doppelter Fronstellung zu überwinden und eine bolschewistische Revolution zu verhindern. Die Erkenntnisse und Erfahrungen von Gottl-Ottlilienfeld fanden vor allem in Japan Beachtung, wo sich für diesen Forschungszweig eine eigene Schule entwickelte.

2.3.2 Der ‚Reine Fordismus‘ – Kombination der Arbeitsteilung mit dem Fließprinzip

(a) Fords Fließarbeit als Weiterentwicklung des Taylor-Systems

Wie bei Taylor stand auch bei Ford der *Effizienzgedanke* im Zentrum seiner Überlegungen. Die Begriffe ‚Taylorismus‘ und ‚Fordismus‘ werden daher nicht selten pauschal gleichgesetzt, obschon bereits Vershofen auf die fundamentalen Unterschiede hinwies: *„Taylor ist der Theoretiker für die Zerlegung der Handarbeit in der prämechanisierten Phase industrieller Produktion – Ford dagegen ist der erfolgreiche Praktiker mechanisierter Massenproduktion“*. Und er schreibt weiter: *„Stellt man Ford und Taylor auf die gleiche Ebene, so ist das ebenso oberflächlich, als ob man in der gleichen Kategorie einen Ölmotor und eine Ölkanne behandeln wollte.“*[40]

Unklar ist noch immer, ob ein direkter persönlicher Kontakt der beiden Protagonisten – in welcher Form auch immer – stattgefunden hat. Ford nennt Taylor kein einziges in seinen Büchern, wie umgekehrt Taylor nie auf Fordsche Fließbandferti-

37 Vgl. Bönig (1989), S. 258 und die dort angegebene Literatur.
38 Vgl. Ford (1923).
39 Vgl. Gottl-Ottlilienfeld (1925).
40 Vershofen (1927), S. 6.

gung hinweist.[41] Immerhin gilt es als sicher, dass Ford die Prinzipien der (taylorschen) Arbeitsteilung gekannt und sie in einer veränderten Form in seinen Fabriken angewandt hat. Die Weiterentwicklung des Taylor-Systems lag in der Kombination mit Fords industrieller Erstanwendung der Fließarbeit: *„tayloristisch aufgrund der strikten Vorgaben für die Arbeitsmethoden und die benötigte Zeit der Arbeitsverrichtung; fordistisch, was die Methode zur Bestimmung des Arbeitsrhythmus und der Arbeitsgeschwindigkeit anbetrifft.“*[42]

Ford verfolgte daher in seinen Fabriken von Anfang an zwei *Grundziele*: das einer genau durchdachten *Arbeitsteilung* (wie Taylor) und das der konsequenten Ausrichtung der Arbeitsfolgen nach dem *Fließprinzip*. Beide Ziele sind in ihrer Erreichung unmittelbar miteinander verwoben.[43] Aufgrund des allgemein *niedrigen Bildungsstands* in der Bevölkerung war Ford förmlich gezwungen, die auszuführenden Tätigkeiten so einfach wie möglich zu gestalten. Er münzte gewissermaßen den Nachteil der Niedrigqualifikation mithilfe der Arbeitsteilung in einen produktiven Vorteil um.[44]

Henry Ford (* 30. Juli 1863 Greenfield Township (Michigan), USA; † 7. April 1947 in Dearborn, Michigan) gründete den Automobilhersteller Ford Motor Company.
Er perfektionierte konsequent die Fließbandtechnik im Automobilbau, die allerdings schon Ransom Eli Olds 1902 in vereinfachter Form in seiner Automobilfirma Oldsmobile vorweggenommen hatte.
Sein Konzept der modernen Fertigung von Fahrzeugen revolutionierte nicht nur die industrielle Produktion, sondern hatte auch starken Einfluss auf die moderne Kultur (Fordismus).

1908 brachte die Ford Motor Company sein Model T von József Galamb auf den Markt. Im Zeitraum von 1909 bis 1913 nahm Ford mit verändertem *Modell T* an verschiedenen Rennen teil und gewann 1909 (obwohl er später disqualifiziert wurde) auch ein Rennen von „Küste zu Küste“ quer durch die USA. Ein weiterer Rekord wurde 1911 auf dem Jahrmarkt in Detroit aufgestellt, als der Fahrer Frank Kulick eine neue Bestzeit für die Strecke von einer Meile erzielte.

Gleichzeitig experimentierte Ford mit der *flussorientierten Anordnung* der Betriebsmittel,[45] die sich qualitativ von den zur Zeit Fords bekannten Methoden zur Leistungserstellung unterschied. Dabei kann man Fords Fließ(-band-)arbeit durch-

41 Wulf (1987), S. 124.
42 Jürgens/Malsch/Dohse (1989), S. 178.
43 Vgl. zur Fließorientierung als Prinzip Fords: Pfeiffer/Weiß/Hartmann (1993).
44 Vgl. Morus (1927), S. 206.
45 „Ungefähr am 1. April 1913 machten wir unsern ersten Versuch mit einer Montagebahn. (...) Im Prinzip ähnelte sie den Schiebebahnen, deren sich die Chicagoer Fleischpacker bei der Zerlegung der Rinder bedienen.“ Ford (1923), S. 94.

aus als eine (un-)bewusste Weiterentwicklung des Taylor-Systems sehen,[46] allerdings mit einer völlig veränderten Zielstellung.[47]
Ford löste mit der Einführung der Fließarbeit mehrere Probleme gleichzeitig und schaffte somit gleichzeitig eine nicht zu unterschätzende *organisatorische, soziale* und *technische Innovation.*

- Zum ersten war die Fließ(band-)arbeit eine *organisatorische Innovation* zur Substitution von Koordinationsaufwand, der durch den Taylorismus mit seinem *„umfangreichen Verwaltungs- und Anweisungsapparat“* entstand[48]. Durch die Einführung des Fließbands werden fallweise Regelungen durch (ablauf-)-organisatorische Zwangsläufigkeiten (generelle Regelung) substituiert, wenn auch in einer starren technischen Form.[49] Im Ergebnis führt das dazu, *„dass es keines bürokratischen Wasserkopfes á la Taylor bedarf und dass vor Ort, in den Fertigungshallen, eine geringere Zahl von Vorgesetzten notwendig ist“*[50].
- Des Weiteren repräsentiert die Fließarbeit eine *soziale Innovation* zur Vereinfachung des Anreizsystems. *„Die bisherige Arbeitsteilung übertraf sie (die Fließ(band)arbeit, d.V.) dadurch, daß ein Produktionsschritt nicht bloß geteilt, sondern zusätzlich und wesentlich jeweils ein Teilabschnitt in der gleichen Zeit bewältigt werden sollte, also ein Takt unabhängig vom Inhalt der Arbeit eingehalten werden mußte.“*[51] Die von Taylor und Gilbreth erdachten *Zeitstudien* dienten nicht mehr primär der Vorgabe von Akkorden für die Arbeitenden, sondern zur Synchronisation der getakteten Aktivitäten. *„Nicht der Inhalt der Arbeit bestimmte die Aufteilung, sondern der übergreifende Takt.“*[52]
  Fords Ziel war somit auch, durch die Fließarbeit die Entlohnung radikal zu vereinfachen, damit den (taylorschen) Akkord überflüssig zu machen und einen festen Zeitlohn zu bezahlen. *„Da die Arbeitsgeschwindigkeit vom kontinuierlich laufenden Band diktiert wird, bedarf es erstens keines leistungsstimulierenden Lohnsystems. (...).“*[53] Ford zahlt also keinen Stücklohn für das erbrachte Arbeitspensum, sondern er macht die Zeit selbst zur Grundlage seines Lohnsystems.[54]
  „Nicht die Arbeitsgeschwindigkeit, sondern der Arbeitsrhythmus wird bei Ford mit Hilfe der Zeitstudien ermittelt.“ Durch Taktung werden die Vorteile der Arbeitsteilung noch einmal gesteigert. *„Zusätzlich – und dies ist ein Unter-*

---

46 „(...), daß Taylor durch sein System wohl Großes geschaffen hat, daß aber ein starres Festhalten an dem von ihm gegebenen Rahmen heute nicht mehr angängig ist.“ Witte (1925), S. 36.

47 Wulf (1987), S. 124.

48 Bönig (1989), S. 237–263.

49 Vgl. hierzu das ‚Substitutionsgesetz der Organisation‘ bei Gutenberg (1983), S. 238.

50 Wulf (1987), S. 127.

51 Bönig (1989), S. 257.

52 Bönig (1989), S. 241.

53 Wulf (1987), S. 126.

54 Morus (1927), S. 209.„Akkordlöhne sollten sich allenfalls vorübergehend als notwendig erweisen, nur bei einem Arbeitstakt, den nicht Anordnung und Maschinen, sondern die Menschen vorgaben, die durch Lohnzuwächse motiviert werden mußten.“ Bönig (1989), S. 260.

schied zu Taylor – macht er sich die produktiven Potenzen verstärkter Arbeitsteilung zunutze. "[55] Während Taylor die Bedeutung des Rhythmus menschlicher Bewegungen nicht einmal zur Kenntnis genommen hat und auch das Problem maximaler Arbeitsleistung nicht zu lösen vermochte, löst dies Ford vergleichsweise einfach: Das Arbeitstempo ist durch die technische Anlage (Fließband) vermittelt. Die Fabrikorganisation Fords „*ist es, die dem Arbeiter seine Höchstleistung abringt und nicht der sonst hierzu dienende Akkordlohn.*" schreibt schon Witte.[56]

- Schließlich ist Fließarbeit eine *technische Innovation* zur Rationalisierung des Leistungserstellungsprozesses. Das Band legt die zeitliche und sachliche Abfolge der Verrichtungen fest und transportiert die Arbeit an den Ort der Ausführung, wobei der Arbeiter sich auf den technischen Arbeitsablauf konzentrieren kann. Ford überlässt im Gegensatz zu Taylor die Art der Arbeitsausführung dem Arbeiter selbst. „*Bei Ford arbeitet man, bei Taylor wird man gearbeitet.*"[57] Damit geht Ford über Taylor hinaus und löst die Probleme der Flächenverschwendung, des Kapazitäts- bzw. Zeitverlustes.[58] Die Fließarbeit dient als Katalysator für die Massenproduktion.

Die genannten Vorteile der Fließarbeit hatte Gottl-Ottlilienfeld schon damals klar gesehen. Konsequenterweise forderte er, das gesamte Betriebsgeschehen in einzelne „Akte" und deren Kombinationen in „*Aktreihen*" und an „*Aktfolgen*" zu begreifen.[59] Was wir heute unter prozessorientierter Organisation, z. B. in Form der *Geschäftsprozessorganisation* diskutieren, hat darin seinen Anfang.

(b) Fließ(-band-)arbeit

Wenn oben das Fließband als Instrument zur Rationalisierung von Koordinationsaufwand interpretiert wurde, so darf nicht verkannt werden, dass die Einführung der Fließarbeit eine ganz *neue Qualität der Arbeitsteilung* mit sich brachte. „*Fließarbeit ist eine örtlich fortschreitende, zeitlich bestimmte, lückenlose Folge von Arbeitsgängen.*"[60] Der Begriff der *Fließarbeit* ist dabei weiter gefasst als der Begriff der Fließfertigung. Ersterer ist auch auf Büroarbeit anwendbar, zweiterer ist nur auf den Produktionsprozess bezogen.[61]

Verglichen damit bedeutet die *Fließbandfertigung* „*eine weitere Steigerung des Koppelungsgrades, insofern als der Transport des Werkstückes von einer Bearbeitungsstation zur nächsten mechanisiert ist und dadurch ein kontinuierlicher Pro-*

55 Wulf (1987), S. 125.
56 Witte (1925), S. 57.
57 zitiert als Ausspruch von Gottl-Ottlilienfeld bei Wulf (1987), S. 136.
58 Vgl. Morus (1927), S. 206; Wulf (1987), S. 125.
59 Vgl. Gottl-Ottlilienfeld (1923), S. 67 ff.
60 So die offizielle AwF-Definition der Fließarbeit nach Mäckbach (1926), S. 5. Diese Definition war auch Gegenstand zahlreicher wissenschaftlicher Diskussionen. Vgl. hierzu Bönig (1989), S. 256 f.
61 Vgl. Hennig (1948, S. 53 Fn 63.

zeßablauf ermöglicht wird (...)“[62]. Hier liegt auch der Schnittpunkt des Gedankenguts von Taylor und Ford.
Zwar nehmen die Wegekosten und die für Wege benötigte Zeit ab, aber andererseits werden die Arbeiten entlang des Fließbandes *„bis ins Unwahrscheinliche*“[63] geteilt. Im Zuge dessen entstehen neue Bereiche, von denen der *Arbeitsvorbereitung* eine besonders markante Rolle zukommt. Von der Arbeitsvorbereitung allein hing anfangs die Qualität des Erzeugnisses in der Massenproduktion ab. (Arbeitsteilig organisierte) Fließarbeit verursacht mithin die *„Vereinheitlichung der Qualität ihres Erzeugnisses“*.[64]

Fließarbeit (im engeren Sinn) umfasst das taktmäßige Bearbeiten von Arbeitsgegenständen, bei der die Bearbeitungsvorgänge lückenlos aufeinanderfolgten. Demgegenüber setzte die *Bandarbeit* als weitergehende Form eine mechanische Bewegung der Arbeitsstücke voraus, die lediglich die Arbeitshandlung ‚auslöste‘. Jede Bandarbeit war folglich Fließarbeit, aber nicht jede Fließarbeit Bandarbeit.[65]
Wie schon gezeigt, ist die Fließarbeit nicht nur als technische Weiterentwicklung zur Lösung des Transportproblems aufzufassen, sondern insbesondere *„als eine Produktionsorganisation, bei der fremdbestimmte (Lohn-)Arbeit auf eine neue Weise zur Leistung gezwungen werden sollte“*[66].

Die Beeinflussungsintensität der Fließarbeit bezüglich des Zwangs zur (repetitiv-mechanischen) Arbeit kann mit Hilfe zweier begrifflicher Differenzierungen genauer beleuchtet werden.[67]

- Zum einen ist die Fließarbeit im engeren Sinne als *getaktete Arbeit* zu verstehen, bei der die Tätigkeiten zeitlich aufeinander abgestimmt sind, aber das Anlegen von Puffern möglich ist.
- Zum anderen unterscheidet man davon die härtere Form der *Bandarbeit*, bei der die mechanischen Vorrichtungen einen Zwang zur Einhaltung des Taktes ausüben.

Demnach ist jede Bandarbeit folglich Fließarbeit, aber nicht jede Fließarbeit Bandarbeit. Die Montagearbeit am Fließband bildet denn auch den klassischen *Schwerpunkt* eines (reinen) Fordismus, wie Ford ihn selbst anstrebte, nämlich eines weiterentwickelten Taylor-Systems in Kombination mit Fords industrieller Erstanwendung der Fließarbeit. In der härteren Form der Fließbandarbeit mit ihrem getakteten Zwang zur Ausführung repetitiver Tätigkeiten[68] entstanden letzten Endes *soziale Probleme*, die mit den Konsequenzen der ersten industriellen Revolution immer wieder in einem Atemzug als Kritik genannt werden: *„Das Fließband und seine*

62 Wulf (1987), S. 97.
63 Morus (1927), S. 205.
64 Mäckbach (1926), S. 8.
65 Vgl. Bönig (1989), S. 238
66 Bönig (1989), S. 257.
67 Vgl. Bönig, (1989), S. 238 ff.
68 Vgl. Bönig (1989), S. 240.

tayloristisch-fordistischen Kontrollformen haben insbesondere in den Montagewerken den Typus von Automobilarbeit als kurzzyklischer, repetitiver Teilarbeit geprägt, mit geringen Anforderungen an die Qualifikation, hohen Anforderungen durch Belastungen der Arbeitsumgebung und durch Streß.“[69] Paradoxer Weise kehrt sich also der anfängliche Erfolg der Arbeitsteilung in das Gegenteil um. Man muss dabei aber den Rahmen im Auge behalten.

2.3.1 Explikation des „reinen Fordismus“

Das Hauptaugenmerk des Fordismus galt dem Produktionsbereich. Um jedoch das ganze System erfassen zu können, welches Ford gestaltet hat, muss die Systemperspektive auf die *gesamte Unternehmung* erweitert werden. *„Fords Tat ist es keineswegs, die einzelnen Arbeitsbewegungen rationalisiert zu haben, er rationalisiert Produkt, Betrieb und Produktionsprozeß und gab letzterem ein solches Tempo, daß die einzelne Bewegung des Arbeiters notwendigerweise höchst rationell werden mußte.“*[70]

Der ‚reine Fordismus‘ i. S. d. ursprünglichen Ford-Systems soll daher anhand der Gestaltungsparameter (a) ‚Input‘, (b) ‚Output‘, (c) ‚Technologie‘, (d) ‚Personal‘ und (e) ‚Organisation‘ expliziert werden.[71]

(a) Das Ford-System wies eine extrem *hohe Fertigungstiefe* i.S.e. Vertikaltrusts auf, *„in dem (...) alles, vom Rohstoff bis zum Fertigfabrikat und bis zu den Transportmitteln, auf eigene Rechnung und in eigener Regie hergestellt wird.* Ford *will auf diese Weise die Zwischengewinne einsparen, die bisher seine Lieferanten erzielten.“*[72]

(b) Ford strebte dabei ein weitgehendes „Self-Sourcing“ an, ein ‚Alles aus einer Hand‘ mit geringem externen Zukaufanteil, wobei die Zulieferer in die Wertschöpfung integriert und sich voll und ganz den Zielen des Gesamtunternehmens unterordnen müssen. In den Worten von Henry Ford: „(...) dass wir heute statt wie ehedem von auswärts Teile zu beziehen, diese Teile selbst auswärts herstellen.“[73]

Wie einschlägige Forschungsarbeiten zeigten, muss die Integration mehrerer Wertschöpfungsstufen unter einem Dach sogar als der eigentliche durchschlagende Erfolg Fords bezeichnet werden. Dabei sei die Verlagerung der Komponentenfertigung von den Zulieferern in die Fabriken Fords („Insourcing“) bereits *vor* der Einführung der Fließarbeit vorgenommen worden. Diese *Verlagerung* erwies sich als erfolgreich, weil durch die hauseigenen Gießereien und die Metallverarbeitungsanlagen zwar zunächst organisatorische *Binnenkomplexität* infolge der zu bewältigenden hohen Komponentenzahl erzeugt, aber durch Einführung der *Fließarbeit* wieder beherrscht wurde. Erst damit sei das Gleichgewicht zwischen Anlieferung

69 Jürgens/Malsch/Dohse (1989), S. 178.
70 Vershofen (1927), S. 6.
71 Vgl. zu den Prinzipien Fords: Pfeiffer/Weiß/Hartmann (1993).
72 Morus (1927), S. 216.
73 Ford (1923), S. 98. Vgl. auch Witte (1925), S. 57; Womack/Jones/Roos, D. (1991), S. 38.

von Komponenten und anschließender Montage durch Anpassung der Durchlaufzeiten an das „menschliche Maß“ wieder hergestellt worden. In diesem Sinne sorgte die Fließarbeit für eine *„Humanisierung der Arbeit“*.[74] Der Preis war eine hohe Standardisierung des Produktes: „Alles, wenn es nur schwarz ist.“

(b) Fords Ziel war es,[75] einen niedrigen Preis der Produkte zu ermöglichen, um damit die Konsumentenrente zu erhöhen.[76] *„Ein unzufriedener Kunde galt (vor Ford, d.V.) nicht als ein Mann, dessen Vertrauen man mißhandelt hatte, sondern als eine höchst lästige Persönlichkeit oder als Ausbeutungsobjekt, aus dem sich wiederum Geld herausziehen ließ, indem man die Arbeit in Ordnung brachte, die von vorneherein ordentlich hätte ausgeführt werden müssen.“*[77] Der Verkauf ist so organisiert, dass die Automobile von den Händlern nicht nur verkauft, sondern auch repariert werden können.[78]

Das Ford-System misst dabei der *Konstruktion als zentralen Kostenhebel* große Bedeutung bei: „Alles beginnt am Zeichenbrett.“[79] In diesem Sinne betrieb Ford eine konsequente Verlagerung des Änderungsmanagements in den Entstehungszyklus: *„Ford geht dabei von dem Grundsatz aus, daß man immer wieder und wieder Experimente anstellen soll, bis man den geeigneten Weg gefunden hat; an dem soll man dann aber festhalten und im praktischen Gebrauch nicht ständig hin und her schwanken, weil jeder Wechsel im Betrieb die Herstellungskosten steigert.“*[80] Während in der Konstruktionsphase, resp. im Entstehungszyklus, neue Vorschläge aufgenommen und diskutiert werden, sind Konstruktionsänderungen an der Produktkonfiguration während des Produktions(-einführungs-)prozesses zu vermeiden (*„design freeze“*).

In diesem Sinne betrieb Ford eine konsequente Verlagerung des Änderungsmanagements in den Entstehungszyklus: *„Ford geht dabei von dem Grundsatz aus, daß man immer wieder und wieder Experimente anstellen soll, bis man den geeigneten Weg gefunden hat; an dem soll man dann aber festhalten und im praktischen Gebrauch nicht ständig hin und her schwanken, weil jeder Wechsel im Betrieb die Herstellungskosten steigert.“*[81]
Der Produktionsprozess selbst wird durch die Abteilungen Konstruktion und Arbeitsvorbereitung festgelegt.[82] Die Produkte des Ford-Systems haben sehr lange

---

74 Vgl. Williams et al. (1993), S. 66–87.

75 Vgl. Chandler (1964), S. 27 ff. zu einer ausführlichen Darstellung von Fords Modellpolitik insbesondere des „Model T, the Universal Car“.

76 Vgl. Womack/Jones/Roos (1991), S. 34.

77 Ford (1923), S. 44.

78 Vgl. Witte (1925), S. 59; auch Rieppel (1925), S. 36.

79 „Für Versuche, deren Ziel die Ersparnis von Zeit und Arbeitskraft ist, ist fast immer Geld vorhanden (...).“ Rieppel (1925), S. 10.

80 Morus (1927), S. 217.

81 Morus (1927), S. 217.

82 Vgl. Womack/Jones/Roos (1991), S. 36 f.

Marktzyklen,[83] was hohe Degressionseffekte hervorruft und zur steigenden Rentabilität der Betriebsmittel beiträgt.
Innovationsimpulse für die Produkte geben vor allem die unternehmensinternen Konstruktions- und Versuchsabteilungen. Externe Innovationsimpulse resultieren ausschließlich aus Konkurrenzanalysen,[84] nicht aus einer Vergabe von (FuE- und) Konstruktionsaufträgen. Der Gebrauchswert für den Kunden steht im Vordergrund der technischen Bemühungen, weniger der Geltungswert.[85] Die Kalkulation der Produkte erfolgt vielfach auf *retrogradem Wege*.

Der Preis, den die Kunden (Markt) zu bezahlen bereit ist, ist Grundlage der Produktkalkulation und damit eine glatte Umkehrung seitheriger Verhältnisse.[86] In der Ford-Krise von 1920 zeigt sich diese Vorgehensweise drastisch: *„Jeder andere Unternehmer hätte wahrscheinlich den Schluß gezogen, daß der Preisabbau keinen Zweck hat, und hätte die Preise wieder tüchtig heraufgesetzt. Ford zieht aus seinem Mißerfolg eine andere Lehre: ‚Wir hatten uns der Kaufkraft des Landes noch immer nicht genügend angepaßt, um unsere Ware ohne Schwierigkeiten loszuwerden.' Also noch einmal Preisabbau. (...) Freilich ist dieser zweite Preisabbau nur der Auftakt zu einem großen Sanierungsprogramm."*[87] Die konsequente Ausrichtung des Ford-Systems auf einen Massenbedarf mit hohen Produktionsvolumina und hoch standardisierten Produkten bringt zwar starke Kostendegression und steigende Rentabilität für das Unternehmen. Ford machte aber ab 1925 selbst die Erfahrung, *„daß eine überspannte Typisierung und Normierung zur Erstarrung und damit schließlich zur Konkurrenzunfähigkeit (...) führen muß."*[88]

(c) Im Ford-System sollen mithilfe der *Fließfertigungstechnologie* Zwischenlager und Puffer so weit wie möglich vermieden werden; daher Prozessorientierung mit aller Macht. Und das gelang gut: *„Within forty-eight hours a load of iron ore delivered to the Rouge River docks was processed through the blast furnace, run through casting and finishing machines, and taken through final assembly. From iron ore to finished Model T in two days – here was process rationalization with a vengeance!"* So bringen Abernathy et al. die strikte Prozessorientierung im Ford-System auf den Punkt.[89] *„Geld darf nicht in den unproduktiven Sparstrumpf der Lager, der ‚stillen Reserven' versteckt werden." Und: „(...) in einzelnen Abteilun-*

83 „(...) the Model T, that was to dominate the industry for fifteen years." Abernathy/Clark/Kantrow (1983), S. 45.

84 „Hierbei wird jedoch jeder Fortschritt und jede Erfahrung eines neu am Markt erscheinenden Konkurrenzfabrikates zunutze gemacht, das sofort, sowohl konstruktions- als auch materialtechnisch gründlich studiert wird." Witte (1927), S. 218.

85 Vgl. Womack/Jones/Roos (1991), S. 42.

86 „Für die Preisbildung eines Artikels ist in erster Linie die Kaufkraft des Marktes maßgebend." Witte (1925), S. 58. „(...) indem er (Ford, d. V.) die übliche Beziehungen zwischen Kalkulation und Preis umkehrte." Rieppel (1925), S. 35; vgl. auch Chandler (1964), S. 97 f.

87 Morus (1927), S. 214.

88 Morus (1927), S. 218.

89 Abernathy/Clark/Kantrow (1983), S. 80.

gen (...) geht der Bestand bis auf weniger als einen Tagesbedarf herunter und darf im Maximum den für 30 Tage erreichen.“[90]
„*Beweg das Blech*“ ist also das Motto; gewissermaßen die historische Analogie zu heutigen „Just in time“-Konzepten, allerdings bezogen auf Produkte und Prozesse niedrigerer Komplexität. „*JIT-system manufacturing is (...) pure Fordism at its best. Ford's early mass-production plants were founded on the concept that the most efficient way to produce a vehicle is to minimize the time that elapses between beginning and completing production.*“[91]

Damit erklärt sich auch die Bedeutung der *Zeit- und Bewegungsstudien*. Sie dienen im Rahmen der Fließfertigung primär der Synchronisierung der Arbeitsvorgänge untereinander, damit ein einheitlicher Arbeitsrhythmus möglich wird. Die Zeitstudien im Ford-System zielen zwar auch auf Produktionskontrolle und Leistungsmessung der Arbeiter. Neben der Durchführung von Zeitstudien haben Bewegungsstudien das Ziel, die Arbeitsmethoden am Fließband zu standardisieren, um weitere Zeitgewinne zu ermöglichen.[92]
Das Ford-System verwendet dabei seine Anlagen rein produktspezifisch mit der Folge einer hohen Kapitalbindung. Diese musste durch Reduktion des Bedarfs an Personal, Sachmittel und Fläche kompensiert werden.[93] Das Rationalisierungsprogramm, das Ford in der Krise 1920/21 durchführte, ist ein Beleg: „*Das Büropersonal wird* auf *die Hälfte verringert, die statistischen Abteilungen (...) aufgelöst. (...) Die Herstellung eines Automobils vom Rohstoff bis zum Verkauf reduziert sich von zweiundzwanzig Tage auf vierzehn Tage, dadurch wird wieder an der Lagerhaltung, an Betriebskapital und an Zinsen der dritte Teil gespart.*“[94]
Primäres Ziel blieb, die *Einzweck-Kapazitäten* maximal auszulasten. Jeder Fahrzeugtyp wird in einer eigens für dieses Modell gebauten Fabrik gefertigt. „*We believe*“, schreibt Ford, „*that no factory is large enough to make two kinds of products.*“[95] Die Möglichkeit eines produktbezogenen Werkzeugwechsels brauchte nicht in Betracht gezogen zu werden, der Massenbedarf und das uniforme, standardisierte Ein-Produkt soll dies gerade vermeiden.[96] Eine „*Wechselproduktion*“ ist also noch unbekannt.[97]
Die *Qualität* der Produkte wird im Ford-System durch die Arbeitsvorbereitung festgelegt, die sämtliche Prozessschritte vor Fertigungsanlauf genau durchdacht hat.[98] Kontrollen finden durch einfache Schautafeln statt, die den Arbeitern und Angestellten Quantität und Qualität der Arbeitsergebnisse mitteilen.[99]

---

90 Vgl. Rieppel (1925), S. 6 und 8.
91 Vgl. Krafcik (1989), S. 43.
92 Witte (1925), S. 57 f.
93 Vgl. Rieppel (1925), S. 14 und S. 20; Womack/Jones/Roos (1991), S. 32.
94 Vgl. Morus (1927), S. 215.
95 Ford (1926), S. 82.
96 Vgl. Rieppel, P. (1925), S. 6; Womack/Jones/Roos (1991), S. 40 f. und S. 43.
97 Zu Begriff und Konzeption der Wechselproduktion vgl. Ellinger (1963), S. 481–498.
98 Vgl. Womack/Jones/Roos (1991), S. 43.
99 Vgl. Rieppel (1925), S. 9.

(d) Das Ford-System hat insbesondere in *personeller* Hinsicht einen ambivalenten Charakter: Während am Fließband hocharbeitsteilige Arbeitsplätze mit niedrigem Anforderungsprofil vorgesehen sind und der Arbeiter dabei keinen großen Einfluss auf die *„One best way"*-Tätigkeit nehmen kann,[100] ist bei dispositiven Tätigkeiten hohe Kreativität gefragt. Jede Lösung wird in Frage gestellt, *„alles kann noch besser und noch billiger gemacht werden"*[101]. Unabhängig von der Hierarchieebene erfolgte die Entlohnung nach Zeitlohn. Komplexe Entlohnungssysteme im Sinne einer differenzierten Akkordentlohnung möchte das Ford-System damit vermeiden. Wo dies nicht möglich ist, wird daran gearbeitet, die Lohn- und Anreizsysteme für alle Mitarbeiter weitgehend einfach und verständlich zu gestalten.[102]

Während für die niedrigqualifizierten Arbeiter am Fließband vor Ort körperliche Arbeit, kurze Anlernzeiten, wenig bis keine Freiheitsgrade in der Ausführung und genaue Leistungskontrolle die Regel war, sind auf der dispositiven Ebene gerade die gegenteiligen Prinzipien gültig. Die Anforderungen an die geistigen Tätigkeiten nehmen zu, in die Ausbildung(szeit) der Auszubildenden wird bewusst investiert und es bestehen Freiheiten in der Planung des Arbeitsablaufes.[103]

(e) Das Organisations-Prinzip der *Trennung* von Denken und Handeln konsequent wurde in allen Bereichen durchgesetzt. Allerdings sind die ‚vordenkenden' Bereiche noch eng mit den Tätigkeiten der ausführenden Ebenen verknüpft, und die Ursache-Wirkungs-Zusammenhänge zwischen den Bereichen sind unmittelbar einsichtig.[104] Verwaltung war eher notwendiges Übel, ungleich dem später aufkommenden *‚Verwaltungstaylorismus'*.

Die anfangs noch zentralistischen Strukturen[105] weichen im Laufe der Zeit dezentralen[106], aber trotzdem noch linearen Strukturen, die sich durch wenige Hierarchieebenen auszeichnen. Der Dezentralisierungsgrad der Fabriken hängt von deren Größe ab, d. h. Fabriken dürfen nie mehr als eine bestimmte Anzahl an Arbeitskräften beschäftigen. Ford selbst war kein Anhänger von „Riesenwerken".[107] Er organisierte den Fertigungsfluss so, *„(...) daß jeder dieser Kanäle und Bäche eine kleine Fabrik für sich bildet, einen Sonderbetrieb, der zwar aufs strengste in das ganze System eingespannt ist, aber doch seinen Abschnitt vollkommen selbständig erledigt."*[108]

Es wird vielmehr versucht, innerhalb der Fabrik wiederum kleine Fabriken aufzubauen. Ein Konzept, das heutzutage auch unter dem Begriff *„Fabriken in der Fab-*

---

100 Vgl. Womack/Jones/Roos (1991), S. 35.
101 Rieppel (1925), S. 21.
102 Vgl. Bönig (1989), S. 259; Morus (1927), S 209; Witte (1925), S. 57.
103 Vgl. Morus (1927), S. 18.
104 Vgl. Womack/Jones/Roos (1991), S. 36 f.
105 Frenz (1925), S. 1.
106 Vgl. Witte (1925), S. 57.
107 Ford (1923), S. 98. Witte (1925), S. 57.
108 Rieppel (1925), S. 20.

rik“ bzw. *„fraktale Fabrik“* neue Aktualität erreicht hat.[109] Schon hier ging es Ford um Beherrschung der Komplexität der gesamten Wertschöpfung. Die gesamte Organisation sollte möglichst übersichtlich und einfach strukturiert bleiben.

2.3.3 A.P. Sloans Ergänzungen zum Ford-System

Das Ford-System versuchte v. a. *externe Wertschöpfungsaktivitäten* zu *internalisieren* und damit die Durchgängigkeit der Produktion und die Autarkie der Organisation zu gewährleisten. Die Organisationsform des Vertikaltrusts war jedoch mit zunehmendem Wachstum mit stark ansteigenden organisatorischen *Steuerungsproblemen* der Unternehmen konfrontiert *(Steuerungskomplexität)*.

A.P. Sloan, ehemaliger Präsident von General Motors in den 1930er Jahren und Wettbewerber von Ford, reagierte auf die Steuerungsprobleme, insbesondere bei der Führung in großen Unternehmen und implementierte eine Organisationsform, wie sie im Grunde in vielen Konzernen noch heute zu finden ist:

- Schaffung dezentralisierter Unternehmensbereiche (*„Profit Centers“*), die von der Konzernspitze durch Kennzahlenkontrolle geleitet wurden und
- Arbeitsteilung auch auf Managementebene.

Sloans Konzept der *Profit Center*, das mit einer Konzentration auf spezifische Geschäftsfelder einherging, sollte die Steuerungsfähigkeit selbst großer Industrieunternehmen wieder verbessern.[110] Chandler beschreibt Sloans Lösung einer konsequenten Formalzielsteuerung sachlich weitgehend unabhängiger Divisionen wie folgt: *„Moreover, Sloan firmly believed that divisional independence encouraged initiative and innovation. At the same time, the activities of these divisions had to be coordinated and controlled in the interest of the corporation as a whole.“*[111]

Dem stärker werdenden Wunsch der Kunden nach individuelleren Produkten entsprach Sloan, indem er das Produktangebot differenzierte und erstmals Sonderleistungen anbot. Um der Produktvariantenkomplexität entgegenzuwirken, versuchte er die Vorteile der Massenproduktion zu erhalten. Sloan standardisierte nicht mehr die kompletten Produkte, sondern nur noch *Komponenten*. Somit konnte der für die Massenproduktion sich negativ auswirkende Effekte individueller Kundenwünsche durch die Einführung mehrerer Produkt-Typen (Modell-Reihe) mit mehrfach verwendbaren genormten Teilen aufgefangen werden. Der *Produkt-Baukasten* bzw. die *Produktplattform*[112] war geboren (Output).

Damit blieben zwei Charakteristika des Ford-Systems – die Art und Weise der Konstruktion von Produkten in *eigenen Entwicklungsabteilungen* (Produkt) und die Form der Fertigungsgestaltung mittels des *Fließprinzips* (Prozess) – in ihrem We-

109 Vgl. Schonberger (1988), S. 24–30. Siehe hierzu auch Warneckes (1996) Konzept der *„Fraktalen Fabrik“*

110 „General Motors explicitly decided not to imitate the strategy Henry Ford was developing, that is, to control and make nearly everything that went into the Model T.“ Chandler (1963), S. 144.

111 Chandler (1963), S. 133 und S. 145 ff.; Womack/Jones/Roos (1991), S. 45.

112 Vgl. hierzu ausführlich Volz (1998).

sen weitgehend erhalten. Die Fabrikverhältnisse änderten sich für die Arbeiter mithin nicht wirklich. Vielmehr verstärkten sich die Nachteile des Ford-Systems mit steigendem Bildungsstand der Arbeiter zusehends.[113]

2.4 ‚Moderner Fordismus' (‚Recent Fordism')

2.4.1 Explikation des Begriffs ‚Moderner Fordismus'

Die begriffliche Unterscheidung von ‚Reinem Fordismus' und ‚Modernem Fordismus' soll uns dazu dienen, das negativ belegte einzelne Schlagwort vom ‚Fordismus' – das zudem oft mit Taylorismus gleichgesetzt wird – zu vermeiden. Denn bis heute werden die Begriffe Fordismus und Taylorismus gerade in der Diskussion um Lean Management als die für alle Missstände verantwortlichen Produktionssysteme benannt. Das ist so nicht der Fall. Zum einen sind die Prinzipien des Taylor-Systems – wie oben gezeigt – auf einer anderen Ebene als die Prinzipien des Ford-Systems zu begreifen. Zum anderen steht das System, welches Ford schuf (‚Reiner Fordismus'), mit dem „modernen" Fordismus nur als Vorläufer im Zusammenhang.

Der ‚Moderne Fordismus' ist somit die überspannte, auf Effizienz und nicht auf Effektivität gerichtete Weiterentwicklung des ‚Reinen Fordismus', wie sich anhand verschiedener Gestaltungsprinzipien zeigen lässt.

Wir können nunmehr den „*modernen*" Fordismus im Unterschied zum „reinen" Fordismus und zum Taylorismus im Folgenden knapp skizzieren, wiederum nach den bekannten Gestaltungsfaktoren.

(a) Lieferanten, Kostenwettbewerb und mangelnde Produktverantwortung

Der ‚Moderne Fordismus' behält eine *hohe Fertigungstiefe* bei, was im Widerspruch zu einer gleichzeitig steigenden Zahl an unabhängigen Zulieferern steht, wobei der Zukaufanteil sich nicht erhöht. Wo Ford früher einen Zulieferer beschäftigte, der dem Ford-Konzern selbst angehörte, vergeben die Hersteller im Modernen Fordismus bei gleicher Verantwortung für die gesamte Fertigungstiefe die Aufträge an mehrere Zulieferer. Diese Form des *Multiple-Sourcing* sieht die Zulieferer aber vorrangig als verlängerte Werkbank an. Die Zulieferer befinden sich in einer Rolle von Auftragnehmern, denen eine Mitgestaltung am Gesamtprodukt weitgehend verwehrt wird. Das Know-how des Lieferanten bleibt somit unberücksichtigt. Seine Verantwortung ist eingeschränkt auf ein vom Abnehmer detailliert vordefiniertes Produkt.

(b) Individualisierungstrend führt zu zunehmender Variantenkomplexität

Dem Trend zur *Individualisierung* versucht der ‚Moderne Fordismus' mit einer erhöhten Typen- und Variantenvielfalt gerecht zu werden. Im Ergebnis führt dies zu einer Ausdifferenzierung des Produktprogramms. Es wird breiter und heterogener, d. h. es kommen immer mehr unterschiedliche Technologien in unterschiedlichen Lebenszyklusphasen zur Anwendung. Allerdings bleibt das produktionstech-

113 Vgl. Womack/Jones/Roos (1991), S. 45 ff.

nische Denken trotzdem auf die Massenproduktion fixiert. Allenthalben kommt es zu einer Groß-Serienfertigung. Der *break-even point* bleibt somit hoch.[114]
Der Kunde wird entweder als notwendiges Übel angesehen (extreme Technologie- bzw. Produktions-Orientierung) oder man fixiert sich über die Maßen auf dessen Wünsche (extreme Kunden- bzw. Markt-Orientierung). Das Verkaufswesen ist häufig entweder einseitig technisch oder einseitig kaufmännisch ausgerichtet.

(c) Verselbständigungstendenzen und Entkoppelung vom Arbeitsfluss
Die *Autonomiebestrebungen* in den Funktionalbereichen nehmen zu, es entstehen *Ressortegoismen.* Insbesondere die Trennung von kaufmännischem und technischem Denken führt zu Problemen bei Abstimmungsprozessen zwischen der FuE, der Produktion und des Absatzes. Die Prämisse langer Marktzyklen bleibt Grundlage der Produktentwicklungen und Innovationsimpulse werden entweder von Kundenwünschen oder vom eigenen Ressourcen-Potential abgeleitet.
Die Produktion stützt sich weiterhin auf das *Fließprinzip*, Zeitstudien werden aber im Vergleich zum reinen Fordismus nicht nur zur Abstimmung von Arbeitsvorgängen, sondern auch zur *Disziplinierung* des Arbeitsverhaltens verwendet. Trotz der steigenden Produktvielfalt werden *spezialisierte* Anlagen für ein hohes Produktionsvolumen eingesetzt. Durch sog. *„optimale Losgrößen"* wird versucht, die Individualisierung der Nachfrage mit den Bedingungen der Massenproduktion in Einklang zu bringen.

Die Philosophie der Massenproduktion wird also trotz veränderter Bedingungen nicht hinterfragt. *„Fords Nachfolger haben jedoch den Produktionsfluß nicht genau so realisiert, wie Ford es beabsichtigt hatte. Sie hatten am Ende das Konzept ‚Je größer die Lose, umso besser'. Damit errichtet man sozusagen einen Damm und stoppt den Fluß bei den Bearbeitungs- und Preßvorgängen."*[115] Die zunehmenden Möglichkeiten der Automatisierung werden nur als strukturelle *Substitutionspotentiale* der menschlichen Arbeit angesehen, anstatt eine intelligente Automatisierung i.S.e. funktionalen Substitution von Anforderungen zu verfolgen. Dieses Produktionssystem führt zwangsläufig zu einer überproportionalen Zunahme der *Puffer- und Zwischenlagerbildung*, was sich direkt in einem erhöhten Kapital- und Raumbedarf auswirkt.[116] Auch bringt es erhebliche *Qualitätsprobleme* mit sich, weil immer kompliziertere Produkte aufgrund der extremen Arbeitsteilung organi-

114 Vgl. z.B. die Situation bei der Marke VW Anfang der 1990er Jahre. Lag der break-even point 1991 noch bei 99 Prozent, so war beabsichtigt, den Break-even point 1992 auf 82 und bis 1996 auf 70 Prozent zu senken. Vgl. Hillebrand (1992), S. 42. *„In der Tat stehen die Zeichen im VW-Konzern auf Sturm – die Kosten müssen gesenkt werden, und zwar im Eiltempo. Seit 1988, so eine interne „Fixkostenanalyse Marke VW", stieg der Umsatz um 160 Prozent, die Sachgemeinkosten aber kletterten um 168 Prozent und die investitionsabhängigen Kosten um 190 Prozent.*" Ebenda.

115 Ohno (1993), S. 129.

116 Shingo (1988), S. 231 ff. spricht hierbei von einer sog. „Authorized Stock Production", Krafcik (1988), S. 41–52 von „buffered production".

satorische Schnittstellen und damit Wissensteilungen und die Gefahr von Fehlern induzieren.[117]

(d) Verengte Handlungsspielräume infolge von inkongruenten Anforderungs- und Eignungsprofilen

Trotz der steigenden Qualifizierung der Arbeiter bleibt der Ermessensspielraum der Arbeiter gering und es entsteht ein sich selbst verstärkendes *Kontrollwesen.*[118] Die weiterhin bestehenden Einzelarbeitsplätze gewähren den Arbeitern keinerlei Beeinflussungsmöglichkeiten auf die Arbeitsmethodik.
Im krassen Gegensatz dazu steht die Berechnung des Lohns auf der Grundlage des Akkords, obwohl die Arbeiter – auch aufgrund der steigenden Automatisierung – ihre persönliche Leistung gar nicht mehr mitbestimmen können. Die Akkordentlohnung entwickelt sich zu einem Ritual, das nicht mehr hinterfragt wird.

(e) „Verwaltungstayloristische Tendenzen"

Charakteristisch für den ‚Modern Fordismus' ist die Steigerung der *internen Steuerungskomplexität*, die ganz wesentlich aus zwei – bereits genannten – Entwicklungen resultiert: Individualisierung der Nachfrage und der der Massenproduktionsphilosophie inhärenten Dynamik zu größeren Produktionseinheiten. Parallel hierzu war eine überproportionale Wucherung der Gemeinkosten(-bereiche) zu verzeichnen, was einen entsprechenden Rationalisierungsbedarf nach sich zog.
Man versuchte, durch die Übertragung der tayloristischen Prinzipien die Gemeinkosten in den Griff zu bekommen – der „*Verwaltungstaylorismus*" war geboren. Wie in den Produktionsbereichen entstand eine hoch arbeitsteilige Organisation. Parallel dazu war ein Ausufern der *Stab-Linien-Konzeption* zu beobachten. Dies alles wurde zunächst nicht auffällig, weil man in der Anwendung der neuen *Potentiale der Informationstechnik* die Chance zur Automatisierung der Verwaltungsprozesse sah. Man glaubte, die enorme Steuerungskomplexität erfassen und automatisieren zu können, anstatt sie durch organisatorische Maßnahmen erst zu reduzieren. Dass man damit die (überkommenen) Verhältnisse nur noch fester zementierte, müssen viele Unternehmen noch heute schmerzhaft erfahren.

2.4.2 Volvo(ismus) als einseitiger Rationalisierungsansatz

„Während zu Beginn der industriellen Entwicklung die technisch-wirtschaftliche Zielsetzung unangefochten im Vordergrund stand, brachte die gesellschaftliche Entwicklung hier einen wesentlichen Wandel."[119] Wenn Anforderungs- und Eignungsprofil der industriellen Arbeitsplätze – insbesondere am Fließband – noch nie zur Deckung kamen, so nahm diese Differenz in der Zeit des ‚Modernen Fordismus' aufgrund eines stetig steigenden Bildungsstandes der Arbeiter laufend zu.

[117] Vgl. Womack/Jones/Roos (1991), S. 37.
[118] Staudt (1987), S. 3.
[119] Ellinger (1978), S. 88.

Die zunehmende Unzufriedenheit mit den Arbeitsbedingungen wurde im Fachjargon in Anlehnung an einen Streik in Lordstown, Ohio, mit dem Begriff *„Lordstown-Krankheit"* belegt.[120] Die Automobilindustrie (allen voran die schwedischen Unternehmen Volvo und Saab) suchte nach neuen Möglichkeiten, die industrielle Arbeit an den Bedürfnissen des Menschen zu orientieren. Als Lösung wurde die (teil-)*autonome Gruppenarbeit* empfohlen. Die Fließbandarbeit sollte wegfallen. *„Statt an einem herkömmlichen Fließband arbeiten Werkstatt-Teams nach einer neuartigen Methode, die den Vorteil der alten ‚zünftlerischen' Werkbank mit der Effektivität des laufenden Bandes verknüpft.*"[121]

Die Ergebnisse konnten allerdings nie überzeugen. Die Schwierigkeiten der als *Volvoismus* bezeichneten Produktionsform führten letztendlich dahin, daß die Volvo-Fabrik in Uddevalla schließen muss: *„Uddevalla, das erst im Mai 1989 mit staatlicher Finanzhilfe gebaut worden war und als internationale Musteranlage für eine Abkehr von der Fließbandproduktion gepriesen worden war, wird im nächsten Jahr (1993, d.V.) geschlossen, Kalmar 1994.* "[122]

Von den Befürwortern des *Volvoismus* wurde trotz der Schließungen entgegengehalten, dass die Idee des Volvoismus grundsätzlich wettbewerbsfähig war und ist. Die Schließung der beiden Werke würde nicht in einem direkten Zusammenhang mit deren Produktivität stehen. Die bleibende Aktualität des Volvoismus würde sich in den steigenden sozialen Ansprüchen der europäischen Gesellschaften sicher bestätigen. Insbesondere an der sozialen Dimension würde sich früher oder später zeigen, daß die Lösungskonzepte des Volvoismus zukunftsweisend seien, im Gegensatz zu den anderen aktuell diskutierten Produktionsformen.[123] Allerdings wird selbst von Volvo zugegeben, *„daß die konventionelle Volvo-Fabrik im belgischen Gent eben doch sehr viel produktiver arbeitet.* "[124]

Neben dieser unternehmensinternen Einschätzung zeigt darüber hinaus ein Vergleich der Fabrik des Toyota-GM Joint Ventures, NUMMI mit der Uddevalla-Fabrik das gleiche Bild. NUMMI (New United Motor Manufacturing) ist ein in 1984 gegründetes Joint Venture von General Motors und Toyota mit Sitz in Fremont, Kalifornien. Es wurde mittlerweile im Jahr 2010 geschlossen und wird seit Oktober 2010 als Werk des E-Fahrzeug-Herstellers TESLA weiterbetrieben.[125]

Die Produktivität der Produktion von Uddevalla konnte mit den deutlich besseren Zahlen der NUMMI-Fabrik niemals Schritt halten: *„However, there is little doubt as to which production system is capable of delivering the greatest efficiency and*

120 Vgl. o. V. (1989).

121 Pfeiffer/Dörrie/Stoll (1977), S. 77. Vgl. auch für Saab o. V. (1989b) und für Volvo Göppert (1989) und Womack/Jones/Roos(1991), S. 52.

122 o. V. (1992), S. 22.

123 Vgl. Berggren (1991), S. 335.

124 Zitat des Volvo-Chefs Sören Gyll auf eine Frage bezüglich der Produktivität der „Prestigefabrik"; vgl. Helmy (1992).

125 Vgl. Sibley (2010).

quality: it is NUMMI. In fact, one Volvo executive we interviewed stated flatly that Uddevalla would not have been built under today's circumstances, and it would be hard to find others at Volvo who would disagree."[126] Dieses Ergebnis überraschte umso mehr als die vormalige GM-Fremont Plant vor Beginn des NUMMI-Joint Ventures als schlechtestes Werk in der US-amerikanischen Autoindustrie galt und mit Alkoholproblemen der Mitarbeiter, hohen Absentismus-Raten, Sabotage-Aktionen u. ä. zu kämpfen hatte.

Schicksale

Volvo wurde 1927 als Pkw-Hersteller gegründet, verkaufte den Personenwagen-Geschäftsbereich Volvo Car Corporation jedoch 1999 an Ford, die diese wiederum im Jahre 2010 an den chinesischen Automobil- und Motorradhersteller Geely verkaufte. Heute ist die Volvo Group ein schwedischer Nutzfahrzeug-Konzern.

Saab AB ist ein schwedischer Flugzeugbau- und Rüstungskonzern. Das in 1937 gegründete Unternehmen unterhielt seit 1947 eine Pkw-Sparte. Nach Verlusten der Automobilsparte im Jahr 1989 und nach gescheiterten Kooperationsplänen mit Ford, ging Saab im Dezember 1989 eine 50:50- Partnerschaft mit dem US-Konzern General Motors ein. Saab gehörte bis Anfang 2010 zu General Motors und wurde dann vom kleinen Sportwagenbauer Spyker übernommen. Im Dezember musste Saab nach mehreren Monaten ohne Produktion und Einnahmen aber Insolvenz beantragen. Saab wurde schließlich an ein chinesisch-japanisches Konsortium verkauft (National Modern Energy Holdings Ltd.), welches sich unter dem Namen *National Electric Vehicle Sweden (NEVS)* auf den Bau von Elektroautos konzentrieren will und dafür Ende 2013 die Produktion aufnahm.

Quellen: o.V. (1990); o.V. (2011); o.V. (1992c); Pressemeldung abgerufen von http://saabcars.com/en/news/

Nach den Trainings der Mitarbeiter bei Toyota konnten jedoch recht schnell deutliche und nachhaltige Verbesserungen erzielt werden. Der Grund für diese *Produktivitätsdifferenzen* tritt noch deutlicher in den Vordergrund, wenn das in dieser Arbeit verwendete Kriterienraster auf den Volvoismus angewandt wird. Es zeigt sich eine einseitige Konzentration der Verbesserungsbemühungen auf den *Personalbereich*. Dabei ist es geradezu paradox, dass sich die gut gemeinte Absicht einer Konzentration auf personelle Gestaltungsfragen im Ergebnis in ihr *Gegenteil* verkehrt.

Denn eine vergleichende Studie hat ergeben, dass gerade NUMMI – und nicht Uddevalla – das effektivere Modell für die Umsetzung eines *lernenden* Systems ist.[127] Eine umfassende Lösung hin zu einem lernenden System muss daher alle (fünf) Faktoren berücksichtigen. Mit Ellinger gesprochen, stellt die Produktionsform der (teil-)autonomen Team- resp. Gruppenarbeit eine einseitige Ausrichtung auf den humanen Zielbereich dar; der technische und wirtschaftliche Zielbereich bleiben weitgehend unberücksichtigt. Es können daher zwangsläufig nur Suboptima entstehen.[128]

---

126 Adler/Cole (1993), S. 88. Vgl. Berggren (1994), S. 37–45 und die diesbezügliche Stellungnahme von Adler/Cole (1994), S. 45–49.

127 Vgl. Adler/Cole (1994), S. 86.

128 Vgl. Ellinger (1978), S. 87–94.

Auch die MIT-Studie bezweifelte, dass die Produktionsform des Volvoismus die Effizienz eines Lean Management erreichen, geschweige denn übertreffen kann und bringt diese Überzeugung deutlich auf den Punkt: *„Der große Haken bei der Neohandwerkskunst ist, daß sie dieses Ziel nie erreichen wird, weil sie in die andere Richtung strebt, zurück zu einer Handwerksära als Selbstzweck.*"[129]

Es gab noch eine Reihe anderer *(Fehl-)Entwicklungen*, die bis heute andauern und daher auch als *„moderner Fordismus"* sinnvoll bezeichnet werden.[130] Dass dabei die Begriffe Fordismus und Taylorismus fälschlicherweise für viele Missstände moderner Produktionssysteme verantwortlich gemacht werden, liegt zum einen an der *Verwechslung* von Taylor-System und Ford-System. Zum anderen entsprechen einige Gegebenheiten nicht mehr den Prämissen, auf Basis derer der ursprüngliche Fordismus entwickelt wurde. Der moderne Fordismus interpretierte folglich Fords Ideen falsch.

Vermutlich war dieser Umstand für Taiichi Ohno in den 1950er Jahren der Ausgangspunkt für das Produktionskonzept, welches später als Lean Production bzw. Lean Management bezeichnet wurde. Ohno sah die Verirrungen des „Modernen Fordismus" ganz klar: *„Wir sehen, daß die von ihm (Ford, d.V.) und seinen Mitarbeitern erfundene und entwickelte Automation und das Fließbandsystem nie von der Absicht getragen wurden, die Arbeiter zu zwingen, immer härter zu arbeiten, sich von den Maschinen knechten zu lassen und damit von ihrer Arbeit zu entfremden Wie überall hat auch seine Philosophie eine Eigendynamik angenommen, sie hat eine Entwicklung genommen, die von der erhofften Richtung des Schöpfers abweicht.*"[131]

[129] Womack/Jones/Roos (1991), S. 107.
[130] Vgl. Krafcik, J.F. (1989), S. 44.
[131] Ohno (1993), S. 129.

Kapitel 3: Lean Management – Begriff und Konzept

Mit der vorangegangenen Diskussion der Vorläufer-Konzepte des Lean Management-Konzepts sind wir nun hoch vorbereitet, um uns diesem selbst zuzuwenden. Zunächst gehen wir auf die Erfolgsbilanz (Abschnitt 3.1), sodann auf dessen Verständnis (3.2) ein. Wir explizieren dieses Konzept, indem wir es in einer Bedeutungsanalyse auf verschiedene Prinzipien zurückführen: auf *Attitüden-Prinzipien* (Abschnitt 3.3) und auf *inhaltliche Prinzipien* (Abschnitt 3.4). Das sogenannte *„Fundamentalprinzip effektiver und effizienter Wertschöpfungsnetzwerkgestaltung"* fungiert als Klammer (Abschnitt 3.5).

3.1 Lean Management als Phänomen – eine „Erfolgsbilanz"

3.1.1 Kennzahlen des Erfolgs

Wie effektiv und effizient die Gestaltung der Wertschöpfungskette industrieller Güter in Lean-Unternehmen ist, manifestiert sich in einer beachtlichen Erfolgsbilanz.[1] Die japanischen Unternehmen haben mit Lean Management deutliche Erfolge erzielt: *Sie brauchen von allem die Hälfte! Die Hälfte der Zeit, des finanziellen Aufwands, der Fläche und der Mitarbeiter quer durch alle Funktionen im Betrieb.* Diese hervorragenden Performance-Zahlen werden erzielt, obwohl dem ein wesentlich komplexerer Produktmix zugrunde liegt.

In Abb. 1 sind die im Folgenden angesprochenen und auch weitere interessante Kennzahlen verdichtet zusammengefasst. Zahlen und Beispiele sind mittlerweile auf einem historischen Stand vor 20 Jahren. Wir berichten diese dennoch, weil wir die Parallelen der beiden Übergange Handwerk/Fordismus und moderner Fordismus/Lean Management besser vergleichen können.

Beachtliche Leistungsdifferenzen hinsichtlich Zeit bzw. Durchlaufzeit, Aufwand und Mitarbeitern sind in der *Produktionsvorbereitung* zu verzeichnen. Insbesondere für Werkzeugbau, Formen-, Modell- und Prototypenbau sind gravierende Unterschiede kennzeichnend. Beispielsweise liegt die Dauer für Entwicklung und Produktion von Werkzeugen (Presswerkzeugen) bei japanischen Produzenten bei 13,8 Monaten, während die europäischen Konkurrenten 28 Monate benötigen.

Doch es bleibt nicht nur bei der Hälfte der Entwicklungszeit. Der Entwicklungsaufwand und die Mitarbeiterzahl in diesem Bereich machten in Japan mit 1,7 Mio. Ingenieur-Stunden ebenfalls nur knapp 50% gegenüber den 3,1 Mio. Stunden in Europa aus. Darüber hinaus fanden sich ähnliche Leistungsunterschiede auch im

---

1 Die in der Erfolgsbilanz angeführten Zahlen entstammen der MIT-Studie. Vgl. Womack/Jones/Roos (1991).

Anlageninvestment für eine neue Modellgeneration. Und dabei übernehmen Lean Unternehmen bei neuen Modell-Generationen wider Erwarten erheblich *weniger* Teile der alten Produktgeneration bei einem *kürzeren* Vier-Jahreszyklus gegenüber einem maximalen Zehn-Jahreszyklus westlicher Hersteller: Japanische Unternehmen übertragen ca. 18% der Teile, Europäer ca. 30% und Amerikaner sogar 38%.[2]

		Japanische Produzenten	Amerikanische Produzenten	Europäische Produzenten
Entwicklung	Personalaufwand (Mio. h)	1,7	3,1	3,1
	Werkzeugentwicklungszeit	13,8 Monate	25 Monate	28 Monate
	Pilotserie-Vorlaufzeit	6,2 Monate	12,4 Monate	10,9 Monate
	Anteil übernommener Teile	18%	38%	30%
Produktion	Produktivität (h/Auto)	16,8	25,1	36,2
	Qualität (Montagefehler/ 100 Autos)	60	82,3	97
	Teamorganisation	69,3 %	17,3 %	0,6%
	Abwesenheit	5,0 %	11,7 %	12,1 %
	Montagelagerbestand (Tage)	0,2	2,9	2,0
Lieferanten	Anzahl Zulieferer/Montagewerk	170	509	442
	Konstruktion durch Zulieferer (% Gesamt-h)	51	14	35
	Anteil JIT-Teile (%)	45	14,8	7,9
	Maschinen/Mitarbeiter	7,4	2,5	2,7
	Lagerbestand (Tage)	1,5	8,1	16,3
Vertrieb	Auslieferungslager-Bestand	21 Tage	66 Tage	66 Tage
	Händler/Firma	300	2.000	7.500

Abb. 1. Erfolgsbilanz des Lean Managements

Auch in der *Produktion* zeigten sich deutliche Produktivitätsunterschiede: benötigten die Europäer im Durchschnitt 36,2 Stunden pro Auto, lag der Wert in Japan bei nur 16,8 Stunden. Bei der Qualität sind entsprechende Verhältnisse sichtbar, wie z. B. die Zahl der Montagefehler pro KFZ anzeigt: 60 Fehler pro 100 KFZ in Japan stehen 97 Fehler in Europa gegenüber.[3]

Symptomatisch steht sicherlich wiederum die Situation wie sie von VW berichtet wird: In der Wolfsburger Fertigung laufen lediglich 30% aller Autos im direkten

2 Vgl. Womack/Jones/Roos (1991), S. 118.

3 Vgl. o. V. (1991a), S. 36.

Durchlauf ohne Fehler vom Band. Demgegenüber beträgt diese Quote bei japanischen Konkurrenten etwa 90%.[4]

Um trotzdem die Qualität sicherzustellen, beschäftigten z. B. die europäischen Hersteller der Oberklasse in der *Nacharbeitszone* am Ende des Bandes etwa die Zahl der Arbeitskräfte, mit denen Toyota sein Luxusmodell insgesamt montiert. Der Montagelagerbestand lag darüber hinaus bei japanischen Produzenten mit 0,2 Monaten um den Faktor 10 niedriger als bei europäischen Automobilherstellern.

Ganz drastische Unterschiede sind bei der Ausgestaltung des *Zuliefersystems* zu verzeichnen: während japanische Produzenten die Anzahl der Zulieferer pro Montagewerk auf 170 gedrückt haben, verhandeln die Europäer noch mit 442 verschiedenen Lieferanten. Dabei werden in Europa nur 7,9% der Teile just-in-time angeliefert, gegenüber 45% in Japan.

Schließlich sind gravierende Differenzen auch beim *Vertriebssystem* erkennbar: Japanische Automobilfirmen arbeiten im Durchschnitt mit 300 Händlern zusammen, während europäische Hersteller 7.500 Händler beliefern und dies bei einem mit 66 Tagen um den Faktor drei höheren Auslieferungsbestand. Die Kennzahlen beeindrucken noch mehr, wenn man sich den folgenden Tatbestand vor Augen führt (vgl. Abb. 2):

	Japanische Produzenten	**Amerikanische Produzenten**	**Europäische Produzenten**	
			Volumen	Spezialist
Modell-Angebot	47 → 84	36 → 53	442	
Totale Erneuerung der Modellpalette	4 Jahre	8→10 Jahre		7→ 10 Jahre
Produktion je Modell bis zum Modellauslauf	500.000	2 Mio.	2 Mio	
Durchschnittlich übliche Produktion je Modell	125.000	200.000	200.000	75.000
Durchschnittliche Entwicklungsstunden je Modell	1,7 Mio.	3,1 Mio.	2,9 Mio.	3,1 Mio

Abb 2. Modellvielfalt in der Automobilindustrie

Von 1982 – 1990 verdoppelten die Japaner knapp ihr Modellangebot, die Amerikaner erhöhten es um die Hälfte, und die europäischen Volumenproduzenten reduzierten es sogar leicht um 10 %. Die Japaner blieben dazu bei der vierjährigen totalen Erneuerung der Palette, die USA und die Europäer verlängerten den Erneuerungszyklus beträchtlich von 8 bzw. 7 Jahren auf 10 Jahre.[5]

4 Vgl. Blüthmann (1992), S. 26. Zur Erinnerung: Es handelt sich um historische Zahlen.
5 Vgl. Womack/Jones/Roos (1990), S. 119 ff.

Offensichtlich sind amerikanische und europäische Hersteller auf kleine Stückzahlen nicht so gut vorbereitet. Durch ihre durchschnittlich doppelt so hohen *Einmalinvestitionen* in Forschung und Entwicklung und Produktionsvorbereitung stehen sie unter großem Stückzahlendruck. Statt in Elastizität ihrer Produktionsanlagen zu investieren, weichen sie durch Verlängerung des Produkt-Zyklus aus und schreiben dadurch die auf Massenproduktion ausgerichteten Produktionsstrukturen auch für die Zukunft fest. Japanische Unternehmen dagegen reduzierten den Stückzahldruck durch drastische Verringerung der Einmalinvestitionen sowie durch Investitionen in Flexibilität. Sie erreichen noch die Gewinnzone bei einer Halbierung des Modellzyklus, bei einer Viertelung der kumulierten Stückzahl über die Modell-Laufzeit und einer um ca. 30 % niedrigeren Jahresproduktion je Modell.

	Japanischer Hersteller	**Europäischer Hersteller**
Tagesproduktion	360	308
Direkter Bereich	135	260
Press-/Karosseriewerk	40	82
Lackiererei	175	301
Trim und Endmontage		
Summe pro Schicht	350	643
indirekter Bereich		
Inspektoren		
- Karosseriewerk	730	
- Lackiererei		
- Endmontage & Reparatur		
Summe Inspektoren pro Schicht	350	643
Materialversorgung & Linienbeschickung	10	113
Sonstige	35	174
Summe pro Schicht	60	355
Summe direkter und indirekter Bereich pro Schicht	350	643
Arbeitskräfte/Fahrzeug		
- Direkt	1,0	2,1
- Indirekt	0,2	1,2
- Direkt und indirekt	1,1	3,2
Abwesenheitsrate	1%	5,1%

Quelle: Pfeiffer (1982), S.27; vgl. Hoffmann/Kaplinsky (1988), S.120

Abb. 3. Unterschiedliche Produktivität bei der Herstellung eines vergleichbaren Fahrzeugs im Jahre 1980

Dabei zeichnete sich die gravierende *Produktivitätslücke* bereits in Studien Anfang der 80er Jahre sehr konkret ab: Die unterschiedliche Produktivität bei der Herstellung eines vergleichbaren Fahrzeugs durch ein japanisches und ein europäisches Unternehmen wurde schon 1980 eindrucksvoll aufgezeigt (vgl. Abb. 3).[6] Unter Be-

[6] Vgl. Hoffmann/Kaplinsky (1988).

rücksichtigung der Tagesproduktion ergab sich bereits in den 80er Jahren bei den direkt Beschäftigten in etwa das „typische“ Verhältnis: Die japanischen Produzenten benötigen pro Schicht für die gleiche Ausbringungsmenge die Hälfte der Mitarbeiter.[7]

Noch wesentlich drastischer stellt sich die Situation im *indirekten Sektor* dar. Pro Schicht nehmen in Europa 68 Inspektoren Kontrolltätigkeiten wahr, in Japan kam man mit nur 15 aus. Zusammen mit den anderen indirekten Bereichen ergibt sich ein Verhältnis von 60 im Overhead Beschäftigten in Japan zu 355 in Europa.[8]

Ähnliche Kennzahlen zeigt die folgende Übersicht (vgl. Abb. 4), die der 1984 erschienenen umfassenden Auseinandersetzung von Lederer mit der japanischen Produktionsweise entnommen ist.[9] Die geschilderte Situation, die sich im Lauf der 1980er Jahre noch weiter verschärft hat, ist u. E. maßgeblich verantwortlich für die überlegene Wettbewerbsposition, in der sich die japanische Automobilindustrie in den 1990er Jahren befindet.

Kosten/ Produktivität	**Ford**	**GM**	**Mazda**	**Nissan**
Beschäftigungsstunden	84	83	53	51
Lohnkosten ($)	1.848	1.826	620	593
Kosten für Rohmaterial und Kaufteile ($)	3.650	3.405.	2.858	2.858
Gemeinkosten ($) [1]	650	730	350	350
Sonstige Kosten ($) [2]	350	325	1.100	1.200
Summe ($)	**6.498**	**6.286**	**4.928**	**5.001**

1 Garantie, Energie, Versicherungen 2 incl. Schiffsfracht Japan – USA

Abb. 4. Kosten- und Produktivitätsvergleich bei der Herstellung eines Kleinwagens in den USA und Japan

[7] Vgl. zu den angesprochenen Zahlen: Pfeiffer (1982), S. 27. Vgl. auch: Hoffmann/Kaplinsky (1988), S. 120.

[8] Vgl. zu diesen Erfolgskennzahlen auch Schonberger (1982).

[9] Vgl. Lederer (1984), S. 327–333. Dr.-Ing. K. G. Lederer (früherer Chef der ITT-Automotive-Sparte weltweit) war zu dieser Zeit Leiter der Fertigungstechnik Fahrzeuge in der Technischen Zentralplanung der BMW AG München. Seine fundierten Vergleiche erstreckten sich auf Produktivität, Lohnkosten, Qualität, Logistik/Zuliefersystem, Personalführung/Entwicklung, Organisation/Planung/ Steuerung sowie Management-Stil und Philosophie. Gleichzeitig versuchte der Verfasser, Leitlinien für die Übertragung auf europäische Betriebsverhältnisse zu entwickeln.

Ein detaillierter Vergleich von Motorenwerken japanischer und amerikanischer Hersteller insbesondere für die Teilefertigung Anfang der 80er Jahre unterstützt noch die oben genannten Zahlen (vgl. Abb. 5).[10]

Von der Produktionsfläche über die Arbeitsstunden pro Motor bis hin zu den Beständen – in jedem Bereich ist der japanische Produzent seinen amerikanischen Konkurrenten haushoch überlegen. Diese Zahlen scheinen durch ihre Größenordnung zunächst zu überraschen. Für die Reduzierung der notwendigen Fabrikationsfläche haben japanische Berater der Firma „Shin-Gijutsu" bei Porsche nur kurze Zeit gebraucht: *„In acht Workshops hat sich Iwatas Truppe 1993 jeweils eine Woche lang sechs unterschiedliche Montagebereiche vorgenommen. Die durchschnittliche Ausbeute pro Woche: 20 Prozent geringere Fertigungskosten, 22 Prozent weniger Fehler, 50 Prozent weniger Vorräte und 1000 Quadratmeter weniger Fläche. Zwei komplette Werke sind in Zuffenhausen auf diese Weise bereits überflüssig geworden. Sie sollen an Zulieferer vermietet werden."*[11]

Motorenwerke	**Toyota Kamingo 9**	**Chrysler Trenton**	**Ford Dearborn**
Produkte	2,4 l – 4-Zyl. 2,0 l -4--Zyl.	2,4 l – 4-Zyl. Incl. Turbo	1,6 l – 4-Zyl. H0, Turbo, EFI
Werksgröße (m^2)	29.000	204.000	204.000
Belegschaft	180	2.250	1.360
Stückzahl/Tag	1.500	3.200	1.960
Arbeitsstunden/Motor	0,96	5,6	5,55
Schichten	2	2	1 (Montage) 2 (Teilefertigung)
Bestände (Durchschnitt)	4- 5 Stunden	2,5-5 Tage	9,3 Tage
Roboter	Keine	5	k.A.

Quelle: nach McElroy (1984), S.51-52; vgl. auch: Hoffmann/Kaplinsky (1988), S. 117, Schonberger (1988), S.81, Schonberger (1982)

Abb. 5. Vergleich von Motorenwerken

Die beeindruckende, 500 % höhere Arbeitsproduktivität (mit 0,96 Arbeitsstunden pro Motor zu 5,6 bzw. 5,55 Arbeitsstunden pro Motor) darf jedoch nicht fehlinterpretiert werden. Sie ist nicht Reflex eines vergleichsweise höheren Kapitaleinsatzes zur Substitution menschlicher Arbeit. Denn generell kann man davon ausgehen, dass in den japanischen Lean-Unternehmen die Kapitalproduktivität mindestens doppelt so hoch ist.[12] Auch dies deutete sich bereits Anfang der 80er Jahre an.[13]

[10] Vgl. hierzu: McElroy (1984), S. 51–52.

[11] Vgl. Linden (1994), S. 66.

[12] So hatte z. B. Piëch die Reduzierung des Investitionsprogramms von 12 Milliarden auf 6 Milliarden DM damit verteidigt, dass in der Auflösung von Engpässen enorme Reserven liegen und sich deshalb mit der halben Investitionssumme der gleiche Effekt erzielen lasse. Vgl. o. V. (1993a).

3.1.2 Lean Management – eine japanische Erfindung?

Wie eingangs bereits erwähnt, hat man das Lean Management-Konzept seit Erscheinen der MIT-Studie von Anfang an zu marginalisieren versucht. Kritische Stimmen wiesen immer wieder auf dessen *Japankultur-spezifischen* Charakter hin. Der Mensch im Westen, so der Tenor, unterscheide sich nun einmal ganz wesentlich von dem in Japan, demzufolge die hiesigen von den dortigen Rahmenbedingungen. Und deswegen wird auch eine generelle, d. h. kulturunabhängige Anwendbarkeit angezweifelt.

Richtig ist zunächst, dass Taichi Ohno als Vater des *Toyota-Produktionssystems* gilt, dessen Entwicklung er sich bis ins hohe Alter gewidmet hat. Ohno bekennt sich explizit zu den westlichen Ursprüngen, insbesondere Ford und Taylor, wenn er schreibt: *„Ich jedenfalls habe Ehrfurcht vor Fords Ideen. Ich denke, würde der amerikanische Autokönig noch leben, würde er eine dem Toyota-System ähnliche Produktionsweise übernehmen."*[14]

Ōno Taiichi (29.2.1912 bis 28. Mai 1990) ist der Erfinder des Toyota-Produktionssystems. Er entwickelte die heutigen logistischen Basismethoden Kanban-System und Just-in-time-Produktion in den Jahren von 1950 bis 1982. Das japanische Management-Konzept Kaizen basiert ebenfalls auf seinen Ideen

Ōno analysierte das Produktionssystem von Henry Ford und wandelte es für seine eigenen Zwecke ab, da dieses System der Massenproduktion für kleine Stückzahlen in großer Varianz nicht geeignet sei.

Die Fertigung musste effizient sein. Bei Ford waren die Arbeitsumfänge so minimalisiert, dass der Arbeiter nicht mehr denken musste. Hier gab es nur eine Devise und die hieß „Bewegt das Blech!". Ōno hat seinen Werkern die Möglichkeit gegeben, das Fließband anzuhalten, wenn es ein Problem gab und das Problem an Ort und Stelle nachhaltig zu lösen.

Nach seiner Pensionierung bei Toyota wurde er Chairman bei Toyoda Gosei, einem Zulieferer von Armaturentafeln, Lenkrädern und anderen Teilen aus dem Toyota-Keiretsu. Hier hat er noch einmal all das, was er teilweise experimentell über Jahrzehnte in den Toyotafabriken entwickelt hat, zum Einsatz gebracht.

Gleichwohl handelt es sich beim ‚Lean Management' keineswegs um eine völlig neue Erfindung der japanischen Industrie. Während viele Prinzipien des ‚Reinen Fordismus' im Laufe der Zeit in den westlichen Industrien in Vergessenheit geraten sind, wurden diese von Ohno und seinen Mitarbeitern konsequent auf die geänder-

[13] Vgl. Lederer (1984), S. 328. Kapitaleinsatz/Fahrzeug, gemessen am *Buchpreis* in US-$: Ford (3.048 $), GM (2.123 $), Toyo Kogyo/Mazda (1.351 $), Nissan (1.484 $); gemessen am *Neuanschaffungspreis* in US-$: Ford (5.052 $), GM (4.394 $), Toyo Kogyo/Mazda (2.161 $), Nissan (2.344 $).

[14] Ohno (1993), S. 125.

ten Rahmenbedingungen hoch entwickelter Industriegesellschaften hin angepasst und fortentwickelt.

Mit dem Lean Management-Konzept werden im Westen entwickelte Methoden und Instrumente quasi *re-importiert*. Und dennoch hielten sich die Vorbehalte gegen eine Übertragbarkeit „japanischer Methoden" auf hiesige Verhältnisse als „Mythen" und pseudo-kritischen Interpretationen sehr hartnäckig:

- „Lean production is just a series of tools and techniques",
- „Lean production only works for Japanese companies"
- „Lean is stressful for workers"
- „Lean applies only to the car industry"
- „Lean is mean"
- „Lean cannot work in a unionised environment; We have tried it before and it has failed so why bother doing it again?"[15]

Ähnlich wie die These der *„Nichtübertragbarkeit"* des Lean Management-Konzepts auf hiesige Verhältnisse eine Diskussion entfacht hat, gab es in den 1920er Jahren einen heftigen Streit darüber, dass das Fordsche Systems (‚Reiner Fordismus') auf deutsche Verhältnisse nicht übertragbar sei, weil es sich um „kulturhistorisch anders entwickelte Industriegesellschaften" handele. *„Amerika ist Kolonie und wir sind altes Kulturland – darin liegt der Unterschied."*[16]

Es kam damals zu einer regelrechten *„Fordpsychose"*[17], wie es Anfang der 1990er Jahre mit der Rede von der unbesiegbaren ‚Japan Inc.' Anzeichen einer *„Lean Psychose"* gab. Eine weitere Parallele ist: *„Die kulturelle Debatte darüber begann (damals, d.V.) mit der ‚Autobiographie Henry Fords'"*[18] später mit dem Erscheinen der MIT-Studie. Die Konsequenz der Diskussionen zu Zeiten Henry Fords war, dass die endgültige Umsetzung des ‚Reinen Fordismus' eine ganze Generation benötigte, da die meisten Europäer unfähig waren, *„die universellen Ideen und Vorteile der Massenproduktion von ihren spezifisch amerikanischen Ursprüngen zu unterscheiden. (...) Zum jetzigen Zeitpunkt geht es darum, diesen Fehler nicht zu wiederholen."*[19]

15 Vgl. Rich et al. (2004), S. 20 ff.

16 Rieppel (1925), S. 50. „(...) dass gerade diese Faktoren von unseren in jeder Beziehung so stark abweichen, dass ein Vergleich oder ein bedingungsloses Gleichmachenwollen nur mit großen Schwierigkeiten verknüpft ist." Witte(1925), S. 25.

17 Witte (1925), S. 5, auch S. 63.

18 Bönig (1989), S. 239.

19 Womack/Jones/Roos (1991), S. 15; vgl. Pfeiffer/Weiß/Hartmann (1993).

Vergleicht man die Erfolgsbilanz des Übergangs von der handwerklichen Fertigung zum ‚Reinen Fordismus‘ (Abb. 6) mit der beim Übergang vom „modernen Fordismus“ zum Lean Management so bewegen sich die Verhältniszahlen in ähnlichen Größenordnungen: sprunghafte, nicht nur graduelle Verbesserungen.

	Ford vor 1920	**Ford nach 1920**
Statistische Abteilungen	x	0
Büropersonal	x	1/2 x
Durchlaufzeit (Tage)	>22	< 14
Lagerhaltung	x	2/3 x
Betriebskapital	x	2/3 x

Quelle: Morus (1927)

Zykluszeit/Arbeiter	514 [1908]		1,19 [1919]
Montagezeit (min)	Handw [1913]	Ford [1914]	
- Motor	594	226	
- Magnetzünder	20	5	
- Achse	150	26,5	
- Endmontage	750	93	

Quelle: Womack/Jones/Roos (1991)

Zusammenbau Auto in Manntagen	15	9
Preis „Tin Lizzy“	850$	260$

Quelle: Bönig (1988)

Lagerumschlagshäufigkeit (in Tagen)	207	17

„Within forty-eight hours a load of iron ore delivered tot he Rouge River docks was ... taken through final assembly. From iron ore to finishe Model T in two days.“

Quelle: Abernathy/Clarke/Kantrow (1983), 80

Abb. 6. Erfolgsbilanz des ‚Reinen Fordismus‘ in verschiedenen Phasen

Fujimoto gibt daher eine durchaus richtige Einschätzung, wenn er schreibt: „*Toyota's production organization [...] adopted various elements of the Ford system selectively and in unbundled forms, and hybridized them with their ingenious system and original ideas. It also learnt from experiences with other industries (e.g. textiles). It is thus a myth that the Toyota Production System was a pure invention of genius Japanese automobile practitioners. However, we should not underestimate the entrepreneurial imagination of Toyota's production managers (e.g. Kiichiro Toyoda, Taiichi Ohno, and Eiji Toyoda), who integrated elements of the Ford system in a domestic environment quite different from that of the United States. Thus, the Toyota-style system has been neither purely original nor totally imitative. It is essentially a hybrid.* "[20]

3.1.3 Verallgemeinerbarkeit der Ergebnisse

Wer die vorgenannten Erfolgs-Kennzahlen hinsichtlich der effektiven und effizienten Gestaltung der Wertschöpfungskette daher unvoreingenommen auf sich wirken lässt, sieht es klar: Die japanischen Lean-Unternehmen – allen voran Toyota – haben damit in der Konkurrenzumwelt neue Maßstäbe gesetzt und sie werden auch die zukünftigen Spielregeln weiter bestimmen.

Wir haben daher von Anfang an dafür plädiert, Lean Management als grundlegend *neues Konzept* der Führung und Organisation lernender Unternehmen zu sehen. Trotz der starken Signale, ausgehend von den o. g. Untersuchungen, sah die europäische und amerikanische (Automobil-)Industrie zunächst keine Notwendigkeit, der japanischen Herausforderung entgegenzutreten. Etwa 10 Jahre lang (1980er bis Mitte der 1990er Jahre) dauerte diese eigenartige Situation von gleichzeitigem Interesse und Ignoranz mit dem Festhalten an seitherigen Gewohnheiten an.

Es war die MIT-Studie, die angesichts der konjunkturellen Krise in der europäischen Automobilindustrie Anfang der 1990er Jahre auf große Resonanz im Management traf, freilich mit geteiltem Echo. Die fundierte Datenbasis der MIT-Studie machte es schwer, die überlegene Produktionsweise zu bezweifeln: „*In many ways the global assembly plant study results did not provide any fundamentally new insights, but they provided unequivocal empirical proof. Coupled with the visible success of the Japanese transplant operations in the U.S., it was now undeniable that lean practices not only yielded superior performance, but that these practices were not culturally bound to Japan and thus indeed transferable to other countries and organisations.* "[21]

Wir wollen hier nicht erneut alle *kritischen Einwendungen* gegen das Lean-Konzept an sich und deren allgemeine weltweite und branchenunabhängige Übertragbarkeit nicht weiter behandeln und uns auf die wesentlichen Aspekte beschränken.[22] Kritische Einwendungen gab es von allen Seiten, von Wirtschaftsvertretern, von den Gewerkschaften ebenso wie von der Wissenschaft.[23]

Dabei zeigte die MIT-Studie und auch andere Forschungsarbeiten klar auf,[24] dass japanische, „*leane*" Autoproduzenten in ihren Auslandswerken („*Transplants*") in USA und in Europa mit ähnlich beeindruckenden Erfolgszahlen bezüglich Produktivität, Qualität und Kosten aufwarten konnten, wie in ihren heimischen Werken. „*Wir stellten fest, dass viele japanische Betriebe im Ausland – in den USA, in Ka-*

[20] Fujimoto (1999), S. 50.
[21] Holweg (2006), S. 432.
[22] Wir werden das Thema noch einmal in Kapitel 4 aufgreifen.
[23] Vgl. Minssen (1993); Kern/Schumann (1998).
[24] vgl hierzu auch ausführlich und insbes. zur Geschichte des IMVP Holweg (2006), 423 ff.

nada, Mexiko, Korea und Großbritannien – ein ähnliches Leistungsniveau wie in den Schwesterbetrieben in Japan erzielen. Es ist deshalb durchaus möglich, diese Techniken in ein nichtjapanisches Umfeld zu übertragen, wie es verschiedene, nicht nur japanische Hersteller getan haben,[25] *sollte dem Nissan-Werk in Sunderland, England, einen Besuch abstatten.*“[26]

Auch das Beispiel der Übernahme einer desolaten Chrysler-Fabrik in Australien durch Mitsubishi belegt, dass in keiner Weise japanische Mentalität bei den Mitarbeitern vorausgesetzt werden muss, um überragende Produktivitätssteigerungen zu erzielen. Innerhalb von fünf Jahren gelang es Mitsubishi, aus einem maroden Betrieb eine erfolgreiche Fabrik zu zimmern. Nach einem Verlust von 27,8 Mio. US-Dollar konnte nach der genannten Frist bereits ein Gewinn von 17,7 Mio. US-Dollar verbucht werden. Die Produktivität stieg um 115 Prozentpunkte, der Marktanteil von 9,4% auf 13,3%. Beeindruckend ist ferner die Stückzeit pro Fahrzeug, die von 59 auf 24 Stunden reduziert werden konnte.[27]

Ähnliches gelang im Fall NUMMI, in Fremont California.[28] *„As MacDuffie points out, ‚NUMMI took away so many excuses of the Americans. Many previous books about JIT were framed as ‚this is a Japanese thing‘, whereas one of main contributions of the ‚Machine‘ was to show that the lean production concept is not ‚culturally bound‘.* “[29]

Die Funktion der Transplants für die Diffusion des Lean-Konzept-Wissens war lange Zeit unterschätzt.[30] Gerade weil es den japanischen Wettbewerbern auch im Ausland gelang, gegen die Erwartungen ähnliche Leistungsverbesserungen zu erzielen, wich die Skepsis vieler westlicher Führungskräfte zusehends. Schon diese wenigen Hinweise zeigen, wie Recht der damalige Opel-Chef Hughes – in etwas salopper Formulierung – hat: *„Man muss nicht im Reisfeld leben, um effizient zu sein.* “[31] Mittlerweile ist dieser Kritikpunkt schon empirisch durch die Automobilindustrie selbst widerlegt.

Nach anfänglichen Enttäuschungen mit ihren Auslandswerken, haben sich deutsche Automobilhersteller (OEMs) mithilfe deutscher Zulieferer im Ausland eine starke Marktposition verschafft, ablesbar an Marktanteilsgewinnen in alle wichtigen Automärkten (v. a. EU, China, USA, Indien). Im Zuge der *Globalisierung* hat sie nunmehr die Chance genutzt, ihre Werke an Lean-Standards zu orientieren. Nach einem Zuwachs von mehr als 25% im Jahr 2010 hat die deutsche Automobilindustrie zum ersten Mal in ihrer Geschichte mehr Pkw im Ausland produziert als in ihren deutschen Fabriken, 1995 lag der Anteil der Auslandsfertigung erst bei einem

25 Vgl. hierzu die Aufstellung bei Holweg (2006), S. 433.
26 Jones (1992), S. 20.
27 Vgl. Lederer (1984), S. 328.
28 Vgl. Erinnert sei in diesem Zusammenhang an das bereits erwähnte Beispiel NUMMI
29 Vgl. zitiert nach Holweg (2007), S. 428.
30 Vgl. Pil/MacDuffie (1999).
31 Hughes zitiert nach: Gottschall/Hirn (1992), S. 205.

Drittel. Im Jahr 2012 stieg die Pkw-Auslandsproduktion der deutschen Hersteller nach *Completely Knocked Down*-(CKD-)Anpassung (Korrektur der Vorjahreswerte aufgrund des geänderten Wertschöpfungsanteils bei einigen Modellen) um 11 Prozent und übersprang erstmals die Achtmillionen-Marke.

Damit hat sich die *Vor-Ort-Fertigung* in den letzten zehn Jahren mehr als verdoppelt. Mittlerweile werden drei von fünf Pkw mit deutschem Konzernlogo im Ausland produziert. Gleichzeitig konnte die Inlandsfertigung in den letzten zehn Jahren um 5 Prozent auf 5,4 Mio. Pkw ausgeweitet werden. Die zunehmende Fokussierung auf Produktionsstätten außerhalb Deutschlands hat somit nicht zu einem Rückgang der heimischen Fertigung geführt wie in anderen großen Automobilländern Westeuropas. 2012 trug nahezu jeder fünfte weltweit hergestellte Pkw ein deutsches Markenzeichen.[32]

Die schnell wachsenden Länder haben in den letzten Jahren als Produktionsstandorte an Bedeutung gewonnen. So war noch Mitte des vergangenen Jahrzehnts Spanien der wichtigste ausländische Fertigungsstandort für die deutschen Hersteller, inzwischen liegt China mit knapp 1,7 Mio. produzierten Pkw klar vorn; Brasilien folgt auf dem 2. Platz. Mit Mexiko, den USA und Südafrika zählen drei weitere außereuropäische Länder zu den Top 10 der wichtigsten Produktionsstandorte der deutschen Autohersteller.

Das alles mit Standortvorteilen (z. B. niedrige Löhne, laxe Umweltschutzanforderungen) erklären zu wollen, ist genauso abwegig, wie zu behaupten, es läge nur an den vielerorts eingeführten Lean-Methoden. Vielmehr stecken dahinter kluge strategische Überlegungen (Absicherung gegenüber Wechselkursschwankungen, globale Arbeitsteilung mit Zulieferer), die auf Notwendigkeiten (tarifäre und nichttarifäre Handelshemmnisse, Zölle, Local-Content-Vorschriften) reagieren. So hält man den Produktionsstandort Deutschland international wettbewerbsfähig: hohe Exportquote von mehr als 70%; in den letzten 15 Jahren um 27% gestiegene Pkw-Produktion auf mehr als 5 Mio. Einheiten.[33]

Musste man sich früher bis nach Japan aufmachen, um einen lean-adäquat gestalteten Shopfloor zu sehen, braucht man heute nicht mehr ganz so weit zu fahren, um hervorragende Beispiele in der Automobilindustrie zu finden. Nahezu jeder OEM und Systemzulieferer – und vereinzelt darüber hinaus – haben große Teile ihrer direkten Wertschöpfung, v. a. in ihren Werken nach Lean-Prinzipien gestaltet.[34] Ob damit der Durchbruch im Sinne einer „innovativen Arbeitspolitik“ geschafft ist, wie von Gewerkschaftsseite ursprünglich erhofft, die das Lean Management als logische Fortsetzung der Debatte über „Humanisierung der Arbeit der 1970er Jahre“ sah, darf man angesichts aktueller Entwicklungen wieder bezweifeln.

Es fällt einem interessierten Beobachter schwer, dem zu widersprechen, was Kern/Schumann bereits vor geraumer Zeit auffiel: „*Was in vielen deutschen Unter-*

---

32 Vgl. Jahresbericht des VDA 2013, S. 30.
33 Vgl. Jahresbericht des VDA 2013.
34 Vgl. Ruffa (2008).

nehmen heute geschieht, läuft auf den Versuch hinaus, auf den amerikanischen Pfad umzusteigen. Statt komparative Vorteile in der Pflege und Weiterentwicklung der eigenen Stärken zu suchen, wird der Anpassung an eine Praxis das Wort geredet, die als das Ideal der Wettbewerbsfähigkeit ausgegeben wird, obschon sich im Mutterland dieser Praxis pikanterweise Zweifel an ihrem langfristigen Sinn mehren. Die Ironie der Situation ist, daß bei uns der Pfadwechsel aufs amerikanische Modell in einer Zeit lebhaft betrieben wird, in der in den USA selbst schon das kritische Nachdenken begonnen hat.“[35] Aber vielleicht verbietet sich allzu pessimistisches Denken angesichts der gegenwärtigen Debatten um Nachhaltigkeit, Gerechtigkeit, Relativierungen zum Kapitalismussystem.

Beispiel Opel Eisenach

Vor zwei Jahrzehnten hatte Jones noch sagen können: „*Gelingt Eisenach, dann sind alle deutschen Abwehrargumente, dass so etwas nur in Japan möglich sei, widerlegt. Das wird eine unvorstellbare Auswirkung auf die europäische Autoindustrie haben.*“[36]

Das Opelwerk Eisenach produziert seit 1992 auf der Grundlage von fünf Prinzipien: Standardisierung, kurze Durchlaufzeiten, Qualität von Anfang an, kontinuierliche Verbesserung und Einbeziehung der Mitarbeiter. V. a. ging man damals bei der neuen Opel-Astra-Konzeption weit grundlegender vor. Statt der 12.600 Teile des alten Kadetts, hatte der Astra nur noch 8.600 Teile; eine erhebliche Komplexitätsverringerung, denn diese 4000 Teile weniger haben natürlich gravierende Ausstrahlungseffekte auf das gesamte Werk: geringeres Beschaffungs- und Materialwirtschaftstransaktionen hinsichtlich Wareneingang, (innerbetrieblicher) Transport und Bestände, geringerer Fertigungs- und Montageaufwand und damit verbundene Reduktion der Fehlermöglichkeiten, geringe Verwaltungs- und EDV-Kosten sowie natürlich ein deutlich reduziertes Investment in Betriebsmittel und Raum.
Die langjährige „lean“-Erfahrung seit 1992, hat nicht nur konzernintern das Überleben gesichert, sondern auch dazu geführt, dass im Januar 2013 die Serienproduktion des Kleinstwagens Opel „Adam“ aufgenommen werden konnte. Die Tatsache, dass am Standort Deutschland ein Kleinstwagen wirtschaftlich gefertigt werden kann, der zudem technisch und Life-Style-mäßig auf der Höhe der Zeit ist, dürfte nicht nur eine starker Beleg für die Anwendbarkeit von Lean-Tools sein, sondern gibt Jones wenigstens teilweise Recht.
Das Werk gilt noch heute als sehr produktiv und äußerst flexibel (vielseitig ausgebildeten Mitarbeiter nur noch zwei anstatt sechs Lohngruppen; Qualitätssicherung am Ort der Wertschöpfung, Teamarbeit, max. Platznutzung).

Literatur: Gottschall (1992), S. 204–211; o.V. (1991a)

Lean Management ist u. E. nahezu in jeder Branche, unabhängig von Technologie und Serien- oder gar Betriebsgröße anwendbar. Auch darauf haben wir von Anfang an verwiesen und anhand einer Reihe von Beispielen japanischer Erfolge aus anderen Branchen und auch von Erfolgen verschiedener europäischer und amerikanischer Hersteller in unterschiedlichen Branchen gezeigt. Wir hatten ursprünglich

[35] Vgl. Kern/Schumann (1998).
[36] Jones, zitiert nach: Gottschall/Hirn (1992), S. 204.

viele Beispiele vorgetragen, mit Hilfe derer belegt werden sollte, dass das Lean Management-Konzept *kein automobilbranchenspezifisches* Konzept ist, wie anfänglich von Kritikern immer wieder betont wurde.

Interessanter Weise sind fast alle der behandelten Beispielunternehmen aus (Werzeug-, Textil-, Sonder-)Maschinenbau- und Dienstleistungsbranche noch heute sehr erfolgreich, vermutlich auch eine Folge der frühen Adoption der Lean-Prinzipien und -Methoden.

Nach Ansicht des früheren Entwicklungschefs von *ABB* sind die Japaner die härtesten Konkurrenten. *„We go head to head with Siemens or GEC, but over my shoulder I'm looking at Japan. The Japanese are the most dangerous."*[37] Wie wahr, insbesondere dann, wenn man verallgemeinert und mit „Japanese" asiatische Länder wie China, Indien und Südkorea meint. Um sich seiner Zeit vorzubereiten, investiert ABB bereits ca. 8% des Umsatzes in FuE, 3% mehr als die Konkurrenten. Wesentliches Augenmerk wird auf kurze Entwicklungszeiten gelegt: *„Any idiot can reduce a price by 10% to become more competitive. But if you can offer an electric power transmission cable under the Baltic one year earlier than your competitor can, that is of tremendous value to the customer, and your competitor can't touch you. First you have to shrink your own business, then your supplier network."*[38]

Man kann ohne Weiteres feststellen: Mittlerweile ist Lean Management auch in der *nicht automobilbranchenspezifischen Praxis* angekommen. Schon Rehfeld, der vormalige Chief Operating Officer von Seiko Instruments, wusste aus den USA über seine Zeit als Vice President und General Manager bei *Toshiba America* zu berichten: *„Als ich 1981 bei Toshiba eintrat, um an der Eroberung des US-Computermarktes mitzuwirken, war ich voller Ehrgeiz und Energie. Das musste auch sein, denn zunächst gab es da nur vier japanische Ingenieure, eine amerikanische Sekretärin und zwei mißratene PC, von denen der US-Markt nichts wissen wollte. (...) Als ich 1989 Toshiba verließ, erwirtschafteten 350 amerikanische und zwei japanische Mitarbeiter jährlich Umsätze in Höhe von 400 Millionen Dollar."*[39]

Mittlerweile sorgen auch viele wissenschaftliche und privatwirtschaftliche (Beratungs-)Organisationen für die Verbreitung des Lean-Denkens quer durch alle Industrien.[40] Und auch das IMVP-Programm hatte Einfluss auf weitere Forschungs-

---

37 Tedmon, C., zitiert nach: Rapoport (1992), S. 27.

38 Barnevik, zitiert nach: Rapoport (1992), S. 26.

39 Rehfeld (1991), S. 82. Am Rande bemerkt: Die japanische Computerfabrik Ome von Toshiba wird als *modernste* Fabrik der Welt bezeichnet. Nirgendwo sei das Konzept der vollintegrierten, rechnergesteuerten Produktion so fortschrittlich verwirklicht wie in dieser japanischen Computerfabrik.

40 Z. B. gibt Stermann (2001) an, dass im Jahre 1997 US-Unternehmen mehr als 100 Mio. $ für Managementberatung ausgegeben haben. In Deutschland gelten STAUFFEN AG und das Lean Institut als renommierte einschlägige Institutionen.

programme induziert. *„In 1993 for example, a similar program with an industry-consortium in the aerospace sector started at MIT, the ‚Lean Aerospace Initiative‘. Following the publication of the ‚Machine‘ the U.S. Air Force had asked whether the lean principles could be applied to aerospace, and subsequently lean principles have been widely applied (and adapted) to both civil and military aerospace operations ...).*
IMVP also served as a role model for the establishment of the Alfred P. Sloan oundation's Industry Centers, each of which focus on research within one industry. IMVP's focus on systems and treatise of a complex industry also contributed to the establishment of the Engineering Systems Division at MIT, which uses an interdisciplinary approach to studying complex engineering systems, as common in the automotive and aerospace industries ... .[41]

Percey Barnevik: „Hell of Speed“

Percy Barnevik (geb. 1941) war in den neunziger Jahren der wohl einflussreichste Manager Europas. Barnevik galt als exzellenter, harter und erfolgreicher Restrukturierer. Er saß im Verwaltungsrat von Sandvik, AstraZeneca, DuPont und General Motors. 2001 trat er als ABB-Präsident zurück. Nach seiner Berufskarriere gründete er die NGO *„Hand in Hand“*. Der Schwede promovierte in Stanford und erhielt in seiner Karriere sieben Ehrendoktortitel

Unter ihm als Vorstand fusionierten 1987 die beiden Industriefirmen Asea (Schweden) und Brown Boveri (Schweiz) zur ABB. Er schrumpfte bei der Asea/BBC-Fusion die Konzernverwaltung von 2.000 auf 200 Mitarbeiter.

Barnevik wendete dabei stets seine berühmte *30-Prozent-Regel* an: 30 Prozent des Personals in der Konzernzentrale gehören in selbständige Profit Center, 30 Prozent in Tochterfirmen, 30 Prozent sind überflüssig, die restlichen 10 Prozent genügen, um das Unternehmen zu führen.

Auf den Trümmern von Asea und BBC baute er in hohem Tempo einen völlig neuen Konzern: dezentral, multinational, profitabel und mit einer völlig neuen Unternehmenskultur. Innerhalb weniger Jahre schuf er so einen profitablen Konzern, der allerdings noch zu klein war, um ganz vorne im globalen Wettbewerb mitzuspielen.
Am dramatischsten wird der *„schlanke“* Verwaltungsapparat im Personalbereich sichtbar: Die zentrale Personalabteilung beschäftigte seinerzeit lediglich acht Angestellte für ein Unternehmen mit 210.000 Mitarbeitern. Sie verstanden sich als Moderatoren für die Linienmanager mit Personalverantwortung, die dezentral ihre Entscheidungen zu treffen hatten.

Einer seiner Glaubenssätze war: *„Der Unterschied zwischen Erfog und Misserfolg im Management ist zu klein, als dass nicht Bescheidenheit angezeigt wäre.“*

Quelle: Rapoport (1992), S. 24–27

[41] Holweg (2007), S. 432.

3.2 Verständnis von Lean Management

3.2.1 Begriff Lean Management

Die Erfolgsbilanz des vorangegangenen Kapitels hat die Beobachtung des Phänomens beschrieben. Was aber steckt dahinter? Wie bereits erwähnt, stammt der Begriff aus dem IMVP (International Motor Vehicle Program), einem Forschungsprogramm am MIT (Massachussetts Institute of Technology).[42]

Der im Rahmen IMVP des MIT geborene Begriff Lean Production soll hier weiter gefasst werden zu *„Lean Management"*, weil das Lean Konzept weit mehr berührt als nur die Produktion.[43] In unserem Verständnis repräsentiert Lean Management *die permanente, konsequente und integrierte Anwendung eines Bündels von Prinzipien, Methoden und Maßnahmen zur effektiven und effizienten Planung, Gestaltung und Kontrolle der gesamten Wertschöpfungskette von (industriellen) Gütern und Dienstleistungen.*

Lean Management setzt an *sämtlichen Gestaltungsfaktoren* der Unternehmung an (Input, Output, Technologie, Personal und Organisation) und greift über deren gesamtes *Wertschöpfungsnetzwerk hinaus*, indem es Zulieferer und Kunden einbezieht. Sein Hauptanliegen ist es, in diesem Wertschöpfungsnetzwerk *Verschwendung zu vermeiden*, um damit die *(System-)Wirtschaftlichkeit* zu verbessern.

Implizit steht hinter dem Lean Management-Konzept die These: Es existiert ein *Individualisierungstrend der Nachfrage,* der sich unabhängig von Branche und Technologie eher progressiv verstärkt, und auf den sich die Unternehmen intensivst vorbereiten, ihn auch als Chance begreifen müssen. *„We have learned that universal mass production is not enough. (...) In the 21st century, you personalize things more to make them more reflective of individual needs."*[44]

Fundamental für das Verständnis des Lean Management-Konzepts ist: Lean Management stellt das direkte *Gegenkonzept* zu dem auf Taylor und Henry Ford zurückgehenden hocharbeitsteiligen Massenproduktionskonzept dar und ist im Ansatz individual- bzw. kundenauftragsorientiert. Der Begriff „kundenauftragsorientiert" fasst das, worum es geht besser als z. B. das Stichwort „Losgröße 1".

Die japanische Automobilindustrie stemmte sich *nicht* gegen den Individualisierungstrend der Nachfrage, sondern sie hat die darin liegenden Chancen erkannt und sich darauf – wahrlich gut – vorbereitet, wie folgende Zahlen verdeutlichen: Von 1955 bis 1989 stieg – selbst auf dem USA-Markt – die Zahl der Normproduktreihen, d.h. die Zahl sich *nicht* nur durch bloßes *„Face lifting"* unterscheidender Fahrzeugreihen, von 30 auf 142 ganz beträchtlich an. Die verkauften Stückzahlen je Normproduktreihe sanken entsprechend beachtlich von 259.000 im Jahr 1955 auf

42 Vgl. zur ausführlichen Darstellung des IMVP Holweg (2007), S. 423 ff.
43 Vgl. Krafcik (1988), S. 41–52.
44 so Kazuo Morohoshi, früherer Chef des Design Zentrums in Tokio von Toyota. Zit. nach Taylor (1990), S. 40.

112.000 im Jahr 1989. Der auf 1/3 sinkende Marktanteil der sechs meistverkauften Produkte unterstreicht diesen Trend nochmals dick.[45]

Die *Geschichte des Individualisierungstrends* in der Automobilproduktion verdeutlicht Abbildung 7. Ausgehend von der sog. handwerklichen Produktion um 1900 (geringe Stückzahlen, große Anzahl von Normproduktreihen) sank die Anzahl der verkauften Produkttypen (Normproduktreihe), was mit dem steilen Anstieg der Stückzahlen pro Normproduktreihe (Volumen je Produkt) einherging.

Es kam die Geburtsstunde der industriellen Massenproduktion mit Henry Fords Kombination des Fließbandes mit einer bis zum Exzess getriebenen Arbeitsteilung auf allen Ebenen. Die Kehre begann wiederum mit einer ersten *Differenzierungswelle*. Diese brachte General Motors in Front gegenüber Ford, der die Zeichen der Zeit nicht mehr erkennen konnte/wollte. Langsam aber stetig stieg die Zahl der Normproduktreihen wieder an, und die Stückzahl je produzierter Produktreihe fiel entsprechend. Ab 1955 verstärkte sich der Differenzierungsprozess merklich.

Wie geht es weiter? Kommt der Prozess zum Stehen? Oder landen wir früher oder später bei einer High-Tech-Version der vorindustriellen handwerklichen Produktion? Wir dürften noch sehr weit entfernt sein von dem Zeitpunkt, an dem der Prozess zum Stehen kommt. Der *Trend zur Individualisierung der Nachfrage* wird sich noch mehr *verstärken* als abschwächen.

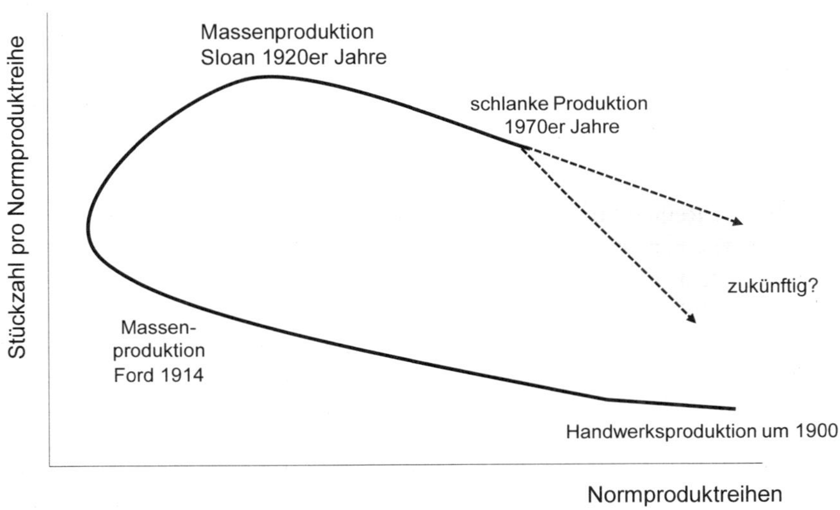

Abb. 7. Produktionskonzepte und Individualisierungstrend[46]

[45] Vgl. Womack/Jones/Roos (1991), S. 125.
[46] Vgl. Womack/Jones/Roos (1991), S. 126.

Wie gesagt, während sich die Amerikaner und Europäer in der Automobilindustrie gegen diesen Individualisierungstrend mit aller Kraft zu stemmen scheinen und am Ende ihre Ressourcen in einer ziemlich aussichtslosen Verteidigungsschlacht durch Festhalten an den unflexiblen starren Strukturen der Massenproduktion verschleißen, bleiben die Japaner sogar nicht beim bloßen, konsequenten Reagieren darauf stehen, sondern agieren gezielt mit dem Individualisierungstrend, indem sie als „Trendsetter" immer gezielter die Märkte segmentieren.

So betrachtet erscheint es uns angebracht, eher von einer *Philosophie des Lean Managements* als von einer traditionellen Definition zu sprechen.[47] Dies empfiehlt sich umso mehr, als damit deutlich zum Ausdruck kommt, dass Lean Management *kein einfaches Rezept* im Sinne eines *„Crash-Programms"* zur Sanierung bzw. zur Revitalisierung der Wettbewerbsfähigkeit angeschlagener Unternehmen ist.

3.2.2 Prinzipien zur Explikation Lean Management-Konzepts

Allgemein gesprochen, stellen Prinzipien Heuristiken zur Reduktion der Komplexität von Entscheidungssituationen bzw. Problemlösungsprozessen dar. Gerade, wenn es sich um ein unbekanntes, komplexes Phänomen handelt, kann man mit Hilfe von Gestaltungsprinzipien einen Sachverhalt bzw. Gegenstand inhaltlich konkretisieren. Prinzipien übernehmen als verdichtete Handlungsanweisungen eine *Funktion* als Richtungsgeber, Orientierungshilfe, Leitlinie oder Empfehlung.

Methodisch erfüllen Prinzipien für die Sozialwissenschaften ähnliche Funktionen wie Gesetze für die Naturwissenschaften. Streng wissenschaftslogisch gesprochen kommt ihnen jedoch bestenfalls der Charakter von Quasi-Gesetzen zu, da Prinzipien keine Raum-Zeit-unabhängige Gültigkeit besitzen. Sie besitzen somit den Charakter von verallgemeinerten, auf bestimmte Kontexte bezogene Denk- und Handlungsempfehlungen.[48]

Mit Hilfe einer Reihe von Prinzipien wollen wir das ursprüngliche Konzept der als *Lean Production* bezeichneten, v. a. in japanischen Unternehmen vorfindbaren Produktionsweisen, in einer Art Bedeutungsanalyse explizieren. Wir gewinnen damit ein *Prinzipien-Bündel*, das die Funktion eines *„Scheinwerfers"*[49] hat, mit dessen Hilfe Unternehmer bzw. Entscheidungskräfte allgemein das Dunkel der jeweils eigenen Betriebsblindheit ausleuchten und die vorher unsichtbare Verschwendung in neuem Licht sehen bzw. diagnostizieren kann.[50] Zugleich ermöglicht das Prinzipiengerüst, Kriterien zu gewinnen, anhand derer bloße Beobachtungen und Beschreibungen eines bestimmten Geschehens oder Gegenstands vergleichbar gemacht werden können. Somit stellt das Prinzipiengerüst auch eine Explikation des Begriffs Lean Management dar, weil durch Abprüfen der Kriterien die Überein-

[47] So mittlerweile auch Bhasin/Burcher (2006).

[48] Vgl. hierzu Albert (1984), S. 126–143.

[49] Vgl. die Scheinwerfertheorie von Popper (1973), S. 401 ff.

[50] Vgl. generell und ausführlich zur Funktion von Prinzipien für das Management Strubl (1993).

stimmung dessen, was als „Lean Management" bezeichnet werden soll, deutlich gemacht werden wird.

Lean-Prinzipien dienen gewissermaßen als „Röntgenbrille" für eine andere Sicht auf Gegebenheiten. Mit einer solchen *„Lean-Brille"* kann auch die mittlerweile fast unübersichtlich gewordene Literatur eingeordnet und hinsichtlich ihres Beitrags zum Lean-Thema abgeschätzt werden. V.a. sind oberflächliche Gemeinsamkeiten und Unterschiede nachvollziehbar. Ist Lean Production gleichzusetzen mit dem Toyota Produktionssystem? Worin liegen mögliche Unterschiede? Sind die Vorschläge der einzelnen Autoren bloße Wortkünste und von der Qualität vorwissenschaftlichen Beobachtungen mit dem Potenzial zur Verwirrung anstatt zur Klärung?

Wir erheben auch keinen Anspruch auf absolute Deutungshoheit, erlauben uns aber, anhand der einschlägigen Literatur der letzten Jahre die pragmatische Nützlichkeit der vorgeschlagenen Prinzipien und damit des Lean Managements zu beurteilen.[51] Auch sind wir uns bewusst, dass wir mit der vorgeschlagenen Begrifflichkeit in zentralen Punkten von dem abweichen, was landläufig unter Lean Production bezeichnet wird, nämlich: Produktion im Kundentakt, Eliminierung der Verschwendung, Synchronisierung der Prozesse, Standardisierung der Prozesse, Vermeidung von Fehlern, Verbesserung der Produktionsanlagen, Qualifizierung und Training der Mitarbeiter, Kontinuierlicher Verbesserungsprozess.[52]

Wir stellen mit dem Prinzipienbündel eine Auffassung der Lean-Philosophie vor, die ein Management-Konzept als Folge dessen beschreibt, was sich nach u. a. aus der Leitunterscheidung *lean/puffered* nicht nur im Produktions-, sondern auch im gesamten Bereich des Managements von Wertschöpfungszusammenhängen ergibt.

Wir unterscheiden dabei eine Reihe von *„Attitüden-Prinzipien"*, die die Effektivität und Effizienz des Managementprozesses beeinflussen von *inhaltlichen Prinzipien*, die die Effektivität und Effizienz des Managementobjektes betreffen (siehe Abb. 8). Erst bei möglichst umfassender Abdeckung der Prinzipien sollte u. E. von Lean Management gesprochen werden.

51 Vgl. hierzu auch die Ausführungen in Kapitel 4.

52 So oder so ähnlich wird das Toyota Produktions System in vielen Veröffentlichungen immer wieder präsentiert und mit Lean Production gleichgesetzt. Vgl. statt vieler Ohno (1988); Monden (1983).

Attitüden-Prinzipien	Inhaltliche Prinzipien
(1) Prinzip der Ganzheitlichkeit (2) Prinzip der Prozessorientierung. (3) Vermeidung von Verschwendung (4) Kundenorientierung (5) Sachorientierung vor Wertorientierung, (6) Permanenz und Konsequenz im Denken und Handeln, (7) Perfektion – auch im Kleinen (Qualitätsbesessenheit) (8) Umsetzungsorientierung (bias toward action)	(1) Investition in Humanvermögen – Höher qualifizierte Arbeitskräfte – Flexibilität/ von Personal (Multidisziplinarität) und Anlagen – Anreize (Zeitlohn) und Lernen (2) Fokus auf gesamtes Wertschöpfungsnetzwerk – Niedrige Fertigungstiefe und Netzwerkpartner – Durchgängige Prozessorientierung/Fließfertigung – Progressiv steigender Trend zur Individualisierung – Schaffen einer Konsumentenrente bzw. Maximierung des Kundennutzen – Qualität wird produziert (3) Wertschöpfungsnetzwerk als lernendes System – Teamarbeit und Verantwortlichkeit – Integration von Denken und Handeln (Empowerment) durch Dezentralisierung in Organisation und Führung – Interne und externe Innovationsimpulse auch mit Netzwerk-Partnern: Lieferanten, Kunden (von simultaneous engineering bis open innovation) (4) Integrierte Betrachtung von Produkt- und Technologieentwicklung – Konstruktion als Kostenhebel bzw. FuE als integrative Funktion – (Heavy Weight-)Projektmanagement.
Fundamentalprinzip effizienter und effektiver WS-Netzwerkgestaltung	

Abb. 8. Prinzipien des Lean Management

3.3 Attitüden-Prinzipien

Mit *Attitüden-Prinzipien* bezeichnen wir die Einstellungen, mit denen Führungskräfte und Mitarbeiter Probleme bzw. Situationen formulieren und handhaben.[53] *Einstellung* bezeichnet in der Psychologie eine aus der Erfahrung kommende Bereitschaft eines Individuums *(Prädisposition)* in bestimmter Weise auf eine Person, eine soziale Gruppe, ein Objekt, eine Situation oder eine Vorstellung wertend zu reagieren, was sich in *Annahmen und Überzeugungen*, in *Gefühlen und Emotionen* und in den *Verhaltensweisen* ausdrücken kann.

53 Vgl. Irle (1975), S. 76 ff.

Attitüden entstehen sowohl autonom als auch durch Organisationskultur vermittelt und entziehen sich einer direkten Einflussnahme, weil eben nicht alles kognitiv zugänglich ist.[54] Hierin kommt zugleich der lebendige soziale Prozess zum Ausdruck, wie man in einem Unternehmen in Auseinandersetzung mit der Umwelt Ereignisse sieht, interpretiert und in Entscheidungen und Handlungen umsetzt. Letztlich erklären diese auch einen großen Teil der *Zeitkonstanten der Veränderung* in sozialen Prozessen. Im Einzelnen sehen wir hinter dem Lean Management verschiedene *Attitüden-Prinzipien*, die wir im Nachfolgenden erläutern wollen (siehe Abb. 8).

3.3.1 Ganzheitlichkeit

Das Prinzip der *Ganzheitlichkeit* umfasst den Versuch, jedem betrieblichen Geschehen eine systematische, integrierte und interdisziplinäre Sichtweise an den Tag zu legen. Es handelt sich hierbei um einen von Gutenberg in seinem *„Ausgleichsgesetz der Planung und des Handelns"* zum Ausdruck gebrachten Zusammenhang: Ein System reguliert sich auf die Leistung des Engpassfaktors ein. Die Beseitigung eines Engpasses führt in der Folge u. U. zu neuen Engpässen, deren Beseitigung wiederum zu neuen Engpässen führen kann.[55]

Bei jeder Gestaltung bzw. Veränderung gilt es daher, die *5 Faktoren* auf den unterschiedlichen Ebenen gleichzeitig im Auge zu behalten, weil es dadurch gelingen kann, ein *„Denken in Wirkungszusammenhängen"* der Faktoren Input, Output, Personal, Sachmittel, Organisation bei der Suche und Diagnose von Schwachstellen sowie bei der Entwicklung und Bewertung von Lösungsalternativen zu realisieren. Ziel ist es dabei, zu den *tieferliegenden Ursachen* durchzustoßen, um nicht lediglich an Symptomen zu kurieren.[56] Das ist angesichts von Arbeitsteilung und Spezialisierung nicht ganz einfach zu realisieren.

Nach allen unseren Erfahrungen wird insbesondere die Aufbau- und Ablauforganisation sehr statisch gesehen, da der Gedanke der Ganzheitlichkeit einem Großteil unseres Managements fremd ist, und dass auch – die kleinste! – Veränderung in Personal, Sachmittel, Input und Output auf organisatorische Konsequenzen überprüft werden muss. Unter dem Motto „Alles bewegt und verändert sich, nur die Organisation bleibt starr" werden erfolgversprechende Strategien in ihrer Wirkung eingeschränkt oder gar zunichte gemacht.

Das *„5-Faktoren-Modell"* hilft uns, diesen Zusammenhang besser zu veranschaulichen und umzusetzen. Das Vorgehen in hiesigen Unternehmen ist – auch heute noch – in vielen Fällen von einer Einseitigkeit geprägt bzw. von einer Missachtung der im 5-Faktoren-Modell fixierten Forderung nach *Integriertheit, Systematik und Interdisziplinarität*, die letztlich zu einem suboptimalen Zustand führen muss. Die Vermeidung von solchen Einseitigkeiten macht den durchschlagenden Erfolg der

---

[54] Vgl. hierzu die einschlägigen Befunde der deskriptiven Entscheidungstheorie.

[55] Vgl. Gutenberg (1983), S. 163 ff.; neuerdings wieder intensiver diskutiert als „Theory of Constraints". Vgl. Goldratt (1990).

[56] Vgl. hierzu auch Abschnitt 3.4.3.7.

Lean Management-Konzeption aus. Vielfach scheinen sich Unternehmen bei der Umsetzung der Lean Management-Konzeption im Schwerpunkt auf den Faktor Personal und dort auf die Einführung von Gruppenarbeit sowie eines „*continuous improvement programs*" zu konzentrieren.

5-Faktoren-Modell

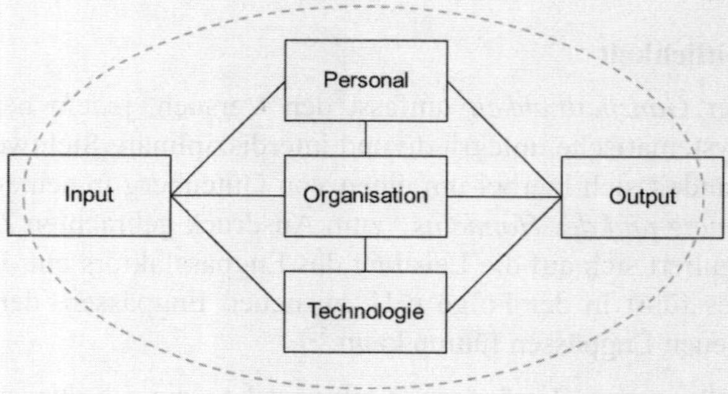

Nach dem „5-Faktoren-Modell" lässt sich jede Aktivität, unabhängig auf welcher hierarchischen Betrachtungsebene (Stelle, Abteilung, Werk, Unternehmen, Konzern) und in welchen Funktionsbereichen (Entwicklung, Beschaffung, Produktion, Marketing, Verwaltung) sie stattfindet in drei Dimensionen beschreiben:

- *Funktional* als Input-Output-Relation
- *Struktural* in den Kategorien Sachmittel/Technologie, Personal, Aufbauorganisation,
- *Prozessual* als (administrativ und wertschöpfend) Ablauforganisation.
- Das 5-Faktoren-Modell versinnbildlicht die verschiedenen Perspektiven und verdeutlicht somit deren Wechselwirkung miteinander. Jede Änderung eines Faktors hat Auswirkungen auf die anderen. Die Dominanz des Minimumsektors, die Einregulierung auf das schwächste Glied, lässt sich nur beheben, indem die anderen Faktoren entsprechend angepasst werden.

Zu Recht wird deshalb bereits gewarnt, den Technikeinsatz (Faktor Sachmittel) nicht so nebensächlich zu betrachten, wie es bisweilen in der Lean Management-Diskussionen den Anschein hat.[57]

Ändert man beispielsweise die *Produkttechnologie* (Faktor Output), dann sind die anderen Faktoren darauf abzustimmen, um in den erforderlichen neuen Systemzustand einzuschwingen. Es geht dabei stets darum, zunächst die Konsequenzen einer angestrebten Veränderung auf die übrigen Faktoren zu bedenken, um dann die adäquaten Voraussetzungen für die Realisierung herzustellen. Immer muss der Voraussetzungszusammenhang wohl durchdacht werden. Es ist deshalb nicht vermes-

57 vgl. Kern/Schumann (1998).

sen zu sagen, dass es bei der Änderung (Verringerung, Erhöhung) eines Faktors kaum bleibt, sondern primär um Restrukturierung des gesamten Zusammenhangs geht.

Ein gutes Beispiel für die negativen Folgen mangelnder integrativer Optimierungen stellt die sog. *„Anbau-Fabrik"* dar. Der Erfolg von gestern ist verantwortlich für die Gemeinkosten von heute, weil das ursprüngliche Programm in Breite und Tiefe sich verändert hat, aber nicht die Fabrikstruktur bzw. Organisation. Das Ergebnis: Die ursprüngliche Werkhalle wuchert aus. Es gibt zahllose Anbauten und Ergänzungen. Die Teile werden kreuz und quer von Operation zu Operation gekarrt, gelagert, verwaltet, gesteuert, beschädigt, repariert, kontrolliert, gehandhabt, wieder verwaltet. Bis aus den Teilen ein Produkt entstehen kann, hat es schon ein Vermögen gekostet.

- Nicht selten wird in einer solchen Fabrik Fehlinvestition an Fehlinvestition gereiht. Beispiel Hochregallager: In der Regel haben sie die Bestandskosten verdoppelt, weil sie in etwa noch einmal so viel kosten, wie die Bestände Wert sind, die sie mühelos schlucken.
- Für flexible Fertigungssysteme gilt etwas Ähnliches, so dass diese nur einen Bruchteil der errechneten Ergebnisse brachten.
- Fehlinvestitionen in teure Materialwirtschaftssysteme, die nie gehalten haben, was man sich hinsichtlich Bestandsenkung und Durchlaufzeitverkürzung versprach.
- All das hat die IT-Kosten drastisch erhöht, womit man sich aber abgefunden hat.

Die sog. „Anbau-Fabrik“ ist der sichtbare Ausdruck einer mangelhaften integrierten Optimierung. Sie ist zugleich eine Erklärung des *Wucherns von Gemeinkosten* Die Probleme sind keineswegs branchenspezifisch, sondern denk- und traditionsspezifisch (vgl. Abb. 9).

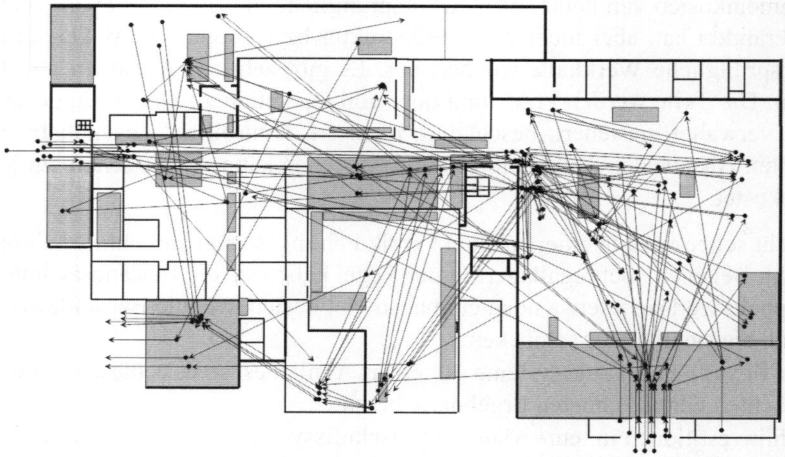

Abb. 9. Die „Anbau-Fabrik“ – „chaotischer Materialfluss“[58]

Die Missachtung der Ganzheitlichkeit – *Systematik*, *Integriertheit*, *Interdisziplinarität* – kann ein Stück weit erklären, warum so viele „Kostensenkungsprogramme“ keinen dauerhaften Erfolg haben, sondern das System nach kurzer Zeit in seine alten (Kosten)Strukturen zurückfiel. Es geht bei allen Maßnahmen zur Erhöhung der Wettbewerbsfähigkeit nicht um bloße Verminderungen des Bestehenden (Reduktionen), sondern um *„echte“ Restrukturierungen!*

3.3.2 Prozessorientierung

Der in der eingangs vorgestellten Lean Management-Definition verwendete Begriff *Wertschöpfungskette* deutet schon die Prozessorientierung an. Es werden die Aktivitäten des gesamten Wertschöpfungs- bzw. Aktivitätennetzes in den Blick genommen, also nicht nur die Aktivitäten innerhalb der Unternehmung, sondern auch außerhalb mit den jeweiligen Geschäftspartnern. Nicht Strukturen (Stelle, Abteilung, Werk usw.) stehen im Vordergrund, sondern die Perspektive ist auf die gesamte Kette bzw. das Netzwerk von Aktivitäten zur Lösung eines Kundenproblems gerichtet: vom ersten Telefonat bis hin zur Ablieferung des Produkts beim Kunden ein durchgängiger Prozess (vgl. Abb. 10).

[58] Holz (1986).

Eine so verstandene Optimierung von Wertschöpfungsketten- bzw. -netzwerken tangiert in aller Regel die Partikularinteressen und Ressortegoismen, weil vielfach der Nutzen von Aktivitäten und dazu notwendiger (Des-)Investitionen an völlig anderen Stellen des Netzwerks anfallen als an den Stellen, an denen sie realisiert werden. Hinzu kommt vielfach die negativ verstärkende Wirkung der Anreizsysteme, die dazu verleiten, das Ressortinteresse über das Gesamtinteresse zu stellen.

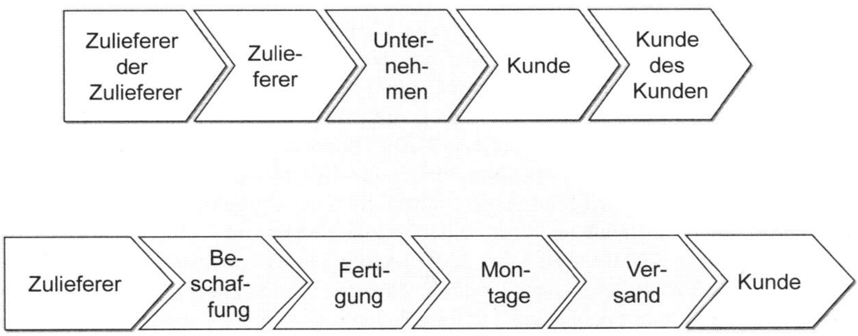

Abb. 10. Wertschöpfungskette

Prozessorientierung, wie sie hier verstanden wird, führt aber weg von einem *Ressort-Fachabteilungs-Bereichs-Werks-Egoismus* mit all seinen Suboptima. Hier liegt auch ein zentraler Hebel zur Erschließung beträchtlicher Rationalisierungsreserven, wenngleich deren Freisetzung schwierig, widerstandsreich und zeitintensiv ist.

Folgende *Beispiele* geben eine Idee von den Schwierigkeiten, eine radikale Prozessorientierung umzusetzen:[59]

- Es gleicht kaum mehr als einem *Kurieren an Symptomen*, wenn zur Erhöhung der Lieferbereitschaft die Fertigung in Fertigungsinseln segmentiert und dazu noch erheblich in flexible Fertigungssysteme investiert wird, wenn das wahrscheinliche Chaos in *pre-processing-Bereichen* (Verkauf, Einkaufs- bzw. Beschaffungslogistik, Auftragsabwicklung) und/oder *post-processing-Bereichen* (Montage, Versand, Vertriebslogistik) unangetastet bleibt.
- Oder wie es aus einem US-amerikanischen Unternehmen berichtet wurde: Die Vertriebslogistik denkt in LKW-Ladungen und desavouiert mit solchem Auslastungsdenken die möglichst termingerechte Belieferung des Kunden auch mit kleinen Mengen.
- In die gleiche Richtung zielt ein Desinteresse des Vertriebs an *Null-Fehlerprogrammen*, weil Service-Erlöse als profitable Opportunität gelten.
- Im Rahmen eines unserer Kooperationsprojekte mit der Industrie weigerte sich z. B. ein Entwicklungschef, das Produktionsprogramm zur Erhöhung der *Ferti-*

[59] Vgl. hierzu Hammer/Champy (1993).

gungsgerechtheit zu überarbeiten, um zu einer deutlichen Kostensenkung zu kommen. Er begründet dies damit, dass er jetzt schon an der Kapazitätsgrenze arbeite und die notwendige personelle Aufstockung die Produktivität seines Bereichs erheblich verschlechtere.

Begriffe Prozessorientierung und Prozessorganisation[60]

Prozessorientierung

– Prozess ist raum-zeitliche Realisierung einer Funktion im Rahmen/mit Hilfe von Strukturen. Funktion kann sich /teleologisch/ aus dem Bezug zu einem Zweck ergeben oder einfach /technisch/ eine input-Output-Beziehung beschreiben.
– Prozess meint immer einen bestimmten Voraussetzungszusammenhang bezüglich der situativen Gegebenheiten mit. Inder Logik des 5-Faktoren-Modells kann man nicht über ein Produktthema sprechen und entscheiden, ohne die anderen Faktoren – Input, Organisationsstruktur, Personal, Technologie – hinsichtlich der Konsequenzen zu reflektieren.
– Prozessorientierung meint im Sinne einer ganzheitlichen, auch unternehmensübergreifenden Perspektive Aktivitäten bzw. Aktivitätenfolgen in einem festgelegten Objektbereich und Detaillierungsgrad nach einem bestimmten Zweck unter Abstraktion von gegebenen Strukturen und unabhängig von bestehenden Grenzen zu identifizieren, zu analysieren und zu gestalten.

Prozessorganisation

– Prozessorganisation ist eine Form der Organisationsgestaltung, bei der die organisatorische Differenzierung unter Berücksichtigung spezifischer Ablauferfordernisse vorgenommen wird.[61]
– Es sollen die negativen Auswirkungen von Stellen-, Abteilungs- und Unternehmensgrenzen durch organisatorische Sekundärstrukturen (Process Owner, Teams, Projektorganisation) gemildert werden. Ziel der Prozessorganisation ist die Steigerung der organisatorischen Effizienz, v. a. der Prozesseffizienz.

Die Vorteilhaftigkeit des Prozessdenkens liegt in der zwangsläufig integrierten Betrachtung vor- und nachgelagerter Bereiche, die konsequent in die Analyse und Gestaltung mit einbezogen werden können. Wer seine organisatorischen Schnittstellen zu anderen im Sinne einer *Kundenorientierung* reflektiert, fragt sich direkt, welche Anforderungen er erfüllen muss, um seinen, in der Ablauforganisation folgenden Kunden zufriedenzustellen. Andere befolgen lediglich organisatorische mehr oder weniger sinnvolle Anweisungen.

Eine zentrale Frage ist dabei, inwieweit die verschiedenen Prozesse bzw. Prozessketten gekoppelt werden können, um zu einem *kontinuierlichen Fluss* (Japanisch: „*Heijunka*") zu gelangen. Hier spielt das Problem der Taktung über Anpassung der verschiedenen Kapazitätsquerschnitte eine Rolle. Dies ist der Inhalt dessen, was unter nivellierter Produktion verstanden wird. *Prozessanalysen* dienen im Wesentlichen diesem Zweck. Natürlich will man damit nicht nur Schwach- und Fehlerstel-

60 Vgl. Hines/Rich (1997); Hines (1999); Rother /Shook (1998); Gaitanides (2007).
61 Vgl. Hammer/ Champy (2003).

len in den Abläufen analysieren, sondern allgemein auch ein breites Spektrum von Verschwendungspotenzialen aufdecken.[62]

3.3.3 Vermeidung von Verschwendung

Ein weiteres, von Lean-Unternehmen verfolgtes Prinzip ist: *Vermeidung von Verschwendung*. Basis dafür sind die für die Erfüllung einer betrieblichen Aufgabe erforderlichen Wertschöpfungsaktivitäten.

Natürlich ist es schwierig zu entscheiden, wann Verschwendung vorliegt. Dennoch lassen nicht nur unsere Erfahrungen aus verschiedensten Kooperationsprojekten mit der Industrie einige generalisierende Bemerkungen zu. Um ein operationales Maß für Verschwendung definieren zu können, müssen wir *notwendige* Aktivitäten von *nicht notwendigen* unterscheiden. Erstere sind *Aktivitäten mit Wertzuwachs*, also Aktivitäten, für die der Kunde bereit ist zu zahlen (z. B. Druck einer Presse, um Teile zu formen; Schweißen oder Anschrauben von funktionswichtigen Teilen; Erstellung einer Auftragsbestätigung). Letztere sind *Aktivitäten ohne Wertzuwachs*, für die der Kunde nicht zu zahlen bereit ist. Sie bringen keinen Wertzuwachs, müssen aber aufgrund der gegebenen Bedingungen erbracht werden und implizieren dadurch versteckte Verschwendung.[63]

Beispiele für solche nicht notwendigen Aktivitäten sind:
- Ausschuss/Nacharbeit,
- mehrfaches Handhaben von Material und Mehrfacherfassung von Daten
- zu lange Transport- und Entscheidungswege für Material bzw. Informationen
- ein Rechnungswesen, das nur Kosten verteilt und nicht hilft Kosten zu senken;
- unnötige Kopien und Ablagen;
- Warten auf Material, Information oder Entscheidungen;
- Unnötige und keine ausreichenden Bestände.

Versteckte Verschwendung ist nicht nur bei den zunächst wertschöpfenden Aktivitäten (Entwickeln, Produzieren, Einkaufen und Verkaufen) auf allen Ebenen bzw. Qualifikationsstufen festzustellen, sie hat auch in vielen unserer Unternehmen die komplementären Verwaltungs- und Managementprozesse, insbesondere auch den Controlling-Bereich durchsetzt und wird insbesondere bei der Verteilung der *Managementzeit* deutlich.[64]

Einschlägige Ergebnisse einer Studie, in der über 7 Jahre in 52 Unternehmen der Industrie die Verteilung der verschiedenen Tätigkeiten der führenden Mitarbeiter untersucht wurden, zeigen: 4% der Zeit widmet das Management den eigentlichen

---

62 Vgl. hierzu die „Aktivitätennetzwerkanalyse" bei Pfeiffer et al. (1999), S. 92 ff.; „Wertstromanalyse" bei Hines (1999); Klevers (2007); Jones/Womack (2002).

63 Vgl. Suzaki (1989), S. 12 f. unterscheidet sieben typische Arten der Verschwendung: Verschwendung durch Überproduktion, Wartezeit, Transport, den Arbeitsprozess, hohe Bestände, Bewegung und Produktionsfehler.

64 Die Verschwendung wird durchaus gesehen, aber im Plandeterminierten Paradigma der Unternehmensführung als notwendig erachtet.

Führungsaufgaben, 14% passive Aufsicht (Reaktion auf Mitarbeiteranfragen), 34% Berichte schreiben, 25% inkonsequente Delegation, einmischen, selbst erledigen, 3% Schulungen, Training, 20% nicht notwendige unproduktive Dinge.[65]

Ein Controlling, das nur Kosten anstatt zu vermeiden möglichst exakt verteilen will, stellt eine solche Art der Verschwendung dar. Ein „richtig verstandenes“ Controlling kann in großem Umfang dazu beitragen, die vielerorts aufgeblähten Controlling-Bereiche zu vermindern. Das Verhältnis von Aktivitäten mit Wertzuwachs und Aktivitäten ohne Wertzuwachs stellt eine Kennzahl für Verschwendung dar. Es gibt Stimmen, die behaupten, dass bei gut organisierten Unternehmen der Quotient 1:200, bei durchschnittlich geführten 1:1000 und bei schlecht geführten 1:10.000 beträgt.[66]

Wertstrom-Analyse: Identifizierung von (nicht-)wertschöpfenden Aktivitäten[67]

Der *Wertstrom* (Value Stream) umfasst alle wertschöpfenden und nicht-wertschöpfenden Aktivitäten, die notwendig sind, um ein Produkt (Dienstleistung) zu entwickeln, herzustellen und zu vertreiben. Das Wertstrom-Konzept in der heutigen Fassung geht wohl letztlich auf das „Wertketten-Konzept“ (Value Chain) von Michael E. Porter zurück, der dies allerdings im Rahmen des strategischen Managements entwickelt hat.[68]

Typischerweise betrachtet man diese Wertstrom für operative Themen vorwiegend unternehmensintern, für strategische Überlegungen auch unternehmensübergreifend.

Das Wertstrom-Konzept wird beim sogenannten *Wertstrommanagement* genutzt. Der Gesamtwertstrom, das heißt alle Material- und Informationsflüsse innerhalb einer produzierenden oder nicht-produzierenden Einheit, umfasst drei Arten von Aktivitäten:

- Wertschöpfende Aktivitäten innerhalb eines Wertstroms,
- Aktivitäten, die keinen Wert erzeugen aber unvermeidbar zur Fertigung (Liegezeiten) oder Dienstleistungserbringung (Wartezeiten) gehören, und
- Aktivitäten, die überhaupt keinen Wert erzeugen und vermeidbar wären (Verschwendung, japanisch: Muda).

Man wird im Einzelfall trefflich um die genauen Zahlen streiten können. Denn hierbei ist ja der Detaillierungsgrad, mit dem Aktivitäten erfasst werden, ganz entscheidend. Wichtig sind aber nur die Größenordnungen, denn sie zeigen die großen Potenziale für Produktivitätssteigerungen. Ein Großteil der Literatur der letzten Jahre beschäftigt sich daher mit der Entwicklung und Anwendung von Instrumenten zu Identifizierung, Analyse und Gestaltung von Wertströmen.[69]

Es kann nicht überraschen: Verschwendung und Vereinfachung gehen Hand in Hand. Wo Vereinfachung möglich ist, aber unterbleibt, ist latent Verschwendung

65 Vgl. allgemein zur empirischen Analyse von Manageraufgaben Mintzberg (2011).
66 Vgl. Linden (1991), S. 138 f. Dort wird auf Lopez de Ariortua, damals Vicepresident GM Europe (Materialwirtschaft), später Vorstand bei VW verwiesen.
67 Vgl. Rother/Shook (1998); Klevers (2007).
68 Porter (1985).
69 Statt vieler vgl. Rother/Shook (1998); Jones/Womack (2002).

gegeben, so lautet in etwa der Tenor der Argumentation, wie sie Rossenbeck bereits vor Jahrzehnten in pragmatischer Weise vorgetragen hat. Seine Methode der Arbeitsvereinfachung lautet: (a) Überflüssiges ausmerzen; (b) Notwendiges sichern oder verstärken und (c) Fehlendes ergänzen.[70]

3.3.4 Kundenorientierung

Das Prinzip *Kundenorientierung* gehört eigentlich so selbstverständlich zum Verhalten eines im Konkurrenz-Umfeld operierenden Unternehmens, dass man zögert, es zu erwähnen. Auch hier zeigt die Diskussion zum Lean Management-Konzept, wie schwer sich hiesige Unternehmen damit tun. Es existieren erstaunliche Informationsdefizite über die Kundenumwelt, über die Probleme des Kunden sowie seine konkreten Wünsche, [71] obschon unter dem Titel *customer relationship-Management* in den letzten Jahren viele Ressourcen investiert wurden.[72] Dass dies nicht immer so in der westlichen Industrie war, vermerkt Drucker durch den Hinweis auf A.P. Sloan, in den 30er Jahren Chef von General Motors, dem damaligen unumstrittenen Weltmarktführer. Sloan ließ es sich nicht nehmen, von Zeit zu Zeit höchstpersönlich als Verkäufer zu arbeiten. *„Seit dem zweiten Weltkrieg hat dies in Detroit niemand mehr getan, wohl aber japanische Automobilhersteller.“*[73]

Weit weniger selbstverständlich ist die Übertragung des Prinzips der *Kundenorientierung* auf die Art und Weise, wie die interne Kommunikation und Kooperation im Wertschöpfungsnetzwerk zu sehen ist. Als Indikator für die Intensität, mit der das Denken und Handeln japanischer Unternehmen sich am Kunden orientiert, sind das oft institutionalisiert dem Management aller Funktionsbereiche vorgeschriebene Zeitbudget für direkte Kundenkontakte und Vorschriften zur Job-Rotation von Nachwuchskräften durch alle Bereiche, um die bei westlichen Unternehmen häufig anzutreffenden sog. „Kamin-Karrieren“ zu vermeiden.

Letztlich ist *Kundenorientierung* die komplementäre Funktion zum Denken in *Prozessketten- bzw. -netzen*, wenn man diese von Bedarfen her steuert (Pull Prinzip). Im Lean-Unternehmen betrachtet jeder Träger einer Aktivität den Träger der jeweils nächsten Aktivität, für den seine Arbeit (Leistung) zum Input anderer Leistungen wird, als seinen Kunden, den er in allen relevanten Parametern zufriedenzustellen hat: Die richtige Materie und Information zum richtigen Zeitpunkt in der gewünschten fehlerlosen Qualität.[74] Dieses *Kunden-Lieferanten-Prinzip* gilt nicht nur für das Verhalten der Mitarbeiter in der Fertigung und Montage, einschließlich der dort eingesetzten Fachexperten und Führungskräfte, sondern auch für alle Zu-

70 Vgl. hierzu schon Rossenbeck (1961). Die schon betagte Arbeit liest sich gleichwohl als zeitgemäße, praktische Einführung in konkrete Maßnahmen der Struktur- und Prozessrationalisierungsmöglichkeiten in einem Unternehmen.

71 Vgl. Berekoven (1986), S. 76.

72 Vgl. Bruhn (1999).

73 Drucker (1991), S. 1.

74 Vgl. hierzu auch Imai (1986), S. 76 ff. und Pfau/Detzel/Geller (1991), S. 9–13.

liefer-Abnehmer-Beziehungen in den übrigen Funktionsbereichen sowie nicht zuletzt für die Bereiche mit Dienstleistungscharakter (z. B. IT), bei denen erfahrungsgemäß die Service- bzw. Kundenorientierung nicht überentwickelt ist.

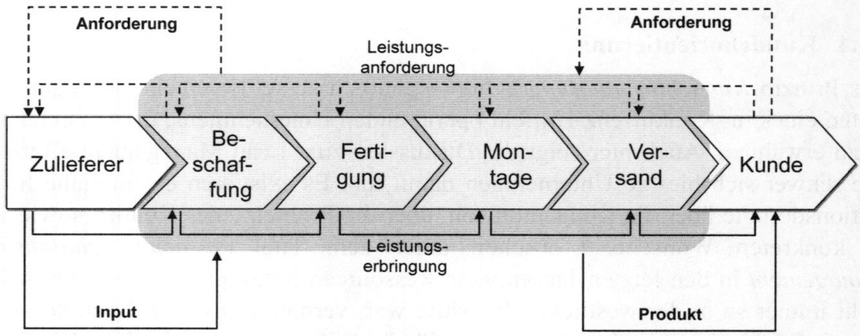

Abb. 11. Gestaltung der Wertschöpfungskette nach dem Kunden-Lieferanten-Prinzip

Wie weit im Einzelfall unsere Unternehmen vom Prinzip der (internen) Kundenorientierung entfernt sind, zeigt ein Beispiel, das uns in einem Gespräch mit dem Geschäftsführer eines großen Bereichs eines namhaften deutschen Industrieunternehmens gegeben wurde. Die Entwicklung sollte sich nach dem eben Gesagten als Lieferant der Fertigung betrachten (fertigungsgerechte Konstruktion). In dieser Unternehmung zeigte sich, dass 80% der Veränderungen in FuE durch Wünsche der Fertigung induziert waren. Damit wird die Zusammenarbeit an den externen *Schnittstellen* zu Zulieferern/Dienstleistern und Kunden zu einem innerorganisatorisch hoch anspruchsvollen Thema.[75]

Wie auch immer im Einzelnen gelöst, die *Überschreitung* der organisatorischen Grenzen in Richtung Lieferanten war nötig, um die *strukturelle Flexibilität* zu gewinnen, die erforderlich ist, um im Takt der Kunden schwingen zu können. Denn große Wertschöpfungstiefe bzw. lange Wertschöpfungsketten, die nach stetiger Auslastung rufen, vertragen sich nicht mit dem Konzept der *Produktion im Kundentakt*.[76] Unterbrechungen und Neuanläufe fressen ebenso ungeplant Kapazität, wie auch infolge der schwankenden Auslastung von Anlagen (Hoch und Runterfahren) Verfügbarkeitseinschränkungen und Produktivitätsverluste entstehen.

3.3.5 Sachorientierung und Wertorientierung gleichrangig betrachten

Von großer Bedeutung für die Steuerung von Lean-Unternehmen ist die *gleichrangige* Betrachtung von Sach- und (monetärer) Wertebene. Dies erklärt sich daraus, dass die Kriterien auf der Sachebene eher direkt messbar sind, die der Wert-

75 Das belegt v. a. die Literatur zum Netzwerkdenken in den 1980er Jahren eindrucksvoll. Vgl. Vor allem Sydow (1992).

76 Vgl. Suzaki (1989).

ebene hingegen sehr stark der Interpretation unterliegen. Bewusste oder unbewusste Manipulationen jeder Art sind somit nicht auszuschließen.
Die wesentlichen *Optimierungskriterien* auf der *Sachebene* sind: *Qualität, Zeit* bzw. *Geschwindigkeit, Flexibilität, Produktivität* und *Bestände* und auf der *Wertebene: Kosten, Erlöse, Rentabilität, Liquidität.*

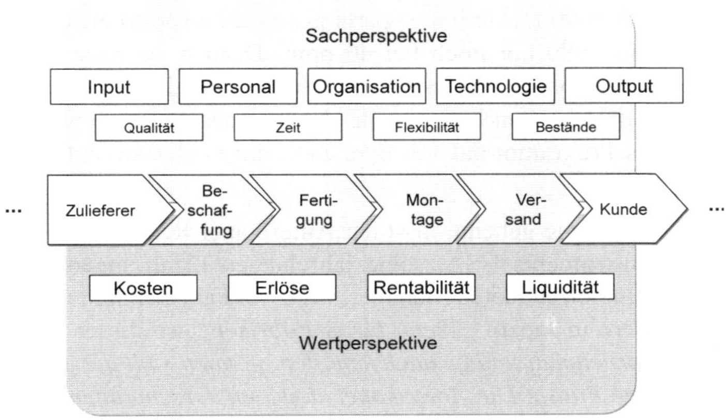

Abb. 12. Sach- und Wertorientierung: zwei Seiten einer Medaille

Dass auf eine solche symmetrische Betrachtung praxisübliche Controllingsysteme angepasst werden müssen, liegt auf der Hand.[77] Was heute noch immer beobachtbar ist, dass auf operativer Ebene viele Kennzahlen bzw. Informationen vorhanden sind, diese aber im Zuge des hierarchischen Informationsverdichtungsprozesses auf überwiegend finanzielle Kriterien (*key indicators*) reduziert werden. Dieser Informationsvernichtung wollte man durch sog. *Balance Scorecards* entgegenwirken.[78]

Im Lean Management wird daher großer Wert darauf gelegt, dass Information nutzerspezifisch und kohärent aufbereitet wird, um Nachvollziehbarkeit über alle Ebenen hinweg zu gewährleisten (i.S.e. *policy deployment*). Wie Rehfeldt bereits vor geraumer Zeit berichtet, zählt nicht allein das Ergebnis, sondern auch dessen Zustandekommen: *„Für Japaner sind absolute Erfolgszahlen allein nicht interessant; sie interessieren sich ebenso für den Prozess, der zu ihnen führt und für die Frage, wie man es noch besser machen kann.“*[79] Überdies – so die Auffassung der Lean-Unternehmen – folgen die „guten Zahlen“ nahezu zwangsläufig, wenn man die Sachebene in Ordnung bringt.

[77] Vgl. Hines/Taylor (2000).
[78] Vgl. Kaplan/Norton (1997).
[79] Rehfeld (1991), S. 84.

3.3.6 Permanenz und Konsequenz im Denken und Handeln

Das Denken und Handeln japanischer Lean-Unternehmen zeichnet sich v.a. aus durch *Permanenz* und *Konsequenz*. Lederer hat bereits Mitte der 1980er Jahre im Rahmen seines sehr aufschlussreichen und fundierten Vergleichs zwischen japanischen und europäischen Produktionsweisen verdeutlicht, was das heißt. Bei einem seiner *Beispiele* geht es um Fehlerraten bei Lötprozessen. Hatten japanische Unternehmen 1978 noch 4000 (fehlerhafte) parts per million (ppm) zu verzeichnen, lag deren Fehlerrate in 1980 nur noch bei 40 ppm. Danach starteten sie ein zweites Qualitätsverbesserungsprogramm und erzielten damit 15 ppm. Während unsere Unternehmungen damit schon längst mehr als zufrieden gewesen wären, legten die Japaner ein drittes Programm auf mit dem Ziel, die Fehlerrate auf 3 ppm zu drücken.[80]

In eine ähnliche Richtung gehend, fasst der Amerikaner Rehfeld, ehemaliger President von Seiko-Instruments USA, seine jahrelangen Erfahrungen zusammen. Er berichtet von einem befreundeten Manager, der zwei Fabriken leitete, eine davon in USA und die andere in Japan: *„Wenn beide Fabriken"*, so dieser Manager, *„sich genau dasselbe vornehmen und es auch schaffen, gönnen sich die Japaner am Ziel angekommen, keine Pause. Die Amerikaner dagegen verschnaufen lieber erst einmal ein wenig und ruhen sich auf ihren Lorbeeren aus, ehe sie das nächste Ziel anpeilen. Und so erreichen die Japaner am Ende eben mehr."* Unablässig streben sie nach Perfektion unter dem Vorsatz, Außerordentliches zu vollbringen.[81]

Permanenz und Konsequenz zeichnet das Lean Management nicht nur bei der Verfolgung von Qualitätszielen aus. Vielmehr strebt es ganz generell, d.h. auf allen Gebieten unaufhörlich nach Perfektion. Vielleicht ist es ein Stück weit kulturell bedingt, was in westlichen Unternehmen fast schon zur Regel geworden ist: die Intensität z.B. von Kostensenkungs- und/oder Produktivitätssteigerungsprogrammen zu Zeiten guter Auftragslagen tendiert gegen Null. „Schönwetter"-Rationalisierungsaktivitäten finden sich selten; *Reform durch Krise* als Regelfall.

Am Beispiel der Bestände lässt sich in diesem Zusammenhang aufzeigen, wie ein Spektrum kleiner und großer Probleme in Unternehmen latent vorhanden sein kann. Eine großzügige Lagerhaltungspolitik kann die Ursache sein für eine Vielzahl von Wirkungen: Senkt man den Spiegel des *„Sees der Bestände"*, tritt ein ganzes Bündel von Schwierigkeiten zu Tage, wie z.B.: Schlechte Arbeitspläne, Maschinenausfälle, Qualitätsprobleme, lange Rüstzeiten oder Kommunikationsmängel, um nur einige zu nennen, werden durch hohe Bestände kaschiert (vgl. Abb. 13).[82]

[80] Vgl. Lederer (1984), S. 330.
[81] Vgl. Rehfeld (1991), S. 84.
[82] Vgl. hierzu Suzaki (1989), S. 117.

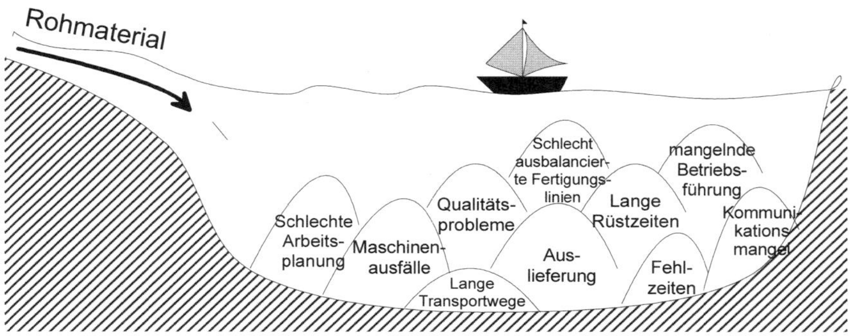

Abb. 13. Bestände verdecken Probleme[83]

Durch Permanenz und Konsequenz im Denken und Handeln, resultierend aus ehrgeizigen, anspruchsvollen Zielen, die das gesamte System unter höchster Anspannung halten und nie eine Trägheitskräfte mobilisierende Selbstzufriedenheit aufkommen lassen, gelingen hingegen wahrlich Spitzenleistungen. Ziel ist daher die systematische Umsetzung kleiner und kleinster Verbesserungen, die sich zu einem immensen Betrag addieren können, vor allem dann, wenn zusätzlich Synergieeffekte auftreten.

Dass dies keineswegs zum spezifisch japanischen Verhalten und Agieren zu rechnen ist, sondern höchst erfolgreich in der westlichen Industrie praktiziert werden kann, zeigt die einstige phänomenale Dynamik der US-Firma Motorola. In wichtigen Produktgruppen der mobilen Kommunikation besaß das Unternehmen zwischen 45 und 85% Marktanteil. In manchen Fabriken steuerte Motorola ein Qualitätsniveau an, das nicht mehr in Fehler pro Million, sondern in Fehler pro Milliarde Teile gemessen wird. Das Qualitäts- und Simplifizierungsprogramm in der Produktion brachte 1993 eine Kostensenkung von 1,5 Mrd. Dollar bei 17 Mrd. Dollar Umsatz. Die Produktivität gemessen in Umsatz je Beschäftigten stieg von 1986 bis 1993 um 126%. Als Zielvorgaben für alle Bereiche galt die Reduktion der Fehlerrate auf ein Zehntel (alle zwei Jahre) und der Gesamtdurchlaufzeit (Total Cycle Time) alle fünf Jahre. Die größte Sorge des Managements war dabei, wie man bei solchen Erfolgen das Aufkommen von Selbstzufriedenheit verhindert. Man versuchte dies erfolgreich durch Setzen von Zielniveaus, die zunächst unerreichbar zu sein scheinen, um hiermit zu ermutigen, innovative Wege einzuschlagen.[84]

---

83 Vgl. Suzaki (1989), S. 17.

84 Vgl. Henkoff (1994), S. 51–56.

3.3.7 Perfektion auch im Kleinen

Beobachter stellen immer wieder die mustergültige Ordnung und Übersicht in Lean-Fabriken heraus. Das gilt für die Gestaltung, Sauberkeit und Ordnung am einzelnen Arbeitsplatz genauso wie für den gesamten Betrieb.[85] Dabei handelt es sich um kaum mehr als die jedem Auszubildenden bekannten „Lehrlingstugenden", reimportiert als *5S-Methode* aus Japanischen Unternehmen.

5S-Methode

Diese Methode (im deutschen Sprachraum auch 5A genannt) ist eine hauptsächlich in der Dienstleistungs- und Produktionswirtschaft angewandte Methodik.

5S dient als Instrument, um Arbeitsplätze und deren Umfeld sicher, sauber und übersichtlich zu gestalten. Ordnung und Sauberkeit sind Grundvoraussetzungen zur Verbesserung der Arbeitsprozesse, welche an ihnen ablaufen. Man geht davon aus, dass damit auch das Risiko von Arbeitsunfällen sinkt. Ein sauberes und ordentliches Arbeitsumfeld gilt zudem als Grundlage für Qualitätsarbeit.

Ziel eines 5S-Programms ist es, die Arbeitsplätze so zu gestalten, dass die Arbeit störungsfrei ablaufen kann, Suchen ebenso wie lange Transportwege und Wartezeiten vermieden werden und damit verschwendungsfrei gearbeitet werden kann.

5S-Arbeitsplätze unterlegen in der Regel einer regelmäßigen Auditierung im Rahmen des Qualitätsmanagements.

Literatur: Hirano/Rubin (2007); Suzaki (1989)

Auch dazu gibt es historische Vorbilder. So schilderten Besucher von amerikanischen Unternehmen in den 1920er Jahren ähnliche Eindrücke als die Fordsche Produktion sahen: *„Alle Maschinen sind gleichmäßig hellgrau gestrichen, die Wände immer frisch geweißt, die Fenster ganz blank – das Ganze wirkt in seiner geradezu koketten Sauberkeit mehr wie eine Ausstellungshalle, als wie eine in Betrieb befindliche Fabrik."* Und weiter: *„Die weiß gekleideten ‚Heizer' haben nichts weiter zu tun, als von Zeit zu Zeit den Verbrennungsvorgang zu beobachten und allenfalls mit sauberen, gepflegten Fingern ein Ventil zu regulieren. An einer Wand hängen schön vernickelt eine alte Kohlenschaufel, Feuerhaken und Schürhaken mit dem Hinweis, dass diese altmodischen Geräte hier nur einen Museumsplatz haben dürfen."*[86]

Perfektion auch im Kleinen ist jedoch nur möglich, wenn Führungs- und Organisationsstrukturen geeignet sind, das unaufhörliche Streben nach Perfektion zu forcieren. Während in Lean-Unternehmen die Mitarbeiter eigenständig Tag für Tag Tausende kleinere Probleme sofort ausräumen, sind in *Nicht-Lean*-Unternehmen die Führungskräfte aufgrund ihrer zu geringen Entlastung vom Tagesgeschäft zur Selektion gezwungen. Nach der Methodik der ABC-Analyse werden nur die größten

[85] Vgl. Eglau (1992), S. 31.

[86] Rieppel (1925), S. 7 f. beschreibt bereits so seine Eindrücke eines Besuchs in einer amerikanischen Fabrik in den 1920er Jahren.

und vordringlichsten Aufgaben in Angriff genommen. Und das heißt nicht selten: Über-Vereinfachung der Dinge. Übersehen wird dabei nur allzu leicht, dass Probleme im Tagesgeschäft aus 1000 kleinen Fehlern in Fabrik und Verwaltung resultieren, die sich zudem wechselseitig verstärken und sich zu Problembergen auftürmen.

3.3.8 Umsetzungsorientierung (bias toward action)

Charakteristisch für Lean-Unternehmen ist eine konsequente Umsetzungsorientierung. Suzaki bringt diese – Ohno zitierend – mit *„Bias toward action"* auf den Punkt: *„By actually trying, various problems became known (...) As such problems gradually became clear, they taught me the direction of the next move."*[87]

Im Gegensatz zu dieser Sicht der Dinge lässt man bei uns in vielen Unternehmen die Dinge gerne treiben. Es wird beschlossen, angeordnet, aber es tut sich nichts. Es wird negiert, aber es wird nicht terminiert. Es werden unklare Verantwortlichkeiten belassen, und es gibt keine Sanktionen. Henry Ford sagte zu diesem Phänomen einmal: *„Die meisten Menschen verwenden mehr Zeit und Kraft darauf, um die Probleme herumzureden, als sie anzupacken."*[88]

Praxisbeispiel: Symptome für mangelnde Umsetzungsorientierung

Um diese Neigung zu demonstrieren, baten wir die Geschäftsführung eines mittelständischen High Tech-Unternehmens die Liste der wesentlichen Mängel bzw. Probleme nach dem Zeitraum zu sortieren, wie lange man schon von den einzelnen Punkten wisse.

Das Ergebnis:

- 25% der Probleme waren mindestens 15 Jahre bekannt
- 25% der Probleme waren mindestens 10 Jahre bekannt
- 50% der Probleme waren mindestens fünf Jahre bekannt.
- Bemerkenswert: Dieses Unternehmen hatte hervorragende Finanzzahlen vorzuweisen (u. a. deutlich 2-stellige Umsatzrenditen).

Im Übrigen handelt es sich hier um ein über Jahrzehnte erfolgreich wirtschaftendes Unternehmen.

Der Lean-Philosophie entspricht das Streben zur Perfektion über das Machen und Umsetzen. Entsprechend der Sicht pragmatischer Erkenntnisgewinnung („Lerne zu erkennen, indem du handelst."), kann man wissen, dass erst im Umsetzen neue Einsichten zu gewinnen sind, die einen in der Lösung der Probleme weiter bringen.

Wie Pfeiffer an anderer Stelle gezeigt hat, ist für jeden erfahrungswissenschaftlichen Erkenntnisgewinnungsprozess sowohl das Denken wie das Handeln konstitutives Element. In einer eigenartigen Form von Schizophrenie streben Nicht-Lean-Unternehmen totale Sicherheit über die Perfektionierung der Planung an. Perfektionismus erzeugt Skepsis und Pessimismus, Inflexibilität und schließlich Wider-

---

87 Suzaki (1985), S. 11.

88 Vgl. eine Anzeige der Anderson Consulting in der FAZ v. 8.12.1992.

stände gegen jede Art von Veränderungen.[89] *„Optimismus erzeugt Tatkraft, Pessimismus lähmt sie.“*[90]

Zu ähnlichen Konsequenzen kommt es, wenn Einflussgrößen auf Entscheidungen gleichgewichtet werden, statt sie nach Priorität oder Wertigkeit (z. B. mittels ABC-Analysetechniken) zu berücksichtigen. Kurzum: Man gerät in eine *Paralyse durch Analyse*, die dazu führt, dass viele (Innovations-) Projekte in den Startlöchern stecken bleiben. *Tue es gleich: Lieber 50% jetzt, als 100% nie.* Nicht zuletzt ist auch darauf im Grund der berühmte „*Lopez-Effekt*“ zurückzuführen.[91]

Oft kopiert, selten erreicht

José Ignacio López von GM zu VW gewechselter vormaliger Einkaufschef (1993–1994), galt als „Kostenkiller“ und war vor allem bei Zulieferern gefürchtet. Dieses negative Image entstand allerdings erst später durch Imitationseffekte anderer (auch durch seine „Krieger“ genannten Mitarbeiter), die die Rezepte übernahmen, aber nicht den dahinterstehenden Sinn.

Ursprünglich (d. h. v. a. zu seiner Zeit bei GM) verfolgte Lopez einen Beratungsansatz. Nach dem Motto: Wir bezahlen nicht die Verschwendung unserer Zulieferer, ganz im Sinne der Umsetzungsorientierung. So wurde in einem Fall beispielsweise in 5 Tagen im Rahmen von Workshops der Herstellungsprozess durchleuchtet.

Völlig neu war dabei die schnellstmögliche Umsetzung der einzelnen Vorschläge der Mitarbeiter. Ergebnis: In der Kolbenvormontage war López selbst mit von der Partie. Es wurden Handarbeiten an einer Stelle zusammengefasst. Pro Mitarbeiter werden jetzt 222 Pleuelsätze gefertigt – vorher 133. Kleinteile in der Motorenmontage müssen die Bandarbeiter nicht mehr umständlich aus großen Paketen auspacken, sondern sie werden jetzt kommissioniert angeliefert – statt 500 Motoren jetzt werden 700 Motoren je Schicht gefertigt.

---

89 Auf diesen Aspekt weist Mintzberg (1995), S. 214 hin: Inflexibilität der Planung als Fallstrick.

90 Schreibt Steinbuch (1992), S. 74. Vgl. auch Pfeiffer (1971), S. 44 ff.

91 Vgl. o. V. (1993b).

3.4 Inhaltliche Prinzipien

Wir sehen dabei vier Teil-Prinzipien als wesentlich an (Abschnitte 3.4.1 bis 3.4.4), deren Anwendung wie auch die Anwendung der Attitüden-Prinzipien durch ein weiteres Prinzip zusammengefasst werden können: dem Fundamentalprinzip effektiver und effizienter Wertschöpfungsgestaltung (Abschnitt 3.5 und Abb. 45).

3.4.1 Perspektivenwechsel vom „Sachvermögen" zum „Humanvermögen"

Nach Meinung der beiden Harvard-Professoren Hayes und Jaikumar machen die meisten Unternehmen den Fehler, neue Produktionsanlagen ausschließlich als Sachvermögen zu behandeln. *„Viele Unternehmen (...) investieren in neue Fertigungstechnologien wie CAE, FMS oder CIM, nutzen aber deren Potenzial gar nicht aus und übersehen dabei noch, dass die neuen Technologien ganz anderen Spielregeln unterliegen (...). Daher müssen sie [die Manager, d.V.] die Unternehmen als lernende Organisationen führen, in denen integrativer Sachverstand über den Wettbewerbserfolg eher entscheidet als hochkarätiges Spezialistentum und in die teure Ausrüstung gestecktes Sachkapital."*[92]

Entsprechend übersehen sie die jeweils notwendige komplementäre Investition in Humanvermögen, weil nicht zuletzt – so auch der frühere MIT-Präsident Paul Gray – ein Großteil der Industrie die Perspektive von Taylor und Ford einnehme. Gemeint ist, dass die westliche Industrie die Prinzipien von Taylor und Ford extrapolierte, ohne auf die veränderten Rahmenbedingungen zu achten (siehe *‚Moderner Fordismus'*). In diesem Kontext sei eine Arbeitskraft nur ein Kostenfaktor, den es zu minimieren gilt und keine Ressource, deren Nutzenpotenzial man schöpfen kann.[93] Diese Sicht entspricht bis heute dem tradierten Denkmuster vieler Führungskräfte, wie die Aussage eines Arbeiters von GM zum Ausdruck bringt: *„To General Motors you're a number. You're number 7795."*[94]

Wer aber so denkt, denkt in den Kategorien der Theorie X von McGregor, wo Begriffe wie ‚Gehorsamkeitsrate der Mitarbeiter' aus der Welt von Zucht und Ordnung keine Seltenheit sind.[95] So wird man nicht mit motivierten, allenfalls mit gestressten Mitarbeitern rechnen können. *„Die Vorgesetzten kontrollieren ihre Nachgeordneten dann häufig, übertragen ihnen keine Verantwortungen und lassen ihnen wenig Raum für die Verwirklichung eigener Initiativen. Wie immer wieder zu beobachten ist, steuern sie ihre Nachgeordneten damit so ein, dass diese sich schließlich so verhalten, als sei diese Theorie X richtig."*[96]

Dass ein Denkmuster nach Theorie X nicht ohne Rückwirkung auf die Führungskräfte selbst bleiben kann, hat beispielsweise Staudt wie folgt formuliert: *„Diese*

[92] Vgl. Hayes/Jaikumar (1989), S. 73.
[93] Vgl. Stewart (1990), S. 85.
[94] Magnet (1992), S. 59.
[95] Vgl. McGregor (1973); Schlote, S. et al. (1992), S. 117.
[96] Franke (1980), S. 92.

Art der Führung unternahm es (...) mittels eines aufgeblähten Informations- und Kontrollsystems in einer unheimlichen Arroganz des Wissens[97] *den Sachverstand zu zentralisieren und zu kontrollieren. Sie verfügt deshalb, und das ist das Absurde an dieser Entwicklung, auch an der Basis nur noch über den Sachverstand, der ihrer eigenen Kontrollfähigkeit entspricht.*"[98]
In dieser *„X"-Perspektive* erscheint es naheliegend, die menschliche Arbeitskraft nur als *Kostenfaktor* zu sehen und den Nutzen in einer hohen Automation zu suchen, die eine möglichst geringe Fehlertoleranz zulässt. Argyris hat in seinem Buch ‚Personality and Organization' gezeigt hat, dass konventionelle Managementstrategien für die Organisation, Lenkung und Kontrolle des menschlichen Kapitals im Unternehmen zudem eher auf die Fähigkeiten und Charakteristiken eines Kindes als eines Erwachsenen abgestimmt sind.[99]

Mit einer solchen Sicht der Dinge bewegt man sich in der Welt des *reinen Fordismus*. Produkte und Produktionsverfahren wurden – mangels Alternativen – für Mitarbeiter mit geringsten denkbaren geistigen Fähigkeiten konstruiert. Nicht zuletzt aufgrund des geistigen Ausbildungsstands war eine bis ins extrem getriebene Arbeitsteilung oft der einzig gangbare Weg, um die Produktion zu ermöglichen: *„Durch die Vereinfachung der einzelnen Arbeitsleistung kann Ford in seinen Betrieben auch halbe Krüppel, Stumme und Taube nutzbringend beschäftigen, ja er geht sogar so weit, Rekonvaleszenten und, allerdings isoliert, sogar Schwindsüchtige zu leichterer Arbeit heranzuziehen.*"[100]

Für heutige, höher qualifizierte Facharbeiter ist diese Art Führung inadäquat. Sie bedeutet eine starke Einengung des Handlungsspielraums und damit eine Entleerung der sinnhaften Arbeit (vgl. Abb.14). Eine *Sinnentleerung* der Arbeit von geistigen Inhalten war nicht zuletzt auch Ausdruck einer Betrachtung der *Arbeit als reine Bewegung*, wie sie heute noch von den Vertretern des klassischen Arbeitsstudiums verfolgt wird. Bemerkenswert – wenngleich historisch: *„Die entsprechenden Abteilungen lassen die Arbeiter bei der Anstellung eine Reihe von Tests durchlaufen, die die Intelligentesten von der Anstellung ausschließen. Die US-Rubber-Company hat diesen Versuch sogar bis zur Einstellung schwachsinniger Mädchen getrieben, die im Rahmen der im Betrieb angewandten „wissenschaftlichen Arbeitsorganisation" ausgezeichnete Ergebnisse lieferten.*"[101]

---

97 Hayek (1975), S. 12–21 spricht in einem vergleichbaren Zusammenhang von einer „*Anmaßung von Wissen*".

98 Staudt (1987), S. 3.

99 Siehe zusammenfassend McGregor (1973), S. 57; Argyris (1957) wendet die Erkenntnisse der Verhaltenswissenschaft auf Verhalten von Organisationsmitgliedern (human behavior) an. Er untersucht v. a. die Basis-Komponenten von Organisationen und deren Entwicklungen.

100 Morus (1927), S. 206, vgl. auch Ford (1923), S. 124 und S. 128.

101 Vgl. Friedman (1952), S. 224.

„Theorie X“: Traditionelle Ansichten über Führung und Lenkung

- Der Durchschnittsmensch hat eine geborene Abneigung gegen Arbeit und versucht, ihr aus dem Weg zu gehen, wo immer er kann.
- Weil der Mensch durch Arbeitsunlust gekennzeichnet ist, muß er gezwungen, gelenkt, geführt und mit Strafe bedroht werden, um ihn mit Nachdruck dazu zu bewegen, das vom Unternehmen gesetzte Soll zu erreichen.
- Der Durchschnittsmensch zieht es vor, an die Hand genommen zu werden, möchte sich vor Verantwortung drücken, besitzt verhältnismäßig wenig Ehrgeiz und ist vor allem auf Sicherheit aus.

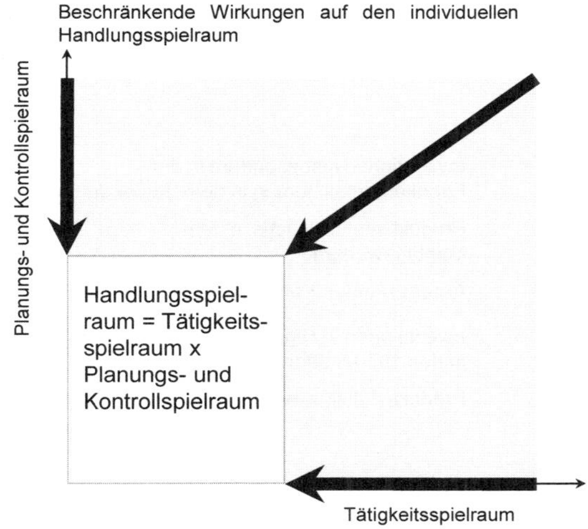

Abb. 14. „Theorie X“: Die traditionellen Ansichten über Führung[102]

Für die katastrophalen Folgen dieser Sicht steht wiederum General Motors General Motors investierte in den 1980er Jahren 77 Milliarden Dollar in neue Modelle, insbesondere in die Fabrikautomatisierung, und erzielte einen Produktivitätszuwachs von ganzen 5%. Ford investierte einen Bruchteil der Summe und steigerte die Produktivität um 31%. Allein in High-Tech-Pressenstraßen wurden von GM mehrere Milliarden Dollar investiert. Die Produktivität stieg lediglich um 14 %. Ford wiederum erzielte mit einem Bruchteil dieses Investments 45 % Steigerung (vgl. Abb. 15).

Ford führt seine deutlich höhere Produktivitätssteigerung im Vergleich zu GM auf sein wesentlich intensiveres und *gezielteres Investment in Humankapital* zurück: nämlich in Organisation, Personalqualifikation und Personalentwicklung.[103] Dabei war entscheidend für das Gelingen des Vorhabens die gute Zusammenarbeit mit der Gewerkschaft und dass man im Programm den Qualitätszielen vor den Kostenzielen Vorrang einräumte. Was ganz wesentlich war – man brachte enorme Geduld auf. Der maßgebliche Ford-Manager berichtet, dass zwei volle Jahre lang auch nicht die geringste Verbesserung festgestellt werden konnte. *„Wir beschäftigten uns“* – schreibt er – *„Monat für Monat sehr detailliert mit den Zahlen, die keinerlei Besserung signalisierten; fragten uns, ob wir etwas falsch machen, warum wir nicht voran kommen, und fanden keine überzeugenden Antworten, die gegen unser Vorgehen sprachen. So arbeiteten wir einfach weiter. Nach zwei Jahren kam der*

102 Vgl. McGregor (1973), S. 47–71; vgl. auch Pfeiffer (1982).

103 Vgl. zur Notwendigkeit einer organisatorischen Restrukturierung vor der Einführung einer Fabrikautomatisierung: Duimering/Safayeni/Purdy (1993), S. 47–56.

Durchbruch. Die Zahlen veränderten sich zum Positiven so schnell und springflutartig, dass wir mit dem Registrieren kaum nachkamen. "[104]

	GM	Ford
Investitionen insbesondere in der Fabrikautomatisierung in den 1980er Jahren	77 Mrd $	Bruchteil davon
Produktivitätszuwachs in den Montagewerken	+5%	+31%
Arbeitsstunden/Fahrzeug 1989	39	26
Investitionen in Hight Tech-Pressenstraßen in den 1980er Jahren	Mehrere Mrd $	Bruchteil davon
Produktivitätszuwachs	+14%	+45%

	Japanisches Montagewerk in Japan	Europäisches Montagewerk in Europa	
		Mit gleiche Automatisierungsgrad	Mit weltweit höchstem Automatisierungsgrad
Automatisierungsgrad	34%	34%	48%
Arbeitsstunden/ Fahrzeug	X	2x-3x	1,7x

Abb. 15. Fabrik der Zukunft erzwingt einen Perspektivenwechsel vom „Sachvermögen" zum „Humanvermögen"[105]

Dank der fundierten Berechnungen, des gesunden Misstrauens in die Allmacht der Technik und des Vertrauens in die Leistungsfähigkeit ihrer Mitarbeiter brauchten die Ford-Manager ihr Projekt nicht mit den Formeln der Motivation und der Arbeitszufriedenheit zu rechtfertigen. Eine Motivation i.S.e. „*deus ex machina*" ist bei einer durchdachten organisatorischen Verknüpfung von hochentwickelter Automatisierungstechnik mit qualifizierter Arbeit auch nicht vonnöten.

„In der (...) Humankapitalorientierung und ihrer Verbindung mit modernster Technik liegen die eigentlichen Stärken der Lean Production begründet." schreibt Lehner zwar mit Recht.[106] Aber eine einseitige, auf den Faktor Personal fokussierte Perspektive hilft hier nicht weiter. Es müssen alle Faktoren Technik, Personal und Organisation in einem betriebswirtschaftlichen Rahmen integriert gesehen und im Ganzen optimiert werden. Darauf hat auch Schonberger schon vergleichsweise früh hingewiesen: Das Verhalten von Mitarbeitern folgt den vorher festgelegten (Ablauf-)Strukturen: *„Culture is no obstacle; techniques can change behavior."* Und weiter: *„The intended message of the chapter concerns the relationship between the techniques and the behaviors of the people involved. As more just-in-time tech-*

104 Stewart (1990), S. 85.
105 Vgl. Taylor, A. III (1990), S. 40; Womack/Jones/Roos (1990), S. 94.
106 Lehner (1992).

niques were implemented at Kawasaki, the American personnel in the plant shed more of their American bad habits."[107]

Wie auch Pfeiffer in den 1970er Jahren bereits feststellen konnte, rechnet sich der Einsatz von teuren Betriebsmitteln erst dann wirklich, wenn die vorhandenen geistigen Potenziale der Mitarbeiter genutzt werden.[108] Und diese Potenziale sind auch als *(Human-)Kapital* zu verstehen, in das es zu investieren gilt. Ellinger et al. konstatierten bereits 1977 zu Beginn der Automatisierungs- und *CIM-Euphorie*, *„dass der Mensch ein entscheidendes Potenzial in der Unternehmung darstellt (Humanvermögen), für das laufend steigende Aufwendungen notwendig werden"*[109] – gerade wegen der hohen Investitionen.

In ähnlicher Weise zeigt der Vergleich eines japanischen Montagewerkes in Japan mit einem Automatisierungsgrad von 34% mit einem europäischen mit genau demselben Wert eine Vernachlässigung des Humankapitals auf. Die Europäer benötigen 2–3 Mal mehr an Arbeitsstunden pro Fahrzeug. Ähnlich ungünstig sieht der Vergleich dieses japanischen Werks mit 34 % Automatisierungsgrad mit einem europäischen von 46 % aus, das letztlich das am höchsten automatisierte Montagewerk der Welt ist. Dieses europäische Werk benötigt trotz ca. 40 % höheren Automatisierungsgrads immer noch das 1,7 fache an Arbeitsstunden je Fahrzeug.[110]

Das Prinzip „Humanvermögen dominiert Sachvermögen" besitzt damit geradezu paradigmatischen Charakter für die Gestaltung der *„Fabrik der Zukunft"*, indem es ein Stück weit als *Gegenpol* zur technokratisch geführten Diskussion um die menschenleere (CIM-)Fabrik zu verstehen ist. Insbesondere die IT-Euphorie führt bis heute dazu, die betriebliche Komplexität ‚einfangen' zu wollen und auf immer leistungsfähigeren Computern möglichst 1:1 abzubilden. Je mehr manuelle und sonstige Routinetätigkeiten durch Mechanisierung und Automatisierung zurückgedrängt werden, desto bedeutsamer wird es, das in weiten Teilen brachliegende *kreative Potenzial* der Arbeitskräfte zu nutzen; zum einen zur Verbesserung bzw. Innovation in den Prozessen,[111] zum anderen zur Übernahme zusätzlicher Aufgaben und Verantwortung, für z. B. Störungsbeseitigung, Reparaturen und Wartung, Kontrolle bzw. Prüfung an eigenen Arbeitsplätzen.

Kiichi Mochizuku, ein früherer japanischer Stahl-Manager, beschreibt den Wandel der Anforderungen an die Arbeiter wie folgt: *„These days, with computerized factories and digitally controlled machines, mathematics are very important for factory operations. When you talk about skill – the word skill is wrong: It implies manu-*

107 Schonberger (1982), S. 83 u. 101.
108 Vgl. Pfeiffer (1982), S. 29–60.
109 Ellinger et al. (1977), S. 381.
110 Vgl. Womack/Jones/Roos (1991), S. 99.
111 Vgl. auch die These von Stalk/Evans/Shulman (1992), S. 63, dass der Wettbewerb vorrangig ein Wettbewerb der Fähigkeiten, der Kompetenz, des Potenzials der Mitarbeiter ist: „A CEO's success in building capabilities will be the chief test of management skill in the 1990s." Diese These stimmt heute noch.

al dexterity to carve the wood or hit something with a hammer. Now skill is mental rather than manual.“[112] Dies alles impliziert eine Abkehr von den Denkmustern der Führungs-“Theorie X“ hin zu einer Integration der Mitarbeiter in die Organisation im Sinne der *Theorie Y* von McGregor (vgl. Abb. 16).

Theorie Y: Verschmelzen individueller Ziele mit Belangen des Unternehmens

- Verausgabung durch körperliche und geistige Anstrengung beim Arbeiten ist ebenso natürlich wie beim Spiel
- Nicht Überwachung und Strafe allein veranlassen Mitarbeiter zu zielkonformem Verhalten zu werden. Selbstdisziplin und Selbstkontrolle des Mitarbeiters ermöglichen ebenfalls Einsatz für Unternehmensziele.
- Grad der Zielverpflichtung ist in erster Näherung eine Funktion der Belohnung bei Zielerreichung.
- Durchschnittsmensch lernt - unter geeigneten Bedingungen - Verantwortung nicht nur zu übernehmen, sondern sogar zu suchen.
- Grundsätzlich ist die Anlage zu einem hohen Grad von Vorstellungskraft, Urteilsvermögen und Erfindungsgabe für die Lösung organisatorischer Probleme ist in der Bevölkerung weit verbreitet.
- Unter den Bedingungen des modernen industriellen Lebens ist das Vermögen an Verstandeskräften, über das der Durchschnittsmensch verfügt, nur zum Teil genutzt.

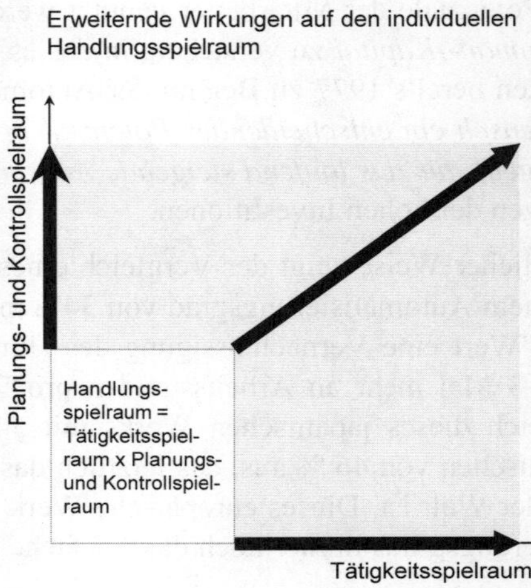

Abb. 16. Theorie Y: Verschmelzen der individuellen Ziele mit den Belangen des Unternehmens[113]

Während das zentrale Organisationsprinzip der Theorie X Lenkung und Kontrolle durch *Autorität* heißt – das sogenannte „Skalare Prinzip“, lautet das zentrale Prinzip der Theorie Y dagegen *Integration*: Schaffen von Bedingungen solcher Art, dass die Mitglieder der Organisation ihre eigenen Ziele am besten erreichen, wenn sie sich um den Erfolg des Unternehmens bemühen. Erst dann erhalten die neuen Formen der Arbeitsorganisation einen Sinn in der Ausweitung des Handlungsspielraums.[114] In diesem Sinne ist insbesondere bei der Gruppe der Facharbeiter eine deutliche Unterforderung festzustellen. So berichtete uns ein Vorstandsmitglied eines renommierten deutschen Technologie-Unternehmens, dass seiner Ansicht nach in seinem Unternehmen die Fähigkeiten eines Facharbeiters nur zu 10 % ausgenützt sind.

Alarmierend müssen auch die Ergebnisse einer Studie aus der deutschen Automobilindustrie wirken, die u. E. immer noch sehr verbreitet sind: *„Die statistische Facharbeiterreserve liegt derzeit bei zirka 70 %; das heißt: etwa 7 von 10 einschlägig qualifizierten Facharbeitern sind heute in der Automobilproduktion – sta-*

---

[112] Magnet (1992), S. 58.

[113] Vgl. McGregor (1973), S. 47–71; vgl. auch Pfeiffer (1982).

[114] Vgl. Richter/Pfeiffer/Staudt (1978); vgl. auch Osterloh (1993), S. 95–108, hier S. 102.

tistisch gesehen – unterhalb ihres Qualifikationsniveaus im Einsatz.“[115] Unsere Argumentation greift jedoch erst voll, diese Erkenntnis auf die ganze Bandbreite der Mitarbeiter über alle Stufen der Unternehmens-Hierarchie hinweg überträgt.[116] Letztlich heißt dies, dass auch beim Führungskräftepotenzial erhebliche Divergenzen zwischen vorhandenem Qualifikationspotenzial und seiner effektiven Nutzung bestehen. Das bestätigen auch die Ergebnisse einer Meinungsumfrage, die auf die Frage „Sollte Ihr Delegationsbereich erweitert werden?“ folgende Ergebnisse brachte: *„Insgesamt 49,9 % aller befragten Angestellten, Arbeiter und Führungskräfte beantworteten diese Frage mit Ja. Absolute Spitzenreiter waren hier Spitzenführungskräfte einer Bank mit 63,6 % und eines Großhandelsunternehmens mit 72,2 %, die diese Frage ebenfalls mit Ja beantworteten, knapp gefolgt von den weiblichen Angestellten, von denen 63,3 % diese Frage bejahten. Stenotypistinnen und Direktoren in dieser Spitzengruppe!“*.[117]

Wenn wir an dieser Stelle für einen Perspektivenwechsel vom Sachvermögen zum Humanvermögen plädiert haben, so möchten wir aber vor einer Ablösung der bisherigen Automatisierungs-Euphorie durch eine *Humanressourcen-Euphorie* warnen.[118] Der Ersatz einer Einseitigkeit durch eine andere Einseitigkeit ist wenig zielführend. Es ist nämlich insbesondere in Deutschland ein Trend erkennbar, die Lean Management-Diskussion in eine *Diskussion über Gruppenarbeit* umzudefinieren.[119] In diesem einseitigen Verhalten wird das Management noch durch die Gewerkschaften unterstützt, die dabei an die Debatte um Humanisierung der Arbeit in den 1970er Jahren anknüpfen.

Letztlich geht es immer darum, alle Betriebsfaktoren (Input, Output, Technologie, Personal und Organisation) in einer Gesamtschau zu optimieren, wobei immer der relative Engpass entscheidend für die Perspektivenwahl ist. Klar ist aber auch: *„Das Potenzial der Automation lässt sich nur mit einem radikalen Kurswechsel im Personalmanagement ausschöpfen (...).“*[120] Übertragen auf die deutschen Verhältnisse ist auch die berechtigte Skepsis gegenüber den flexiblen Fertigungssystemen verständlich und einsichtig, denn wenn der Voraussetzungszusammenhang im Rahmen eines austarierten Gleichgewichts der fünf Faktoren Input, Output, Tech-

---

115 So die sehr zeitnah klingende Aussage von Springer (1991), S. 7. Vgl. auch o. V. (1990). In diesem Sinne sind es sogar auch die Angelernten und Hilfsarbeiter, denen mehr Verantwortung übertragen werden muss, denn vielfach haben gerade sie durch ihre lange Tätigkeit in einem Bereich wertvolle Fertigkeiten im Umgang mit den Betriebsmitteln und der Organisation erworben.

116 Vgl. zu den neuen Anforderungen an das Management flacher Hierarchien: Hinterhuber/Krauthammer (1993), S. 7.

117 Wolff/Göschel (1980), S. 1. Ähnliche Ergebnisse kann man auch heute noch lesen.

118 So bereits Bullinger (1978).

119 Vgl. z.B. das Referat von Sauer (Mercedes Benz AG) im Kontext des Lean Managements auf dem IAO-Forum ‚Kundenorientierte Produktion‘. Sauer (1992), S. 65–82.

120 Walton/Susman (1987), S. 60.

nologie, Personal und Organisation nicht gegeben ist, kann eine einseitige Automatisierung nie die erhofften Erfolge erbringen.

3.4.2 Gestaltung der gesamten Wertschöpfungskette und Beherrschung der Komplexität

3.4.2.1 Das Modell des Wirtschaftsglobus zur Analyse von Netzwerkstrukturen

Für den Wettbewerbserfolg wird die über den gesamten Wertschöpfungsprozess einer Unternehmung durchgeführte Optimierung immer bedeutsamer. Statt punktueller, auf Teilbereiche bezogener Suboptimierungen, z. B. hinsichtlich Rationalisierungsanstrengungen, versucht man, durch alle beteiligten Stellen bzw. Organisationsbereiche umfassende, integrierte Maßnahmen die Produktivitätseffekte zu erhöhen. Man denkt gewissermaßen in einer Prozesskette. Sie ist nichts anderes als die konsequente Anwendung des Fließprinzips unabhängig von Organisations- und Abteilungsgrenzen. Ziel ist es die durch Strukturgegebenheiten induzierten Fließhemmnisse zu identifizieren und zu beseitigen. Dies ist auch grundsätzlich nichts Neues. Die zunehmende Thematisierung sogenannter „Querschnittsfunktionen" (z. B. Logistik, Qualität, Innovation) sind ein hinreichender Beleg für eine solche *Prozessorientierung*[121]. Neu ist allerdings die explizite Einbeziehung von Marktteilnehmern in der Zulieferer- und Abnehmerumwelt in die Betrachtung.

Lean-Unternehmen bleiben bei der Gesamtoptimierung ihrer internen Wertschöpfungskette nicht stehen, sondern greifen auch intensiv, gezielt und *optimierend* in die *Zuliefer- bzw. Abnehmernetzwerke* ein. Bei Veränderungsprozessen nimmt man daher stets das gesamte Wertschöpfungsnetzwerk in den Blick – unabhängig von den eigenen organisatorischen Grenzen. Dadurch steigt natürlich auch die Problem(-lösungs-)Komplexität drastisch an, die es wiederum durch geeignete Maßnahmen zu reduzieren gilt.

Wir haben an anderer Stelle ausführlich gezeigt, dass in einem ausdifferenzierten Wirtschaftssystem Innovationen immer mehr den Charakter von Systeminnovationen annehmen.[122] Die Wahrscheinlichkeit des Innovationserfolgs hängt mithin auch davon ab, inwieweit es gelingt, andere Marktteilnehmer dazu zu bewegen, die für die angestrebte Problemlösung notwendigen Teillösungen beizutragen. Das alles hat zur notwendigen Voraussetzung, sich früh Klarheit über die Netzwerkstrukturen, v. a. über die möglichen Teilnehmer zu verschaffen.

U.E. kann der sog. „Wirtschaftsglobus" einen wertvollen Beitrag leisten, die *Komplexität* des Wertschöpfungsnetzwerks über alle Wertschöpfungsstufen von der Natur ausgehend bis hin zum Konsum (wenigstens) zu verdeutlichen und damit erst einmal die Problemtransparenz zu erhöhen. Mit diesem Modell operationalisieren

[121] Siehe oben Abschnitt 3.3.2. Vgl. zur Genese einschlägiger, auf Aktivitäten rekurrierender Ansätze in der BWL-Literatur vgl. Pfeiffer/Weiß/Strubl/Küßner (1999), S. 59 ff.

[122] Vgl. Weiß (1995); siehe auch Wettengl (1998); Schneider (1992).

wir Gedanken, die bereits Erich Schäfer vor geraumer Zeit vorgetragen hat, für strategische Planungszwecke (siehe Kasten „Aktivitäten-Netzwerk im Wirtschaftsglobus“).[123]

Komplexität

Mit Luhmann kann man ein System als komplex bezeichnen, „wenn es so groß ist, das heißt so viele Elemente einschließt, dass nicht mehr jedes Element mit jedem anderen verknüpft werden kann, sondern Relationierungen *selektiv* erfolgen müssen.
Einfache mathematische Überlegungen zeigen, dass eine arithmetische Vermehrung der Zahl der Elemente die Zahl der zwischen ihnen möglichen Relationen in geometrischer Proportion rasch ansteigen lässt (nach der Formel $(N^2 - N)/2$) und so in der Realität bei gegebenen Kapazitätsschranken sehr rasch interne Selektivität erzwingt.“[124]

Im Modell des Wirtschaftsglobus positioniert sich damit jedes Unternehmen: Es definiert seine „untere Systemgrenze“ als die vom Unternehmen angebotene Produkt/Markt-Kombination. Die *„untere Grenze*“ – hin zu den verschiedenen Kunden – zu definieren ist der ureigenste Inhalt einer Unternehmensgesamtstrategie. Ist dieser strategische Orientierungsrahmen einmal fixiert, verbleibt dem Unternehmen als Gestaltungsspielraum der der *„unteren Grenze*“ vorgelagerte Bereich. Es liegt auf der Hand, dass der Gestaltungsspielraum mit Ausweitung des Betrachtungshorizonts überproportional steigt. D.h. das Beeinflussungs- und Gestaltungspotenzial wächst, wenn Abteilungs-, Bereichs- und Unternehmensgrenzen überschritten werden.

Macht das Management bei der Analyse und Gestaltung an seiner *„oberen Grenze*“ bzw. an seiner Zuliefererschnittstelle (im „Norden“) halt, sind nur Bruchteile des möglichen Gesamterfolgspotenzials zu realisieren. Demzufolge ist der Blick über die engen Grenzen hinaus auch auf die Vielzahl der *Zulieferer* bis hin zu den *Zulieferern der Zulieferer* zu richten. Z.B. aus Zeit-, aber auch aus Kosten- oder Qualitätsperspektive werden dann Potenziale eröffnet, die geradezu prinzipielle Wettbewerbsvorteile erschließen können, wie die Erfolgsbilanz der Lean Management-Konzeption zeigt.

Eine integrierte Betrachtung des *gesamten* Wertschöpfungsnetzwerks geht aber darüber hinaus: So müssen analog zu den Überlegungen auf der Input-Seite auf der Output-Seite („untere Grenze“) die Kunden und die Kunden-Kunden in den Analyse- und Gestaltungsprozess einbezogen werden. Die Optimierung dieses Supernetzwerks geht zwangsläufig mit einer für das Gesamtunternehmen nur noch schwer durchschaubaren Komplexität seiner Beziehungen zur Umwelt einher. Für Entscheidungssituationen muss diese Komplexität entsprechend reduziert werden.

[123] Vgl. Schäfer (1970).
[124] Luhmann (1981), S. 340.

Aktivitäten-Netzwerk im „Wirtschaftsglobus“

Grob kann man sich das gesamtwirtschaftliche System von Produktionsabläufen als ein Kugelgebilde, als eine Art „*Wirtschaftsglobus*“, vorstellen. Seine Pole bilden die Naturgrundlagen der Wirtschaft einerseits (Natur) und die menschlichen Bedarfsziele andererseits (Konsum). In vertikaler Richtung („Längengrade“) lassen sich die einzelnen Wirtschaftsstufen in die unterschiedlichen Lieferer und Vorlieferer sowie in Kunden, Kunden-Kunden und End-Konsumenten unterteilen. Die Lieferantenbeziehungen, die Wettbewerbssituation und die Lage im Kundenbereich lassen sich jeweils über horizontale Verzweigungen entlang eines „Breitengrads“ abbilden.

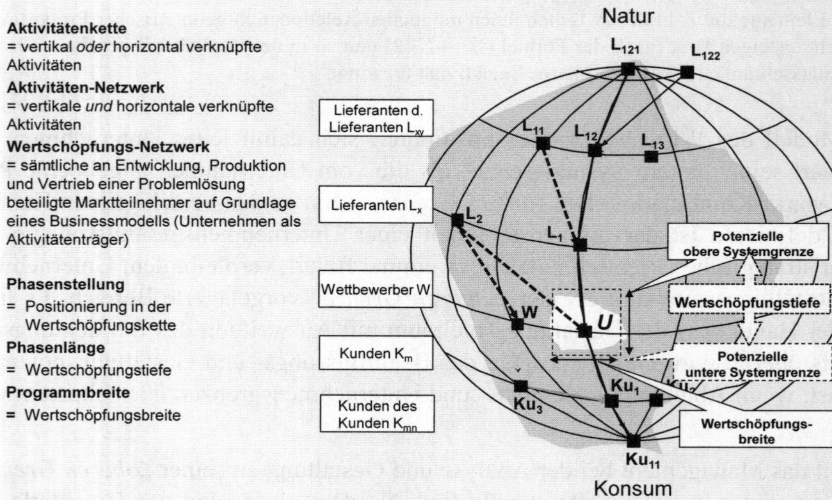

Das *Modell des Wirtschaftsglobus* verdeutlicht damit, dass die Wertschöpfungskette zwischen Natur und Konsum nicht überall den direkten Weg nehmen muss, sondern in der Regel ein weitverzweigtes Geflecht, ein regelrechtes Netzwerk, darstellt. Wiederholte Überschneidungen und vielfältige Verknüpfungen sind charakteristisch.

Jede wertschöpfende Aktivität lässt sich somit in ein komplexes Wertschöpfungs- bzw. Aktivitäten-Netzwerk einordnen. Beispielsweise beliefert der Lieferant L_2 das im Mittelpunkt der Betrachtung stehende Unternehmen U und gleichzeitig auch dessen Wettbewerber im Produktsegment 1. Der Zulieferer L_1 unterhält eine exklusive Geschäftsbeziehung mit U.

Das Unternehmen U ist im spezifischen Wertschöpfungsprozess relativ konsumnah positioniert, wie seine „aktuelle untere Systemgrenze“ belegt. Im Zuge von Innovations- bzw. Diversifikationsbemühungen wäre es denkbar, die „südliche Systemgrenze“ weiter in Richtung Konsum auszudehnen und u. U. die Funktion gegenwärtiger Abnehmer mit zu übernehmen.

Verdeutlicht wird diese Situation durch die „potentielle untere Systemgrenze“. Durch Diversifikation ergeben sich in der Regel auch neue Konstellationen in der Konkurrenzumwelt.

Literatur: Schäfer (1970); Weiß (1995); Pfeiffer et al. (1999)

Lean-Unternehmen versuchen, über den gesamten Erstellungsprozess industrieller Güter optimierend und unterstützend einzugreifen, um Aktivitäten und damit Kosten einzusparen bzw. deren Wirkung zu Kunden hin zu verbessern. Verbesserungen werden im Sinne eines „*Supply Chain Management*" immer von der gesamten Prozesskette bzw. dem Netzwerk her gedacht,[125] mit deutlich positiven betriebswirtschaftlichen Wirkungen: Deutliche Verbesserungen der Liefertreue (+40%) und Kapazitätsauslastung (+10%), Reduktionen der Produktionskosten (-5%), der Vertriebskosten (-15%), der Kosten des Einkaufs (-20%) und zusätzlichen positiven Wirkungen bezüglich Bestände, Lieferzeit und Steuerungsaufwand.[126]

Das bedeutet aber, dass sie die Schnittstellen-Komplexität sowohl auf der *Inputseite* („obere Grenze") als auch auf der *Outputseite* („untere Grenze") des Unternehmens in den Griff bekommen müssen. Da hierfür organisatorische Maßnahmen in einem interessendominierten Umfeld umgesetzt werden müssen, schafft dies Raum für machtpolitische Spiele.

3.4.2.2 Beherrschung der Komplexität auf der Inputseite

Die Optimierung des Wertschöpfungsnetzes auf der Inputseite bedarf einer Neuordnung der Zuliefererumwelt. Eine solche Ordnung kann man erreichen, indem man
- Schnittstellen *vermeidet* und/oder
- im Sinne einer Hierarchisierung und der damit einhergehenden Etablierung von *Systemlieferanten gestaltet.*

Die damit verbundene Komplexitätsreduktion führt innerhalb einer partnerschaftlichen Zusammenarbeit zu enormen Produktivitätsvorteilen, die aber gegenüber der heutigen Zulieferpolitik nur unter grundlegend veränderten Bedingungen zu realisieren sind, zu denen wir insbesondere die wechselseitige Beachtung von „Spielregeln der partnerschaftlichen Zusammenarbeit" zählen.

(1) Schnittstellenvermeidung

Die Vermeidung von Schnittstellen durch eine Reduktion der Anzahl der Lieferanten erfordert eine radikale Änderung des seither praktizierten Einkaufsverhaltens nach dem Motto „teile und herrsche": Um ggf. aus einer überlegenen Verhandlungsposition heraus die berüchtigte „Daumenschraube" ansetzen zu können, hielten die Hersteller bislang mehrere Alternativlieferanten vor, so dass ein schneller Lieferantenwechsel möglich war. Dies kann etwa so weit gehen, dass selbst bei preislicher, qualitätsmäßiger und terminlicher absoluter Zuverlässigkeit der Lieferanten eine „Vertragsjuristenmentalität" im Einkauf zu häufigen Wechseln der Lieferanten führt, „damit es diesem nicht zu wohl wird." Woran bislang kaum gedacht wurde, sind die Kosten- und Zeitwirkungen, die von einer solchen Politik ausgehen.

---

125 Vgl. Koether (2006), S. 201 ff.
126 Koether (2006), S. 207 f.

Am Beispiel eines mittelständischen Zulieferers haben wir die negativen Konsequenzen der bereits erwähnten *Knebelung* der Zulieferer kennengelernt, die durch eine Überbetonung des Preisarguments noch verstärkt werden: Bereits im Verlauf weniger Jahre ist die Zahl der Lieferanten für das gesamte Teilespektrum auf nahezu 600 angestiegen. Welche Komplexitätskosten durch diese Politik der Auswahl rein nach dem Preis allein in der Beschaffung entstanden sind, muss nicht weiter ausgeführt werden.
Doch es kam noch schlimmer: Der Einkauf verlor den Überblick und war nicht mehr in der Lage, Lieferanten auszuwählen, die die geforderten hohen Qualitätsstandards einhalten konnten. Dies zog enorme Prüfkosten, hohe Retouren sowie letztlich Friktionen in der gesamten Fertigung nach sich, da sich die Produktionsplanung und -steuerung an der Qualität der jeweils angelieferten Teile ausrichten musste. Eine vorgenommene Reorganisation der Einkaufsabteilung in strategische und operativen Einkaufs- und Beschaffungsaufgaben brachte eine deutliche Verbesserung der Verhältnisse bezüglich Versorgungsgrad, Qualität, Preise und Planbarkeit.

Die geschilderte Situation ist sicherlich kein Einzelfall, sondern zwangsläufiges Ergebnis des seitherigen Umgangs mit Zulieferern. Eine Reduktion des Zulieferer-Wildwuchses ist nicht nur aus Kostengründen notwendig, sondern vor allem Voraussetzung für eine systemwirtschaftliche und tragfähige Gestaltung der Schnittstellen.

Der Vergleich zwischen Toyota und General-Motors verdeutlicht die negativen Konsequenzen eines Ausuferns der Zuliefereranzahl (vgl. Abb. 17):

	General Motors	Toyota
Zukaufanteil	27%	70%
Anzahl Zulieferer insgesamt	3 x	X
Anzahl Zulieferer je Werk	500	170
Mitarbeiter im Beschaffungs-bereich	6.000	337
Jahresproduktion an Fahrzeugen	8.000.000	4.000.000
Eigenes Detailengineering	81%	305

Abb. 17. Unterschiede in der Zusammenarbeit mit Zulieferern[127]

Obschon Toyota einen mehr als doppelt so großen Zukaufanteil wie General Motors aufweist, greift Toyota lediglich auf ein Drittel der Anzahl von Zulieferern zurück. verblüffender Weise hat Toyota im Beschaffungsbereich gleichzeitig statt der

[127] Womack/Jones/Roos (1990), S. 138–167, insbes. S. 155.

6.000 Mitarbeiter bei General Motors lediglich 337. Diese Verhältnisse gelten mutatis mutandis auch für alle anderen Bereiche. Welche großen ökonomischen Potenziale in der Verringerung der Lieferantenanzahl und damit in der Verringerung bzw. Optimierung der Bestellvorgänge liegen, wird schnell deutlich, wenn man das Transaktionsvolumen pro Monat betrachtet:

Miller/Vollmann schildern anhand eines Elektronikprodukts, das unter Wettbewerbsdruck umkonstruiert werden musste, eindrucksvoll die damit verbundene Minimierung der Transaktionen: Waren beim alten Produkt, das aus 700 Teilen bestand, im Monat 14.000 Vorgänge für Bestellung, Empfang, Materialbewegungen und Materialbewilligungen nötig, sank deren Zahl durch Optimierung von Produktgestalt, Lieferantenspezifikation und Neugestaltung der Zusammenarbeit mit den Lieferanten auf 8.200 Transaktionen pro Monat.[128]

Welches Kostensenkungspotential noch zu erschließen ist, wird klar, wenn man bedenkt, dass renommierte deutsche Automobilhersteller ca. 800 Zulieferer haben, von denen 80 % single sourcing-Lieferanten sind. Der erste Schritt in die richtige Richtung ist getan, doch geht es jetzt darum, die Zahl der Lieferanten drastisch zu reduzieren und Ordnung in das Zuliefernetzwerk zu bringen.

(2) Schnittstellengestaltung durch Hierarchisierung der Zuliefererstruktur

Die Lean-Unternehmen bekommen die Komplexität an den Schnittstellen zu den Zulieferern durch Hierarchisierung der Zuliefererstruktur in den Griff (vgl. Abb. 18). Eine solche Lieferantenhierarchisierung hat jedoch Veränderungen in der Wertschöpfung und eine Veränderung des Rollenverständnisses zur Voraussetzung. Die *Hierarchisierung* geht dabei zwingend mit einer *Verschiebung* der Wertschöpfungsanteile zwischen Abnehmer auf den Zulieferer einher. Vom Abnehmer ehemals beschaffte Einzelteile werden nunmehr als komplette, vormontierte Baugruppen und Subsysteme vom direkten Systemlieferanten beschafft. Dadurch, dass dieser jetzt die Geschäfts- und logistischen Kontakte mit den ehemaligen Teilelieferanten übernimmt, kann die Anzahl der direkten Zulieferer des Abnehmers weiter reduziert werden.
Der *Systemlieferant* muss in der Lage und willens sein, die Verantwortung für einzelne Komponenten bzw. Subsysteme zu übernehmen („*Systemführerschaft*"). Der Systemlieferant übernimmt im Vergleich zu einem Teile- bzw. Komponenten-Lieferanten eine Reihe zusätzlicher (Dienst-)Leistungen („Trend zum Problemlöser"),

- wie die Lieferung kompletter Baugruppen;
- Übernahme von Entwicklungsleistungen,
- Koordinationsaktivitäten (Planung, Kontrolle, Steuerung) und
- logistische Aktivitäten.

128 Vgl. Miller/Vollmann (1986), S. 87.

Dem Systemlieferanten ist meist die *Entwicklungsverantwortung* weitgehend übertragen. Die Zusammenarbeit ist *permanent*, *langfristig* und beginnt in der *frühen* Startphase einer Produktentwicklung, in der der Einfluss auf Funktion, Qualität, Kosten und Zeit noch maximal ist. Sie setzt sich dann fort in der Produktionsvorbereitung und späteren Produktion und hat den Charakter eines gegenseitig *vernetzten Lernsystems*.

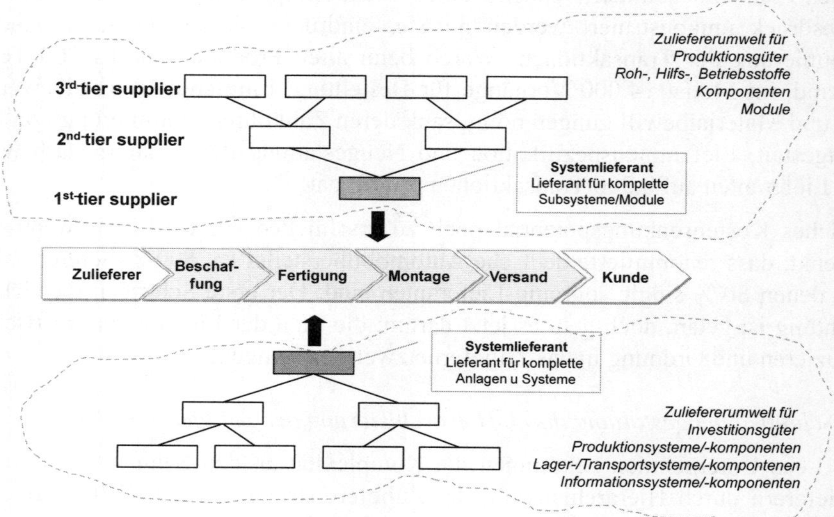

Abb. 18. Hierarchisierung der Zulieferer

Eine Zulieferer-Hierarchisierung geht einher mit Verringerung der *logistischen Kontakte*. Gleichzeitig verschieben sich jedoch die Wertschöpfungsanteile bzw. -umfänge und damit die Art und Anzahl der Lieferanten, wie Abb. 19. schematisch zeigt.

Man sieht: Verringerung der eigenen Wertschöpfung muss sich jedoch nicht auf alle Wertschöpfungspfade gleichzeitig beziehen. Für die nähere Erläuterung und Interpretation greifen wir auf die Untersuchung von Clark und Fujimoto zurück, der die Zahlen entnommen sind (siehe Informationskasten „black box parts").

Die Autoren zeigen auf, wie weit und wie konsequent japanische Unternehmen bei der Verlagerung von Engineering-Aktivitäten bereits vorangekommen sind. Der Hebel wird an den sog. „*black box parts*" (Schnittstellen-definierte Teile) angesetzt.[129] Wertmäßig 62 % der Bezüge entfallen bei japanischen Unternehmen auf diese Gruppe, also deutlich mehr als die 39 % der Europäer und die 16 % der Amerikaner.

[129] Vgl. Clark/Fujimoto (1991), S. 136 ff.

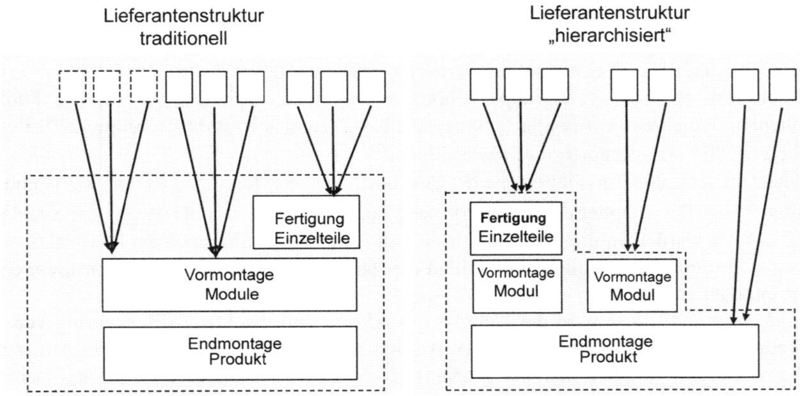

Abb. 19. Verringerung der Anzahl direkter Zulieferer (Prinzip)

Clark/Fujimoto sehen wesentliche Vorteile, die sich letztlich in einem progressiven Effekt bezüglich Qualität, Kosten und Zeit niederschlagen.

- Einmal ermöglicht der Rückgriff auf solche „black box“-Teile, die *Engineering-Spezialerfahrung* des Zulieferers zu nutzen, der in der Regel Konkurrenzunternehmen ebenfalls beliefert, ohne die Kontrolle über das konstruktive Konzept und die integrale Gesamtqualität des Fahrzeugs zu verlieren.
- Zum anderen macht man sich das in jedem Fall überlegene Fertigungs-Spezialwissen des Zulieferers zunutze, wodurch der Hebel „fertigungsgerechte Konstruktion“ besser zur Geltung kommt.
- Darüber hinaus wird durch die Verlagerung auf den Zulieferer ein beachtlicher Umfang der Engineering-Aktivitäten *räumlich näher* an dessen Fertigung herangerückt.

Durch *Know-how-Vorteile* des Lieferanten in Produktentwicklung und Produktion verbessert man die Randbedingungen erheblich, um die sich aus der Parallelisierung und Integration von Produkt und Prozess (i. w. S.) ergebenden Vorteile zu nutzen. In diesem Sinn schreibt der Branchenkenner Meyer: *„Für die Konstruktion der vielen kleinen und großen Einzelteile sind nach meiner Erfahrung die Zulieferanten die Spezialisten und nicht die Automobilkonstrukteure, nur man sollte dies auch zugeben. Was für die Konstruktion gilt, trifft auch für die Produktion zu. Und bei alledem hat noch Gültigkeit, daß die Lieferanten (die kleineren und mittleren bestimmt und die größeren meistens) in fast jeder Beziehung flexibler sind.*

Um Himmels willen, ich will nicht das eigene Nest beschmutzen und ich habe nie Zweifel daran gelassen, daß die Automobilindustrie gute Autos konstruieren und produzieren kann. Aber das Auto ist selten gleich Einzelteil! Deshalb rufe ich hier-

„black-box-parts vs. detailled parts"

Bei diesen sog. *„black box parts"* legt das Automobilunternehmen auf der Grundlage des Fahrzeugkonzepts *funktional* Schnittstellen, Kriterien für die äußere Form sowie Preis/Leistungskennzahlen fest. In diese Teilegruppe gehören wesentliche, „kritische", komplexe Funktions-Komponenten und bereits vormontierte Subsysteme. Im Durchschnitt dürfte bei dieser Teilegruppe der Zulieferer 70 % des Engineerings übernehmen.[130]

Neben diesen Black Box Parts unterscheidet man noch sog. *suppliers' proprietary parts* und Detail Controlled Parts. Bei suppliers' proprietary parts handelt es sich in aller Regel um Standardprodukte. Die Teile werden an die Automobilfirmen über Katalog verkauft. Vom konstruktiven Konzept bis zur Fertigung bleibt alles in der Hand des Zulieferers. Hier nutzt man vor allem die Vorteile von economies of scale.

Bei d*etail controlled parts* wird die Detail-Konstruktion und das Detail-Engineering vom Automobilproduzenten durchgeführt, Prototypen werden bei einem Spezialzulieferer in Auftrag gegeben. Der Zulieferer fungiert hier als „verlängerte Werkbank", wobei er zum Teil beigestellte Werkzeuge und Vorrichtungen des Automobilproduzenten verwendet.[131]

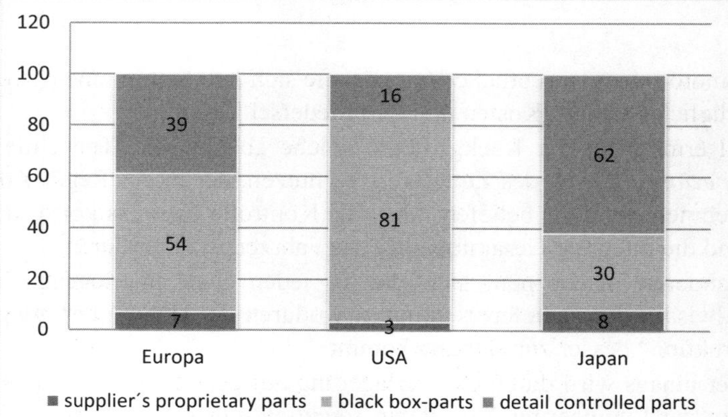

„supplier's proprietary parts" (Eigene Teile des Zulieferers)	100 % der Entwicklung u. Konstruktion beim Automobilzulieferer
„black box-parts" (Schnittstellen-definierte Teile)	70% Entwicklung u. Konstruktion beim Zulieferer; Prototypen und eigentliche Produktion
„detail controlled parts" (Teilebezug nach Zeichnung)	100 % der Entwicklung u. Konstruktion beim Automobilhersteller; Protypen teilw. Bei Spezialfirmen oder beim Automobilhersteller; eigentliche Produktion beim Zulieferer

[130] In diesem Zusammenhang ist eine Befragung des Fraunhofer Instituts für Arbeitswissenschaft und Organisation, Stuttgart, unter Leitung von Prof. Dr. Bullinger, die sich auf die Kfz-Industrie und ihre Zulieferer, Elektronik, Komponentenbau, allgemeiner Maschinenbau sowie Anlagenbau, erstreckte, voll einschlägig. Dort wurde ermittelt, dass 10 % der Entwicklungsarbeit auf Zulieferer ausgelagert ist. Vgl. dazu auch Bullinger (1990), S. 12.

[131] Clark/Fujimoto (1991), S. 136 ff.

mit alle zur Ehrlichkeit auf, denn es ist nicht gut, wenn die Lieferanten den vielzitierten Schwanz einklemmen, nur um auf die vermeintliche Allmacht derer Rücksicht nehmen zu müssen, die gerade das Sagen haben – ob in der Konstruktion oder sonst wo. Bei den Japanern zählt das gemeinsam erreichte Ergebnis, nicht wessen Firmenemblem die Zeichnung ziert. "[132]

Mit der Nutzung des Spezialwissens der Zulieferer steigt auch die Chance beträchtlich, Produktionsprobleme in einem frühen Stadium zu identifizieren und zu lösen, in dem die negativen Effekte auf Kosten und Zeit minimal sind. In vielen deutschen Unternehmen – nicht nur der Automobilbranche – wird die zurückhaltende Anwendung des Konzepts der Verlagerung von Engineering-Leistungen auf Zulieferer mit dem Argument der *Know-how-Sicherung* für sog. „*Schlüssel-*" bzw. „*Kern*"-Komponenten begründet.[133] Stereotyp wird argumentiert, man könne so den Know-how-Abfluss an Wettbewerber und den Verlust an Engineering-Kompetenz für Schlüsselkomponenten sichern, die sich ansonsten auf lange Sicht negativ auf die technologische Wettbewerbsposition auswirken könnten.[134]

Stimmen aus der Berater-Branche behaupten, dass mittelständische Maschinenbauer sogar stolz auf ihre vermeintlich hohe Flexibilität, Lieferbereitschaft und Qualität gewährleistende Fertigungstiefe seien. Die Möglichkeit des Zukaufs wird kaum geprüft, da man alles „so schön" selber fertigen könne. Für die „Macher" in der Produktion wäre eine Fremdvergabe mit dem Abbau von Beschäftigung (Maschinen und Arbeitsplätzen) und damit einem geringeren Prestige verbunden. Entscheidet man sich einmal für die Auslagerung, dann werden meist die Teile, die problematisch zu produzieren sind und nicht selten kritisches Know-how beinhalten, von außen bezogen.

132 Meyer (1991), S. 177 f.

133 Vgl. hierzu Wildemann (o. J.).

134 Mithilfe von einschlägigen Analysemethoden (z. B. Technologie-Portfolio) lassen sich durch technisch-ökonomische Bewertung die Schlüsselkomponenten in einem Produktionsprozess hinreichend genau identifizieren. Vgl. ausführlich Pfeiffer et al. (1991).

Die weniger anspruchsvollen Teile fertigt man nach wie vor selbst. Wie wenig schließlich die westlichen Unternehmen im Vergleich zu den japanischen Lean-Unternehmen optimierend in die Zuliefererumwelt eingegriffen haben, verdeutlichen die folgenden Kennzahlen (vgl. Abb. 20):[135]

Durchschnitt je Region	**Japaner in Japan**	**Japaner in Amerika**	**Amerikaner in Amerika**	**Europa (gesamt)**
Leistungsverhalten der Zulieferer				
Werkzeugwechsel (min)	7,9	21,4	114,3	123,7
Vorlaufzeit für neue Werkzeuge (Wochen)	11,1	19,3	34,5	40,0
Anzahl Lohngruppen	2,9	3,4	9,5	5,1
Maschinen/Mitarbeiter	7,4	4,1	2,5	2,7
Lagerbestand (Tage)	1,5	4,0	8,1	16,3
Anzahl JIT-Lieferungen/Tag	7,9	1,6	1,6	0,7
Defekte Teile/ Fahrzeug	0,2	0	0,3	0,6
Zuliefererbeteiligung an Konstruktion				
Konstruktion durch Zulieferer (% der Gesamtstunden)	51	0	14	35
"suppliers´proprietary parts (%)	8	0	3	7
"Black-box parts" (%)	62	0	16	39
"detailed-controlled parts" (% Gesamtstunden)	30	0	81	54
Beziehung Zulieferer/Hersteller				
Anzahl Zulieferer je Montagewerk	170	238	509	442
Lagerbestand (Tage) für 8 Teile	0,2	1,6	2,9	2,0
Anzahl JIT-Teile	45,0	35,4	14,8	7,9
Anzahl Teile aus einer Bezugsquelle	12,1	98,0	69,3	32,9

Quelle: Womack/Jones/Roos (1991), S.165

Abb. 20. Regionaler Vergleich der Zulieferer

Freilich, ein effektives Management eines „black-box-parts"-Systems erfordert sehr sorgfältiges Balancieren zwischen der Notwendigkeit, langfristige Beziehungen aufzubauen und der Möglichkeit, trotzdem auf die positive Wirkung des Wettbewerbs nicht ganz zu verzichten. Dass dabei beide Seiten – wie oben bereits angemerkt – Vorteile erzielen können, wollen wir abschließend an einem Beispiel erläutern.[136]

135 Die Kennzahlen offenbaren neben der hocheffizienten und effektiven Abwicklung gewaltiger Beschaffungsvolumina auch in dem Konzept der Verlagerung von Entwicklungs-, Konstruktions- und Engineeringleistungen auf das Zulierersystem einen strategischen Erfolgsfaktor. Es sichert die Erreichung qualitativ hochstehender, enorm kostengünstiger und zugleich termingerechter Komponenten-Zulieferungen. Während die japanische Automobilindustrie – gemessen in Entwicklungs- und Mannstunden – 51 % der für die Komponenten notwendigen Konstruktionsaktivitäten auf ihre Zulieferer verlagert hat, sind es in Europa lediglich 35 %. Nur bei 30 % der Teile realisieren die Japaner das Detail-Engineering selbst, bei US-Unternehmen sind es 81 % und bei Europäern 54 %.

136 Vgl. Burkhardt (1991a).

Beispiel „Vom Komponenten- zum Systemlieferanten"[137]

Webasto, ursprünglich Komponentenlieferant hat konsequent den Weg zum Systemlieferanten für Schiebedächer beschritten. Durch die Erhöhung der Fertigungstiefe im eigenen Haus stiegen die Möglichkeiten der Beeinflussung: Früher wurde ein Schiebedach beim Automobilhersteller durch eine Vielzahl von Lieferanten in 37 Komponenten und 287 Einzelteilen angeliefert und dann montiert. Webasto nutzte die Chance als Systemlieferant.

Erst dadurch wurde eine konsequente Funktionsintegration möglich, die die Teilezahl auf nur noch 6 Komponenten, bestehend aus 180 Einzelteilen reduzierte. Durch die Erhöhung der eigenen Fertigungstiefe als Systemlieferant gehen wiederum enorme Impulse auf die Innovationsdynamik aus. Das Gesamtsystem „Schiebedach" kann nun optimal gestaltet werden, mit allen Produktivitätsvorteilen sowohl für den Lieferanten als auch für den Zulieferer:

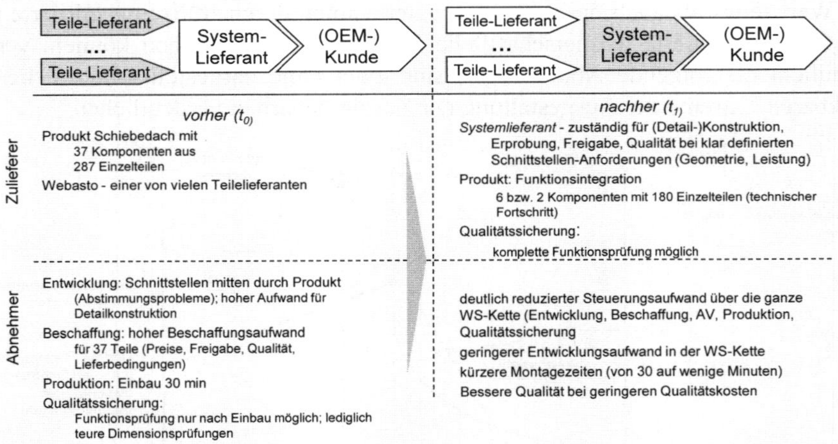

Der Zulieferer kann durch die vorstehend erwähnte Funktionsintegration seinerseits die Lieferantenzahl, die Bestände sowie die Kosten für logistische Kontakte reduzieren und dies alles bei einer Verbesserung der Qualität. Der Abnehmer spart hierdurch nicht nur Aufwand in der Entwicklung, Beschaffung und Logistik; in der Montage des Unternehmens konnte die Einbauzeit von 30 Minuten auf wenige Minuten reduziert werden. Da das komplette Schiebedach vor Einbau funktionsgeprüft werden kann, ergeben sich darüber hinaus auch im Bereich der Qualitätssicherung beträchtliche Kostensenkungen. Beachtliche Optionen bestehen auch für den Systemlieferanten, sein Zulierersystem nach seinen ganz spezifischen Vorstellungen und Bedürfnissen zu ordnen und zu steuern, um seine eigenen Einkaufspreise zu senken.

Wie zukunftsorientiert Webasto die Chance des Systemlieferanten nutzt und welche Chancen die Automobilhersteller bereits heute einem konstruktiv-aktiv agierendem Systemlieferanten einzuräumen bereit sind, zeigt die Tatsache, dass Webasto für die C-Klasse von Mercedes eine Anlage entwickelte und produzierte, die computergesteuert das vom Kunden gewünschte Schiebedach an der Montagelinie von Mercedes einbaut.

137 Vgl. Burkhardt (1991a). Hier geht es uns lediglich darum, die Logik zu verdeutlichen. Die konkreten Zahlen und deren Aktualität spielen eine untergeordnete Rolle.

(3) Spielregeln der vertrauensvollen Zusammenarbeit

Obwohl streng zielgeführt, sorgen absolut respektierte Spielregeln betreffend Preisbildung, Aufteilung von Innovations- und Rationalisierungserfolgen sowie der permanenten Bewertung des Zulieferers für ein der Gesamtoptimierung förderliches Klima der Zusammenarbeit. Der Abschluss von Mehrjahresverträgen statt Einjahresverträgen mit den Zulieferern kann ein erster Schritt zu einer solchen neuen Art der Zusammenarbeit sein. Auch werden allein dadurch bereits erstaunliche Ergebnisse hinsichtlich erheblich günstigerer Preise zwischen Automobilfabriken erzielt.[138]

Wir empfehlen daher, Macht und blanke Erpressung durch vertrauensbildende Spielregeln der Zusammenarbeit zu ersetzen, die nach und nach zur Ertüchtigung des Zulieferers führen.[139] Welche Vorteile sich sowohl für den Zulieferer etwa eines Werkzeugs als auch das Abnehmerunternehmen durch frühzeitig initiierte und langfristig orientierte partnerschaftliche Zusammenarbeit ergeben können, veranschaulicht die folgende Abb. 21). Es sind zwei Fälle dargestellt, die die beiden denkbaren Extreme der Ausgestaltung der Zusammenarbeit verdeutlichen.

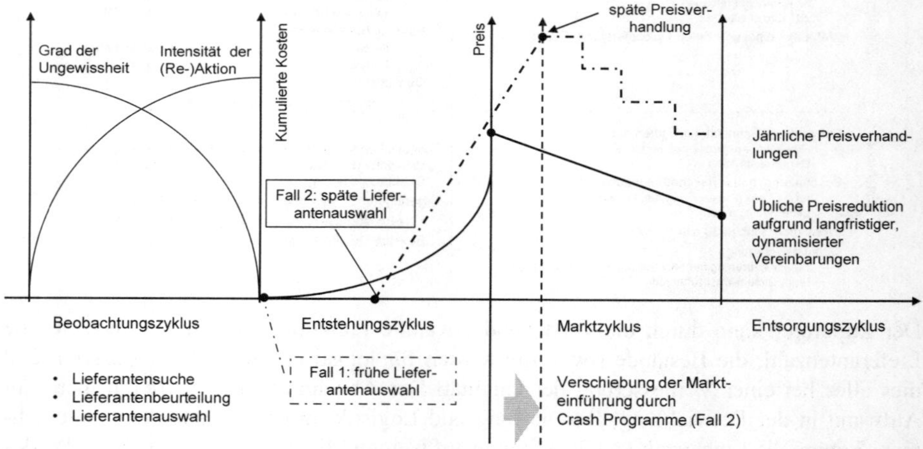

Abb. 21. Vorteile einer partnerschaftlichen Zusammenarbeit mit Zulieferern

– *Fall 1 „produktive Partnerschaft"*

In Fall 1 erfolgt schon sehr früh im Beobachtungszyklus einer neuen Produktgeneration bzw. Technologie eine gezielte Beobachtung und Selektion potentieller Lieferanten für Produktionsteile, Werkzeuge und/oder Investitionsgüter. Dementsprechend kann schon frühzeitig, zu Beginn des Entstehungszyklus, die Entscheidung für einen Partner getroffen werden. In aller Regel ist dabei der Lieferant in der Pro-

138 Vgl. Meyer (1991), S. 240.

139 Kontrafaktisch hierzu gilt noch heute in der deutschen Automobilindustrie weitgehend das, was Gise (1991) bereits vorgetragen hat.

totypenphase identisch mit dem in der Serienproduktion. Es wird damit von vornherein eine langfristige Zusammenarbeit auch über den späteren Marktzyklus hinweg festgelegt. Durch Abstimmung der Schnittstellen und intensiven Informationsaustausch in dieser frühen Phase ergeben sich enorme Kostenvorteile in der Entwicklung.

Die Identität von Prototypen- und Serienlieferant gewährleistet, dass zum Serienanlauf das maximal mögliche Know-how bereitsteht. Die gefürchteten Anlaufprobleme, v.a. in Form von Kosten- oder Zeitverlusten beim Serienstart, können so auf ein Minimum begrenzt werden. Durch gemeinsame Optimierung der Entstehungskosten und -zeiten wird ein verhältnismäßig geringer Initialpreis möglich. Im Verlauf des Marktzyklus findet die partnerschaftliche Zusammenarbeit ihre Fortführung unter der Maßgabe einer gerechten und dynamischen Aufteilung der Rationalisierungsvorteile auf die Beteiligten. Know-how-Vorteile durch Integration des Lieferanten in die Entwicklung und die langjährige, vertragsmäßig garantierte Zusammenarbeit bilden für beide Seiten hinreichend Anreize zu laufenden Verbesserungen.

Beispiel[140]
In einem Beispielfall wurden leichtere Pressen und kostengünstigere Werkzeuge eingesetzt, wodurch sich die Prozesskosten verringerten und kürzere Zykluszeiten erreicht werden konnten. Es waren 35 % weniger Pressenhübe notwendig. Darüber hinaus reduzierte sich der Instandhaltungsaufwand deutlich.
U.E. sind diese enormen Ersparnisse auf folgende Gründe zurückzuführen: Konsequente Anwendung der *Zielkostenmethode*; *Team-Konzept* mit totaler *Parallelisierung* bereits in der frühen Startphase von System-Engineering, Karosseriespezialisten, Designern sowie Fertigungs-Engineering mit Spezialisten des Betriebsmittelbaus und der Maschinen- und Komponenten-Lieferanten; Einspeisung neuester wissenschaftlicher Erkenntnisse über Werkstoffe, Prozesse und Simulation; Veränderungen z.B. der Schmiermittel und ihrer Aufbringung durch intensive Beteiligung der entsprechenden Lieferanten; Veränderungen z.B. der Oberflächengüte der Karosseriebleche durch den Stahllieferanten; Schlanke Produktionsweise auch im japanischen Maschinenbau bzw. im Betriebsmittelbau bei Toyota.

Große Chancen liegen auch in der konsequenten Anwendung dieser Prinzipien und Grundsätze auf die Lieferantenbeziehungen bei Anlagen und anderen Ausrüstungsgütern, insbesondere in der konsequent konstruktiven Beeinflussung der integrierten Wertschöpfungskette von Maschinen-Investor und Maschinen-Zulieferer. Beispielsweise entwickelte, konstruierte und produzierte Toyota nach Aussagen westlicher Experten seine Karosseriepressen und Presswerkzeuge mit der Hälfte bis zwei Drittel des Investments jedes der amerikanischen „Großen Drei“.

---

140 Vgl. Taylor III (1990), S. 40 ff.

– *Fall 2 „opportunistische Lieferantenpolitik"*

Demgegenüber steht eine späte Entscheidung für einen potentiellen Zulieferer (Fall 2). Erst kurz vor Serienanlauf wird ein Partner ausfindig gemacht und nicht selten zu Zugeständnissen hinsichtlich Zeit, Kosten und Qualität gezwungen. Man pokert deswegen recht lange, um die Handlungsalternativen der Zulieferer zu begrenzen. Dies erleichtert zwar die Durchsetzung der Forderungen des Abnehmers, doch muss in der Regel wegen der späten Entscheidung für den Lieferanten in einem Crash-Programm[141] kurzfristig und unter enormem Mitteleinsatz entwickelt und der Markteintritt vorbereitet werden.

Die im Entstehungszyklus bereits drastisch steigenden Kosten und ein häufig verspäteter Markteintritt führen zu einer wesentlich schlechteren ökonomischen Position. Daher produzieren bürokratische, eher kurzfristig angelegte, auf Macht und Ellenbogen gegründete Beziehungen Unwirtschaftlichkeiten in der Abwicklung. Auf ein rücksichtsloses Erzeugen von Zeitdrucksituationen durch die Abnehmer reagieren die Zulieferer mit dem Ausnutzen sog. *„profit opportunities"* bei den zwangsläufig auftretenden Änderungen.[142]

Mit Beginn der Marktvorbereitungsphase erfolgen erneute Verhandlungen mit dem Zulieferer. Es sind im Grunde Scheinverhandlungen. Abgesehen von sog. *commodities* würde ein (angedrohter) Lieferantenwechsel auf beiden Seiten zu unangenehmen Kosten- und/oder Zeiterhöhungen führen, da ein Teil des Know-hows wieder verlorenginge. Entscheidend ist jedoch die auf beiden Seiten verbleibende *Unsicherheit* über die Dauer der Geschäftsbeziehungen. Sie führt wegen der hohen Kosten im Entstehungszyklus nicht nur zu höheren Anfangspreisen, sondern sie drückt sich auch darin aus, dass in den jährlich über den Marktzyklus hinweg stattfindenden Preisverhandlungen um stufenweise Preisreduktionen ein harter Poker einsetzt. Er hat beim Lieferanten zur Folge, erreichte Produktivitätsvorteile als „*Slack*"-Ressourcen individuell zu verheimlichen. Es besteht kein Anreiz dazu, wie im Fall 1 („produktive Partnerschaft") Einsparungen weiterzugeben, weil der Lieferant aufgrund der Machtasymmetrie zugunsten des Abnehmers in Folgeverhandlungen damit „erpresst" würde.

Während bei uns der Fall 2 noch immer weit verbreitet ist, nehmen es japanische Unternehmen mit der Ertüchtigung ihrer Zulieferer wirklich ernst, abzulesen an einer Reihe von organisationsübergreifenden Aktivitäten im *Zulieferernetzwerk*.

So führt zum Beispiel Toyota ein umfangreiches Weiterbildungsprogramm für Mitarbeiter seiner Zulieferer durch: Fünftägige Messtechnikseminare, Seminare für Schweißtechnik, die 2 Tage dauern, oder mehrtägige Seminare für Wertanalyse sind neben Kursen zur Verbesserung der Lernfähigkeit nur ein kleiner Ausschnitt aus dem gesamten Programm.[143]

---

141 Vgl. zur Problematik von Crash-Programmen: Pfeiffer/Weiß (1990), S. 26 f.

142 Clark/Fujimoto (1991), S. 186–188 stellen diesen Sachverhalt am Beispiel von Werkzeugmacherein dar. Vgl. auch Womack/Jones/Roos (1990), S. 116–119.

143 Vgl. Ernst (1989), S. 9–24, Beispiele S. 17 u 19.

Erfahrungsaustauschgruppen der Zulieferer-Vereinigungen zu Themen der Planung, der Sicherheits-, Produktqualitäts-, Produktivitäts- und Gesundheitspolitik und erhebliche Unterstützung bei der Qualifizierung der Arbeitskräfte des Zulieferers ergänzen die langfristige Zusammenarbeit.[144]

(4) Vorteile einer partnerschaftlichen Zusammenarbeit

Enorme Vorteile nicht nur auf der Kostenseite sondern auch bei den Durchlaufzeiten ergeben sich, wenn man bereit ist, gegebene Verhältnisse zu hinterfragen.

– *Zeitvorteile*

Zeitvorteile ergeben sich bei der Beschaffung von Produktionsteilen ebenso wie auf der Ebene von Betriebsmittel-, Werkzeug-, Formen- und Prototypenbau. So betrug die durchschnittliche Durchlaufzeit für die Produktion für Presswerkzeuge bei europäischen Automobilbauern ca. 10 Monate gegenüber ca. 3 Monaten bei japanischen Firmen.[145] Clark/Fujimoto sprechen von einer Relation von 14–16 Monaten zu 6 Monaten (vgl. Abb. 3.23).[146]
Die folgende Äußerung eines Entwicklungsleiters in der deutschen Automobil-Zulieferindustrie bringt uns auf die Spur der tieferliegenden Ursachen: *„Unser Werkzeug- und Formenbau benötigt zur Erledigung eines Auftrags mit einer Einwirkzeit von 14 Tagen 8 Monate und dies bei einer Situation ohne Kapazitätsrestriktionen. Wollen Sie etwas ändern, so hören Sie: Dies ist seit 30 Jahren so.*" Die Relation 14 Tage Einwirkzeit – im Sinne von Maschinenhauptzeit – zu 8 Monaten Durchlaufzeit signalisiert organisatorisches Chaos sowie das oben skizzierte traditionelle Einkaufsverhalten.

Mit dieser Interpretation befinden wir uns in Übereinstimmung mit Clark/Fujimoto, die diese gravierenden Zeitdifferenzen im Produktionsdurchlauf von Werkzeugen ebenfalls nicht in erster Linie auf Unterschiede in der Betriebsmitteltechnologie, sondern auf organisatorische Faktoren zurückführen. Diese spiegeln die Art der Zusammenarbeit zwischen dem Automobilwerk als Auftraggeber und den zuliefernden Werkzeugmachereien wider, die sich dann direkt auf Organisation und Steuerung der Fertigungsprozesse im Werkzeugbau auswirkt.
Wie Clark/Fujimoto weiter berichten, ermöglicht die von den Japanern gepflegte andere Art der Zusammenarbeit den Werkzeugmachereien eine analoge Anwendung der *JIT-Philosophie im Werkzeugbau* mit einem sehr schnellen Produktionsdurchlauf und minimalen Zwischenlägern bzw. Beständen.
Wie gesagt, eine solche Produktions- und Abwicklungsphilosophie setzt eine langfristige, auf gegenseitigem Vertrauen basierende Zusammenarbeit voraus, bei der der intensive Informationsaustausch sehr schnell, notfalls über informelle, direkte Kanäle laufen kann. Hierdurch können Entscheidungen (u. a. auch bei Änderungen) unwahrscheinlich schnell getroffen werden.

144 Vgl. Ihde (1988), S. 13–23 sowie Picot (1991).
145 Vgl. Womack/Jones/Roos (1990), S. 157.
146 Vgl. Clark/Fujimoto (1991), S. 185.

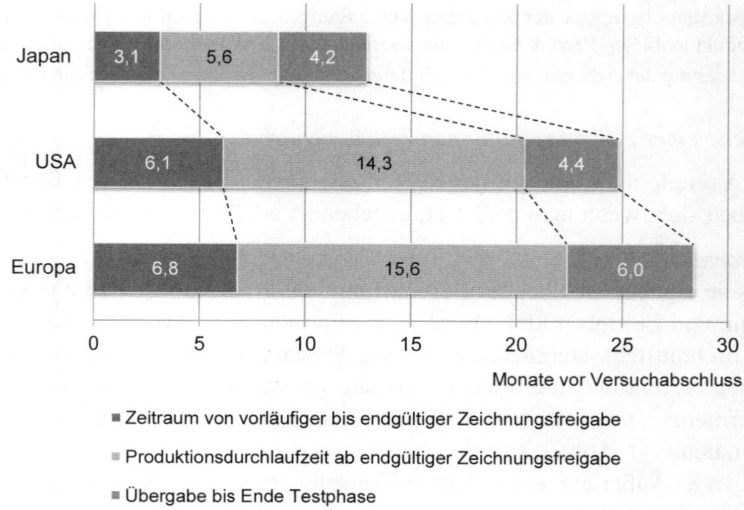

Abb. 22. Vorlaufzeit für einen Satz Presswerkzeuge für Karosserieteile[147]

Eine solche „*Quick-Response*“ auf Änderungen läuft folgendermaßen ab: Ein Karosserie-Spezialist ändert die Zeichnung und instruiert sofort die Werkzeugmacherei. Er bittet z. B. darum, die Fertigung auf der Fräsmaschine anzuhalten. Dies erfolgt ohne jeden „Papierkram“ und ohne formale Genehmigung. Der Karosserie-Spezialist geht direkt in die Werkzeugmacherei, diskutiert Modifikationen durch, checkt die Fertigungsgerechtheit und veranlasst die Umsetzung der besprochenen Änderungen sofort vor Ort. Wenn es nicht sehr grundlegende Änderungen sind, wird die Entscheidung auf Werkstattebene getroffen. Das Werkzeug bleibt auf der Maschine und man fährt in der neuen Richtung weiter. Der formale „Papierkram“ wird später erledigt. Ebenso spricht man danach über Kosten und Bezahlung. Man handelt nach dem Motto: „*Change now, negotiate later!*“

Im traditionellen Beschaffungssystem werden die Werkzeug- und Formenhersteller in einem *Ausschreibungsverfahren* ausgesucht, das „*outside toolshops*“ behandelt wie die Lieferung eines Gebrauchsartikels. Die Beziehungen mit den Lieferanten der Werkzeuge laufen über die *Beschaffungsabteilung*. Die Kommunikation erfolgt *indirekt* und über *Zeichnungen*. Selten besteht ein direkter Kontakt der Leute, die Werkzeuge konstruieren und Karosserieteile entwickeln mit den Leuten, die die Werkzeuge produzieren.

Die Beziehung aus der Perspektive der Werkzeugmacher ist bürokratisch. Der Werkzeugbau weiß, dass es länger dauern kann, bis zu der Nachricht, die Produktion wegen einer beabsichtigten Zeichnungsänderung zu stoppen, die Produktionsfreigabe für die Änderung folgt. Die Karosserie-Experten müssen Papiere ausfüllen

147 Vgl. Clark/Fujimoto (1991), S. 145.

und die Änderungen genehmigen lassen. So erreichen sie die Schreibtische der Leiter und der Chef-Ingenieure, wo sie oft Tage liegen bleiben, bis Entscheidungen getroffen werden. Dies antizipiert der Lieferant, nimmt das betreffende Werkzeug oder die Form von der Maschine und reiht es am Ende der Warteschlange vor der Maschine wieder ein, mit allen negativen Konsequenzen für Durchlauf- und Lieferzeit sowie für die Kosten. Selbst mit der Computerunterstützung läuft es nicht besser, weil man nur das alte Verfahren auf den Computer übertragen hat.

– *Kostenvorteile*

Die vorstehend diskutierten Faktoren und Aspekte sind nicht nur für die erheblichen zeitlichen Wettbewerbsvorteile der Japaner verantwortlich, sondern bestimmen weitestgehend auch die *überlegene Kostenposition* im Werkzeug-, Modell- und Prototypenbau. Das zeigt sich besonders bei der Analyse des Anteils der Änderungskosten an den Werkzeugkosten. Die MIT-Studiengruppe führt z. B. die hohen Werkzeugkosten und die langen Gesamtproduktionsdurchlaufzeiten ganz wesentlich auf den Tatbestand zurück, dass die Japaner das Änderungswesen besser im Griff haben.[148] Bei den Japanern beträgt der durchschnittliche Anteil der Änderungskosten 10–20%, im Vergleich zu den US-Firmen, bei denen 30–50 % der Werkzeugkosten auf Änderungen zurückgehen. Die erheblich niedrigeren Änderungskosten erreichen die Japaner wieder durch eine wesentlich intensivere Zusammenarbeit im gesamten Netzwerk von Fahrzeugentwicklung/-konstruktion, Werkzeugentwicklung/-konstruktion und Werkzeugfertigung.

Überschreiten die Änderungskosten eine kritische Größe von 10–20 %, dann wird versucht, nochmals bessere Alternativen zu finden oder einen Ausgleich in anderen Bereichen des Werkzeuges zu schaffen. Konkret versucht man beispielsweise, über eine Veränderung des Teils in einem für die Funktion bzw. für die Qualität unkritischen Bereich die Kosten des Werkzeuges zu senken.

Auch dies ist das Ergebnis der wesentlich intensiveren und engeren bereichs- und sogar firmenübergreifenden, in aller Regel langfristig eingespielten Zusammenarbeit. Sie hilft, Fehler zu reduzieren, Nacharbeit zu minimieren und sie ermöglicht auch den Werkzeugmacherein, die trotzdem noch nötigen Änderungen mit einem Minimum an Overhead-Kosten zu handhaben.

U.E. ist es bei der Zusammenarbeit mit Zulieferern des Werkzeugbaus für die Erzielung eines Effektivitäts- und Effizienzsprungs geradezu zentral, die auf Nachfragemacht basierende Geschäftsabwicklung, in eine auf *„Vertrauen schaffende Spielregeln“* gegründete Kooperation zu überführen.[149] Angesichts der vorgenannten Tatsachen kann die Feststellung der MIT-Studie kaum mehr überraschen: Bei der Analyse des Zeitbedarfs zur Konstruktion und Produktion eines vollständigen Satzes von Formen- bzw. Werkzeugen für ein neues Modell benötigen die Japaner nur 13,8 Monate im Vergleich zu 25 Monaten der Amerikaner und 28 Monaten der Europäer. Für hiesige Unternehmen muss deshalb die Konsequenz lauten, den noch

148 Vgl. Clark/ Fujimoto (1991), S. 185.
149 Vgl. ausführlich Clark/ Fujimoto (1991), S. 176–188.

mehr handwerksmäßig betriebenen Werkzeug-, Formen- und Prototypenbau zu *industrialisieren* und ihn voll in das Supernetzwerk der Wertschöpfungskette zu integrieren und gegebenenfalls zu effizienter und effektiver, auf Vertrauen und klaren Spielregeln basierenden Kooperation zu ertüchtigen.[150] Ohne eine vertrauensvolle Zusammenarbeit bleiben die vielgelobten Just-in-time-Strategien reine Worthülsen. So konnte beispielsweise durch Einführung der Just-in-time-Anlieferung in der Zusammenarbeit zwischen Zulieferern und Automobilwerk erreicht werden, dass auch der Zulieferer eine volle Just-in-time-Fertigung mit allen Vorteilen installierte.

Im Gegensatz dazu beobachtete die MIT-Studie, dass bei den europäischen und amerikanischen Zulieferern die Einführung der Just-in-time-Anlieferung allzu oft nur zu einer *Überwälzung der Lagerfunktion* auf den Zulieferer geführt hat, und er die nicht unwesentlichen zusätzlichen Kosten zu tragen hat.
Ein Indiz dafür sind die Bestände: Japanische Zulieferer schlagen sie im Durchschnitt gut 21 Mal im Jahr um, fast so schnell wie die japanischen Autohersteller. Der Lagerumschlag der z. B. deutschen und französischen Teileproduzenten ist mit dem Faktor sieben bzw. neun deutlich geringer als die Umschlaggeschwindigkeit in den Automobilfabriken der Europäer.
Letztlich zeigen diese Kennzahlen auch, dass man in der europäischen Zulieferindustrie von einer *Synchronisierung* der Produktion mit dem Montagetakt der Automobilfabriken in den meisten Fällen noch weit entfernt ist. Wie eine Boston-Consulting-Studie ergab, beschränkt sich die sog. Just-in-time-(JIT-)Anlieferung – ein wesentlicher Baustein im Lean Management-Konzept – in der Regel darauf, *Abrufläger* in der Nähe der Automobilwerke in Tages- oder Wochenabständen zu füllen und von dort in entsprechend kürzeren Zyklen zeitgerecht ans Band zu liefern.[151] Diese Situation ist noch heute weitverbreitet.
Die Zulieferindustrie macht es sich jedoch zu einfach, die Schuld an diesem Zustand einseitig den Automobilfabriken zuzuschieben und das ständige Klagelied anzustimmen, dass die Last der Bestände einfach auf die Zulieferer abgewälzt würde. Selbst eines der sehr großen und führenden Familienunternehmen der Automobilzulieferbranche klagte, seine Finanzkraft reiche nicht mehr aus. Die Forderung der Automobilindustrie nach JIT-Lieferung und die für deren Umsetzung notwendigen Investitionen sowohl in den Bau zusätzlicher Lagerkapazitäten als auch in den Aufbau der entsprechenden Vorräte seien so hoch geworden, dass man diese nicht mehr aus eigener Kraft bewältigen könne und sich deshalb in die Arme eines größeren Konzernverbunds begeben müsste.

150 Vgl. Womack/Jones/Roos (1990), S. 118.
151 Vgl. Burkhardt (1991), S. 30–36.

– *Transaktionsvorteile durch Insourcing*
Wer auf die Forderung nach JIT-Lieferungen seiner Kunden im Schwerpunkt mit dem Bau von Lägern sowie mit dem Aufbau von entsprechenden Vorräten antwortet, zeigt, dass er die JIT-Philosophie nicht zu Ende gedacht hat. Denn sonst hätte er mit ganzer Kraft seine Produktions- und Abwicklungsprozesse so umgestalten bzw. umorganisieren müssen, dass eine mit den Kundenanforderungen nach Art, Menge und Termin weitgehend synchrone Fertigung und Anlieferung möglich wird und die zusätzliche kostspielige Lagerhaltung vermieden werden kann oder die Lagerhaltung sogar komplett entfällt. Aktivitäten-Synchronisierung zwischen Zulieferer und Abnehmer heißt, Rüstzeiten und -kosten einander anzupassen.

Ein weiterer bedeutsamer Aspekt in der Diskussion um Komplexitätsreduktion an der Schnittstelle zur Zuliefererumwelt ist die *räumliche Verteilung* der Zulieferer. Es scheint so, als würde immer mehr die Nähe zum Kunden zum strategischen Faktor zu werden und nicht allein die Lohnkosten die ausschlaggebende Rolle spielen.

Gerade die aus einseitigen Kostenüberlegungen induzierten Verlagerungen von Wertschöpfungsanteilen ins Ausland sind daher zu überdenken. Die verschiedensten zuvor dargestellten ökonomischen Vorteile einer vertrauensvollen Zusammenarbeit überkompensieren dabei nicht selten die punktuellen (Lohn-)Kostenvorteile der ausländischen Standorte. Auch am Standort Deutschland können drastische Kostensenkungen erreicht werden, wenn man die Zuliefererumwelt im oben beschriebenen Sinne neu ordnet. Deshalb: Warum in die Ferne schweifen, wenn man sich durch die Restrukturierung der Zuliefererkette gewaltige Rationalisierungspotenziale vor der eigenen „Haustür“, z. B. durch *Insourcing-Konzept*[152] erschließen kann?[153] Es handelt sich dabei ökonomisch um ein Outsourcing von Leistungen, die jedoch gleichzeitig an einem gemeinsamen Ort – ggf. mit anderen Geschäftspartnern – mit dem Outsourcenden Unternehmen erbracht werden.

– *Innovationsvorteile durch „Konzeptwettbewerbe“*
Ebenso wie eine *Vor-ort-Strategie* der Zulieferer nicht nur erhebliche Kostenvorteile brachte, sondern für die eigene Unternehmensentwicklung auch strategische Optionen schaffte, wird ein weiterer strategischer Aspekt befördert. Langjährige Festlegungen auf einen Systemlieferanten – so die Kritiker – führten dazu, dass Zulieferer und Kunden gemeinsam immer weniger veränderungsgeneigt werden. Die zunehmende Organisation an den Zuliefererschnittstellen wirkt zu Lasten der Markttransaktionen. Dies dürfte der Hauptgrund gewesen sein um sog. *„Konzeptwettbewerbe“* einzuführen, die gewissermaßen das wegorganisierte *Entdeckungsverfahren* des Marktes wieder einführen sollen.

152 Vgl. hierzu Wildemann (1994).

153 Zur diesbezüglichen Diskussion vgl. Pfeiffer/Weiß/Horneber (1993). Konsequent beschreitet dies die Firma Mettler-Toledo (Albstadt) diesen Weg. Dort wird mit 50 Lieferanten, die überwiegend in einem Umkreis von weniger als 30 km ansässig sind, das gesamte Beschaffungsvolumen bearbeitet.

Beispiel: SMART von Micro Compact Car (MCC)[154]

In dem Automobilwerk Smartville in Hambach (Frankreich) wird der Smart produziert.
Das Werksgelände hat eine Fläche von 695.000 m^2, die bebaute Grundfläche beträgt 137.647 m^2.
Im Werk arbeiten 777 Mitarbeiter (Stand: 31. Dezember 2011).
2011 wurden 103.635 Fahrzeuge hergestellt. Das Werk mit seinen 2.000 Mitarbeitern gilt als eine der modernsten Automobilfabriken. Es wurde für 450 Mio. Euro erbaut und begann 1997 zu produzieren.
Um optimale Produktionsprozesse zu ermöglichen, ist das Werk in Kreuzform angelegt; in jedem der vier Ausläufer werden unterschiedliche Montagearbeiten erbracht. Das Zentrum, der sogenannte Marktplatz, dient als Testraum für fertiggestellte Fahrzeuge und für Nacharbeiten. Das Zentrum ist mehrstöckig; so konnten alle Verwaltungs-, EDV- und Umkleideräume sowie die Kantine an zentraler Stelle realisiert werden. Bei der Errichtung von Smartville trug der Daimler-Benz-Konzern 75 % der Kosten, 25 % übernahm SOFIREM, eine französische Gesellschaft für die Umstrukturierung von Bergbauregionen. Das moderne Produktionskonzept erfordert außerdem einen hohen Flächeneinsatz.

Smart ist im Automobilsektor das Unternehmen mit der geringsten Fertigungstiefe. Sie beträgt lediglich 10 %, bei den meisten anderen Herstellern sind es oft noch 20–40 %. Das bedeutet, dass 90 % der Produktionsschritte bis zum fertigen Fahrzeug von Zulieferern erbracht werden.
Um dieses Konzept zu perfektionieren, wurden rund um das Smart-Werk in Hambach die meisten der Zulieferer mit einer eigenen Produktionsstätte angesiedelt (*Insourcing*). Der Karosseriehersteller Magna International produziert das Chassis aus Teilen, die vom Daimler-Werk in Sindelfingen angeliefert werden. Siemens VDO produziert das gesamte Cockpit, die Kabelbäume und die Batterien. ThyssenKrupp Automotive liefert die komplette Antriebseinheit. Die Reifensätze werden von Continental angeliefert. Dieses Anliefern ganzer Module wird auch Modular Sourcing genannt. Die Gebäude für die Zulieferer wurden von der Firma Smart errichtet und gestellt, um den Zulieferern die Errichtung eines Werkes am Standort zu erleichtern.
Die Smart-Fertigung wird ohne jegliche Lagerhaltung realisiert, alle Teile werden just in time und sogar *just in sequence* angeliefert, das heißt, dass sämtliche Zulieferer auf die individuellen Bestellungsdaten jedes Fahrzeuges Zugriff haben und dass sie die Teile genau in der Reihenfolge anliefern, wie sie im Smart-Werk benötigt werden. Da Smart nur auf Bestellung Fahrzeuge produziert, werden auch die fertigen Fahrzeuge nur wenige Tage gelagert, bevor sie per firmeneigenem Bahnhof in die jeweiligen Smart-Center geliefert werden.
Nachdem die Fahrzeuge fertiggestellt sind, wird ihre Funktionstüchtigkeit in mehreren Tests auf die Probe gestellt, beispielsweise einem Motortest, einem Dichtungstest und auf einer Rüttelstrecke. Etwaige Probleme während der Produktion werden von 50 angestellten Wartungsfachkräften gelöst. Die räumliche Nähe der Zulieferer ermöglicht auch die Wartung von angelieferten Teilen durch die jeweiligen Fremdfirmen.
Gearbeitet wird in zwei Schichten, wobei ein Fahrzeug eine Durchlaufzeit von 8 ½ Stunden hat. Die Endmontage benötigt 4 ½ Stunden. Die Produktionskapazität liegt bei ca. 750 Einheiten pro Tag. Um die Motivation bei den Arbeitern auf einem hohen Niveau zu halten, sind jeweils acht von ihnen in Teams organisiert. Diese Teams haben eine relativ flache Hierarchie.

Jede Woche wird für eine Viertelstunde die Produktion angehalten, um den Teams eine Reflexion zu ermöglichen. Außerdem haben alle Mitarbeiter über das Beteiligungssystem „Eureka" die Gelegenheit, Verbesserungsvorschläge zum Produktionsablauf sowie allgemeiner Natur einzureichen. Die besten Ideen werden mit einem Bonus prämiert. Auch die Sauberkeit der jeweiligen Abschnitte der einzelnen Teams wird festgehalten und prämiert.

[154] Wir beziehen uns hier auf öffentlich zugängliche Materialien des Unternehmens.

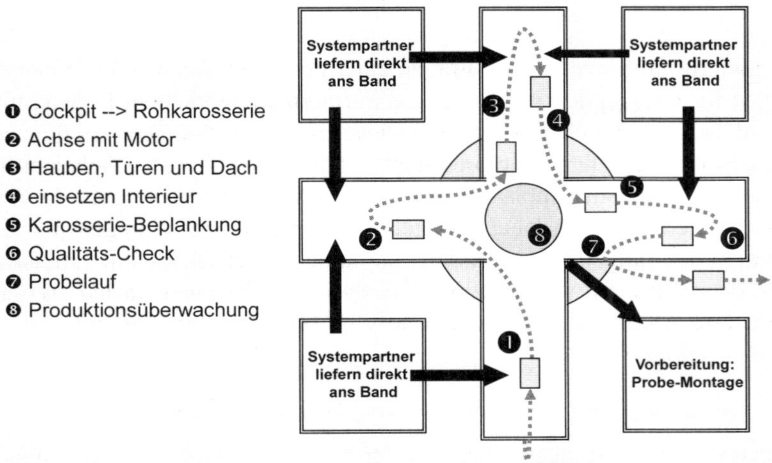

SMART von Micro Compact Car (MCC) – Werkslayout :Hambach

In *Konzeptwettbewerben*[155] werden mit sehr kurzen Zeitvorgaben – meistens durch ein Konsortium aus Tier 1 und weiteren Zulieferern – Lösungskonzepte erarbeitet und einen OEM-Kunden vorgestellt. Im Wege von Ausschreibungen legt der Kunde im Sinne funktionaler Definitionen (Black box-Parts) die Aufgabe fest (Pflichtenheft). Das Tier 1-Netzwerk muss zu einem bestimmten Termin das Konzept-Angebot präsentieren und entsprechende Unterlagen erstellen und zur Verfügung stellen. Der Kunde bewertet die verschiedenen Angebote und wählt den Systempartner aus, mit dem er in die Realisierung (Entwicklung, Produktionsvorbereitung, Produktion und Logistik) geht.

Somit entstehen *intelligente Netzwerke,* die in sehr kurzer Zeit erheblichen *technischen Fortschritt* zu produzieren in der Lage sind. Durch den Rückgriff auf das Ideenpotenzial und Know-how der (System-)Lieferanten kann der Veranstalter eines Konzeptwettbewerbes nicht nur erheblich Innovationspotenziale erschließen, sondern zugleich können Entwicklungsdurchlaufzeiten, Fertigungs- und Änderungskosten gesenkt sowie das Qualitätsniveau erhöht werden. Mit dieser Form der Zusammenarbeit wird die Kompetenz geschaffen, die die Lösung komplexer Aufgaben, die das Leistungsvermögen jedes einzelnen Unternehmens für sich übersteigen würde, sicherstellt.

Freilich, mit dieser Form der Zusammenarbeit sind neue Herausforderungen verbunden. Systemlieferanten und OEM-Kunde bewegen sich mittlerweile auf Augenhöhe mit ähnlichen Machtpotenzialen, die Lieferantenwechsel nahezu verunmöglichen. Kein Systemzulieferer kann das Lager leichtfüßig verlassen, weil sein Know-

[155] Vgl. Wildemann (o. J.).

how integraler Bestandteil der Kundenlösung wird und erst mit diesem Ergebnisse bringt.

Wie schwierig im Einzelnen die Fragen einer gerechten finanziellen *Kompensation* des OEM für die von den verschiedenen Partnern eingebrachten Entwicklungsleistung sind, zeigt sich nicht zuletzt an *dysfunktionalen* Wirkungen („politische Lieferantenauswahl“, „Lieferantenerpressung“, „Know-how-Klau“, „Scheinanfragen“). Diese sind immer dann empirisch beobachtbar, wenn es darum geht, in kooperativen, auf längere Vertragsdauern ausgelegten Geschäftsbeziehungen mit massiven Eigeninteressen umgehen zu müssen. Sie ändern aber nichts am grundsätzlichen Vorteil, der sich durch das Prinzip *vertrauensvolle Zusammenarbeit* zwischen Zulieferern und Abnehmern ergibt. Fairness ist oberstes Gebot in solchen „*Schicksalsgemeinschaften*“.

3.4.2.3 Gestaltung der Organisations-Komplexität im Unternehmen

Nachdem im vorangegangen Abschnitt der Nutzen der Ordnung der Zuliefererumwelt herausgearbeitet wurde, sind im folgenden verschiedene Prinzipien zur Reduktion der Organisations-Komplexität im Unternehmen vorzustellen. Dabei zeitigt gerade die durch aktuelle und künftige Wettbewerbssituation bedingte Variantenvielfalt tiefgreifende Systemwirkungen auf Kosten, Zeit und Qualität. Im Gegensatz zu den oft anzutreffenden schwerfälligen, bürokratischen und hoch arbeitsteiligen Strukturen bedarf es heute vielmehr flexibler, netzwerkartiger Strukturen, die, da nicht als starre Dauerlösung konzipiert, schnell und flexibel an neue Problem- und Aufgabenstellungen angepasst werden können. Es ist leicht einsichtig, dass diese Probleme umso leichter zu lösen sind, je weniger komplex ein Unternehmen gestaltet ist.[156]

– *Funktionale Organisation*

Der Forderung nach (interner) Komplexitätsreduktion steht aber die gemeinhin anzutreffende Organisationsstruktur entgegen und zwar die traditionelle funktionale (Aufbau-)Organisation der Unternehmen. In der *funktionalen Organisation* werden gleichartige Funktionen bzw. Aufgaben in entsprechenden Leitungs- und Verantwortungsbereichen konzentriert. Dieses Organisationsprinzip führte auf der Fertigungsebene zur bekannten Werkstätten-Organisation.[157] Insofern kann man ohne Übertreibung davon sprechen, dass in dieser Organisationsform die *Struktur den Prozess* dominiert (vgl. Abb. 23).[158]

Die *Verantwortung* für den Gesamtprozess, gemeint ist hier die Lösung des Kundenproblems, liegt aufgrund der funktionalen Arbeitsteilung nämlich bei der Unternehmensspitze, die angesichts der divergierenden Bereichsziele in der funktiona-

[156] So auch der Tenor von Rommel et al. (1993).

[157] Vgl. Kreikebaum (1979).

[158] Vgl. zu den Grundlagen der organisatorischen Gestaltung das Standardwerk von Kosiol (1962), der zwar allgemeine Prinzipien der organisatorischen Gestaltung erarbeitet hat, damit aber keinerlei Präferenzen für eine bestimmte Organisationsstruktur verband.

len Organisation problematisch wird, wie Duimering, et al. auf den Punkt bringen: *„The reality is that most large organizations behave as loosely coupled systems in which functional units often have little desire to integrate their activities with one another. Each component has its own goals, and the extent to which they overlap or correspond to overall organizational goals is at best questionable.“*[159]
Eine *Delegation* der Verantwortung ist stets nur für die jeweiligen funktionalen Teilprozesse, z. B. Vertrieb, Entwicklung oder Produktion möglich. Damit ist aber letztlich nichts gewonnen, denn die schwierige, da oft (unternehmens-)politische Aufgabe der *Integration* der Teilverantwortungen verbleibt an der Unternehmensspitze.

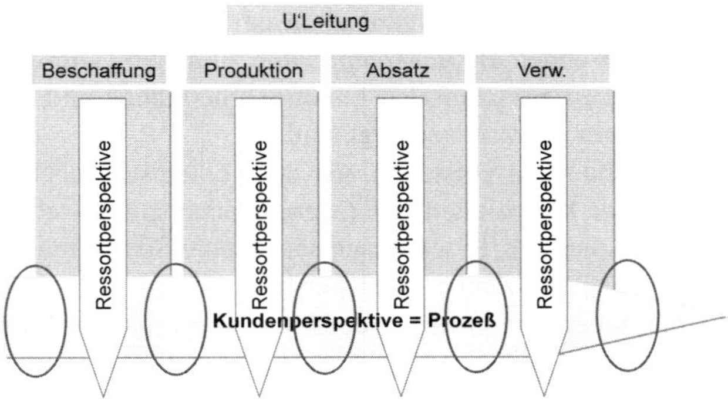

Abb. 23. Funktionale Aufbauorganisation: „Struktur dominiert Prozess“

Am Prozess der Akquisition und Auftragsabwicklung i. w. S. wirken verschiedenste Abteilungen, Stellen und Personen mit. Daher ist der Prozess aufgrund der unzähligen Schnittstellen zwangsläufig sehr *fehleranfällig*. Zusätzlich ist jede Schnittstelle mit Wartezeiten und Informationsverlusten verbunden.[160] Die Folge ist eine *geringe Flexibilität* des Gesamtprozesses für Veränderungen. Dies steht natürlich Optimierungen von Teilbereichen nicht im Wege, führt aber zu den allseits bekannten und gefürchteten Ressortegoismen bzw. *Optimierungsinseln*.

In der funktionalen Organisation dominiert die *punktuelle* Optimierung gegenüber einer ganzheitlichen, *„unternehmerischen“* Problemlösung. Erschwerend kommt hinzu, dass diese partiellen Optimierungsprozesse noch massiv durch die gängigen *Anreizsysteme* befördert werden. Duimering et al. geben hierfür folgendes Beispiel: *„In one organization, design engineers were provided with computer aided design (CAD) systems to improve design effectiveness. The designers used the systems to incorporate complex design features added elegance to the designs but also added significant costs to the manufacturing process. The designers had replaced the goal*

159 Zur Zielsystembildung und -durchsetzung als politischen resp. Verhandlungsprozess vgl. ausführlich Staudt (1979), S. 104 ff. Duimering et al. (1993), S. 51.
160 Vgl. Hammer/Champy (1994), S. 42 f.

of creating effective designs with the new goal of using the CAD systems to their limit."[161]

Der Prozess zur Lösung eines Kundenproblems läuft *quer* bzw. *horizontal* zur vertikalen funktionalen Organisation mit ihrer parzellierten Prozessverantwortung und gleicht deshalb einem Hindernisrennen über die Ressortschnittstellen hinweg.[162] Letztlich resultiert daraus die enorme *Verschwendung* an Zeit und Ressourcen aufgrund der erforderlichen permanenten Abstimmung. Untersuchungen bei verschiedenen Anlagebauern haben ergeben, dass die Erstellung einer Ingenieurszeichnung zu Liegezeiten von bis zu 80% führt, nur 20% sind wirklich wertschöpfend; es fehlen Informationen, weil z. B. Entscheidungsbefugnisse nicht klar definiert sind.[163]

Die Problematik der funktionalen Organisation ist also in einer den kundenorientierten Ablauf erschwerenden *Binnenkomplexität* zu sehen. Diese resultiert insb. aus den *Interdependenzen* zwischen den Funktionalbereichen und den zentralisierten Bereichen, die zudem operativ angelegt sind.[164]

- *gepoolte* Interdependenzen entstehen aus der gemeinsamen Nutzung z.T. beschränkt verfügbarer Kapazitäten unter dem Gesichtspunkt scheinbarer Synergieeffekte (ein Beispiel hierfür wäre eine sehr teuere Spezialmaschinen oder die Nutzung der Leistung von Zentralbereichen);
- *sequentielle* Interdependenzen liegen dann vor, wenn eine nachgelagerte Organisationseinheit auf die Leistung einer vorgelagerten Einheit angewiesen ist. Bei nicht anforderungsgerechter Leistung wird bei dieser Interdependenzform die Leistung der nachgelagerten Einheit entschieden beeinträchtigt. Es liegt also ein einseitiges Abhängigkeitsverhältnis vor (ein Beispiel hierfür ist z. B. die hochgradige Arbeitsteilung in Verwaltung und Fertigung mit dem dysfunktionalen Effekt des „throw it over the wall");
- *reziproke* Interdependenzen beschreiben schließlich wechselseitige Abhängigkeiten.

Der häufig zu beobachtende Versuch, durch zusätzliche Koordinierungsstellen, z. B. im Sinne von „*Terminjägern*" in Auftragsabwicklungszentren oder durch „*Projektmanager*", die Schnittstellen zu überbrücken, bringt in den seltensten Fällen die erstrebten Erfolge, sondern schafft eher zusätzliche Komplexität, da diese Stellen ja wiederum Sender und Empfänger von Informationen sind und demnach

---

161 Duimering et al. (1993), S. 51.

162 In unseren Praxisprojekten deuten immer wieder Aussagen wie „Ich nehme an, das macht die Abteilung xyz ..." gerade auf dieses Problem der existierenden, aber noch lange nicht bewältigten Schnittstellen in der Prozessverantwortung hin. Wir stellen dabei ebenso fest, dass selbst formale Organisationsregeln, wie z. B. Stellenbeschreibungen, nur einen geringen Beitrag liefern können. Diese sind meist inhaltlich sehr präzise und damit als tendenziell „generelle Regelung" starr formuliert. Sie fördern also eher noch den „Dienst nach Vorschrift", als zu einer flexiblen, bereichsübergreifenden Problemlösung beizutragen.

163 Vgl. Lienhard (1993), S. 8; vgl. Stalk/Hout (1991).

164 Vgl. Thompson (1967), S. 54 f.

wieder eine Vielzahl an Aktivitäten in der Organisation bedingen.[165] Die *Konsequenzen* dieser Strukturen für die betriebswirtschaftlichen Optimierungskriterien sollen exemplarisch anhand der *Durchlaufzeit* dargestellt werden: Es ist eine wohl bekannte Tatsache, dass im Rahmen der Leistungserstellung nur ein *unbedeutender Bruchteil* des Zeitbedarfs für tatsächliche Wertschöpfung genutzt wird.

Die durch zahlreiche empirische Studien abgestützte Literaturmeinung ist sich dabei einig, dass diese reine Wertschöpfungszeit etwa zwischen 5 und 10 Prozent beträgt, der Rest sind Liege- und Wartezeiten. Die daraus resultierende *Zeitverschwendung* wird dabei aber nur in den seltensten Fällen maßgeblich von inflexiblen Betriebsmitteln verursacht. Mehrheitlich sind die unzähligen, vorwiegend *administrativen Aktivitäten* in den der Produktion *vor-* und *nachgelagerten* Bereichen verantwortlich.[166] Es ist klar, dass in einer solchen Organisation sich langfristig keine wettbewerbsfähige Kostenposition einstellen kann.

Eine Langzeitstudie aus den Bereichen Maschinenbau und Komponentenherstellung belegt, dass weniger erfolgreiche Unternehmen hauptsächlich funktionale Strukturen aufweisen, während sich ca. 70 Prozent der Spitzenreiter marktnah nach Produkten bzw. Produktgruppen organisieren. Alles andere, so deren Überzeugung, fördert nicht den Unternehmenserfolg, sondern in erster Linie die Bürokratie.[167]

Die Hauptursache der *Probleme* mit Funktionalorganisationen liegt dabei aber im Wesentlichen in den gravierend veränderten Rahmenbedingungen begründet. Hier ist es v.a. der allgemeine *Individualisierungstrend der Nachfrage*, der unternehmensseitig zu einer enormen Variantenkomplexität bzw. zu einem Übergang vom einstigen *Einproduktunternehmen* zu *einem Mehrproduktunternehmen* geführt hat, in dem gleichzeitig verschiedenste Produkt- und Prozesstechnologien verwendet und damit auch gleichzeitig verschiedenste Märkte und Kunden bedient werden. *„Die Organisationsstrukturen vieler Unternehmungen sind heute noch primär durch Prinzipien bestimmt, die unter den Voraussetzungen relativ stabiler Umweltbedingungen durchaus leistungsfähig waren. (...) Die Situation hat sich durch den verschärften internationalen Wettbewerb nachhaltig geändert. (...) Diese Veränderung im Spektrum strategischer Anforderungen hat eine weitreichende Konsequenz: Die Entwicklung effizienter Organisationsstrukturen wird zum entscheidenden Wettbewerbsfaktor. In diesem strategischen Stellenwert organisatorischer Re-*

---

165 Vgl. zu den Wirkungen transversaler Organisationsformen Bleicher (1991a).

166 In verschiedenen Beratungsprojekten mit Industrieunternehmen konnten wir immer wieder beobachten, dass die eigentliche Produktion teilweise sehr gut ausoptimiert war. Die zeitliche Optimierung der vor- (z.B. Vertrieb, Auftragsbearbeitung, Fertigungsplanung) und nachgelagerten Bereiche (z.B. Fertigwarenlager, Versand) aber sträflich vernachlässigt wurde. So stellten wir in einem Fall fest, dass die Fertigungs-Durchlaufzeit 5 Tage in Anspruch nahm, das Fertigprodukt aber anschließend 2 bis 4 Tage auf Weiterverwendung wartete, weil die (Informations-)Logistik nicht für einen permanenten Materialabfluss aus der Fertigung sorgte.

167 Vgl. Rommel (1993), S. 173.

gelungen liegt der wesentliche Grund für die gegenwärtig, so intensiv geführte Diskussion um neue Organisationskonzepte wie die Geschäftssegmentierung."[168]

Es müssen daher *Produktprogramm-* und *Leistungskomplexität* gleichzeitig optimiert werden.[169] Die ablauforganisatorischen Probleme lassen sich u. E. nur durch eine konsequente Prozessorientierung der Gesamtorganisation lösen. Ein fruchtbarer Ansatz hierzu ist der Übergang zu einer segmentierten, *objektorientierten* Organisationsstruktur.[170] Als Faustformel gilt: „*Je konsequenter das Prinzip der Geschäftssegmentierung verfolgt wird, desto ausgeprägter ist die Produktorientierung der Organisationsstruktur.*"[171] Deren Ziel muss es sein, die der funktionalen Organisation immanenten *Optimierungsinseln* zu vermeiden.

– *objektorientierte Organisationen*

Um die organisatorische Binnenkomplexität zu reduzieren, bieten sich durchgreifende *strukturelle* Änderungen an, die – pointiert formuliert – den Weg von einem *Mehrproduktunternehmen* zu *mehreren Einproduktunternehmen* fordern. Letztlich ist es das Ziel, die funktional differenzierten Teilverantwortungen zu einer prozessübergreifenden Gesamtverantwortung auf möglichst hoher Hierarchieebene zu *reintegrieren* (vgl. Abb. 24).

„*Die Grundidee hinter den kritischen operativen Einheiten ist, dass in Abläufen, die für den Unternehmenserfolg von entscheidender Bedeutung sind, keine Schnittstellen auftreten sollten, die eine Gesamtoptimierung verhindern oder erschweren. Schneidet man diese Einheiten richtig, so entsteht die Homogenität, die über den gesamten Ablauf vom Kundenwunsch bis zur Auslieferung an den Kunden eine Optimierung des Kosten/Leistungsverhältnisses zulässt.*"[172]

Mit dieser Forderung stehen wir nicht allein. So weisen verschiedenste diskutierte, aber keineswegs neue Konzepte in die gleiche Richtung. Gemeint sind die Ansätze der „*fokussierte(n) Fabriken*"[173], „*Fabriken in der Fabrik*" oder „*Flottillen-Organisation*", die allesamt das Konzept der organisatorischen (Fertigungs-) Segmentierung thematisieren.[174]

Ziel solcher objektorientierten Organisationsformen ist es, die jede Organisationseinheit auf ein begrenztes Leistungsspektrum auszurichten. D.h. nur solche Produkte sollten innerhalb einer Einheit hergestellt werden, die zumindest ein ähnliches Qualitätsniveau, Technologieeinsatz, Volumen, Vielfalt und Marktanforderungen aufweisen. Die Grundidee der Segmentierung verfolgte bereits Henry Ford, der

---

168 Frese (1993), S. 1002 f.

169 Vgl. hierzu die bei Rathnow (1993), S. 149 (insb. Fn 392) angeführten Literaturverweise.

170 Vgl. Kosiol (1962).

171 Frese (1993), S. 1013.

172 Vgl. Rommel et al. (1993), S. 176; vgl. Auch Womack/Jones (1994), S. 93–103.

173 Vgl. Harmon/Peterson (1990).

174 Vgl. zu solchen Modularen Organisationsformen Skinner (1974), S. 113–121; Schonberger (1988); Drucker (1991, S. 9–17), Wildemann (1988) und zu einem Überblick Rathnow (1993), S. 154 ff.

feststellt: *„We believe ... that no factory is large enough to make two kinds of products.“*[175]
Segmentierung stellt – theoretisch betrachtet – eine Strategie der Komplexitätsreduktion dar und ist eine Form der komplexen Steuerungsstrategie *„Abgrenzung“ (Ein- und Ausgrenzung)*. Segmentierung stellt dabei allgemein eine spezifische Form der Grenzziehung (Schottung) dar, deren komplexitätsreduzierende Wirkungen darin bestehen, dass sie auf sachlicher Ebene spezifische Relevanzbereiche definiert und die simultan in je spezifischen Umwelten agieren können, auch wenn die Ansprüche von außen betrachtet widersprüchlich sind.[176] Diese segmentspezifischen Umwelten unterscheiden sich hinsichtlich Produkttechnologie, Kundenansprüchen, Qualität und/oder Preis, wettbewerbsstrategischen Anforderungen, Marktreife, Wettbewerbsintensität, Produktionsverfahren und der zu erbringenden Vorleistungen.[177]

Bei der organisatorischen Segmentierung entstehen – da produkt- bzw. kundengruppenspezifisch gestaltet – *quasi-selbständige, eigenverantwortliche, überschaubare Organisationseinheiten*. Diese zeichnen sich im operativen Geschehen durch eine im Vergleich zur schwerfälligen Funktionalorganisation deutlich *reduzierte Innen- und Schnittstellenkomplexität* aus, die sich noch dazu an die spezifischen Marktentwicklungen optimal anpassen können. Unnötiger Koordinations- und damit zwangsläufig immer auch Zeitaufwand wird infolge fehlender Interdependenzen vermieden.
Die *Interdependenzen* mit anderen Segmenten werden auf eine *strategische* Ebene gehoben und dort Ereignis-getriggert geregelt. Nur so können ganzheitliche Prozessverantwortung und Leitung gesichert, Schnittstellen minimiert und mithin beachtliche Beschleunigungseffekte erzielt werden, die zusammen mit der Komplexitätsreduktion zu sprunghaften *Zeit- und Produktivitätsverbesserungen* gemessen am Gesamtprozess führen.

Wildemann nennt auf der Grundlage von über 100 Fertigungssegmentierungsprojekten folgende drastische Verbesserungen:[178]
- *Durchlauf-* bzw. Lieferzeitreduktion: 62 bzw. 54 %
- *Produktivität*: 25 %
- *Bestände*: 39 %
- *Kapazitätsauslastung*: 10 %

175 Ford (1926), S. 82.
176 Vgl. hierzu und zu weiteren Grundstrategien von Systemen ausführlich Türk (1976), S. 21–36
177 Vgl. Türk (1978), S. 121–141.
178 Vgl. Wildemann (1988), S. 65–78 und S. 290–295.

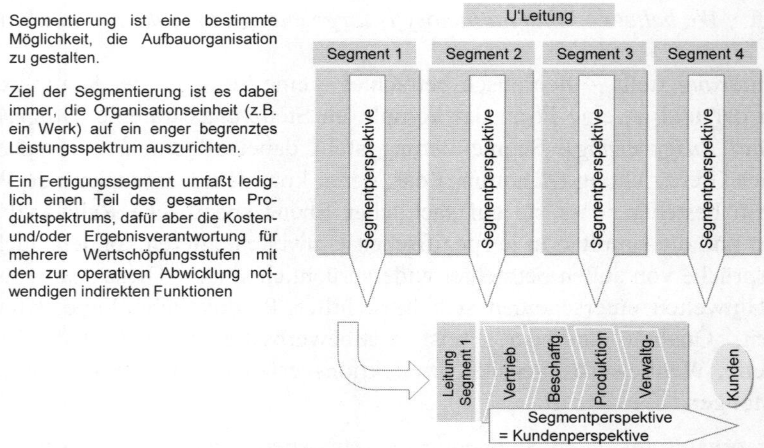

Abb. 24. Objekt-orientierte Aufbauorganisation: „Prozess dominiert Struktur"

Eine Restrukturierung in Richtung einer *prozessorientierte Gesamtorganisation* bedarf der weiteren Optimierung der einzelnen *objektorientierten* Organisationseinheiten. Für die verschiedenen Gestaltungsfaktoren stehen zahlreiche Maßnahmen zur Verfügung,[179] wie vor allem:

- *Entspezialisierung* durch arbeitsorganisatorische Maßnahmen, wie sie bereits im Rahmen unserer Forderung nach Humanorientierung vorgestellt wurden. Gemeint sind hier z. B. *Gruppenarbeit* (teilautonome Gruppen), *job enrichment* und *job enlargement*.[180] Dabei wirkt gerade die Erweiterung des Handlungsspielraums einer funktionalen Ressortperspektive entgegen. Dies gilt natürlich auf allen Hierarchieebenen. So konnten wir in einem Praxisfall feststellen, dass der Fertigungsleiter sich erst der der Fertigung vor- und nachgelagerten logistischen Probleme bewusst wurde, als die Material- und Lagerwirtschaft in seinen Verantwortungsbereich integriert wurde. Bereits nach kürzester Zeit griff er daher auch aufgrund der jetzt erweiterten Prozessverantwortung optimierend ein.
- *Prozessorientierte Layoutgestaltung*[181]: Hierbei geht es darum, die auf formaler Ebene gestaltete Organisation auch auf der Fertigungsebene nachzuvollziehen. Dies bedingt nicht selten eine Abkehr vom traditionellen Werkstättenprinzip hin zu einem *materialflussorientierten* Layout, mit dem Ziel, den Material- und Informationstransportbedarf zu minimieren und aufgrund des tendenziell geringe-

179 Zu grundlegenden Gestaltungsprinzipien der Aufbau- und Ablauforganisation sowie deren Bedeutung für die Durchlaufzeitoptimierung vgl. umfassend Strubl (1993), S. 212–228.

180 Vgl. Richter/Pfeiffer/Staudt (1979).

181 Zu den verschiedenen Möglichkeiten zur Gestaltung eines prozessorientierten Fertigungs- und Verwaltungslayouts vgl. Suzaki (1989), S. 42–60 und S. 68–85 sowie Harmon/Peterson (1990), S. 49–87.

ren Platzbedarfs durch Vermeidung der störenden Pufferläger produktive Einfachheit, Klarheit und Übersicht im Wertschöpfungsprozess zu schaffen.[182]

- *Teamorganisation*: Hier ist auf die in der Literatur diskutierten Ansätze, wie z. B. „multifunktionale Teams“ oder *„Closed-Loop-Teams“* [183] hinzuweisen. Letzteren gehören alle Personen an, die für die Bereitstellung von Produkt oder Dienstleistung und damit zur Lösung von Kundenproblemen unentbehrlich sind.[184]

3.4.2.4 Reduktion der Komplexität auf der Outputseite

3.4.2.4.1 Produktvielfalt treibt organisatorische Komplexität

Intensiver *Kostendruck* im Wettbewerb führt dazu, dass nicht nur das Produktangebot ausgeweitet wird, um durch eine Programmdifferenzierung (verschiedene Produktbaureihen) neue Käuferschichten zu erschließen, sondern er führt gleichzeitig angesichts des *Individualisierungstrends* der Nachfrage zu einer Explosion der *Variantenvielfalt* innerhalb mit allen bekannten, negativen kosten- und zeitmäßigen Konsequenzen in der Wertschöpfungskette der Produzenten. Diese „natürliche“ *Proliferation* von Produkten und Dienstleistungen wird infolge des Individualisierungstrends noch einmal gesteigert durch die geografische Ausdehnung der Geschäftsaktivitäten (*Globalisierungstrend* der Nachfrage).[185]

Organisatorische Komplexität entsteht vor allem als Ergebnis von nicht beherrschter Produktvielfalt und der weltweiten zu organisierenden vertrieblichen Geschäftstätigkeit. Wie Rathnow sehr überzeugend zeigen konnte, verursacht die Zunahme der Produktvielfalt beträchtliche einmalige und auch laufende Kosten.
Dabei verhält sich die Höhe der vielfaltsinduzierten Kosten in erster Näherung einem *„inversen Erfahrungskurveneffekt“* entsprechend: Die Halbierung (Verdoppelung) der Vielfalt bringt eine Stückkostenänderung in der Größenordnung von 15–20 % mit sich, die bezogen auf die beeinflussbaren Wertschöpfungskosten sogar noch auf 40 % ansteigen.[186]

Die Hauptwirkung der Vielfalt liegt dabei im Gemeinkostenbereich. Empirische Untersuchungen zeigen, dass in einem Werk bei Ausweitung von 20 auf 50 Produktfamilien die Gemeinkostenlast (volumenbereinigt) sich mehr als verdoppelt.[187]

---

182 Vgl. hierzu die Synopse bei Strubl (1993), S. 219 f.

183 Vgl. Whitney (1989), S. 106–113 und Stalk/Hout (1991), S. 216 f.

184 Analog zu diesen Ansätzen haben wir in einem Praxisfall ein Team aus Verkauf, Produktionsleitung, ggf. Entwicklung, Einkauf und Produktionsplanung und -steuerung geschaffen. In diesem Team werden täglich die aktuellen Fragen, z. B. neue Aufträge, Lieferzeit- oder Materialprobleme sowie Neuentwicklungen und Varianten diskutiert und alle relevanten Entscheidungen getroffen. Die Durchlaufzeit der administrativen Auftragsabwicklung verkürzte sich um bis zu 70 Prozent.

185 Vgl. Rathnow (1993), S. 14 ff.

186 Wertschöpfungsquote = Quotient aus Gesamtleistung vermindert um Wareneinsatz zu Gesamtleistung.

187 Vgl. Stalk/Hout (1990), S. 43.

Vielfaltsinduzierten *Kostenwirkungen* sind im normalen Rechnungswesen schwierig zu ermitteln, da diese systemische Eigenschaften, also sachliche und zeitliche Systemkonsequenzen und Wechselwirkungen aufweisen, v. a.:
- Funktionsübergreifende Wirkung: Kosten hier, führen zu Nutzen dort und umgekehrt.
- Zeitverzögertes Auftreten der Kostenwirkungen: Heute Kosten, morgen Nutzen
- Asymmetrie von Komplexitätsauf- und -abbau (Kostenremanenz-Effekte)
- Auseinanderfallen von Komplexitätsverursachung und Kostenanfall.

Gerade weil die Komplexitätswirkungen kaum erkannt werden können führen Varianten-bezogene Marginalbetrachtungen (Deckungsbeitragsüberlegungen) immer wieder zu erheblichen Fehlentscheidungen. Natürlich entscheiden immer die Umstände des Einzelfalls, dennoch lässt sich eine nicht beherrschte Vielfaltsthematik an folgenden *Symptomen* festmachen:
- Ausuferndes Produktprogramm (Unbehagen mit Produktprogramm; Vertrieb versteht Programm nicht mehr);
- Zusammenhang Produkt-Marktsegment nicht mehr klar herstellbar;
- Spürbar abnehmender Umsatz je Produkt oder Kunde;
- Stark ungleichmäßige Variantenumsatzverteilung.

Die Entstehungs-Logik folgt zumeist dem, was mit „*Variantenteufelskreis*“ zum Ausdruck gebracht ist (siehe Abb. 25): Ausgangspunkt für die Erschließung weiterer Marktsegmente durch neue Produktvarianten sind z. B. Sättigungserscheinungen des Marktes oder das Bestreben nach zusätzlichem Unternehmenswachstum. Mittels Deckungsbeitragsrechnung können diese zusätzlichen Varianten plausibel gemacht werden. Die zusätzlichen Varianten führen jedoch zur Erhöhung der Innenkomplexität mit entsprechenden Kostenwirkungen. Nach den Prinzipien der Zuschlagskalkulation erhöhen sich die Stückkosten für das Programm bzw. Teilen davon. Es entsteht ein Druck zur Erhöhung der Preise, der wiederum einen Rückgang der Absatzvolumina zur Folge hat. Der Kreislauf beginnt von neuem.

Eine Mehr-desselben Strategie führt langfristig nicht zu mehr Erfolg, sondern paradoxerweise zu Misserfolg. Ein verbessertes und transparentes Informationssystem kann das früher sichtbar machen und ggf. auch Variantenentscheidungen vermeiden helfen. Doch liegen die Ursachen der Entstehung vor allem auch in organisatorischen Strukturen und Prozessen begründet.[188]

188 Vgl. Rathnow (1993), S. 49 ff.

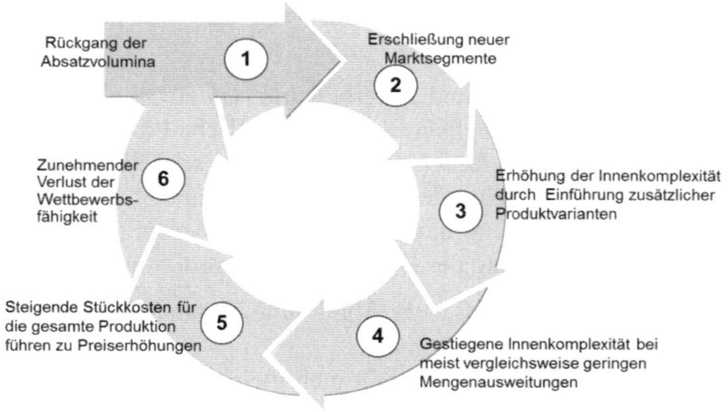

Abb. 25. Varianten-Teufelskreis

3.4.2.4.2 Falsch verstandene Kundenorientierung, Vertriebsdominanz und ungezügelte Variantenvielfalt

Peters/Watermann meinten die *Kundenorientierung* als zentralen Erfolgsfaktor besonders erfolgreicher Unternehmen ausmachen zu können.[189] Die Autoren hatten dabei durchaus eine differenzierte Vorstellung von Kundenorientierung, die aber regelmäßig *falsch* rezipiert wurde: Kundenorientierung wurde gleichgesetzt damit, „den Kundenwunsch zu erfüllen". Letztlich geht es aber darum, den *Kunden zu verstehen* – und das ist als *Sinnfrage*, ein wichtiger Teil von kreativer Arbeit und Kommunikation.

Im Zuge weltweiter Geschäftsaktivitäten zieht der Kundenwunsch nach vor-Ort-Präsenz und -Leistung die Aufgaben der Herstellung und des Vertriebs auseinander. Im Zuge des Unternehmenswachstumsprozesses und des immer größer werdenden Umfangs der für einen Kunden spezifisch – und vor-Ort – zu erbringender Leistungen entstehen nicht nur größere Vertriebsabteilungen, mit mehr Marktforschungs-; Vertriebs- und Marketingaktivitäten. Es kommt auch zu einer regionalen Verteilung von Wertschöpfungskettenanteilen.[190]

Um *Kundennähe* sicherzustellen, richtet man Verkaufs- oder Entwicklungsbüros vor Ort ein, um einen einzelnen Kunden oder regional zusammengefasste Kunden zu bedienen. Man zergliedert die Vertriebskette immer weiter, organisiert einzelne Aufgaben und verliert somit den einzelnen Kunden mehr und mehr aus dem Blick. Alles erfolgt im Dienste des Kunden: Ländergesellschaften mit oder ohne Produktion, mit oder ohne Lagerfunktion, mit oder ohne Kundenberatung, mit oder ohne

189 Vgl. Peters/Watermann (1984). Vgl. hierzu auch die ausführliche Diskussion der Schwächen des traditionellen Marketing/Vertriebs bei Lender (1991).

190 Siehe unten 5.2.2.3.

Rechnungslegungskompetenz und dgl. mehr – all das wird länderspezifisch und kontextspezifisch gestaltet.

In der Folge wachsen Vielheit und Heterogenität; Unterschiede werden verstärkt und Vereinheitlichung verunmöglicht. Kundenspezifische Produkte und Produktvarianten und Vor-Ort-Präsenz führen vergleichsweise schnell zu *komplexen Vertriebsapparaten*, die sich – mehr oder weniger gut organisiert – zwischen Produktion und Markt sich schieben und damit *Kundennähe* ebenso zum Problem werden lassen, wie sie die Beherrschung der Herstell- und Transaktionskosten thematisiert.

In diesem Zusammenhang ist das, was Abbildung 26 darstellt, durchaus praxisüblich. Sie veranschaulicht, dass

- letztlich jeder Kundenkontakt nicht nur mehrgleisig, sondern auch über mehrere Stufen erfolgen kann;
- die erfolgreiche Bewältigung einer (Vertriebs-)Aufgabe von einer Vielzahl erfolgreicher Kommunikationen über Abteilungs-, Organisations- und Ländergrenzen hinweg abhängt;

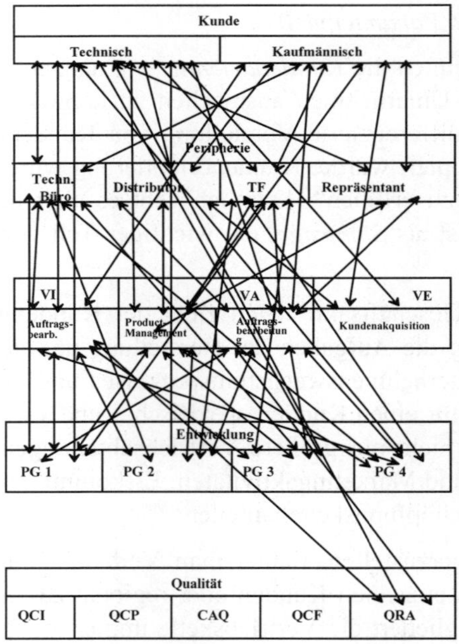

Abb. 26. organisatorische Beziehungskomplexität: „Alles ist möglich"

- nahezu alle Institutionen bzw. Abteilungen mit jeder anderen in Kontakt tritt, weil es aufgrund der jeweiligen länder- oder kundenspezifischen Besonderheiten keine organisatorische Vorregelung gibt;
- gleichzeitig unterschiedliche Gliederungsprinzipien in den einzelnen Abteilungen/Funktionsbereichen existieren.

In einem solchen Kontext, wo nahezu jeder mit jedem kommunizieren muss, um anstehende Routine-Aufgaben zu lösen, ist auch viel nicht (mehr) möglich: Schon die Abwicklung von Routineaufträgen gerät infolge der *Beziehungskomplexität* zwischen den einzelnen Abteilungen bzw. Stellen immer wieder zu einem täglichen *„Abenteuer"*: Die Abwicklung von Kundenaufträgen mit großem Aufwand an psychischer Energie mit viel Improvisationsgeschick, mit sämtlichen Techniken des Hinhaltens und Unter-Druck-Setzens usw. Fallweise Regelungen dominieren, die administrativen Abwicklungskosten steigen rasant an, was durch partielle, abteilungsbezogene Rationalisierungen eher problemverstärkend, denn -lösend gefördert wird. Das ganze System rotiert, als gelte es mit letzter Kraft ein rettendes Ufer zu erreichen – und doch geht es immer nur um das gleiche: um die bloße Abwicklung eines Kundenauftrags.

All das führt – befeuert durch „Kundenorientierung" – zur massiven Erhöhung der organisatorischen Komplexität der *Kundenbearbeitungsaufgaben*: Customer Relationship Management, Key Account Management, Benchmarking, neue elektronische Vertriebskanäle – dies und noch viel mehr wird implementiert. Und es führt zu komplexen Abwicklungsprozessen.

Wo aber „alles möglich ist", ist bald nichts mehr möglich, auch nicht durch praxisübliche Komplexitätshandhabungen. Unter Effizienzgesichtspunkten fügt man zusammen, was scheinbar zusammengehört: das Ersatzteillager vor Ort, um einen schnellen Service zu bieten, die Beratung über ein neues Produkt, die Produktänderung auf Wunsch eines Kunden, die Meldung des Lieferstatus eines Auftrags – all das und noch mehr wird unter dem Diktat der Kundennähe und des *„one face to the customer"* eingerichtet.

Es wird nur die Vertriebskette optimiert, auf Durchgängigkeit der Wertströme bis hin zum Kunden wird vielleicht noch geachtet, aber die Systemkonsequenzen für das eigene Unternehmen werden zu wenig bedacht. Vergleichsweise wenige Kunden, für die große Leistungsumfänge erbracht werden müssen, stehen einer immer komplexer werdenden Beschaffungs- und Produktionskomplexität gegenüber, die organisatorisch bewältigt werden muss.

Man setzt zur Bewältigung der Aufgaben auf mächtige IT-Systeme und auf digitale Technologien (social media / online-vertrieb-plattformen), die in eingeschränktem Rahmen eine kostensparende Substitution des Vertriebsmitarbeiters bei gleichzeitig mehr Information (z. B. „Käufer haben auch das gekauft-Funktion") versprechen. Solche Entscheidungen ermutigen zugleich zur Aufgabenzentralisierung, bis man feststellt, dass man auch damit nicht dem *Dilemma der Ablaufplanung*[191] entkommt, sondern ein Mehr an organisatorischer Komplexität zulasten einer termingetreuen Auftragsabwicklung induziert.

[191] Siehe auch Abschnitt 4.3.2.

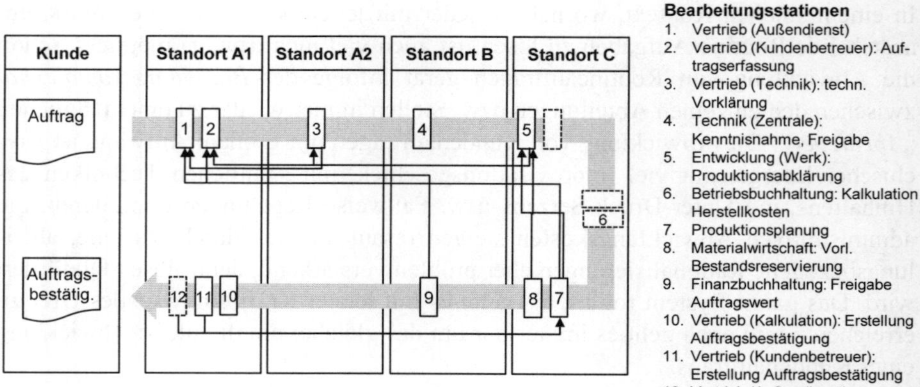

Abb. 27. Auftragsbearbeitungsprozesses in dislozierten, arbeitsteiligen Prozessen (Ausschnitt)

Aber ist das schon hinreichende Komplexitätsreduktion? Oder bildet man mit digitaltechnischen Möglichkeiten nicht doch nur die Komplexität der Gegebenheiten ab? Die Datengewinnung ist im Zeitalter des Internets und der Social Media-Plattformen ein weniger anspruchsvoller Part geworden. Vielmehr sind es Bewertungs- und Kommunikationsprobleme, welche sich der Beherrschung von organisatorischer Komplexität entgegenstellen.

Gefragt sind zweckgerichtete Informationen, nicht bloße Fakten. Statt der erwarteten immer sichereren Prozessbeherrschung droht daher meist nur der *Komplexitätstod auf Raten* mit wenig robusten, fehleranfälligen und nicht leistungsfähigen Prozessen. Nach unserem Eindruck verschiebt sich damit nur die Komplexität auf die Prozessebene, während die Vertriebsstrukturen eigenartig historisch gestaltet und angesicht der vielen Kanäle, auf die man heute einen Kunden erreichen kann, nicht konsistent durchgestaltet sind.

Auf den Kunden hören, koste es, was es wolle und seine eigenen organisatorischen und IT-Lösungen optimieren, dass man überleben kann. Nichts anderes bedeutet *falsch verstandene Kundenorientierung*. Eine solche *verschwendungsgeneigte* Herangehensweise – Intensivierung der Vertriebsaktivitäten und Marketingbudgets, einseitiger Fokus auf Vertriebseinheit, Implementierung von aufwändigen CRM-Systems, Verwechslung von „strategischer" und „Bauch"-Entscheidung – verbessert nur scheinbar Kundennähe, aber immer mit dem Nebengeräusch einer organisatorischen Komplexitätserhöhung.

– *Entkoppelungspunkt von Vertriebs- und Produktionsaufgaben*

Wer will es bestreiten: Orientierung an den Belangen der Kunden ist eine Perspektive, der Wunsch nach geordneter und gleichmäßiger Herstellung ist eine andere. Zwischen den beiden Perspektiven gilt es eine gesunde Balance zu halten.

Überlässt man jedoch dem Vertrieb allein zuständigkeitshalber die Weltinterpretation, führt das nicht nur zu einer – nicht selten – unternehmenskulturellen *Dominanz* des Vertriebs[192], sondern auch zu einer *Monopolisierung* der Kommunikation mit dem Kunden.[193]

Damit wird die Balance empfindlich gestört, mit der Folge einer Entkopplung des Vertriebs von der operativen Basis (Wertstrom) mit allen bekannten Konsequenzen: Die Mitarbeiter sind im Laufe der Zeit infolge der gegebenen Dynamik der zentralen Unternehmensumwelten kaum zu mehr imstande als zu einer „*Briefträgerfunktion*“: Sie übermitteln lediglich noch die Kundenwünsche nach innen ins System. Bei allen schwierigen Beratungsfällen (z. B. Reklamation, kundenspezifischer Anpassungsentwicklung) werden dann Entwicklungs- oder Produktionsspezialisten aus den technischen Büros und Labors hinzugezogen. Knappe und teure Technik-Spezialisten verschleißen sich in Routine-Angelegenheiten, weil der Vorbereitungsgrad des Vertriebspersonals zusehends inadäquat wird.

So macht sich ein Unternehmen von wenigen großen erfahrenen Technik- und Vertriebskünstlern abhängig und bleibt als Ganzes eigenartig fragil und gegenwartsverhaftet. Der Vertrieb stellt einen *ambivalenten Informationsfilter* dar, denn die Exklusivität des Umgangs mit dem Kunden stellt noch nicht die richtige Interpretation der Kundenbedarfe sicher und kommt nicht selten einer Anmaßung von Wissen gleich. Statt zu fragen, was der Kunde will, sollte er fragen, was er wollen könnte, was ihm nützt. *„Dem Kunden voraus sein. (...) Wenn es wirklich um innovative Produkte und Märkte geht, dann genügt es nicht, allein kundenorientiert zu sein. (...) Selbstverständlich ist es wichtig, auf den Kunden zu hören, aber wer nicht mehr als das tut, wird kaum zum Marktführer.“*[194]

In einer komplexen, verwalteten Welt des Vertriebs verschieben sich nicht nur Perspektiven für Notwendiges, sondern auch für Zukünftiges. Gerade die Filterung gegenwartsnaher Informationen zulasten zukunftsbezogener führt dazu, bestimmte Neuentwicklungen nicht durchzuführen. Aufgrund er zum Einsatz kommenden unzulänglichen Planungsmethoden werden zudem grundlegende Innovationsideen hinsichtlich ihres Erfolgspotenzials am Markt falsch eingeschätzt weil nicht erkannt, zu spät erkannt[195]: *„Dafür gibt es keinen Markt!“*

Es sind also nicht nur aufwändige Vertriebsapparate, die von sich aus wenig zu Veränderung neigen und *historisch gewordene organisatorische Kommunikations-*

---

192 Wir haben an anderer Stelle auf die Gefahren hingewiesen, die von einer Dominanz von Vertriebsbereichen ausgehen. Vgl. hierzu v. a. das Phänomen der „Marktasymmetrisierung“ bei Weiß (1989), S. 134 ff.

193 „Der Vertrieb muss gestärkt werden, koste es, was es wolle.“ Oder: „Wir haben immer schon vom Vertrieb gelebt.“

194 Hamel/Prahalad (1992), S. 47. Hier könnte eine ausführliche Behandlung der *Innovations-Flops* anschließen, bei der Marketing- und Vertriebsabteilungen keinen rühmlichen Part spielen. Vgl. Lender (1991).

195 Vgl. weiter Lender (1991); Weiß (1989) und (1995); Pfeiffer/Weiß/Volz/Wettengl (1997).

strukturen ebenso festhalten, wie sie das eigene Unternehmen mit einem hohen Potenzial an Störungen und Missverständnissen anbinden, weil es sich von individuellen Erfahrungen (Künstler-/Heroentum) abhängig gemacht hat.

In einem solchem kulturellen Kontext kommt man mit formalen Regelungen nicht sehr weit und bleibt somit als Ganzes leicht an seiner Vergangenheit kleben; woran es im Einzelfall auch immer liegen mag, ob am „*Not-invented-here-Syndrom*", an extremer Zahlengläubigkeit[196] wie manche Beobachter meinen[197] oder an anderen Innovationshemmnissen liegt. Ein wenig transparentes, verselbständigtes Vertriebsgebilde mit falsch verstandener Kundenorientierung neigt auch zum Verlust der Innovationsbereitschaft, weil man Zukünftiges immer als unsicher und Gegenwärtiges, untermauert durch Vergangenheitserfolge stets als sicher ausweisen kann. Nichthandeln erscheint somit als ein sicherer, Innovationshandeln als ein möglichst lange zu vermeidenender unsicherer Weg, den es erst durch viele Analysen und Rechnungen abzusichern gilt.

– *Markt als Entdeckungsverfahren – entdeckungsfreudiges (expeditionary) Marketing*

Lean-Unternehmen begreifen hingegen den *Markt als Entdeckungsverfahren*. Das, was Hayek theoretisch vor geraumer Zeit bereits dargelegt hat,[198] wird nun praktiziert als ein *„entdeckungsfreudiges (expeditionary) Marketing"*, wie es Hamel/Prahalad bezeichnen. *„Mit seiner Hilfe soll sowohl die präzise Stoßrichtung bestimmt werden, also jene besondere Konfiguration von Produktnutzenfunktionen, die für den Kunden wirklich von Wert ist, als auch der Abstand zum Ziel (...)"*.

Man befragt nicht bloß die Kunden, man will ihnen voraus sein, seine Bedarfe entdecken. Dieser Entdeckungs- und Verstehensprozess entspricht einem *Lernprozess*, der sich nur über den Markt selbst einstellt. Um aber einen anvisierten Markt rasch zu „entdecken", startet man *„viele kleine Anläufe in rascher Folge in der Hoffnung, dass sich ein Produkt deutlich herausschält"*.[199]

---

196 Clark/Fujimoto (1991), S. 114 sehen die „Filterrolle" des Marketing hinsichtlich „Kundenorientierung" durchaus: „Viele Unternehmen übertragen die Aufgabe, Kundenwünsche zu antizipieren, einer oder mehreren funktionellen Gruppen (zum Beispiel den Produktplanern im Marketing oder den Testern in der Konstruktion). Wenige aber kümmern sich darum, eine klare Vorstellung von den Kundenerwartungen in die Organisation und Praxis der Produktentwicklung zu bringen."

197 Beobachter bestätigen dies: *„Interessanterweise kommt externe Integrität gerade bei den Unternehmen zu kurz, die sich besonders stark von Marktdaten leiten lassen. Sie verfügen in der Regel über gut ausgerüstete Marketingabteilungen mit großer Fachkenntnis in der methodischen Marktforschung. (...) Doch diese Verfahren führen nur selten zu echten Produktkonzepten. Sie können sogar der zukünftigen Wettbewerbsfähigkeit eines neuen Produkts schaden, sofern sie die Einbildungskraft der Produktentwickler unterdrücken."* Clark/Fujimoto (1991), S. 118.

198 Vgl. Hayek (1968).

199 Hamel/Prahalad (1992), S. 44–55, Zitate auf S. 50.

„experimentelle Produktproliferation"

Toshiba ist ein gutes Beispiel für diese aktionsorientierte Vorgehensweise. Es brachte über die letzten Jahre eine Unzahl von Laptops auf den Markt, wodurch es viele Nischen ausforschen konnte.

Imageverluste waren kaum zu befürchten, da bei jeder Rücknahme eines Produktes vom Markt neue Produkte bereits verfügbar waren. Interessant ist: Toshiba nahm bis 1991 mehr Modelle vom Markt als einige seiner Konkurrenten jemals am Markt platzierten.

Gegenwärtig verfolgen andere asiatische Mitbewerber (z. B. Asus, Acer, Samsung) vergleichbare Produktprofilerations-Strategien.

Freilich, so ein „*bias toward action*" ist jedoch nur möglich, wenn die betrieblichen Strukturen und Prozesse „*lean*" gestaltet sind. Denn wenn die Entwicklung nur die Hälfte an Mannmonaten, die Hälfte des Investments und der Entwicklungszeit benötigt, lässt sich auch leichter experimentieren. *„Experimente sind für die meisten besonders erfolgreichen Unternehmen eine billige Lernmethode, in der Regel kostengünstiger – und nützlicher – als ausgeklügelte Marktforschung oder detaillierte Stabspläne."* schreiben Peters/Waterman.[200]

Statt mit einer größeren Anzahl von Experimenten bzw. „Schießversuchen" die Trefferquote zu erhöhen, sind Nicht-Lean-Unternehmen förmlich gezwungen, mit ihren „*vergoldeten Pfeilen*" sehr lange zu zielen, um möglichst einen *Blattschuss* landen. *„Wir kümmern uns (...) nicht viel um Marktforschung, sondern tüfteln ein Produkt und seine Verwendungsmöglichkeiten aus und versuchen dann, einen Absatzmarkt dafür zu schaffen."*[201]

Hier fehlt es in vielen Unternehmungen an der nötigen experimentellen Neugierde ebenso wie an den organisatorischen Voraussetzungen. Was ein amerikanischer Manager in einem japanischen Unternehmen berichtet, dürfte für viele Manager noch immer eher fremd klingen. *„Bei Seiko Instruments," berichtet John E. Rehfeld, President von Seiko Instruments USA in Torrance, Cal., „haben wir Richtlinien dafür, wieviel Zeit wir für Kundenbesuche aufwenden sollten. Zudem verknüpfen wir Kundenkontakte auch mit dem Prämienplan für unsere Manager. Geschäftsführer sollten beispielsweise 20 % ihrer Zeit mit Kunden verbringen, das Verkaufsmanagement 40 %, das operative Management 30 %, der Außendienst 20 %, Marketingleute 25 % und die Techniker 5 %. Das ist ein Weg, im Bewusstsein aller zu verankern, dass die Kunden zählen."*[202] Eine formale Regelung, den *direkten* Kontakt zum Kunden auf möglichst vielen Ebenen zu sichern.

[200] Peters/Waterman (1984), S. 175.
[201] In diesem Sinne äußerte sich treffend der frühere Sony-Chef Akio Morita (1986), S. 138.
[202] Rehfeld (1991), S. 92.

3.4.2.4.3 Komplexitätsreduktion durch Plattformkonzepte

Zur Beherrschung der Produktvielfalt gibt es eine Reihe von operativen und strategischen Gestaltungsmöglichkeiten.[203] Der Faktor Output (Produktgestaltung) ist ein wesentlicher Hebel zur Strukturoptimierung und damit auch der Gestaltung der Komplexität eines Vertriebssystems.[204]

Kundenspezifische Individualisierung (Differenzierung) und *Vereinheitlichung (*Standardisierung*)* stehen in einem Spannungsverhältnis zueinander, das sich durch veränderte technische und marktliche Rahmenbedingungen das wirtschaftliche Optimum im Zeitablauf verlagern kann. Die *Verwendung von Wiederhol-* bzw. *Gleichteilen*, die *Typung* und *Normung* von Teilen sowie das *Baukastenkonzept* stellen einzeln betrachtet nun bei weitem keine neuen Konzepte dar, sondern gehören zu den traditionellen, bereits lange bekannten und erprobten Ansätzen zur *Vereinheitlichung* des Outputs von Unternehmen.[205]

In den letzten Jahren ist in der Industrie der Trend zu Gleichteileverwendung und Baukastensystemen unverkennbar: Wenig Teile – aber viele Varianten. Produkte sollen sowohl „kostengünstiger" als auch „in mehr Varianten" herstellbar sein.[206] *„Kern des Plattformkonzepts ist die Verwendung von möglichst vielen baugleichen Produktkomponenten sowie Produktmodulen, den sogenannten Gleichteilen, durch deren Kombination im Sinne eines Baukastensystems eine Reihe unterschiedlicher Produkte bzw. Produktvarianten hergestellt werden können.*"[207]

Anhand verschiedener Merkmale (Intensionen) und Merkmalsausprägungen (Extensionen) lässt sich die Erscheinungsvielfalt von *Plattformkonzepten* anhand einer morphologischen Matrix in Abb. 28 abbilden.[208]

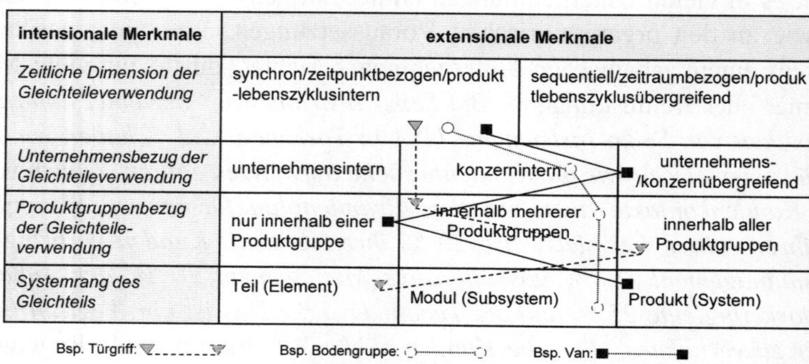

Abb. 28. Morphologie von „Produkt-Plattformen"

203 Vgl. Rathnow (1993), S. 177 ff.
204 Vgl. Rathnow (1993), S. 106.
205 Vgl. Zäpfel (1989), S. 66 ff.
206 Seifert (1997).
207 Volz (1998), S. 219 ff.
208 Vgl. zur morphologischen Methode allgemein Zwicky (1966).

– *Kostensenkung durch Schaffung partieller Massenproduktionsverhältnisse.* Der wesentliche ökonomische Vorteil des Plattformkonzepts liegt in der Erhöhung der Anzahl von Gleichteilen und der Erhöhung der je Gleichteil erzeugten Stückzahl. Dadurch gelingt es, *partielle Massenproduktionsverhältnisse* zu schaffen und erhebliche Kostendegressionseffekte in der gesamten Wertschöpfungskette von der Entwicklung über die Zulieferer, die Teilefertigung bis hin zur Montage zu realisieren. Gleichzeitig steigt das Angebot individualisierter Produktkonzepte und Produktoptiken.

Plattformkonzept – Beispiel[209]

Im Werkzeugmaschinenbau hat beispielsweise der Hersteller Index ein modulares Maschinenkonzept realisiert, mit dem zahlreiche Anwendungsfelder abgedeckt werden, Applikation und Fertigung jedoch wesentlich rationeller erfolgen können. Basis des Konzepts ist die konstruktive Zerlegung der Werkzeugmaschine in mehrere Module. Für jedes der Module existiert eine Anzahl vordefinierter Varianten. Die kundenindividuelle Maschine wird durch Kombination der geeigneten Module zusammengestellt. Das *Baukastenkonzept* ermöglicht hierbei sowohl eine schnelle Applikation aufgrund bereits definierter Module als auch eine schnelle und kostenoptimale Fertigung, da Module nicht mehr in Einzelfertigung, sondern in Klein- und Mittelserien (vor-)gefertigt werden können. Sollten die Anforderungen des Kunden nicht innerhalb des definierten Baukastens abgedeckt werden können, ist eine spezifische Anpassung eines, ggf. auch mehrerer Module möglich, deren Anpassungsaufwand jedoch auch verhältnismäßig gering ist.

Doch ist das Anwendungspotential für Plattformkonzepte in dieser Branche auch unternehmensübergreifend erkannt worden. Um die für den deutschen Werkzeugmaschinenbau v.a. aus Kostengründen verlorengegangenen Volumenmärkte für Standard-Werkzeugmaschinen zurückzuerobern, wurde im Rahmen des universitären Gemeinschaftsprojekts „*Virtumat*" ein herstellerübergreifendes Maschinen- und Produktionskonzept erarbeitet. Durch Standardisierung, hohe Gleichteileverwendung und Beschränkung der Funktionen auf das Notwendigste konnte eine wettbewerbsfähige Maschine dargestellt werden.

Die *Kostendegression* beruht – wie im *Gesetz der Massenproduktion* von Bücher im Jahr 1910 beschrieben – auf zwei prinzipiell verschiedenen Effekten:

(1) Zum ersten existiert der Effekt, dass es bei *unveränderten* Produktionsstrukturen und -technologien zu einer Kostenreduzierung kommt, wenn *möglichst große Mengen gleicher Produkte* gefertigt werden. Dies entspricht dem *Streben nach Kapazitätsauslastung gegebener Strukturen*, um auf diese Weise die Stückkosten zu minimieren. Bekannt ist dieser Effekt auch als *Beschäftigungs- oder Mengendegression.*

Gleichteileverwendung wirkt hier in mehrerer Hinsicht förderlich. Die im Entwicklungsbereich für bestimmte Komponenten bzw. Module anfallenden einmaligen Entwicklungskosten werden auf eine größere Stückzahl umgelegt, wodurch die Stückkosten sinken. Im Produktionsbereich sinken, sofern Leerkapazitäten vorhan-

[209] Vgl. Volz (1998).

den sind, die Fix- bzw. Gemeinkostenanteile je produziertem Stück ebenfalls. Zusätzlich reduziert sich die Anzahl der Wechselvorgänge, d.h. Rüstkosten und -zeiten sinken, so dass die wertschöpfende Kapazitätsauslastung steigt und die Stückkosten sinken.

(2) Zum zweiten existiert der Effekt der *Verfahrensdegression*: aufgrund der größeren Stückzahl können *veränderte* Produktionsstrukturen und -technologien eingesetzt werden. Die Produktionsverfahren führen bei entsprechender, durch die Gleichteileverwendung beeinflußter Auslastung zu niedrigeren Stückkosten. Dies entspricht dem *Streben nach Kapazitätserhöhung*, um auf diese Weise die bei entsprechender Kapazitätsauslastung erreichbaren Stückkosten zu minimieren.

Plattformkonzept – Kostendegressionseffekte am Beispiel Bodengruppe für ein Kfz
Verfahren 1 sieht die Herstellung der Bodengruppe aus mehreren Elementen in relativ einfachen und billigen Presswerkzeugen sowie deren anschließendes Fügen vor. Verfahren 2 entspricht dann der Herstellung der Bodengruppe als Integralteil in einem Presswerkzeug.

Der Vergleich der Stückkostenkurven zeigt, dass das Verfahren 1 durch relativ niedrige Fixkosten für Werkzeuge und hohe variable Kosten für Teileherstellung und Fügen bei niedrigen Stückzahlen vorteilhaft ist, während Verfahren 2 mit höheren Fixkosten für die Werkzeuganfertigung, aber niedrigen variablen Kosten erst ab einer höheren Stückzahl wirtschaftlich ist, der sogenannten „Nutzschwelle" des Verfahrens 2 in der Terminologie Büchers.
Die Stückkosten sinken vom Ausgangswert ohne Plattformkonzept $k_{\text{ohne Pltf., Verfahren 1}}$ auf den niedrigeren Wert $k_{\text{mit Pltf., Verfahren 1}}$ bei Realisierung des Plattformkonzepts. Die Stückkosten sinken von $k_{\text{ohne Pltf., Verfahren 1}}$ auf $k_{\text{mit Pltf., Verfahren 2}}$.
Zugleich sieht man, dass bei der durch das Plattformkonzept erreichten Stückzahl das bislang aufgrund hoher Einmal- und Fixkosten zu teure Verfahren 2 nun kostengünstiger ist als das Verfahren 1.

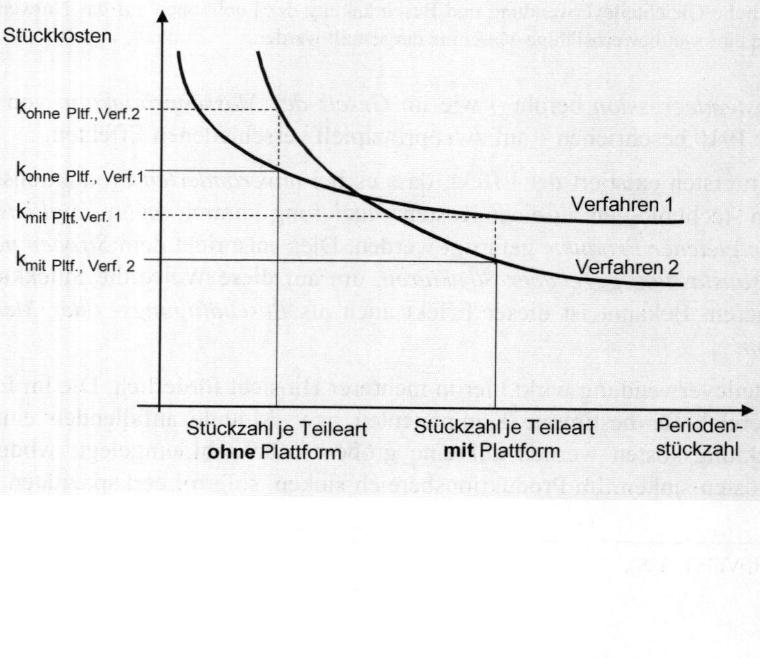

– *Reduzierung von Zeitbedarfen durch verbesserte Nutzung von materiellen und immateriellen Vorbereitungsgraden*

Plattformkonzepte bewirken, dass der für die Entwicklung und Herstellung eines bestimmten Produkts aufgebaute Vorbereitungsgrad im Sinne Ellingers umfassender und damit effektiver als bisher für die Herstellung ähnlicher Produkte genutzt werden kann. Grenzkosten und v. a. Grenzzeiten (Time-to-market) für die Entwicklung und Herstellung einer Produktvariante sinken, da nur noch ein verhältnismäßig geringer zusätzlicher Vorbereitungsgrad für eine Produktvariante aufgebaut werden muss.[210]

Über die direkt aus dem Gesetz der Massenproduktion ablesbaren Kostensenkungspotenziale hinaus offerieren die Plattformkonzepte jedoch noch *weitere Kostenvorteile*, die jedoch nur bei einer umfassenderen, systemwirtschaftlichen Betrachtung sichtbar werden.[211]

– Die Reduzierung der Teilevielfalt führt zu einer nicht unerheblichen Verringerung der Komplexität in der gesamten Wertschöpfungskette.
– Entwicklung und Zulieferer sowie Produktionsplanung und -durchführung profitieren von der vereinfachten Teileverwaltung und -disposition sowie
– Reduktion der Bestände vor allem in Form von Reduzierungen der (Fix-)Kosten der Organisation (Komplexitätskosten).

3.4.3 Wertschöpfungsnetzwerk Lieferant-Produzent-Abnehmer als ein lernendes System

Wenn man von lernender Organisation im Zusammenhang mit Unternehmen spricht, meint man damit den Zusammenhang der Anpassung (Koevolution) zwischen System und Umwelt über den Lebenszyklus der Organisation. Eine proaktiv vorgenommene Anpassung wird dabei mit Lernen gleichgesetzt, weil es darum geht, neue Umweltereignisse im System bearbeiten zu müssen und ggf. die organisatorischen Strukturen und Prozesse neu auszurichten. Lernen ist somit als Selbständerung zu verstehen.

Systeme waren schon immer gezwungen sich auf Umweltveränderungen einzustellen, also zu lernen. Die zunehmende Rede von dem etwas unscharfen Begriff „lernende Organisation bzw. Unternehmung" – oder allgemeiner: *lernendes System* – kann man als Sammelbegriff für verschiedene Strömungen ansehen, die sich grundlegenden gesellschaftlichen Entwicklungen verdanken. Man darf darin durchaus einen tiefergreifenden Wandel erkennen, wie es Senge mit Recht ausdrückt: *„The old days, when a Henry Ford, Alfred Sloan or Tom Watson learned for the organization are gone."*[212]

[210] Vgl. Volz (1998), S. 228.
[211] Vgl. Pfeiffer/Weiß/Strubl/Küßner (1997).
[212] Senge (1990a), S. 7.

Mittlerweile wurde in den vergangenen Jahrzehnten eine Reihe von theoretischen Ansätzen *organisatorischen Lernens* entwickelt.[213] Sie konzipieren Lernen als „Teilen von Annahmen“[214], als Entwicklung einer Wissensbasis, als „Anpassung“ oder als Entwicklung eines „Organisationsgedächtnisses“ („*organizational memory*“) oder systemtheoretisch als „evolutionäres Lernen“.[215]

Gleichviel, welchen theoretischen Ansatz man im Konkreten verfolgt: stets geht es um regelgeleitete Kommunikation, die je nach situationalen Gegebenheiten die Verarbeitung von Zufällen ebenso zulässt wie die systematische Wissensgewinnung und -aufbereitung. Unternehmen – wie Organisationen allgemein – sind demnach als Know-how-produzierende Ganzheit zu begreifen, als vergegenständlichte Wissenssysteme und nicht nur als Ansammlung von „wandelnden Dollar-Noten“.[216]

Demnach ist jedes Wissen als Ergebnis eines Lernprozesses nicht nur abgebildet in Informationssystemen der Unternehmung, sondern die Unternehmung selbst wird als System von Wissenskomponenten betrachtet, die in verschiedenen Faktoren in unterschiedlichen Formen inkorporiert sind. Daher – so die verbreitete Vorstellung – kann eine Organisation behandelt werden, wie jedes wissenserzeugende und -verarbeitende System, das die Fähigkeit zur Strukturbildung und -entwicklung und damit zum Lernen hat.[217] Der duale Charakter der Organisation schlägt auch hier durch: Die Organisation *ist* ein Wissenssystem und sie *hat* ein/mehrere Wissenssystem/e.[218] Wir wollen im Folgenden zeigen, welche bedeutende Rolle das Lernen für das Lean Management spielt.[219]

3.4.3.1 Lernkonzeption und Lernprinzipien – ein Überblick

Wenn man wie wir die These vertritt, dass industrielle Prozesse mehr und mehr komplexen Lernprozessen gleichen,[220] dann ist (organisationales) Lernen bzw. die konsequente Ausgestaltung des Unternehmens als lernendes System notwendig, um für die erforderlichen System-Umwelt-Anpassungsprozesse einen kontinuierlichen Know-how-Erwerb sicherzustellen. *„In einer Wirtschaft, in der einzig die Ungewißheit gewiß ist, ist Wissen die einzig sichere Quelle für dauerhafte Wettbewerbsvorteile.“*[221]

213 Vgl. die Skizze bei Weiß (1995).
214 Vgl. Argyris/Schön (1978), (1996); Ducan/Weiss (1979); March/Olsen (1976); Hedberg (1981); Weiß (1995).
215 Vgl. March/Olsen (1976).
216 So schon explizit Pawlowsky (1992), S. 199.
217 Vgl. Oelsnitz/Hahmann 2003.
218 Vgl. Kirsch 1992, S. 311 ff.
219 Wir ergänzen in Abschnitt 5.3 das Thema Lernen um organisatorische Aspekte.
220 Vgl. hierzu Pfeiffer (1980), (1971), Weiß (1995).
221 Nonaka (1992), S. 95; vgl. Nonaka/Takeuchi (1995); Davenport (2000); Probst u. a. (2006).

– *Lernprozesse als Zerstörung und Ergänzung des „Vorbereitungsgrads“*
Dass für jedwede Prozesse der Systemanpassung der sog. *„Vorbereitungsgrad“* eine zentrale Rolle spielen kann, wurde andernorts bereits ausführlich gewürdigt.[222] Der Vorbereitungsgrad bezeichnet dabei die materiellen und immateriellen Maßnahmen zur Vorbereitung von Produktionsprozessen in einer definierten Höhe.[223]

Pfeiffer hat bereits den Zusammenhang zwischen Know-how und Vorbereitungsgrad herausgearbeitet und gezeigt, dass man Know-how als eine *Explikation* des *Vorbereitungsgrads* ansehen und damit unter gewissen Einschränkungen die Begrifflichkeiten ineinander überführen kann.[224] Daher ist der in einer Unternehmung vorzufindende Vorbereitungsgrad als Know-how bzw. Know-how-Niveau darstellbar. Vorbereitungsgrad meint dann den jeweils erreichten problemspezifischen Know-how-Stand eines Systems. Im Unterschied zum Begriff Vorbereitungsgrad, der von Ellinger insbesondere für den Bereich der Fertigung konzipiert wurde, erstreckt sich der *Know-how-Begriff* nicht nur auf Produktionsprozesse i. e. S., sondern auf den *gesamten Wertschöpfungsprozess* im Unternehmen – umfasst also sämtliche Aktivitäten, beginnend mit dem FuE-, über Beschaffungs-, Produktions- und Vertriebsbereich bis hin zu Verwaltungsaktivitäten.[225]

Vorbereitungsgrad“
„Der Begriff der Vorbereitung... umfaßt alle Maßnahmen zur Vorbereitung von Produktionsprozessen. ... Der Vorbereitungsgrad kennzeichnet ... materielle und immaterielle Vorbereitungen in bestimmter Höhe, wobei unter materieller Vorbereitung so wohl eine statische als auch eine dynamische Einrichtung verstanden werden kann.“ (Ellinger (1985), S. 16 f.)
Neben dieser Substanzqualität (materieller/immaterieller Vorbereitungsgrad) kann man gemäß dem Wirkungsbereich weiter differenzieren in allgemeinen/speziellen Vorbereitungsgrad. Schließlich gibt die Strukturebene die Differenz zwischen Basis- und zusätzlichem Vorbereitungsgrad ab. *„Ein allgemeiner Vorbereitungsgrad ist ohne Umstellung für die Durchführung der verschiedenen Arbeiten geeignet ... Eine Unternehmung ist umso anpassungsfähiger, je höher ihr allgemeiner Vorbereitungsgrad ist. Dagegen ist ein spezieller Vorbereitungsgrad ausschließlich auf die Fertigung einer einzigen Produktart oder die Durchführung einer einzigen Funktion ausgerichtet.*“ (Ellinger (1985), S. 18)

Man kann in Analogie zum Informationsgrad von Wittmann den Vorbereitungsgrad bzw. das Know-how-Niveau auch normiert betrachten. Dann wird das/der Know-how-Niveau/ Vorbereitungsgrad das Verhältnis aus vorhandenem Know-how/Vorbereitung zu notwendigem Know-how/Vorbereitung.[226]

222 Vgl. Pfeiffer (1965), der bereits die von Ellinger 1959 mit Blick auf Fertigungsbelange entwickelten Überlegungen zum Vorbereitungsgrad generalisierte.
223 Vgl. Ellinger (1985), S. 16 ff.
224 Vgl. Pfeiffer (1980).
225 Neuerdings wird man dazu übergehen müssen, diese Beschränkung mehr und mehr fallen zu lassen. Es ändert sich aber an der Aussage grundsätzlich nichts, wenn man diese auf die Ebene eines Wertschöpfungsnetzwerkes hebt. Dies gilt auch in einem sog. „virtuellen Unternehmen“. Vgl. Davidow/Malone (1992).
226 Zu dieser Interpretation vgl. Pfeiffer (1980), S. 433 f.

Aus der Perspektive industrieller Unternehmen verstehen wir unter Know-how alles Wissen, das notwendig ist, um bedarfsgerechte Produkte und/oder Produktionsverfahren wirtschaftlich zu finden, zu entwickeln und zu konstruieren, zu produzieren und zu vertreiben sowie alles Wissen zur Schaffung der strukturellen Voraussetzungen.[227] Unter (organisationalen) Lernen verstehen wir somit ganz allgemein die Verarbeitung (objektiver) Daten zu subjektivem Wissen bzw. Know-how.

Der Vorbereitungsgrad bringt dabei zum Ausdruck, ob und in welchem Umfang eine Unternehmung bezüglich einer (innovativen) Problemlösung über entsprechende Kompetenzen verfügt. Kompetenzen sind das *Ergebnis* von organisatorischem Lernen, das in mehr oder weniger geordneten Know-how-Gewinnungsprozessen gewonnen wird. Vorbereitung heißt damit Informationen gewinnen über die (erwarteten) Systemstrukturen und -prozesse sowie der Überführung in eine wirtschaftlich einsetzbare/verwertbare Form (Problemlösung).

Man kann sich einige Zusammenhänge relativ leicht an einem Modell klar machen. Wir greifen dazu auf die Erfahrungskurve zurück und interpretieren diese als *„inverse Know-how-Kurve“*. Der Erfahrungskurvenzusammenhang (vgl. Kasten „Erfahrungskurve“) kann somit auch anders dargestellt werden. Die zunehmende Produktionsmenge repräsentiert dabei eine laufende Akkumulation von Know-how.
Es wird von einem Ausgangs-Know-how-Niveau (A_1) bis zu einem End-Know-how-Niveau (M_1) aufgebaut.

Während die „integrierte Erfahrungskurve“ mit Zunahme der kumulierten Produktionsmenge einen fallenden (Stückkosten-)Verlauf aufweist, steigt die Know-how-Kurve an. Insofern ist die Know-how-Kurve ohne weiteres als „inverse Erfahrungskurve“ zu interpretieren. Die Know-how-Zunahme geschieht stetig entlang einem Pfad und hält solange an, bis eine grundlegende Veränderung des zu produzierenden Outputs eintritt. Ein radikaler Wechsel auf eine neue Erfahrungskurve (z. B. Übergang auf eine neue Produktgeneration auf Basis einer neuen Technologie) führt auch zu einem Abbruch der Know-how-Kurve (exogener/endogener Verlust des Vorbereitungsgrades).

Die Form der Know-how-Kurve zwischen den beiden Know-how-Zuständen verläuft zunächst steil ansteigend, dann allmählich abflachend. Die Plausibilität eines solchen Kurvenverlaufs ergibt sich zunächst daraus, dass Systeme sich nicht sprungartig von einem Ausgangszustand in den Endzustand entwickeln, also sich nicht unendlich elastisch verhalten können. Die z. B. im Rahmen einer Veränderung (z. B. Problemlösungsinnovation) anfänglich nötige Prüfung einer mehr oder weniger großen Anzahl generierter Lösungsideen erfolgt zunächst auf rein kognitiver Ebene, weshalb ‚grundsätzliche‘ Produktvorstellungen in relativ kurzer Zeit sich gewinnen lassen. Daher wächst das Know-how-Niveau zu Beginn des Lernprozesses sehr rasch.

---

227 Vgl. hierzu: Pfeiffer (1971), S. 79 ff. vgl. Pfeiffer (1980), S. 433 f.

Die Lernfortschritte verringern sich aber in dem Maße, wie das lernende System in Kontakt mit der „Realität" tritt. Das erklärt sich einmal aus der Natur der Sache. D.h. der im empirischen Erfahrungsprozess durch Handlungen des Systems durchzuführende (experimentelle) Erwerb ‚genauer Kenntnisse' über alle mögliche Parameter benötigt viel Zeit bei einem insgesamt geringeren Zuwachs von Know-how.

Die Know-how-Kurve flacht ab. Denn es können gerade hier nicht erwartete Überraschungen auftreten, die potentiell neue Informationen enthalten, d. h. die den internen Strukturen entweder widersprechen oder nicht unmittelbar einzuordnen sind. Diese potentiell neuen Informationen können daher nur durch Umordnung der Systemstrukturen in Information umgewandelt werden. Die Information muß dann reproduziert und objektiviert werden, z. B. in und auf andere Know-how-Träger überführt werden.

– *Organisatorisches Lernen als soziales Lernen*

Der Erwerb des Vorbereitungsgrads zur Bewältigung von Überlebensproblemen ist Resultat einer Form des Wissenserwerbs, der sich in tätiger Auseinandersetzung von (lernenden) Individuen mit ihren Aufgaben vollzieht und seinen materiellen Niederschlag in Problemlösungen und organisatorischen Regeln findet.[228] Es kommt auf das Lernen der Organisation an. Evolutionär betrachtet, entsteht neues Know-how zunächst immer auf individueller Ebene: *„Es ist immer ein einzelner, bei dem neues Wissen beginnt."*[229] Ausschlaggebend für die Nutzung des permanent neu entstehenden Know-how-Repertoires ist, wie gut es eine Unternehmung versteht, das individuelle Know-how einem breiten Kreis von Mitarbeitern zugänglich und operativ verfügbar zu machen.

Die im „organisationalen Lernen" erforderliche Verknüpfung individueller und systemischer Ereignisse ist nicht lediglich eine triviale Kombination der individuellen Lernbeiträge bis das erforderliche Know-how geschaffen ist, um eine innovative Problemlösung in den Markt einzuführen bzw. dort durchzusetzen. Die Verknüpfung der individuellen Lernbeiträge geschieht über wechselseitige Kopplungen der Beteiligten. Ereignisse müssen zunächst auf individueller Ebene beobachtet (unterschieden und bezeichnet) und verarbeitet werden, ehe sie die Chance erhalten, als mitteilenswerte Nachricht in die Organisation (System) eingespeist und reproduziert zu werden. Dabei sind verschiedene Unwahrscheinlichkeitsschwellen zu überwinden, bis aus einer einmal gemachten Beobachtung neues Systemwissen entstanden ist.

---

228 *„Aus der Perspektive einer industriellen Unternehmung kann zum Know-how (im weiteren Sinne) alles Wissen gerechnet werden, das notwendig ist, bedarfsgerechte Produkte und/oder Produktionsverfahren wirtschaftlich zu finden, zu entwickeln und konstruieren, zu produzieren und zu vertreiben, sowie alles Wissen zur Schaffung der strukturellen Voraussetzungen."* Pfeiffer (1980), S. 423. Dieser weite Begriff kann einem vor allem in der Praxis vertretenen engeren Know-how-Begriff gegenübergestellt werden: „Know-how ist das, was nicht in den Zeichnungen steht."

229 Nonaka (1992), S. 96.

Damit geschieht die Wissensgewinnung zu einem guten Teil nicht-planbar, evolutorisch, also mit deutlichen Zufälligkeiten. Hinzu kommt, dass – in Abhängigkeit von der konkreten Organisation des Innovationsprozesses – früher oder später eine Mehrzahl von Organisationsmitgliedern mit unterschiedlichen Relevanz- und Interessenperspektiven berücksichtigt werden müssen, die ihren jeweils eigenen Lernprozess durchlaufen müssen.

In einer arbeitsteiligen Organisation wird man daher das Lernen, insbesondere das Nichtlernen anderer als „Realität" (zunächst) anerkennen müssen. Dem Experiment auf der Sachebene der Informationsgewinnung entspricht gewissermaßen die Kommunikation verschiedener Organisationsmitglieder, von Entscheidern und Betroffenen. Die wechselseitigen (sozialen) Überzeugungsprozesse, das „Aneinanderabarbeiten" der verschiedenen Positionen benötigt nicht nur Zeit, sondern ist im Prinzip nicht vorhersagbar – am wenigsten folgt es nur rationalen Kriterien. Das System als Ganzes lernt mithin „nicht-trivial".

In der hier zugrunde gelegten Modellanschauung lässt sich dies wie folgt interpretieren: Man kann die Know-how-Kurve eines sozialen Lernsystems gewissermaßen als „Hüllkurve" der individuellen Lernkurven betrachten, die sich auf die unterschiedlichsten Aufgaben und Objekte beziehen können. Durch Organisation (z. B. im Wege der Kontextsteuerung oder Ablauforganisation) wird versucht, die individuellen Lernbeiträge aufeinander i. S. d. angestrebten, benötigten Soll-Know-hows abzustimmen, um somit eine geordnete, stetige Wissens-Akkumulation zu erreichen. Die Integration der einzelnen Lernbeiträge geschieht aber mit einer deutlichen Zufallskomponente, also nicht-deterministisch, da es sich um strukturelle Kopplungen autonomer Systeme handelt.

Der Übergang von einem Niveau zu einem angestrebten Niveau braucht Zeit. Die „integrierte Know-how-Kurve" bzw. deren Lerngeschwindigkeit (Kurvensteigung) hängt neben individuellen Faktoren auch von organisatorischen Einflussfaktoren direkt ab, aber sie ist – so müssen wir nun einschränken – a priori nicht deterministisch festzulegen.

Neues Know-how entsteht nicht plötzlich. Die in einer innovativen Problemlösung inkorporierten Produkttechnologien und deren Prozesstechnologien legen letztlich fest, welcher zusätzliche Vorbereitungsgrad durch Lernprozesse benötigt wird. Hier ist im Einzelfall zu prüfen, ob man als innovierende Einheit über das entsprechende Know-how (Kern-Kompetenzen) selbst verfügt, sich diese durch Kooperationen mit anderen Unternehmen verfügbar machen und/oder vorhandene Peripher-Kompetenzen zu Kern-Kompetenzen ausbauen kann.

Erfahrungskurve als inverse Know-how-Kurve[230]

Die Kernaussage der Erfahrungskurve lautet: Mit jeder Verdoppelung der kumulierten Produktionsmenge sinken die Wertschöpfungskosten eines Stücks potentiell um einen bestimmten Prozentsatz – eine bereits vor geraumer Zeit gemachte empirische Beobachtung, die für Unternehmungen ebenso gültig ist wie für Branchen.

Somit beschreibt die Erfahrungskurve (hochaggregiert) grundsätzlich einen Systemlerneffekt, nämlich den Zusammenhang zwischen der kumulierten Produktionsmenge und den jeweiligen Stückkosten eines Produktes.

Der Erfahrungskurven-Effekt entspringt verschiedenen Quellen: Größendegression, gradueller technischer Fortschritt, Übungs- bzw. Lerneffekte und Rationalisierung. Genau betrachtet handelt es sich bei allen Erfahrungskurven-Komponenten um Effekte, die auf eine graduelle Selbständerung des Systems hinauslaufen. Sie repräsentieren damit „Lerneffekte", die sich im Zeitablauf einstellen, sofern die Unternehmung bestimmte Maßnahmen ergreift. Die Stückkostensenkung wird nur erreicht durch strukturelle und prozessuale Veränderungen, also durch Umbau, Ergänzung und (partielle) Zerstörung der jeweiligen Know-how-Basis.

Die „Know-how-Kurve"

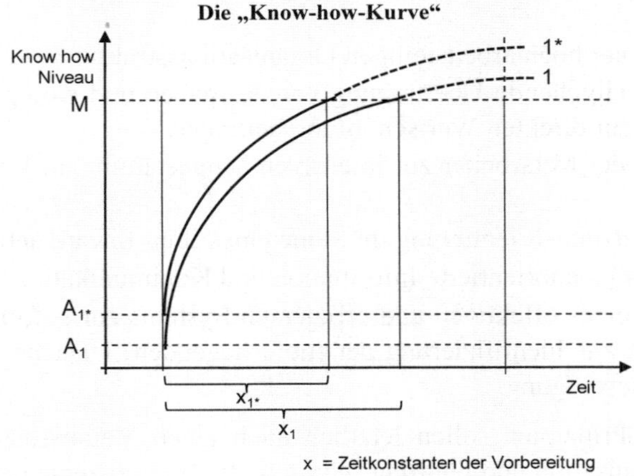

Damit kommen zeitliche Überlegungen des Kompetenzerwerbs ins Spiel. Der Aufbau des für eine Problemlösungsinnovation erforderlichen Know-hows bzw. der Kernkompetenzen kostet Zeit. In jedem Lernprozess wird man daher von „Zeitkonstanten der Vorbereitung" ausgehen müssen.

– *Lernprinzipien im Überblick*

Eine Unternehmung, die sich als *„lernendes System"* versteht, muss solche Strukturen und Prozesse schaffen, die Know-how-Erwerb und -Transfer in einer für den jeweiligen Adressatenkreis geeigneten Form erlauben. In einer lernenden Organisation „... *liegt das Hauptgewicht nicht auf der konfliktfreien, störungssicheren Programmierung routinierter Handlungsabläufe im Hinblick auf den von der Unter-*

230 Vgl. hierzu ausführlich Henderson (1984); des Weiteren auch: Pfeiffer et al. (1989); mit weiteren Literaturnachweisen Kreikebaum (1989). Ausführliche kritische Würdigung bei Wacker 1980 und Lange 1984.

nehmensführung gesetzten Organisationszweck, sondern im mitdenkenden Handeln und Entdecken von Problemlösungen.“[231]

Die Gestaltung des Wertstroms bzw. Wertschöpfungsnetzwerks als lernendes System basiert auf einer Reihe von Prinzipien des Lernens, wie wir sie anschließend diskutiert werden. In diesen Prinzipien spiegeln sich auch die Merkmale wider, die Herzberg einer ‚*guten Arbeit*‘ zuschreibt: „*Unmittelbare Rückmeldung; jeden wissen lassen, für wen er arbeitet; lernen können; seine Arbeit selbst einteilen können; sich wenigstens in bestimmten Teilgebieten als alleiniger Fachmann fühlen können; sich unmittelbar an andere wenden können, sich persönlich verantwortlich fühlen können.*“[232]

Nachfolgend wollen wir mit dieser Grundannahme gewissermaßen als Essenz aus den verschiedenen theoretischen Entwicklungslinien einige praktikable *Hinweise* zur Umsetzung des Lernansatzes in Lean-Unternehmen geben. Die wesentlichen handlungsleitenden Prinzipien hierfür wollen wir im Folgenden erläutern. Es sind dies:

- Umkehrung der hoch arbeitsteiligen Organisationsstruktur
- Möglichst weitgehende Übertragung von Aufgaben und Kompetenzen auf diejenigen, die zur direkten Wertschöpfung beitragen
- Aktivierung der Mitarbeiter zur intensiven Mitgestaltung an Verbesserungsprozessen
- Strikte Umsetzungsorientierung im Sinne eines ‚bias toward action‘
- Optimale aufgabenorientierte Information und Kommunikation
- Einrichtung eines effektiven und effizienten Systems zur sofortigen Erkennung von Fehlern, zur Identifizierung der (tieferliegenden) Ursache und zur wirksamen Fehlerbeseitigung.

Die genannten Prinzipien sollen letztlich auch einen Voraussetzungszusammenhang bzgl. Organisation und Führung schaffen, der Lernprozesse begünstigt.[233]

3.4.3.2 Umkehrung der hoch arbeitsteiligen Organisationsstruktur

Die Umkehrung der hoch arbeitsteiligen Organisationsstruktur ist Dreh- und Angelpunkt aller Bemühungen der Lern-System-Gestaltung. Sie zielt auf die Überwindung übertriebener Arbeitsteilung. Denn nicht „*... so sehr durch weitere Automatisierung sondern vor allem durch weniger arbeitsteilige Betriebsorganisation ist das Weiterbestehen der Unternehmen am ehesten zu erreichen.*“[234]

Schon Richter/Pfeiffer/Staudt konnten in einem großangelegten Fabrikexperiment in einem Unternehmen der Unterhaltungselektronik in den 1970er Jahren nachweisen, dass hoch arbeitsteilig organisierte Fertigungsprozesse eine Verschleuderung

[231] Röpke (1970), S. 210.
[232] Herzberg (1975), S. 6.
[233] Wir kommen in Kapitel 5 darauf zurück.
[234] Moll (1985).

von Intelligenz und Kreativität der Mitarbeiter bedeuten und dass die Verlagerung der Qualitätskontrolle an den Arbeitsplatz riesige Einsparungen mit sich bringen.[235]

Anstelle von immer weitergehender organisatorischer Ausdifferenzierung und Funktionsspezifizierung tritt *die Integration* der Aufgaben, Kompetenzen und Verantwortlichkeiten betrieblicher Funktionalbereiche in *Teamstrukturen.* Hierdurch werden Puffer, Reservevorräte, Reservearbeiter (‚Springer') und Reserveraum überflüssig, die notwendig waren, um hoch arbeitsteilige Strukturen am Laufen zu halten. Hierarchisierung der Organisation und Zentralisierung von Verantwortung führten demgegenüber nicht nur zu schwerfälligen Organisationen, sondern auch zu einer Verbreitung von Verantwortungslosigkeit und Nicht-Zuständigkeit.

Positive Erfahrungen aus der Industrie

Auch heute noch ist für viele Unternehmen die Situation symptomatisch, die wir im Produktionsbereich eines von uns betreuten Unternehmens des *Maschinenbaus* vorfanden: Das Unternehmen produziert heute wegen des Individualisierungstrends der Nachfrage relativ *kleine Lose* bis hin zur Einzelfertigung, die Jahre davor waren es noch Großserien. Das Frappierende war für uns, dass die hoch arbeitsteilige Organisation des Montageprozesses bis heute auf Großserie ausgerichtet blieb.

Man produziert mit dieser Organisation kleinste Serien bis hin zur Einzelfertigung. Unserem Hinweis, dass das Produzieren in der ‚organisch gewachsenen' Fabrik ein Vermögen kostet, weil die fehlende Ausrichtung der Organisation auf die aktuellen Erfordernisse vor allem Gemeinkosten produziert, wurde entgegnet, dass eine Änderung der Organisation erst nach einem Generationswechsel (v. a. auf der Meisterebene) durchzusetzen sei.

Im Gegensatz hierzu hat man bei einem Hersteller von Waagen beispielsweise die zentralen Abteilungen, die früher für neue Produkte zuständig waren, restlos aufgelöst: Anstelle von Marketing- und Entwicklungsabteilungen gibt es nun *Teams*, die Innovationen vom Einschätzen der Marktchance bis zur Markteinführung eigenverantwortlich betreuen. Die volle Verantwortung ist dem Team übertragen, mit der Konsequenz, dass die Entstehungszyklen von vormals zwei bis drei Jahren auf nunmehr sechs bis neun Monate gesunken sind.

Zudem wurde die arbeitsteilige Organisation mit einer konsequenten *Flexibilitätsstrategie* in der Produktion komplett auf den Kopf gestellt. *Polyvalente Mitarbeiter* sind in der Lage, selbständig zwei Drittel des Produktspektrums zu produzieren. Ein und derselbe Mitarbeiter sorgt für Materialnachschub, montiert, eicht und verpackt das Produkt. Ohne zusätzliche Qualitätskontrolle geht das Gerät zum Kunden. Solchermaßen konsequent betriebenes *„job enrichment"* ist im Zusammenhang mit ausgeprägter Teamarbeit tayloristischen Arbeitsstrukturen weit überlegen.

Eine *Umkehrung* der Arbeitsteilung dagegen verspricht u. a. eine schnelle Reaktion auf Störungen, dauerhafte Verbesserungen von Produktionsprozessen und Produkten, Anregungen für Innovationen und beschleunigtes Reagieren, allesamt Faktoren, die eine deutlich verbesserte Flexibilität und Produktivität ermöglichen.[236]
Zu welcher Schnittstellenkomplexität eine arbeitsteilige, hierarchische Organisation führt und welch enormer Zeitverbrauch mit der Überwindung dieser Schnittstellen

235 Vgl. hierzu: Richter/Pfeiffer/Staudt (1978).
236 Vgl. hierzu auch Weber (1994).

verbunden ist, kann eindrucksvoll am Beispiel eines Maschinenstillstands demonstriert werden (vgl. Abb. 27). Durch Integration vormals getrennter Stellen in eine *Team-Organisation* wird eine wesentliche Verbesserung des Informationsflusses erreicht, die wiederum zu einer deutlich schnelleren Behebung von Problemen führt, was sich schließlich in einer Reduzierung von Ausfallzeiten auch monetär bemerkbar macht. Zudem ermöglichen flexible, teamorientierte Strukturen bei verringerter Arbeitsteilung ein *permanentes Lernen der Organisation*.

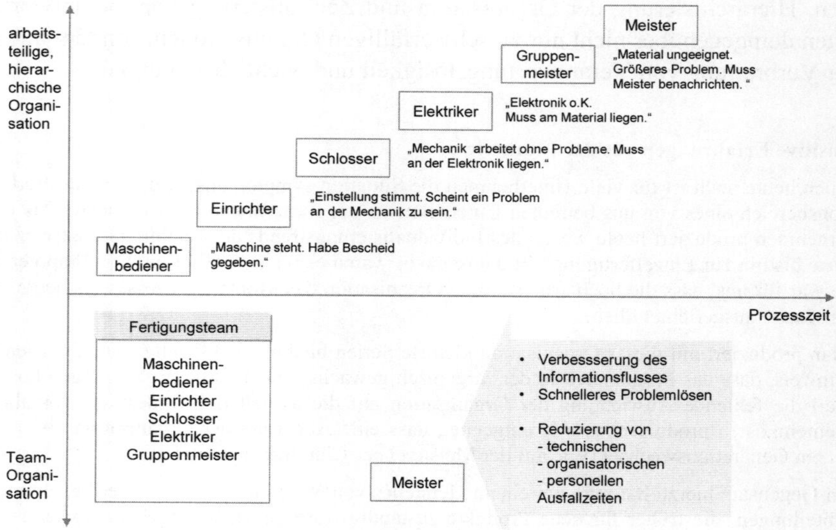

Quelle: verändert nach Bellinghausen (1993)

Abb. 29. Zeitgewinn durch Team-Organisation

Die Kenntnisse und Fähigkeiten der Mitarbeiter können hierdurch in einem ganz anderen Umfang produktiv genutzt werden, wie das zweite Lernsystem-Prinzip verdeutlicht.

3.4.3.3 *Möglichst weitgehende Übertragung von Aufgaben und Kompetenzen auf diejenigen, die zur direkten Wertschöpfung beitragen*

In enger Verbindung mit dem vorgenannten Prinzip der Umkehrung der hoch arbeitsteiligen Organisationsstrukturen bzw. als Resultat der konsequenten Durchführung dieser Umkehrung ergibt sich die Übertragung von Aufgaben und Kompetenzen an die Wertschöpfenden. Hierbei geht es nicht nur um individuelles job enrichment, sondern auch um *gruppenbezogene*, den Gedanken der Teamarbeit verfolgende Konzepte und Methoden.

Dass die Qualifikation der Arbeitskräfte, die infolge eines überholten ‚Menschenbilds' auch heute nur zu einem Bruchteil genutzt wird, bereits seit längerem Gegenstand der Diskussion ist, belegt die Aussage von Moll, der schon 1983 von der

„Demontage des Facharbeiters“ gesprochen hat. Die qualifizierte und vielseitige Ausbildung des Facharbeiters, die sowohl Planung, Durchführung und Kontrolle der auszuführenden Arbeit umfasst, wird im Berufsleben nicht genutzt. Facharbeiter besitzen kaum Spielraum, ihre Fähigkeiten im Betrieb einzusetzen. Sie werden degradiert und sind *„... im ungünstigsten aber häufigst vorkommenden Fall als Durchführender einer genauestens vorgeschriebenen Arbeit im Akkord“* tätig.[237]

Interessanterweise kommt fast 10 Jahre später eine Analyse mit dem Titel ‚Erfolgsfaktoren der japanischen Werkzeugmaschinenindustrie‘, die vom VDW, der Industriegewerkschaft Metall und vom RKW erstellt wurde, zum selben Ergebnis. *„Die Fähigkeiten und das Wissen der Mitarbeiter werden in der deutschen Werkzeugmaschinenindustrie nicht ausreichend in Produktivität umgesetzt. Dies erklärt die erheblichen Unterschiede in der wirtschaftlichen Leistungsfähigkeit zwischen deutschen und japanischen Herstellern.“*[238] Dieser zehnjährige time-lag der Erkenntnis ist u. E. ein ausgezeichneter Beleg dafür, wie zeitaufwändig Lernprozesse selbst in relativ überschaubaren Branchen sind. Offensichtlich sind nicht selten krisenartige Erscheinungen notwendig, um Bereitschaft zum Um- bzw. Neu-Lernen zu erzeugen.[239]

Dabei ist es kein Geheimnis, das Potenzial der Mitarbeiter in weit größerem Umfang als bisher zu nutzen. Hiermit verbunden ist auch nicht ein härteres Arbeiten der Belegschaft, sondern vielmehr ein intelligenteres. Durch entsprechende Schulungsmassnahmen und die Bereitstellung geeigneter Werkzeuge können nicht nur Facharbeiter, sondern auch angelernte Maschinenbediener durchaus in die Lage versetzt werden, z. B. einfachere Wartungsarbeiten eigenverantwortlich durchzuführen. Hierdurch ergeben sich positive Auswirkungen auf die Ausfallzeiten und auf das Verantwortungsbewusstsein der Mitarbeiter gegenüber ‚ihrer‘ Maschine.

Im Bereich der Werkzeugverwaltung ist es denkbar, dass qualifizierte Mitarbeiter direkt Bestellungen beim Lieferanten vornehmen, ohne vorher den zeitraubenden Weg über den (Zentral-)Einkauf zu gehen. Entsprechende Rahmenverträge mit den Zulieferern erlauben diese Vereinfachung.

Hoffmann/Kaplinsky kommen zu der Aussage, dass japanische Hersteller mit einer höheren Maschineneffizienz, höheren Stückzahlen pro Stunde und weniger Nebenzeiten im Vergleich zu amerikanischen Herstellern produzieren.[240] Die Boston-Forscher führen zwischen 28 und 65 Prozent des Kostenvorsprungs japanischer Hersteller gegenüber Europa bei Schmiedeteilen zurück. Japanische Scheinwerfer sind um 30 % billiger herzustellen, fast zwei Drittel davon gehen auf das Konto geringerer *indirekter* Lohn- und Gehaltskosten. Und das nicht etwa, weil japanische

237 Moll (1985, S. 285).

238 o. V. (1992), S. 16.

239 Vgl. Lewis (2001).

240 Vgl. Hoffmann/Kaplinsky (1988), insb. S. 119. Dieser Untersuchung liegt wiederum die Studie von McElroy (1984) zugrunde, der bereits vorher auf die Überlegenheit japanischer Hersteller hinwies.

Instandhalter, Arbeitsvorbereiter oder Ingenieure besonders fleißig wären, sondern weil die Maschinenbediener und Montagearbeiter, die sich an ihrem Arbeitsplatz bestens auskennen, einen großen Teil der Aufgaben, die in Europa Spezialisten vorbehalten sind, mitübernehmen.[241]

Beispiel: Grün-Schleifen von Getriebehauptwellen[242]

Das Beispiel belegt, mit welchem Erfolg eine Verbreiterung des Aufgabenspektrums der Mitarbeiter an den Maschinen einhergehen kann. Weil sich in Japan die Maschinenbediener und Montagearbeiter an ihren Arbeitsplätzen bestens auskennen, können sie einen großen Teil der Aufgaben übernehmen, die in Europa Spezialisten vorbehalten sind. Die Mitarbeiter kümmern sich selbst um kleinere Unterbrechungen einschließlich Maschinen- und Werkzeugreparaturen und führen viele Wartungsarbeiten selbst durch. Bearbeitungs- und Materialschrott werden so minimiert, Verluste durch Werkzeugwechsel sind gering, die Motivation und der Einsatz der Mitarbeiter sind optimal). Hier zeigt sich, wie wichtig das bereits erwähnte Prinzip „Perspektivenwechsel vom ‚Sachvermögen' zum ‚Humanvermögen'" ist.

Es zeigt sich weiter, dass europäische Unternehmen eine um 170 % höhere totale Verlustzeit im Vergleich zu ihren japanischen Konkurrenten haben, obwohl die Hauptzeiten beim Grün-Schleifen nur um 10 % geringer ist. Diese Kennzahlen sind für europäische kapitalintensive Branchen ziemlich typisch.

So wenden europäische Hersteller von Schmiedeteilen, wie etwa Antriebswellen, einen größeren Teil vom Umsatz für Anlagekosten auf als ihre japanischen Branchenkollegen, die trotz kleinerer Lose und entsprechend häufiger Umrüstung ihre Fertigungseinrichtungen weit stärker nutzen – bei Wellen zu 74 statt 46 Prozent – und weniger Ausschuss produzieren.

Die Kostenvorteile der japanischen Zulieferer sind auch nicht allein darauf zurückzuführen, dass die direkt im Produktionsprozess Tätigen mehr Maschinen bedienen oder ihre Hände flinker und geschickter gebrauchen. Entscheidender ist: Sie kommen mit weniger Overhead – vom Wartungs- und Büro- bis zum Führungspersonal – aus.

Sieht man die Dinge so, dann wird verständlich, dass Lean-Unternehmen die *doppelte bis 3-fache Kapitalproduktivität* aufweisen können bzw. umgekehrt Nicht-Lean-Unternehmen durch Missachtung des Erfolgsfaktors Humanressource im höchsten Ausmaß Kapital verschwenden.

241 Burckhardt (1991), S. 32. Im Grunde setzt hier das *Total Productive Maintenance* (TPM-) Konzept an. vgl. Nakajima, S. •• (1984).

242 Vgl. Pfeiffer (1982), S. 26.

„Zündende Ideen"
Auch in einem Beratungsprojekt bei einem mittelständischen Automobilzulieferer zeigte sich, wie wenig die Kompetenz der Facharbeiter genutzt wurde. Rüstvorgänge dauerten häufig mehrere Stunden allein deshalb, weil die einzige Messmaschine der Qualitätssicherung, auf der das erste Teil vor Anlauf der Serie überprüft werden musste, temporär zum Kapazitätsengpass wurde.
In dem initiierten Verbesserungsteam kam der Vorschlag, anstatt eine zweite Maschine anzuschaffen, die nicht hätte ausgelastet werden können, den Mitarbeitern die Messmittel an die Hand zu geben, die notwendig sind, und sie entsprechend zu schulen, um das erste Teil in eigener Regie prüfen zu können.
Die Serienproduktion kann nun ohne große Verzögerungen beginnen und das Ergebnis der Qualitätssicherung wird nachgereicht. Dies war möglich, weil die Prüfung durch den Werker an der Maschine das Risiko des möglichen Ausschusses beim Serienanlauf extrem minimierte.
Durch diese Idee der Mitarbeiter konnte eine Nettonutzeffekt von einmalig 200 T€ und nachhaltig deutlichen Produktivitätseffekten erzielt werden.

Das grundlegende Überdenken einer Aufgaben- und Kompetenzzersplitterung gilt nicht nur für den Maschinenbau oder die Automobilindustrie, sondern für jede Branche.
In der *Pharma-Industrie* z. B. herrscht ein großes Schnittstellenproblem in der Zusammenarbeit und Aufgabenabgrenzung zwischen Fertigung und Technik. Traditionell werden dort von der Technikabteilung nicht nur Großreparaturen und Instandhaltungen durchgeführt, sondern sogar die Umrüstungen und Maschinenumstellungen in der Produktion mit Auswirkungen auf die Maschinenlaufzeit wie sie in Abb. 30 wiedergegeben sind.[243]
Die Arbeitsteilung zwischen Fertigung und Technik erweist sich als entscheidende Schwachstelle in der Pharma-Produktion. Dabei gilt die Einsatzplanung der Einrichter als der wesentliche Reibungspunkt zwischen beiden Abteilungen. Auch hier kann durch eine Verbreiterung von Aufgabenspektrum und Kompetenzen der Mitarbeiter an den Maschinen eine erhebliche Verkürzung der Nebenzeiten erreicht werden. Die hohe Arbeitsteilung ging in der Vergangenheit mit einer Aufblähung des Personalbestands in den Gemeinkostenbereichen einher. Die vermeintlichen *„Denkfabriken"* entpuppen sich nun als *Geldsenken.*

243 Vgl. zu dieser Problematik eingehend: Gutzler (1992).

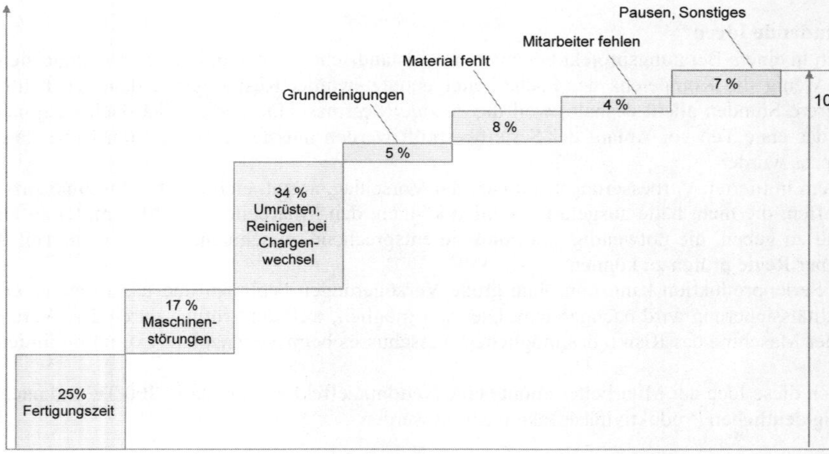

Abb. 30. Maschinenzeit-Struktur einer Tablettenpresse[244]

Zur sträflich vernachlässigten Verfahrensverbesserung kommt noch eine ineffiziente Problembekämpfung. Man versucht, den Problemen durch ein Mehr an Prüfung und Kontrolle beizukommen. Diese Zusammenhänge verdeutlicht die folgende Analyse aus einem unserer Beratungsprojekte zu Qualitätsproblemen in der Elektronikfertigung (vgl. Abb. 31). Das Übergewicht der Prüfkosten über die Fehlervermeidungskosten ist ein Zeichen dafür, dass *Qualität nicht erzeugt, sondern erprüft* wird.

Qualitätskosten	11.188.187	100%
Fehlervermeidungskosten	1.829.855	16,4 %
Prüfkosten	6.794.332	60,7 %
Fehlerkosten	2.564.000	22,9 %
Qualitätskosten / Herstellkosten	11.188.187 / 35.500.000	32,5 %

Abb. 31. Qualitätskosten

Viele Aktivitäten westlicher, bürokratischer Unternehmen sind zudem stark gegenwartsbezogen und beschäftigen sich mit reinen Effizienzverbesserungen. *Robust-solide* Unternehmen dagegen legen einen großen Anteil ihrer Managementkapazität auf die zukünftig wichtigen und effektiven Problembereiche. Das zeigt das Beispiel eines japanischen Herstellers, der bei einem im ganzen fast nur halb so kopfstarken Gemeinkostenpersonal annähernd doppelt so viele Mitarbeiter mit verfahrensverbessernden, in die Zukunft gerichteten Aufgaben betraute wie ein US-Unternehmen.

244 Vgl. Gutzler (1992).

In diesem befassten sich ungefähr viermal so viele Mitarbeiter mit den Problemen von heute (vgl. Abb. 32).[245]

	Bürokratisches Unternehmen		Robust-solides Unternehmen	
	Anzahl	Anteil %	Anzahl	Anteil %
Betriebsleitungsstamm	36	23,7	25	31,2
Verfahrensverbesserer	19	12,5	32	40,0
Problembekämpfer	97	63,8	23	28,8
Gemeinkostenpersonal insgesamt	152	100,0	80	100,0

Quelle: Blaxill/Hout (1992), S. 84–93, hier: S.89

Abb. 32. ‚Gute' versus ‚schlechte' Unterstützungskräfte

Durch Integration, Kooperation und Verbreiterung des Aufgabenspektrums legen japanische Unternehmen das Fundament für ein Klima permanenter Verbesserung:

- *Verfahrenstechniker* werden *wertschöpfungsnah* direkt im Werk eingesetzt, statt fernab in Büros. Jeder neu eingestellte Ingenieur muss sich zu Beginn seiner Laufbahn mit einzelnen Fertigungsstationen und Arbeitsplätzen auseinandersetzen.
- *Leitende Ingenieure* werden wochenlang bei großen Kunden oder Lieferanten *geschult*. Japanische Ingenieure betrachten diese Traineezeiten als Bereicherung und willkommene Gelegenheit zum Lernen, Amerikaner halten diese Art der Schulung für beleidigend.
- Darüber hinaus setzen alle japanischen Hersteller auf *Polyvalenz* der direkt in der Produktion Beschäftigten: Maschinenführer waren in der Lage, ihre Maschinen zu warten, Qualitätsprüfungen vorzunehmen und dispositive Entscheidungen vor Ort und Absprachen mit Kollegen zu treffen. Darüber hinaus wurden sie von ihren Maschinen-Lieferanten in die Entwicklung und Auslegung neuer Werkzeugmaschinen einbezogen.[246]

3.4.3.4 Aktivierung der Mitarbeiter zur intensiven Mitgestaltung an Verbesserungsprozessen

– *Teamarbeit und fehlertolerantes Führungsverhalten*

Die möglichst weitgehende Übertragung von Aufgaben und Kompetenzen auf diejenigen, die zur direkten Wertschöpfung beitragen, lässt sich kaum unternehmensweit und schon gar nicht problemlos von heute auf morgen realisieren. Vielmehr sind *(Um-)Lernprozesse* der Vorgesetzten und Mitarbeiter nötig was die Regeln des Umgangs miteinander betrifft.

245 Vgl. Blaxill/Hout (1992), S. 89.
246 Vgl. Blaxill/Hout (1992), S. 90.

Unserer Erfahrung nach gelingt die Aktivierung der Mitarbeiter auf der Grundlage einer breit angelegten *Teamarbeit* sehr gut. Schon in den ersten Team-Sitzungen sind ‚Initialzündungen' zu verzeichnen, zunächst natürlich vorwiegend bei entsprechend motivierten und engagierten Mitarbeitern. Doch nach und nach verbreitert sich die Basis derer, die sich aktiv an Verbesserungsprozessen beteiligen. *Teamarbeit* ist ein probates Mittel zum erstmaligen Anstoß und zur dauerhaften Implementierung der Lernsystem-Idee im Unternehmen. Darüber hinaus sind die Mitarbeiter selbstverständlich nach wie vor individuell gefordert, über Verbesserungen nachzudenken.

Wichtig ist in diesem Zusammenhang, dass Vorwürfe, Angriffe und gegenseitige Schuldzuweisungen in Fehlersituationen einem gemeinsamen Beraten über Fehler und Verbesserungsmöglichkeiten weichen. Vertrauen[247] in den Willen und die Fähigkeit der Mitarbeiter, schwierige Situationen erfolgreich zu bestehen, führt dazu, dass der Zusammenhalt noch verstärkt wird und hohes Engagement zur Beschleunigung zeitintensiver Lernprozesse entsteht. Das bestätigt auch der Bericht eines amerikanischer Top-Managers, der die geforderten Planzahlen nicht einhalten konnte, vom Teamgeist bei Toshiba: *„Statt mir Vorwürfe zu machen und mich dadurch in die Defensive zu treiben, berieten alle mit mir darüber, was schiefläuft und wie man das ändern kann. Von Stund an fühlte ich mich als Mitglied der Mannschaft und arbeitete noch weit härter, um aus unserem Tief herauszukommen."*[248]

Fehlertoleranz ist eine zwingende Voraussetzung des Lernens. Gemäß dem Motto eines Graffitos: *„Es ist nicht schlimm, einen Feler zu machen. Es ist nur schlimm, einen Feler zweimal zu machen."*[249]
Kurzfristige Entlassungen bzw. Versetzungen im Fall des Versagens führen dagegen tendenziell zu einer *Verlangsamung* des organisatorischen Lernprozesses. Vor allem muss sich der jeweilig nachfolgende Mitarbeiter mit denselben ungelösten Problemen herumschlagen und macht zudem u. U. neue Fehler, die seine Vorgänger bereits überwunden hatten.

Häufig wird so getan, als würden Fehler bewusst gemacht, Fehler werden damit als Sabotage interpretiert. Ausschlaggebend ist nicht, dass keine Fehler gemacht werden, sondern dass aus Fehlern gelernt wird: *Learning by failing.*[250] Fehler bieten ein

---

247 Vgl. zur Komplexitätsreduktionsfunktion von Vertrauen: Luhmann (1989), S. 23 ff.
Die Komplexitätsreduktion durch Vertrauen macht sich nicht nur im „lernenden" Unternehmen selbst bemerkbar. Sie äußert sich im gesamten Wertschöpfungsnetzwerk, z. B. auch in der Zusammenarbeit mit Lieferanten und Kunden.

248 Rehfeld (1991), S. 84. Die Fehler, die im Unternehmen begangen werden sind notwendig, wenn neue Wege eingeschlagen werden sollen. Das heißt aber nicht, dass es intelligent wäre, denselben Fehler mehrfach zu machen.
Den Nutzen von Fehlern hat im Übrigen schon Henry Ford ganz klar erkannt: „Unsere Fehlschläge sind lehrreicher als die Erfolge." Henry Ford, zitiert nach Altenpohl (1975), S. 15.

249 Rehfeld (1991), S. 83.

250 Vgl. hierzu auch das Konzept „learning by failing" von Maidique/Zirger (1985), S. 299–313.

unschätzbares Lern-Reservoir.[251] Der Philosoph Karl Popper hat 1981 in einer Rede beschrieben, worin er lebenslang die Messlatte für jeden echten Lernvorgang sah: *„Das neue Grundgesetz ist, dass wir, um zu lernen, (...) gerade von unseren Fehlern lernen müssen. Fehler zu vertuschen ist daher die größte intellektuelle Sünde.*“[252]

– *Grenzen des konventionellen Betriebliches Verbesserungsvorschlagswesen*
Mit dem bei uns seit den 1970er Jahren eingeführten betrieblichen Verbesserungsvorschlagswesen allein haben wir den fernöstlichen Methoden der Aktivierung von Mitarbeitern zur Mitwirkung an permanenten Verbesserungsprozessen kaum etwas entgegenzusetzen.
Ein Indikator für die Verbesserungsdynamik sind die Verbesserungsvorschläge je Arbeitskraft in Montagewerken der Automobilindustrie. Hier gibt es erhebliche Unterschiede: Während bei japanischen Automobilwerken in Japan jeder Mitarbeiter 61,6 Vorschläge macht, sind es in amerikanischen Werken in Nordamerika lediglich 0,4, genauso viel wie bei den Europäern. Dabei ist die Umsetzungsrate dieser Vorschläge (= Anteil der realisierten zu den insgesamt eingebrachten Verbesserungsvorschlägen) im Industriedurchschnitt in Japan mit 72 % deutlich höher als in den USA (24 %). Die Verhältnisse in Europa dürften ähnlich liegen. In diesem Zusammenhang wird immer wieder auf das andere japanische Verständnis von „Verbesserungsvorschlag“ verwiesen. Das ist richtig. Das Entscheidende ist jedoch für uns, dass die Umsetzungsrate der Verbesserungsvorschläge sehr hoch ist. Da spielt es eine geringe Rolle, ob dies in unserer Terminologie 30, 40 oder 60 Verbesserungsvorschläge sind.

Als zentrale *Probleme* bei der Anwendung formaler Systeme des *betrieblichen Vorschlagswesens* werden folgende Aspekte immer wieder genannt:
- Vielen Mitarbeitern bereitet die erforderliche schriftliche Formulierung der Verbesserungsvorschläge große Probleme.
- Das mittlere Management (Meister) hat häufig keine Berechtigung, Verbesserungsvorschläge einzureichen, da die kontinuierliche Verbesserung zum ‚Tagesgeschäft‘ gehöre. Entsprechend werden Vorschläge der Mitarbeiter eher blockiert als produktiv unterstützt.
- I. d. R. überfordert eine Bewertung der Vorschläge individueller Tüftler einerseits und von Gruppen andererseits die bestehenden Systeme.
- Häufig ist die fachliche Kompetenz in den beurteilenden Abteilungen für eine angemessene Bewertung der Verbesserungsvorschläge nicht ausreichend.
- Die lange Dauer der Bearbeitung von Vorschlägen durch die Vorgesetzten bzw. die Verwaltung ist der Motivation abträglich und führt zu einem ‚Versanden‘ interessanter, aktueller Ideen.

---

[251] Vgl. Sprenger (1992), S. 38. Vgl. auch Sprenger (2002).
[252] Zitiert nach: Sprenger (1992), S. 39.

- Vor allem aber findet zumeist eine Trennung zwischen den Mitarbeitern statt, die die Probleme erkannt haben und denen, die sie lösen. Hierdurch wird organisatorisches Lernen geradezu verhindert und die realisierte Lösung bleibt weit hinter der erreichbaren zurück.

Eine zeitaufwändige und vielstufige, träge Bürokratie zur Bewertung der Verbesserungsvorschläge wirft in vielen Unternehmen die Frage auf, inwieweit das Vorschlagswesen überhaupt geeignet ist, den Prozess einer permanenten Verbesserung nachdrücklich und konsequent zu unterstützen. Mit der Einführung eines Vorschlagswesens westlicher Prägung allein ist es also nicht getan.

- *Kontinuierliches Lernen in Teamstrukturen*

In Verbindung mit Teamstrukturen und geeigneten Entlohnungssystemen können Mitarbeiter hingegen dazu motiviert werden, Verbesserungsmöglichkeiten zu eruieren und nach Möglichkeit unmittelbar, ggf. wiederum teamorientiert umzusetzen.

Auf diese Weise ist eine sehr schnelle Rückkopplung über Probleme und Nutzen gewährleistet, der jeweilige Mitarbeiter ist maximal integriert. Frustrationen, wie sie bei einem institutionalisierten Vorschlagswesen unserer Erfahrung nach schnell auftreten, z. B. infolge undurchsichtiger Bewertungsverfahren oder wegen langer Antwortzeiten, werden so vermieden. Die Bürokratie in den zentralen Bewertungsabteilungen des Verbesserungsvorschlagswesens ist für die Mitarbeiter zermürbend und eher kontraproduktiv.

Lean-Unternehmen interessieren sich insbesondere für den Verbesserungsprozess selbst und erst dann für das realisierte Ergebnis.[253] Absolute Erfolgszahlen ohne Interpretation ihres Zustandekommens sind für japanische Unternehmen nur von eingeschränktem Interesse. Viel wichtiger ist für sie der Prozess, der zu diesen Erfolgszahlen führt und vor allem die Frage, wie man es noch besser machen kann, wie man weiter dazulernen kann.

Interessant sind daher gerade die Fehlschläge, die Schwierigkeiten und Umwege, die letztlich zu durchschlagenden Erfolgen geführt haben. Erst durch deren Kenntnis kann man im Verbesserungsprozess die eigenen Umsetzungsprobleme relativieren und wirft nicht vorzeitig ‚die Flinte ins Korn'.[254]

Andererseits: „Lorbeeren sind kein Ruhekissen".[255] Denn gerade im Prozess entstehen viele Anregungen für weitere Verbesserungen. Diese Potenziale nutzt man bei uns kaum, denn in den meisten Fällen steht nur das harte Ergebnis zur Debatte. Der Grund hierfür liegt vermutlich darin, dass allzu viele Manager und Mitarbeiter der Vergangenheit uninteressiert oder gar feindselig gegenüberstehen, so dass ihnen wertvolles Wissen entgeht. Die Konsequenzen hieraus hat der Philosoph

253 Vgl. unten Abschnitt 5.3.3.2.
254 Vgl. Chew et al. (1991).
255 Rehfeld (1991), S. 84.

George Santayana folgendermaßen auf den Punkt gebracht: *„Jene, die sich nicht der Vergangenheit erinnern, sind dazu verurteilt, sie zu wiederholen.“*[256]

3.4.3.5 Strikte Umsetzungsorientierung im Sinne eines ‚bias toward action‘

Aus Motivationsüberlegungen heraus plädieren wir für ein Vorgehen in *zielgerichteten kleinen und kleinsten Schritten der Verbesserung*. Nur so kann nach und nach das Vertrauen in die eigene Leistungsfähigkeit wachsen und die Umkehrung der Arbeitsteilung weitgehend friktionslos vollzogen werden. Große Pläne überfordern häufig die Mitarbeiter und führen zu Abwehrreaktionen gegenüber der Bereitschaft zu permanentem Lernen. Wir wollen mit dieser Einstellung keineswegs die Notwendigkeit einer langfristigen Zielsetzung im Rahmen der strategischen Unternehmensplanung geringschätzen. Gerade zur Implementierung der Lernsystem-Idee ist ein fundierter Rahmenplan eine wichtige Voraussetzung.

Die Erfahrung hat jedoch gezeigt, dass Führungskräfte häufig glauben, mit der Erstellung eines entsprechenden (Stufen-) Plans wären sie aus der Verantwortung entlassen.[257] Die größte Aussicht auf Erfolg wird die Realisierung des Stufenplans dann haben, wenn es gelingt, ihn in operationale Ziele umzusetzen und die Führungskräfte die Umsetzung nachhaltig unterstützen. So können sie lernen, künftig besser zu planen und vor allem können sie Hilfestellung und Konkretisierung geben sowie motivierend wirken. Um es nochmals zu betonen: Eine strikte *Umsetzungsorientierung* ist verbunden mit einem vorbehaltslosen Einsatz und Engagement aller Mitarbeiter, vor allem auch der *Führungskräfte*.

Zur strikten Umsetzungsorientierung gehört neben dem Primat des praktischen Handelns und des Anfangens über endlose theoretische Diskussionen auch eine äußerst konsequente Verfolgung des eingeschlagenen Wegs, z. B. in Richtung auf das Ziel einer Null-Fehler-Produktion: Nachdem etwa eine bestimmte Ausschussreduktion erreicht ist, geben sich europäische Unternehmen in der Regel mit dem Erfolg zufrieden. Japanische Konkurrenten starten in derselben Situation ein weiteres Verbesserungsprogramm und machen sich mit Eifer daran, auch noch die letzten Fehler auszumerzen.

Die japanische Industrie unternimmt enorme Anstrengungen, um die Qualität ihrer Produkte auf ein Höchstmaß zu steigern. Deutsche und amerikanische Betriebe sind

---

[256] Zitiert nach: Garvin, (1994), S. 8.

[257] In eine ähnliche Richtung zielt auch die häufig verbreitete Messmentalität: „Unternehmer und Manager, die sich ernsthaft um ihre Produktivität kümmern, neigen dazu, das Geheimnis der Produktivität, der Produktivitätsverbesserung oder Kostensenkung in der Messung zu suchen. Man könnte diese Manager mit jemandem vergleichen, der in einem zu kalten Raum sitzt und seine Zeit damit verbringt, Messreihen vom Thermometer aufzunehmen und am Thermometer herum zu manipulieren in der Hoffnung, dass sich dadurch seine ungemütliche Situation verbessert. Was er stattdessen tun sollte [...], ist weggehen von Mess-, Ziel- und Indikatorenmentalität, die uns die betriebswirtschaftliche Theorie und Praxis über Jahre und Jahrzehnte hinweg eingetrichtert hat, wir müssen hin zu einer Mentalität wo das ‚etwas Unternehmen‘, das ‚etwas Tun‘ [...] im Mittelpunkt stehen.“ Freimuth/Klaus (1993), S. 116.

viel eher bereit, ab einem gewissen Qualitätsniveau die Aufwendungen in einem vertretbaren Maß zu halten, da ja nach der ABC-Analyse in jedem Fall gilt, dass die letzten 20 % einer Verbesserung unmäßig hohe Aufwendungen erfordern. Die Japaner geben sich mit einem solchen Qualitätsniveau nicht zufrieden, sondern arbeiten mit höchsten Anstrengungen an weiteren Verbesserungen.[258] Wir sind überzeugt, dass Japaner erst bei einer wirklichen ‚Null-Fehler-Produktion' stoppen werden.

3.4.3.6 Optimale aufgabenorientierte Information und Kommunikation

Wenn es gelingt, ein Unternehmen als lernendes System zu organisieren, gewinnt man auf Dauer erhebliche (Wettbewerbs-)Vorteile. Eine Expertengruppe aus der Harvard Business School und dem Massachusetts Institute of Technology hat sich sehr intensiv mit diesem Phänomen auf der Grundlage fundierter und breit angelegter Analysen aus der industriellen Praxis auseinandergesetzt.[259]

Die Forscher stellten fest, dass bei der Implementierung innovativer Technologien üblicherweise alles schiefgeht, was schiefgehen kann. *„Murphy's Law"* bringt dies treffend zum Ausdruck.[260] Schuld daran sind meist am Schreibtisch ausgetüftelte, detaillierte Planungen, die mit der Realität nicht mehr viel gemeinsam haben und vor allem schlecht kommuniziert werden. Die Autoren konnten zeigen, dass mittels lernender Systeme, v. a. durch wesentlich verbesserte aufgabenorientierte Information, neue Technologien ungleich schneller und effizienter als seither zu implementieren sind.[261]

Über eine Verbesserung der aufgabenorientierten Information und Kommunikation wird so der häufig anzutreffenden Situation vorgebeugt, dass nämlich die Implementierungskosten – wie z. B. erhebliche Verluste bei der Arbeitsproduktivität, Ausschuss- und Nacharbeitskosten, Stillstandskosten usw. – das Investment in Hardware um einiges übersteigen. In zwei Beispielen spricht die o. g. Expertengruppe typische Probleme an, die für hohe Anlaufzeiten und -kosten bei innovativen Projekte verantwortlich zeichnen. In diesem Zusammenhang führen sie u. a. folgende Gründe an:

- Zunächst ist mit Widerständen von Seiten der von der neuen Technologie betroffenen Mitarbeiter zu rechnen, wenn sie nicht bereits im Planungsstadium integriert, informiert und geschult werden (*Partizipation*).
- Ein weiterer Grund liegt in unvorhergesehenen Inkompatibilitäten zwischen den innovativen Technologien und den bereits existierenden Prozessen und Organisationsstrukturen (*Motor-Kutschen-Phänomen*).

---

258 Vgl. Lederer (1984), S. 329.

259 Vgl. Chew et al. (1991).

260 Murphy's Law: „If anything can go wrong, it will". Das „Gesetz" ist benannt nach Kapitän Edward A. Murphy, einem Ingenieur der US Air Force.

261 So verstandene Kommunikation erfolgt informativ und ratgebend, nicht instruktiv, befehlend und entscheidend als Mittel zur Durchsetzung von Anweisungen der Unternehmensspitze. Sie dient dazu, betriebsinterne Suchprozesse einzuleiten, Entscheidungsalternativen und Lösungen zu ermitteln sowie Entscheidungen herbeizuführen. Vgl. Röpke (1970), S. 211.

- Gerade Auswirkungen auf andere Unternehmensbereiche werden häufig nicht in die Überlegungen einbezogen. *(zu partielles Denken)*

Im Grunde lassen sich diese und weitere denkbare Probleme auf *fehlendes Know-how*, mit anderen Worten auf ein Informationsdefizit der *Entscheidungsträger* im Implementierungsprozess zurückführen. Fragt man nach den tieferliegenden Ursachen dieses Informationsdefizits, stößt man auf mangelnde Schulungsmaßnahmen, zu geringen Erfahrungsaustausch, vor allem aber auf eine fehlende Dokumentation, Aufbereitung und Speicherung der Erfahrungen aus früheren Projekten oder aus möglicherweise sogar ähnlich gelagerten Implementierungsprozessen in anderen Bereichen des Unternehmens. *'Murphy's Law'* kommt so voll zum Tragen: Alle Probleme, die auftreten können, treten auf.

Chew et al. führen einige Regeln an, die helfen, *'Murphy's Law'* außer Kraft zu setzen. Die wichtigsten werden kurz zusammenfassend dargestellt. Alle zielen auf eine *Verbesserung von Kommunikation und Information*:

- Die Implementierung neuer Technologien ist ein aufwendiger *Lernprozess*, der vom Prinzip her wie ein FuE-Prozess zu managen ist.
- Ausschlaggebend ist, dass nicht nur technische Fragen geklärt und technisches Know-how aufgebaut wird, sondern im selben Umfang Zeit in die Analyse und Bewertung der organisatorischen Konsequenzen innovativer Technologien investiert wird.
- Technisches Know-how verbreitet sich in der Regel wesentlich schneller als organisatorisches Know-how und ist darüber hinaus meist wesentlich besser dokumentiert.[262]

Zu klären sind Fragen wie: 'Wo liegen die größten Schwierigkeiten?' und 'Was muss alles geändert werden?' Paralleles Lernen auf vielfältige Art und Weise wird zur conditio sine qua non: Lernen (1) aus der Erfahrung anderer, (2) durch Simulation am Modell sowie an Prototypen und schließlich (3) On-Line-Lernen während des Implementierungsprozesses dienen der Informationsgewinnung.[263]

In einem geeigneten Mix muss ein *ausgewogenes Verhältnis* zwischen diesen Lern-Strategien, die mit unterschiedlichen Kosten des Know-how-Erwerbs und mit einem unterschiedlichen Präzisionsgrad des Wissens verbunden sind, gefunden werden. Auch organisatorische Aspekte sind zu simulieren und/oder in Prototypen zu realisieren.Ein zentraler Punkt ist die *Visualisierung von Problemen* und *Lernerfolgen vor Ort* in der Fabrik oder im Büro: *Shopfloor Management bzw. „Führung vor Ort“*.[264]

Bei Mitutoyo, einem weltweit führenden Unternehmen für Meßtechnik, hängt neben jeder Maschinengruppe eine fotokopierte Schildkröte – in Japan Symbol für

[262] Vgl. Chew et al. (1991).

[263] Vgl. unten Abschnitt 6.1.2

[264] Vgl. Suzaki (1995) zum „Glass Wall-Management“. Wir kommen in Kapitel 5.3. wieder darauf zurück.

langsame aber kontinuierliche Fortbewegung. Auf dem Panzer wird nun, für alle sichtbar, jeder Null-Fehler-Tag des Monats mit einem grünen Pin, jeder Tag mit Fehlern mit einem roten Pin markiert.

Durch Visualisierung können erzielte Fortschritte unmittelbar der gesamten Belegschaft angezeigt werden und anschließend als neue, allgemeine Standards festgelegt werden. Einerseits lernt hierdurch das gesamte System und andererseits ergibt sich eine nicht zu unterschätzende motivationale Wirkung dahingehend, die einmal erreichten Qualitäts- oder Produktivitätsstandards zu halten oder sogar weiter nach oben zu schrauben.[265]

Ein anderes Beispiel zeigt auf, wie es durch visuelle Kontrolle jedem Mitarbeiter und sogar Besuchern möglich ist, mit einem Blick zu erkennen, ob alle Betriebsbedingungen normal sind: Im Lagerbereich etwa kann die Einhaltung vorbestimmter Lagerplätze oder Stapelhöhen durch Markierungen auf dem Fußboden oder an der Wand schnell und einfach kontrolliert werden. Für alle Teile können überdies genaue Mengen je Behälter vorgeschrieben werden, so dass zeit- und kostenintensive Bestandsaufnahmen entfallen.

3.4.3.7 Einrichtung eines effektiven und effizienten Systems zur sofortigen Erkennung von Fehlern, zur Identifizierung der (tieferliegenden) Ursache und zur wirksamen Fehlerbeseitigung

Die Einrichtung eines Fehlererkennungs- und -beseitigungssystems ist eines der wichtigsten Lernsystem-Prinzipien. Durch ein solches System finden die angesprochenen Faktoren der Lernsystem-Gestaltung eine dauerhafte Verankerung im Unternehmen. Nur durch eine äußerst konsequente Fehler-Rückverfolgung, die auch Abnehmer und Lieferanten in einem die tieferliegenden Ursachen aufdeckenden Frageprozess mit einbezieht, können Erfahrungen für künftige Aktivitäten gesammelt werden. Dies ist Voraussetzung für die Verankerung dauerhafter Verbesserungsprozesse. So verstanden dienen die Ergebnisse von Verbesserungsprozessen als hervorragender Ausgangspunkt zum Reflektieren und Lernen, v. a. was weitere Verbesserungsvorschläge angeht.[266]

Das Streben nach *permanenter Verbesserung*, das unaufhörliche Streben nach Perfektion, wird in Japan KAIZEN genannt.[267] Japanische Unternehmen sind nicht zuletzt deswegen überlegen, weil sie nicht nur ihre eigenen Unternehmen als lernende Systeme gestalten, sondern auch bei der Zusammenarbeit mit den Zulieferern auf permanentes Lernen hinwirken. Zulieferer und Abnehmer verpflichten sich z. B., jedem defekten Teil auf den Grund zu gehen. Konsequent arbeitet man sich vom Symptom zur tiefer liegenden Ursache durch. Damit soll eine Lösung gefunden werden, die nicht am Symptom kuriert, sondern ein für alle Mal verhindert, dass der Fehler wieder vorkommt. Ein gutes Beispiel für das unnachgiebige, zähe

265 Siehe unten Abschnitt 5.3.5.

266 Vgl. hierzu Rehfeld, (1991), S. 84.

267 Vgl. hierzu Imai (1986).

Herausfiltern von Problemen ist das bei Toyota entwickelte ‚5-Why-Frageschema'.[268] Es ist ein einfaches System zur sofortigen Erkennung von Fehlern, v. a. aber zur Identifizierung der tieferliegenden Ursachen.

Die 5-Why-‚Erleuchtung' aus Japan ist nicht neu. Bereits 1955 wies Lohmann auf die ‚Zusammenhänge der tieferen Verluststellen' hin, wobei wir uns fragen müssen, warum das grundlegende Nachdenken erst über den Umweg nach Japan bei uns breitenwirksam einsetzt (vgl. Abb. 33). Lohmann verdeutlicht anschaulich, wie tiefere Ursachengruppen der zweiten, dritten Ordnung usw. interdependent sind und die Entwirrung zur nachhaltigen Fehlerverhinderung zu einem echten Meisterwerk der Führungskunst werden lassen.[269]

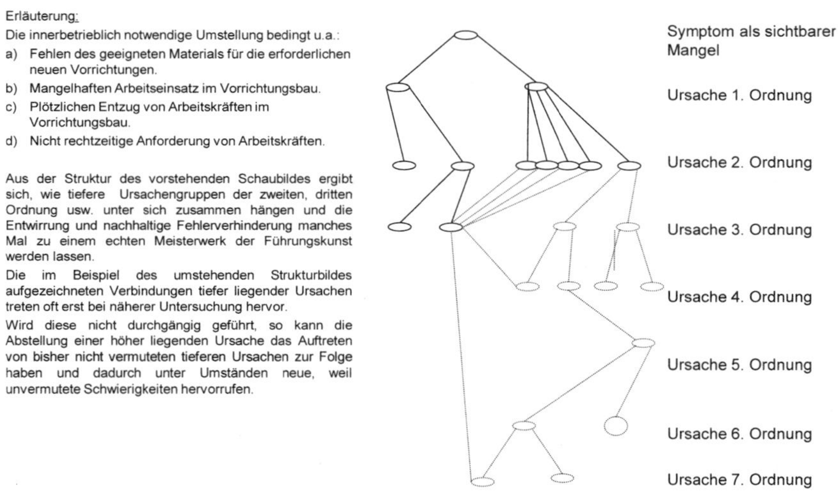

Abb. 33. Zusammenhänge der tieferen Verlustquellen

268 Vgl. Suzaki, (1989), S. 111.
269 Vgl. Lohmann (1955), S. 77 f.

Verbindungen *tieferliegender Ursachen* treten häufig erst bei einer eingehenderen Untersuchung zu Tage. Sieht man von einer solchen Analyse ab, kann die Abstellung einer höher liegenden Ursache das Auftreten von bisher nicht vermuteten, tieferen Ursachen zur Folge haben. Unter Umständen können dadurch neue Schwierigkeiten auftreten.

Ein *wesentlicher* Punkt ist die Frage nach einer wirksamen Implementierung und vor allem Realisierung dieser *Frageprozedur* im Betrieb. In den 60er Jahren versuchte man, über den Weg einer bürokratisierten, durchformalisierten Organisation die tieferliegenden Ursachen zu ermitteln. Die Veröffentlichungen von Götzfried und Krause belegen diesen paradoxerweise sehr fehleranfälligen und gleichermaßen schwerfälligen Weg.[270] Vielleicht *wurde* deshalb dieser wichtige Ansatz nicht weiterverfolgt und gewinnt erst heute in einer Zeit an Gewicht, in der der durchschlagende Erfolg einer lernenden, permanent kommunizierenden, teamorientiert problemlösenden Organisation allenthalben überdeutlich zutage tritt.

5-Why-Methode[271]

Die 5-Why-Methode ist eine Methode im Bereich des Qualitätsmanagements zur Ursache-Wirkung-Bestimmung, die im Rahmen der Lean Diskussion seit den 1980er Jahren durch Suzaki bekannt gemacht wurde.

Ziel dieser Anwendung der fünf „Warum?“-Fragen ist es, eine Ursache für einen Defekt oder ein Problem zu bestimmen. Dahinter steckt die Aufforderung in einer Fehler-Situation so lange nachzufragen, bis der fehlerverursachende Prozessschritt eindeutig identifiziert ist.

Suzaki schildert dort das Problem der Störung der Hauptsteuerung einer NC-Maschine. Diese Störung wird mit Hilfe der 5-Why-Methode einer systematischen Frageprozedur unterworfen:

1. Warum ist die Hauptsteuerung gestört? Antwort: Weil eine Leiterplatte defekt ist. In vielen Unternehmen gibt man sich mit dieser Antwort zufrieden und tauscht das defekte Modul aus. Einmal, zweimal und vielleicht noch öfters. In lernenden Unternehmen dagegen wird weiter gefragt.
2. Warum ist die Leiterplatte defekt? Hier zeigt sich, dass die Kühlung nur unzureichend arbeitet. Auch damit gibt man sich nicht zufrieden, sondern fragt erneut:
3. Warum ist die Kühlung schlecht? Antwort: Weil zu wenig Luft angesaugt wird.
4. Warum ist dies der Fall? Antwort: Weil zu wenig Druck vorhanden ist.
5. Warum ist zu wenig Druck vorhanden? Antwort: Weil Staub im Filter ist. Hiermit ist man nun bei der tieferliegenden Ursache angelangt und kann infolgedessen die richtige Lösung umsetzen: Der Filter wird regelmäßig gereinigt.

Wie konsequent japanische Unternehmen die Fabrik als *komplexes Lern-System* interpretieren zeigt sich im Vergleich zu europäischen und amerikanischen Konkurrenten: Der erstmalige Anlauf der japanischen Transplants in USA und Europa war nur für im Lean Management unbedarfte Beobachter überraschend langsam.
Die Japaner handelten hierbei konsequent nach dem Prinzip der *sofortigen Rückverfolgung eines Fehlers vom Symptom zur Ursache*.[272]

---

270 Vgl. Götzfried (1959), S. 249 ff. sowie Krause (1962), S. 203–214.
271 Vgl. Suzaki (1989).
272 Siehe oben Abschnitt 3.3.6 „Permanenz und Konsequenz im Denken und Handeln“.

Auch die entsprechend schnelle Beseitigung wurde beim Anlauf der *Transplants* auf die Spitze getrieben. Durch Einüben, durch Einsicht und Verstehen statt durch Drill und Dressur kommt so viel Kompetenz ins System, dass es später neue Modellgenerationen und andere notwendige Umstellungen um Größenordnungen schneller und damit effizienter bewältigt. Im Kern geht es darum, nicht nur zu wissen, wie etwas zu machen ist, sondern auch zu begreifen, warum Dinge auf bestimmte Weise geschehen. ‚Wissen warum' umfasst auch die grundlegenden Ursache-Wirkungs-Beziehungen.[273]

Welche ökonomischen und zeitlichen Konsequenzen dies nach sich ziehen kann, zeigt sich sehr deutlich beim Anlauf neuer Modellreihen (vgl. Abb. 34). Die vielzitierte Möglichkeit des *„Anhaltens des Fließbandes"* durch jeden Mitarbeiter in japanischen Automobilfabriken führt zu einer sofortigen und systematischen Beseitigung jeder Fehlerquelle und mobilisiert die Kompetenz und das Engagement aller Mitarbeiter, worin eine wesentliche Ursache der *geringen Anlaufzeiten* liegt.

Die japanischen Fabriken erreichen nach 1,4 Monaten die normale Qualität. Im Vergleich dazu benötigen die Europäer 12 Monate. Ebenso normalisiert sich die Produktivität innerhalb von 4 Monaten, während die europäischen Produzenten das Normal-Niveau erst nach 12 Monaten erreichen.

Die Reduzierung von Anlaufkosten und -zeiten ist letztlich ein Indiz dafür, dass die Ausgestaltung auch einer Kleinserien- und sogar einer Einzelfertigung als lernendes System größte Effektivitäts- und Effizienzsteigerungen bringen. Letztlich haben die Prozesse in der (wiederholten) Einzelfertigung den Charakter von ‚Anlaufprozessen'.

	Japaner in Amerika	Amerikaner in Amerika	Europa
Organisation und Ergebnisse kontinuierlicher Verbesserungsarbeit			
Organisation der Arbeit in Teams (%)	70	17	1
Job Rotation	häufig	sehr selten	selten
Einarbeitungszeit neuer Mitarbeiter in h	380	46	173
Verbesserungsvorschläge je Mitarbeiter	61,0	0,4	0,4
Umsetzungsrate in % (Duchschnitt)	72,0	8,1	16,3
Absentismus in %	5,0	11,7	12,1
Ergebnisse bei Neuanläufen (nach Modellwechsel)			
Zeit bis Erreichen des normalen Produktivitäts-Niveaus	4 Monate	5 Monate	12 Monate
Zeit bis Erreichen des normalen Qualitäts-Niveaus	1,4 Monate	11 Monate	12 Monate

Abb. 34. Beispiele aus der Automobilindustrie[274]

Die Installierung eines Systems der *Fehlerrückverfolgung* dient im Endeffekt der konsequenten Aufdeckung von Fehlern und hilft, *Verschwendung zu vermeiden*. Der Erforschung der „richtigen"– also tieferliegenden – Fehlerursachen und v.a.

273 Garvin (1994), S. 79 f.
274 Womack/Jones/Roos (1990), S. 89, 92, 118, 157; Suzaki (1985), S. 10–19.

der wirksamen Fehlerbeseitigung dient auch das von Nissan in seiner europäischen Fertigung in Sunderland praktizierte Vorgehen einer *durchgängigen innerorganisatorischen Kundenorientierung*.

Die verschiedenen Betriebsbereiche verstehen sich gegenseitig als Kunden oder Lieferanten. Jeder drängt hierbei auf die Qualität der von ihm bezogenen Vorprodukte, um nicht später selbst die ärgerlichen Konsequenzen übersehener Fehler büßen zu müssen. Denn wenn bei der Endkontrolle an Fahrzeugen, die bereits das Band verlassen haben, Fehler gefunden werden, werden diese nicht an Ort und Stelle behoben. Die kompletten Fahrzeuge werden vielmehr in die Halle zurückgefahren und für jeden sichtbar genau dorthin gestellt, wo die Fehler gemacht wurden. Die Mitarbeiter, die für die Fehler verantwortlich sind, müssen die Fehler beheben.[275]

Man kann daraus einem *Grundsatz* ableiten: Je schneller diejenigen, die einen Fehler verursachen mit diesem konfrontiert werden, umso wahrscheinlicher wird es, dass dieser Fehler zukünftig vermieden wird. Dies ist auch das Grundanliegen des „*Poka Yoke*“[276]. Schnelle Rückkopplungen von Informationen an den Urheber sind daher von größter Bedeutung für den organisatorischen Lernerfolg.

3.4.3.8 Nutzen der Einrichtung eines lernenden Systems

Die vorstehenden Ausführungen zu den operationale Lernprinzipien zusammengefasst lautet die wesentliche Voraussetzung: *Lernen* hat einen Wert per se und ist daher als *Investition* zu begreifen. Mehr noch: Lernen ist mit der gleichen Sorgfalt und Zeit zu betreiben, wie man sie bei Investitionen in Hardware seit jeher erbringt. Demnach verbietet sich die noch immer weitverbreitete Auffassung, Lernen sei lediglich mit großem (finanziellem wie zeitlichem) Aufwand verbunden, dem kein messbarer Erfolg gegenüberstehe.

Zu häufig wird noch im Implementierungsprozess zu wenig Zeit in den Know-how-Erwerb investiert: Eher produziert man mit einer schlecht ausgebildeten Mannschaft von vornherein möglichst viel für den Markt als sich Zeit für die u. E. weit ertragreichere Investition in Lernen zu nehmen.

Warum gibt es aber noch kein (Zeit-)Budget fürs Lernen? Die Renditen für Unternehmen, die in der Lage sind, Implementierungsprozesse effektiv zu gestalten, sind hoch. Geringere Technologie-Anpassungskosten lassen höhere Investitionen in Hardware zu. *Durch viele Gelegenheiten zum Lernen ergeben sich viele Gelegenheiten zur permanenten Verbesserung des gesamten Wertschöpfungs-Netzwerks.*

Gut gemanagte Implementierung in lernenden Systemen kann so eine Quelle enormer *Kostenvorteile* sein. Abgesehen davon, dass ein Unternehmen, das auf diesem Gebiet seinen Konkurrenten überlegen ist, durch Minimierung der Implementierungskosten seine neuen Technologien fast zu einem ‚Discount-Preis‘ bekommt.

275 Vgl. Odrich (1993), S. 8.

276 Poka Yoke ist ein im Qualitätsmanagement angewendetes auf Fehlervermeidung angelegte Methode, ähnlich dem Schlüssel-Schloß-Prinzip. Der Begriff wurde von Shingo eingeführt und dient dazu, „unglückliche Fehler“ zu vermeiden. Vgl. ausführlich Shingo (1986).

Was dies im Einzelnen bedeutet, lässt sich an der Qualität des *betrieblichen Verbesserungswesens* im Unterschied zum konventionellen *betrieblichen Vorschlagswesen* klar machen (vgl. Abb. 35).
Obwohl die Durchschnittsprämie pro Vorschlag in den untersuchten deutschen Unternehmen um ein Vielfaches höher als in den untersuchten japanischen Unternehmen liegt, ergibt sich eine leicht höhere Gesamtprämie für jeden japanischen Mitarbeiter. Gleichzeitig ist der Gesamtvorteil für japanische Unternehmen um Größenordnungen höher. Dies ist zurückzuführen auf die *Vielzahl* kleiner und kleinster Vorschläge bei einer gleichzeitig mehr als doppelt so hohen *Umsetzungsquote*.

	Deutschland	**Japan**	**Faktor J/D**
Verbesserungsvorschläge/100 MA	14,0	3.235,0	231
Durchschnittsprämie €/MA	431*	4,0	0,004
Gesamtprämie €/MA	60,2	64,7	1,1
Umsetzungsquote	0,4	0,9	2,2
Umgesetzte Vorschläge/100 MA	5,5	147,5	514
Nettoersparnis €/ umgesetzter Vorschlag	1.896,0	104,5	0,06
Nettoersparnis €/100 MA	10.428	294.100	28
Nettoersparnis €/MA	104,3	2.941	28

Abb. 35. Einfallsreiche Japaner[277]

In der Nettoersparnis durch betriebliche Verbesserungsvorschläge sind japanische Unternehmen den deutschen Konkurrenten um den Faktor 28 überlegen.[278]
Die vielzitierten *Produktivitätssteigerungsziele* japanischer Lean-Unternehmen von 6 % p.a. haben nicht zuletzt hierin ihren Ursprung.[279] Dieses Beispiel macht weiter deutlich, welche monetär messbaren Nutzenwirkungen die Gestaltung des Unternehmens als lernendes System mit sich bringt. Investitionen in Lernprozesse haben eine hohe Rendite.
Zudem ist ein lernendes System in der Lage, die Effizienz von Technologien durch eigene technische und organisatorische Verbesserungen laufend weiter anzuheben. Es wird eine *Spirale permanenter kleiner Verbesserungen* in Gang gesetzt und damit im Zeitablauf die Produktivitäts-Distanz zur Konkurrenz, die nicht entsprechend mithalten kann, mehr und mehr vergrößert. Hierdurch wird auch die Aussage von Stata unmittelbar einsichtig: *„I would argue that the rate at which individuals and organizations learn may become the only sustainable competitive advantage*

277 Quelle: Simon (1993), S. 137.

278 Bezogen auf ein Unternehmen von der Größenordnung wie Siemens mit rund 400 000 Beschäftigten beläuft sich diese Differenz auf stolze 2,2 Mrd. DM. Bei angenommenen Kosten pro Arbeitnehmer von DM 100 000 p.a. realisieren die Japaner durch dieses Mitdenken eine jährliche Produktivitätssteigerung von 5,9 %, wir von 0,2 %.

279 Vgl. Simon (1993), S. 134–137.

especially in knowledge-intensive industries.“[280] So verstanden, stellt sich auch nicht mehr die Frage, ob bzw. wann der Lernprozess im Unternehmen aufhört. Lernen wird „routinemäßig“ immer mehr *Tagesgeschäft* und Voraussetzung zur effektiven und effizienten Wertschöpfung.
Lernen hat also keinen zeitlich begrenzten Projektcharakter sondern wird durch die geeigneten organisatorischen und führungstechnischen Voraussetzungen zum Tagesgeschäft in allen Bereichen und Hierarchieebenen.

Allerdings ist es nicht trivial, kontinuierlich Lernprozesse nachhaltig zu etablieren und in die richtige Richtung zu lenken. *Lernimpulse von außen* können dazu beitragen, die unvermeidliche Betriebsblindheit aufzubrechen und dienen einer Horizonterweiterung aller Mitarbeiter und vor allem auch der Führungskräfte.
Gerade letztere werden in hohem Maße mit stark verdichteten und vorgefilterten Informationen versorgt. Auf dem Weg durch die Hierarchie eines Unternehmens durchlaufen Informationen i. d. R. mehrere Ebenen, bevor sie die Führung erreichen. Dabei kann wesentliches verlorengehen, sei es durch (manipulierte) Hervorhebung von Positivem oder durch Zurückhalten schlechter Nachrichten.[281] Ob solche Informationen ausreichen, bei der Führungsmannschaft Lernprozesse zu initiieren, ist fraglich.
Schließlich geht es bei der Gestaltung des Unternehmens als lernendes System nicht darum, „Wirtschaftspläne“ zu erfüllen, die den einzelnen womöglich davon entbinden, über dauerhafte Verbesserungsprozesse nachzudenken. Im Gegenteil: Gerade die Mitarbeiter der oberen Hierarchieebenen sind aufgerufen und dafür verantwortlich, durch permanentes Lernen aber auch durch *gezieltes Entlernen* kontinuierlich die Wettbewerbssituation des Unternehmens zu verbessern.

[280] Stata (1989).
[281] Vgl. Bertels/Walz (1993).

3.4.4 Integrierte Betrachtung von Produkt und Produktionsverfahren

Das letzte hier zu diskutierende, Lean-Unternehmen charakterisierende inhaltliche Prinzip ist die konsequente *integrierte* Betrachtung von Produkt- und Prozesstechnologie. Unter Prozesstechnologie verstehen wir alle angewendeten Funktionsprinzipien sämtlicher im Wertschöpfungsprozess liegender Aktivitäten, also nicht nur Fertigungs- und Montageverfahren (Produktion), sondern auch unterstützende *pre-processing*-(z. B. FuE, Arbeitsvorbereitung) und *postprocessing*-Aktivitäten (z. B. Vertrieb, Service). Bezüglich deren Integration unterscheiden wir drei Dimensionen: In der *sachlichen* geht es um die angemessene Gewichtung von Produkt- und Prozesstechnologie, in der *zeitlichen* um Aspekte der Parallelisierung und in der *sozialen* um organisatorische Aspekte der Integration.

3.4.4.1 Komplementäre Betrachtung von Produkt und Prozess (sachliche Dimension)

Wir beobachten immer wieder, dass hiesige Unternehmen zwar eine Palette hervorragender innovativer Produkte haben, ihre (internationale) Wettbewerbsposition trotzdem nicht entsprechend günstig ist. Sie bieten die Produkte mit einem relativ ungünstigen Preis-/Leistungsverhältnis an, v. a. aufgrund einer ungünstigen Kostenposition. Wir sehen einen wesentlichen Grund dafür darin: Sie widmen der Entwicklung neuer Produkte erheblich mehr Aufmerksamkeit als der Entwicklung *adäquater Prozesstechnologien* mit der entsprechenden Organisation und dem entsprechenden Personal.
Im Grunde wird das *Komplementaritätsverhältnis* von Produkt und Produktionsprozess, das zur Gewinnung einer überlegenen Wettbewerbsposition so wichtig ist nicht richtig beachtet. Feststellbar ist dies bereits an der *Asymmetrie* in der Verteilung des FuE-Aufwands. FuE-Mittel fließen überwiegend in *Produktentwicklung*, lediglich ein kleiner Rest wird für die Entwicklung adäquater *Produktionsverfahren* aufgebracht, wobei für letztere die Bereitstellung eigener Budgets längst nicht die Regel ist. Eine solche *Asymmetrie*-Situation schlägt sich im Koordinatensystem der *Technologie-Portfolio-Methode* wie folgt nieder (Abb. 36).[282]

Häufig findet sich die Situation, dass Produkttechnologien im Schwerpunkt attraktiv sind und auch gut beherrscht werden, die dazugehörigen Prozesstechnologien aber eine deutlich geringere Ressourcenstärke aufweisen. Dies ist eine typische Situation, der sich Produkt-Innovatoren nach geraumer Zeit gegenübersehen.

[282] Vgl. hierzu Pfeiffer/Dögl (1986), S. 149–177 und Pfeiffer et al. (1991). Eine spezfische Weiterentwicklung der Methodik stellt Koch (2004) vor.

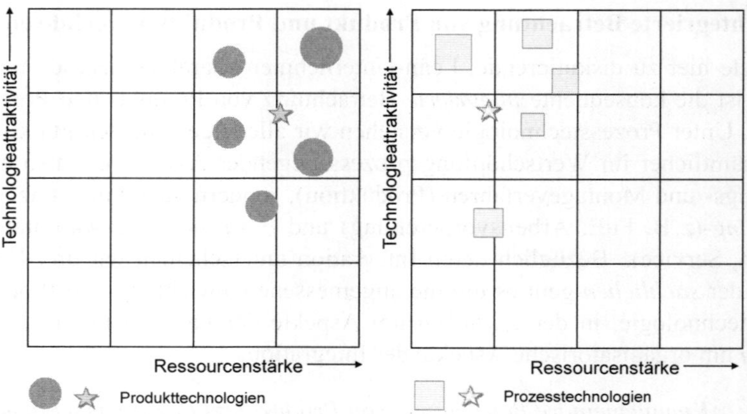

Abb. 36. Asymmetrie zwischen Produkt- und Prozesstechnologie

Welchen Vorteil die strikt *integrierte Betrachtung* von Produkt- und Prozesstechnologie bringt, verdeutlicht auch eine 1989 durchgeführte Studie von General Motors, die den erheblichen *Produktivitätsgap* zwischen dem GM-Montagewerk in Fairfax und einem Ford-Montagewerk bei Atlanta mit wesentlich geringerem Automatisierungsgrad erklärt. Im Einzelnen wird diese Produktivitätsdifferenz auf folgende Faktoren der Prozesstechnologie zurückgeführt:

- Beschaffung/Zulieferer (9 %),
- Technologie (2 %),
- fertigungsgerechte Konstruktion (41 %) und
- Organisation/Personal (48 %).

Demnach tragen die beiden Faktoren fertigungsgerechte Konstruktion und Organisation ca. 90 % zur Erklärung des Produktivitätsunterschieds bei.
Auf die gleichen Ursachen ist der *Produktivitätsunterschied* zweier Hersteller von *Luxus*-Automobilen zurückzuführen. Der europäische Hersteller benötigt die vierfache Zahl an Arbeitsstunden je Fahrzeug, wovon wiederum ein Drittel im sogenannten „Rework"-Bereich tätig ist. Allein die Zahl der dort tätigen Mitarbeiter ist größer als die, die der japanische Produzent für die Produktion des gesamten, nahezu fehlerlosen Fahrzeugs benötigt – eine teuer erkaufte Qualität![283]

3.4.4.2 *Parallelisierung der Produkt- und Prozessentwicklungs-Aktivitäten (zeitliche Dimension)*

Nicht nur das *Ungleichgewicht* in der Beachtung von Produkt- und Prozesstechnologie unterscheidet Lean-Unternehmen von Nicht-Lean-Unternehmen, sondern auch eine *zeitliche Asymmetrie.* Die Entwicklung von Produktionsverfahren erfolgt bei diesen noch zeitlich erheblich versetzt, nicht selten sogar erst *nach* der

283 Vgl. Womack/Jones/Roos (1990), S. 89 ff.

Markteinführung des Produktes. Man möchte erst sehen, wie das Produkt am Markt läuft und dann nachstoßen, um letztlich im Falle eines Flops zusätzliche Risiken zu vermeiden. Gerade dieses Verhalten wird dann zum größten Hemmnis von Innovation und führt zur Verminderung der Wettbewerbsfähigkeit. Beides eine Folge einer verspäteten Integration der verschiedenen beteiligten Interessen in den Entwicklungsprozess.[284]

Schon Henry Ford wusste es: *„Alles beginnt am Zeichenbrett."*[285] Damit sollte ausgedrückt sein, dass die Beeinflussungsmöglichkeiten in frühen Phasen eines (integrierten) Produktlebenszyklus sehr groß sind bei gleichzeitig geringem Änderungsaufwand. Anders gesprochen: Die Beeinflussungsmöglichkeiten nehmen von der Phase der Forschung- und Entwicklung bis zur Entsorgungsphase ab. Umgekehrt nehmen von der FuE-Phase bis zur Entsorgungsphase Zeitbedarf und Kosten von Beeinflussungsaktivitäten zu. Sieht man die Dinge so, dann ist der Übergang vom sukzessiven Abarbeiten von FuE/Engineering bzw. Produktions- und Absatzvorbereitung zur Parallelisierung von FuE des Produkts, der Produktionsverfahren und der Produktions- und Absatzvorbereitung zwingend geboten.[286]
Strategien/Anforderungen/Anregungen/Ideen/Know-how aller Bereiche des Wertschöpfungssystems, insbesondere auch des Top-Managements, müssen *so früh wie möglich* in den Entwicklungsprozess eingebracht werden. Denn dort ist das Zentrum für eine effektive und effiziente Steuerung bzw. Beeinflussung dieser Optimierungsparameter (vgl. Abb. 37).

Das Konzept der *Aktivitäten-Parallelisierung* entlang des Produktlebenszyklus ist nichts Japanspezifisches. Es beruht auf dem bereits 1970 in der Managementliteratur diskutierten und empirisch belegten Zusammenhang zwischen der Intensität und Effektivität/Effizienz einer Beeinflussung der zentralen ökonomischen Optimierungskriterien einer industriellen Wertschöpfungskette bzw. -netzwerks und der Phase im Produktlebenszyklus, in der der Eingriff erfolgt.[287] Opitz wies auf die Konstruktion als den entscheidenden Hebel einer Beeinflussung der Kosten im Maschinen- und Anlagenbau hin. Er führte einschlägige Untersuchungen an, denen zufolge etwa 70 % der Gesamtkosten durch die Konstruktion determiniert werden. Hubka gibt einen Wert von 80 % an.[288]

Die Einsicht, frühestmöglich sämtliche Aktivitäten zu parallelisieren, ist der Kern des schon länger diskutierten *„Simultaneous Engineering"*-Ansatzes[289]. Die Protagonisten dieses Ansatzes haben nicht selten übersehen, dass es hierbei nicht nur um das *Ineinander-Schieben* (Überlappung) verschiedener Entwicklungsphasen geht, sondern um ein gänzlich anderes Verständnis von Organisation.

284 Vgl. zur Integrationsproblematik in Produktinnovationsprozessen Hansen/Kern (1992).
285 zit. nach Hubka (1973), S. 329.
286 Vgl. hierzu auch Geschka (1993).
287 Vgl. Opitz (1970), S. 525.
288 Vgl. Hubka (1973), S. 330.
289 Vgl. Eversheim (1989), S. 1–26.

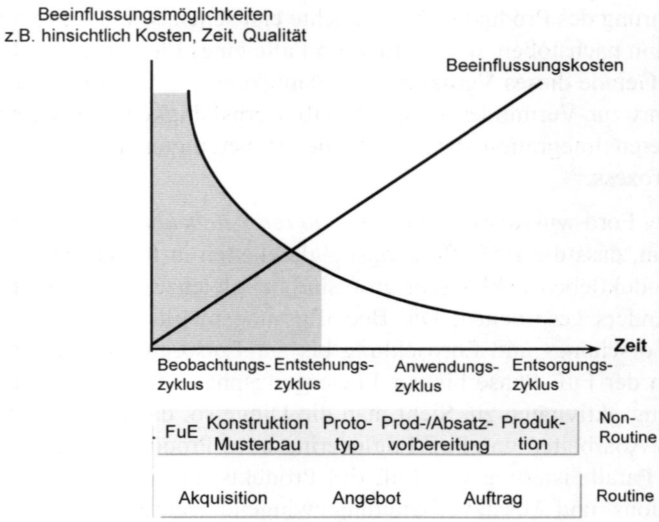

Abb. 37. Beeinflussungsmöglichkeiten und Beeinflussungskosten: „Alles beginnt am Zeichenbrett“

Begreift man allgemein industrielle Prozesse und im Besonderen Produktentwicklungsprozesse als *Lernprozesse*, dann hat man es immer auch mit *„Zeitkonstanten der Vorbereitung“*[290] zu tun, die ganz wesentlich von der Organisation der Prozesse bestimmt werden. Diese bilden eine Grenze für die Parallelisierungsmöglichkeit unterschiedlicher Entwicklungsphasen. Oder anders ausgedrückt: Die verschiedenen Produkt- und Prozessentwicklungsphasen sind nicht beliebig zu verkürzen.

Wie also muss man die so häufig eingeforderte *Parallelisierung* der Entwicklungsaktivitäten begreifen? Aus der *Lernprozess*-These folgt unmittelbar, dass der Produktentwicklungsprozess sich auf viele (*arbeitsteilige*) Aktivitäten stützt, die wiederum zu Phasen gruppiert werden können. In jeder Aktivität bzw. Phase wird ein *Problemlösungs-Zyklus* durchlaufen: Problemformulierung, Alternativengewinnung und -bewertung, Entscheidung, Durchführung und Kontrolle.[291] Die jeweilig erzielten Lernergebnisse müssen aneinander anschließen, aufeinander aufbauen. So entsteht je Phase über die Zeit ein *ständig verbessertes Know-how-Niveau*. Dies ist leicht nachzuvollziehen.

Mit Hilfe einer Typologie kann man sich unterschiedliche *Organisationsformen der Parallelisierung* der einzelnen Aktivitäten verdeutlichen, die zu den enormen Differenzen in den Entwicklungsgeschwindigkeiten von Lean- und Nicht-Lean-Unternehmen führen.[292]

290 Vgl. zum Begriff Pfeiffer/Weiß (1990), S. 1–40.

291 Clark/Fujimoto (1991), S. 206 ff. sprechen von „problem solving cycles“.

292 Vgl. hierzu Clark/Fujimoto (1991), S. 208 ff.

Der wohl kritischste Punkt ist dabei stets die Übertragung des gewonnenen Know-hows *(Know-how-Transfer)* von einer Phase auf die nächste, also die Überwindung der Schnittstellen zwischen zwei Phasen. Sehen wir uns dies am Beispiel zweier Phasen an: Die Entwicklungsphase einer Produktkomponente und die dazugehörige Prozessentwicklung (vgl. hierzu Abb. 38).[293]

- Im *ersten* Fall ist die typisch westliche Vorgehensweise dargestellt. Die Entwicklung geschieht seriell und der Informationsfluss läuft einseitig von den vorgelagerten zu den nachfolgenden Entwicklungsphasen (von *upstream* nach *downstream*). Dabei wird am Ende des Design-Prozesses für das Produkt die komplette mehr oder weniger gut dokumentierte Produkt-Design-Information weitergegeben. Erst dann beginnt die Arbeit der Prozessentwicklung („Staffellauf"-Ansatz)[294]
- Im *zweiten* Fall wird lediglich der Kommunikations-Kanal erweitert. Nicht mehr nur Dokumente werden übertragen, sondern es findet bereits die die Wahrscheinlichkeit des Kommunikationserfolgs erhöhende Face-to-face-Kommunikation statt. Auch werden z.B. Prototypen und Simulationsergebnisse weitergegeben. Es bleibt aber immer noch eine Punktübertragung des gewonnenen Know-hows am Ende der Produktentwicklungsphase. Doch reicht dies schon aus, die Prozessentwicklungsphase zu verkürzen.
- Es geht aber noch weiter. In Fall *drei* nimmt man nun nicht mehr den Know-how-Transfer zu einem bestimmten Zeitpunkt vor, sondern häufiger. Sobald ein gewisses Quantum an Know-how verfügbar ist (z.B. an verschiedenen zuvor festgelegten Meilensteinen), beginnt der Folgeprozess seine Entwicklung. Hier überlappen sich die Phasen bereits, doch bleibt die Kommunikation nach wie vor einseitig vom Produkt-Design zum Prozess-Design gerichtet. Dennoch verkürzt sich die gesamte Entwicklungszeit erneut.
- Lässt man nun noch die wechselseitige Kommunikation zu (*vierter* Fall), so resultiert daraus ein gutes Verständnis für beide Phasenprozesse. Dies ist eine wichtige Bedingung für das fertigungs-, montage-, entsorgungsgerechte Konstruieren. Hierdurch ist die Möglichkeit geschaffen, zu qualitativ besseren Lösungen zu kommen, weil das Wissen der Akteure in den jeweiligen Phasen besser genutzt wird. Und schließlich: Die Entwicklungszeit verkürzt sich weiter.
- In Fall *fünf* führt die Parallelisierung zu den größtmöglichen Zeitreduktionseffekten. Nun wird schon sehr früh wechselseitig und laufend kommuniziert.
- Der letzte Fall bezeichnet den sog. *„Rugby"-Ansatz,* der sich durch folgende folgenden *Charakteristika* auszeichnet: Built-in instability, self-organizing project teams, overlapping development phases, multilearning, subtle control, organizational transfer of learning.[295] Viele Akteure laufen *gleichzeitig* los, jeder

[293] Der unterschiedliche Schwärzungsgrad zeigt die Zunahme des Know-how-Niveaus an.

[294] Bekannt auch unter der Bezeichnung „throwing blue prints over the wall"-Approach. Vgl. auch Ehrlenspiel (1988), S. 360.

[295] Vgl. hierzu Takeuchi/Nonaka (1986). Siehe auch das Triple-Helix-Konzept von Prof. Schmidt-Tiedemann.

mit der ihm zugedachten Rolle und bringen den Ball ins Ziel. Der Rugby-Ansatz ist auch gemeint, wenn z.B. Sommerlatte schreibt: *„Die Unternehmen müssen vom sequentiellen Vorgehen mit Übergaben von einer Funktion zur nächsten (*z.B. *Entwicklung – Produktion – Vertrieb) loskommen und von vorneherein den Trialog zwischen Entwicklung, Vertrieb und Kunden sicherstellen."*

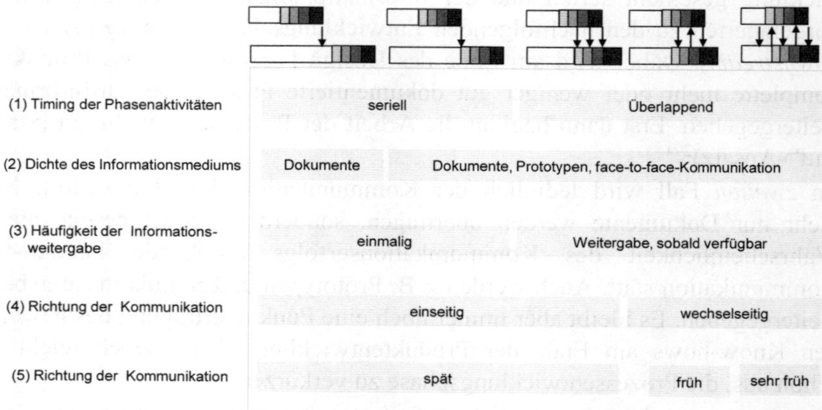

Abb. 38. Formen der Integration in Innovationsprozessen[296]

Das eben Gesagte lässt sich hier sehr gut wiedererkennen. Durch die *Aktivitäten-Parallelisierung* im Sinne des *Rugby-Ansatzes* ergeben sich Zeit- und Kostenvorteile, obschon die Änderungshäufigkeit japanischer Hersteller auf keinen Fall geringer ist. *„The popular belief that Japanese firms freeze product designs early is a myth. (...) U.S. car makers reported spending as much as 30–50 percent of original die cost on rework due to engineering changes, compared to a 10–20 percent margin allowed for engineering changes by Japanese producers."*[297]

[296] Quelle: Clark/Fujimoto (1991), S. 208–215.
[297] Clark/Fujimoto (1991), S. 235.

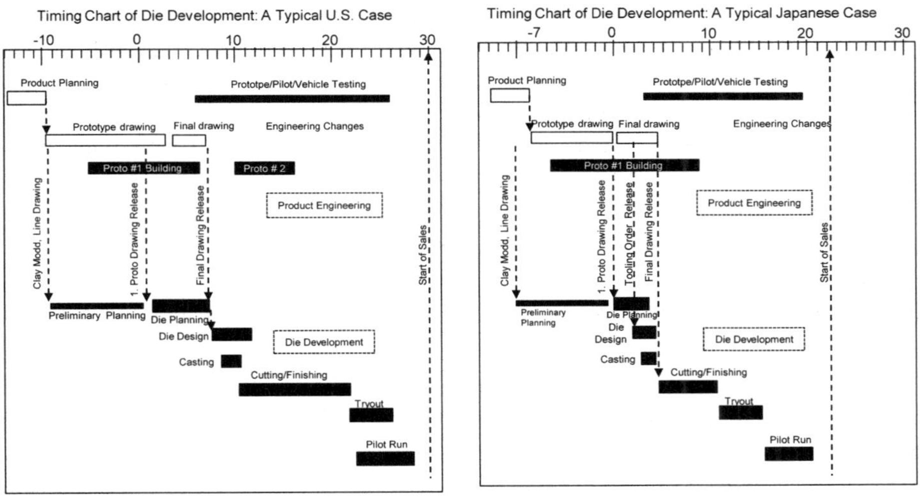

Abb. 39. Parallelisierung der Prozessaktivitäten in der Werkzeugentwicklung[298]

Beispiel: Parallelisierung der Entwicklungsaktivitäten

Ein *Beispiel* möge das eben Gesagte illustrieren. Die Unterschiede zwischen Lean- und Nicht-Lean-Unternehmen für die Entwicklung von Presswerkzeugen für die Automobilproduktion sind beträchtlich und in erheblichem Maße auf den „Rugby"-Ansatz zurückzuführen.

Betrachten wir nur die wesentlichsten *Unterschiede* (vgl. Abb. 39):

- Im japanischen Unternehmen ist der Entwicklungsprozess als Ganzes wesentlich schneller.
- Die Versuchs- und Test-Phasen sind länger und erstaunlicherweise nicht parallelisiert.
- Es wird früher informiert und die gewonnenen Erkenntnisse schneller zurück-gekoppelt. So erfolgt beispielweise eine frühe Information (Lehm-Modell, Design-Zeichnungen, digitalisierte Styling Daten) am Beginn der Karosserie-Entwicklungsphase an die Werkzeugplanung. Die Zeichnungen für Fertigungs-aufträge werden noch vor der endgültigen Zeichnungsfreigabe für das Produkt freigegeben. Eine vollständige Detail-Planung für die Werkzeugherstellung erfolgt, wenn die erste Prototypenzeichnung (final drawing) freigegeben wird. Die endgültige Freigabe erfolgt dann, wenn die Werkzeuge gegossen und die Zerspanung bereits begonnen hat. Produktänderungen werden entsprechend den Testergebnissen und den Erfahrungen in der Pilotfertigung durchgeführt.
- Gerade bei den Zerspanungsaktivitäten sind die Zeitdauern deutlich kürzer, eine direkte Folge der frühen Information.

Unschwer einzusehen, dass die Zeitverkürzungen bei gleichzeitig geringerem Ressourcenverbrauch des Rugby-Ansatzes nur durch bestimmte *organisatorische, personelle und führungstechnische Voraussetzungen* zu erzielen sind.

298 Vgl. Clark/Fujimoto (1991), S. 231 ff.

Teamstrukturen sind hier sehr wesentlich. Ein Frühstart der jeweils eigenen Aktivitäten und die Durchführung schneller Änderungen bei hohem Ungewissheitsgrad bedarf eines intensiven und vertrauensvollen Kontaktes und guter informeller Beziehungen unter den beteiligten Akteuren.[299] Insofern ist die Organisation der Produktentwicklung in *Teams* eine absolute Voraussetzung. Diese Teams unterscheiden sich dabei ganz wesentlich von den bei uns vielfach üblichen. Sie sind

- selbstorganisierend,
- zeichnen sich durch (Teil-)Autonomie aus,
- setzen und realisieren hochgesteckte Ziele und
- nutzen die vorhandene breite Know-how-Basis der Spezialisten aus den verschiedenen Funktionsbereichen.

Die *räumliche* Konzentration des Teams schafft dabei die für schnelles Lernen erforderliche Kommunikationsdichte. „*When all the team members are located in one large room, someone's information becomes yours, without even trying. You then start thinking in terms of what's best or second best for the group at large and not only about where you stand. If everyone understands the other person's position, then each of us is more willing to give in, or at least to try to talk to each other. Initiatives emerge as a result.*"[300]

Wir sehen also: Lean-Unternehmen beachten nicht nur, dass eine *Parallelisierung* der Aktivitäten von FuE, Produktionsvorbereitung, Marktvorbereitung, Produktion und Vermarktung in einer möglichst frühen Phase des Produktlebenszyklus erfolgen muss, weil in dieser Phase die Hebelwirkung auf alle, die Effektivität und Effizienz beeinflussenden Faktoren am größten ist, sondern sie setzen diese Einsicht „*Parallelisierung*" über eine entsprechende Organisation in gezielte Aktionen um. D.h. es gilt möglichst frühzeitig „sämtliche" Interessen zu poolen und auch sicherzustellen, dass der Projektfortschritt zügig erfolgt.

Gerade weil Entwicklungsprozesse – wenn auch nicht in dem Maße wie Forschungsprozesse – fälligen und zufälligen sachlichen, zeitlichen und sozialen Änderungen unterliegen, die endogen (durch stetigen Know-how-Zuwachs aufgrund realer Testprozesse kognitiver Entwürfe) und/oder exogen (umweltbedingte Konzeptänderungen) induziert werden können, gilt es, diese im Sinne eines lernenden Systems möglichst schnell zurück zu koppeln.[301]

[299] Ob in Abschnitt 3.3.2.2 (Reduktion der Komplexität auf der Inputseite) war in einem ähnlichen Zusammenhang von „Quick Response-Verhalten" die Rede.

[300] Takeuchi/Nonaka (1986), S. 137–146, S. 140.

[301] Vgl. hierzu Pfeiffer (1971), S. 44 f. Dort als „Methodische Fundamentalprinzip" formuliert: „Die Gewinnung gültiger Information verlangt die laufende Kontrolle des Ergebnisses der kognitiven Aktionen (...) durch die Beobachtung. (...) Diese sollte möglichst durch einen gezielten Eingriff in das zu untersuchende Geschehen (...) produziert werden."

3.4.4.3 Organisatorische Integration (soziale Dimension)

*Produktentwicklungs-Tea*ms sind eine notwendige, aber keine hinreichende Bedingung für die Aktivitäten-Parallelisierung. Eine auf Überlappung der Phasen abzielende Produktentwicklung ist natürlich auch an *führungstechnische Voraussetzungen* gebunden. Führung in Produktenwicklungsprozessen hat im Wesentlichen drei Integrationsaufgaben zu lösen:

(1) Bildung und Führung von Teams (interne Organisation)

(2) Kundenorientierung durch ein klares Konzept gewährleisten (externe Integration)

(3) Erfolgreiche Durchführung des Entwicklungsprojekts in aller Regel innerhalb der bestehenden Organisation (strategische Integration)

– *Interne Integration durch Teamstrukturen*

Die Produktentwicklung geschieht arbeitsteilig. Problem aller arbeitsteiligen Zusammenhänge ist, dass zur Erledigung einer gemeinsamen Aufgabe (1) die unterschiedlichen Stellen in unterschiedlichem Maße beteiligt sind und (2) mit unterschiedlichen Zusatzaufgaben betraut sind und (3) unterschiedliche Sprachen sprechen.[302]

Eine zentrale Aufgabe des Managements besteht daher darin, Aufgaben, Informationen und Macht gedanklich auf die Strukturträger (Mensch und Maschine) zu verteilen und deren zieladäquate Koordination sicherzustellen sowie Schnittstellenverluste zwischen den verschiedenen Aktivitäten weitestgehend zu vermeiden.

Es geht also bei der Organisation stets um Differenzierung und Integration, mit dem Ziel, ein funktionsfähiges Ganzes (z. B. Produkt) zu erreichen. *„Organisieren heißt, innerhalb eines institutionellen Rahmens die Strukturträger zu bestimmen und deren Beziehungen untereinander dauerhaft (z. B. Linieninstanzen) oder auf Zeit (z. B. Projekt-Teams) zu regeln."*[303] Dieses nennt man interne Integration.

– *Externe Integration durch Produktkonzept*

Die externe Integration zielt auf die Kundenerwartung ab sowie die sinnvolle ganzheitliche Produktdarstellung nach außen. Ziel ist es, die „externe Integrität" eines Produktes herzustellen. *„Externe Integrität deutet auf die Übereinstimmung zwischen dem, was ein Produkt leistet, und dem, was ein Kunde an Leistung erwartet. (...) Als Chance wird sie im großen und ganzen dennoch nur wenig genutzt. Viele Unternehmen übertragen die Aufgabe, Kundenwünsche zu antizipieren, einer oder mehreren funktionellen Gruppen. (...) Wenige aber kümmern sie sich darum, eine klare Vorstellung von den Kundenerwartungen in die Organisation und Praxis der Produktentwicklung zu bringen."*[304]

302 Stalk/Hout (1990), 217 f.
303 Staehle (1989), S. 627.
304 Clark/Fujimoto (1991), S. 114.

– *Strategische Integration durch erfolgreiche Projektdurchführung*

Vor dem Hintergrund des Innovationsmanagements, das ja stets auch der langfristigen Unternehmensentwicklung dient, geht es um ein anderes Problem der Integration, nämlich um die Einbindung von Neuerungsaktivitäten in die vorhandene Organisation, um Non-Routine in Routineaktivitäten. Anders ausgedrückt: Es muss die Unfähigkeit der Primärorganisation, Innovationen zu erzeugen, durch Einrichtung einer *Sekundär- bzw. Parallelorganisation*[305] kompensiert werden.

Es muss also das *„Dualproblem der Organisationsgestaltung"*[306] gelöst werden.[307] Das Verhältnis von Sekundär- und Primärorganisation ist dabei sehr kritisch. Grundsätzlich geht es, wie noch zu häufig angenommen, um kein Ausschließlichkeitsverhältnis, sondern um ein Wechselwirkungs- bzw. Steigerungsverhältnis.

Wie – wäre nun zu fragen – kann es gelingen, Primär- und Sekundärorganisationen sinnvoll neben-, mit- und füreinander arbeiten zu lassen?[308] Mit Teams allein ist das nicht zu erreichen, sondern es bedarf zusätzlich entsprechender *führungstechnischer* Vorkehrungen.

3.4.4.4 Integration durch „Schwergewichts-Produktmanager"

Die Lösung der drei organisatorischen Integrationsaufgaben[309] gelingt den japanischen Lean-Unternehmen durch eine besondere Form des Projektmanagements. Leiter eines Produktentwicklungsprojektes ist ein sog. *„Schwergewichts-Produktmanager"* (Heavyweight Product Manager). Der japanische Begriff hierfür ist „Shusa" (large project leader). Verwandte Konzepte sind das Promotoren-Konzept und das Champion-Konzept.[310]

Der Heavyweight Product Manager ist i.S.e. General Managers für ein bestimmtes Produkt zuständig. Er ist schwergewichtig hinsichtlich seiner Bedeutung in der Unternehmensorganisation. Es handelt sich üblicherweise um organisationserfahrene Manager, die auf mindestens gleicher, häufig auf höherer hierarchischer Ebene als Funktionsmanager angesiedelt sind. Sein Ansehen ermächtigt ihn *„to lead, coordinate and champion the effort. They must have the skill and ability to do so, but the organizational context must expect and support heavyweight action"*[311].

---

305 Vgl. Kanter (1983), S. 406 f. Bei Galbraith (1982), S. 5–25, heißt sie „Innovating Organization". Eine ähnliche Dichotomie zwischen „Palästen" und „Zelten" findet sich bei Hedberg/Nystrom/Starbuck (1976), S. 41–65.

306 Steinmann/Schreyögg (1990), S. 364. In diesem Zusammenhang spricht man auch von „organisatorischen Dilemma".

307 Vorausgesetzt wird dabei, dass das traditionelle Steuerungskonzept, das jegliche unternehmerische Aktivität von der Spitze her als initiiert denkt, obsolet ist. Vgl. hierzu die knappen Ausführungen von Schreyögg (1984) zum Rationalaktor-Modell und damit zu den Grenzen der Hierarchie.

308 Vgl. hierzu von Weick (1985) die recht interessanten, gleichwohl noch sehr abstrakten Vorstellungen von loser und fester Kopplung zwischen Subsystemen.

309 Zu anderen Formen der Integration vgl. Clark/Fujimoto (1991), S. 253 ff.

310 Vgl. zum Begriff Clark/Fujimoto (1991), S. 255. Vgl. Womack/Jones/Roos (1990), S. 112. Witte (1973) (Promotoren) und Peters/Waterman (1984), S. 237 ff. (Champions).

311 Vgl. zum Begriff Clark/Fujimoto (1991), S. 342 f.

Sie haben einen direkten *Durchgriff* auf die ausführenden Mitarbeiter (working level engineers) und üben einen sehr starken direkten und indirekten Einfluß quer durch alle Funktionen aus. Nicht nur für die interne Projektkoordination sind sie zuständig, sondern auch für die Produktplanung und Konzeptentwicklung (siehe Abb. 40).

Schwergewichts-Produktmanager („Heavyweight Product Manager") haben gegenüber LM deutlich größere Kompetenzen.

Er ist i.S.e. General Managers für ein bestimmtes Produkt zu sehen.

Heavyweight Product Manager sind

- üblicherweise organisationserfahrene Manager
- auf mindestens gleicher, häufig auf höherer hierarchischer Ebene als Funktionsmanager angesiedelt.
- Sie übertragen möglichst viel Kompetenzen an die Teil-Projektleiter der einzelnen Funktionsbereiche, die ihrerseits "schwergewichtiger" sind.
- Sie haben direkten Durchgriff auf die ausführenden Mitarbeiter (working level engineers).
- Sie üben einen starken direkten und indirekten Einfluss quer durch alle Funktionen aus.
- Sie sind nicht nur für die interne Projektkoordination zuständig, sondern auch für die Produktplanung und Konzeptentwicklung, für Gehalts- u. Entlohnungsfragen.

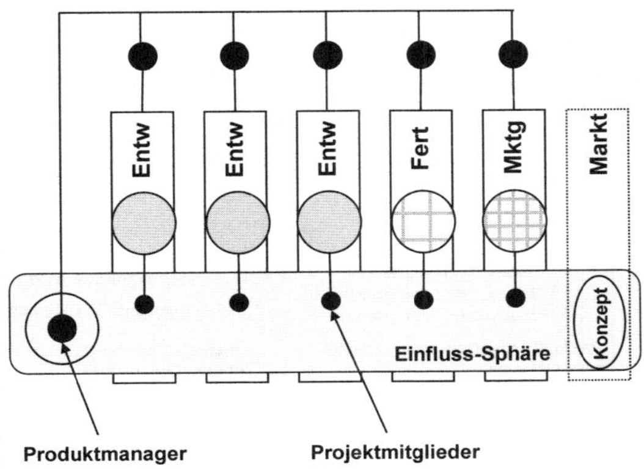

Abb. 40. Konzept des Heavyweight-Productmanagers[312]

Wie erfüllt der Heavyweight Product Manager die oben genannten Führungsaufgaben? Clark und Fujimoto nennen verschiedene wesentliche *Erfolgsfaktoren*, die man den drei *Integrationsfunktionen* zuordnen kann.

– *Externe Integration*

Die externe Integration wird v. a. sichergestellt durch direkten und permanenten Kontakt zu den Kunden. Wichtig ist, dass sie sich nicht nur auf die Daten ihrer Marktforschungsabteilungen verlassen, sondern auf ihre „eigenen Antennen": *„Product managers visit dealers, go abroad, go to auto shows, and walk around trendy districts in Tokyo. Although systematic market data come from marketing we have to confirm them by ourselves. Seeing is believing.* "[313]

Nur so gelingt es ihnen, ein hieb- und stichfestes Produktkonzept zu entwickeln, mit dem es gelingt, das Produkt aus der Kundenperspektive festzulegen.[314] Die Wahrung der Kundenorientierung geschieht dadurch, dass der Heavyweight Pro-

312 Vgl. Clark/Fujimoto (1991), S. 253 ff.

313 So die Worte eines Produktmanagers. Zit. nach Clark/Fujimoto (1991a), S. 258.

314 Vgl. Clark/Fujimoto (1991), S. 115.

duct Manager Erfahrungen mit den Versuchsingenieuren intensiv austauscht (sharing the concepts with testers).[315]

– *Interne Integration*

Interne Integration wird erreicht durch direkten Kontakt mit den Ingenieuren. Der Produktmanager ist dabei vergleichbar einem Dirigenten, dessen Partitur das „*Produktkonzept*“ ist. Er koordiniert die Entwicklungstätigkeiten und er ist verantwortlich für die Übereinstimmung des Produktdesigns mit den geplanten Vorhaben. Er überträgt möglichst viele Kompetenzen an die *Teil-Projektleiter* der einzelnen Funktionsbereiche, die ihrerseits relativ „schwergewichtig“ sind. Er spricht auch direkt mit den ausführenden Ingenieuren und schafft sich somit eine Know-how-Basis für die vielen Detailentscheidungen, die er auch gegen den Funktionsmanager treffen kann.

interne Integration Bildung und Führung von Produktentwicklungsteams	strategische Integration erfolgreiche Projektdurchführung	externe Integration Kundenorientierung durch klares Konzept
„*Produktkonzept*“ entspricht Partitur eines Dirigenten möglichst viel *Vor-Ort-Kompetenzen* an die Teil-Projektleiter der einzelnen Funktionsbereiche, "*Konzept-Wächter*": „They preserve the product concept from detoriation and infuse it into the product design throughout the engineering process. (...) They may create conflicts, if that is necessary to protect or promote the product concept.“	Übersetzerfunktion zwischen Kunden und interner Organisation Produktmanager sind ständig in Bewegung „I hold a brief meeting with some five assistants in the morning on the project status. After that, I leave my tesk mostly. It is not rars for me to go to product engineering and chat with the young people there.“	direkter und permanenter Kontakt zu den Kunden. nicht nur auf die Daten der Marktforschungsabteilungen verlassen, sondern auf ihre „eigenen Antennen“ „Although systematic market data come from marketing we have to confirm them by ourselves. Seeing is believing.“ Intensiver *Erfahrungsaustausch* mit Versuchsingenieuren (sharing the concepts with testers).

Abb. 41. Integrationswirkungen des Heavyweight-Productmanagers

Er koordiniert nicht nur. Dies impliziert zu stark Neutralität. Sondern er beeinflusst massiv, er ist ein *„Konzept-Wächter“*. *„They preserve the product concept from detoriation and infuse it into the product design throughout the engineering process. (...) They may create conflicts, if that is necessary to protect or promote the product concept.“*[316]

Der Produktmanager, als „Vater“ des Produktkonzepts, hat für den Konfliktfall eine formal höhere Kompetenz gegenüber den Entscheidungsträgern der Funktionsbereiche. Oder wie es ein japanischer Produktmanager ausgedrückt hat: *„ We listen to process engineers. We listen to plant managers. But we make final decisions. Above all, we cannot make any compromise on the concept. Since the concept is the soul of the vehicle, we cannot sell it out.“*[317] Die radikale Prozessorientierung quer zu den unterschiedlichsten Abteilungsinteressen gibt damit dem Produkt-Konzept einen klaren Vorrang vor irgendwelchen Abteilungsinteressen, d.h. der *Prozess dominiert die Struktur*.

315 Schon Henry Ford steckte seine Mitarbeiter in die Verkaufsabteilung.
316 Clark/Fujimoto (1991), S. 262.
317 Clark/Fujimoto (1991), S. 263.

Soweit es anderweitig nicht gelingt, muss der Produktmanager auch dafür sorgen:

- Die *vorgelagerten Prozesse* müssen die Bedürfnisse der nachfolgenden Prozesse maximal berücksichtigen. Stichwort: werkstoff-, fertigungs-, montage-, logistik- und entsorgungsfreundliche Konstruktion.
- Durch *frühzeitige* Kommunikation versuchen, vermeidbare Fehler auszumerzen.
- Er muss die *nachfolgenden* Prozesse dazu bewegen, im „fliegenden Start" zu entwickeln. Sie müssen mit Erwartungs- bzw. Prognosewerten hinsichtlich Qualitäts-, Kosten- und Zeitzielen arbeiten und im Falle von unvermeidbaren Änderungen sofort reagieren. Das erfordert natürlich ein großes Maß an Vertrauen und Fehlertoleranz der beteiligten Akteure.[318] Letztlich geht es darum, den Teammitgliedern ein wichtiges Lean Management-Prinzip nahezubringen: *Kundenorientierung – „Der nächste Prozess ist unser Kunde".*

– *Strategische Integration*

Um die strategische Integration zu gewährleisten, müssen Produktmanager *„multilingual"* bzw. *„multikontextural"* (Hybrid-Manager) sein. *„They must be fluent in the languages of customers, marketers, engineers, and designers."*[319]

Sie dienen gewissermaßen als *Übersetzerstation*: Der Produktentwicklung müssen sie die Sprache bzw. Wünsche der Kunden, den nachfolgenden Prozessen die Ergebnisse der vorangegangenen verdeutlichen. Nicht zuletzt dies erfordert, dass die Produktmanager ständig in Bewegung sind. Es sind wirklich keine Schreibtischhelden. *„I hold a brief meeting with some five assistants in the morning on the project status. After that, I leave my tesk mostly. It is not rars for me to go to product engineering and chat with the young people there."*[320]

Wahrhaftig gelebtes „bias toward action"-Prinzip: *„By actually trying, various problems became known. (...) As such problems gradually became clear, they taught me the direction of the next move."*[321]

Was man durch eine durch eine frühzeitige, parallelisierende und führungstechnische Integration gewinnen kann, zeigt sehr deutlich ein Vergleich zwischen japanischen, amerikanischen und europäischen, insbesondere deutschen Unternehmen auf.

In amerikanischen und europäischen Unternehmen ist die *Teamgröße* in der Startphase neuer Entwicklungsprojekte gering, ebenso wie die Beteiligung des Top-Managements. Gegen Ende des Entstehungszyklus steigen Teamgröße und Beteiligungsintensität des Top-Managements an. Gleichzeitig muss über die gesamte Entstehungsdauer stets mit *Ad-hoc-Eingriffen* des Top-Managements gerechnet wer-

[318] Vgl. Clark/Fujimoto (1991), S. 242 ff.
[319] Clark/Fujimoto (1991), S. 259 f.
[320] So die Worte eines japanischen Produktmanagers. Zit. nach Clark/Fujimoto (1991), S. 261.
[321] So Ohno, zit. nach Suzaki (1985), S. 11.

den, auch ist der häufige Abzug von Teammitgliedern aufgrund von Anforderungen der Linienabteilungen keine Seltenheit.[322]

Japanische Unternehmen verhalten sich entgegengesetzt und damit den skizzierten theoretischen Zusammenhängen entsprechend. Das Resultat: Sie bewältigen ihre Entwicklungsprojekte mit deutlich geringeren durchschnittlichen Teamgrößen über den gesamten Entstehungszyklus hinweg (vgl. Abb. 42).

	Japan	USA/ Europa	Deutsch-land
Beteiligung des Top-Managements in der Startphase eines Projekts	intensiv	weniger intensiv	
Teamgröße in der Startphase	Hoch	Gering	
Teamgröße gegen Projektende	Gering	Hoch	
Ad hoc-Eingriffe des Topmanagements während des Entstehungszyklus	sehr gering	Hoch	
Abzug bzw. Austausch von Team-Mitgliedern aufgrund von Anforderungen der Linienabteilungen	kaum	Sehr häufig	
Durchschnittliche Teamgröße über den gesamten Lebenszyklus (Einzelfälle)	485 (333)	903 (900)	904 (1400)

Abb. 42. Teamgrößen in der Automobilindustrie[323]

Neben dem Streben nach frühzeitiger Beeinflussung ist also für die Erfolge die *Team-Arbeit* erfolgsentscheidend. In diesen Teams sind alle notwendigen betrieblichen Interessen vertreten. Nach dem Grundsatz der Optimierung des gesamten Wertschöpfungsnetzes heißt eine notwendige Erfolgsbedingung, wichtige *Zulieferer* bereits in einer möglichst frühen Phase ihre Produkt- und Produktionsanlageninteressen und ihr spezifisches Know-how einbringen zu lassen.

Ebenso unabdingbar ist, dass neben dem eigenen Betriebsmittelbau auch die fremden Lieferanten von Anlagen, Formen, Werkzeugen und Modellen ebenfalls bereits in der Frühphase integriert werden. Nicht zu vergessen: Von der Abnehmerseite sind wichtige Händler mit ins Team zu nehmen. Das alles hat den wesentlichen Vorteil, dass Konflikte über Ressourcen und Prioritäten in weitem Umfang in einer Phase ausgetragen werden, in der Kosten- und Zeitverbräuche vergleichsweise niedrig und die störenden Ausstrahlungen auf das Gesamtsystem erheblich niedriger sind. Ein Vergleich zwischen japanischen und US-amerikanischen Automobilherstellern zeigt dies auch empirisch auf. Auch hier ist es japanischen Unternehmen

322 Vgl. unten das Multitasking-Prinzip in der Lean-Entwicklung Abschnitt 6.6.2.6.
323 Vgl. Womack/Jones/Ross (1990), S. 104–117.

gelungen, den Löwenanteil ihrer (Design)-Änderungen auf die frühen Entwicklungsphasen zu beschränken (vgl. Abb. 43), wo bekanntlich die „*Stellschraube*“ Kostenfestlegung am leichtesten betätigt werden kann und nicht zuletzt auch die zeitlichen Verschiebungen wesentlich geringer sind.[324]

In westlichen Unternehmen sieht dies anders aus. Es wird noch sehr spät, häufig nach dem Serienstart sehr viel geändert. Abb. 45 gibt die Verhältnisse im deutschen Maschinenbau wieder. Demnach ist nur jede fünfte Konstruktion im deutschen Maschinenbau reif für die Produktion, 35 % werden vor dem Serienanlauf und sage und schreibe 45 % noch nach dem Serienanlauf nachgebessert. Unter Berücksichtigung des eben erwähnten Zusammenhangs von Effizienz- und Effektivität und Lebenszyklus-Position muss dies zu fatalen negativen Wirkungen auf Zeit/Qualität/ Kosten führen.

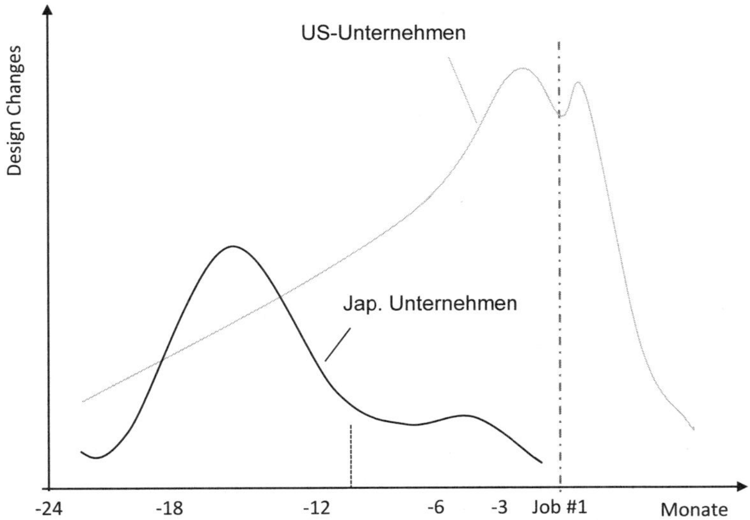

Quelle: Simon (1989), S. 77

Abb. 43. Empirische Unterschiede im Produktentstehungsprozess

Das Ergebnis einer Befragung des Fraunhofer-Instituts, die sich auf Unternehmen der Automobilindustrie und ihre Zulieferer, auf Unternehmen der Elektrotechnik und den Computerbau sowie den allgemeinen Maschinenbau und Anlagenbau er-

324 Nach Angaben von Arthur D. Little International werden durch das Entwicklungskonzept ca. 70 % der weiteren Entwicklungszeit vorbestimmt. Vgl. Pernicky (1990), S. 266.

streckte, stimmt damit überein. Der Studie nach beruhen 37 % des Gesamtentwicklungsaufwands auf vermeidbarem Änderungsaufwand.[325]

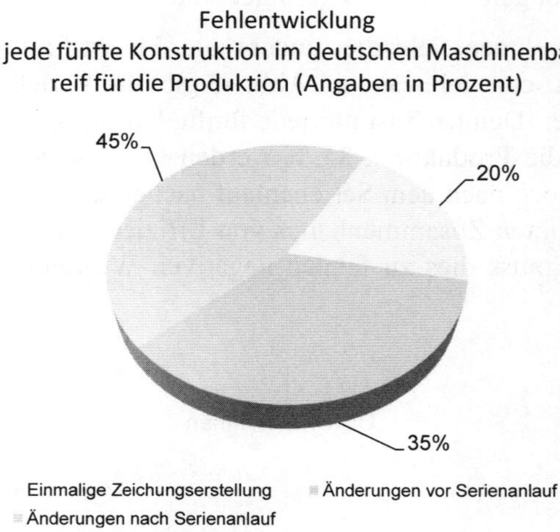

Quelle: Pernicky (1990), S. 266

Abb. 44. „Fehlentwicklung“

Die Zahlen erhalten zusätzliches Gewicht, wenn man die sogenannten *Hauptzeiten* der Entwickler und Konstrukteure analysiert, wie dies Arthur D. Little (Deutschland) tat.[326] Im Ergebnis zeigte sich, dass diese Hauptzeiten – Entwurf und Detaillierung – nur etwa 30 % der Arbeitszeit betragen, und davon entfallen noch 50 % auf Änderungen.

Letztlich heißt dies: Wer Wertschöpfungsketten beeinflussen und optimieren möchte, muss *möglichst früh, möglichst intensiv* und *möglichst interdisziplinär* eingreifen. Gegen diesen Grundsatz wird zwar hierzulande noch zu häufig verstoßen, aber es gibt auch Gegenbeispiele.[327]

325 Vgl. Bullinger (1990). Nach Soderberg (1989) hätten in der US-amerikanischen Automobilindustrie und ihren Zulieferern 2/3 aller Engineering-Änderungen durch bessere Kommunikation und Disziplin vermieden werden können.

326 Vgl. Pernicky (1990), S. 258.

327 Eines von vielen positiven Beispielen, angesetzten „Rationalisierungs-Speck“(-Reserven) abzumagern („lean“ zu machen), gibt die Zahnradfabrik Friedrichshafen ab. Ihr gelang es in Zusammenarbeit mit Arthur D. Little, die Konstruktionszeiten zu halbieren, mit deutlich positiven Wirkungen auf Kosten und Qualität. Vgl. Pernicky (1990), S. 256.

3.5 „Fundamentalprinzip“ zur effektiven und effizienten Gestaltung eines Wertschöpfungsnetzwerks

3.5.1 Aussage des Fundamentalprinzips

In den vorangegangenen Abschnitten haben wir Begriff und Prinzipien des Lean Managements ausführlich dargestellt. Dabei wurde eingangs bereits festgestellt, dass nur bei deren integrierter Anwendung im Unternehmen von einer erfolgreichen Implementierung der Lean Management-Philosophie gesprochen werden kann. Hierbei ist die jeweilige Perspektive des Entscheidungsträgers die maßgebliche Erfolgsdeterminante.
Soll die ganzheitliche Umsetzung dieser Prinzipien in konkreten Managementsituationen auch nachhaltig erfolgreich sein, bedarf es also eines übergeordneten Steuerungsmechanismus. Diese *„Steuerungsfunktion“* bei der Anwendung der Lean Management-Prinzipien übernimmt das sog. *„Fundamentalprinzip der effektiven und effizienten Gestaltung des Wertschöpfungsnetzwerks“*.
Dieser – im Weiteren auch als *Fundamentalprinzip* bezeichnete Sachverhalt – beschreibt dabei folgenden grundsätzlichen *Zusammenhang*: Die Möglichkeiten der Beeinflussung zur Verbesserung der zentralen betriebswirtschaftlichen Optimierungskriterien Kosten, Zeit oder Qualität steigen überproportional mit der Ausdehnung des Betrachtungshorizontes in sachlicher und zeitlicher Hinsicht, wobei zugleich der „Aufwand“ der Beeinflussung sinkt.

Im Folgenden sollen dieser „Hebeleffekt“ sowie die daraus zu schließenden Konsequenzen für das Management präzisiert werden. Dieser „Hebeleffekt“ besitzt also eine sachliche und zeitliche Ausprägung.

(1) Zeitliche Dimension

Die *zeitliche* Dimension des Fundamentalprinzips hatten wir bereits im Rahmen der Parallelisierung der Produkt- und Prozessentwicklungs-Aktivitäten kennengelernt. Insofern stellt das Fundamentalprinzip als Ganzes eine *Verallgemeinerung* des von Opitz in der Konstruktion entdeckten Zusammenhangs dar.[328]
Im Fundamentalprinzip wird der zeitliche Beeinflussungshebel anhand des Kriteriums *„Frühzeitigkeit“* gemessen. Es gilt, dass sich der Beeinflussungshebel mit Vorverlagerung der Optimierungsmaßnahme in die frühen Lebenszyklusphasen[329] eines Produktes, Prozesses oder allgemein eines Projektes überproportional vergrößert, während er sich umgekehrt überproportional verringert, je später die Optimierungsmaßnahme im Lebenszyklus einsetzt.[330]
Entgegengesetzt verhalten sich die „Kosten“ der Beeinflussung, wobei hierunter gleichermaßen Beeinflussungskosten und -zeiten zu subsumieren sind. Der Beein-

---

328 Vgl. Opitz (1970), S. 525 sowie zahlreiche neuere empirische Untersuchungen zum Verhältnis von Kostenfestlegung und -entstehung, z.B. bei Whitney (1989), S. 106–113.

329 Vgl. hierzu ausführlich Pfeiffer/Bischof (1981), S. 133–166.

330 Diese zeitliche Komponente des Fundamentalprinzips wird auch bei Brimson (1986) graphisch dargestellt.

flussungsaufwand ist gerade in den frühen Phasen sehr gering, kehrt sich aber im Projektfortschritt allmählich um.

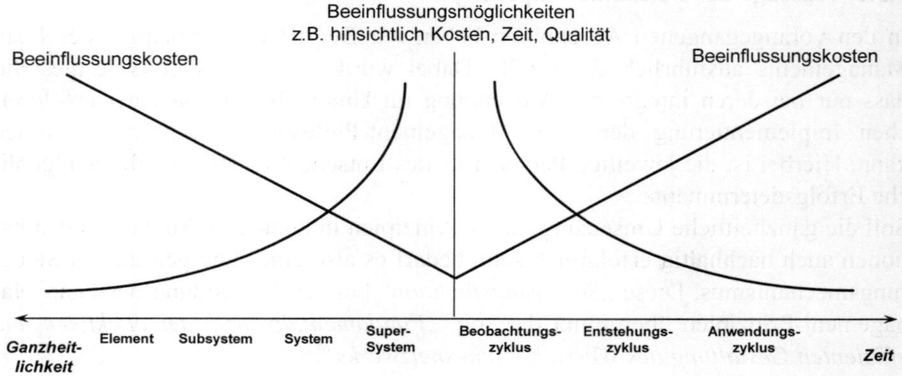

Abb. 45. Fundamentalprinzip effektiver und effizienter Wertschöpfungsnetzwerkgestaltung

Die am *Anfang* des Lebenszyklus eines Produktes anfallenden Tätigkeiten stellen damit den zentralen Hebel der Beeinflussungsmöglichkeit dar. Argumentieren könnte man hier mit den Erkenntnissen des Qualitätsmanagement. Demnach unterliegen die Fehlerkosten der sog. „*10er Regel*" (rule of ten), welche besagt, dass je weiter ein Fehler sich unentdeckt in die späten Phasen des Entwicklungszyklus eines Produktes oder Prozesses bewegt, umso höher werden die Kosten zur Behebung dieses Fehlers. Rückrufaktionen aus dem Markt sind somit die teuersten Maßnahmen.

Mit zunehmendem „*Materialisierungsgrad*" des Produktes fallen schließlich auch die hohen Investitionen in Prototypen, Werkzeuge und Maschinen an. Änderungen in diesem Stadium sind daher stets mit hohem Aufwand an Kosten und Zeit verbunden, z.B. für neue Werkzeuge, wohin gerade aufgrund der „*Zeitkonstanten der Vorbereitung*" selbst mit Crashprogrammen nur in den allerseltensten Fällen der Zeitverlust bzw. die entgangenen Umsätze eines verspäteten Markteintritts kompensiert werden können. Änderungen am „Zeichenbrett" bzw. im CAD-System sind aufgrund der heutigen technischen Möglichkeiten dabei in kürzester Zeit und nahezu ohne Zusatzkosten möglich.[331]

Wir hatten daher konsequenterweise gefordert, in diesen frühen Phasen dafür zu sorgen, dass alle notwendigen Interessen des gesamten Wertschöpfungsnetzes inte-

[331] Ein Beispiel hierfür stellt die Rheologie zur Simulation des Fließverhaltens im Kunststoffspritzguß dar. Dadurch können kostenintensive Werkzeugoptimierungsprozesse ex ante vermieden werden, da über rechnergestützte Simulation eine Optimierung der Werkzeuge bei gleichzeitiger Minimierung des Materialeinsatzes ermöglicht wird. Vgl. Strubl (1993), S. 190 ff. mit weiteren Nachweisen.

griert werden können, um das vorhandene Know-how zu nutzen und möglichst viele Konflikte von vornherein beheben zu können.[332]

(2) Sachliche Dimension

Die sachliche Dimension des Fundamentalprinzips wurde bereits implizit in den vorangegangenen inhaltlichen Prinzipien deutlich, und zwar im Rahmen der Ausführungen über die Gestaltung des gesamten Wertschöpfungsneztwerkes. Dieser „*Hebeleffekt*“ wird anhand des Kriteriums der „*Ganzheitlichkeit*“ gemessen. Ganzheitlichkeit wiederum lässt sich über die *Hierarchisierung* operationalisieren; Hierarchisierung verstanden im systemtheoretischen Sinne als Über- bzw. Unterordnung verschiedener Rangstufen eines Systems, z. B. in (absteigender) Reihung: *Supersystem, System, Subsystem* und *Element*.
Bezogen auf die Stufenreihung gilt allgemein, dass sich der Beeinflussungshebel einer Maßnahme überproportional vergrößert, je höher diese am Systemrang ansetzt. Mit abwärtsschreitendem Systemrang dagegen verringert sich der Beeinflussungshebel überproportional.[333] In der Praxis kann dieser Zusammenhang auf Produkte und auf (Wertschöpfungs-)Prozesse Anwendung finden.

(a) Ganzheitlichkeit und Prozess

Zunächst zur letzteren, zur *Prozessseite*. Hierarchisierend kann man abwärtsschreitend z. B. folgende Ebenen unterscheiden: Wertschöpfungsnetzwerk, Unternehmen, Geschäftsbereich (Business Unit), Abteilung und Stelle. *Mit zunehmender Ausweitung der Perspektive in Richtung Wertschöpfungsnetzwerk,* d. h. *wenn Abteilungs-, Bereichs- und sogar Unternehmensgrenzen überschritten werden, wächst das Beeinflussungspotenzial hinsichtlich der Optimierungskriterien.*

Fazit: Auf einer höheren Systemebene lässt sich die Entscheidung über die Effektivität und Effizienz deutlich besser fällen und wirksamer beeinflussen als aus der begrenzten, hierarchisch niedrigeren Perspektive. Gerade dies ist auch der Tenor der aktuell aufkeimenden Diskussion über den Nutzen des sog. „*Business Reengineering*“. Analog dem Fundamentalprinzip geht es hier nicht darum, an den vorhandenen Abläufen inkrementelle Veränderungen einzuführen, bei denen die zugrundeliegenden Strukturen unangetastet bleiben.

---

332 Typischerweise handelt es sich dabei entweder um die Fertigungsbereiche oder die Zulieferer für Werkzeuge oder komplexe Subsysteme.

333 Zur sachlichen Dimension des Fundamentalprinzips vgl. auch Benjamin/Levinson (1993), S. 23–33, hier S. 29. Die Autoren leiten den Hebeleffekt aus der Gegenüberstellung der verschiedenen Stufen der Durchdringung eines Unternehmens mit Informationstechnologien mit dem jeweils hieraus resultierenden Nutzen ab. Dabei steigt selbstverständlich der Nutzen mit steigendem Integrationsgrad der einzelnen Unternehmensbereiche bis hin zur Zuliefererintegration.

Beispiel: Fertigungssegmentierung[334] vs. Aktivitätennetzwerk-Segmentierung
Greifen wir beispielsweise die *Fertigungssegmentierung* als ein wesentliches Element des Lean Managements heraus. Aus einschlägigen Analysen wissen wir, dass bei segmentierten Fertigungen u. a. mit erheblichen Verkürzungen der Durchlaufzeiten und mit Beständereduktionen zu rechnen ist.[335] Diese Verbesserungen sind durch Segmentierung der Fertigung, also eines Bereichs möglich.
Dabei wird häufig die Bearbeitungszeit von Kundenaufträgen im Pre- und Post-Processing-Bereich vergessen. Hier sind sogar in durchschnittlich gut geführten Unternehmen erhebliche Liege- und Transaktionszeiten festzustellen.
Gegenüber der Segmentierung der Fertigung – eines Bereichs also – bringt die *Aktivitäten-Netzwerk-Segmentierung*[336] über alle Bereiche hinweg, vom Lieferanten über das Unternehmen einschließlich Vertrieb, Entwicklung, Produktion, Verwaltung und Logistik, bis hin zum Kunden, hinsichtlich der Optimierungskriterien auf der sachlichen Ebene noch einmal deutliche Verbesserungen.
Es ist schließlich offensichtlich, dass durch eine Gestaltungsmaßnahme an der *Schnittstelle „Unternehmen-Zulieferer“* (z. B. Gestaltung der Fertigungstiefe, Gestaltung von Zuliefererstrukturen) die Effektivität und Effizienz des Unternehmens und seines Netzwerks in weit tiefgreifender Weise beeinflusst wird als durch Gestaltungsmaßnahmen im Element- (z. B. Einsatz von neuen Schneidwerkstoffen zur Reduktion der Bearbeitungszeit) oder Abteilungsbereich (z. B. Investition in automatisierte Handling- und Montageautomaten, da diese Montageprozesse durch Integralteile oder den Zukauf komplexer Module bei Systemlieferanten komplett vermieden werden könnten). Diese Beispiele treffen u. E. ein Kernproblem der Industrie: Zu selten werden Entscheidungen aus einer übergeordneten, ganzheitlichen Perspektive getroffen.
Die Mehrheit der Maßnahmen setzt im suboptimalen Bereich des Fundamentalprinzips an. Gerade hier sind u. E. auch die *Grenzen* der aktuellen unternehmensweit initiierten *KAIZEN*-Aktivitäten bzw. der *„kontinuierlichen Verbesserungsprogramme“* zu sehen. Aufgrund der diesen Programmen immanenten Problemstellungen werden zwar unzählige, im Rahmen des „lernenden Systems“ wichtige Verbesserungen in Gang gesetzt[337], man läuft aber Gefahr, *„sich zu Tode zu rationalisieren“*[338], und zwar dann, wenn aus einer übergeordneten Perspektive die Objekte, z. B. Abteilungen, Aktivitäten oder Produktkomponenten, obsolet werden.

Es geht also nicht um Flickwerk oder Notlösungen sondern um ein grundsätzliches *Redesign* unternehmerischer Wertschöpfungsprozesse. *Restrukturierung statt Reduktion!* So wird schnell einsichtig, dass gerade ein Überdenken der organisatorischen Gestaltungsprinzipien weit mehr Nutzenpotenzial birgt, als die Einführung von Gruppenarbeit auf der Produktionsebene.[339]

---

334 Vgl. Wildemann (1989).

335 Vgl. hierzu die empirischen Untersuchungen von Wildemann (1989), S. 73.

336 Vgl. hierzu die Ausführungen in Abschnitt 3.4.2.3

337 Zu erwähnen wäre hier z. B. das breit angelegte *KVP²*-Programm bei VW. Vgl. o. V. (1993b), S. 22.

338 Vgl. Pfeiffer (1993), Sp. 3646. Dies ist gerade der Mangel traditioneller Rationalisierungsmaßnahmen. In deren Mittelpunkt standen immer punktuelle Maßnahmen, die auf spezifische Bereiche beschränkt waren, z. B. Verwaltungsrationalisierung, Arbeitsplatzgestaltung, Automatisierung. Man begnügte sich mit Effizienzsteigerungen, ohne die Frage nach Effektivität an sich zu stellen.

339 Erinnert sei an die oben erwähnten dysfunktionalen Effekte der Funktionalorganisation Abschnitt 3.4.2.3.

(b) *Ganzheitlichkeit und Produkt*

Auf der *Produktebene* gilt der eben beschriebene Zusammenhang analog. Auch hier ist eine Hierarchisierung denkbar: Von der Produktgruppe (bzw. -programm) über das einzelne Produkt und eine Baugruppe bis hin zur Produktkomponente. Die Beeinflussungsmöglichkeiten nehmen mit ansteigender Hierarchieebene zu, bei gleichzeitig geringerem Aufwand der Einflussnahme.

Hierzu ein Beispiel aus der Unterhaltungselektronik. Die Produktionskosten eines Einzelteiles eines professionellen Fernsehgerätes betrugen 18,- €. Aufgrund des hohen Wettbewerbsdrucks fernöstlicher Konkurrenz war der deutsche Anbieter gezwungen zu rationalisieren. Die Rationalisierung der Fertigung bei unverändertem Teil senkte die Kosten auf 15 €. Die konstruktive Änderung des Einzelteils brachte eine weitere Verbilligung auf 4 €. Die Optimierung der Baugruppe schließlich senkte die Kosten auf 1,20 €.

Noch größere Beeinflussungshebel birgt die Überarbeitung des *Produktprogramms*. Damit ist zugleich das komplexe Thema „*Variantenmanagement*“ angesprochen.[340] Hier bestätigen verschiedenste empirische Studien einen *inversen Erfahrungskurveneffekt*.[341] Insofern ist einer oft von Vertriebsseite geforderten (ausufernden) Variantenvielfalt mit Vorsicht zu begegnen.

Insbesondere auf der *Produktseite* wird die enge Verknüpfung des sachlichen und zeitlichen Hebeleffekts deutlich. Bei konsequenter Umsetzung der Lean Prinzipien entsprechend des Fundamentalprinzips ist daher eine isolierte Ausschöpfung des sachlichen oder des zeitlichen Beeinflussungshebels nahezu unmöglich. Typische Maßnahmen, die gleichzeitig beiden Beeinflussungshebeln gerecht werden, sind z. B.:

- die Schlagworte der *fertigungs-, montage-, varianten- und umweltgerechten Konstruktion*.[342] Diese Prinzipien setzen frühzeitig im Lebenszyklus an, nämlich in der Entwicklungs- und Konstruktionsphase und optimieren in aller Regel das Gesamtprodukt, z. B. durch Reduktion der Bauteile und Variantenvielfalt mittels eines *Baukastensytems*[343]. Damit können Kosten vermieden werden, die durch Gestaltungsmaßnahmen u. U. erst nach Serienanlauf in der Fertigung, z. B. Lagerorganisation, Rationalisierung von Rüstprozessen durch automatische Handlinggeräte, Statistical Process Control (SPC) oder produktionssynchrone Beschaffung bei weitem nicht erreicht werden.
- die Integration *der Zulieferer in den Entwicklungsprozess*, da damit einerseits frühzeitig das Zulieferer-Know-how zum Zwecke der Kostensenkung genutzt

[340] Vgl. hierzu statt vieler vor allem die Veröffentlichung von Rathnow (1993). Er spricht bei der Produktprogrammseite hierbei von Leistungsoptimierung.

[341] Zur Kernaussage: Eine Verdoppelung der Variantenzahl führt zu einer Kostenerhöhung von zwischen 20 und 30 Prozent; vgl. Stalk/Hout (1991), S. 64 f.

[342] Vgl. hierzu Walleigh (1989), S. 37–41 und Pahl/Beitz (1986).

[343] Vgl. Ropohl (1979).

wird und andererseits direkt an der Schnittstelle Unternehmen-Lieferant optimiert wird.
- die Bemühungen zur *Senkung der Komplexitätskosten* im Rahmen eines integrierten Variantenmanagements.[344] Vielfach wird versucht, gerade diese komplexe Problematik einseitig durch flexible Fertigungstechnologien und CIM zu bewältigen, statt an den ursächlichen Komplexitätstreibern anzusetzen, z.B. einem ungenügenden Baukasten- bzw. Standardisierungssystem oder der Unternehmensorganisation.

Duimering et al. bemerken hierzu in einer interessanten Veröffentlichung zum Thema Komplexität und Flexibilität: *„Yet variability reduction strategies could eliminate the need for costly flexibility through CIM. For example, by reducing the variety of components used in its designs, an organization can continue to use inexpensive, simple, dedicated machine tools instead of more costly flexible ones. (...) Wherever possible, it is wise to reduce the need for investments in flexibility by reducing the source of variability, rather than simply trying to cope with variability that may be avoidable and unnecessary.“*[345]

3.5.2 Konsequenzen des Fundamentalprinzips für das Management

Je früher und je ganzheitlicher das Management also nachdenkt und handelt, desto größer ist die Effektivität und Effizienz der Beeinflussungsmaßnahmen. Die Chance steigt damit, das „Richtige richtig“ zu machen und nicht nur „etwas richtig“ zu machen.
Das Fundamentprinzip impliziert, wie auch den angeführten Beispielen zu entnehmen ist, verschiedene Konsequenzen für das Management, einerseits für die Steuerung der eigenen Management-Kapazitäten und andererseits für die Verfahren der Wirtschaftlichkeitsbewertung verschiedener Alternativen.

3.5.2.1 Optimaler Einsatz der Managementkapazitäten

Ersteres ist eine längst bekannte, aber nach wie vor gültige Einsicht: Die Management-Kapazität in Unternehmen, in wachsenden zumal, ist chronisch knapp, so die Aussage des *„Penrose-Theorems“*[346]. Gerade bei strategischen Problemstellungen ist eine Entlastung des Managements durch Delegation nur begrenzt möglich. Wie gewinnt man dann aber die dazu benötigte Zeit? Wir meinen: nicht allein durch Abflachung der Unternehmenshierarchie. Dieser einfache Reduktionsansatz, so richtig er im Kern auch ist, bleibt halbherzig, solange das Management die *„alten Gewohnheiten“* nicht ablegt – und sich ansonsten im Widerspruch zu dem oben geforderten Prinzip des lernenden Systems befindet.

Untersuchungen haben gezeigt, dass Manager 95 % ihrer Zeit mit operativ-taktischen Feuerwehraufgaben verbringen, und letztlich nur 5 % in die zukünftige

---

[344] Vgl. die weiterführende Literatur bei Rathnow (1993).
[345] Duimering/Safayeni/Purdy (1993) 1993, S. 53.
[346] Vgl. Penrose (1963).

Unternehmensentwicklung investieren (vgl. Abb. 46).[347] In unserer Sprache heißt dies, dass gerade dort, wo die Beeinflussungsmöglichkeiten hinsichtlich der Optimierungskriterien gering und die Kosten der Beeinflussung hoch sind, die Kommunikationsintensität der Führungskräfte am höchsten ist – eine *Verschwendung* an (psychischer) Energie und Zeit!

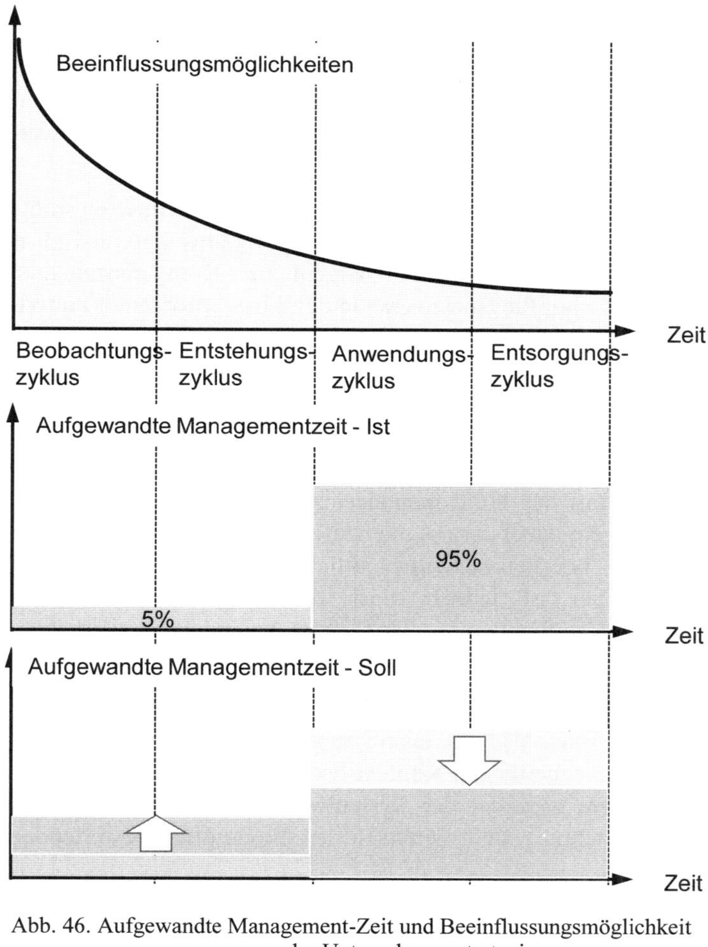

Abb. 46. Aufgewandte Management-Zeit und Beeinflussungsmöglichkeit der Unternehmensstrategie

Die *Überlastung* der Führungskräfte könnte also reduziert werden, wenn gleichzeitig mehr Entscheidungskompetenz auf Mitarbeiter bzw. Teams verlagert würde. Dies entspricht auch dem Prinzip der Dezentralisierung des Wissens, welches wir im Rahmen unserer Ausführungen zum lernenden System kennengelernt hatten.

347 Vgl. Foster/Gluck (1983), die im Zusammenhang mit dem Entscheidungsverhalten von Top-Managern mit Recht die Frage stellen: Wer führt eigentlich die Geschäfte?

Was also Not tut, ist ein *Umschichten der Managementzeit*. Zusammengenommen ergibt sich in sachlicher und zeitlicher Hinsicht der Bereich des effektiven Managementeinsatzes (schraffierter Bereich in Abb. 47). Die dort investierte Zeit ist im Sinne der Zielerreichung das bessere *Investment* als in späteren Phasen oder auf falschen Problemebenen.

Das Topmanagement sollte sich darum bemühen, auf möglichst hoher Ebene (schraffierter Bereich) zu denken und zu handeln. Das heißt, bei Veränderung eines Faktors dürfen nicht nur die Konsequenzen auf andere Faktoren des 5-Faktoren-Modells auf gleicher Ebene beleuchtet werden, sondern es sollten stets die Belange der höheren Ebenen zumindest mitbedacht und evtl. rückgekoppelt werden auf die jeweilige Problemstellung.[348]

Die bessere Kommunikationsintensität und bessere Beeinflussungsmöglichkeit erlauben es, das im Unternehmen vorhandene Know-how maximal zu nutzen. Voraussetzung hierfür ist, die berechtigten fachlichen Kompetenzen und Interessen des gesamten Wertschöpfungsnetzwerks laufend bzw. problemorientiert zusammen zu bringen und zu koordinieren. Wir verstehen nun die Bedeutung der Aussage von K. Seitz besser: *„Die japanischen Eliten sind nicht grundsätzlich begabter als die europäischen Eliten, aber sie kommunizieren besser miteinander.“*[349]

3.5.2.2 Fundamentalprinzip und Systemwirtschaftlichkeit

Die andere Botschaft des Fundamentalprinzips ist das Streben nach *Systemwirtschaftlichkeit*. Es geht dabei darum, die häufig anzutreffende kurzfristige und punktuelle Perspektive bei betriebswirtschaftlichen Entscheidungen zu überwinden. Problematisch dabei ist jedoch, dass das traditionelle Wirtschaftlichkeits-Instrumentarium diese Sichtweise eher fördert. An anderer Stelle haben wir dessen Grenzen ausführlich aufgezeigt. Im Grunde laufen diese auf die Gefahr hinaus, sich schwerpunktmäßig zu stark auf „*Rechenalgorithmen*“ zu verlassen.[350]

Entscheidungen müssen also aus einem zu engen Bereich herausgelöst und in einem integrierten, ganzheitlichen Kontext betrachtet werden. Dieses Vorgehen verfolgen wir mit dem Konzept der Systemwirtschaftlichkeit.[351] Eine Systemwirtschaftlichkeitsbetrachtung stellt demnach den ökonomisch bewertenden Vergleich

---

[348] Nur noch einmal zur Verdeutlichung: Das 5-Faktoren-Modell (siehe oben Abschnitt 3.2.1 ist grundsätzlich auf jede Aktivität auf jeder beliebigen Hierarchieebene anwendbar.

[349] Seitz (1990).

[350] Vgl. Pfeiffer/Weiß/Strubl/Küßner (1999). Die Grenzen lassen sich wie folgt zusammenfassen:
- die kurzfristig-punktuelle Betrachtungsweise führt zur Begrenzung auf technoökonomische und/oder bereichsspezifische und/oder kurzfristig kostenorientierte Maßgrößen unzureichende Handhabung der Gemeinkostenblöcke ist die Folge
- die dem „konventionellen“ Wirtschaftlichkeitsprinzip immanente Kostenperspektive vernachlässigt die Bedeutung der Nutzenaspekte, die schwieriger zu erfassen sind.
- es fehlen methodische Anweisungen zur systematischen Erfassung relevanter Einflussgrößen.

[351] Vgl. Pfeiffer/Weiß/Strubl/Küßner (1999).

mehrerer, zu einem Entscheidungszeitpunkt gegebener Alternativen dar, wobei dieser Vergleich folgende Kriterien erfüllen muss:

- sachliche und wertmäßige Aspekte gleichrangig berücksichtigen
- Einbeziehen der Kosten- und Nutzenwirkungen einer Alternative sowohl im direkten als auch im indirekt betroffenen Bereich in den Alternativenbewertungsprozess (direkt und indirekte Bereich bestimmen sich nach der Systemgrenze der Betrachtung) und
- Erweitern der punktuellen, meist kurzfristig orientierten Bewertungsmechanismen zu einer ganzheitlichen, zukunftsorientierten Bewertung des komplexen Konsequenzen-Zusammenhangs.

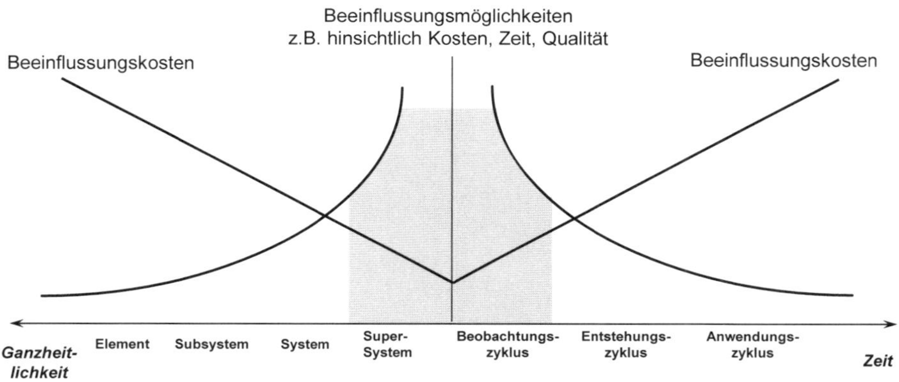

Abb.47. Fundamentalprinzip und Kommunikationsintensität

Die Systemwirtschaftlichkeits-Konzeption trägt dem Fundamentalprinzip insofern Rechnung, als

- die Ausdehnung des sachlichen Betrachtungshorizontes eine ganzheitliche, problemorientierte, d. h. „unternehmerische“ Sichtweise ermöglicht, indem sichergestellt wird, dass die *Systemkonsequenzen* einer Maßnahme in sämtlichen vor-, nach- und parallel gelagerten Prozessen berücksichtigt werden. Nur so können sachlich suboptimale Entscheidungen verhindert werden.
- die Ausdehnung des zeitlichen Betrachtungshorizontes eine tendenziell mittel- bis langfristig orientierte Sichtweise fördert, so dass auf Basis des integrierten Lebenszykluskonzeptes zeitlich suboptimale Entscheidungen verhindert werden.

Die Verbindung des *Fundamentalprinzips* mit der *Systemwirtschaftlichkeitskonzeption* verlangt vom Management die Fähigkeit ab, in der Gegenwart notwendige Entscheidungen aus der *Perspektive der Zukunft* zu bewerten.

Es stellt sich daher nicht nur die Frage, ob eine Maßnahme im heutigen Zustand des Unternehmens wirtschaftlich bzw. „*lean*“ ist oder nicht, sondern die Maßnahme muss auch aus der Perspektive der zukünftig zu erwartenden Entwicklungen im

Unternehmen und dessen Umfeldern beurteilt werden. Damit schließt sich auch der Kreis zur Verteilung der Managementkapazität: Das Management ist aufgefordert sich *aktiv* mit der Zukunftsgestaltung auseinander zu setzen. Letztlich ist der *Unternehmer der Disponent seiner Kosten.*[352]

[352] Vgl. Henzel (1936), S. 13. Später wurde dieses Zitat immer wieder Schmalenbach zugeschrieben.

Kapitel 4: Lean Management als ein neues Paradigma

Wir haben bisher Folgendes erreicht: Ausgangspunkt war das Versprechen, hinter das zu schauen, was wir von Anfang an bewusst als „Lean Management“ bezeichnet haben. Was andere andernorts beobachteten, versuchten wir nicht nur zu beschreiben, sondern auch verstehend zu erklären. Anhand einer historischen Skizze haben wir daher zu zeigen versucht, dass und warum sich bestimmte Ideen beim Übergang von einem Führungs- bzw. Produktionskonzept auf das nächstfolgende erhalten haben, andere ersetzt und ergänzt werden mussten.

Sodann haben wir mithilfe einer theoretisch inspirierten Bedeutungsanalyse Prinzipien identifiziert und erläutert, die das Phänomen Lean Management erfassen sollen. Im Gegensatz zu anderen, die primär in vorwissenschaftlicher Perspektive das in Japan Gesehene mit je eigenem Zugriff hoch redundant und mehr oder weniger systematisch beschreiben, wollen wir zeigen, dass hinter dem Lean-Gedanken mehr steckt als auch deren „Erfindern“ bewusst war. Mit bloßen zum Kopieren (zum „How to do“) wollen wir uns nicht zufrieden geben, sondern vielmehr Erklärungsversuche bieten, die den Unterschied zum Status Quo herausarbeiten. Insbesondere wollen wir deutlich machen, dass und warum „Lean Management“ – richtig verstanden – das geeignete Nachfolge-Paradigma des (modernen) Fordismus ist. *„Lean is one of the most influential new paradigms in manufacturing, and has expanded beyond the original application on the shop floor of vehicle manufacturers and component suppliers in the auto industry, ranging from „heavy“ industries such as primary metals ... to aerospace businesses.“*[1] – aber warum eigentlich?

4.1 Zum Begriff „Paradigma“

Wenn wir von *Paradigma* sprechen, dann übernehmen wir folgende Vorstellung des Wissenschaftshistorikers Kuhn[2], der den Paradigma-Begriff vor dem Hintergrund der Entwicklung und v. a. Durchsetzung wissenschaftlicher Fragestellungen in einem sozialen Kontext entwickelt hat.[3]

1 Holweg (2007) mit Verweis auf Womack/Jones (1996).
2 Vgl. Kuhn (1962).
3 Auch wenn Kuhn den Begriff „Paradigma“ später selbst verworfen hat, bleibt seine Vorstellung von der historischen Entwicklung wissenschaftlicher Fragestellungen im sozialen Kontext sehr anschaulich. Johnson (1998).

Ein *Paradigma* repräsentiert demnach ein Potenzial an Fragen

- über ein (Erkenntnis)-*Objekt*, welches beobachtet und erklärt werden soll,
- über die Art der Fragen bzw. *Problemformeln*, welche diskutiert und geprüft werden sollen und
- über die konkrete *Anwendung* der Ergebnisse und die gewonnenen Erfahrungen.

Nach Kuhn ist ein Paradigma solange anerkannt, bis Phänomene auftreten, die sich nicht mehr in die konventionellen Denkmuster einfügen lassen, die also nicht mehr mit der bis dahin gültigen Lehrmeinung vereinbar sind. Im Idealfall werden zu diesem Zeitpunkt neue Theorien aufgestellt, die dann meist zwischen den Verfechtern der unterschiedlichen Lehrmeinungen ausgefochten werden. Setzt sich dann eine neue Idee durch, spricht man von einem *Paradigmen-Wechsel*: Eine Kontinuierliche Entwicklung wird durch einen Bruch *diskontinuiert*.

In *kontinuierlich* sich entwickelnden Phasen, wo die Annahmen für die beabsichtigten Handlungen in weitgehender Übereinstimmung mit den Anforderungen der verschiedenen Umwelten stehen, bilden sich bestimmte Denk- und Handlungsformen aus, die nicht nur handlungsleitend, sondern auch hinreichend erfolgversprechend sind. Probleme und Lösungsansätze stehen im Einklang.

Eine begriffliche Vorstellung

Ganz im Sinne Kuhns verwendet Johnson den Begriff, ersetzt aber wissenschaftliche „Fachwelt" mit „innerhalb der Organisation". Kuhns Phasen von „Normalwissenschaft" und „Wissenschaftliche Revolution" werden umgedeutet in „Normales Geschäft" und „Geschäft im Umbruch". Veränderungen der Unternehmenskultur in revolutionären Umbrüchen führen im Parallelschluss auch zu veränderter Wahrnehmung der Welt. Der wechselseitige Zusammenhang ist lose. Daraus lässt sich aber nicht schließen, dass Johnson geplante Kulturveränderung für unmöglich hält, wohl aber, dass Änderungen sehr fundamental sein müssen, um zum Ergebnis zu führen. Sicher ist auch, dass nach Johnsons Vorstellungen das Ergebnis nicht vollständig vorhersehbar ist.[4]

Gibt es aber im Rahmen eines bestehenden Paradigmas keinen eindeutigen Zusammenhang mehr zwischen Handeln und Erfolg, so entsteht Druck nach Veränderung der Denk- und Handlungsprinzipien. Die seither verfolgten praxisüblichen Prinzipien geben keine sinnvolle Antwort mehr auf die Herausforderungen der Umwelt. Es kommt in der Folge zunächst zu einer *Vielfalt* von neuen Begriffen und Konzepten, die miteinander im Wettstreit liegen. Begriffs- bzw. Formenvielfalt ist dann häufig der Ausgangspunkt für die Suche nach neuen Fragen und Antworten. Es entsteht allmählich eines *neues Paradigma*, welches das Bekannte in einem anderen Licht erscheinen lässt – *„The same ist different."* – aber auch das Neue als vertraut erscheinen lassen will: *„The different is the same."* Das neue Paradigma erscheint als Bruch in der seitherigen Entwicklung.

[4] Vgl. Johnson (1988).

Wir wollen nun die eben skizzierte Vorstellung akzeptieren und auf den vorliegenden Zusammenhang anwenden. Dabei interessiert uns die Frage, ob und inwieweit es berechtigt ist, „Lean Management“ als neues Paradigma zu betrachten. Wir werden hierzu vor allem die einschlägige *Literatur* befragen, um uns ein Bild zu machen.[5]

4.2 „Lean“ als Leitunterscheidung

4.2.1 Der Beitrag von Krafcik zum „Lean-Denken“

Lange Zeit hat man sich in westlichen Ländern damit begnügt nachzuvollziehen, was japanische „Lean“-Unternehmen, allen voran Toyota, anders machten. Die Erklärungen in den westlichen Ländern für die lange ignorierte, aber dann doch anerkannte Überlegenheit japanischer Automobilproduzenten betonten die verschiedensten Sachverhalte, nämlich:

Ein erster Durchbruch für die Beschäftigung mit dem Japan-Phänomen gelang, als die *Transplants* dessen Erfolge unbezweifelbar machten. „*. . . most explanations of this Japanese advantage in production costs and product quality emphasize the impact of automation, the strong support of the central government, and the pervasive influence of national culture.*“[6] Weil man – im Kuhnschen Sinne – zunächst das Neuartige mit bekannten Begriffen einzufangen versuchte, war man immer auch geneigt, Gesehenes in Bekanntes umzudeuten. Neben dieser Verharmlosung begann man aber dann doch, die Erfolge anderer zunächst durch Kopieren des Sichtbarten kognitiv zu verarbeiten. Die Strategie des *Kopierens* von japanischen Konzepten und Methoden bestimmte im Westen über lange Zeit – v. a. seit den 1980er Jahren – die Rezeption dessen, was japanische Unternehmen anders tun.

Lean oder nicht-Lean war dabei noch nicht die zentrale Frage. In pragmatischer Hinsicht könnte man als „*lean*“ zunächst das begreifen, was *Lean Unternehmen erfolgreich* macht, soweit es gelingt, die dadurch erhofften und möglichen Produktivitätspotentiale zu erschließen. Entsprechende Reaktionen spannen ein breites *Meinungsspektrum* auf: von Verharmlosung bis hin zur Proklamation einer neuen Verheißung.[7] Man vermied eine tiefergehende Beschäftigung mit den Lean-Neuerungen vielfach durch rechtfertigende Verweise darauf, die „neuen Methoden“ bereits anzuwenden. Ein bisschen Gruppenarbeit, Kundenorientierung, Qualitätsmanagement, kontinuierliche Verbesserung – das war es dann.

Nicht zuletzt deshalb, hat man lange versucht, die Beschäftigung einer im Kern neuen Konzeption auf kleiner Flamme zu halten, zu verzögern und in Bekanntes umgedeutet. „*Worthülsen*“ dienten dazu zu belegen, in Sachen Lean Management

---

5 Vgl. hierzu die sehr informative Überblicksdarstellungen bei Holweg (2007).

6 Holweg (2007), S. 424.

7 Gorecki/Pautsch (2013) bezeichnen etwas hochgegriffen das Lean Management als „Geheimwaffe“.

keinen Handlungsbedarf mehr zu haben. Mit stereotyp vorgetragenen „Argumenten", wie z. B. *„Brauchen wir nicht, machen wir schon lange so!"* hat man – wenn überhaupt – einzelne Management-Bausteine übernommen und auch umgesetzt:

- *„Projektmanagement und Gruppenarbeit ist bei uns schon lange eingeführt"*
- *„Wir sind lean, denn wir haben bereits flache Hierarchien"*
- *„Wir sind bereits kundenorientiert – bei uns ist der Kunde König"*

„Alter Wein in neuen Schläuchen." Mit solchen Halbherzigkeiten waren aber die erhofften Erfolge (*„Von allem die Hälfte."*) freilich nicht zu erzielen. Gleichwohl führte man die infolge mangelhafter Implementierung resultierenden Enttäuschungen als Beleg dafür an, dass die japanischen Methoden sinnvoll nicht auf hiesige Verhältnisse zu übertragen seien.[8] Die einschlägige Literatur ist voll von Vorschlägen, die u. E. vielfach nicht über ein vorwissenschaftliches Stadium an gemachten Beobachtungen und Erfahrungen hinaus reichen. Wo es darum gegangen wäre, die *Tiefenstrukturen* zu erkennen, hat man sich mit dem oberflächlich Sichtbaren begnügt. *Was man sieht, das ist es!*

Der Wesenskern von Lean Production blieb somit lange und weitgehend verkannt, die Wahrnehmung des *Japan-Phänomens* blieb somit einzelnen Methoden verhaftet. Doch stellte eine Vielzahl von neuen Begrifflichkeiten und Methoden, die sich mit ähnlichen Fragestellungen befassen eine Herausforderung dar, sich intensiver damit zu befassen. Man musste sich ja schließlich auch klar darüber werden,

- ob Lean Management nicht nur eine Bezeichnung dafür ist, was einzelne japanische Unternehmungen erfolgreich anders betreiben.
- ob Lean nur ein neues Präfix ist ohne eigene Substanz oder ob es sich dafür zu engagieren lohnt, sein eigenes Unternehmen auf den Kopf zu stellen.
- Ob man nicht gelassen die nächste neue Welle im Management-Methoden-Markt abwarten solle, weil neue Begriffe nicht zwangsläufig neue Erkenntnisse und nachhaltigen Erfolg bringen müssen.

In mehrfacher Hinsicht also: *Learning to see!*[9]

Wichtig für die Diffusion des Lean-Gedankens ist dabei Krafciks Beitrag gewesen. Er hat mit dem Begriff „lean production" zur seitherigen, im Geiste des (modernen) Fordismus etablierten Produktionsweise einen *Gegenpol* markiert. Seine Unterscheidung *„lean"/„puffered"* ist prägend und zugleich richtungsweisend.[10] Eine Produktion – oder eine Unternehmung als Ganzes – ist lean/puffered, weil sie be-

---

8 Siehe oben 3.1.2. Zu solchen Mythen und kritischen Interpretationen siehe Rich et al. (2004), S. 20 ff.: *„Lean production is just a series of tools and techniques", ‚Lean production only works for Japanese companies' – Lean is stressful for workers', Lean applies only to the car industry; Lean cannot work in a unionised environment; We have tried it before and it has failed so why bother doing it again?"*

9 So der Titel eines Buches von Rother (2000), jedoch in einem anderen Zusammenhang.

10 Vgl. Hines/Holweg/Rich (2004), S. 1005 f. Leitidee (core objective): Nutzenzuwachs aus der Vermeidung von Verschwendung abzuleiten halten wir für zu einseitig.

stimmte Ideen, Konzepte, Maßnahmen verfolgt, umsetzt und dadurch Leistungsverbesserungen mit bestimmten Ergebniswirkungen erzielt.

Im Falle der „*puffered*“-Konzeption installiert eine Organisation Sicherheitsnetze, wie z. B. Materialläger, Qualitätsprüfer, Nacharbeitsflächen und -Personen, Ersatzpersonal für Abwesende (wir erinnern an den „*Bestände-See*“!). Mit dieser ressourcen- und kostenintensiven, gleichwohl wenig störungsanfälligen Methode werden Störungen durch Redundanz, durch *back up*-Lösungen bekämpft. *„Puffered Production“* bezeichnet weitgehend das, was wir bereits mit „Modernem Fordismus“ („recent fordism“) präzise umrissen haben. Demgegenüber steht die *Lean-Konzeption* als fragil, störungsanfällig da, die gleichwohl versucht, Störungen möglichst zu vermeiden, früh zu erkennen und schnell zu beseitigen.

Jeder Begriff gewinnt erst im Lichte eines Gegen-Begriffs Kontur und Inhalt. Lean Production ist *unpuffered production.* Durch diese Unterscheidung wird der Betrachtungsgegenstand bereits etwas eingeschränkt. Zweifellos ein Fortschritt. Mit dem Begriff „*lean*“ sorgte Krafcik für eine bessere Kommunizierbarkeit des *„japanischen Phänomens“* und hat somit den überwältigenden Erfolg der *MIT-Studie* maßgeblich befördert. Mit deren Erscheinung konnte man es sich angesichts der detaillierten Datenfülle weder leisten, die Thematik zu ignorieren; noch konnte man sich eine weitere *unreflektierte* („pragmatische“) Strategie des Kopierens hingeben. Vermutlich war das der Zeitpunkt für den Beginn der tatsächlichen Auseinandersetzung mit *„japanischen Managementmethoden“* in Gestalt der „Lean Production“, trotz der vorangegangenen umfangreichen Beschäftigung mit dem Japan-Phänomen.[11]

Jedoch beschreibt auch Krafcik anhand der Unterscheidung lean/puffered lediglich sichtbare *Wirkungen* zweier Produktionskonzepte. Erklärt ist dadurch noch nichts. Lediglich die Hinweise für eine Problemsicht wurden präzisiert, was für ein neues Paradigma aber noch nicht ausreicht. Auf der Suche nach den *Ursachen* geraten wir wieder auf die Spuren von Ohno, dessen Gedanken wir nun tiefer verfolgen wollen. Wir werden sehen, dass der *Lean-Gedanke* bereits im Ansatz mehr repräsentiert als mit der Form „*Toyota Produktionssystem* (TPS)“ bezeichnet ist.

4.2.2 Ohnos Idee: wettbewerbsfähig durch Vermeidung von Verschwendung und Kundenwertsteigerung

Ohnos Ziel war – wie das seiner Vorläufer Taylor und Ford – nichts anderes als Effektivitäts- und Effizienzsteigerung; „Rationalisierung“ im Sinne des erwerbswirtschaftlichen Prinzips (Gutenberg), allerdings in einem anderen, seinerzeit gemäßen Kontext und mit bekannten und neuen Möglichkeiten.
Im Ausgangspunkt übernahm Ohno weitgehend die Prinzipien von Ford und sah dabei klar, dass die Entwicklung zum „*modernen Fordismus*“ sich von Fords ur-

[11] Siehe hierzu die aufschlussreiche Literaturübersicht bei Holweg (2007); Hines/Holweg/Rich (2004).

sprünglichen Ideen wegbewegte.[12] Vielleicht waren es die besonderen Umstände des Entstehungszusammenhangs in Japan, die Ohno motivierten, nach alternativen Wegen zu suchen; vielleicht waren es aber auch seine Beobachtungen in Amerika – Ohno erkannte jedenfalls die Ver(w)irrungen des Modernen Fordismus und dass Fords Weitblick in eine ganz andere Richtung verlief. *„Wir sehen, dass die von ihm (Ford, d.V.) und seinen Mitarbeitern erfundene und entwickelte Automation und das Fließbandsystem nie von der Absicht getragen wurden, die Arbeiter zu zwingen, immer härter zu arbeiten, sich von den Maschinen knechten zu lassen und damit von ihrer Arbeit zu entfremden. Wie überall hat auch seine Philosophie eine Eigendynamik angenommen, sie hat eine Entwicklung genommen, die von der erhofften Richtung des Schöpfers abweicht."*[13]

Ohno überzeugte vor allem Fords *Prinzip der fließenden Produktion*, welches er auf die situativen Gegebenheiten eines japanischen Automobilherstellers übertragen wollte. Denn Toyota fehlte es zu jener Zeit an Vielem: an Kapital, Know-how, anerkannten Qualitätsprodukten u. ä. Wir erinnern an die oben bereits geführte Diskussion. Ein vertikal integrierter Trust, wie ihn Fords *River Rouge*-Komplex repräsentierte, schied damit schon aus Gründen des Mangels an Ressourcen aus. Hinzu kam der Übergang zu Käufermärkten mit ihrer zunehmenden *Individualisierung* und *Fragmentierung der Nachfrage*.

Im Kontext der Fordschen *Massenproduktion* gab es aufgrund der Gleichartigkeit und Homogenität des Güterangebots für einen unbegrenzt aufnahmefähigen Marktes kein grundsätzliches, allenfalls ein zeitliches Absatzrisiko der Güter (Lager). Daher konnte man sich auf *ressourcenorientierte* Kostenoptimierungsstrategien fokussieren (z.B. optimale Losgrößen), der Vertrieb musste anschließend die Güter „nur" noch verteilen. Der Kunde in diesem Konzept war entsprechend anspruchslos. Er hatte keine Wahl. Was der eine Kunde heute nicht abnimmt, nimmt ein anderer morgen ab. Man konnte daher in Massen produzieren und gegen das Lager – betrachtet als Summe von anonymisierten Kundenbedarfen – laufen lassen. Umsatzgrenzen lagen dann primär in den Produktionsmöglichkeiten.

In der Folge entstand das, was man später als *„machinostructure"*[14] bezeichnet hat, als einen maschinenorientierten, stark kapitalisierten Komplex, der gewissermaßen als *„verdinglichtes Massenproduktionsgesetz"* mit fest verdrahteter „Organisation-Technologie-Relation" zu betrachten war und den es auszulasten galt, koste es, was es wolle.

---

12 Siehe oben Abschnitt 2.4. „Ohno had joined Toyoda Spinning and Weaving in 1932 after graduating as mechanical engineer, and only in 1943 joined the automotive business after the weaving and spinning business had been dissolved. Ohno did not have any experience in manufacturing automobiles, and it has been argued that his ‚common-sense approach' without any preconceptions has been instrumental in developing the fundamentally different just-in-timephilosophy … ." Holweg (2007), S. 422.

13 Ohno (1993), S. 129.

14 Vgl. Hoffman/Kaplinsky (1988) sprechen von „machinofacture".

Ohno war sehr schnell klar: Wenn sein Unternehmen (Toyota) eine Überlebens- und Wettbewerbschance haben sollte, musste er unter allen Umständen die verschwenderischen Folgen der Einprodukt-orientierten Massenproduktion (hier v. a. (Sicherheits- und Puffer-)Bestände und gleichzeitig das Fordsche Fließprinzip konsequent in der Produktion verfolgen. Wie aber sollte das gehen? Zunächst wendete Ohno den Blick: Der *Kunde* als Bedarfsträger gab den *Takt* für die Produktion des gewünschten Gutes vor, nicht mehr die Produktionskapazität. Ohno griff hierbei auf Vorläufer zurück. *„In his book, Ohno describes the two pillars of TPS as autonomation, based on Sakichi's loom, and JIT, which he claims came from Kiichiro who once stated that ‚in a comprehensive industry such as automobile manufacturing, the best way to work would be to have all the parts for assembly at the side of the line just in time for their user'.“*[15]

Nicht irgendetwas, sondern was der Kunde bestellte, sollte produziert werden – ganz in der Tradition der Handwerksproduktion. Anonyme Produktion wie im Falle der Massenproduktion gab es – wenn überhaupt – allenfalls bei Bauteilen und Baugruppen, aber nicht beim Gesamtprodukt.[16] Wir sehen bereits hier die heute noch hochgehandelte „*Plattformstrategie*“ der Automobilunternehmen im Ansatz.[17] Durch den Perspektivenwechsel hin zum Kunden kamen konventionelle Produktionssysteme deutlich an ihre Grenzen. Aufgrund der differenzierten Kundenwünsche (Produktvarianten) einerseits und zeitlich fragmentierten Bedarfsstrukturen (verbrauchsgenaue Anlieferung) andererseits konnte das Produktionsvorbereitungs- und -steuerungsproblem auch nicht mehr über ein Gesamtplanungssystem gelöst werden wie dies im Fordismus durch das der Produktion überstellte „technische Büro“ gewährleistet wurde.

Daran änderten letztlich weder verbesserte Bedarfsprognosen der Marktforschung noch verbesserte Planungsalgorithmen dem Grunde nach etwas – allen Verheißungen der IT-Spezialisten und des durch Digitalisierung getriebenen informationstechnischen Fortschritts zum Trotz. Denn das infolge der vielfältigen Kundenwünsche entstehende Problem der Varianz der Produkte erzeugte ein permanent unruhiges, störungsanfälliges operatives Geschehen mit seiner geradezu explodierenden Komplexität. Allein technisch konnte man dem nur schwierig beikommen. Es ist sogar zu vermuten, dass solche IT-Lösungspotenziale zu weiterer (unnötiger) Komplexitätssteigerung beitragen. Damit und auch durch noch so gute Marktforschungsmethoden war die zunehmende *Erosion der Prämissen des Massenproduktionsgesetz* nicht zu verhindern: Es fehlte dazu an Homogenität der Produkte und an deren gleichförmiger Abnahme durch die verschiedenen Bedarfsträger. Beide Probleme waren nun nicht mehr ohne weiteres zu lösen.

---

15 Vgl. Holweg (2007), S. 422 mit Verweis auf Ohno (1988), S. 75.

16 Das so wichtige Prinzip „*austauschbarer Bauteile*“ war ja bereits erfunden worden. Vgl. hierzu Kaiser (1994).

17 So scheint VW stilisiert die Plattformstrategie als Alternative zur Lean Production hoch. Vgl. Wirtschaftswoche vom 5.11.2012.

4.3 Durch Lean-Denken induziertes Potenzial an Fragen

4.3.1 Vom Fordismus zum Lean Management

Der Kern des Lean-Paradigmas ist präziser zu fassen, wenn man die Unterschiede und Gemeinsamkeiten zwischen dem ursprünglichen Fordismus und dem Lean Management näher betrachtet (vgl. Abb. 48). Als illustrative Betrachtung wählen wir für die verschiedenen Paradigmen eine *S-Kurven*-Darstellung, um anzudeuten, dass unter heutigen Umfeldbedingungen das Lean-Paradigma dem reinen Fordismus überlegen ist.

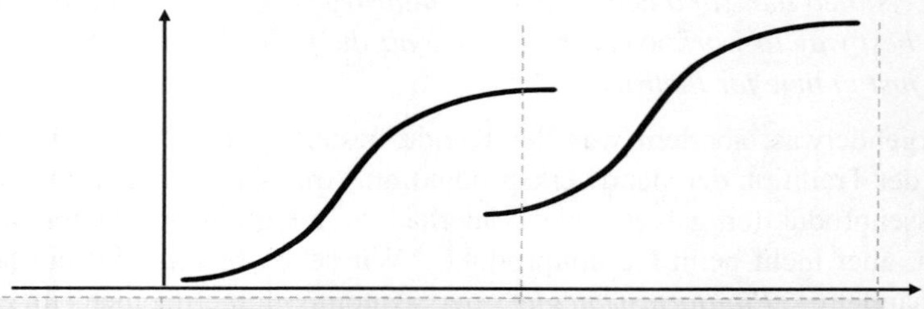

Faktor	Fordismus	Lean Management
Input	Hohe Fertigungstiefe; viele Lieferanten mit krzfr. Zusammenarbeit	geringe Fertigungstiefe, voll integrierte Materiallieferanten mit langfristiger Zusammenarbeit
Output	Schaffen einer Konsumentenrente bzw. Fokussierung des Kundennutzens Massenbedarf Interne u. externe Innovations-impulse Konstruktion als Kostenhebel bzw. FuE als integrative Funktion	Erfüllung individueller Kundenbedarfe, Kundenwert Interne u. externe Innovations-impulse Konstruktion als Kostenhebel bzw. FuE als integrative Funktion
Organisation u. Steuerung	Durchgängige Prozessorientierung/Fließfertigung über gesamte Wertschöpfungskette („River Rouge") oben Denken/unten Handeln,	Durchgängige Prozess-orientierung/Fließfertigung im gesamten Netzwerk; Integration von Denken und Handeln am Ort des Geschehens
Personal	Hocharbeitsteiliger Einzelarbeitsplatz, nur Ausführung vorgedachter Arbeit, Niedrig-qualifizierte Arbeitskräfte; Anreizsystem (Zeitlohn)	Höher qualifizierte Arbeitskräfte Flexibilität und Multidisziplinarität Teamarbeit und Verantwortlichkeit Anreizsystem (Zeitlohn)
Anlagen	'Einzweck-Anlagen', Arbeitsvorbereitung legt Qualität fest	Flexible Anlagen; Qualität wird produziert, nicht erprüft
Technologie-typus	„machinostructure"	„systemostructure"

Abb. 48. Paradigmen-Konzept: vergleichende Betrachtung

4.3.1.1 *„Fords Principles are still valid"*

Die Prinzipien, die in die Kategorie „Ford's principles (...) are still valid" fallen, sind u. E. im ‚Reinen Fordismus' und im ‚Lean Management' inhaltlich deckungsgleich. Es handelt sich um Prinzipien, die damals wie heute gültig sind und nur durch das Auftreten des ‚Modernen Fordismus' in den westlichen Industrien quasi in Vergessenheit geraten resp. verwässert wurden.[18] An dieser Stelle seien die in diese Kategorie fallenden Prinzipien noch einmal genannt und dieser Vergleich macht deutlich, wie wenig stichhaltig die Nicht-Übertragbarkeitsthese ist: Da die Prinzipien dieser Kategorie ursprünglich auch im Westen beherrscht wurden, ist es unlogisch, die Frage der Übertragbarkeit dieser Prinzipien auf westliche Verhältnisse aus kulturellen Gründen anzuzweifeln.

‚Reiner' Fordismus und ‚Lean Management'
– Durchgängige Prozessorientierung/Fließfertigung[19]
– Schaffen einer Konsumentenrente bzw. Maximierung des Kundennutzens
– Interne und externe Innovationsimpulse
– Gesamte Wertschöpfungskette im Fokus
– Konstruktion als Kostenhebel bzw. FuE als integrative Funktion
– Zeitlohn

Abb. 49. Gemeinsamkeiten zwischen ‚Reinen Fordismus' und ‚Lean Managements'

4.3.1.2 „Toyota's interpretation of pure Fordism"[20] – Ohnos neu aufgeworfene Fragen

Die Konsequenzen von Ohnos Denken schlugen sich sichtbar nieder in Veränderungen bzw. in der Neuformulierung bestimmter Prinzipien. Wir wollen sie bezeichnen als „Toyota's interpretation of pure Fordism", wie die folgende Übersicht zeigt. Dabei lässt sich vergleichsweise einfach zeigen, dass es sich bei den Neuformulierungen um Reaktionen auf vorgefundene Unterschiede in geänderten Rahmenbedingungen in den Kräftefeldern (1) Gesellschaft, (2) Technik und (3) Markt der beiden Konzepte handelt.[21]

(1) *Gesellschaft*

Zur Zeit des ‚Reinen Fordismus' war die Mehrzahl der Arbeiter ungelernt und infolgedessen wenig qualifiziert. Körperliche Arbeit war mithin weitgehend die einzige Leistung, die die Arbeiter anbieten konnten. Die soziale existenzbedrohende Situation prägte zudem das Denken der Arbeiter i.S.e. ‚homo oeconomicus' und

18 „We argue here that many of Ford's principles in their purest forms are still valid and form the very basis of what we now know as the Toyota Production System (TPS)." Krafcik (1988), S. 42.

19 „But instead of building a standardized product like Ford's Model T, Toyota achieved the capability of flexibly producing a wide variety of products using continuous-flow principles (...)." Krafcik (1988), S. 43.

20 Krafcik (1988), S. 41–52, hier S. 44.

21 Vgl. dazu auch unsere Ausführungen zu den drei Kräftefeldern Technik, Markt und Gesellschaft bei Pfeiffer/Weiß (1992), S. 1–18.

machte die Sinnfrage zweitrangig. Auch war eine komplexe Integration unterschiedlicher Arbeitsvorgänge an einem Arbeitsplatz zu jener Zeit im Gegensatz zu den Möglichkeiten der heutigen Personalqualifikation noch gar nicht denkbar.

– ‚Reiner Fordismus'	– ‚Lean Management'
– Niedrig-qualifizierte Arbeitskräfte	– Höher qualifizierte Arbeitskräfte
– ‚Einmal-Anlagen'	– Flexible Anlagen
– Massenbedarf	– Progressiv steigender Trend zur Individualisierung
– Hohe Fertigungstiefe	– Niedrige Fertigungstiefe
– Qualität durch Arbeitsvorbereitung determiniert	– Qualität wird produziert
– Hocharbeitsteiliger Einzelarbeitsplatz	– Teamarbeit und Verantwortlichkeit
– Trennung von Denken und Handeln	– Integration von Denken und Handeln

Abb. 50. Unterschiede zwischen ‚Reinen Fordismus' und ‚Lean Managements'

(2) *Technik*

Der ‚Reine Fordismus' substituierte bereits in einem hohen Maße menschliche Arbeitskraft durch den Einsatz von Maschinen und Vorrichtungen. Eine Substitution der mechanischen Informations- und Steuerungssysteme im Sinne einer Automatisierung war aufgrund des damaligen Standes der technischen Entwicklung jedoch noch nicht möglich. Somit war der Einsatz hochkomplexer Fertigungseinrichtungen in der Produktion noch nicht denkbar und der hohe Grad der Arbeitsteilung in gewissem Sinne gerechtfertigt.

Die gestiegene Leistungsfähigkeit der modernen Technik ermöglicht nicht nur neue Substitutionspotentiale, sondern erfordert gleichzeitig ein hohes Maß an geistiger und körperlicher Qualifikation. Die Substitution körperlicher Arbeiten durch Maschinen ist so weit vorangeschritten, dass die Tätigkeiten der bisher arbeitsvorbereitenden Bereiche zwangsweise auf die Ebene der materiellen Produktion verlagert werden: *„So erwarten wir, dass am Ende des Jahrhunderts die Belegschaft der schlanken Montagewerke fast ausschließlich aus hochqualifizierten Problemlösern besteht, deren Aufgabe es sein wird, beständig über Wege zur Systemverbesserung nachzudenken."*[22]

[22] Womack/Jones (1991), S. 107.

(3) *Markt (i.S.v. Produktmarkt)*

Der Kundenbedarf zur Zeit des ‚Reinen Fordismus' orientierte sich am funktionalen Gebrauchswert und nicht am Geltungswert eines Produktes. Der Markt war aufgrund der günstigen, durch die Massenproduktion möglichen Preis-/Leistungsverhältnisse auf einen Massenbedarf ausgerichtet, die Industrie mithin kapazitäts- und produktionsorientiert, während heute ein Trend zur Individualisierung und damit zur kundenorientierten Produktion zu verzeichnen ist. Diese Konsequenz der Marktnachfrage auf die Produktionsweise beschreibt Taiichi Ohno wie folgt: *„Kurz gesagt: Wo das Ford-System an der Idee festhält, vom gleichen Teil eine große Menge herzustellen, synchronisiert das Toyota-System die Fertigung jeder Einheit. Die Idee hinter diesem Ansatz ist, daß im Markt jeder Kunde ein anderes Auto kauft, so dass die Autos einzeln nacheinander hergestellt werden sollten. Sogar auf der Stufe der Teilefertigung wird nur ein Stück auf einmal hergestellt."*[23] Die beim ‚Lean Management' übliche Einbringung von Know-how durch die Zulieferer war im ‚Reinen Fordismus' nicht notwendig und nicht möglich, da Ford quasi sein eigener Zulieferer war (River Rouge-Komplex). Er musste es sein, weil es für das notwendige Know-how keine adäquate Zulieferbranche gab. Erst mit steigender Produktkomplexität stellte sich die Frage nach spezialisierten Zulieferern resp. beim ‚Lean Management' nach Systemlieferanten und Zuliefererhierarchien.

Konsequenter Weise hat Ohno aus den Veränderungen im Umfeld seine Schlüsse gezogen. Er analysierte, dass Prinzipien, die die „Integrierte Betrachtung von Produkt und Produktionsverfahren" betreffen, sich kaum geändert hatten und die den *„Perspektivenwechsel vom Sachvermögen zum Humanvermögen"* und die *„Gestaltung der gesamten Wertschöpfungskette (...) als integriertes Supernetzwerk"* betreffenden Prinzipien zum einen Teil sowohl gleichgeblieben waren, als sich auch zum anderen Teil geändert hatten.[24]

Auffallend war jedoch, dass die Prinzipien, die in unserem Sinne die *„Gestaltung des Supernetzwerks Lieferant-Produzent-Abnehmer als ein lernendes System"* betreffen, sich vollkommen geändert hatten. *„Unable to achieve either the vast levels of vertical integration or the standardized product volume Ford managed at this single complex, Toyota nevertheless paid homage to the concept of continuous flow by building a local network of adaptable suppliers and integrating them with assembly plants."*[25]

Insofern kann Ohnos Denken als *evolutionär* gelten, was die Übernahme und Fortentwicklung bestimmter Methoden und Prinzipien des Fordismus darstellt; aber auch als *revolutionär*, weil es in Reaktion auf bestimmte gesellschaftliche, ökono-

23 Ohno (1993), S. 124.

24 „Scientific management techniques were not thrown away (im Toyota Production System, d.V.); they were just performed by different, more appropriate employees." Krafcik (1988), S. 43.

25 Krafcik (1988), S. 43.

mische und technische Umfeldbedingungen das seitherige Produktionsprinzip auf den Kopf stellte.

4.3.2 „Innerer Kern" des Lean Paradigmas

Mit den vorstehenden Ausführungen haben wir aufgezeigt, welche Fragen und Begriffe im Zusammenhang mit dem Erkenntnisobjekt bedeutsam sind. Was letztlich mit dem Ohnos „langem Marsch" begann und zu dem führte, was wir heute als „Toyota Produktionssystem" bezeichnen, hat in Wissenschaft und Praxis vielfältige Bemühungen ausgelöst, hinter das Geheimnis Ohnos bzw. Toyotas zu kommen.

Im Wesentlichen sind im Lean Management die gleichen Prinzipien gültig, die Ford bereits in seinem System des ‚Reinen Fordismus' angewandt hat. Ohno hat diese Prinzipien konsequent auf veränderte Rahmenbedingungen bezogen und ihre Strukturen angepasst. Während der Westen es verpasst hat, die Erkenntnisse Fords weiterzuentwickeln,[26] sah die japanische Industrie aus der Position eines „Followers"[27] heraus die veränderten weltwirtschaftlichen Rahmenbedingungen und spezifischen Wettbewerbsbedingungen als Chance und bezog sie in die Umsetzung der Prinzipien des ‚Reinen Fordismus' mit ein. Insofern wird gut deutlich, dass die Prinzipien des ‚Lean Managements' weitgehend kulturunabhängig sind und mehr vom Entwicklungsstand der jeweiligen Volkswirtschaft abhängen.

In der Rückschau fügt sich das alles in ein schlüssiges Argumentationsraster ein. Auch wenn Ohno den Begriff zu dem Zeitpunkt der Entwicklung seines „lean"-Systems nicht kannte, sein Tun war wesentlich für die Entstehung des Lean-Gedankens: Eine im Grunde *innere logische Entwicklung* weg vom Fordismus in seiner modernen, deformierten Erscheinungsform hin zum Lean Management, ausgelöst durch bestimmte Umfeldfaktoren. Auf diese eher evolutionäre Entwicklung wies bereits Krafcik explizit hin: *„Toyota adapted the large-scale, highly efficient, constant flow production philosophy of the Ford Rouge complex to its small-scale facilities in an interesting way."*[28] Die Evolution entlang verschiedener Problemformeln (pull, process, value, people, supplier-customers) macht daher den *Kern des Lean-Paradigmas* aus.[29] Dabei bringt das, was schon früh als *„systemofacture"* bezeichnet wurde, den Kern hervorragend zum Ausdruck.[30]

Abgebildet als Zusammenhang zwischen verschiedenen Prinzipien bzw. Leitunterscheidungen, die sich wechselseitig bedingen und in ihrer Wechselwirkungsdynamik zu permanent neuen Lösungen herausfordern, erscheinen Ohnos Basisentscheidungen (v.a. Kundentakt, kleine Lose, Vermeidung von Beständen oder all-

26 Diese Entwicklung wird in der Diskussion mit dem Schlagwort des „Leaders tend to lose" belegt. Vgl. zu den vielfältigen Gründen Weiß (1989). Vgl. dazu auch Olleros (1986), S. 5–18.

27 Vgl. zur First/Follower-Diskussion Pfeiffer/Weiß (1990), S. 1–40.

28 Krafcik (1988).

29 So auch die Folge-Veröffentlichung von Womack/Jones (1996).

30 Vgl. Hoffman/Kaplinsky (1988), S. 49 ff.

gemein: Verschwendung) als *innere Logik,* die zugleich den Begriffskern des Lean-Gedankens ausmachen.

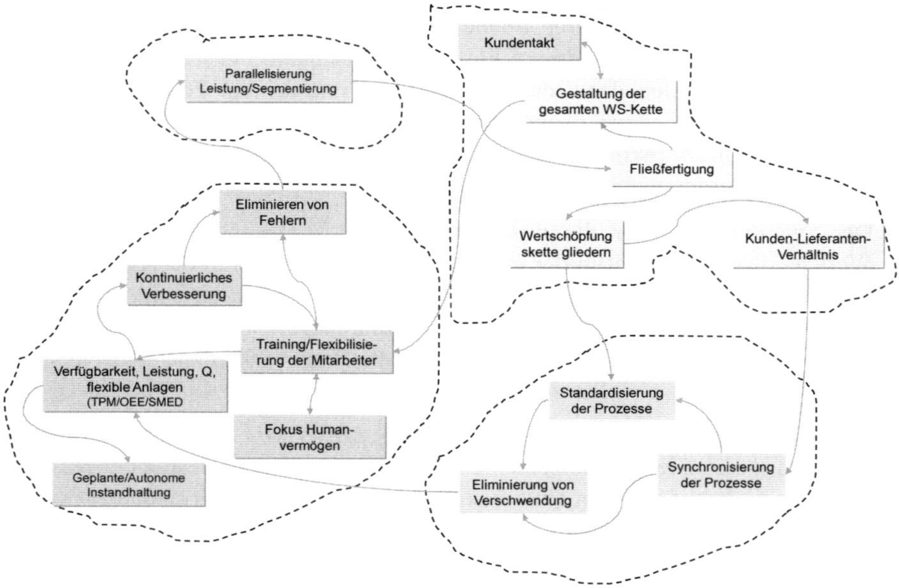

Abb. 51. Lean-Denken – Logischer Zusammenhang

4.3.2.1 Kunden(wert)orientierung und Flexibilisierung von Ressourcen

Den sich bereits frühzeitig abzeichnenden Wandel vom Massenbedarf zum Individualbedarf hat die japanische Industrie rechtzeitig erkannt. Wenn die Japaner bereits in den 50er Jahren die Technik des schnellen Werkzeugwechsels perfektionierten, so ist das sicher kein kulturspezifisches Phänomen, sondern ganz einfach die Konsequenz eines zu geringen finanziellen Budgets. Toyota konnte sich nun einmal nicht die große Anzahl an Pressen leisten, wie es die amerikanische Automobilindustrie tat. Man machte aus der Not eine Tugend: Ohno hatte „*die Idee, einfache Methoden des Werkzeugwechsels zu entwickeln, die Werkzeuge häufig zu wechseln – alle zwei bis drei Stunden statt zwei bis drei Monate –, für das Ein- und Ausfahren der Werkzeuge Rollen zu verwenden und einfache Ausrichtmechanismen zu entwickeln.*“[31]

Es ergab sich nämlich die überraschende Konsequenz, dass die Stückkosten kleiner Losgrößen niedriger waren als bei großen. Dafür gab es zwei Gründe:

---

[31] Womack/Jones/Roos (1991), S. 57. Vgl. vertiefend Shingo (1985).

- Der erste Grund war, dass *kleine* Lose die Bestandsführungskosten für riesige Lagerbestände an Teilen beseitigen. Hier liegt der Ursprung der *Just-in-Time-Production*, die also kein adaptierbares Element, sondern Folge einer rationalen Überlegung auf einer anderen Ebene ist. Und ähnlich wie heute in den westlichen Industrien führte zu Zeiten Fords in Deutschland ein inkonsequenter Implementierungswillen dazu, dass das Just-in-Time-Prinzip Fords (*'Beweg das Blech'*) durch *„Fließarbeitsanordnungen ohne mechanischen Antrieb und mit größeren Puffern zwischen den einzelnen Arbeitsplätzen"*[32] verwässert wurde. Als Grund wurden technische Hürden in der Leistungsabstimmung genannt.
- Der zweite Grund für die positiven (System-)Konsequenzen des schnellen Werkzeugwechsels liegt in der *höheren Qualifikation* des an den Pressen arbeitenden Personals, das ja die Maschinen nicht mehr nur beschicken, sondern auch die Werkzeuge wechseln musste. Damit ist die Fehlererkennung und -beseitigung für Arbeiter, die sich mit einer Maschine auskennen, selbstverständlich einfacher und schneller zu handhaben.[33]

Ohnos Grundzielsetzung war dabei keineswegs *präskriptiv*, gewissermaßen einer Reise gleich, deren Ziel mit einzelnen Etappen von vornherein festgelegt ist. Seine Absicht war vielmehr von den situativen Gegebenheiten gleichermaßen erzwungenes und doch autonom gesetztes Vorhaben, das er beharrlich befolgte und Schritt für Schritt umsetzte. Über lange Jahre. Ein im Grunde zutiefst *evolutionäres* Vorgehen.

U.E. besteht Ohnos größte Leistung darin, den *Übergang vom Verkäufer- zum Käufermarkt* ernsthaft und konsequent verfolgt zu haben. Der jeweilige Kunde mit seinem je *individuellen Bedarf* wurde als Ausgangspunkt betrachtet, *und* es wurde gleichzeitig am *„Fließprinzip"* festgehalten. *„JIT-system manufacturing is another Toyota translation of what was pure Fordism at its best. Ford's early mass-production plants were founded on the concept that the most efficient way to produce a vehicle is to minimize the time that elapses between beginning and completing production.*" Und weiter: *„Toyota adapted the large-scale, highly efficient, constant flow production philosophy of the Ford Rouge complex to its small-scale facilities in an interesting way*".[34]

Es ging Ohno darum, den *Kundenwert* zu maximieren, durch Erfassung und Befriedigung des individuellen Kundenwunsches und Art und Weise der Zurverfügungstellung von Produkten und Dienstleistungen. Dies ist nun die Richtschnur: die *„wirklichen"* Wünsche des Kunden zu erfassen, um die Entwicklung, Produktion und Vertrieb von Produkten und Dienstleistungen kundenadäquat zu gestalten. Für welche Produkt- und Dienstleistungsausprägungen ist ein Kunde bereit zu zahlen,

32 Bönig (1989), S. 241.
33 Vgl. Womack/Jones/Roos (1991), S. 58.
34 Womack/Jones/Roos (1991), S. 43.

für welche nicht? Das spiegelt sich nicht zuletzt wieder in den Bemühungen um *„Quality-Function-Deployment (QFD)“*[35].

Um systematisch Störungen, organisatorischen Intransparenzen und beständeinduzierenden Entwicklungen entgegenzuwirken, konnte nun durch *institutionalisierte* Handlungsprogramme mithilfe der Kreativität und Sachkunde der Mitarbeiter permanente, grundlegende *Verbesserungen der Leistungen* und *Vermeidung von Verschwendung* angestrengt werden.[36] Eine Störung entsprach zwar nicht den Erwartungen; sie war aber nicht per se negativ, gab sie doch Anlass dazu, mehr über die Verhältnisse zu erfahren und deren Entstehungsgründe zukünftig zu vermeiden oder bei Vorliegen von bestimmten beobachteten Schwellenwerten entschlossener zu handeln. Schnelligkeit und Gründlichkeit bei der Beseitigung *tieferliegender* Fehlerursachen konnten vor allem die Qualität von Produkten verbessern, allerdings besonders dann, wenn Störungen am Ort ihres Entstehens sofort behandelt wurden.

Zügiges Entstören entfaltete zugleich eine (ressourcen-)entlastende Wirkung für die Gesamtorganisation. Dabei meint Entstören die Ausregelung eines nicht erwarteten Ereignisses (endogene oder exogene Störung), die sonst die beabsichtigte Wirkung negativ beeinflussen würde.[37]

Höherqualifizierung der Mitarbeiter und *Teamarbeit* erwies sich dabei als wichtige Voraussetzung zur „*Ent*-Störung“ ebenso wie zur systematischen und permanenten Qualitäts- und Leistungsverbesserung (CIP/Kaizen).[38] Das gilt nicht nur unternehmensintern, sondern auch für die immer komplexer gewordenen unternehmensübergreifenden *Netzwerke* (Zulieferer- und Abnehmerseite). Sie sind infolge ihrer Komplexität störanfällig und müssen gerade deshalb laufend verbessert und „entstört“ werden. Deshalb wurde in jüngster Zeit auf die enge Kopplung mit Zulieferern v. a. in Projektarbeit viel Wert gelegt, um durch enge *Kopplung der Kommunikationsprozesse* (z. B. durch *Simultaneous Engineering*, *Qualitätszirkel, FMEA*) *permanentes* Lernen und Verbessern im Unternehmen und über die durchlässigen organisatorischen Grenzen hinaus zu ermöglichen.

Daher auch der mehrdimensionale Fokus auf *Motivation* zum *Lernen.* Dabei wächst ständig die Gefahr, dass die gewonnenen Einsichten, Skills und Routinen die erreichten Performance-Kritierien negativ beeinflussen. Daher die Vorstellung des *Sisyphos-PDCA-Rades*: permanent, konsequent verbessern, um das Erreichte jederzeit reproduzieren zu können. Hierin kommt am konsequentesten der *Lerngedanke industriellen Tuns* zum Ausdruck. Das alles erfordert jedoch andere, höherqualifizierte und gut trainierte Mitarbeiter, die neben dem fachlichen Wissen auch eine große Portion *situativen Beurteilungswissens* einbringen, um auch *nicht-*

---

35 Die Methode des QFD als Grundkonzept zur Qualitätsplanung geht zurück auf den Japaner Yoji Akao im Jahre 1966. Vgl. Akao (1992).

36 Vgl. zu solchen Verbesserungsprogrammen, wie KVP, CIP, Kaizen statt vieler Suzaki (1993).

37 Vgl. zu einem solchen systematischen Entstör-Management Wildemann (2012).

38 Vgl. Hutchins (2008); Weiß (1995).

programmierte Entscheidungen treffen zu können. Genau auf dieses *Beurteilungswissen* zielt das Bemühen um bessere Qualifikation und permanentes Training möglichst aller Mitarbeiter im Unternehmen, durch Maßnahmen wie z. B.

- *Entspezialisierung* (job rotation, job enlargement und job enrichment[39]
- *Gruppenarbeit,* um aufgetretene Probleme nachhaltig zu lösen und schnell zu implementieren
- *Selbstorganisation,* um Ziele und Prioritäten im zur Verfügung gestellten Handlungsspielraum unternehmenskonform

Auch diese Sicht der Dinge hatte nicht zuletzt Folgen für die Unternehmensführung im Allgemeinen und für die *Führungskräfte* im Besonderen.[40] Ein solches, auf höchste Flexibilisierung setzendes Konzept wie Lean Management verträgt sich nicht mit der Sicht des Mitarbeiters als einem Nur-Ausführenden von Vorgaben. Ohne Mitdenken, ohne Eigenleistung bliebe er ein reiner Kostenfaktor, den es durch verlässliche Maschinen und Computer zu substituieren bzw. zu automatisieren gilt. Entsprechend muss das Menschenbild angelegt sein: in der Sprache von McGregor: „Y statt X". Wobei es gilt, aus „X-Mitarbeitern" weitestgehend „Y-Mitarbeiter" zu machen.[41]

In einem auf *Flexibilität* ausgerichteten Produktionskonzept konnte man auch keine starren, *zwangsläufigen Einzweckmaschinen* mehr gebrauchen, die mit jedem Auftragswechsel große Kapazitätsverluste erzeugen. In gleicher Weise durfte die in der Regel teure (automatisierte) Anlagenstruktur nicht noch durch weitere Kapazitätsfresser, wie Maschinenstörungen, beeinträchtigt werden. Eine am Rhythmus des Kunden orientierte (Wechsel-)Produktion muss auf die permanenten Änderungen und Störungen eingerichtet sein, um die Kapazitätsverluste durch mangelnde Planung, technisch und organisatorisch bedingte Anlagenstillstände, Material- und Personalmangel möglichst klein zu halten. Daher bestand und besteht noch heute höchstes Interesse daran, durch vorbeugende Instandhaltung (*Total Productive Maintanance*)[42], durch schnelles Rüsten der Maschinen und Anlagen *(single minute exchange of dies)*[43] und durch systematisches „Entstörungsmanagement" die Anlagenproduktivität („*overall equipment effectiveness*"[44]) zu verbessern. Im Grunde zielen alle diese organisatorischen und technischen Maßnahmen auf bessere Koordination und reibungsloses Funktionieren der Abläufe zur bestmöglichen Nutzung

---

39 Vgl. Richter/Pfeiffer/Staudt (1978).

40 Siehe unten Abschnitt 5.3.

41 Wir erinnern an die Ausführungen unter 3.4.1.

42 Vgl. Nakajima (1984), ein wesentlicher Promotor des Total Productive Maintainance, bezeichnet TPM als Innovatives Konzept einer Instandhaltung zur allgemeinen Verbesserung der Anlagenproduktivität durch Vermeidung von Anlagenstillständen mithilfe der Mitarbeiter vor Ort. Ein Abschied von der Philosophie „I operate, you maintain" v. a. durch *Teamarbeit* und *Job-Enlargement*.

43 Shingo (1985).

44 Vgl. Koch (2008).

teurer Investitionen. Geplante oder durch Störungen verursachte ungeplante nicht genutzte Kapazität ist kostenintensive Verschwendung.

Ständige Unterbrechung, laufende Wechsel in der Produktion werden nicht als Störgröße betrachtet, sondern zum *Aktionsparameter* zur Beinflussung des Dilemmas der Ablaufplanung aufgewertet. *„In order for this system to work, it was necessary to produce and receive components and parts in small lot sizes, which was uneconomical according to traditional thinking. Ohno had to modify the machine changeover procedures to produce a growing variety in smaller lot sizes. This was helped by the fact that much of the machinery Kiichiro had bought was simple, general purpose equipment that was easy to modify and adapt. Change-over reduction was further advanced by Shigeo Shingo, who was hired as external consultant in 1955 and developed the single-minute exchange of dies (SMED) system (Shingo, 1983).“*[45]

Folglich gilt das Gesetz der Massenproduktion nur noch eingeschränkt. Statt der an den eigenen technischen Möglichkeiten orientierten Massenproduktion wird eine durch den Kunden getriebene Produktion auf *„Wechselproduktion“* umgestellt.[46]

Wenn man auf den Paradigma-Gedanken abstellt, dann sieht man, wie durch Ohnos *Perspektivenwechsel* die *Kunden(wert)-* mit der *Fließorientierung* zu kombinieren; ein Bruch im Trend seitherigen Managements („Ford's principles are still valid“) entsteht. Seine aus erkannten Umweltveränderungen abgeleiteten Folgerungen („Toyota's interpretation of pure Fordism'“) trugen dazu bei, dass zwar oberflächliche Ähnlichkeiten zwischen den beiden Konzepten erkennbar blieben, aber die darunterliegenden Leitunterscheidungen sich verschoben.

Warum war dies für Vertreter des konventionellen Managements so schwer zu begreifen? Während es ihnen letzten Endes doch nur um eng verstandene Rationalisierung, um den bloßen Ersatz von Arbeit durch Kapital geht, sah Ohno die geänderten Bedingungszusammenhänge zwischen Umwelt/Unternehmen und deren Wirkungen auf die ganzheitlich zu optimierenden Produktionsfaktoren; daher der Fokus auf totale *Flexibilisierung aller Faktoren* (Organisation, Personal und Technologie) und permanente Verbesserung Verschwendungs-treibender Prozesse und Strukturen als Folge der Kombination von Kunden- und Fließorientierung.

Der Bruch zu seitherigem Management war jedoch, dass Ohno über Kundentakt, Individualisierung der Nachfrage in Kategorien von Zeit/Qualität als Sachgrößen und nicht allein in Kostenkategorien nachzudenken begann. Er zielte durch *kurz getaktete kleine* Produktionsmengen auf *Milderung* des *„Ablaufdilemmas“* (Ellinger), während man in seitheriger Perspektive ausschließlich in Kostenkategorien (Degressionseffekte) argumentierte.

---

45 Holweg (2007), S. 422.

46 Vgl. Ellinger (1985).

Gesetz der Wechselproduktion (GdW)[47]

Das Gesetz der Massenproduktion (GdM) wurde vor dem Hintergrund der Unterscheidung variable/fixe Kosten und ihrer Abhängigkeit von konkreten Produktionsverhältnissen von Bücher 1910 formuliert: Demnach sinken mit zunehmender Ausbringungsmenge gleicher Erzeugnisse die Stückkosten einer produzierten Einheit. Der Übergang auf ein anderes Produktionsverfahren verändert die Kostenrelationen u. U. grundlegend.

Schon früh formulierte Ellinger das GdW als Reaktion auf das Dilemma der Ablaufplanung im Zuge zunehmender Individualisierung der Kundenbedarfe. Es ist sowohl eine Kritik an Bücher (homogener Massenbedarf, Vernachlässigung von Rüst- und Wechselkosten) als auch eine inhaltliche Weiterentwicklung, da Büchers Ansatz als Spezialfall erhalten bleibt.

Das GdW liegt letztlich als Grundgedanke der neueren Diskussion über „mass customization" zugrunde. Im Grunde versucht „mass customization" in einer Art „mixed production" die Vorteile der Massenproduktion (GdM) mit denen der Wechselproduktion (GdW) zu kombinieren.[48]

Beide Gesetze stehen in einem *komplementären* Verhältnis: Das GdM zielt auf Kostendegression durch Mengenerhöhungen; Stückzahldenken und Kapazitätsauslastung, während das GdW Minimierung der Wechselkosten und Zeitdauern der Unterbrechungen (Rüstzeiten) fokussiert. Dabei ist das GdM als Grenzfall vom GdW zu sehen, wenn ein Produkt, beliebig wiederholbar zu fertigen ist und das keine Absatzschwierigkeiten kennt.

Für Zwecke der Operationalisierung führte Ellinger den Begriff *Impuls* ein. „Geht man von dem Faktor der menschlichen Arbeitskraft aus, so wird für ihn eine Entlastung erzielt, wenn die Zahl der von ihm in der Zeiteinheit zu vollziehenden Aktionen verringert und wenn der Energieaufwand für die einzelnen Aktionen reduziert wird. Die einzelnen Aktionen können durch die Abgabe von Impulsen gekennzeichnet werden." Der Begriff Aktivität wird durch den Begriff Impuls ersetzt. Aktivitäten werden durch Impulse ausgelöst und lassen sich selbst wieder auf Impulse zurückführen, wobei Steuerungs-, Gestaltungs- und Regelungsimpulse beinhaltet sind, z. B. die Aktivitäten planen, führen, organisieren, konstruieren, beschaffen, produzieren, vertreiben und kontrollieren. Impulse können gleichermaßen von Menschen und Materie (Maschinen, Werkzeugen, Produkten etc.) abgegeben werden können.

Erst durch die kombinierte Perspektive *Kundenwert*- und *Fließorientierung* wird dabei die mannigfache Verschwendung sichtbar gemacht. Man sieht, was infolge konsequenter Anwendung der Lean Prinzipien an Einsparung zukünftig möglich wäre und blickt von daher auf die gegenwärtigen Verhältnisse zurück. Wie im Scheinwerfer erscheinen dann helle (wertschöpfende) und abgedunkelte (*nicht*-wertschöpfende) Aktivitäten und markieren somit die Grenze zwischen lean und puffered Production. Lean Production (bzw. non puffered Production) wird durch diesen Perspektivenwechsel dann zur notwendigen Form, die sich als Folge der Anwendung von Prinzipien wird, die wiederum einer Reihe struktureller und prozessualer Veränderungen induzieren.

4.3.2.2 Prozessorientierung, Pull-Prinzip, Kunden-Lieferantenverhältnis

Aus diesem *Perspektivenwechsel* resultiert wiederum eine Reihe von Umwertungen der Relevanzen seitheriger Aspekte. Die neue Leitlinie war handlungsprägend und

[47] Zu Begriff und Konzeption der *Wechselproduktion*: Ellinger (1963) u. (1985).

[48] Zu *Mass Customization*: Pine (1993) und Piller (2006).

gibt auch den konzeptionellen Rahmen für alles weitere ab. Angesichts veränderter Rahmenbedingungen interpretierte Ohno bekannte Fordsche Prinzipien neu und löste scheinbare Widersprüche auf in ein pragmatisches „*Sowohl-als-auch*". Beispielsweise konnte er das sog. „*Dilemma der Ablaufplanung*"[49] zwar nicht lösen, aber er konnte es mildern: im Wesentlichen durch Bildung von kleineren organisatorischen Einheiten, die miteinander verkettet wurden.

Der Output der vorausgegangenen Organisationseinheit wurde Input der nachfolgenden Einheit, Puffer wurden durch intensive Planung und Kommunikation klein gehalten oder ganz vermieden – nach dem Motto: „*one-piece-flow*", statt „*batch and queue*" wurde in den organisatorischen (Produktions-)Zellen im Modus des „*one piece-Flow*" weitgehend beständelos und kundenorientiert (Termin!) gearbeitet und zwischen den organisatorischen Zellen durch Planung, Soll-Ist-Vergleich und *corrective actions* das Fließprinzip realisiert. Das war es, woran Ohno bzw. Toyota und andere japanische Unternehmen im Experimentiermodus über viele Jahrzehnte gearbeitet haben. Immer wieder: Hinterfragen und Analysieren von scheinbaren Gewissheiten angesichts neuer Gegebenheiten, Suche nach Lösungsansätzen und deren konsequente Umsetzung für nahezu jeden betrieblichen Funktionsbereich und jeden betrieblichen Faktor.

Ohno war klar, dass er den (modernen) Fordismus mit seiner *Blockstruktur*, in der gewissermaßen organisatorische, technische und personelle Aspekte *festverdrahtet* waren, nicht mehr weiter als Black Box stehen lassen konnte. Um eine grundsätzliche Verbesserung zu erreichen, musste aus dem erratischen Block der „*machinofacture*"[50] ein neues Gebilde entstehen. Die allmähliche Aufhellung der Black Box geschah in mannigfachen mühseligen Versuchen im Zuge eines „trial und error"- bzw. „learning by doing"-Ansatzes. Mit jedem experimentellen Schritt wurde die *Blockstruktur* mit ihren technischen, organisatorischen und personellen festverdrahteten Relationen entflochten.

Ohno setzte dabei angesichts knapper Ressourcen vor allem auf *Organisation*. Mithilfe des gedanklichen *Zergliederns* der Wertschöpfungskette in verschiedene sinnvolle Abschnitte konnte das Fordsche Fließprinzip beibehalten werden. Man vermochte nun, aufgrund der Aufhellung der Black Box einzelne Wertschöpfungsprozesse[51] voneinander zu unterscheiden und sich über die Synchronisierung und Standardisierung der Prozesse Gedanken zu machen.

Gewissermaßen als Scharnier diente jeweils das *Kunden-Lieferanten-Prinzip*. Die im Lean-Prinzip geforderte „*Kundenorientierung*" ist genau in diesem erweiterten

---

49 Jede Ablaufplanung stellt den Versuch dar, zwei entgegengesetzte Forderungen in Einklang zu bringen: günstige Auslastung der Ressourcen (durch Vermeidung von Leer- und Stillstandszeiten) und Minimierung der Durchlaufzeit der Aufträge. Vgl. Gutenberg (1983), 214 f.; Ellinger (1959).

50 Vgl. Hoffman/Kaplinsky (1988), die die Unterscheidung machinofacture/systemofacture verwenden.

51 Vgl. Porter (1983).

Sinn zu verstehen. Das *Kunden-Lieferanten-Prinzip* als Orientierungslinie wurde nicht nur an der Output-Grenzstelle des Unternehmens zu seinen Kunden verfolgt (Produkt-Endkunde), sondern auch nach innen auf jeden Wertschöpfungsabschnitt angewandt bis hin zur Lieferanten-Grenzstelle. *Kunde ist demnach jeder, der in einem komplexen Wertschöpfungszusammenhang Leistungen nachfragt.*

Nun konnte sich jeder Wertschöpfungsabschnitt als Vorgänger (Lieferant) eines Nachfolgers (Kunde) begreifen und es konnte gleichzeitig das *Kunden-Lieferanten-Prinzip* auf jede einzelne Organisationseinheit immer wieder angewendet werden.[52] Ein unförmiger, intransparenter Wertschöpfungsblock wird verwandelt in eine *bewegliche, vielgliedrige Wertschöpfungskette*. Die damit eingebaute strukturelle *Flexibilität* ergibt mehr Möglichkeiten, um die organisatorische Komplexität besser in Griff zu bekommen.[53]

Das ist die Folie, auf der später die Prozessorientierung aller Aktivitäten zur „*prozessorientierten Organisation*" gezeichnet wurden – mit all ihren Ver(w)irrungen.[54] „*Unable to achieve either the vast levels of vertical integration or the standardized product volume Ford managed at this single complex, Toyota nevertheless paid homage to the concept of continuous flow by building a local network of adaptable suppliers and integrating them with assembly plants.*" heißt es beispielsweise schon bei Krafcik.[55]

Damit wird die Zusammenarbeit an der *Schnittstelle* zu Zulieferern/Dienstleistern und Kunden ein organisatorisch hoch anspruchsvolles Thema.[56] Wie auch immer im Einzelnen gelöst, die *Überschreitung* der organisatorischen Grenzen in Richtung Lieferanten war nötig, um die *strukturelle Flexibilität* zu gewinnen, die erforderlich ist, um im Takt der Kunden schwingen zu können.[57] Denn große Wertschöpfungstiefe bzw. lange Wertschöpfungsketten, die nach stetiger Auslastung rufen, vertragen sich *nicht* mit dem Konzept der Produktion im Kundentakt. Unterbrechungen und Neuanläufe fressen ebenso ungeplant Kapazität, wie auch infolge der schwankenden Auslastung von Anlagen (Hoch- und Herunterfahren) Verfügbarkeitseinschränkungen und Produktivitätsverluste entstehen.

Jeder Wertschöpfungsabschnitt hat dabei – systemtheoretisch-kybernetisch – seine *Regelstrecke* selbst im Auge zu behalten und seine *Leistung* auf andere Abschnitte

52 Vgl. oben Abschnitt 3.3.4, insbes. Abbildung 11.
53 Vgl. umfassend zum Thema Flexibilität Steger (2004).
54 Vgl. Hammer/Champy (1993).
55 Krafcik (1988), S. 43.
56 Das belegt v. a. die Literatur zum Netzwerkdenken in den 1980er Jahren eindrucksvoll.
57 Siehe oben Abschnitt 3.3.4.

auszurichten und anzupassen.[58] Teure Puffer an Ressourcen („organisatorischer Slack“ jedweder Art) konnten nur durch absolute Beherrschung der Prozesse abgeschmolzen werden. Der *Verfügbarkeitsgrad aller Ressourcen (Mensch und Maschine)*, die Verringerung von deren Leerkapazitäten erhielten somit eine zentrale Bedeutung. Nicht-synchronisierte Organisationseinheiten in der gesamten Wertschöpfungskette, *disbalancierte Wertschöpfungsstufen,* erzeugen jede Menge Verschwendung, sowohl in der Fabrik als auch im Büro. Suzakis *„Sieben Arten* der *Verschwendung“*[59] sind hierfür eine pragmatische *Problembeschreibung* im Produktionskontext.

Gegen all diese Verschwendungsarten gibt es organisatorische, technische und personelle Maßnahmen und Konzepte, wie „just in time“, Kanban, produktionssynchrone Anlieferung etc., die darauf abzielen, Informations- und Materialflüsse angesichts bestehender Unsicherheiten beweglich zu halten, um *Bestände* zu vermeiden oder zu vermindern bei gleichzeitiger Erfüllung des Kundenwunsches (hinsichtlich Art der Leistung und Modalitäten deren Zurverfügungstellung).

Die Orientierung am *Prinzip der Kundenorientierung,* mittlerweile zur Managementformel *„kundenorientierter Unternehmensführung“* hochstilisiert, erwies sich dabei als Vorteil, weil gleichzeitig an den unterschiedlichsten Kettengliedern im Wertschöpfungsprozess – und das nah am Geschehen – Unklarheiten, Unstimmigkeiten und Unverträglichkeiten – kurz: potenzielle und manifeste Störungen aller Art – mit hoher Kompetenz und Geschwindigkeit in *kurzen Regelkreisen* gelöst werden können. Es wird die erbrachte Leistung erst frei- oder weitergegeben, wenn sie dem geforderten Bedarf der nachfolgenden Abteilung (Kunde) entspricht. Damit kann man nicht nur den Fluss des Geschehens, sondern gleichzeitig die Qualität im Auge behalten – die des Produktes ebenso wie die der Herstellung.

4.4 Lean-Instrumentarium zur Operationalisierung des Lean-Denkens

Mit dem Lean-Denken hat sich eine Reihe von Instrumenten verbreitet. Wir wollen aber nicht der Frage nachgehen, wie neu diese im Einzelnen sind und auch nicht, was konkret deren *„Lean-Charakter“* ausmacht. Für unsere Überlegungen reicht es, dass mit diesem Instrumentarium im Kontext des Lean Managements gearbeitet werden kann, wollen aber auch auf mehr oder weniger sinnfällige Anwendungsmöglichkeiten hinweisen. Durch Einordnung der verschiedenen Instrumente wollen wir vermeiden, dass einzelne Methoden unzulässiger Weise zu Managementkon-

[58] Vgl. hierzu den Bullwhip- bzw. Peitscheneffekt im Supply-Chain-Management. Er beschreibt, dass die unterschiedlichen Bedarfsverläufe und bereits kleine Veränderungen der Endkundennachfrage zu Schwankungen der Bestellmengen führen, die sich entlang der logistischen-Kette wie ein Peitschenhieb aufschaukeln können. Ursächlich hierfür sind Verarbeitung von Nachfragesignalen, 2. Auftragsbündelung, 3. Engpasspoker, 4. Preisschwankungen. Vgl. Lee et al. (1997).

[59] Vgl. Suzaki (1989), (1993).

zepten überhöht werden. Wir gehen dabei vom Toyota-Produktionssystem (TPS) aus.

4.4.1 Toyota-Produktionssystem als Referenzpunkt

Auch wenn es sich eingebürgert hat, Lean Production mit dem Toyota Produktion System (TPS) gleichzusetzen, sollte man nach all dem bisher Ausgeführten jedoch von dieser Vorstellung abrücken. Denn einmal werden durch diese Gleichsetzung die Ergebnisse anderer Pionier-Firmen herabgewürdigt. Denn auch andere japanische Unternehmen in unterschiedlichen Branchen haben zeitgleich in der Entstehungszeit des TPS an ähnlichen Konzeptionen gearbeitet.[60]

TPS darf aber mit Recht als die *erfolgreichste* Ausprägung der auf dem Lean Denken bzw. Lean-Prinzipien basierenden Gestaltung von Führung und Organisation eines Unternehmens betrachtet werden. Es ist unbestritten, dass die Verantwortlichen bei Toyota einen großen Anteil zum Entstehen des Lean-Paradigmas beigetragen haben und bis heute große Erfolge damit haben erzielen können. TPS bleibt jedoch lediglich ein konkretes System, entwickelt von und mit konkreten Menschen in einer konkreten Situation mit bestimmten Maßnahmen und Zielen.

Es bleibt zudem primär auf Produktion ausgerichtet. „*The TPS is a framework for conserving resources by eliminating waste. People who participate in the system learn to identify expenditures of material, effort and time that do not generate value for customers*“ … und weiter: „*we have avoid a ‚how-to‘ approach. The booklet is not a manual. Rather it is an overview of the concepts, that underlie our production system. It is a reminder that lastings gains in productivity and quality are possible whenever and wherever management and employees are united in a commitment to positive change*“, *s*chreiben schon die Protagonisten.[61]

Daher haben wir das seinerzeit eher noch „unbekannte“ Lean-Phänomen über die vorgeschlagenen Lean-Prinzipien expliziert. Es handelte sich bereits um eine erste Generalisierung, die das TPS zu einem konkreten Einzelfall macht. Das TPS ist genauso wenig wie Lean Management als ein feststehendes Gebilde zu betrachten. Es gibt allem Anschein zum Trotz keinen klar umrissenen Werkzeugkasten, dessen Anwendung die beschriebenen Erfolge garantiert und Misserfolge als unzureichende Handhabung etikettiert.

Wir haben von Anfang an darauf hingewiesen, dass man Lean Management eher als eine *Management-Philosophie* begreifen sollte und nicht als ein starres Toolset. Doch suggerieren bis heute die Darstellung des TPS zumeist ein „*House of* …“ verschiedener Gestaltungs-Prinzipien, die sich auf *Wertschöpfungsprozesse* (z. B. Pull, JIT, Standardisierung, ständige Verbesserung), auf *Wertschöpfungsfaktoren* (v. a. Personal, Organisation, Technologie) und auf *Ziele* (z. B. geringe Kosten und Durchlaufzeiten durch Vermeidung von Verschwendung und Verbesserung der

60 Vgl. entsprechende Hinweise bei Holweg (2007).
61 Vgl. Toyota Motor Corporation (1998).

Kunden- und Mitarbeiterzufriedenheit) beziehen. Eine bereits theoretisch interpretierte Darstellung des TPS zeigt Abb. 52.

Abb. 52. Konzept des Toyota Produktionssystems

Klar ist jedoch, dass es sich hierbei um eine kontextlose Darstellung handelt. Wir werden noch zeigen, dass gerade die Grenzen, innerhalb derer die Betrachtung bzw. Gestaltung stattfindet, mehr zur Erklärung des Erfolges des Lean-Instrumentariums beiträgt.

4.4.2 Systematisierung von Lean-Instrumenten

Im Umfeld von Lean Management gibt es viele Begriffe, Teilkonzepte, aber kein eineindeutiges Lean-Instrumentarium. Ein Blick in einschlägige Lean-Hand- und Praxisbücher zeigt sowohl bei den „Klassikern“ als auch bei nachfolgenden Veröffentlichungen ein völlig *uneindeutiges* Bild.[62] Das mag daran liegen, dass der Betrachtungs- und Erkenntnis-Gegenstand erst im Zuge der Beschäftigung klarer wurde und damit viele Interpretationsspielräume bot. Mit Instrumenten bzw. Methoden füllte man diese Spielräume dann auch pragmatisch aus.

Methoden sind zunächst nichts anderes als festgelegte (programmierte) Vorgehensweisen zur Erreichung von Zwecken. Methoden können dabei auf andere Methoden zurückgreifen. Sie sind jedoch an sich inhaltsfrei. Die Verwendung einer Methode (z. B. vorgegebene Checkliste) für die Behandlung einer Sache hilft einem

[62] Vgl. v. a. Suzaki (1989, 1993); Monden (1983).
Gorecki/Pautsch (2011); Lunau (2007): MacInnes (2002); Regber/Zimmermann (2007) ergänzend die Literaturhinweise bei Holweg (2007) und Hines/Holweg/Rich (2004).

Ungeübten den Sachverhalt zu veranschaulichen und zu begreifen, unabhängig vom jeweiligen Zweck (Qualität, Zeit, Kosten). Der Inhalt entsteht erst bei der Verwendung im Hinblick auf einen bestimmten Zweck. Ein *Prinzip* hingegen ist eine Leitlinie, die das individuelle Denken und Handeln im Umgang mit einer Sache oder einer Idee prägen und mit dem (denen) ein gewünschter Handlungserfolg wahrscheinlicher gemacht werden soll. Ein Prinzip ist inhaltlich ebenfalls nicht mit einem definierten Gegenstandsbereich verknüpft, es erlaubt aber, Relevantes von Nicht-Relevantem zu unterscheiden. Ein Prinzip gibt Hinweise zur Strukturierung von Problemsachverhalten, Methoden dienen der programmierten lösungssuchenden Handhabung. Damit werden diese – gerade im arbeitsteiligen Kontext – zu einem unverzichtbaren Orientierungs- und Verständigungsmittel.[63]

Grundsätzlich bestehen Methoden und Prinzipien in *m:n-Beziehungen*: Ein bestimmtes Lean-Prinzip kann mit verschiedenen Methoden ebenso erfüllt werden, wie eine bestimmte Methode dazu geeignet ist, verschiedene Prinzipien zu unterstützen. In etwas elaborierter Sprechweise: verschiedene Methoden (Prinzipien) können funktional-äquivalent hinsichtlich der Erfüllung/Unterstützung von Prinzipien (Methoden). In unterschiedlichen Verwendungskontexten werden die jeweils interessierenden Aspekte hervorgehoben, andere abgeblendet.

Da die Theorie- bzw. Methodenproduktion im Lean-Kontext seit jeher praxisnah geschieht, unterliegt sie damit weniger strengen *Formulierungsbeschränkungen*. Die dabei entstehenden *Problemformeln* (z.B. Pull-Prinzip, KVP, OEE) werden durch detaillierte Vorgehensweisen (Methoden) zu programmieren versucht. So erzeugt eine Methode eine weitere, die wiederum eine weitere Methode schafft. Dabei gehen die Problemformeln schnell verloren, aber die Methoden überdauern; sie werden verkürzt, ergänzt – oder ganz vergessen.

So wird zwar die Methodenproduktion angekurbelt, immer mehr Antworten gegeben, aber die Fragen verblassen immer mehr. Ohne Reflexion auf zugrundeliegende Prinzipien werden kontextlose Methoden nach Vorschrift angewendet, gleichviel ob sie sinnvoll sind oder nicht. Der Verlust des Problemhintergrundes macht aus einem einst sinnvollen einen *inhaltsleeren* Begriff.[64] So erklärt sich eine *Vielfalt* an Begriffen und Methoden im Lean-Kontext. Vieles wird mit vielem kombiniert, pragmatisch verkürzt und semantisch verbogen. Der Sprachgebrauch macht die Zugehörigkeit zum Lean-Konzept aus, nicht etwa eine deduzierte und kontingente Beschreibung von Vorgehensweisen.

Nicht selten werden daher klare Sachverhalte bloß durch unklare Begrifflichkeiten verwischt. Hierzu ein paar Beispiele:

---

63 Siehe oben 3.2.2.

64 Um ein anschauliches Bild zu verwenden: Man kocht zwar gut nach Rezept, das Wissen, wie das Menü zusammengestellt werden muss, um einen Gast zufrieden zu stellen, geht jedoch verloren.

Ausgehend vom TPS werden *subjektivierte* eigene Kreationen (VW Produktionssystem) geschaffen, aber nicht selten nur in Stückwerktechnologie umgesetzt. Mehr oder weniger witzige Akronym-Gebilde suggerieren, auf der Höhe der Zeit zu sein. Man spricht dann selbstbewusst davon, über ein eigenes, dem TPS vergleichbares XY-System zu verfügen.[65] Dabei übernimmt man gerne die leicht zu implementierenden Bausteine. Eine tiefgreifende Restrukturierung erfolgt häufig jedoch nicht. Wenn sich die erwarteten Erfolge nicht einstellen, wartet man die nächste Konzept-Welle ab und beginnt das Spiel erneut.

- Es werden mehr oder weniger systematische Kombinationen von einzelnen Methoden und Maßnahmen als Teil, aber als Alternative zu Lean-Instrumentarium eingeführt, wie z. B. bei TQM und TPM, KAIZEN wird KVP.
- Man spricht von TPM, von Lean TPM, von TPM als eigenständige Ergänzung oder als Teil der Lean Production[66]
- Man umschreibt TPS unter weitgehender Beibehaltung mit anderen Begrifflichkeiten[67]
- Einzelne Methoden werden aus dem Zusammenhang gerissen und verabsolutiert
- „5S“ wird zum Managementsystem stilisiert[68]
- Value Stream Mapping[69]
- Logistik: JIT, Warenhaussystem

Angesichts dessen sieht man sich dem Problem gegenüber, laufend Fehlendes hinzudenken und -schreiben, weil der Anspruch der Methode ursprünglich in einem anderen Kontext deutlich reduziert war.

Es ist nicht wirklich keine umstürzende Erkenntnis: Viele Begriffe wie Kundenwert (customer value), Prozessorientierung, Verschwendung, Lernen (KVP/CIP, Kaizen), Kanban, Kunden-, Human- und Pull-Orientierung, (System-)Flexibilität, Standardisierung, Zero-Defect-Qualität u. ä. sind nicht immer wirklich neu. Sie sind für sich genommen auch leere Begriffe, weder alt noch neu. Auch mögen die Beobachtungen unterschiedlicher Qualität sein und nicht immer zu elaborierten Begriffen und Konzepten ausgearbeitet worden sein. Aus Methoden werden zwar schnell *Lean*-Methoden, aber nicht zwangsläufig auch Lean Management.

Ihre Bedeutung erhalten die Lean-Begriffe bzw. -Methoden erst in dem hier skizzierten Kontext. Auch wenn es keinen abgeschlossenen Lean-Instrumentenkasten

65 So eine Pressemitteilung von VW: „Zuerst kam Ford, dann folgte Toyota und jetzt schlägt Volkswagen alle… Wir haben etwas Einzigartiges entwickelt, einen echten Vorsprung gegenüber dem Wettbewerb. …“ Einsparungen an Materialkosten und Investitionen von je 20%, in Produktionsanlagen 30% weniger Fertigungsinhalt; insgesamt Einsparungen von 1.500 bis 1800 € je Fahrzeug. Vgl. Wirtschaftswoche vom 5.11.2012.

66 Vgl. Reitz (2008).

67 Shunji (2007).

68 Jackson (2009).

69 Locher (2008); Klevers (2007).

gibt, es gibt Prinzipien, mit Hilfe derer wir deduktiv, auch unter Zuhilfenahme der oben bereits vorgestellten theoretischen Prinzipien und Konzepte als Wirkgrößen eine nachvollziehbare Systematisierung von im Lean-Kontext gebrauchten Begriffen und Instrumenten vornehmen können. Entscheidend dabei ist, den Kern des Lean-Paradigmas – Kunden(wert-)orientierung und Flexibilisierung von Ressourcen; Prozessorientierung, Pull-Prinzip, Kunden-Lieferantenverhältnis – immer wieder präsent zu halten.

Wie so oft hilft Theorie, wenn es darum geht, das Allgemeine im Besonderen zu erkennen. Wenn wir durch eine *Zuordnungsvorschrift* die instrumentelle Vielfalt sinnvoll ordnen und mögliche Weiterentwicklungslinien kennzeichnen können, haben wir bereits einen wertvollen Beitrag geleistet.

Zumeist haben Instrumente bzw. Methoden die Neigung, sich auszubreiten und ihren Entstehungskontext zu verlieren. Programmierte Vorgehensweisen sind in einer unübersichtlichen beliebter Welt ein Rettungsanker. Dennoch haben Methoden von ihrem Konstruktionsgedanken her immer eine gedachte Wirkebene und einen bestimmten Wirkbereich. Anhand des Fundamentalprinzips können wir verschiedene Ebenen unterscheiden, wie z. B. Stelle, Abteilung, Unternehmen. Mithilfe der Systemkategorien kann man festlegen, welcher Wirkfaktor bearbeitet werden soll. Wirkebene und Wirkfaktor spannen somit einen Ordnungsrahmen auf, der die verschiedensten Lean-Instrumente nachvollziehbar systematisiert (siehe Abb. 53).

Wenn man die Lean-Diskussion der letzten Jahre verfolgt hat, wird man erkennen, dass der Anspruch der Methoden, die ursprünglich im Produktionskontext auf Stellenebene ihren Ursprung hatten, die Neigung haben, entlang des „Ganzheitlichkeitsastes“ des Fundamentalprinzips in der jeweiligen Wirkkategorie „höher“ wandern (horizontale Richtung). Diese Loslösung vom Produktionskontext entspricht zwar nicht unbedingt dem ehemals konstruierten Zweck der Methode, leistet aber einen Beitrag zur Diskussion.

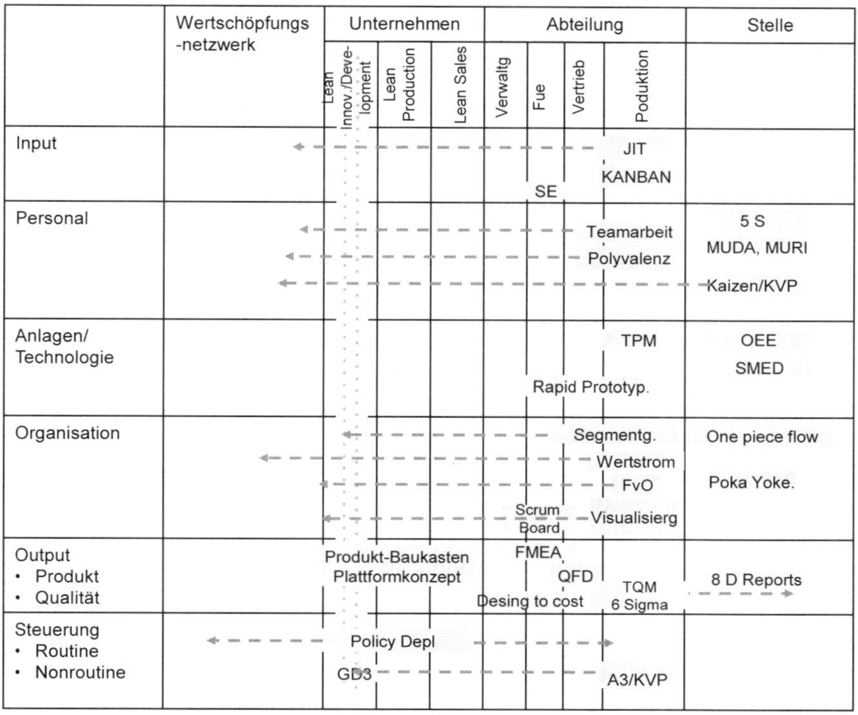

Abb. 53. Ordnung der Vielfalt an Lean-Instrumenten

Bedeutsamer ist, dass man dann ausgehend von der Wirkebene „Unternehmen" alle Methoden daraufhin untersuchen kann, ob die Behandlung der Wirkfaktoren mithilfe der Lean-Methoden im Sinne der Lean-Ziele pragmatisch nützlich sein können.

Man spricht dann von *Lean Sales*, *Lean Development*, *Lean Administration* etc.[70] Gemeint ist damit die Gestaltung von Funktionalbereichen unter der *Lean-Perspektive*, in der sich mehr oder weniger geeignete Anzahl an Lean-Methoden versammeln. D. h. ein Funktionalbereich Verkauf (Sales) ist dann lean, wenn Führung, Prozesse und Strukturen weitestgehend auf Basis der Lean-Prinzipien gestaltet sind. Das mag nicht immer Sinn machen. Es wird aber dadurch nachvollziehbar, was dann an der Gestaltung lean ist, was nicht.

[70] Vgl. Chiarini (2013); Romberg (2010); Laqua (2012).

4.5 Evolutionäre Entwicklung des „Lean-Denkens"

4.5.1 „The lean idea (still) evolves": zunehmendes Systemverständnis

Trotz des inflationären Sprachgebrauchs des Begriffs „Lean" hat sich in den letzten rund drei Jahrzehnten in Wissenschaft und Praxis ein gemeinsames Verständnis und Vokabular entwickelt. *„Lean as a concept has undergone a significant evolution and expansion beyond its* origins *in the auto industry, and its narrow definition around shop-floor improvement."*[71] Auch wenn die Lean-Konzeption für Viele noch immer mit Produktion assoziiert wird, das Lean-Verständnis hat sich deutlich *erweitert*.

Schon die Autoren der MIT-Studie hatten bereits mehr im Blick gehabt, wenngleich sie dies erst später mit ihrer Veröffentlichung *Lean Thinking* deutlich gemacht haben. Sie bewegen sich damit auf der Linie des Lean-Verständnisses, welches wir von Anfang an unterstellt haben:[72] das Lean Konzept nicht zu verstehen als vermeintlich geschlossenes System (TPS), sondern als *Lean-Philosophie,* also als eine Perspektive der Bearbeitung eines Erfahrungsgegenstands.[73] Diese Verallgemeinerung erschien uns möglich, weil wir darin verschiedene schon längst bekannte und in den Vorabschnitten diskutierte Sachverhalte zur Konvergenz haben kommen sehen.

Die Übertragbarkeitsdebatte, die Anfang der 1990er Jahre die Diskussion beherrscht hatte, ist längst ausgestanden. Längst ist klar, dass man nicht im Reisfeld gelebt haben muss, um die Lean-Ideen erfolgreich umzusetzen. Und genauso klar ist, dass man mit der bloßen Kenntnis einschlägiger japanischer Begriffe seine Unternehmensleistung nicht automatisch verbessert. Deshalb waren wir verwundert über die anfängliche abwiegelnden Literaturstimmen und die u. E. unnötige Übertragbarkeitsdebatte der japanischen Methoden in den hiesigen Kontext. Natürlich ignorieren wir kontextspezifische Gegebenheiten nicht, denken aber, dass ein volkswirtschaftlicher Entwicklungsstand mehr zur Erklärung beitragen kann, als *kulturspezifische Besonderheiten.*[74]

Die Zweifel an der Übertragbarkeit sind heute weitgehend verflogen, wie Liker/Meier deutlich gemacht haben. *„There is no question that Japan has a different culture, and in many ways it fits quite nicely with the principles of the Toyota Way. After all, the Toyota company culture evolved within the Japanese culture. ... Yet Toyota has had considerable success in moving their system to other countries. Over time, the company has learned that they cannot build the Toyota culture of Japan intact in other countries. They must allow the culture to adapt to the local*

71 Hines/Holweg/Rich (2004), S. 1005.
72 So später auch Rother (2010).
73 Siehe oben Abschnitt 3.2.
74 Gerne zitiert die Reisbauern- und Konsenskultur der Japaner.

culture. The result is a hybrid culture – a new combination of the local culture and original Toyota culture. But the Toyota value system is not compromised. “[75]

Umdeutungen, Neu- und Weiterentwicklungen von Begriffen und Konzepten des Lean-Denkens lassen sich im Rahmen der Ausbreitung und Entwicklung des Lean-Gedankens über die letzten rund drei Jahrzehnte gut nachverfolgen. Aus hiesiger, deutscher Sicht lassen sich vier Phasen unterscheiden: *Inkubation, Kopieren, Expansion, Systemverständnis* (siehe Abb. 54).[76]

(1) Inkubationsphase

Gemeint ist die erste Phase seit Ende der 1970er Jahre als in USA und Europa in der Automobilindustrie das „Japan Phänomen“ um sich griff. Sowohl Wissenschaftler als auch Praktiker versuchten zunächst einmal, die „Japan Methoden“ zu verstehen. Der Fokus lag auf Produktionsfragen v. a. der Automobil-Massenproduzenten. *„In this awareness period (up to 1990), the main weaknesses of lean manufacturing were its automotive manufacturing-based view and limited appreciation of how to handle variability in demand. The implementation was entirely tool-focused, and generally neglected the human aspects of the high-performance work system core to the lean manufacturing approach.* “[77]

Die Literaturproduktion war vorwiegend von *Erfahrungsberichten* japanischer Praktikern bestimmt. [78] Gegenstand der Betrachtung war ausschließlich der „*Shopfloor*“ mit seinen vielen Fertigungs- und Montagezellen.

In den Lean-Fabriken waren *Besuche westlicher Manager* an der Tagesordnung. Man wollte lernen, was die einschlägigen japanischen Unternehmen so revolutionär anders machten und blieb doch weitgehend ratlos angesichts des wenig spektakulär anmutenden Gesehenen. Man musste erst einmal sehen lernen. „*Learning to see.*“ Und das dauerte.

---

75 Liker/Meier (2006), S. 452–458.

76 In Anlehnung an Hines/Holweg/Rich (2004). Wir übernehmen die Vier-Phaseneinteilung dieser Autoren zur Beschäftigung mit Lean-Gedanken verschieben aus der Sicht der deutschen Wirtschaft die dort genannten Zeiträume jeweils um 5 Jahre in die Zukunft.

77 Vgl. Hines/Holweg/Rich (2004), S. 996.

78 wie z. B. Shingo (1981, 1988), Schonberger (1982, 1983); Monden (1983); Takeda (1985); Ohno (1988).

	Inkubation ~ 1985-1995	„Kopieren" ~1995 - 2000	Expansion ~2000- 2005	Systemverständnis > 2005
Haupt-aktivität	Erste Japan- Reisen; Kennenlernen neue Produktionsmethode	„Copy & Paste von Tools"	Bedeutung der Führungsleistung Erkennen	Bedeutung der Strategischen Anbindung (integr. Management)
Haupt-themen	Kosten und JIT, Materialmgt., shop-floor-Praktiken	Best Practise-Bewegung; Benchmarking; TQM; process reengineering Human Resources	„Wertstromdenken" und Kooperationen; Supply Chain Mgt; Kundenwert	„Value System", Integration der Lean-Aktivitäten id gesamten Unternehmenskontext
Betrachtungs bereich	Produktion i.e.S.	„Order Fulfilment" (Prod & Logistik)	Weitere Geschäfts-prozesse	Unternehmung als Ganzes
Organisations -typus	„Pyramide"	„Matrix-Modell" mit starken Zentralfunktionen	„Matrix-Modell" mit starken operativen Einheiten	Wertstromorientiertes, disloziertes Organisationsnetzwerk"
Industrie	v.a. Automobil- und Komponenten-hersteller	Allg. Assembly-Industrie (v.a. Massen-produzenten)	Massen-/Kleinserien-produzenten;	auch Dienst-leistungssektor
Wichtige Kritik	*Carlisle/Parker (1988)* *Fucini/Fucini (1990)*		*DavidowMalone (1992)* *Cusumano (1994)* *Harrison et al (1999)* *Suri (1999)*	Christopher/Towill (2001) *van Hoek et al. (2001)*
Wichtige Literatur	Shingo (1981), (1988) Schonberger (1982) Monden (1983) Ohno (1988) Womack et al (1990) Hammer (1990) Stalk/Hout (1990) Harrison (1992)	Takeda (1993) Womack/Jones (1996)	Imai (2002) Rother/Shook (1998)	Abbas et al (2001) Bateman (2000) Holweg/Pil (2001) Imai (2002) Hines et al (2004)

Abb. 54. Etappen des Lean-Denkens

(2) Phase „Kopieren"

Nachdem die Überlegenheit der „japanischen Produktionsweise" angesichts der umfassenden Benchmarking-Aktivitäten für jeden evident war und durch Managereindrücke bestätigt werden konnte, versuchte man einzelne Methoden mithilfe von Protagonisten zu adaptieren.[79] Man scannte die Oberfläche und versuchte das Gesehene im eigenen Hause zu implementieren. Es ging dabei mehr ums *Kopieren*, als ums Kapieren.[80]

Man wurde teilweise konfrontiert mit einfachen Weisheiten und Tools (z. B. *5-S-Methode*), die jedem ausgebildeten industriellen Facharbeiter wie Hohn vorkommen mussten und mit wenig ermutigenden Implementierungserfolgen. Vor allem erwiesen sich die vorhandenen Organisations- und Führungsstrukturen als wenig förderlich: *„Sparked by the superior performance achieved by lean producers over the performance of traditional mass production system designs, western manufac-*

[79] Siehe kurze Darstellung des Benchmark-Programm im Rahmen des IMVP-Programms, Holweg (2007), S. 425 ff.

[80] Prominentestes Beispiel: Beratung von Porsche durch Japanische Lean-Experten seit Anfang der 1990er Jahre.

turers emulated the shop-floor techniques, the structural parts of lean, but often found it difficult to introduce the organisational culture and mindset. So many early lean efforts showed localised impact only, and fell short of their intended impact on the overall system's performance ... .“[81]

Man blieb in der Praxis weitgehend bei der Imitation der Lean-Tools stehen. Echte Fortschritte wollten sich nicht einstellen. Die Resonanz auf das Lean-Konzept war auch uneinheitlich, die Ablehnung des Lean-Gedankens noch immer sehr verbreitet.

Die Literaturproduktion wurde (wieder) mehr und mehr durch westliche Wissenschaftler und Managementberater bestimmt. Man versuchte verschiedene Erkenntnisbereiche mit dem Lean-Gedanken zu verbinden und sprach u. a. von *Business (Process) Re-Engineering*, von *(Durchlauf-)Zeit als Waffe* und von *schlanken Order Fulfilment-Prozessen*, ohne sich aber über die notwendigen tiefgreifenden Veränderungen im Klaren zu sein.[82]

Es ging immer wieder um den Faktor Zeit, v. a. darum, wie der Informations- und Materialfluss so gestaltet werden kann, dass die *Durchlaufzeit minimiert* wird. Man versuchte die Wertschöpfung vom Kunden her zu analysieren und zu gestalten (Business Reengineering) und schloss diese Perspektive mit den IT-Möglichkeiten zusammen. Das *Supply Chain Management* wurde forciert, ohne aber die gesamte Wertschöpfungskette im Blick zu haben.[83] Als geeigneter Organisationstypus galt die „Matrix-Organisation“ mit starken unterstützenden Einheiten (v. a. Logistik) dem Geschäftsprozess-Konzept entsprechend.

(3) Expansions-Phase

Mit dem Hervortreten des Denkens in „Wertschöpfungsketten“ und „-netzwerken“ begann sich das Lean-Konzept aus der engen Fokussierung auf Automobilindustrie und Produktion zu emanzipieren. Mit dem „*Wertstromdenken*“ wurde mithilfe von Wertstromanalysen, Prozess- und Aktivitätsnetzwerkanalysen an der Verbesserung bzw. Vermeidung von Verschwendung auch weiterer Geschäftsprozesse im Unternehmen erschlossen. Man übertrug die Lean-Prinzipien und Lean-Methoden auch auf Verkaufs- und Entwicklungsbereiche sowie Administrationsbereiche. Gleichzeitig wurde der Einsatz von Lean-Methoden v. a. auf die mittelständischen Unternehmen der Zuliefererpyramiden (Massen- und auch Kleinserienproduzenten) gefordert. *„This provided the link between lean and the supply chain, as for the first time, the production ‚pull‘ was extended beyond the boundary of the single factory to include the up- and downstream partners.“*[84]

---

81 Hines/Holweg/Rich (2004), 1007.
82 Andersen Consulting (1993); Hammer (1990); Harrison (1992); Stalk/Hout (1990).
83 Begriff und Idee war bereits älter, fanden aber erst mit dem Lean-Denken einen guten Nährboden: Oliver/Webber (1982).
84 Hines/Holweg/Rich (2004).

Angesichts zunehmender Internationalisierung der Geschäftsaktivitäten und steigender Veränderungsdynamik in Technologien entstanden neue Komplexitätsgrade der Organisation, deren Beherrschung die Berücksichtigung von Lernprinzipien voraussetzt. Indirekte und direkte Funktionen rückten in den verschiedenen Wertschöpfungs-Abschnitten näher zusammen. Die geänderte Rolle und die Leistung der Führung im Lean-Kontext wurden evident.[85]

Das *Matrix-Modell* als organisatorische Grundstruktur blieb vorerst, aber mit deutlich stärkerem Fokus auf den operativen Organisationseinheiten. Der Netzwerkgedanke beginnt sich mehr und mehr zu etablieren. Die wichtigen Literaturbeiträge beschäftigten sich mit der strategischen notwendigen strukturellen und Führungsvorbedingungen, um den Lean Gedanken erfolgreich und nachhaltig verankern zu können.[86]

(4) Phase: zunehmendes Systemverständnis

Wesentliche und frühe Kritik speiste sich aus der *isolierten* Betrachtung des „Lean Konzepts". Vermeidung von Verschwendung könne kein absolutes Ziel sein, sondern müsse auf die Unternehmensleistung bzw. Strategie bezogen werden.[87] Im Zuge der ausgreifenden Anwendung auf andere organisatorische Bereiche des Unternehmens wurde auch das Lean-Verständnis umfassender.
„*After 1990, there was a gradual widening of focus away from the shop-floor, a trend often ignored by omission, error or design by many detractors. This process of ‚extension' was also accelerated by the promotion of successful western case emulation by businesses in diverse sectors that had adapted their production systems to include a new design based upon ‚lean principles'...*"[88]

Mithilfe der Lean-Prinzipien war dann möglich, was die Produktionsmethoden allein nicht vermocht hätten. *Wertströme* wurden komplettiert und im gesamten Organisationsnetzwerk betrachtet, mit entsprechenden Erweiterung des Zielfokus: weg von der anfängliche reinen Kostenbetrachtung der Produktion, erweitert um die Zielgrößen (Qualität und Durchlaufzeit) bis hin zur Einbeziehung von *Kundenwertsteigerungen*.[89] Die konsequente, auch über die Produktion hinausgreifende Anwendung der Lean-Prinzipien und -Methoden brachte deutliche Fortschritte auch in *anderen* Bereichen einer Unternehmung und warf die Frage nach Integration der Lean-Aktivitäten in den gesamten Unternehmenskontext (nun verstanden als „wertstromorientiertes, disloziertes Organisationsnetzwerk) auf (siehe Abb. 55).

85 Rother (2009).
86 Rother (2009); Liker/Meier (2005). Liker (2004).
87 Vgl. Cusumano (1994).
88 So Hines/Holweg/Rich (2004), S. 995 mit expliziten Verweis auf Womack/Jones (1996).
89 „This evolution may be summarised as a focus on quality during the literature of the early 1990s), through quality, cost and delivery (late 1990s), to customer value from 2000 onwards ...." Hines/Holweg/Rich (2004), S. 995.

Allerdings lag dieser Fortschritt weniger in der Entwicklung von Methoden, sondern vielmehr darin, die Lean-Aktivitäten in die Unternehmensführung zu integrieren. Dabei wurde schnell klar, dass die Umsetzung der Lean-Prinzipien nicht in jeder Führungs- und Organisationsform so ohne weiteres erfolgreich zu gestalten ist. Damit geriet ein neuer Aspekt in der Lean-Diskussion in den Blickpunkt: die Bedeutung der *strategischen Anbindung* des Lean-Denkens im Gesamtzusammenhang der Unternehmensführung. *„The resulting lean value system encompasses a value-adding network of operations across companies, with the goal of providing a series of contingent value proposition to individual final consumers.“* Und weiter heißt es: *„...we found that the distinction of lean thinking at the strategic level, and lean production at the operational level is crucial to understanding lean as a whole in order to apply the right tools and strategies to provide customer value.“*[90]

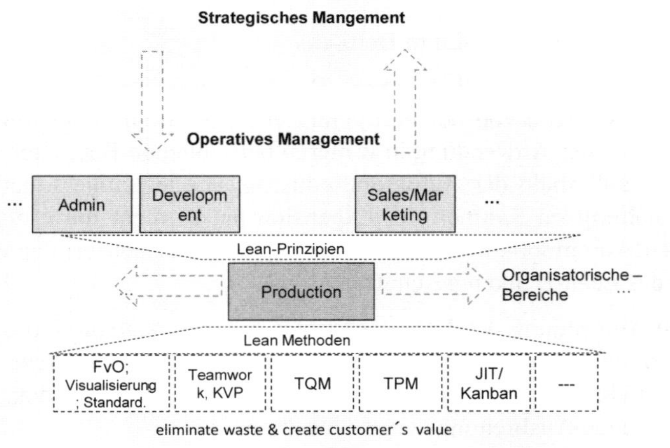

Abb. 55. horizontale und vertikale Aufweitung des Lean-Verständnisses

Es ging damit weniger um die Entwicklung von Methoden allein, sondern um *Kompatibilität* bzw. *Adäquanz* der Lean-Gestaltung mit anderen wesentlichen Faktoren, v. a. Organisation, (strategische) Führung und Kultur, die nun für die Diskussion bestimmender werden. Und es geht um wechselseitige Integration verschiedener Managementkonzepte.

90 Hines/Holweg/Rich (2004), 1007.

In diese Richtung weist auch die Aussage eines *lean*-erfahrenen Managers im Rahmen eines Interviews:[91]

McKinsey: Now that you have designed and led a number of lean management–based transformations, how has your perspective evolved?

Marv Adams: The first few times that I got involved with some of the ideas underlying lean management, it was all about individual methodologies, so it was inherently fragmented. There wasn't any emphasis on the belief system or leadership and management practices.

A „lean project" would start when somebody saw a problem – a problem big enough to warrant significant resources. At most, the project would fix a process. But it didn't leave behind a continuous-improvement system; it didn't leave behind motivated staff.

Now I see lean management as an integrated system of beliefs, leadership practices, and management practices. The methodologies and tools are important in that they allow the organization to implement those deeper ideas in a practical way, but the tools alone are not lean management.

4.5.2 „Diffusionspfade" des Lean Denkens

Im Zuge der vorstehend skizzierten *Phasen*-Entwicklung wird das Lean-Verständnis – ausgehend von der Fertigungszelle des Shopfloors – immer umfassender hinsichtlich der Anwendung in weiteren betrieblichen Bereichen und in weiteren Branchen außerhalb der Automobilindustrie. Die jeweilige situationsspezifischen Ausgestaltung im Rahmen der Expansion hat es nicht nur ermöglicht, den ursprünglichen Automobilkontext zu verlassen, sondern auch prinzipielle *Diffusionspfade* für das Lean-Denken geschaffen.

Wenn wir die Anwendung des Lean-Konzeptes auf *verschiedene Industrien* (Massenproduzenten und andere Industrien) und *verschiedenen betriebliche Funktionen* innerhalb eines Unternehmens (Produktion und andere) unterscheiden, lassen sich mindestens folgende Ausbreitungswege beoachten:

(1) Übertragung von der Automobilindustrie in andere Industrien

Der nächstliegende Weg war, das Lean Denken im Produktionskontext von der Automobilindustrie auf eine andere *Massenproduktionsindustrie* zu übertragen. Diese Strategie einfachen Kopierens hat da gut funktioniert, wo die charakteristischen Gegebenheiten zur Automobilindustrie ähnlich waren, v. a. Montage-orientierte Massenproduktion. Die Lean-Erfahrungen der Automobilindustrie als *„mother of lean thinking"* haben sich sehr schnell über die Automotive-Tier1-Unternehmen auf weitere Unternehmen, wie z. B. Investitionsgüterhersteller (Werkzeug-Maschinenbau) ausgedehnt. Fokus war und blieb dabei der „Shopfloor". Die erwähnten Weiterungen in die Unternehmensführung mit den erforderlichen Vorbedingungen sind nicht erfolgt.

---

91 Driving Lean Management (2014), S. 2.

(2) *Übertragung auf andere organisatorische Bereiche innerhalb der Massenproduktionsindustrie(n)*

Der *zweite* plausible Pfad ergab sich bei den Massenproduzenten, indem versucht wurde, andere betriebliche Bereiche einzubeziehen – immer mit dem Ziel niedrigerer Kosten und besserer Qualität und Durchlaufzeit. Angefangen bei den produktionsnahen *logistischen* Aufgaben, über die *vorgelagerte Produktentwicklungsphase* bis hin zu *Vertriebs-* und *Verwaltungsaufgaben* versuchte man durch Anwendung der Lean-Prinzipien und bekannter oder modifizierter Methoden weitere Nutzenpotenziale auszuschöpfen.

(3) *Übertragung auf andere, Nicht-Massenproduktions-Industrien*

Am wenigsten verbreitet und vermutlich auch am wenigsten erfolgreich kann die Resultante aus den Impulsen der ersten beiden Diffusionspfade gelten. Der dritte Entwicklungspfad der Übertragung erfordert einen *mehrfachen Adaptionsprozess*. Wenn außerhalb der Massenproduktion (z. B. bei wiederholter Einzelproduktion) bestimmte Lean Prinzipien zwar grundsätzlich angewendet werden können, aber anderer Methoden bedarf, weil eben keine Statistiken (Benchmarks) aufgrund mangelnder Vergleichbarkeit Gewissheit geben können, sondern die Orientierung an Erwartungs- und Erfahrungswerten bedeutsam wird.
Hier zeigt sich zudem am ehesten die Notwendigkeit einer Klärung strategischer Vorbedingungen. *„In particular when applied to sectors outside the high-volume repetitive manufacturing environment, lean production has reached its limitations, and a range of other approaches to counter variability, volatility and variety have been suggested. Here, the often quoted lean-agile debate is applicable, discussing whether an agile or a lean strategy, or even a hybrid approach is most suitable .... “*[92]

Mit zunehmenden Lean-Erfahrungen konnten selbst in diesen Umfeldern durch innovative Ansätze (z. B. *„mass customization“*[93]) noch deutliche Verbesserungen des Lean-Denken erreicht werden, weil es gerade die wichtige Größe der Variabilität der Produkte positiver zu behandeln vermag. So sind es gerade die von Kritikern immer wieder hervorgebrachten Begrenzungen, die eine Fortentwicklung des Lean Denkens außerhalb der angestammten Anwendungsfelds treibt. *„This evolution is largely driven because of the shortcomings of lean that surfaced as organisations progressed on their learning curve, as well as the extension of lean thinking into new sectors with different settings and constraints. Key aspects of this criticism are the lack of contingency and ability to cope with variability, the lack of consideration of human aspects, and the narrow operational focus on the shop-floor. “*[94] Kritik als Chance, sozusagen. Das Ende ist offen.

---

92 Vgl. Hines/Holweg/Rich 2004 mit Verweis auf Naylor et al. (1999) und Christopher/Towill (2001).

93 Vgl. Pine (1993), Piller (2006).

94 Hines/Holweg/Rich (2004), S. 998.

Mit der zunehmenden Diffusion des Lean-Konzeptes in geht auch eine intensivere Anwendung des Lean-Denkens und seiner Prinzipien in unterschiedlichen Kontexten (höhere, andere Wirkebenen und weiter Wirkfaktoren) auch mit *Bedeutungsverschiebungen* einher. Auch wenn das angesichts des inflationären Sprachgebrauchs des Präfix „Lean" nicht immer gleich ersichtlich ist, hat das Lean-Denken bezüglich der Art der gestellten Fragen bzw. *Problemformeln*, welche behandelt werden sollen, neue Akzente setzen können.

- Man beginnt unter der Perspektive Lean, bekannte Sachverhalte neu zu sehen, zu analysieren und zu gestalten.
- Es werden Fragen aufgeworfen, die sich aus einem wie auch immer gearteten konkreten Lean Management-Konzept in einer konkreten Situation ergeben. Dass hierbei eigenständige Fragen entstehen, ist bedeutsam, weil es die Chance auf bessere Zustände eröffnet.[95]

Es sind also die Grenzen eines Konzeptes, die das selbstverständlich Gewordene herausfordern. *„As such, this development is one of testing the boundaries of lean thinking and the contingent modifications of the approach (within sectors, across businesses etc.) rather than any fundamental change to the lean enterprise „design logic".*[96] Die noch andauernde Phase des *„Systemverständnis"* in der Lean-Rezeption bietet sich daher an, unter dem Lean-Paradigma eine Reihe von Entwicklungslinien zusammenzufassen, die auf die Grundlagen der Führung und Organisation von lernbereiten Unternehmen sinnhaft konvergieren.

Das Lean Paradigma mit seinen Prinzipien und Zielen fordert und fördert damit einen *integrierten* Führungsansatz, der wiederum die verschiedenen Aspekte aufeinander abzustimmen vermag. Denn nur der Blick auf die Zukunft hält den Prozess der Gestaltung offen, so dass sinnvoll entschieden werden kann, was z. B. Verschwendung ist und was nicht. *„Sehen lernen"* als Ergänzung des Gestaltens als einem offenen Prozess, ein andauerndes *„Noch-nicht"*.[97]

4.5.3 „Lean 2.0" – Auf dem Weg zu einer Lean Enterprise

Fassen wir den bisherigen Argumentationsgang zusammen: Wir haben zu zeigen versucht, was das Lean-Denken im Kern ausmacht. Es sind nicht einzelne Methoden, sondern allenfalls einzelne *Lean-Prinzipien*, deren Befolgung zielführend sein kann. Dabei ist zunächst zweitrangig, ob die Prinzipienwelt von Womack/Jones oder die hier vorgeschlagene befolgt wird.[98] Entscheidend ist vielmehr, dass für eine weitgehende allgemeine Anwendbarkeit in verschiedenen Branchen auch der

95 Siehe z. B. Koch (2006).
96 Hines/Holweg/Rich (2004).
97 *„The resulting lean value system encompasses a value-adding network of operations across companies, with the goal of providing a series of contingent value proposition to individual final consumers. This focus on the final customer is still missing in most lean supply chains, and least of all it is found in the auto industry where lean originates."* A. a. O., S. 1007.
98 Vgl. Womack/Jones (1996); siehe oben Kapitel 3.

infrastrukturelle Rahmen, die organisationsstrukturellen, -kulturellen und andere normative Voraussetzungen auf ihre Lean-Paradigmen-Eignung hin angepasst werden.

Wir schlagen vor, das Lean-Konzept im einem *erweiterten* Sinn eines Lean-Paradigma-Gedankens zufassen. Dieses ist a priori auf den Einzelfall anzuwenden. Natürlich gehen wir von den heutigen Gegebenheiten hochentwickelter Wirtschaftssysteme aus, die arbeits- und wissensteilige Geschäfte über weite geografische und kulturelle Distanzen hinweg mittels moderner Technologien (Transport, Speicherung und Transformation von Information, Materie und Energie) und menschlicher Arbeit und Kreativität ermöglichen und erfordern. In diesem Sinne bezeichnet Management allgemein auch „*das systematische Anstreben erwünschter Zustände durch den konzentrierten Einsatz menschlicher Fähigkeiten*“.[99]

Schon immer haben wir das Allgemeine im Besonderen des „Toyota Produktions-Systems“ gesehen und schon früh von einem allgemeiner gefassten Lean Management gesprochen.[100] Unsere historische Skizze in Kapitel 2 und die Ausführungen in den vorangegangenen Abschnitten dieses Kapitels haben gezeigt, dass hinter den von japanischen Unternehmen (nicht nur, aber insbesondere Toyota) seit den 1950er Jahren über lange Jahre ins Werk gesetzte Erscheinungsform von Produktionsmanagement eine *zeitgemäße Antwort* auf den jeweiligen Bedingungsrahmen und die vorweggenommenen zukünftigen Herausforderungen war. Ausgehend von frühen (naiven) Beobachtungen, die man nicht sogleich erklären konnte, hat sich über verschiedene Phasen des „*trial and error*“ im Zuge der Ausbreitung des Lean-Gedankens ein Potenzial an Fragen entwickelt, das über festgestellte Wirkungen dieses Denkens das (Erkenntnis)-Objekt Unternehmung tiefgreifend *verändert*.

Unzweifelhaft hat der Lean-Gedanke eine Reihe neuer Fragen in der Unternehmensführung aufgeworfen, die manch vormalige Gewissheit in Frage gestellt haben.

- Beispielsweise wurde die Gültigkeit des *Massenproduktionsgesetzes* nicht widerlegt, aber in bestimmten Wettbewerbs-Situationen *gegenstandlos* gemacht.
- Vermeiden der Bestände ist keine Handlungsursache, sondern eine Wirkung einer tradierten Fordschen „*Beweg-das-Blech*“-Philosophie, die infolge des *Kunden-Lieferanten*-Denkens im gesamten Wertschöpfungsnetzwerk entsteht.
- „*Reduzierung von Verschwendung*“ ist nur dann zielführend, wenn dabei explizit auf die Lean-Philosophie bzw. -Prinzipien rekurriert und ein günstiger Infrastruktureller Voraussetzungszusammenhang hergestellt wird. Ohne diese explizite Bezugnahme bleibt es bei einer enttäuschungsanfälligen Anwendung von Methoden, deren Einsatzdauer spätestens bei der nächsten Managementwelle endet.

Was aber die heute noch andauernde Phase des *Systemverständnisses* auch offengelegt hat, ist die herausragende *Bedeutung der Führungsleistung*. Wege zu finden,

99 Rother (2009), S. 12.
100 Vgl. Pfeiffer/Weiß (1992), (1994).

um die negativen Folgen der *Trennung* von Denken und Handeln zu mildern ist dabei eine Seite. Eine andere ist der gekonnte Umgang mit *Unsicherheit*, der über verschiedene Strategien (gestufte Reaktion, Sicherheitsreserven, Engpassvermeidung) letztlich in eine verstärkte Ausdifferenzierung von Strategie/Operation mündet. Hier Vorausdenken und Gestalten, dort Umsetzen und Lenken. Der Fokus der Betrachtung wird im Zuge dessen wohl auch wegführen von einer Methodenzentrierten Aufmerksamkeit hin zu den Fragen *gelingender Integration* von Lean-Programmen in einen gesamten Unternehmensführungszusammenhang.[101]

Die Forschungsbemühungen um Lean werden sich zwar noch weiter mit der Entwicklung von Methoden und mit der Anreicherung von Implementierungswissen in der Praxis befassen, v. a. mit der Informatisierung der Erkenntnisse.[102] Aber der Umgang mit den Lean-Methoden wird relativiert und eingebettet in normales Unternehmensgeschehen. Wesentlicher wird dabei die Bedeutung der *Unternehmenskultur* in Wechselwirkung mit dem Faktor Personal. Und die Neigung, Lean Denken in Industrien zu implementierten, die weiter weg liegen als klassische „Massen-Assembly-Industrien".

Nach alldem Vorhergesagten können wir unser oben bereits vorgetragenes Verständnis von Lean Management im Sinne des Lean Paradigmas präzisieren und erweitern:[103] *Demnach repräsentiert Lean Management eine Führungsphilosophie mit einem Bündel von Prinzipien, Methoden und Maßnahmen mit dem Ziel, in allen betrieblichen Funktionsbereichen Verschwendung zu vermeiden unter Beachtung situativer Voraussetzungszusammenhänge hinsichtlich der Faktoren Führung, Personal, Organisation und Kultur.*

Die Notwendigkeit der „Ganzheitlichkeit" schließt Teilimplementierungen von Methoden und Maßnahmen nicht aus, reduziert aber die Erfolgswirksamkeit und Nachhaltigkeit. Man muss sich dann nicht wundern, wenn man auf dem Shop-floor oder auf hohen Beständen hängen bleibt.[104] Aber es geht dabei um Mehr als um die Gestaltung der Produktion, auch wenn die noch immer prominent sein mag: *„ ..., for many companies the major focus of lean implementation is still the shop floor and their search for competitive advantage has yet to rely on the more recent lean integrative approaches. "*.[105]

---

101 „In addition, the application of this approach will clearly require a contingent application, which very likely will be unique both to a particular value system and industrial sector." Hines/Holweg/Rich (2004), S. 1007.

102 Siehe hierzu beispielsweise den Tagungsband, hrsg. von Koch (2006).

103 Siehe oben Abschnitt 3.2.1.

104 „The paradoxical situation of piecemeal lean application is that the most productive car plants in Europe produce into the highest level of finished stocks in Europe. … Indeed, the car industry, the ‚mother of lean thinking', is still largely in this shop-floor dimension and has focused largely on optimising the car assembler and first tier supplier tier (…)." Hines/Holweg/Rich (2004), S. 998.

105 Hines/Holweg/Rich (2004), S. 998.

Es geht darum, die Vorbedingungen zu schaffen, damit eine Lean-Unternehmung sich als Lernsystem begreifen und die Philosophie und Prinzipien des Lean Managements in seine Strukturen und Prozesse integrieren kann. Gelingt dies nicht, bleibt wohl nicht mehr als das alte Motto: *„Kopieren, bloß nicht Kapieren!“*

Eine am Lean-Paradigma orientierte Gestaltung eines Lean-Unternehmens („Lean-Enterprise“) ist nicht schon dann erreicht, wenn möglichst viele Instrumente benutzt werden. Paradoxerweise kann ein Unternehmen „lean“ sein ohne die gängigen Lean-Instrumente selbst anzuwenden. Es reicht, die Lean-Philosophie in Aktion zu bringen (v. a. Kundenwert- und Prozessorientierung) und sie für alle Organisationsmitglieder sichtbar und erlebbar zu machen. *„In other words, any concept that provides customer value can be in line with a lean strategy, even if lean production tools on the shop-floor, such as kanban, level scheduling, or take time, are not used.“*[106]

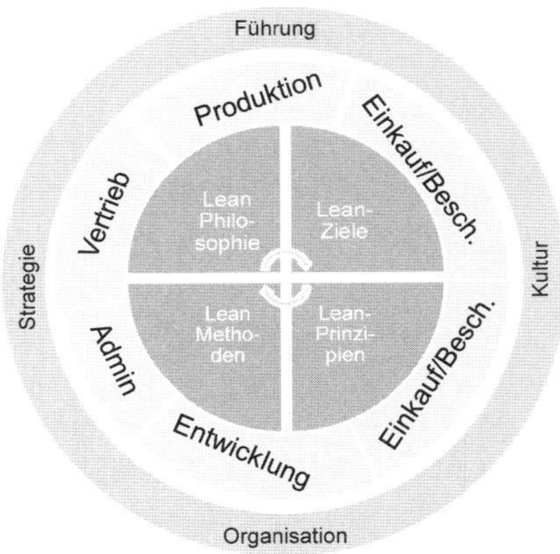

Abb. 56. „Lean 2.0“ – Lean in erweiterter Perspektive

Es genügt das Ausmaß des Verständnisses der Richtigkeit und Fruchtbarkeit der Lean Philosophie.[107] Ständig auf der Suche nach einer besseren Lösung und nicht den einen, besten Weg dauerhaft einfrieren. Sich der je eigenen Grenzen zu versichern, sich laufend selbst zu vergewissern. Netzwerke wie auch Teamstrukturen

---

106 Hines/Holweg/Rich (2004), S. 1006.

107 Was ist Lean Enterprise? „What is lean enterprise and why should it be studied? Briefly, a lean enterprise is a business entity in which the internal organization and operations are always in synchronization with the needs of the market and geared to creating sustainable value for all stakeholders while eliminating waste in all activities. Knowledge of how to organise such an enterprise has the following advantages:

1. Adaptation of production and administration processes driven solely by value adding, eliminating activities that do not add value.
2. Self-regulated flows for work, material, information and cash conditions.
3. Direct decision-making at the point of value creation Capacity for rapid displacement of the enterprise to cope with new market“ vgl. Tsigkas (2013), S. 1.

sind hierfür ein geeignetes Übungsterrain. Sie garantieren, dass selbst- und fremdproduzierten Störungen im betrieblichen Geschehen entstehen, analysiert und behandelt werden müssen. Insofern ist dies eine offene Reise, eine unendliche Geschichte – den eigenen Weg zu finden.

„Es sind Paradigmen, die verhindern, diese andere Ebene zu entdecken. Ein Paradigma ist eine allumfassende – Betrachtungsweise oder Weltsicht, die von einer Gemeinschaft von Menschen geteilt wird. Sie setzen uns die Brille auf, durch die wir sehen und urteilen lernen; sie sind stark, weil sie ein Filter sind, durch das die Gemeinschau blickt. Und dieses Filter ist derart klar und sauber, daß der Mensch nicht einmal weiß, daß das, was er sieht, gefiltert ist – weil alle dieselbe Brille tragen. Nicht nur Kulturen, auch Organisationen arbeiten in Paradigmen. Soll eine Organisation durchgreifend verändert werden, muß zuvor das Paradigma in Frage gestellt werden ... Wenn im Management ein Paradigma verändert werden soll, verläuft selbst nach der Erkenntnis der Wandel sehr langsam, weil das Management selbst ein Teil des Problems ist ... .“[108]

[108] Zitiert nach Klotz (1993).

Kapitel 5: Lean Management und Unternehmensführung

Wie jeder Paradigmenwechsel verändert auch das „Lean"-Denken die seitherigen gemeinsam akzeptierten Annahmen über die Funktionsweise von Management beträchtlich. Die frühere, einseitig und bisweilen platt geführte *Übertragbarkeits*-Debatte hatte sich noch aus einer impliziten Abwehrhaltung gegen das Neue, das noch nicht Bekannte, gespeist. In den letzten beiden Jahrzehnten bis heute konnte man auch in der hiesigen Wirtschaftspraxis jedoch hinreichend Erfahrungen bei der Implementierung von Lean-Programmen und -Projekten sammeln; nicht immer war man mit den Ergebnissen zufrieden.

Natürlich setzt eine erfolgreiche Implementierung des Lean-Paradigmas die Kenntnis bestimmter Lean-Prinzipien und -Methoden voraus, aber erst deren wiederholte Anwendung im Rahmen eines geeigneten institutionellen Kontextes innerhalb der Organisation garantiert eine nachhaltige Veränderung in Bezug auf eine *lean*-orientierte Wertschöpfungsnetzwerkgestaltung. Insofern überrascht es auch nicht, dass sich in jüngster Zeit die Lean-Forschung intensiv mit dem Führungs- und Organisations-Kontext gelingender Anwendung von Lean-Konzepten beschäftigt. Insbesondere untersucht man die Frage, welche strukturellen und kulturellen Voraussetzungen die Entscheidung, Führung und Organisation nach dem Lean-Paradigma zu gestalten, nach sich zieht.

Dazu gehören nicht nur situationsadäquate Organisations- und Führungsstrukturen (Abschnitt 5.2 und 5.3), sondern auch ein geeignetes Arbeitsumfeld in Fabrik und Büro wie auch leistungsgerechte Entlohnung und Sozialleistungen, die es auch erlauben Privat- und Arbeitsleben besser in Einklang zu bringen (5.4). Denn wer als Unternehmenslenker motivierte und leistungsbereite Mitarbeiter möchte, kommt nicht darum herum, Anreize zu setzen. Schon mit diesen Fragestellungen wird die Lean-Diskussion von der Ebene des bloß operativen Managements (und dort v. a. des „Shopfloors") mit seinen Lean-Instrumenten auf eine strategische Ebene angehoben. Dort müssen die Vorentscheidungen für alles weitere Tun geklärt sein.

Im Nachfolgenden wollen wir Näheres zu diesen konzeptionellen Voraussetzungen für eine erfolgreiche und nachhaltige Anwendung des Lean-Paradigmas ausführen. Zur besseren Sichtbarmachung der Voraussetzungen bedienen wir uns eines systemorientierten, *integrierten Managementmodells*, welches uns hilft, das Verständnis des Lean-Paradigmas im Rahmen der Unternehmensführung und seiner praktischen Anwendungen zu verdeutlichen.[1]

5.1 Lean Management-Konzept im Modell integrierter Unternehmensführung

Wie einschlägige Erkenntnisse aus der empirischen Implementierungsforschung des Lean-Gedankens und nicht zuletzt die Erfahrungen der hiesigen Wirtschaft allgemein zeigen, gibt es immer wieder Enttäuschungen in Lean-Projekten. Die Umsetzung einzelner Lean-Bausteine und -Methoden geht zwar schnell, die Ergebnisse bleiben aber nicht selten hinter den Erwartungen deutlich zurück: „*Von allem die Hälfte!*" – eine Verheißung, die man zwar gerne glauben will, die sich aber längst nicht immer erfüllt. Nicht selten bleibt es bei ersten positiven Erfahrungen nach partiellen Umsetzungsversuchen, aber schnell schwingt das Pendel in alte Verhältnisse zurück.

Unseres Erachtens hat eine zu geringe *Nachhaltigkeit* ganz wesentlich mit einer *mangelnden strategischen Vorsteuerung* der Lean-Projekte bzw. -Programme zu tun. Denn allzu oft kollidieren die Anforderungen des Lean-Paradigmas mit zentrale Prämissen und Einstellungen der jeweils gepflegten Unternehmensführung im Allgemeinen und im Besonderen mit divergierenden Anforderungen bezüglich der Aktivitäten und Programme zu diversen Themen in den verschiedensten Funktionsbereichen.
Was man längst wissen kann: Verschiedene Funktionsbereiche entwickeln verschiedene Problemsichten mit unterschiedlichen Lösungs- und Verhaltensstrategien, die nebeneinander existieren, um knappe Aufmerksamkeit der Gesamtunternehmensführung rivalisieren und um knappe Ressourcen im Wettstreit liegen.[2] Zudem führen verschiedene Perspektiven selbst bei ein und demselben Sachverhalt zu komplexitätssteigernden und zu wechselseitigen Wirkungen in der Problembehandlung.

Hier kann nur ein *integriertes Management-Modell* wenigstens für erhöhte Problemtransparenz sorgen. Es stellt einen problembezogenen Rahmen zur Ordnung von Entscheidungsproblemen bereit und entwickelt Muster zu integrativen Problemlösungsrichtungen in einem spezifischen Handlungskontext.[3] Folgen wir dieser Überlegung, dann unterscheidet das hier verfolgte *integrierte Management-*Konzept drei *Dimensionen* von Management – *normatives, strategisches* und *operatives* Management – und drei *Aspekte*, welche die Managementdimensionen

---

1 Vgl. hierzu die Ausführungen zum St. Gallener Management-Modell. Es ist derzeit das pragmatischste und am meisten durchgearbeitete systemtheoretisch basierte Managementkonzept. Es beginnt mit Ulrich (1968) und wurde später von Bleicher (1991) und Malik (2000) weiter entwickelt. Vgl. Ruegg-Stürm (2003).

2 Vgl. hierzu das Perspektivenmodell des Managements bei Weiß (1995), Abschnitt 3.5.

3 Vgl. Bleicher (1991), S. 51 ff.

durchziehen: *Aktivitäten*, *Strukturen* und *Verhalten*. Diese Größen problematisieren die Integration zwischen konzeptionell-gestalterischen Wollen und Umsetzung des Erwarteten durch kooperative Leistung (siehe Abb.57).

Normatives Management beschäftigt sich dabei mit generellen Zielstellungen eines Unternehmens, mit Prinzipien, Normen und Spielregeln, die die Entwicklungsfähigkeit der Unternehmung sicherstellen sollen. *Strategisches Management* zielt auf den Aufbau, die Pflege und die Ausschöpfung von Erfolgspotenzialen unter Rückgriff auf bestimmte Ressourcen. Im *operativen Management* finden dann normative und strategische Vorgaben ihren Vollzug, der im Ökonomischen auf leistungs-, finanz- und informationswirtschaftliche Prozesse und auf effektives soziales Verhalten der Organisationsmitglieder in ihren Leistungs- und Kommunikationsbeziehungen gerichtet ist. Normatives und strategisches Management *gestaltet* die Unternehmensentwicklung, während operatives Management sie *lenkt*.

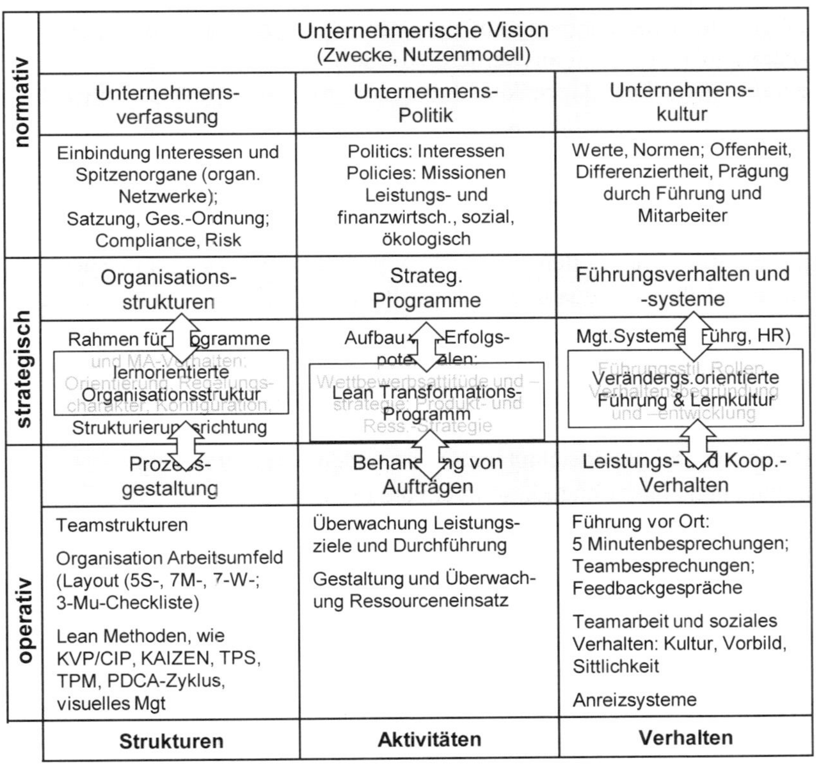

Abb. 57. Integratives Managementkonzept als Bezugsrahmen[4]

[4] Vgl. Bleicher (1991).

Im Rahmen bestimmter organisatorischer (Team-)Strukturen versuchte man mithilfe von Lean Methoden und Instrumenten, individuelle Einstellungen und soziales Verhalten so zu beeinflussen und zu überwachen, dass ein verschwendungsvermeidender optimaler Ressourceneinsatz möglich ist. Im Fokus stand dabei im Gesamtkontext die Lenkung v.a. des *Shopfloors*. Vor diesem Hintergrund hat man bisher Lean Management-Aktivitäten v.a. der *operativen Managementebene* zugerechnet. Diese Zurechnung des Lean-Gedankens vorwiegend auf den Produktionsbereich hat mit der oben vorgestellten Entstehungsgeschichte zu tun, ist aber nach all dem bisher Gesagten als Spezial- und nicht als allumfassender Regelfall anzusehen. Die Forderung nach Wertschöpfungsnähe allen Entscheidens führt zur Übertragbarkeit des Lean-Denkens auf *alle betrieblichen Bereiche*.[5]

Verdeutlichen lässt sich diese Erkenntnis an dem hier vorgestellten integrierten Management-Modell. Um ein nachhaltiges umfassendes *Lean-Transformationsprogramm* erfolgreich zu implementieren, müssen auch strategische und normative Grundlagen der Unternehmung auf die operativen Änderungsnotwendigkeiten des Lean-Paradigmas abgestimmt werden. Nur so ist eine nachhaltig erfolgreiche Implementierung des Lean-Gedankens im organisatorischen Kontext wahrscheinlich.

Begriffen als ein strategisches Programm kann eine Lean-Transformation als Aktivitäts- und Ressourcenstrategie auch zur Entwicklung von *Erfolgspotenzialen* beitragen, die wiederum durch Nutzen von Kernkompetenzen(-fähigkeiten) strategische Erfolgspositionen gegenüber dem Wettbewerb schaffen werden.[6] Gerade hierfür gilt es, die strukturellen, kulturellen und unternehmenspolitischen Themenstellungen auf ihre Adäquanz zum Lean-Paradigma abzustimmen. Damit ist klar: Ein *Lean-Transformations-Programm* kann nicht mehr nur als ein kostensenkungsorientiertes Maßnahmenbündel beschrieben, sondern es muss v.a. als eine auf Veränderung zielende *(Programm-)Strategie* aufgefasst werden, die gekennzeichnet ist durch

- externe Synergiepotenzialnutzung mit Kunden und Lieferanten,
- flexible, nutzungsoffene Ressourcenvorhaltung,
- lernbasierte (Pionier-)Attitüde und
- Kunden(segment-)orientiertes Produktprogramm.[7]

Eine *Management-Philosophie* stellt Orientierungsmarken bereit, an denen sich die Unternehmensentwicklung ausrichtet (Strategie).[8] Die oben in Kapitel 3 erörterten *Lean-Prinzipien* können durchaus als Kern einer Lean-orientierten Management-Philosophie interpretiert werden. So betrachtet, wird die Berücksichtigung eines *strategischen Überbaus* zu einem zentralen Erfolgsfaktor. U.E. ist eine Lean-

5 Vgl. hierzu schon die Bemühungen von Hiromoto, der in seiner Arbeit über Management Accounting in Japan Verfahren vorstellt, um „*Management Accounting und Strategie miteinander zu verbinden.*“ Hiromoto (1989), S. 316.

6 Pümpin (1982), S. 34.

7 In Anlehnung an Bleicher (1991), 199 ff.

8 Vgl. Ulrich (1984), S. 312.

adäquate Gestaltung der Wertschöpfungskette nur unter Berücksichtigung der normativen und strategischen Managementbelange und deren Abstimmung mit vorhandenen Strukturen und Aktivitäten zu machen. Ohne eine solch *lean*-orientierte Ausgestaltung dieser Vorbedingungen wird letztlich jedes Lean-Programm über kurz oder lang scheitern müssen bzw. auf operativer Ebene und dort v. a. im Produktionsbereich enden. *„Organisations that miss the strategic aspect (value creation, and understanding customer value) and assume that quality, cost and delivery equal customer value (a common mistake in shop-floor myopic implementations), only address the cost axis ... . This has led to point optimisation in the supply chain. A particular example here is the „island optimisation" of vehicle assembly plant, yet a sub-optimisation of their complete supply chain ... .“*[9]

Wie jede andere Management-Philosophie auch, ändert das Lean-Paradigma somit grundlegende Einstellungen, Überzeugungen, Werthaltungen, die Denken und Handeln der maßgeblichen Führungskoalition in einem Unternehmen beeinflussen. Das war es, was wir von Anfang an gemeint und schon mehrmals angesprochen hatten: Lean Management ist *keine neue Methode*, sondern v. a. *eine Management-Philosophie*, die mit Hilfe bestimmter Lean-Prinzipien operationalisiert wird.[10]

In den nachfolgenden Abschnitten wollen wir die aus unserer Erfahrung heraus zentralen Vorbedingungen für eine erfolgreiche Einführung des Lean Management-Konzepts näher betrachten. Diese herzustellen, erfordert nicht selten eine intensive *Vorbereitungsphase*, ehe mit der eigentlichen Arbeit an der Einführung von Lean-Denken und -Handeln begonnen werden kann. Im Einzelnen wollen wir in den nachfolgenden Abschnitten dieses Kapitels folgende Aspekte behandeln:

- veränderungsorientierte Organisation als Voraussetzung im Lean-Unternehmen
- Führungsphilosophie zur bedingungslosen Förderung organisatorischen Lernens
- Unternehmens-Kultur: Lern- und leistungsförderndes Arbeitsumfeld

Hier kommt es uns darauf an, ein Verständnis für die Wechselwirkungen der verschiedenen organisatorischen und Führungs-Aspekte mit dem Lean-Paradigma zu vermitteln. Die Reihenfolge der Ausführungen entspringt eher darstellungstechnischen Besonderheiten als Relevanzgesichtspunkten.

5.2 Veränderungsorientierte Organisation als Voraussetzung im Lean Unternehmen

Die Ausführungen der vorangegangenen Kapitel haben gezeigt, dass mit dem Lean Management nur ganz bestimmte Vorstellungen von Organisation und Führung kompatibel sein können, nämlich die einer *lern-* oder *veränderungsorientierten Organisation*. Eine solche Organisation, die permanente Verbesserung und somit individuelles und kollektives Lernen fördert, muss kategorisch anders angelegt sein

9 Hines/Holweg/Rich (2004), S. 1006.

10 Siehe hierzu ausführlich die ersten beiden Auflagen: Pfeiffer/Weiß (1992) und (1994) und oben Kapitel 3.2.

als eine auf reinen Vollzug ausgelegte hierarchische Organisations- und Führungsstruktur. *Organisationsstrukturen* bilden einerseits den Rahmen für strategische Programme wie die Einführung von Lean-Prinzipien und andererseits für das Mitarbeiterverhalten. Und Organisationsstrukturen selbst sind ein Ergebnis von vorgängigen normativen und strategischen Entscheidungen.

Unsere ersten Ausführungen zu *Lernprinzipien*[11] fokussierten auf eine allgemeine Systematik von Gestaltungsprinzipien einer Lernperspektive, unabhängig von konkreten organisatorischen Gegebenheiten. Berücksichtigt man solche situativen Strukturmerkmale in einem gesamten Organisations- und Managementzusammenhang, dann wird man eine Reihe weiterer funktionsnotwendiger Strukturierungsbedingungen im Auge behalten müssen.

5.2.1 Eckpunkte für die organisatorische Strukturierung

Die Anforderungen, die ein *Lean*- bzw. *Lern*-Denken an Strukturen und Prozesse von Organisationen stellen, sind sehr voraussetzungsreich und nicht selten widersprüchlich. Vielfach werden solche Widersprüche festgestellt und als zu vermeiden betrachtet. Wir sehen in dieser „Entweder-oder“-Betrachtung ein großes Hindernis und setzen daher eine *Sowohl-als-auch* Betrachtungsweise entgegen. Damit bilden wir die jeweiligen Gegensätze als Kontinuum zwischen zwei Eckpunkten ab und bringen unsere Präferenz für eine Seite zum Ausdruck. So betrachtet, kann eine Vielfalt von Organisationsformen situationsgerecht entworfen und vergleichend betrachtet werden.[12]

Im Einzelnen sehen wir unter heutigen Bedingungen für die im Lean-Paradigma geforderte veränderungs- bzw. lernorientierte Organisation und deren Gestaltung folgende wesentliche *Eckpunkte*:[13]

- Organische Prozessorganisation statt mechanistischer Organisationsstruktur;
- Soziostruktur statt aufgabengebundener Technostruktur;
- Organisatorische Konfiguration zwischen Hierarchie und Netzwerk;
- Spannungsvolle Selbst- und Fremd-Organisation.

5.2.1.1 Organische Prozessorganisation statt mechanistischer Aufbaustruktur

Natürlich ist noch immer die Vorstellungstradition verbreitet von der Organisation als einer „*Rädchen*“-Maschine, die streng nach mechanistischer Vorstellung auch in arbeitsteiligen Kontexten durch festgekoppelte Entscheidungen und Handlungen funktionieren soll. Für alle Entscheidungsgelegenheiten werden organisatorische *Wenn-dann*-Regeln formuliert, deren Befolgung durch andere durch Führungskräfte streng überwacht wird ohne Duldung von Normabweichungen. Das zugrunde

---

11 Vgl. oben Abschnitt 3.2.2 ff.

12 Siehe Bleicher (1991), 219 ff. Wir lehnen uns dabei an unsere Ausführungen, die wir anderweitig vorgestellt haben. vgl. Weiß (1995), Abschnitt 4.2.3.

13 Vgl. statt vieler Kieser (1999).

gelegte Verständnis entspricht dem einer „*Trivial-Maschine*“[14], welches für jede denkbare Situation definierte Entscheidungs- bzw. Problemlösungsroutinen programmiert.

In der Realität ist jedoch aufgrund häufiger Änderungen und Störungen eine ständig Balance zwischen der Programmierung von Entscheidungen und Handlungen einerseits und der laufenden Veränderungen von Strukturen andererseits herzustellen. Für die organisatorische Gestaltung bringt dies mit sich, unterscheiden zu müssen zwischen der *Programmierung* von Einzelregelungen und situativen *zweckbezogene Rahmenregelungen.*

Lernorientierte Organisationen müssen daher diejenige *Paradoxie* meistern, die darin liegt, dass für kreative Non-Routinen, die auf Veränderung ausgelegt sind mit programmierten, auf Vollzug getrimmten in Einklang zu bringen sind. Auch dieser Zusammenhang ist als Dichotomie von mechanistischer vs. organischer Organisation seit langem bekannt.[15]

Wenngleich ein solches Wechselspiel zwischen Routine/Non-Routine theoretisch sehr anspruchsvoll ist, löst die Organisationspraxis dies – soweit man sehen kann – mit zunehmender *Temporalisierung* von Strukturen:

- Organisatorische Regelungen werden grundsätzlich zeitlich befristet. Sie gelten nicht „ewig“;
- Beauftragung von organisatorischen Zuständigkeiten für Projekte bzw. bestimmte Dauer statt dauerhafte Zuweisung;
- Organisatorische Anpassung, da Mitarbeiter laufend anders eingesetzt und Aufgabenpakete ständig angepasst werden müssen.

Neben dieser in die zeitliche Dimension verlagerten Strategie akzeptieren Organisationen auch in *sachlicher* Hinsicht eine gewisse *Unschärfe* bei der Aufgaben-Programmierung. Nicht jede einzelne Entscheidungssituation soll a priori geklärt sein, sondern es wird generell geregelt, dass und was im Einzelfall zu regeln ist. Solche widersprüchlich anmutenden, vorgängigen organisatorischen Rahmenregeln versehen Aufgabenkomplexe jedoch mit Freiheitsgraden und ermöglichen dem einzelnen Aufgabenträger auch über die Effektivität der Aufgabenerfüllung, über die situational richtige Entscheidung nachzudenken und nicht bloß etwas richtig zu tun.

5.2.1.2 Soziostruktur statt aufgabengebundener Technostruktur

Weder sind Organisationen bloße und beliebige, mehr oder weniger umtriebige Ansammlungen von Mitarbeitern, noch ist die Vorstellung eines Maschinenmodells mit einem perfekt funktionierenden Befehls-Gehorsams-Räderwerk – wie es weite Teile der betriebswirtschaftlichen Organisationslehre noch immer (implizit) zugrunde legen – adäquat.[16] Damit erscheint uns auch die vielfach postulierte Sicht

---

[14] Zum Modell der Trivialmaschine vgl. grundlegend v. Foerster (1984).

[15] Sie findet sich bereits formuliert bei Burns/Stalker (1961).

[16] Vgl. die Übersicht zu verschiedenen theoretischen Ansätzen Kieser (1999).

als naiv, sich die Unternehmung vorzustellen als Verbund von Mitarbeitern, die gleichzeitig als *kleine Unternehmer* vorgegebene Ziele verfolgen.

Auf heutiger Theorielage scheidet eine rein *funktional-instrumentelle* Sichtweise von Organisation ebenso aus wie eine rein *organisationssoziologische* Sichtweise; wenngleich nicht zu übersehen ist, dass die Organisationstheorie der letzten Jahrzehnte deutlich mehr von soziologischen Erkenntnissen profitiert als umgekehrt.[17] Die *Unternehmenskulturdiskussion* ist hierfür nur ein wichtiger Beleg.[18] Eine „personenorientierte Soziostruktur" (*„sociostructure"*) legt den Fokus auf Personen und auf Entwicklung ihrer Fähigkeiten. Sie strebt danach, die Fähigkeiten von Personen und Aufgaben miteinander in Einklang zu bringen. Dabei sind die betrieblichen Faktoren Personalqualifikation, Organisation und IT laufend aufeinander abzustimmen und immer wieder neu einzuregeln.[19]

Angesichts einer immer komplexer werdenden *„IuK-Technostructure"* ist es kein triviales Unterfangen mehr, Lean-adäquate Bedingungen einer „sociostructure" herzustellen, nicht zuletzt, weil die notwendige Kommunikation zwischen Organisationsmitgliedern stark beeinträchtigt wird. Gegenwärtig scheint aber gerade in großen Unternehmen der Fokus angesichts eines extensiven IT-Einsatzes auf einer *„aufgabengebundenen Technostruktur"* zu liegen.[20] U.E. sind es gerade die unter dem Diktat ausufernder IT-Systeme etablierte Prozessgestaltungen, die über *restriktive* Rollendefinitionen die Entscheidungs- und Handlungsspielräume der Organisationsmitglieder unnötig verengen und einem Lern-Gedanken zuwider laufen lassen. Zu *„Knöpfedrückern"* degradierte Spezialisten finden dann nicht immer Zeit und den Weg zu den Entscheidungszentren, um ihre Verbesserungsvorstellungen über beobachtete Prozess- und Strukturunzulänglichkeiten diskutieren zu können. Man wird abwarten müssen, ob die *digitale Revolution* die Oszillation zwischen Person- und Sachorientierung organisatorisches Lernen zukünftig eher dämpft oder anregt.

5.2.1.3 Organisatorische Konfiguration zwischen Hierarchie und Netzwerk

Organisation als Strukturierungsform für geteilte Aufgabenvollzüge war schon immer darauf angelegt, Unterschiede zu machen, zu differenzieren. Funktioniert hat diese Unterstellung lange Zeit durch die besondere Betonung sowohl von Rangunterschieden (Hierarchie), als auch von Unterschieden bezogen auf die fachliche Expertise (Spezialisierung). Eine Integration zu einer Gesamtleistung war solange gegeben, wie die Einheit von Verantwortung für das Ganze und fachlicher Expertise gegeben war.[21] Die lang bewährte Hierarchie ist infolge verschiedener

---

17 Vgl. Luhmann (2006) zu möglichen Gründen.

18 In Managementwissenschaft und BWL können als Startpunkte gelten: Deal /Kennedy (1982); Peters/Watermann (1984).

19 Vgl. zu lean-orientierter Gestaltung von IT-Strukturen Dirsch (1999).

20 Siehe oben Kapitel 4, Abb. 50.

21 Vgl. Luhmann (1973); Ortmann (2001).

Umweltveränderungen in die Diskussion und später auch in die Krise geraten. Auch und gerade im Zusammenhang mit Lean Management hat man das Langzeitthema „Hierarchie“ in der Organisation wiederbelebt und – vorschnell – wieder einmal totgesagt.[22]

Hierarchie ist und bleibt aber unstreitig eine ingeniöse *Sozialtechnik*. Hierarchie legt Wege für die Kommunikation von Entscheidungen *verbindlich* fest. Sie strukturiert Kommunikation in unterschiedlicher Weise: unter Gleichgestellten ist Kommunikation sehr einfach möglich, bleibt aber zumeist folgenlos, wohingegen Kommunikation unter Nicht-Gleichgestellten (oben/unten) folgenreich ist. Insofern erweist sich auch die Zuschreibung von Autorität in Kommunikations- und Entscheidungssituationen als Kenntlichmachung des Adressaten, der die Verantwortlichkeit fürs jeweilige Ganze und die Geprüftheit des erforderlichen Wissens in seiner Person vereinigt.[23] Deshalb ist Hierarchie v. a. eine Kommunikationstechnik zur Reduktion der Komplexität.[24]

Die Unternehmenswirklichkeit ist komplexer geworden, nicht zuletzt infolge des durch Globalisierung induzierten Größenwachstums von Unternehmen. Wir erinnern an den Trend zur *Hierarchisierung der Zuliefererumwelt* in „Tier 1“- bis „Tier X“-Beziehungen und dessen Ursachen.[25] Auch die infolge einer verstärkten globalen Aufstellung dislozierte räumlich/geografische Präsenz stellt neue Anforderungen an die organisatorische Gestaltung. Daher geht der aktuelle Diskussionsstand dahin, dass Hierarchisierung mit ihrer oben/unten-Differenz als *Primärstrukturierung* organisatorischen Geschehens zwar notwendig, aber erst durch eine überlagerte *Innen/Außen-Differenz* sekundär strukturiert wird. *„Alle Mitarbeiter der Organisation müssen in der Lage sein, ihre Manager und sich selbst daraufhin zu beobachten, daß die Innen/Außen-Differenz an Prominenz gewonnen hat* und *daß diese Prominenz im Kontext der Unterscheidung von Oben und Unten nicht nur gewollt ist, sondern diese Unterscheidung paradoxerweise zugleich stärkt und zurücknimmt.“*[26]

Diese *Sekundärstrukturierung* geschieht dadurch, dass die Leistungen zwischen Organisationseinheiten im Sinne eines *Kunden-Lieferanten-Verhältnis* verstanden werden. Nicht nur am Anfang oder am Ende einer Wertschöpfungskette, sondern an jedem einzelnen Glied der Wertschöpfungskette muss ein *Produzent* (Leistungserbringer) direkt mit einem *Konsumenten* (Leistungsempfänger) kommunizieren. Innerhalb oder außerhalb der Organisation – das bleibt im Prinzip egal.[27] Sich als Teil einer Wertschöpfungskette zu begreifen, in der jeder in einem Kunden-Lieferanten-Verhältnis zu anderen vor- und nachgelagerten Wertschöpfungsketten-

[22] Vgl. Peters (1992) und (1993).
[23] Vgl. Luhmann (1964).
[24] Vgl. Baecker (1999), S. 182 ff; Baecker (1994), S. 27 ff.
[25] Siehe oben 3.4.2.2.
[26] Baecker (1999), S. 224.
[27] Siehe oben Kapitel 4, wo diese Vorstellung als Kern des Lean-Paradigmas erörtert wird.

abschnitten steht, öffnet zwar Abteilungs- und Organisationsgrenzen, führt jedoch zunächst zu einer erheblichen Erhöhung der organisatorischen Komplexität. Dies war gleichwohl kein geringer Fortschritt.

Die Erhöhung der Komplexität und der Verlust an hierarchischem Durchgriff werden durch die Möglichkeiten der *Netzwerkbildung* zu kompensieren versucht. Es geht dann nicht um mehr oder weniger Hierarchie, sondern um das „*sowohl als auch*" von Hierarchie und Netzwerk. Durch organisatorische Regelungen festverdrahtete Entscheidungs- und Verhaltensroutinen werden durch vertragliche Elemente der Netzwerkarrangements aufgelockert. Das garantiert Spielräume, die zu verbesserten Non-Routinen (Innovation) und zu verbesserten Routineverhalten führen können. *„‚Organisationsnetzwerke' entstehen, wenn formale Organisationen in sich die Binnendifferenzierung der Wirtschaft in einen formal organisierten Bereich innerhalb der eigenen Systemgrenzen wiederholen."*[28] Damit werden Hierarchien von Netzwerken überlagert, die wiederum eigene Anforderungen mit sich bringen.

Vor diesem Hintergrund betrachtet, ist die Diskussion über *Hierarchie-Versagen* dann eher auf Nicht-Adäquanz zwischen organisatorischer Lösung und vorgefundener Situation, denn auf grundsätzlich-ideologische Erwägungen zurückzuführen. Demnach erweist sich eine strikt gestaltete Hierarchie v. a. dann als dysfunktional, wenn für die Strukturierung *eindimensionale* Organisationsformen (Verrichtung, Objekt, Region) und *enge Leitungsspannen* als Folge hochgradiger Arbeitsteilung gewählt werden, aber diese infolge des Größenwachstums einer Organisation (Globalisierung und großer Produktprogrammbreite) zu *große Binnenkomplexität* (v. a. viele Hierarchiestufen) erzeugt.

Eine andere Frage ist, ob eine funktionale Primärstrukturierungsform weitergeführt werden kann oder durch andere Formen ergänzt oder abgelöst werden muss. Umgekehrt erweist sich eine flache Organisationsstruktur mit vielen weitgehend autonomen Einheiten dann als wenig zielführend, wenn es nicht gelingt, *polyzentrische* Einheiten hierarchisch zu organisieren.

Die „*vielgescholtene Hierarchie*" kann im Zusammenhang mit organisatorischen Netzwerken wieder als Lösung und nicht nur als Problem betrachtet werden, da grenzöffnende Netzwerke durch hierarchische Strukturierung wieder geschlossen werden können. Dies ist eine wichtige Erkenntnis im Lean-Kontext, die sich anschlussfähig zeigt mit Hierarchie- und Netzwerkaspekten.[29] Allerdings ist Organisieren im *Netzwerk-Design* von Komplementarität, Kooperation, Konkurrenz eher ein Design von langfristigen Abhängigkeiten, die *Schicksalsgemeinschaften* glei-

28 Teubner (1992), S. 201.
29 Vgl. Baecker (1999), 359 ff.

chen. Nicht jeder macht mit bei Organisation im Verbund, wenn es heißt: *Lass dich kontrollieren, wenn du selbst kontrollieren willst.*[30]

5.2.1.4 Spannungsreiche Selbst- und Fremd-Organisation

Die Unterscheidung Selbst/Fremd-Organisation kommt immer dann sehr schnell ins Spiel, wenn organisatorische Gebilde eine *Komplexitätsschwelle* überschreiten und nicht mehr mit hierarchischer Arbeitsteilung, sondern aufgrund ihrer Größe durch *Abteilungsbildung* handhabbar machen wollen. Das *funktionale Hierarchiemodell* der Organisation war dabei evolutionär sehr erfolgreich: nach Funktionsbereichen fachlich und durch eine oben/unten-Differenz autoritär gegliedert. Die Funktionsfähigkeit der Organisation wird gewährleistet durch organisatorische Regeln, die zu bestimmten Entscheidungs- und Handlungs-Programmen ausdifferenziert werden konnten, um zielkonformes Verhalten der Organisationsmitglieder sicherzustellen. Durch (fremd) vorgegebene Regeln hat dann jedes einzelne Organisationsmitglied in einem vorgegebenen Rahmen (Stelle) bestimmte Aufgaben zu erfüllen. Der Einzelne konnte darauf vertrauen, dass sich sein Tun in ein von anderen Stellen vorgedachtes und festgelegtes Ganzes optimal fügt. „Anderes geschieht woanders." Dies garantierte zwar Entlastung, Selbstorganisation war aber nur in den engen Grenzen einer vorgegebenen Stellenbeschreibung möglich.

Im Grunde setzt ein solches *„pyramidales"* Organisationsmodell ganz allgemein auf die Grundüberzeugung, man könne das technische Prinzip der *festen Koppelung* ohne viele Abstriche auf die Steuerung organisierter Sozialsysteme übertragen.[31] Feste Koppelung geht von der Vorstellung aus, das organisationsinterne Geschehen ließe sich *„trivialisieren"*, d.h. die Steuerung des Ganzen sowie die Koordination der verschiedenen Subeinheiten wären über *kausale* Wirkungszusammenhänge durch ein Machtzentrum über alle Rangstufen und Abteilungsgrenzen hinweg sicherzustellen.[32] Wenn, dann! So ist vermutlich auch die naive Vorstellung entstanden: Oben sitzt das aufgrund des Überblickswissens zusätzliche Mehrwert-Wissen, das den Rahmen für die Untergebenen darstellt. Besserwissen durch Überblickswissen also. Damit hing die Organisationsgesamtleistung an der Informationsverarbeitungs- und Kommunikations-Bandbreite der obersten Führungsgremien ab.

Man braucht nicht allzu viel Vorstellungskraft dafür: Ein solches Denkmodell muss für heutige Komplexitätslagen der Organisationswirklichkeit als zu starke Vereinfachung angesehen werden. Es ist nicht der perfekt zu entwerfende Plan, welcher dann nur noch an imperfekter Ausführung scheitert. Vielmehr ist es die Komplexität und Variabilität infolge gestiegener Umweltturbulenz und Größenwachstums-

---

30 Vgl. hierzu das Funktionalmarkt-Konzept als heuristischen Instrument für die Gestaltung insbes. Innovationsnetzwerke bei Wettengl (1999).

31 Karl Weick hat zur Kennzeichnung von Organisationen des Erziehungssystems (z.B. Schulen und Universitäten) den Begriff des „loosely coupled system" geprägt (vgl. Weick (1976) und damit die Unterscheidung feste/lose Kopplung eingeführt.

32 Entsprechend hat die Diskussion um die Möglichkeiten und Grenzen von Führung lange Zeit um diese Trivialisierungsillusionen gekreist. vgl. ausführlicher Wimmer (1998), S. 105 ff.

induzierter Binnenkomplexität und Spezialisten-induzierter Wissensexplosion, die einfache Reduktionen schwierig erscheinen lässt. Geplantes entzieht sich durch allfällige Störungen einem allzu weitgehenden Zugriff. Und auch der „Excel-Manager" mit detailliertem Zahlenmaterial bewegt nicht das System, sondern erst die Reduktion von Komplexität durch Strukturen, geben hinreichend Sicherheit für zielführende Entscheidungs- und Handlungsschnelligkeit.

Wie aber baut man vor diesem Hintergrund dann Organisationen, die mit ihrer eigenen, immer größer werdenden Eigenkomplexität, mit der durch Wissensexplosion bis ins Extrem gesteigerten Spezialisierung und Netzwerkstrukturen fertig werden können? Die organisatorische Gestaltungsaufgabe liegt dann ganz wesentlich darin, dem Entscheidungszentrum nicht zu viel abzuverlangen und zugleich den Subsystemen gezielt mehr Spielräume zuzugestehen, ohne das Ganze in seiner Überlebensfähigkeit zu beeinträchtigen. Führungswissen ist somit nicht mehr „Besser-Wissen" oder „Mehr-wissen", sondern v. a. *„Anders-Wissen"*; und zwar in dem Sinn, Bedingungen für die Entwicklung der Organisation und deren Leistung vorzugeben und die operative Verantwortung bei gleichzeitiger Zentralisierung der unternehmenspolitischen Ausrichtung und Unterstützungspotenziale zu delegieren.

Genau hierin, im Umbau von strikter auf *lose* Koppelung, könnte dann in komplexeren Organisationen der Mehrwert eines wie auch immer gestalten Zentrums liegen: Einerseits die Selbstorganisation der dezentralen Organisationseinheiten im Sinne einer verbesserten situativen Anpassungsfähigkeit und Reaktionsschnelligkeit zu fördern. Andererseits durch Fremdorganisation die lose gekoppelte Subsysteme durch Gestaltung der Kommunikationsregeln zur Einheit zu bringen.

Halten wir unsere Argumentation zu den Eckpunkten einer Lean-adäquaten Organisation fest: Im Spannungsfeld der vorgetragenen vier Dimensionen kann jede organisatorische Strukturierungsaufgabe situationsgerecht gehandhabt werden. Eine *veränderungsorientierte* und damit *lean-adäquate Organisationskonzeption* verfolgt nicht nur die Gestaltungsidee, die Fähigkeiten der Mitarbeiter im Sinne des Prinzips „Investition in Humanressourcen" zu nutzen, sondern auch rigide formale Anweisungsstrukturen weitgehend zu ersetzen durch Rahmenvorgaben und Symbole, die eine reflexive Ausrichtung des individuellen Verhaltens ermöglichen.

Flache, polyzentrische Organisationsstrukturen ermöglichen dezentrale Entscheidungs- und Handlungsspielräume und verbesserte Ressourcenallokationsprozesse. Durch „Leitplanken" eingegrenzte Spielräume sollen dabei Veränderungs- und Innovationsprozesse günstig beeinflussen. Eine solche Sicht hat enorme Konsequenzen nicht nur für das situationale Rollenverständnis der Führungskräfte, sondern auch für organisatorische Regelungen und Kommunikationsstrukturen zwischen den verschiedenen Subsystemen. Wir können daher typisierend dann von einer lean-adäquaten Organisation sprechen, wenn wenigstens folgende Design-Anforderungen erfüllt sind: (1) strategiefähige kleine Einheiten, die (2) wertstromorientiert organisiert und die (3) lernfähig, also lose gekoppelt, integriert sind.

5.2.2 Präferenz für „Objektorientierung“ durch organisatorische Segmentierung

Unsere Ausführungen in Kapitel 3 haben es bereits deutlich gemacht: Unternehmen mit breitem Leistungsangebot tun gut daran, ihre Organisation durch „*objektorientierte*“ Strukturierung (Segmentierung) zu gestalten. Das kann jedoch nicht im luftleeren Raum geschehen, sondern muss unter Berücksichtigung situationaler Gegebenheiten erfolgen. Die folgenden Ausführungen sollen nicht als einseitige Kritik der Funktionalgliederung im Allgemeinen verstanden werden, sondern deren Inadäquatheit in vielen Fällen angesichts der neuartigen strategischen Komplexitätslagen in Unternehmen und ihren Umwelten. *Globalisierung* ist einer der am stärksten prägenden Gestaltungsfaktoren für Organisationsstrukturen.[33]

5.2.2.1 Funktionale Organisation als Ausgangspunkt

Von funktionaler Organisation[34] spricht man, wenn die organisatorische Gliederung nach *Verrichtungsbereichen* (z. B. Vertrieb, Entwicklung, Produktion, Verwaltung) erfolgt und die gleichartige Funktionen bzw. Aufgaben in entsprechenden Leitungs- und Verantwortungsbereichen konzentriert werden.[35] Sie folgt der Vorstellung, durch Arbeitsteilung vereinfachende Arbeitsabfolgen mit entsprechend günstigen Arbeitskosten darstellen zu können, aber auch Synergieeffekte bei den dispositiven und Führungstätigkeiten zu nutzen. Jede Lösung *eines Kundenproblems* erfordert dabei das koordinierte Zusammenwirken *aller Funktionen.*

V.a. in der Delegation von Verantwortung für die jeweiligen funktionalen Teilbereiche (z. B. Vertrieb, Entwicklung oder Produktion) liegen dann die *organisatorischen Effizienzgewinne.* Während die Entscheidungen sich an den eigenen Optimierungskriterien des Funktions- bzw. Subsystems orientieren, verbleibt die schwierige, nicht selten politische Aufgabe einer ganzheitlichen *Integration* der Teilverantwortungen an der Unternehmensspitze. Insofern liegt auch dort die letzte Verantwortung für den Gesamtprozess, deren Entlastung von Routineaufgaben durch hohe Standardisierung erreicht werden sollte.

Nicht erst, aber besonders beim heutigen Grad an Eigenkomplexität in Organisationen *zerbricht* die *klassische Einheit* von Verantwortung für das Ganze und fachlicher Expertise. Als Träger von Verantwortung für einen Organisationsbereich kann man nicht mehr alles wissen, was in diesem Bereich geschieht. Mit der Zunahme der Zone des *Nichtwissens* und dem zunehmenden Grad an *Unsicherheit* und *Intransparenz,* mit dem Entscheidungen getroffen werden müssen ist das bloße Zurückgreifen auf formale Autoritätsquellen (Hierarchie-Rang) dysfunktional geworden. Das gilt sowohl für komplexere strategische – bzw. unternehmerische – Entscheidungen, aber auch für die Lösung von Konflikten (z. B. um Ressourcen) auf

---

[33] Vgl. hierzu auch Rathnow (2010).

[34] Vgl. hierzu Braun/Beckert (1992).

[35] Dieses Organisationsprinzip führte auf der Fertigungsebene zur bekannten Werkstättenorganisation. vgl. z. B. Kreikebaum (1979).

operativer Ebene, die durch Rückdelegation infolge eines *„Kamineffektes"* entstehen. Dieser beschreibt dabei den Sachverhalt, *„dass vielfältige – und oft unbedeutende – Tagesfragen, welche der Abstimmung mit anderen Bereichen bedürfen, automatisch erst auf der obersten Unternehmensebene zum Ausgleich kommen können – also gleichsam von ihr angezogen werden ..."*[36].

In analoger Anwendung des *„Gresham's Law of Planning"* führt dies an der Unternehmensspitze zu einer Vernachlässigung der strategischen Dimension der Unternehmenssteuerung.[37] *Veränderungsentscheidungen* jedweder Art, die ja gerade das Engagement des Top-Managements erforderlich machen, können dann aber mangels Entlastung vom operativen Geschäft, nicht mehr in ausreichendem Maß geleistet werden. Folglich wird faktisch die Steuerung der zu bearbeitenden Probleme durch die *Subsysteme* (Funktionsbereiche oder Sparten) vorgenommen. Zur Folge hat dies eine Betonung partieller Interessen der Subsysteme und nicht selten die politische Aufladung übergreifender Aufgaben. Daraus resultiert wegen der vielen Abstimmungsnotwendigkeiten eine geringe Flexibilität des Gesamtprozesses bezüglich notwendiger Veränderungen, weil gute Gründe allein nicht ausreichen, um partielle Interessen zu überzeugen.

Die angesprochenen Symptome funktionaler Organisationen, die Kundenbelange zu wenig berücksichtigen, ihren Ressortegoismen, Sub- und Partialoptimierungen frönen, sind wesentlich getrieben durch ausufernde Produktprogramme mit hoher Variantenzahl.[38] Mit einer *Mehr-desselben-Strategie* – noch mehr Arbeitsteilung, um noch mehr Arbeitskosten zu sparen – erzeugt man also das Gegenteil: Erhoffte Effizienzgewinne stellen sich nicht mehr ein, da zunehmende Binnenkomplexität einerseits und Ansprüche der Umwelt hinsichtlich zusätzliche ergänzender Serviceleistungen (Zeit, Qualität, Verbesserung)[39] andererseits als Treiber weiterer Komplexität fungieren, mit der Folge, dass immer größere, verschwendungsgeneigte Organisationen entstehen, deren steile Hierarchien immer weniger Verständnis für den Kunden zuließen.[40]

So wird auch verständlich, warum vorhandene Strukturen die verschiedenen Prozesse dominieren und zwar tendenziell umso mehr, je steiler die Hierarchie der Organisation ist. Arbeitsteilig strukturierte Aufgaben werden im Prozessablauf zerstückelt, ihre Bearbeitung durch unterschiedliche Bearbeitungsperspektiven und Prioritäten behindert. Diese Erkenntnisse sind keineswegs neu, was man vielfältigen Lösungsvorschläge in der einschlägigen Literatur ablesen kann.

Zu zweifelhafter Prominenz kam in diesem Zusammenhang das Thema *Geschäftsprozessorganisation*.[41] Mit dem Ziel, dem Kunden mehr Gehör zu verschaffen, hat

---

36 Vgl. Bleicher (1991), S. 426.
37 Vgl. hierzu Weiß (1989), S. 130 ff. und die dort angegebene Literatur.
38 Siehe oben Abschnitt 3.4.2.4.
39 Vgl. Volz (1998).
40 Vgl. zu Bürokratischen Wachstumsgesetzen Parkinson (1957).
41 Vgl. dazu Striening (1988); Fischer (1993); Scholz (1994).

man eine Art eine *traversierende Organisationsform*[42] vorgeschlagen, die der funktionalen Organisation überlagert ist. Deren struktureller Nachteil liegt darin, dass der Prozess zur Lösung eines Kundenproblems horizontal zu den vertikalen getrennten Organisationsbereichen mit ihren parzellierten Prozessverantwortungen hinweg verläuft (siehe Abbildung 58).[43]

Jeder Übertritt über organisatorische Grenzen (bzw. Schnittstellen) wirkt als Kommunikationsunterbrecher, was die qualitativen und quantitativen Informations- und Reibungsverluste erzeugt. Sichtbar werden solche Dysfunktionen an *Symptomen*, wie z. B.: lange Durchlaufzeiten, hohe Gemeinkosten, mangelnde Produktivität, mangelnde Flexibilität, aber auch Zunahme von Fehlern aller Art. Solche Symptome kann man in der Unternehmenspraxis auch sehr leicht erkennen an Aussagen wie: *„Ich nehme an, das macht die Abteilung xyz ...“*, die ja gerade auf das Problem der existierenden, aber noch lange nicht bewältigten Schnittstellen in der Prozessverantwortung hinweisen.

Häufig stellt man dabei fest, dass selbst formale Organisationsregeln, wie z. B. Aufgabenbeschreibungen, nur einen geringen Beitrag liefern können. Diese sind meist inhaltlich sehr präzise und damit als tendenziell „generelle Regelung“ starr formuliert. Sie fördern also eher noch das *„Zuständigkeitsdenken“* bzw. den „Dienst nach Vorschrift“, als zu einer flexiblen, bereichsübergreifenden Problemlösung beizutragen.[44] Ob durch die Einrichtung von *„process ownern“*, die dann *für einen (Teil-)Prozess* eine Art verantwortlicher Koordinationsleistung erbringen, die mit den Schnittstellen zusammenhängenden Symptome zu bekämpfen vermögen, bezweifeln wir. Im Gegensatz zu ihren Protagonisten sehen wir in der sog. Geschäftsprozessorganisation kaum mehr als eine wenig zielführende *Reparaturstrategie*. Die *Dysfunktionen* von funktionalen Organisationen können vielleicht gemildert werden, v. a. den Wünschen des Kunden mehr Gehör verschaffen, aber um den Preis zusätzlicher Overhead-erzeugender *bürokratischer Strukturen.*

---

42 Vgl. Bleicher (1991), S. 115 f.

43 Siehe oben Abschnitt 3.3.2.

44 Vgl. Luhmann (1964).

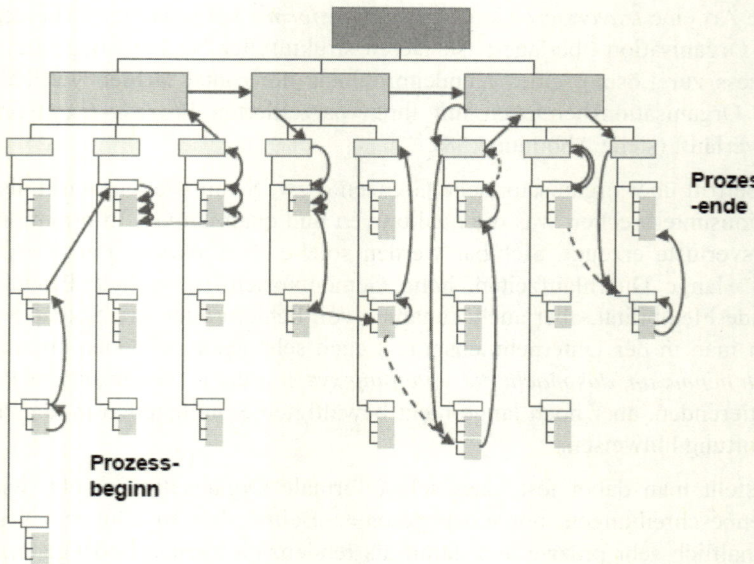

Abb. 58. aufwändige, fehleranfällige und bereichsbezogene Prozesse

Eine „lean-paradigmatische“ Lösung muss daher radikaler vorgehen und darf nicht nur an Symptomen kurieren. Radikaler heißt, intensiv über die Gestaltung von organisatorischer Konfiguration (Form), von Element- und Beziehungsorientierung, von Regelungscharakter und Strukturierungsperspektive nachzudenken. Zuständigkeitsdenken versagt als alleinige Autoritätsquelle in komplexen organisatorischen Situationen und macht daher andere Möglichkeiten der Risikoübernahme erforderlich.

5.2.2.2 *Zerlegung in strategiefähige Einheiten durch Objektorientierung*

Neben der *Reparaturstrategie* „Geschäftsprozessorganisation“ hat sich ungefähr zur gleichen Zeit eine radikalere Diskussion durchgesetzt nach dem Motto: *„small is beautiful“*[45]. Zunächst eher ideologischen Überlegungen geschuldet, haben sich daraus später verschiedenste organisatorische Konzepte entwickelt, wie z.B. *„focused factory“*[46], *„Fabrik in der Fabrik“*[47], *„cellular manufacturing“*[48], *„Flottillen-Organisation“*[49] oder *„fraktales Unternehmen“*[50]. Allesamt arbeiten mit dem Konzept der *objektorientierten Segmentierung* als organisatorische Maßnahme.

45 Vgl. Bleicher (1991), S. 77; vgl. Peters (1992).
46 Siehe hierzu Skinner (1974).
47 Vgl. Schonberger (1988).
48 Vgl. Singh/Divakar (1996); Choobineh (1988).
49 Vgl. Drucker (1991).
50 Vgl. Warnecke (1996).

Allgemein gesprochen, zielt *organisatorische Segmentierung* auf sachliche Grenzziehung und definiert Relevanzbereiche, mit der Besonderheit, dass man in diesen verschiedenen Bereichen agieren kann, auch wenn die Ansprüche aus Sicht des Ganzen widersprüchlich sind. Konkret bedeutet das, die primäre organisatorische Differenzierung auf zweiter Hierarchieebene folgt nicht mehr primär einer Funktion (Verrichtung), sondern einem „Objekt", wodurch strategiefähige unternehmerische Einheiten mit Ergebnisverantwortung, also Umsatz- und Kostenverantwortung entstehen. „Objekt" bzw. „Segment" steht dabei *synonym* für Begriffe wie Geschäftseinheit, Business Unit, Produktgebiet, Produktgruppe, operative Einheit. Segmentspezifische Umwelten können sich unterscheiden hinsichtlich verschiedener Wettbewerbsrelevanter Kriterien.[51]

Die Differenzierung anhand von „Objekten" führt primär zu einem geringeren Zentralisierungsgrad, weil aufgrund der Übertragung der unternehmerischen Verantwortung auf die einzelnen Produktsegmente eine weitgehende Delegation möglich ist.[52] So verstanden kann Objektorientierung auch als Versuch interpretiert werden, unterstützende Aktivitäten möglichst nah an die Wertschöpfung zu bringen. Diese Form setzt aber eine gewisse Komplexität voraus, v. a. mehrere Produkte in einem Unternehmen (Mehrproduktunternehmen). Das ist zugleich Möglichkeit und Begrenzung:
- Möglichkeit, weil dann die Vorteile der Segmentierung zu nutzen sind;
- Begrenzung, weil immer strategisch vorgesteuert sein muss, dass das Produktprogramm für den Handlungszeitraum stabil ist, da bei Änderung des Produktprogramms gibt mit mehr oder großen Änderungen der Wertströme zu rechnen ist.

Auf diese Weise soll eine größere Nähe zu den strategisch interessanten Märkten gewährleistet und damit auch eine höhere Flexibilität in der Reaktion auf aktuelle oder erwartbare Veränderungen in diesen präziser definierten Umwelten ermöglicht werden. Die bereits erwähnte Verkleinerung der organisatorischen Einheiten ist dabei unabdingbar[53], weil nur so die funktional differenzierten Teilverantwortungen zu einer, den kompletten Problemlösungsprozess übergreifenden unternehmeri-

---

[51] Wie z. B. Produkttechnologie, Kundenansprüchen, Qualität und/oder Preis, wettbewerbsstrategischer Anforderungen, Marktreife, Wettbewerbsintensität, Produktionsverfahren und der zu erbringenden Vorleistungen.

[52] Vgl. Kosiol (1962). Da die Orientierung am Produktkriterium Leistungsverflechtungen der segmentierten Einheiten meistens am nachhaltigsten vermeidet, gilt als Faustformel: „Je konsequenter das Prinzip der Geschäftssegmentierung verfolgt wird, desto ausgeprägter ist die Produktorientierung der Organisationsstruktur." Frese (1993), S. 1013.

[53] „Die Grundidee hinter den kritischen operativen Einheiten ist, dass in Abläufen, die für den Unternehmenserfolg von entscheidender Bedeutung sind, keine Schnittstellen auftreten sollten, die eine Gesamtoptimierung verhindern oder erschweren. Schneidet man diese Einheiten richtig, so entsteht die Homogenität, die über den gesamten Ablauf vom Kundenwunsch bis zur Auslieferung an den Kunden eine Optimierung des Kosten/Leistungsverhältnisses zuläßt." vgl. Rommel et al. (1993), S. 176.

schen Gesamtverantwortung auf möglichst hoher Hierarchieebene zu re-integrieren sind.[54] Die größte Hebelwirkung erzielt dabei derjenige, der nicht nur Unternehmensprozesse sieht, sondern über die eigenen Input- und Outputgrenzen hinaus optimiert.[55]

Die „*Durchgängigkeit*" (Hammer/Champy) entsteht dann wesentlich infolge von strukturellen Umdispositionen in Richtung einer Objektorganisation und nicht nur durch Prozessverbesserung im Rahmen einer bestehenden organisatorischen Struktur. Wer also die versprochenen Lean-Nutzeffekte erzielen möchte, muss im Fundamentalprinzip „*von oben*" anfangen, Segmente und Wertströme zu bilden, was eine Anbindung an die Unternehmens-Strategie mit mehrjährigem Zeithorizont erforderlich macht. Denn: Objektbildung (Segmentierung) geht immer von den bestehenden Produktfamilien aus, gestaltet den Wertstrom strikt aus Sicht der Kunden und beantwortet konsequent die Frage der zentralen/dezentralen Gestaltung der Organisationseinheiten bzw. Aufgaben. Auf jeder Ebene eines Wertschöpfungsnetzwerks, d. h. von der Konzernebene bis zu den einzelnen Stellen, muss eine *konsequente Dezentralisierung* der Aufgaben durchgeführt werden. D. h. jedes Element des Wertschöpfungsnetzwerks übernimmt die Aufgaben, die es am besten ausführen kann (Subsidiaritätsprinzip).

Organisationstheoretisch gesehen entspricht diese spezifische Form der Subsystembildung dem Prinzip der *Selbstähnlichkeit* (d. h. die kleinere Einheit folgt denselben Bauprinzipien wie das Gesamtsystem), ein Umstand, der gegenüber der funktionalen Differenzierung natürlich auch radikal andere Führungsstrukturen zur Folge hat.[56] Man bildet das Ganze in den Teilen als Fraktal ab: Wie das Ganze soll auch das Teil (Fraktal) als strategiefähig, kulturell mobil mit anderen Teilen vernetzt werden. Ziel der Segmentbildung ist immer, die Organisationseinheit (z. B. ein Werk) auf ein sehr begrenztes Leistungsspektrum auszurichten. D. h. nur solche Produkte und Dienstleistungen werden innerhalb einer Einheit hergestellt, die ähnliche Merkmale oder organisatorisch sinnvolle Verflechtungen (Synergien) aufweisen, wie z. B. Qualitätsniveau, Technologieeinsatz, Volumen, Vielfalt und Marktanforderungen. Die Grundidee einer Segmentierung findet sich dabei bereits bei Henry Ford, der feststellte: *„We believe ... that no factory is large enough to make two kinds of products."*[57]

---

[54] Vgl. Womack/Jones (1994), S. 93–103.

[55] Short/Venkatraman (1992), S. 19 betonen explizit die Gefahr, sich lediglich auf das Unternehmen selbst zu beschränken: „We argue that too much attention has been placed on business proecess redesign that either implicitly or explicitly assumes that the boundaries of the different firms in the marketplace are fixed. Our argument is that there are real opportunities for restructuring when the business processes are defined across different organizations that serve to deliver value to the customers. In other words, it is important to first articulate the larger business network that contains the critical business processes and then adopt a more holistic approach to redesign."

[56] Vgl. dazu Wimmer (1998).

[57] Ford (1926), S. 82.

Im Ergebnis entsteht durch Segmentierung aus der früheren „Einheit" Unternehmung nun eine „*Vielheit*" von *Teil-Unternehmungen*. Bleicher bringt das auf den Punkt: „*Es werden überschaubare mittelständische Organisationsformen gesucht, die das Kreativitäts- und Innovationsklima fördern und ein selbständiges, unternehmerisches Denken und Handeln der Mitarbeiter auch in großen Unternehmungen ermöglichen sollen ... . Die gesamte Unternehmung ist dann in ihrer Struktur völlig produkt-/marktmäßig orientiert. Sie kann in relativ selbständige, klar umrissene Produkt/Marktsegmente aufgelöst werden, die ohne gegenseitige Verkoppelung agieren und sich ebenso ihre eigenständige logistische Kernstruktur aufbauen. Der – zumeist weltweit agierenden – Unternehmenszentrale verbleiben dann lediglich die ressourcensteuernde Aufgaben im finanziellen und personellen Bereich.*"[58]

Die organisatorische Herausforderung besteht darin, die Effizienz und Effektivität eines Kleinunternehmens im Großunternehmen zu realisieren. So verstanden ist Segmentierung eine Lösung dessen, was sich hinter *Gutenbergs Betriebsgrößenasymmetrie* verbirgt: Mit steigender Größe verliert eine Unternehmung an Effizienz und Flexibilität. Eine große Unternehmung kann jedoch durch richtige Segmentierung die Vorteile von kleinen organisatorischen ein Stück weit erhalten.[59] Die Gliederung in weitgehend autonome, ertragsverantwortliche Geschäftsfelder schafft *Unternehmen im Unternehmen*. Diese werden zur treibenden Kraft in der Organisation. Mit der organisatorischen Segmentierung in strategiefähige Einheiten wird auch das Prinzip des „*Unternehmerischen*"[60] zum Leitgedanken für die Überlebenssicherung aller Einheiten im System, d. h. auch für jene, die auf organisationsinterne Dienstleistungen spezialisiert sind.

Gleichzeitig erhofft man sich durch eine solche Dezentralisierung der unternehmerischen Verantwortung neben einer größeren *Flexibilität* gegenüber den Kunden auch eine *effizientere Ressourcennutzung* im Prozess der Leistungserbringung selbst. Man handelt sich mit der Verbesserung der Kundenorientierung, Produktivität und Mobilität der einzelnen Strategischen Geschäftseinheiten das Problem ein, wie aus den dezentralen und verschiedenartigen Willensbildungen noch eine handlungsfähige Ganzheit entsteht. Denn angesichts einer wesentlich größeren Kostentransparenz, die mit der Zergliederung in Kosten- und ertragsverantwortliche Einheiten unweigerlich verbunden ist, muss sich jetzt jede Ressourcenverwendung vor Ort ständig unter dem Gesichtspunkt ihres Beitrages zur Wertschöpfung des Gesamtsystems rechtfertigen können.

Angesichts dessen darf nicht verwundern, dass man zwar den Segmentierungsgedanken als organisatorische Strukturform durchaus anerkennt und verfolgt, aber

---

58 Bleicher (1991), S. 79.

59 Vgl. hierzu die berühmte Betriebsgrößenasymmetrie von Gutenberg (1983), S. 431 f., derzufolge „... große Betriebe die Tendenz aufweisen, sich günstige Gestaltungsmöglichkeiten der Produktionsverhältnisse kleinerer Betriebe anzueignen, so daß sie zumindest die Chance besitzen, produktionstechnisch nicht ungünstiger dazustehen als die kleineren Betriebe".

60 Vgl. dazu Baecker (1999).

zugleich daran festhält, durch *segment-übergreifende Stellen* und *Abteilungen* – auf welcher Hierarchieebene auch immer – das Ganze doch im Griff haben zu wollen. D.h., man sieht zwar die positiven Konsequenzen, die Organisation wertschöpfungsnah zu gestalten, möchte aber gleichzeitig *wertschöpfungsfernere* Organisationseinheiten noch zentral zusammengefasst wissen, um Vor-Ort-Entscheidungen einzuschränken. Es entstehen „*Transversalstrukturen*", die dann zu einem *Bürokratieschub* in der Organisation führen und sich als *Overhead-Kosten-Problem* präsentiert, was wiederum die Zerstückelung und Dislozierung der Wertschöpfung weiter treibt.

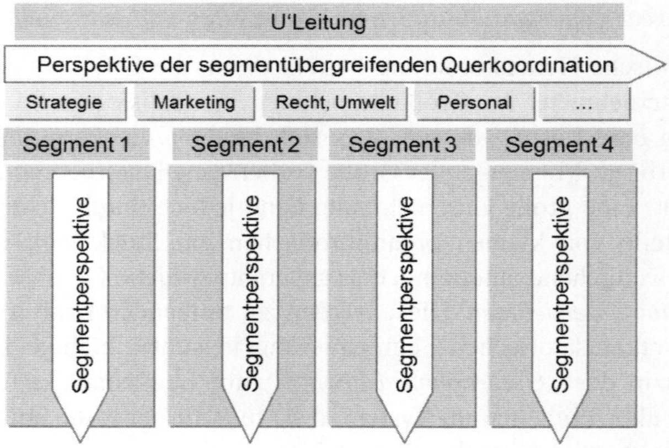

Abb. 59. Von der Funktions- zur Objektorientierung der Organisation

Nicht selten werden dadurch Lean-Erfolge in den Segmenteinheiten überkompensiert. Dabei liegt der Grund lediglich in der gewählten Methode: weil man sich keinen anderen Mechanismus der Querkoordination vorstellen kann als den über feste organisatorische Einheiten (Stelle, Abteilung, Bereich) erzeugt man eine *überkomplexe, abstimmungsanfällige Überorganisation*, die fachliche Zuständigkeiten so legt, dass operative Belange permanent gestört werden. Damit wird zugleich die Frage der organisatorischen Regelung der *Zuständigkeit* vorschnell zu einer Frage der *Zentralisierung/Dezentralisierung* von betrieblichen Aktivitäten hochstilisiert, gleichviel in welchem Funktionsbereich.

Segmentierung, so ein immer wieder angeführter Kritikpunkt, führe zur Erfordernis multiplizierter Ressourcen und erzeuge somit *Verschwendung* anstatt sie zu vermeiden. Man müsse vielmehr organisatorische Synergien schöpfen und die gemeinsam genutzten Ressourcen in einer Segment-übergreifenden Organisationseinheit zusammenführen (zentralisieren). Dies ist nur in Situationen mit geringen Komplexitätslagen (z.B. wenige Standorte) ein sinnvoller Weg. Mit zunehmenden Komplexitätsgrad (Anzahl Segmente und Anzahl Standorte) werden Abstimmungen zwischen den segmentübergreifenden Einheiten und den Segmenten aufwändig und erzeugen zugleich *bürokratische Komplexitätskosten*, die die Segmentierungsvorteile ganz oder teilweise zunichtemachen.

Grundsätzlich gilt es daher den Kurzschluss zu vermeiden: segmentübergreifend = zentral, segmentintern = dezentral. Entscheidend ist auch nicht, ob die *Querkoordination* über feste organisatorische Einheiten (Stellen, Abteilungen) erfolgt oder über irgendwelche Transversalsysteme (Projekte, Abstimmung, Teams). Wesentlich ist nur, dass ein anderes Aufgabenverständnis im Sinne einer schärferen *Trennung* von strategischen und operativen Aufgaben im Fokus ist.

Das „Viable System Modell“ von Malik

Systemfunktion 1	*„Operieren: Zweck erfüllen –* Operative Einheiten des Systems, die den Systemzweck erfüllen; müssen in der Lage sein, Komplexität und Dynamik der Umwelt selbstständig zu bearbeiten; erfordert (Teil-)Autonomie, eigene Budgets und Ressourcen; auf Einhaltung der Spielregeln einhalten
Systemfunktion 2	*„Koordination“ –* Alle unterstützenden Instrumente, Regeln die das Zusammenspiel der Elemente von Systemen 1 aufeinander abstimmen und Konflikte handhaben; Selbstorganisation der Elemente des Systems 1 untereinander (wer macht was? Mit welchen Ressourcen? Auswirkungen?
Systemfunktion 3	*„Optimieren“* Operatives Management: „Inside & Now“; Optimierung der S1 durch Synergien; Exekution gültiger Rahmenbedingungen (Regeln)
Systemfunktion 3*	*„Auditieren“ –* Direkte Beobachtung S 1: Was geschieht wirklich? „go to gemba“
Systemfunktion 4	*„Aufklären“ –* Strategisches Management: Outside & Then; Erkennen und Interpretieren möglicher zukünftiger Umwelttrends (Chancen/Risiken); Erkennung und Schaffung von Erfolgspotenzialen; verbindliche Leitlinien für Zukunft
Systemfunktion 5	*„Werte setzen“ –* Normatives Management: Zweck, Mission, Normen, Werte Überwachung der Systemstrategie

Im Grunde geht es darum, eine Balance zu finden zwischen dem, was heute geschieht und was für die Zukunft beachtet werden muss. Anhand von Maliks *„Viable System Modell“*[61], das als kundenorientiertes Diagnose- und Gestaltungsmodell für Organisationsstrukturen aller Art dient, lässt sich das dann konkret wie folgt ausdrücken: Alle funktionsnotwendigen Systemfunktionen – Funktion 1 bis 3 – bleiben dezentral im Segment, Funktionen 4 und 5 segmentübergreifend zentral (siehe Informationskasten zum „Viable System Modell“).

---

[61] Das „Viable System Model“ (Modell lebensfähiger Systeme) ist ein konzeptioneller Bezugsrahmen für die Gestaltung der Struktur eines Unternehmens. Demnach sind 5 Systemfunktionen für jedes Unternehmen wichtig. vgl. Malik (2000).

5.2.2.3 Geografische Dislozierung der Wertschöpfung[62]

International agierende Unternehmen nicht nur der Automobilindustrie sehen sich seit Langem verschiedenen Herausforderungen ausgesetzt:

- *Neugestaltung der Zuliefer-Abnehmer-Beziehungen* mit der Entstehung von Systemführern, Komponenten- und Teilelieferanten;
- *Ausweitung der Zusammenarbeit* auf den gesamten Produktlebenszyklus
- Vergrößerung des geographischen Aktionsradius durch *Globalisierung*.

Diese und ähnliche Herausforderungen heizen v. a. den Trend zu geografisch dislozierten Wertschöpfungsnetzen an. Mittlerweile liegen hierfür vor allem in der Automobilindustrie beträchtliche Erfahrungen vor.[63] Dort ist im Einzelnen die Gestaltung der *organisatorischen Netzwerke* von einer Reihe von Einflussgrößen abhängig, wie z. B.:

- *Input:* Verfügbarkeit von Rohstoffen und Lieferanten, komparative Kostenvorteile gegenüber anderen Standorten, Einfuhrzölle, Local-Content-Auflagen;
- *Personal:* Quantitative und qualitative Verfügbarkeit von Mitarbeitern, Höhe von Löhnen und Lohnnebenkosten;
- *Organisation:* Spezifische Kundenanforderungen und Anpassungen an Kundenprozesse (z. B. Abrufzeiten), örtliche Gegebenheiten (z. B. Zuliefererpark);
- *Technologie:* Wirtschaftliche Kapazitätsgröße, Flexibilität und Änderungsempfindlichkeit des Produktionsprogramms, High-Tech versus Low-Tech; Verfügbarkeit von IT-Infrastruktur.
- *Output:* Größe, Volumen und Gewicht der Produkte, Umfang des Lieferprogramms, Variantenvielfalt, qualitative Anforderungen, z. B. im Hinblick auf Maßgenauigkeit und Sicherheit/Crash-Festigkeit.

Die Einflussgrößen bestimmen in jedem Einzelfall maßgeblich die situative Gestaltung der Organisationsstruktur, doch lässt sich aus den Erfahrungen der Globalisierungsaktivitäten ein allgemeiner Trend zu einer deutlichen *Dezentrierung* der global ausgerichteten *Funktionsverteilung* hin zu *regionalen* und *lokalen* Aufgabenwahrnehmungen feststellen. Der Zwang zur globalen Leistungserbringung stellt *Systemführer* (Tier 1) vor die Aufgabe, welche Wertschöpfungsanteile und betriebliche Funktionen *global*, *regional* oder *lokal* organisiert werden sollen.[64]

In der Automobilindustrie hat sich für die verschiedenen betrieblichen Aufgaben folgender *Sprachgebrauch* herausgebildet:

- Um eine *globale* Aufgabenwahrnehmung handelt es sich, wenn dieselbe betriebliche Funktion an weltweit einem *einzigen Standort* ausgeführt wird (n=1).

---

62 Die folgenden Ausführungen stützen sich maßgeblich auf Weiß/Struthoff (1998) und Struthoff (1999).

63 Siehe hierzu ausführlich Struthoff (1999).

64 Im Einzelnen konkretisieren sich diese Herausforderungen dahingehend, dass ein Automobilhersteller zukünftig mit wenigen Systemführern je Modell zusammenarbeiten wird, denen die alleinige Verantwortung für komplette Baugruppen, wie z. B. Tür, Cockpit oder Front-End zukommt. Für weitere Beispiele vgl. Struthoff (1999), S. 15.

- Eine *regionale* Aufgabenwahrnehmung liegt vor, wenn diese Funktion innerhalb der wesentlichen Regionen der Weltwirtschaft – Europa, Nord- und Südamerika und Südostasien sowie ggf. Russland – zentral verantwortet und somit an maximal vier Standorten ausgeführt wird (1<n<4),
- Eine *lokal* wahrgenommene Aufgabe liegt vor, wenn eine betriebliche Aufgabe an weltweit mehr als 4 Standorten ausgeführt wird (n>4).

Die *geografische Gestaltung* der betrieblichen Funktionen kann man in vier Arten von spezifischen Aktivitätsschwerpunkten unterschiedlich darstellen (vgl. Abb. 60.).[65]

- Der „*Global Core*" stellt die Organisationseinheit zur strategischen Führung des Unternehmens sowie zur Wahrnehmung aller weiteren Aufgaben dar, die in dem betrachteten Unternehmen global organisiert sind.[66]
- *„Lead Center"* stellen innerhalb des Global Core oder an anderen Standorten die Träger besonderen Know-hows dar, das von dem betrachteten Unternehmen nur einmal vorgehalten wird und von den Lead Centern anderen organisatorischen Einheiten zur Verfügung gestellt wird. Solche Lead Centren könnte es z. B. für die Grundlagenforschung, für die Entwicklung weltweit einzusetzender Produktionsverfahren oder für die Logistiksteuerung geben.
- *„Regionale Zentren"* dienen der Wahrnehmung regional organisierter Aufgaben. Insbesondere koordinieren sie die lokalen Einheiten in ihrer Region.
- *„Lokale Einheiten"* nehmen die Aufgaben wahr, die in dem betrachteten Unternehmen lokal organisiert sind. Hierbei kann es sich um Just-in-Time-Montagewerke ebenso handeln wie um Entwicklungs- oder Verkaufsniederlassungen.[67]

Durch die verschiedenen Aufgaben und Standorte spannt sich ein *organisatorisches Netzwerk* an Kompetenzen auf, dessen Komplexität höchste Anforderungen an Ablaufsteuerung und Führung der zergliederten Wertschöpfungsanteile stellt.

Eine *Just-in-Time-Belieferung* der vielen, geografisch verstreuten Standorte eines Kunden kann aufgrund kürzester Abrufzeiten des Kunden nur *vor Ort* erfolgen. Dabei müssen die Leistungen viel *Komponenten-* und *Teilelieferanten* aus verschiedenen Bezugsquellen mit hohem logistischem Aufwand *integriert* werden. Beispielsweise müsste ein Systemlieferant für KFZ-Türmodule die Integrationsaufgabe für Sublieferanten (Schließtechnik, Fensterheber oder Seitenscheiben) erbringen. Die unterste Ebene der Zulieferpyramide bilden ferner Teilelieferanten, die

65 Vgl. Struthoff (1999), S. 92 ff. zunächst unter gegebenen Bedingungen. Es ist durchaus denkbar, dass durch eine Verteuerung der Logistikkosten eine Re-Regionalisierung der Wertschöpfungsaktivitäten wieder Sinn machen kann.

66 Amponsem (1997), S. 9.

67 So stellte Szidat, früherer Projektleiter Technik des VW-Beetle: „In der heißen Phase der Entwicklung … saßen wir täglich mit den Lieferanten zusammen. Das kann man natürlich nicht, wenn der Zulieferer 10.000 Kilometer entfernt sitzt, auch nicht mit den modernsten Kommunikationsmitteln." o. V. (1998a), S. 24.

wiederum Komponentenlieferanten mit Einzelteilen zur Erstellung der Komponenten beliefern.[68] Dabei können sich die verschiedenen Aufgabenwahrnehmungen auf alle betrieblichen Funktionen beziehen. Und für alle Funktionen gilt: Es handelt sich nicht um Entweder-oder, sondern um *sowohl zentralisierte als auch dezentralisierte* Lösungen für organisatorischen Zuständigkeiten.

– *Hierarchische Netzwerke und Trend zur Regionalisierung/Dezentralisierung*

In vielen global organisierten Unternehmen kontrolliert die Zentrale („Global Core") jegliche Informationsflüsse und Führungsprozesse. Auch sind dort weite Teile des betrieblichen Know-hows angesiedelt, so dass der *Global Core* die zentrale Schaltstelle und oberste Steuerungsinstanz im organisatorischen Netzwerk darstellt. In Bezug auf das zugrunde liegende Steuerungsprinzip lässt sich diese Art der betrieblichen Aufgabenverteilung als *hierarchisches* Netzwerk bezeichnen. Mit solchen stark hierarchischen Bezügen kann man in netzwerkartigen Organisationsstrukturen kaum den gezeigten Herausforderungen begegnen, ohne organisatorische Verschwendung zu erzeugen.

Die vielfach vorherrschende *global* ausgerichtete Verteilung organisatorischer Funktionen (dunkelgrau schraffiert) wird zukünftig von deutlich heterogeneren Funktionsverteilungen (hellgrau schraffiert) abgelöst werden (siehe Abb. 60). Der Trend zur *Dezentralisierung bzw. Regionalisierung* zeigt sich darin, wie die Zuständigkeiten in der Organisation auf Regional- und Lokale Organisationseinheiten verlagert werden.

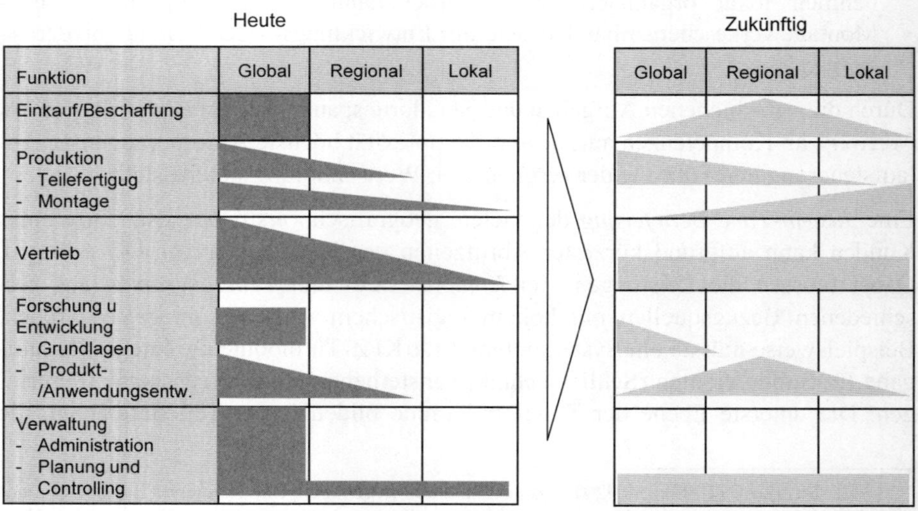

Abb. 60. Trend zur weltweiten Regionalisierung der Wertschöpfung

[68] Siehe oben Abschnitt 3.4.2.2.

– *Heterarchische Netzwerke und polyzentrische, polylokale Strukturen*
Will man jedoch die typisch mittelständischen Stärken hoher Schnelligkeit und Flexibilität bewahren, die Kosten umfangreicher Overhead-Funktionen vermeiden und den potentiellen Gefahren (auch geografisch) vom operativen Geschäft weit entfernter Zentralinstanzen begegnen, sind Kommunikations- und Führungsstrukturen zu fördern, die nicht *sternförmig-zentral*, sondern zwischen den verschiedenen Organisationseinheiten (Peer-to-Peer) direkt funktionieren.

Wenn man beginnt, Verantwortung und Zuständigkeiten für allfällige Aufgaben vom Global Core auf andere Einheiten – wenigstens teilweise – zu übertragen, dann führen diese Dezentralisierungstendenzen dazu, dass das für Entscheidungen notwendige Wissen im Netzwerk verteilt ist. Wenn *lokale* Einheiten nicht mehr über den *Global Core*, sondern direkt zu *Lead Centern* oder *regionalen* Zentren Kontakt aufnehmen, um bestimmte Probleme direkt zu lösen, dann verfügt das Unternehmen nicht mehr über ein, sondern über *viele* Zentren, die jeweils spezifisches Know-how besitzen und ihre Wertschöpfungsprozesse im gesamten Netzwerk einbringen. Es entsteht somit eine *polyzentrische* und *polylokale* Struktur, in der der hierarchische Instanzenzug nicht mehr dauerhaft festliegt, sondern sich im Zeitablauf mit dem zu lösenden Problem ändert.

In solch *polyzentrischen Strukturen* wächst dann die Steuerungsfunktion situationsspezifisch der Organisationseinheit zu, die für das jeweilige Problem die am weitesten reichende Kompetenz besitzt.[69] Statt einer einmaligen, eindeutigen und dauerhaften Festlegung betrieblicher Strukturen und Abläufe treten jeweils probleminduziert die einschlägigen Organisationseinheiten miteinander in Kontakt.

In einigen Situationen wird der Global Core in die so entstehenden Problemlösungsprozesse integriert werden, in anderen Situationen explizit nicht. Eine solche Organisationsform wird als *heterarchisches* Netzwerk bezeichnet.[70]

Mit einer solchen *Prozessualisierung* der Unternehmensstrukturen gewinnt man einerseits ein Höchstmaß an Flexibilität zur Anpassung an die Wettbewerbsbedingungen, z. B. der Automobilindustrie, muss aber andererseits den dafür entstehenden Gefahren einer Verselbständigung organisatorischer Einheiten begegnen sowie den Kontrollverlust des Global Core kompensieren. Eine solche *„Temporalisierung"* von Hierarchie[71] durch *Heterarchie* ist keine Anarchie, aber organisatorisch sehr voraussetzungsreich, wie das folgende Beispiel verdeutlichen soll.[72]

---

69 von Foerster (1984), S. 8 spricht vom *„principle of potential command"*.
70 Vgl. Hedlund (1986), S. 20 ff.
71 Vgl. Weiß (1995), S. 113 mit Verweis auf Baecker (1993), S. 130.
72 Zurückerinnert sei an die oben bereits besprochene Lieferantenhierarchisierung oben in Abschnitt 3.4.2.2.

Beispiel einer globalen Wertschöpfungsverteilung

Erhält ein *Systemführer* (Tier 1) einen Auftrag für die Lieferung eines bestimmten Subsystems für ein neues Kfz-Modell, so würde die Führung und Verantwortung für eine Vielzahl zentraler Fragen des Unternehmens vom Global Core auf die *lokale* Einheit vor Ort beim OEM (z.B. in Deutschland) übergehen, die zugleich eine Rolle als *Lead Center* zunächst für FuE (als Resident Engineers), später für Produktion wahrnehmen würde. Dieses Lead Center steuert dann nicht nur die *Kundenbeziehung vor Ort*, sondern auch den Aufbau der lokalen Einheiten an den Standorten, an denen in der Folgezeit das neue Modell anläuft.

Erhielte man zu einem späteren Zeitpunkt einen ähnlichen Auftrag z.B. von einem anderen Kunden (OEM 2) für ein in den USA entwickeltes und erstmalig produziertes Fahrzeug, würde die Funktion des Lead Centers entweder von Deutschland in die USA verlagert oder es würde in Kooperation mit GM ein weiteres Lead Center entstehen, so dass zusätzlich zum Global Core verschiedene Zentren nicht nur nacheinander, sondern auch nebeneinander existieren.
Die Frage, ob dies allein durch Organisationseinheiten auf Ebene der Spitzenorganisation (Global Core) zu bewerkstelligen ist, darf bezweifelt werden – zumindest, wenn es sich dabei um operative Aufgaben-Zentralisierung handelt.

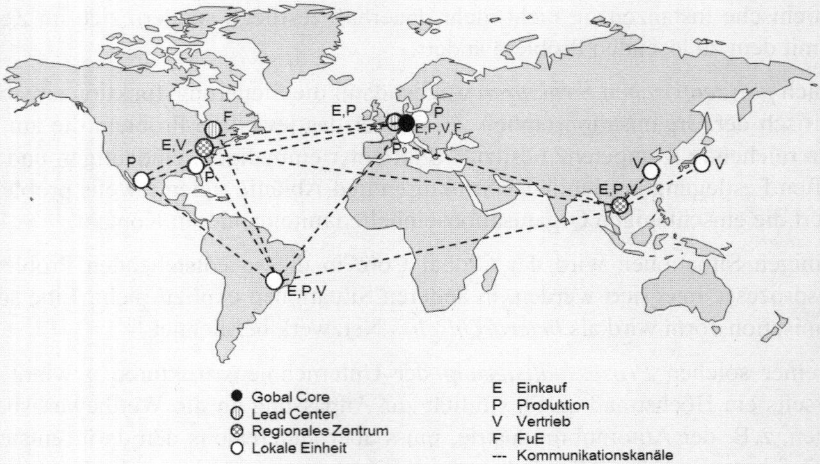

Entscheidend für ein erfolgreiches Gelingen solcher Koordination ist natürlich die Anzahl und Ort betrieblicher Standorte ebenso wie die Frage nach dem Umfang an Funktionen und Ressourcen, mit denen ein bestimmter Standort ausgestattet werden sollte.

Und inwieweit die verschiedenen geografisch verteilten betrieblichen Funktionen und Prozesse nicht nur kundenanforderungsgemäß sind, sondern auch effizient organisiert werden können, ist nicht zuletzt auch eine Frage der festgelegten *Systemgrenze*, innerhalb derer man Kosten- und Nutzeneffekte abwägt.

5.2.2.4 Gestaltung organisatorischer Netzwerke durch „Fraktal"-Bildung

Vielleicht war es eines der größten Missverständnisse seitherigen Organisierens überhaupt: Die *Oben/Unten-Differenz*, die ja letztlich mit der Unterscheidung von *Disposition/Ausführung* zusammenfiel und sich als gewünschte Trennung von Denken und Handeln präsentierte, hat tiefe *tayloristische Furchen* in der Organisationswirklichkeit hinterlassen, die Mayer in seiner bemerkenswert zukunftsweisenden Kritik bereits 1961 als fundamentalen Fehler des Taylorismus erkannt hat: *„Auch hier ist es wiederum richtig, dass die Arbeit umso leichter und ergiebiger verrichtet wird, je mehr sie vorher durchdacht, geplant und vorbereitet ist. Diese wiederum in der Tat notwendige Trennung von Planung und Tun fordert oder begründet aber nicht, dass der Planende und der Ausführende auch zwei verschiedene Menschen sein müssen. (...) Planung und Ausführung sind zwei Seiten der gleichen Aufgabe, nicht aber zwei getrennte Aufgaben: Wer nur plant und nicht auch handelt, gewinnt keine Erfahrung und gerät in die chronische Gefahr, illusionär zu werden, wer nur ausführt und nicht auch denkt, verliert die Kontrolle über sein Tun, bleibt leer, wird verantwortungslos und verliert sein Selbstbewußtsein."*[73]

Eine *Programmierung* von vorgedachten Arbeitsvollzügen durch spezialisierte und Realisierung durch andere Organisationseinheiten, kann – wie gezeigt – im Kontext (regional) ausdifferenzierter organisatorischer Netzwerke unter heutigen Bedingungen kaum mehr funktionieren. Wie beschrieben, kann ein *erster Schritt* zur Handhabung der Komplexität die *organisatorische Segmentierung* in strategiefähige, kulturell variable und untereinander vernetzte organisatorische Einheiten sein. Nimmt man dies ernst und denkt sich das *Netzwerk* als Ganzes aus *lose gekoppelten* Teilen, dann muss in einem *zweiten Schritt* entschieden werden, welche weiteren Strukturvorkehrungen getroffen werden müssen, um die Balance von Dezentralisierung/Zentralisierung von Aufgaben angesichts unruhiger werden Großorganisationen neu einzuregeln.

In *konzernartigen* Strukturen ist das kein einfaches Unterfangen. Das Selbstverständnis der Positionsinhaber als Koordinierungs- und Steuerungsstellen bzw. als zentrale Kompetenzstellen zur Generierung von Synergien verhindert eine genaue Information über die Vorgänge vor Ort, da die Distanz zum eigentlichen Wertschöpfungsprozess zu groß ist. Die *Zentralstellen* selbst werden deshalb zu einer Quelle für Friktionen und Störungen für die geschäftsführenden Bereiche und deren Wertschöpfungsnetzwerk, da sie mit ihrer Existenz nur Blindleistung und kaum Wertschöpfung erzeugen.[74] Die *„Blindleistung"* entsteht nicht zuletzt dadurch, dass aufgeblähte Zentralbereiche zu einem wesentlichen Teil mit sich selbst beschäftigt sind und dadurch im Sinne Hofstätters Suchenergie in *Verwaltungsenergie* um-

---

[73] Mayer (1961), S. 326. Professor Dr. A. Mayer war seinerzeit Direktor des Psychologischen Instituts der Wirtschaftshochschule Mannheim.

[74] Vgl. allgemein zu den gigantische Verschwendung erzeugenden Friktionen der Planwirtschaft die systemvergleichende Analyse von Hayek (1952) u. (1991).

wandeln.[75] Auch die Opportunitätskosten aus solchen Friktionen und Störungen übersteigen dabei um ein Mehrfaches die enorme Kostenlast, die dem Unternehmen aufgrund der Existenz dieser Stellen aufgebürdet ist.

Man denke dabei an den immensen Aufwand und die Turbulenzen, die ein zentrales Planungs- und Kontrollrechnungssystem, das faktisch häufig nur zu einem bloßen Ritual degeneriert ist, in den operativen Bereichen verursacht. Und wer unter den Bedingungen von sich immer schneller verändernden Märkten an einer starken Zentralisierung festhält, erleidet letztlich am Markt höhere Verluste, als ihn die Zentralbereiche an Synergie-Effekten einbringen können.[76] Allzu sehr wurde bis heute, unter dem Deckmantel einer falschen Hoffnung auf Synergien, die Akkumulation von Organisationsmacht bei solchen Zentralstellen versteckt.[77]

Für die *Konzernebene* heißt dies, die Erzeugung von operativen Synergien durch zentrale Koordination grundsätzlich in Frage zu stellen. „*Stäbe an die Front*", eine Aussage, mit der Kaske vor Jahren die Reorganisation der Siemens AG begründete, hat hierin ihre Wurzeln. Kompetenz und Verantwortung von zentralen Koordinierungsstellen müssen solchen organisatorischen Einheiten übertragen werden, die am Markt eng mit Kunden agieren. Damit werden Führung, Verantwortung und Kompetenz wieder an diejenigen zurückverlagert, die an den entsprechenden Schnittstellen operieren. Bei alledem geht es in erster Linie um Komplexitätsverarbeitung.

Nicht von ungefähr hat sich daher eine Vorstellung etablieren können, die als „*fraktale Fabrik*" die Runde machte. Warnecke hat vorgeschlagen, die Produktion als unmittelbaren Ort der Wertschöpfung sich als *Netzwerk* aus „*Fraktalen*" vorzustellen, die in einer (Dienst-)Leistungsbeziehung zueinander stehen. Entwicklungsfähigkeit soll über internen und externen Wettbewerb sichergestellt werden. Der Name ist dabei Programm: es geht um die *Fabrik*. Unseres Erachtens bedarf es solcher Engführungen jedoch nicht.

Fraktale sind nach Warneckes Verständnis (teil-)autonome, dynamische und selbstähnliche organisatorische Einheiten, die nach dem Prinzip der Selbstorganisation und Selbstoptimierung weitgehend eigenständig agieren. Im Grunde führt dies durch Einlagerung von dispositiven Aktivitäten in das operative Geschehen der einzelnen organisatorischen Einheiten zur Aufhebung bzw. Milderung der seitherigen Trennung von Denken/Handeln bzw. Planen/Ausführen.[78]

Die Doppel-Referenz auf das eigene Fraktal und auf die Unternehmung als Ganzes schafft Raum für die Entwicklung und Verbesserungen. So betrachtet geht es dann nicht mehr nur um Arbeitsteilung vorgeplanter Aufgaben, sondern um Ziele-Teilung, wie es ein sehr erfolgreicher mittelständischer Unternehmer einmal zum

75 Vgl. Hofstätter (1956).
76 Vgl. Deutsch (1992), S. 10.
77 Vgl. Baecker (1991).
78 Warnecke (1996).

Ausdruck brachte: *„Genau genommen muss man in einem Unternehmen Ziele verteilen, nicht Aufgaben: Stecke hohe Ziele, bezahle ein gutes Gehalt und vergiss nie den Spaß an der Arbeit. Dazu müssen alle auch spüren, dass Führung Spaß an der Leistung hat und sie anerkennt. Lob und Tadel sind schlechte Instrumente: Beide verführen Mitarbeiter zur Abhängigkeit. Wir wollen unabhängige Steuerung von innen statt von außen. Dass dieses Verhalten, diese Einstellung, gegen den Strom schwimmt erkennt man daran, dass 90 Prozent der Unternehmen nicht so handeln."*[79]

Mithin erweist sich die „*Fraktalisierung*" als ergänzendes Gestaltungsprinzip zur Bildung von objektorientierten, kleinen Organisationseinheiten durch Anreicherung gewisser Steuerungskompetenzen. Genau betrachtet, handelt es sich bei der „*Fraktalisierung*" um ein Gestaltungsprinzip für lernende Systeme, wie wir sie bereits kennengelernt haben. Warneckes Betrachtung der Wertschöpfung als Netzwerk von Fraktalen, ist eine konkrete empirische Belegung für die lernorientierte Gestaltung eines Subsystems (Produktion) einer Unternehmung (daher: „fraktale Fabrik").[80]

Man kann die Erfahrungen, die man mit der Trennung von Denken/Handeln auf Stellenebene gemacht hat, *verallgemeinern* für alle organisatorischen Einheiten: Stelle, Abteilung/Gruppe, Bereich und Unternehmen als Ganzes. Im Zuge der fortschreitenden Professionalisierung der Arbeit erwiesen sich „*neue Formen der Arbeitsorganisation*" als unerlässlich, um über Spielräume, Mitdenken und Verpflichtung auf Leistungs- und andere Ziele die eigenen Mitarbeiter zu quasi-unternehmerischen Verhalten zu bewegen, um durch strukturelle und prozessuale Veränderungen und die Entwicklung der eigenen Kompetenzen stets den veränderlichen Gegebenheiten gewachsen zu sein.

Durch *Job Enlarge-* und *-Enrichment* sowie *Job-Rotation* war es möglich, qualifizierte Mitarbeiter bei Laune – und das hieß vor allem: am Lernen – zu halten. Über *Gruppenarbeit* wurden diese Erfahrungen verbreitert und zu neuer Qualität ausgebaut, was ihre Mitwirkung bei der Zielsetzung und Kontrolle (bei dispositiven Tätigkeiten) ihrer Einheit anlangte.

Die „fraktale Fabrik" passt in diese Reihe, weil sie die Befähigung des einzelnen Organisationsmitglied als Vorbedingung einer guten Teamarbeit voraussetzt und gleichzeitig den Blick auf die (Außen-)Beziehungen zu anderen Teams/„Fraktalen" – allgemein: Netzwerkknoten – lenkt. Im Einzelnen durchaus unterschiedliche Erscheinungsformen lassen sich somit über das Prinzip Lernen auf Gleiches (wenigstens Ähnliches) reduzieren.

---

79 So der mittelständische Industrie-Unternehmer Peter Martin in: Martin (2002), S. 20.

80 Selbstähnlichkeit zwischen dem Fraktal und dem Unternehmen als Ganzes besteht darin, dass beide über Steuerungsfähigkeit und -befugnisse verfügen, um ihre jeweilige *Regelstrecke* nach bestimmten Zielen zu gestalten, zu steuern und zu entwickeln.

Die nachfolgende Abbildung veranschaulicht diese Verallgemeinerung. Gemäß Fundamentalprinzip lassen sich verschiedene (hierarchische) Ebenen unterscheiden: Stellen, Abteilungen, Bereiche. Je nach vorgenommener organisatorischer Segmentierung ändern sich zwar die Gestaltungsmöglichkeiten, systemtheoretisch betrachtet haben wir es bei der Fraktalisierung mit immer dem gleichen Vorgang zu tun: Eine Regelstrecke (versinnbildlicht durch das 5-Faktoren-Modell) verfügt über einen Regler, der in einem vorgegebenen Rahmen bestimmte erwünschte Leistungsziele und Beziehungseigenschaften zu anderen auszuregeln vermag. Je nach Betrachtungsfokus (-eben) entstehen somit organisatorische Netzwerke, deren Knoten über ein Mindestmaß an Intelligenz zur Selbstorganisation verfügen, und deren „Regler" – sprich: Führungspersonen bzw. -teams – intensiv miteinander vermascht sind.

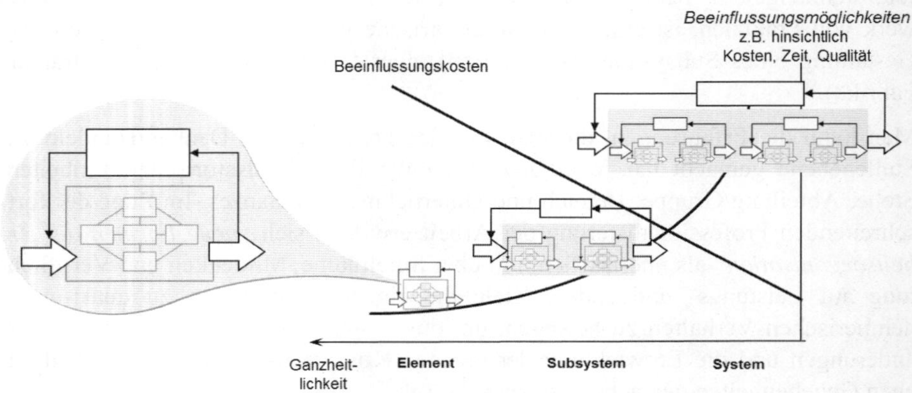

Abb. 61. Netzwerkbildung durch Fraktalisierung

Organisationen mit solcherart konstruierten Objekten haben den Vorteil, dass Denken/Handeln stärker zusammenrücken. Somit herrscht immer die gleiche Logik: Es wird nicht mehr getrennt zwischen *wertschöpfend-ausführenden* (direkten) Tätigkeiten und *dispositiven* (indirekten) Tätigkeiten, sondern *jede Einheit verfügt sowohl über direkte und indirekte Tätigkeiten*. Das Ausmaß zu berücksichtigender indirekter Aufgaben wird dann daraus bestimmt, welche Bedeutung eine bestimmte Rolle im Unternehmensgesamt hat (global, regional, lokal) und welche Systemfunktionen im Einzelnen (SF 1 bis 5) erfüllt werden sollen.

Im hier vorgeschlagenen Zusammenhang wird man annehmen dürfen, dass global agierenden Stellen mit reinen Koordinationsfunktionen deutlich abnehmen werden und zwar je stärker organisatorische Einheiten *„fraktalisiert"*, also mit Systemfunktionen 1 bis 3 gemäß Maliks Viable-Systems-Modell ausgestattet sind.

Die Debatte über Zentralisierung oder Dezentralisierung wird nunmehr entschärft und von der strukturellen Ebene stärker in die Prozessebene verlegt. Die zentralen

Koordinationsstellen dampfen stark ein, gerade weil wir davon ausgehen, dass in modernen Organisationskontexten die strikte Trennung von ausführenden/dispositiven Aufgaben kaum mehr als ein *tayloristisches Relikt* ist. Erst wenn dieser Sachverhalt, der sich aus dem Prinzip *Lernorientierung* von Organisationen ergibt, klar ist, wird man auch verstehen, was mit *Investition in Humankapital* angesprochen und warum diese so bedeutsam ist. Mit einem Kurieren an tayloristischen Symptomen ist es dann nicht mehr getan. Wir vermeiden mit der vorgetragenen Sicht zugleich die häufig beobachtbare Praxis, immer nur die „Restrukturierung der Glieder" – will heißen: die Umgestaltung der Arbeitsplatzorganisation auf der Ebene der Fabrik(sog. gewerbliche Arbeitsplätze) – zu verfolgen und die „Häupter" außen vorzulassen.

5.2.3 „Prozessorientierte Organisation"

5.2.3.1 „Prozess-Organisation" – ein neuer Organisationstyp?

In den letzten Jahren hat sich in der Praxis der Begriff *„wertstromorientierte" Organisation* verbreitet, der zunächst kaum mehr schien als eine andere Wortschöpfung für *prozessorientierte* Organisationsgestaltung. Prozessorientierung und Organisation hat zu einem neuen Phänotyp *„Prozessorganisation"* geführt[81], der als das Ergebnis einer Neuformulierung der Ablauforganisation auf Basis des *Business Reengineering-Konzepts*[82] gedacht war.

Die *„Prozessorganisation"* wird modelliert als ein System von Prozessen, die über einen durchgängigen Leistungsfluss miteinander verknüpft sind. Wesentlich, aber gerne vergessen, ist die *kundenorientierte* Sichtweise der Wertschöpfung: vom Erstkontakt eines Kunden an bis zur abgelieferten Problemlösung für den Kunden werden sämtliche Aktivitäten durchgängig betrachtet. Man erkennt unschwer das bereits erwähnte *„Pull-Prinzip"* wieder.

So gesehen, wird eine Organisation als netzwerkartig verbundenes System von Prozessen verstanden, wobei diese mit verschiedenen Typen von Geschäftsprozessen modelliert werden:

- *Primäre* oder *Kernprozesse* (mit direktem Bezug zum externen Kunden, z. B. Produktions- und Logistikprozesse, Auftragsabwicklungs- und Kundenserviceprozess),
- *sekundäre* oder *unterstützende Prozesse* (Unterstützung der primären Prozesse als interne Kunden, wie z. B. Personalprozesse, Rechnungswesenprozesse, Finanz- bzw. Investitionsprozesse und Informationsprozesse) und
- *Management-* und *Steuerungsprozesse* der primären und sekundären Prozesse.

Soweit so bekannt. Bei einer funktional-orientierten Organisation stellt dies kaum mehr dar als die in bestimmte Kategorien gepresste Ablauforganisation. Das war auch lange Zeit Anlass für Kritik. Porters *Wertketten*-Konzept sei bekannt und die

---

81 Vgl. Gaitanides (1999); Picot/Franck (1996).

82 Vgl. Hammer/Champy (1994) und Davenport (1993).

Erfindung der Unterscheidung Aufbau-/Ablauforganisation ebenfalls.[83] Des Weiteren galten die Vorschläge alter deutscher Meister (Schäfer, Lohmann) als Vorläufer für *Business Reengineering*. Im Übrigen: Von Gary Hamel selbst stammt der Hinweis, dass das Business Reengineering einer Linie folgt, die von der wissenschaftlichen Betriebsführung ausgehend über das Industrial Engineering bis zur Verbesserung der Geschäftsprozesse reicht.[84] Ausgelöst durch die zunehmenden Dysfunktionalitäten der funktionalen Organisation mit ihrem zentralistischen und hierarchischem Kommunikations- und Koordinationsmustern hat sich infolge der zunehmenden Komplexität im Unternehmen das Thema *Prozessorientierung* als Lösungsansatz entwickelt. Ghoshal/Bartlett konnten noch empirisch argumentieren, indem sie das Ergebnis ihrer Befragungen von Managern mit der Aussage zusammenfassten: *„When they look at their companies, they do not see structures; they see processes. ... They see core organizational processes that overlay and often dominate the vertical, authority-based processes of the hierarchical structure.“*[85]

Was genau ist gemeint mit *„prozessorientierter Organisation“*? Ist es nur ein anderer Begriff organistorische Ablauforientierung oder etwas wirklich Neues? Wie immer, wenn es um Klärung solcher Fragen geht, schaut man sich den begrifflichen Entstehungszusammenhang an.

5.2.3.2 „Wertschöpfungszentrierte“ -Organisation“

Prozessorientierung ist komplementär zum Trend zu immer kleineren organisatorischen Einheiten und – wenn man so will – Ursache und Wirkung zugleich.[86]

Zunächst meint *Prozess* in (system-)theoretischer Hinsicht die konkrete raumzeitlich realisierte Funktion eines Systems mithilfe von Strukturen. Demnach ist es vom Wortsinn her wenig sinnvoll, Prozesse zu betrachten, ohne die Strukturen mit zu reflektieren. Genauso wenig hilft eine ablauforientierte, auf Dauer gestellte Grunddifferenzierung, die sich an der Prozessstruktur von Arbeitsprozessen (z. B. Order Fulfillment) orientiert und die durch allerlei unterstützenden Maßnahmen ergänzt werden. Effizient handelt dann derjenige, dessen Wertschöpfungsabschnitt ein gefordertes Prozessergebnis erfüllt, egal welche Folgewirkungen in den anderen Abschnitten entstehen? So verstanden ist Prozessorganisation wenig aussagekräftig. Sie scheint uns kaum mehr als eine ungenaue Beschreibung eines Problems zu sein, denn eine vernünftige Lösung.

Dennoch: durch *Business Reengineering* wurde der Blick auf *Durchgängigkeit* in der gesamten Wertschöpfungskette gerichtet, ganz im Sinne Henry Fords Philosophie: „Beweg das Blech!“. Die Autoren des Konzepts versprachen durch ein

83 Vgl. Porter (1985).
84 Vgl. hierzu Hammer/Champy (1994), insbes. S. 47 f.
85 Ghoshal/Bartlett (1995), S. 89.
86 Vgl. statt vieler Hammer/Champy (1994), die „Prozessorientierung“ zur Grundlage ihres „Business Reengineering“-Konzepts erklären. Bei ihnen handelt es sich aber lediglich um ein analytisches Beschreibungsmodell. Picot/Reichwald/Wigand (2001), S. 227–286.

„Grenzen-loses“ Re-Design von Unternehmen in ihren wesentlichen Unternehmensprozessen um Größenordnungen verbesserte Leistungskennzahlen in den Bereichen Kosten, Qualität, Service und Zeit.[87] Ausgehend vom Kunden werden (ausgewählte) „Geschäftsprozesse“ in den Blick genommen und so gestaltet, dass möglichst nur noch im Sinne einer Wertentstehung für „den“ Kunden wertgeschöpft wird – und sei es nur, dass man offensichtliche Verschwendung vermeidet (pull-Prinzip). Im Grunde stellt man die Leistung des *Wertstroms* insgesamt als den einzig relevanten Kundenwert dar! Fokus ist der gesamte Wertschöpfungsprozess, gedanklich vom Ursprung der Rohstoffe bis hin zu Konsum. Der *Wertstrom* berücksichtigt das, was unmittelbar notwendiges wertschöpfendes Tun ist.

Der Fokus auf *„Grenzen“-losen* Wertstrom hat somit unmittelbare Auswirkungen auf die Form einer Organisation. Auch wenn die Praxis vielfach anders votiert: Nicht die Vorstellung eines „General Problemsolvers“, der ein Gesamtoptimium über verschiedene Wertschöpfungsstufen und Organisationsgrenzen hinweg vornimmt, ist hierbei zielführend, sondern vielmehr das Bild der Aneinanderreihung von einzelnen Gliedern auf der Wertschöpfungskette. Die einzelnen Glieder sind als strategiefähige, objektorientierte und fraktale Einheiten konzipiert. Strategiefähige Einheiten erfüllen entweder eine auf eine Kundengruppe (-segment) zugeschnittene Produkt-Markt-(Teil-)Mission oder einen besondere Teilleistung für das gesamte Wertschöpfungsnetzwerk[88].

So gesehen wird es mit dem Fokus auf *Wertstromorientierung* erforderlich, sich von der Idee einer allein hierarchisch gesetzten Form der Koordination zu verabschieden und direkte Abstimmung an den organisatorischen Schnittstellen im Sinne einer *Kunden-Lieferanten*-Beziehung zuzulassen. Wohlgemerkt: ein Kunden-Lieferanten-Verhältnis, obschon nur interne Abteilungen betroffen sind! Das Kunden-Lieferanten-Verhältnis wird auf jede Wertschöpfungsstufe übertragen und nicht mehr unterschieden zwischen intern und extern. Die Vorherrschaft der traditionellen organisatorischen Binnendifferenzierung nach arbeitsteilig abgegrenzten Funktionsbereichen, jeder spezialisiert auf bestimmte Fachaspekte (Verkauf, Forschung und Entwicklung, Produktion, Finanz- und Rechnungswesen etc.), wird aufgegeben.

Damit wird auch klar, warum seit Anfang der 1990er Jahre das *Zwillingspaar* Prozess- und Netzwerkorientierung gehandelt wird. Ersteres sollte unter vorübergehenden Ausschluss alles anderen ein betriebswirtschaftliches Optimieren ermöglichen. Diese Schließung musste durch Öffnung, also Überschreitung der Grenzen (Durchgängigkeit) kompensiert werden. Auch wenn man sich noch nicht zwangsläufig von der Vorstellung der Organisation als Pyramide lösen müsste, die bisherige Stärke von Hierarchie, Kommunikation zu vermeiden und Konflikte zu unterdrücken, wird jedoch zum zentralen Problem.

---

87 Vgl. hierzu Hammer/Champy (1994), insbes. S. 47 f.

88 Wir kommen unter 5.2.4 darauf zurück.

„In modernen Unternehmen funktioniert nichts mehr ohne Rückfrage; denn prinzipiell ist jeder Mitarbeiter in einer Position, die ihn zum Experten eines hoch empfindlichen Zwischenschritts der Arbeitsteilung macht und daher bei jeder halbwegs anspruchsvollen Aufgabe zur Rückfrage zwingt."[89] Nicht zuletzt schiebt sich die Netzwerk-Vorstellung in den Vordergrund, weil damit teambasierte Strukturen mit all ihren Motivationsressourcen und ihrer Feedback-intensiven Kommunikationskultur „externe" Kontakte nutzen können und damit die Öffnung von Grenzen ins Spiel bringt.[90]

Nunmehr können wir zusammenführen, was wir entwickelt haben. In Lean-orientierten Unternehmen haben wir es in mehr oder minder großem Ausmaß zu tun mit dem, was wir Wertstrom-Organisation bezeichnen wollen. Wir sprechen von *Wertstromorganisation*, weil damit zum Ausdruck gebracht wird, dass die ständige Optimierung der *„primären*" Wertschöpfungsaktivitäten im Fokus steht (Rationalisierung i. e. S.).

Da in der Praxis die Begriffe nicht immer eindeutig verwendet werden, wollen wir ihn wie folgt definieren: Mit *„Wertstrom"-Organisation* wollen wir eine organisatorische Form bezeichnen, die (1) objektorientiert, (2) prozessorientiert und (3) „fraktal" gestaltet ist. Von Ganzheitlichkeit kann in dem Maße gesprochen werden, wie es gelingt, eine Koordination der Wertströme in und zwischen den Wertschöpfungseinheiten zu bewerkstelligen.[91]

„Wertstrom-orientierte" Organisationstruktur meint eine Organisationsgestaltung nach folgenden Prinzipien:

- Soziostruktur anstatt einer aufgabengebundenen Technostruktur,
- auf Basis lose gekoppelter objektorientierter strategiefähiger kleiner Einheiten (Modulare Organisationsform),
- die entlang der Wertschöpfungskette (wertstrom-orientiert) organisiert sind.
- Jede Einheit verfügt dabei über eine „Mindestintelligenz", um die ihr zugedachte Leistung für das System aus ihrem Beziehungsnetz zu vor-, nachgelagerten Organisationseinheiten entsprechend ihrer Leistungsziele ausregeln zu können.
- Über Teamstrukturen arbeiten die lose gekoppelten Einheiten als Netzwerk eng zusammen.
- Durch Kombination von Selbst- und Fremd-Organisation (z. B Kontextsteuerung) soll Lern- und Entwicklungsfähigkeit gewährleistet werden.

89 Dirk Baecker zit. nach Wimmer (1998), S. 123.
90 Baecker (1999), S. 189 ff. u. 227 ff.
91 Siehe unten Abschnitt 5.3 am Ende.

5.2.3.3 Teams zur engen Vernetzung von Organisationeinheiten[92]

5.2.3.3.1 Teams – eine voraussetzungsreiche Form des Organisierens

Aus theoretischer Sicht nicht mehr ganz neu, gleichwohl von aktueller Bedeutung ist die Diskussion um Notwendigkeit und Funktion von *Teams* in Organisationen.[93] Im Gegensatz zur Häufigkeit des Sprachgebrauchs von Team bzw. Gruppe, tut sich die Unternehmenspraxis bis heute schwer, in Team-Kategorien zu denken. Das mag in erster Linie am Modus der Kommunikation liegen: Im Gegensatz zur Hierarchie, die in der Regel über einseitige Anweisungen die folgenreiche vertikale Kommunikation kurz und knapp formuliert und damit strukturiert, stellen Teams auf *horizontale* Kommunikation ab. Es ist schier unmöglich, dieser Kommunikation auszuweichen, weil alles (Führungsstrukturen, Technikzugriff, Ressourcen etc) thematisiert werden kann.[94]

In einem konventionell gestrickten Organisationsverständnis (klassische Hierarchie) hatten Teams einen *kompensatorischen* Charakter. Sie kamen zum Einsatz, wenn die Linienorganisation mit ihrer Konzentration auf Routineaufgaben zur Bearbeitung zeitlich begrenzter, außergewöhnlicher Aufgabenstellungen eine Ergänzung notwendig hatte (etwa in Form einer Projektorganisation).
Entgegen dieser Ergänzungsfunktion ist heute die Arbeitsfähigkeit von Teams zu einem *konstitutiven Erfolgsfaktor* für Organisationen geworden. Teams sind daher als kleinste organisatorische Einheit zu sehen, Kommunikation ist somit ein existenzielles Funktionsmerkmal. D.h., die gegenwärtigen Organisationsverhältnisse haben sich in ihren Funktionserfordernissen so verändert, dass sie nicht nur in Ausnahmesituationen, sondern für ihren *Normalbetrieb* an verschiedenen neuralgischen Stellen auf funktionstüchtige Teams angewiesen sind.

Erst beim näheren Hinsehen wird deutlich, worauf man sich einlässt. Teamarbeit ist eine *voraussetzungsreiche Angelegenheit,* oder wie es Lawler zum Ausdruck bringt: „*Teams are the Ferraris of work design. They're high performance but high maintenance and expensive.*“[95] Einerseits sind Teams der Ort, wo über (kommunikative) *Kopplungen* zwischen Individuen und dem (sozialen) System Unternehmung das erforderliche (neue) Wissen anfällt, insofern Teams als kleinste Wissenseinheit fungieren. Andererseits sehen wir nur in Teamstrukturen eine geeignete Möglichkeit, die infolge des „Verkleinerungstrends“ stark differenzierten objektorientierten Organisationen wieder sinnvoll zu *integrieren.*

– *Funktion von Teams*

Abstrakt betrachtet sind Teams ein funktionales Äquivalent der Komplexitätsbewältigung zu Hierarchie und zum Netzwerk. Die dabei verwendeten Begriffe von

---

92 Vgl. Schleuter (2009) spricht die Bedeutung einer starken Vernetzung an, um exzellente Leistung zu erbringen.

93 Vgl. Likert (1961), insbesondere Kapitel 11.

94 Vgl. Baecker (1999), S. 187.

95 Zitiert nach Dumaine (1994), S. 76.

Team (Gruppe) sind annähernd unüberschaubar.[96] Es ist die Rede von *„self-managed teams“*[97], *„cross-functional-teams“*[98], *„high tech teams“*[99], *„high perfomance teams“*, *„super teams“*, *„(teil-)autonomen Teams*[100] bzw. *Arbeitsgruppen*“[101], *„selbstgeleiteten Teams“* oder von *Empowerment*[102], *„multifunktionalen Teams“* oder *„closed-loop-teams“*[103] sowie von *„virtual teams“* und *„management teams“*[104].

Die zentrale Idee aller *Teamarbeit* ist, über eine *interdisziplinäre* Gruppenbesetzung durch direkte Interaktion eine Erhöhung der Kommunikations- und Informationsdichte im Team zu erreichen und damit die negativen Folgen der Spezialisierung und Arbeitsteilung zu kompensieren. Teamarbeit – in welcher Form auch immer – ermöglicht eine verbesserte *Integrationsleistung,* weil Teams im Gegensatz zur funktional-hierarchischen Organisation gewissermaßen über einen eingebauten Mechanismus zur Koordination der Arbeitsschritte verfügen.

Gerade die *raum-zeitliche Konzentration*[105] mit der Möglichkeit eines direkten, interaktiven *Feedbacks* in der Gruppe erlaubt eine hohe *Aktualität* und Erhöhung des verfügbaren Wissens durch Vermeiden von Filterung oder Verlust von Informationen durch organisatorische Schnittstellen. Teams sind insofern ein „funktionales Äquivalent“ für formale Organisation und der Ort, *„wo jene Probleme durch den Einsatz von Intelligenz gelöst werden, die andernfalls aufwendige Such- und Entscheidungsverfahren erfordern“.*[106] Das trägt damit nicht nur einer ganzheitlichen

---

96 Vgl. hierzu im Überblick Wiendieck (1992), Sp. 2375–2384. Dumaine (1994), S. 76–82 nennt fünf unterschiedliche Typen von Teams: Virtual Teams, Management Teams, Work Teams, Problemsolving Teams, Quality Circles. vgl. des Weiteren Katzenbach/Smith (1993). Katzenbach/Smith verstehen unter Team (synonym mit Gruppe!) „a small number of people with complementary skills who are committed to a common purpose, set of performance goals, and approach for which they told themselves mutually accountable“. Katzenbach/Smith (1993a), S. 112.

97 Vgl. Dumaine (1994).

98 Vgl. Katzenbach/Smith (1993).

99 Vgl. Shanklin/Ryans (1984), S. 170 ff., die dieses Konzept entwickeln, um eine beschleunigte Initiierung und Durchführung von Innovationen zu gewährleisten. Interessant ist ihr Vorschlag, das Gewicht sämtlicher am Innovationsprozess beteiligter Abteilungen bzw. Mitarbeiter (in Form von Stimmrechten) über den gesamten Innovationsprozess anhand einzelner Meilensteine unterschiedlich zu gestalten.

100 Vgl. Wheelwright/Clark (1994), S. 208 ff. bezeichnen mit „autonomen Teams“ eine von vier verschiedenen Projekt-Organisationsformen bei der Produktentwicklung. „*Ausgestattet mit eigenem Budget, eigenen Mitteln und umfänglichen Verfahrens- und Gestaltungsvollmachten, kann das Team ganz eigene Wege gehen. Es entscheidet selbst darüber, was erforderlich ist, um den Entwicklungsauftrag zu erfüllen, braucht also keinerlei Rücksicht zu nehmen auf frühere Handhabungen oder bestehende Verfahren und Systeme*.“ A. a. O., S. 222.

101 Vgl. Steinmann/Heinrich/Schreyögg (1976); Bartölke (1992).

102 Vgl. Shipper/Manz (1992).

103 Vgl. Whitney (1989), S. 106–113; Stalk/Hout (1991), S. 216 f.

104 Vgl. Dumaine (1994), S. 77.

105 Diese wird gerade im Falle der „virtual teams“ aufgehoben und wir vermuten damit auch die Teamvorteile.

106 Vgl. Baecker (1993), S. 180.

Problemlösung Rechnung, sondern fördert auch den organisatorischen Lernprozess, weil damit *„Betroffene zu Beteiligten“* gemacht werden.[107]

In diesen Organisationen ist letztlich eine Koordination über Struktur bzw. Hierarchie (z. B. Stabsstellen, -abteilungen) mit vertretbarem ökonomischem Aufwand nicht mehr zu gewährleisten. Ähnlich wie für die Frage der Koordination relativ autonomer Subeinheiten ließe sich auch für die Erledigung komplexer Kundenaufträge, für die Entwicklung neuer Produkte, für die Frage des bereichsübergreifenden Lernens, für die Überwindung der negativen Folgekosten einer tayloristischen Arbeitsorganisation etc. zeigen, dass die Arbeit in *Teams* zur unabdingbaren Voraussetzung für das erfolgreiche Agieren von Organisationen geworden ist. *„Von Teams verantwortete Produktion ist Paradoxieauflösung unter der Bedingung, dass erst das erstellte Produkt den Frieden bringt. Das Team ist die Antwort auf die Frage, wie man durch Förderung von Eigenverantwortung und ‚self management‘ hoch unwahrscheinliche Innovationen fördern kann, ohne das Schicksal der Organisation an den Zeugungsprozeß der Innovationen zu binden.“*[108]

5.2.3.3.2 Likerts Idee der „überlappenden Teamstrukturen“

Mit zunehmendem Verselbständigungsprozess einzelner Einheiten nehmen aber auch die internen Verständigungsprobleme insgesamt unweigerlich zu. Dies läßt den für gelingende Zusammenarbeit erforderlichen Kommunikationsaufwand in einem bislang ungeahnten Ausmaß explodieren. Nicht gerade erleichtert wird diese Situation durch die Zunahme und Verschärfung der Zielkonflikte, die in solche Organisationsverhältnisse ja gezielt eingebaut sind. Teamarbeit besetzt auch die *„organisatorischen Grauzonen“* an den niemals klar definierbaren Schnittstellen organisatorischer Einheiten, weil sie am (guten) Ergebnis der gemeinsamen Aufgabe interessiert sind.[109]

Denn je komplexer soziale Systeme werden, umso mehr Sinndimensionen gilt es intern zu unterscheiden. Jedes autonome Subsystem entwickelt seinen „Eigensinn“ in Auseinandersetzung mit seinen jeweiligen Umwelten und orientiert sich primär an den eigenen zentralen Lebensfragen. Die Organisation wird heterogener. Das alles erfordert die Installierung spezialisierter *Kommunikationsgelegenheiten*, in denen die notwendigen Unterschiede verhandelbar werden, um von Fall zu Fall so etwas wie ein koordiniertes, aufeinander abgestimmtes Verhalten zu ermöglichen. Verfügen Organisationen nicht über derartige Kommunikationsmechanismen, dann ist es unvermeidbar, dass jede Einheit ihre Operationsweise für sich selbst aus ihrer spezifischen Überlebensperspektive heraus optimiert (Ressortdenken!) und den dabei vermiedenen Konflikt nach Möglichkeit an andere delegiert.

---

107 Wir hatten oben in 3.2.2 bereits darauf hingewiesen, dass in Teams über die Erhöhung der Anzahl von strukturellen Kopplungen die Wahrscheinlichkeit erfolgreicher Kommunikation erhöht wird.

108 Baecker (1993), S. 191.

109 Vgl. Baecker (1993), S. 184; vgl. auch Küßner (1999), S. 107 ff.

Aus welcher Erkenntnisperspektive auch immer motiviert,[110] weiß man sich im Großen und Ganzen einig, wann Teamarbeit vorteilhaft funktionieren kann; nämlich dann, wenn einerseits die organisatorische oder die *Aufgaben-Komplexität* groß wird,[111] oder wenn es andererseits auf *Zeit* ankommt, auf Diskontinuierungs- und *Beschleunigungseffekte*.[112]

Die Kernidee greift dabei auf das seit langem bekannte *Konzept überlappender Teamstrukturen* zurück. Likert ging von der Grundordnung funktionale Organisation aus. Er schlug vor, Teams solchermaßen zu etablieren, dass Teams als Entscheidungszentrum fungieren, deren Mitglieder horizontal integriert und über ihren Team-Leiter, der wiederum Mitglied einer übergeordneten Teams ist, vertikal vernetzt sind.[113] Wir übertragen seine Argumentation auf *objektorientierte, netzwerkartige Organisationen*. Horizontal und vertikal ineinandergreifende (teil-)autonome Teams überlagern die objektorientierte Aufbauorganisation netzwerkartig über alle Hierarchieebenen. Die regelmäßige Kommunikation läuft über *fest installierte Teamstrukturen*, die Aufgaben mit unterschiedlichen sachlichen, zeitlichen und sozialen Horizonten bearbeiten. Insofern sind die Team-*Strukturen* als generelle *„ablauforganisatorische Regelung"* zu verstehen, wobei deren *Inhalte* und die jeweiligen Problemlösungen situationsspezifisch, also fallweise, zu bestimmen sind.[114]

Die Organisationsmitglieder finden eine sichere *„Plattform"*, auf der eine für die Aufgabenerfüllung notwendige interdisziplinäre Kommunikation thematisch „vorgeregelt" ist. Diese Kommunikationsplattform bleibt dabei nicht implizit, wie in der bisherigen Funktionalorganisation, sondern sie wird „zwangsläufig" zur explizit notwendigen Bedingung einer beschleunigten und reibungslosen Aufgabenerfüllung. Entscheidungen können demnach *vor-Ort* gefällt werden, also dort, wo sie anfallen und wo die Intensität des Wissens am höchsten ist, woraus wiederum höhere Lerngeschwindigkeiten resultieren.[115]

---

110 Als dominierender Beweggrund findet sich sehr häufig das „außerökonomische" Motiv der Partizipation der Mitarbeiter im Wege einer Demokratisierung des unternehmerischen Geschehens. So besonders deutlich im Falle der „teilautonomen Arbeitsgruppe" (vgl. Bartölke 1992, Sp. 2391 ff.).

111 Siehe hierzu oben 3.3.2.

112 Vgl. Baecker (1999), S. 192 schreibt ganz in diesem Sinn, „dass Organisationen ihre Form der Produktion immer dann auf Teamarbeit umstellen, wenn es in der Produktion auf Diskontinuierungs- und Beschleunigungseffekte ankommt".

113 Vgl: Likert 1961.

114 Um in der Sprache von Gutenbergs „Substitutionsgesetz der Organisation" zu sprechen. vgl. Gutenberg (1971), S. 237 ff.

115 Wenn man die Form der von uns anvisierten Dezentralisierung in den Kategorien von Mintzberg zum Ausdruck bringen will: Am ehesten trifft wohl „Typ E" seiner fünf Dezentralisierungstypen das, was wir hier im Sinn haben. vgl. Mintzberg (1979), S. 208 ff.

Die Teamstrukturen besitzen neben der wichtigen Aufgabe der *Integration* und *Koordination* vor allem eine *Entlastungsfunktion* für die Teammitglieder.[116] Sie absorbieren mehr Unsicherheit und kanalisieren die Vielzahl der derzeit notwendigen und üblichen fallweisen Regelungen. Damit wird eine *sowohl formale als auch informale Integration* ermöglicht, also sowohl die Bereitschaft zur Spontanabstimmung genutzt als auch ein System der Selbstorganisation institutionalisiert.[117] Das setzt natürlich eine weitgehende Verfügbarkeit über sämtliche zur Zielerreichung erforderlichen Ressourcen voraus, was häufig übersehen wird.

Sobald sich hierarchie- und bereichsübergreifende Führungsteams einmal ein adäquates Funktionsverständnis erarbeitet haben, sind sie hervorragend geeignet, solche das *Gesamtinteresse* des Unternehmens im Auge habende Optimierungsleistungen zu erbringen. Führungsteams sind deshalb für diese heikle Steuerungsleistung die probate Organisationsform, weil wir aus Erfahrung wissen, dass insbesondere gut eingespielte, arbeitsfähige Gruppen besonders verständigungssensible soziale Systeme sind.

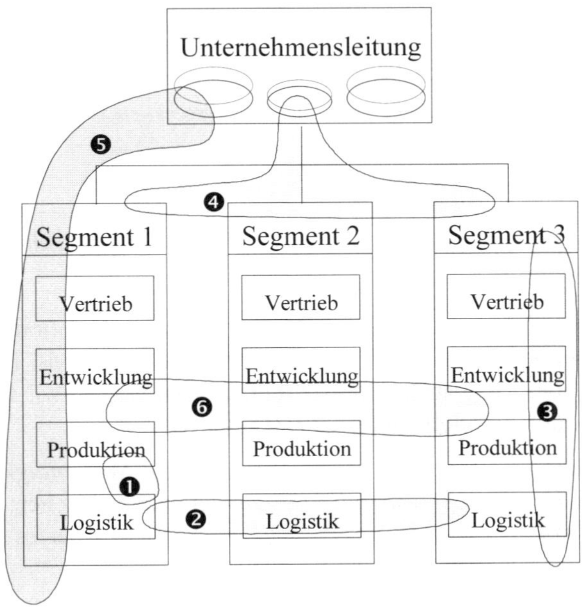

116 „Aus soziologischer Sicht liegt die Intelligenz des Teams darin, dass sie es erlaubt, die Strukturen als problematisch zu beschreiben, ohne die Bewältigung der Probleme, wie in der funktional und hierarchisch differenzierten Organisation, an die beteiligten Menschen und ihre mehr oder minder stark entwickelten Fähigkeiten, mit Rollenkonflikten umzugehen, zu delegieren." Baecker (1993), S. 183.

117 Selbstabstimmung, wie sie ja auch derzeit zu finden ist, wird allerdings nicht mehr dem Zufall überlassen, d.h. erfolgt nicht mehr informell und auf Risiko besonders engagierter Mitarbeiter, sondern wird mittels geregelter Teamstrukturen aufgabenbezogen kanalisiert. Das „running hot" einzelner Schlüsselpersonen wird durch ein „running hot" des Teams substituiert. vgl. Baecker 1993, S. 183.

Abb. 62. Grundstruktur einer lernenden, segmentierten Organisation

Obschon früh Vorschläge unterbreitet worden sind, sowohl *Routine-/Non-Routine-Aktivitäten* als auch *Produktions-/Verwaltungsaktivitäten* in Teamarbeit zu organisieren,[118] konzentriert sich die Diskussion noch heute im Schwerpunkt auf eine Seite der genannten Unterscheidungen:[119] z. B. im Falle von „Qualitätszirkeln" auf Routineaktivitäten mit Schwerpunkt Produktion oder auf „Projektarbeit" für Non-Routine-Prozesse.[120] Solche Abstinenz bzw. Einseitigkeit ist uns unverständlich und sie führt stets in ähnliche Probleme, wie wir sie für die „Geschäftsprozessorganisation" bereits festgestellt haben. Wenn nicht alles Arbeiten in Projektarbeit aufgehen soll, muss man klarer unterscheiden: nach Hauptprozessen.

Aktivitäten/Probleme	*Routine, z. B.*	*Non- Routine, z. B.*
segmentintern	Auftragsabwicklungs-Team	Produkt-Varianten-Team
segment-übergreifend	Auftragskoordinations-Team	Neu-Produktentscheidungs-Team Prozess-spezifisches Rationalisierungs-Team Projekt-Teams

Abb. 63. Überblick über eine mögliche Teamstruktur-Konstellation

Fassen wir die Ausführungen zur prozessorientierten Organisation zusammen: Die Einsicht in dieses Strukturerfordernis verbreitert sich zusehends. In der Fähigkeit, sie im Organisationsalltag auch praktisch umzusetzen, stehen wir trotz allen Geredes über Teamstrukturen vielfach erst am Beginn.

Wir sehen nicht nur die Möglichkeit, sondern auch die *Notwendigkeit*, *Teamarbeit als konstitutionelles Element lernender Organisationen* anzusehen. Das ist die Erfahrung, die Lean-Unternehmen bereits machen konnten. Aber es gibt Vorausset-

118 Hier muß man wohl zuvorderst Likert (1961), (1967) nennen, wenngleich er seine Vorstellungen von einem rein auf Gruppenarbeit basierenden Prozess vor allem im Rahmen des funktionalen Organisationsmodells entwickelte.

119 Das mag an der üblicherweise vorgenommenen Unterscheidung von zwei Team-Kategorien liegen: „Work-Teams" und „Problemsolving Teams". vgl. z. B. Dumaine (1994). Schon die Sprache ist verräterisch. Sie spiegelt die tiefe Trennung zwischen Denken und Handeln wider, die es ja gerade in einer lernenden Organisation zu verringern gilt.

120 Vgl. statt vieler Specht (1995) und die dort angegebene Literatur. In diesem Beitrag wird sehr deutlich, dass man die Realisierung von Innovationen nicht anders als über eine Sekundärorganisation sich vorstellen kann.

zungen, die man erst beim genauen Hinsehen erkennt. Team-Strukturen funktionieren nur dann, wenn Führung und Kultur adäquat angelegt sind.[121]

Neue Formen der Binnendifferenzierung von Organisationen setzen sich durch. Alle Anzeichen deuten hier auf einen revolutionären Strukturwandel hin. Freilich sind in diesen Veränderungsstrudel die einzelnen Branchen und Wirtschaftszweige nicht gleichzeitig involviert worden. Zunächst waren davon in der ersten Hälfte der neunziger Jahre die verschiedenen Bereiche der industriellen Produktion deutlich stärker betroffen.

In der Zwischenzeit wird auch der Dienstleistungssektor von dieser Entwicklung voll erfasst. Ein Blick in die gegenwärtige Bankenlandschaft liefert dafür eine Fülle anschaulicher Beispiele. Mehr und mehr können sich aber auch die Organisationen der öffentlichen Verwaltung, des Gesundheitswesens und andere Organisationen aus dem Non-Profit-Bereich dem Veränderungsdruck nicht mehr verschließen.[122]

5.2.4 Integration und Steuerung in „polyzentrischen Organisationsstrukturen“

Kleine organisatorische Einheiten, die mit einer jeweiligen operativen Aufgabe (Teilleistung) beaufschlagt sind, müssen trotzdem zentral koordiniert werden. Wir reden dann von polyzentrischer Führung, wenn die Zuständigkeiten dafür in verschiedenen Subsystemen liegen können. Die Integrationsaufgabe ist somit redundant angelegt und benötigt ein entsprechendes Koordinations- bzw. Steuerungsverständnis im Sinne einer fremdgesteuerten Selbstorganisation.

5.2.4.1 Ordnung durch Selbstbindung an situative Regeln

Die erwähnte *Dislozierung der Wertschöpfungskette* von international tätigen Unternehmen in Folge der Globalisierung hat zur Konsequenz, dass die operativen weitgehend autonomen (Geschäfts-) Segmente und Organisationen hiearchisch über die oberste Führungsinstanz allein kaum mehr zu steuern ist. Ein starker *Global Core* erscheint zwar als notwendig, weil hier die Informationen über unternehmensinterne und -externe Tatbestände aus den verschiedenen Teilbereichen des Unternehmens zusammenlaufen und Wissens- und Erfahrungsvorsprung von Spezialisten genutzt werden können und somit die Nachteile der Fixierung der lokalen Organisationseinheiten auf die unmittelbare regionale Umwelt kompensiert.

Jedoch führt dieser traditionelle, zentralistische Ansatz nicht nur in der Praxis der Automobilzulieferindustrie zunehmend zu Problemen. So ist eine einzelne Zentralfunktion kaum noch in der Lage, die aus der fortwährend steigenden Vielzahl von Standorten, nationalen Regelungen oder Wertschöpfungspartnern resultierende *Komplexität* zu bewältigen, zumal je nach Systemauftrag höchst individuelle Kundenanforde-rungen in Bezug auf Umfang und Art der Leistungserbringung beste-

[121] Vgl. Baecker (1994), S. 25 ff.
[122] Vgl. Baecker (2003), S. 61 ff.

hen. Um trotz gestiegener Komplexität adäquate Entscheidungen treffen zu können, neigen *Unternehmenszentralen* dazu, ihre Informationsbasis fortlaufend verbessern zu wollen, indem z. B. das Berichtswesen vertieft, ausgebaut oder auf zusätzliche Analysen von Stabsabteilungen gesetzt wird. Dies führt i. d. R. aber nur zu neuen Problemen in Form einer von den Führungskräften der Zentrale kaum noch zu bewältigender Informationsflut, verlängerter Entscheidungszeiträume, mangelnden Kontakts der Entscheider zum operativen Geschäft oder Akzeptanzproblemen in den operativen Einheiten vor Ort. Komplexität erzeugt weitere Komplexität.

Im Gegensatz zu den *„zentral-verblockten"* Großorganisationen, mit ihren schwerfälligen, bürokratischen und kostenaufwändigen Strukturen, bedarf es heute flexibler, *netzwerkartiger* Strukturen. Die notwendige Verlagerung von Entscheidungskompetenzen in einzelne Funktions- bzw. regionale Organisationseinheiten vor Ort führt dazu, dass Entscheidungen sich als arbeitsteilig präsentieren.[123] Somit entstehen *polyzentrische* Strukturen, die ihre Dynamisierung aus jenen marktnahen Einheiten erfahren, die erfolgreich ihr spezifisches Geschäft zu gestalten wissen. *Polyzentrismus* verweist darauf, dass in Organisationen statt einem Entscheidungszentrum an der Spitze eine Vielzahl von *Partialzentren* existieren, die alle in Abhängigkeit voneinander einen Beitrag zur Lösung von auftretenden Problemen leisten und von denen realiter keines einen alleinigen Führungs- oder Steuerungsanspruch geltend machen kann.[124]

Will man jedoch die typisch mittelständischen Stärken hoher Schnelligkeit und Flexibilität bewahren, die Kosten umfangreicher Overhead-Funktionen vermeiden und den potentiellen Gefahren (auch räumlich) vom operativen Geschäft weit entfernter Zentralinstanzen begegnen, sind gezielt heterogene, lediglich grob *vorstrukturierte* Kommunikations- und Führungsstrukturen zu fördern. Das Unternehmen verfügt dann nicht mehr über ein, sondern über *viele* Zentren, die jeweils spezifisches Know-how besitzen und dies in Wertschöpfungsprozesse im gesamten Netzwerk einbringen. So nehmen z. B. lokale Einheiten zu Lead Centern oder regionalen Zentren direkt Kontakt auf, um bestimmte Probleme zu lösen, und umgekehrt.

Wenn man diese Vorstellung akzeptiert, dann muss man ablassen von *einer hierarchisch zentralen* Koordination allen organisatorischen Geschehens. *Polyzentrische* Strukturen in der Form *heterarchisch* strukturierter Netzwerke zu betrachten.[125] Heterarchie steht dabei nicht für Anarchie, sondern eher für eine fluktuierende-Hierarchie[126], in der gemäß eines *„principle of potential command"*[127] auch mit der Hierarchie assoziierte Kriterien wie Kompetenz, Status und Ansehen fallweise

123 Siehe oben 5.2.1.3.
124 Vgl. Naujoks (1994), S. 107.
125 Vgl. Hedlund (1986), S. 20 ff.
126 Vgl. Weiß (1995), S. 113; vgl. Baecker (1993), S. 130.
127 von Foerster (1984), S. 8.

wechseln können.[128] Die *Führungsfunktion* wächst in solchen *Kontexten* situationsspezifisch der Einheit zu, die für das jeweilige Problem die weitreichendste Wissens-Kompetenz besitzt. D.h. ein hierarchischer Instanzenzug liegt nicht mehr von vorneherein und dauerhaft fest, sondern ändert sich kontextspezifisch mit einem zu lösenden Problem. Mit einer solchen *„Verflüssigung"* von Unternehmensstrukturen gewinnt man einerseits ein Höchstmaß an Flexibilität zur Anpassung an die Wettbewerbsbedingungen der Umwelt (z.B. Automobilindustrie), muss aber andererseits den dafür entstehenden Gefahren einer *Verselbständigung* organisatorischer Einheiten begegnen sowie den *Kontrollverlust* des „Global Core" kompensieren.

Wenn es zutrifft, dass wir heute in international tätigen großen Unternehmen überwiegend *polyzentrische Organisationsverhältnisse* antreffen und dass wir es dort mit einem dicht geknüpften *Netzwerk* relativ autonomer Einheiten zu tun haben, wenn sich im Inneren marktförmige Umgangsformen einspielen, die ein ständiges Balancieren von Kooperation und Konkurrenz erforderlich machen, dann stellt sich natürlich die Frage, wie hier noch so etwas wie eine *gemeinschaftliche Ausrichtung* am *Organisationsganzen* möglich ist.

Wie also, fragen wir weiter, lassen sich relativ selbständige Einheiten auf eine gemeinsame Zielsetzung hin koordinieren?[129] Wie kann eine tragfähige Orientierung an *gemeinsamen* Zielen entstehen, wenn man das Prinzip der unternehmerischen Selbstverantwortung dezentraler Einheiten ernst nimmt? Lässt sich unter diesen Bedingungen überhaupt noch ein übergeordneter *strategischer Rahmen* fixieren, der einen Fundus an verbindlichen Entscheidungsprämissen für das alltägliche Operieren der Subeinheiten und Funktionsträger bereithält? Welche *Verknüpfungsstrukturen* innerhalb dieses internen Netzes sind denkbar, die es trotz der wechselseitigen Wettbewerbssituation ermöglichen, die vorhandenen *SynergiePotenziale* (etwa in Richtung Ressourcennutzung, gemeinsamen Lernens zur Generierung neuen Wissens, zur gezielteren Marktbearbeitung etc.) voll auszuschöpfen?

All dies sind Existenzfragen, die heute im Zentrum eines neuen *Führungsverständnisses* von Unternehmen stehen.[130] Wenn es einerseits das Ziel ist, die dezentrale unternehmerische Verantwortung glaubwürdig abzusichern und andererseits der größere Unternehmenszusammenhang durch die zentrifugalen Kräfte nicht zerstört werden soll, dann gilt es, gemeinsam akzeptierte *Spielregeln* zu finden, wie diese autonomen, ihrer eigenen unternehmerischen Logik folgender Einheiten in ganz bestimmten, präzise ausgewählten Hinsichten „irritierbar" gehalten werden können – eine ausgesprochen heikle *Gratwanderung*. *„Letztlich geht es dabei um eine Paradoxie, wenn man so will, nämlich um die Konditionierung von Autonomie."*[131] In

---

[128] Vgl. Probst (1992), S. 495.
[129] Vgl. Wimmer (1996).
[130] Vgl. Wimmer (1996), S. 49 ff.
[131] Baecker (2003), S. 27.

der Bewältigung dieser Paradoxie liegt heute die zentrale Herausforderung, wenn es um die Steuerung von lernfähigen Organisationen geht.

Eine Koordination ist in *lose gekoppelten* Organisationseinheiten benötigen selbsttragende Abstimmungs- und Integrationsmechanismen, die die inhärente Störungsanfälligkeit von Netzwerken zu kompensieren vermögen. Gelingt es, solche Strukturen erfolgreich zu etablieren, dann mobilisieren sie nicht nur die vorhandene dezentrale Problemlösungsintelligenz, sie ermöglichen auch so etwas wie Selbstbindung auf dem Weg über Partizipation der Betroffenen an den relevanten Entscheidungsprozessen.

5.2.4.2 Unternehmenssteuerung als „Kontextsteuerung"

Mit der Gliederung in kleine strategiefähige organisatorische Einheiten muss man sich von der Idee einer hierarchisch gesetzten Form der Koordination verabschieden und auf dezentralere Organisationsformen übergehen. Der Unternehmensgesamtleitung hat mangels Nähe zum Geschehen einen Wissens- und Kontrollverlust hinzunehmen, der nur durch ein anderes Managementverständnis kompensiert werden kann. Der mangelnde Durchgriff auf Einzelentscheidungen erfordert andere organisatorische Konfigurationen, Regelungscharakter, Beziehungsorientierung und Strategie.

Auf den Punkt gebracht obliegt dann der Gesamtleitung die Funktion einer *indirekten „Kontextsteuerung"* weitgehend selbständig operierender Einheiten.[132] In diesem Konzept wird das Verhältnis von Fremd- und Selbststeuerung nicht als Gegensatz sondern als komplementär begriffen. Es repräsentiert die Einheit der Differenz von Fremd- und Selbststeuerung.[133] Dabei beschreibt *Kontextsteuerung* den Versuch, durch gezielten Verzicht auf eine punktgenaue, operative Steuerung den Schwerpunkt auf die Schaffung von Motivation der verschiedenen Teilbereiche für eigendynamische, selbstgesteuerte Operationen in eine angestrebte Richtung zu legen: „*Grundprinzip ... ist die zielgerichtete Gestaltung von Arenen für selbstorganisierende Prozesse durch die Herstellung der Bedingungen, die für das Auftreten gewünschter Ereignisse am günstigsten sind.*"[134] Zur Umsetzung dieses Grundprinzips soll Kontextsteuerung auf die *Rahmenbedingungen* und die *Regelstruktur* im Unternehmen einwirken.[135]

---

132 Vgl. Willke (1993), S. 57 ff. und S. 120 ff., ders. (1989); Naujoks (1994, 1994a); v. Horstig (1993), Weiß (1995); Struthoff (1999).

133 Vgl. Weiß (1995), S. 129.

134 Naujoks (1994), S. 261.

135 Vgl. Naujoks (1994), S. 261.

(1) In Bezug auf die Setzung von *Rahmenbedingungen* der Unternehmensentwicklung konkretisiert sich Kontextsteuerung vor allem in Form einer Konzentration des Global Core auf strategische Entscheidungen, wie z. B. die Ausgestaltung der Unternehmensstrategie, der Zuteilung von Ressourcen zu organisatorischen Einheiten oder der Initiierung von Projekten.

Im Einzelnen ergeben sich hier Ansatzpunkte über die verschiedenen Arten von Kopplungsbeziehungen, wie sie zwischen Teilbereichen von Unternehmen bestehen können und in Abbildung 64 anhand von Beispielen veranschaulicht werden.

Art der Kopplung	Beispielhafte Maßnahmen zur Festlegung von „Rahmenbedingungen“
Leistungswirtschaftlich	Wahl des Standortes Festlegung interner Lieferbeziehungen
Ressourcenbezogen	Umfang der Ressourcenausstattung organisatorischer Einheiten hinsichtlich Mitarbeiter, Kapital, etc.
Zielbezogen	Sachziele wie Ausschussquoten oder Durchlaufzeiten Formalziele wie Rendite auf das eingesetzte Kapital
Verfahrensbezogen	Art der Prozesstechnik in der Fertigung Führungsprozesse wie Berichtswesen, etc.
Personal	Festlegung des Qualifikationsprofils der Mitarbeiter Rotation von Mitarbeitern, insbesondere Führungskräften
Kulturell	Betonung bestimmter Werte im Rahmen der Entwicklung der Unternehmenskultur

Abb. 64. Kontextsteuerung durch Festlegung von Rahmenbedingungen[136]

In Bezug auf die *Regelstruktur* sind vier Arten von Regeln zu unterscheiden, deren Ausgestaltung sich auch insbesondere auf die operativen Vorgänge in den organisatorischen Einheiten auswirkt.[137]

- Dabei wirken *Präferenzregeln* innerhalb organisatorischer Einheiten und stellen Kriterien, Maßstäbe, Kontrollparameter, Standards oder normalisierte Prozeduren dar, die interne Operationen regeln und sich im Zeitablauf immer spezifischer auf die Bedürfnisse des jeweiligen Bereichs hin ausrichten.
- Hingegen steuern *Inferenzregeln*, wie ein System Umweltereignisse beobachtet, bewertet und daraus Informationen ableitet. Sie dienen somit der Relevanzzuordnung und ermöglichen dem System die Handhabung externer Komplexität. Dabei werden die Präferenzregeln als Bewertungsmaßstab zugrunde gelegt, so

[136] Vgl. Struthoff (1999), S. 177.

[137] Vgl. für die folgenden Ausführungen Willke (1989), S. 87 ff. und Weiß (1995), S. 129 ff.

dass beide Regel-Sets zusammen zu der Entstehung eines Weltbildes des jeweiligen organisatorischen Teilbereichs führen. Während die beiden bisher beschriebenen Regel-Sets vor allem innerhalb organisatorischer Einheiten wirken, bestimmen *Transferenzregeln* Art und Qualität der Interrelationen zwischen den Teilbereichen eines Unternehmens. Sie stellen einen Standard für die Übermittlung von Information zwischen organisatorischen Einheiten dar und können auch als Regeln für ‚informatorische Verträglichkeit' interpretiert werden.

Arten von Regeln	Ansatzpunkt	Beispiele
Präferenz-regel	*Kosten*	Das System ist mit maximal x Fertigungsstunden zu montieren
	Zeit	Anteil pünktlicher Lieferungen liegt über 99%
	Qualität	Ausschuß darf 10 Parts per Million nicht übersteigen
Inferenz-regel	*Externe Kontakte*	Einmal pro Quartal einen Lieferantentag mit allen Komponentenlieferanten durchführen
		Alle belieferten OEMs sind monatlich von dem Leiter des Fertigungsstandorts zu besuchen
	Strategien	Alle lokalen Einheiten erstellen halbjährlich einen Strategiebericht
		Das Unternehmen führt jährlich eine Strategieklausur mit allen Führungskräften durch
Transferenz-regel	*Sprache*	Standortübergreifende Kommunikation erfolgt in Englisch, standortinterne Kommunikation darf in der jeweiligen Landessprache erfolgen
	EDV	Jegliche Hardware ist xy-Betriebssystem-kompatibel
		Jeder EDV-Arbeitsplatz erhält E-Mail Software
Konferenz-regel	*Mitarbeiter*	Führungskräfte des Global Core besuchen jeden Standort mindestens einmal jährlich persönlich, Produktionswerke quartalsweise
		Ein Sitzungskalender legt die Häufigkeit der Sitzungen von Teams und anderen Gremien fest
	Führungssysteme	Ausgewählte Controllingdaten inkl. Benchmarking-Vergleiche der einzelnen Standorte liegen bis zum 5. Arbeitstag eines Monats vor
		Sonderberichte erfolgen, wenn Grenzwerte für Abweichungen überschritten werden

Abb. 65. Kontextsteuerung durch Ausgestaltung der organisatorischen Regelstruktur[138]

– Hingegen bestimmen *Konferenzregeln* Art und Qualität der Integration eines differenzierten Systems bzw. Unternehmens und formen einen Kern an gemeinsamer Weltsicht der einzelnen Teilbereiche. Steuerung entsteht dabei über die gegenseitige Beeinflussung der einzelnen Unternehmensbereiche im Rahmen von Diskursen, an denen alle Einheiten gleichwertig partizipieren können und die sich damit selbst an die Ergebnisse dieser Diskurse binden.

[138] Leicht verändert nach Struthoff (1999), S. 179.

5.2.4.3 *Hinweise zur Realisierung des Konzepts der Kontextsteuerung*

Bei der Einführung von Kontextsteuerung in *heterarchischen* Unternehmensnetzwerken steht zu erwarten, dass ähnlich wie auch bei anderen grundlegenden organisatorischen Neuausrichtungen eine Vielzahl von Reibungspunkten im Detail entstehen wird. Diese sind insbesondere hinsichtlich der Abgrenzung von Aufgaben und Entscheidungsbefugnissen des *Global Core*, der *Lead Center*, der *regionalen Zentren* und der *lokalen Einheiten* (also innerhalb der Primärorganisation) sowie zwischen diesen Einheiten und den verschiedenen Teams (also zwischen Primär- und Sekundärorganisation) wahrscheinlich. Pauschale Antworten erscheinen hier als unmöglich, sind doch eine Vielzahl unternehmensspezifischer Faktoren wie z. B. Kundenanforderungen, fachliche und organisatorische Kompetenz der Mitarbeiter oder erreichter Stand der Unternehmensentwicklung zu berücksichtigen.

Ansatzpunkte für eine Bewältigung dieser Problematik ergeben sich in *sachlicher* Hinsicht in Form von *Organisationsregeln* zur Sicherstellung einer eindeutigen und strukturierten Bearbeitung solcher Detailfragen. Dabei sollten Spielregeln in gemeinsamen Workshops aller betroffenen Organisationseinheiten entwickelt und in einer *Entscheidungsmatrix* dokumentiert werden. Diese listet ausgewählte strategische und operative Entscheidungstypen auf und legt für jede Organisationseinheit die Art der Beteiligung am Entscheidungsprozess unterschieden nach Initiative, Beteiligung, Entscheidung sowie Durchführung fest.[139]

Abb. 66 zeigt am Beispiel eines global organisieren Einkaufs die Zuordnung der verschiedenen Zuständigkeiten hinsichtlich Mitwirkung und Aufgaben.
Demgegenüber verweist bereits das im letzten Abschnitt vorgestellte Konzept der Kontext-Steuerung auf die Möglichkeit, gezielt Kompetenzen vom Global Core auf die weiteren organisatorischen Einheiten eines Unternehmens zu übertragen und so die hier vorhandenen Managementkapazitäten und Führungsfähigkeiten für die Steuerung des Unternehmens zu nutzen, so dass letztlich eine *Kombination* fremdsteuernder Eingriffe des Global Core mit selbststeuernden Maßnahmen der jeweiligen organisatorischen Einheiten entsteht.
In *zeitlicher* Hinsicht bestehen weitere Chancen in Form einer *Temporalisierung* von Zuständigkeiten. So kann z. B. eine bestimmte Aufgabe vorübergehend in die Verantwortung und Entscheidungsbefugnis eines Teams gestellt werden. Nach Abschluss der Projektarbeit wird die Verantwortung mit den entsprechenden Kompetenzen wieder an die zuständige Facheinheit übertragen, so dass zu einem bestimmten Zeitpunkt immer nur genau eine organisatorische Einheit für die Aufgabenerfüllung verantwortlich zeichnet.

[139] Vgl. Struthoff (1999), S. 191 ff.

Beteiligung / Entscheidung	Initiative	Beteiligung	Entscheidung	Durchführung
Auswahl von Komponenten-lieferanten	LE, RZ, LC, GC, PET	LE, RZ, LC, GC, PET	PET	PET
Zertifizierung von Lieferanten	LE, RZ, LC, GC	LE, RZ, LC, GC	GST	GST
Auswahl von Teilelieferanten	LE, RZ, LC, GC	LE, RZ, LC, GC	LE	LE
Koordination von Bestellungen	VS		LE	LE

Legende:

LE: Lokale Einheit
RZ Regionales Zentrum
LC: Lead Center
GC: Global Core

PET: Produktentwicklungsteam
GST: Global Sourcing Team
VS: Verbrauchsstelle

Abb. 66. Beispielhafte Spielregeln für Einkaufsentscheidungen[140]

Vor allem aber erscheint es in *sozialer* Hinsicht bedeutsam, in welchem *Klima* die Detailregelung von Zuständigkeiten geschieht. Kontextsteuerung erfolgt gerade nicht durch das autonome Setzen von Rahmenbedingungen für hierarchisch untergeordnete Organisationseinheiten, sondern bedarf vielmehr eines konstruktiven Diskurses zur gegenseitigen Beeinflussung der Regelstruktur, um eine Verpflichtung zur Umsetzung von Entscheidungen durch eine Beteiligung an den zugrunde liegenden Entstehungsprozessen zu kreieren.

Eine weitere Unterstützung der strukturellen Realisierung von Kontextsteuerung erscheint durch entsprechende *Controllinginstrumente* möglich, wenn diese

- Mitarbeitern und Führungskräften all die Informationen zur Verfügung stellen, die sie für selbststeuernde Maßnahmen benötigen oder die ggf. die Einleitung fremdsteuernder Maßnahmen veranlassen;
- eine Fokussierung der Aktivitäten einzelner Organisationseinheiten auf den Erfolg des Gesamtunternehmens zu erreichen;
- Prozesse der Reflexion über das eigene Stärken-Schwächen-Profil durch die Erzeugung von Irritationen anzuregen;
- die Bereitschaft für Lernprozesse und Know-how-Austausch in und zwischen organisatorischen Einheiten zu erhöhen.

Neben in der Literatur hinreichend diskutierten Instrumenten wie *Target Costing*[141] und *Benchmarking*[142] erscheinen hier vor allem *Sachziele* und die *Balanced Score-*

140 Vgl. Struthoff (1999), S. 194.
141 Vgl. Pfeiffer/Weiß (1992), S. 214 ff.; Sakurai//Keating (1994).
142 Vgl. Männel (1992), S. 340, Serfling/Schultze (1997).

card[143] geeignet. *Sachziele* verfolgen den Zweck, die i. d. R. formal definierten Unternehmensziele wie z. B. Eigenkapitalrendite, Umsatzrentabilität oder Cash-flow in für den einzelnen Mitarbeiter plastische, „anfassbare" Ziele zu reformulieren. Hierzu ist zunächst je Organisationsbereich festzulegen, wie die Mitarbeiter einen Beitrag zur Erreichung der Unternehmensziele leisten können. Anschließend erfolgt eine anschauliche Operationalisierung dieser Teilziele in einer Form, die möglichst jeden Mitarbeiter befähigt, eigene Soll-Ist-Vergleiche, Abweichungsanalysen und Ursachenanalysen durchzuführen.[144]
So setzt PORSCHE Sachkennzahlen zur Steuerung der Fertigung ein, indem die Leistung jedes Teams und jeder Abteilung anhand von Kennzahlen wie den folgenden gemessen wird[145]:

- *Kosten:* Fertigungsstunden pro Teil, Anzahl Ausschussteile, Maschinenausfallzeiten;
- *Qualität:* Anzahl in der Organisationseinheit entdeckter Defekte pro Teil oder Auto, Anzahl in der Endabnahme entdeckter Defekte pro Teil oder Auto;
- *Logistik:* Anteil pünktlicher Lieferungen an Händler, Anteil pünktlicher Lieferung von Teilen an die nächste Fertigungsstufe, Bestände in Stück;
- *Motivation:* Anzahl Verbesserungsvorschläge pro Mitarbeiter, Krankenstand, Anzahl Arbeitsunfälle, Trainingsstunden pro Mitarbeiter, Anzahl Sitzungen der Qualitätszirkel.

Die Ergebnisse des jeweiligen *Teams* in Bezug auf diese Kennzahlen werden im unmittelbaren Arbeitsbereich ausgehangen und sind so für alle Mitarbeiter permanent nachzuvollziehen.

Die *Balanced Scorecard* hingegen ist ein Konzept zur vorwiegend strategischen Planung und Steuerung von Unternehmen oder organisatorischen Teilbereichen. Anstelle der in vielen Unternehmen verbreiteten monetären Zielsysteme schlagen sie eine ausgewogene Integration von Sach- und Formalkennzahlen in einem geschlossenen Bericht vor. Um die Aktivitäten des Managements auf wesentliche Fragestellungen zu fokussieren, konzentriert sich die Balanced Scorecard auf einige wenige, möglichst anschauliche und gut verständliche Kennzahlen zu den wichtigsten Einflussfaktoren des Unternehmenserfolgs: Finanzwirtschaftliche Perspektive, Kundenperspektive, Innovations- und Lernperspektive, Prozessuale Perspektive.

Zu jeder dieser Perspektiven gilt es in Unternehmen, Ziele zu definieren und geeignete Kennzahlen festzulegen. Die gleichrangige Betrachtung der vier Perspektiven soll eine simultane und ausgewogene Konzentration der Führungskräfte auf die Erfolgsfaktoren ihres Organisationsbereichs erreichen und so eine kurzfristige Verfolgung bestimmter Einzelziele um den Preis einer Vernachlässigung anderer Dimensionen vermeiden. (Siehe ein Beispiel in Abb. 67.)

---

143 Vgl. Kaplan/Norton (1992), (1993), (1996).
144 Vgl. Pfeiffer/Weiß (1994), S. 232 ff., Deutsch (1992), S. 79.
145 Vgl. Womack/Jones (1996), S. 200 f.

Welchen Nutzen bringt die „Kontextsteuerung" vor allem für den Global Core eines Unternehmens? Er kann in einer kontextgesteuerten Organisation auf das Mittel der hierarchischen Anweisung möglichst weitgehend verzichten, und macht stattdessen die Frage zum zentralen Führungsinstrument. Denn Fragen erzeugen Offenheit, indem sie den Befragten veranlassen, Vergleiche anzustellen und Alternativen zu produzieren.[146] Somit verschiebt sich das Gewicht auf Erkennen und Definieren von Problemen, was dem befragten System erlaubt, in selbststeuernden Prozessen die Problemlösung zu erarbeiten. Eine solche kontrollierte Autonomie stellt eine Explikation des Konzepts der Kontextsteuerung dar, indem unter dem Motto ‚*Wer fragt, führt*' die Art der Frage die Richtung der Antwort i.S.e. Problemlösung steuert.[147]

Perspektive	Ziel	Ausgewählte Leistungsmaßstäbe
Finanzwirtschaftliche Perspektive	Umsatzwachstum Profitabilität	Umsatz Gewinnmarge Herstellkosten zu Umsatz
Kundenperspektive	Externes Serviceniveau Kundenzufriedenheit Kundenloyalität	Anteil pünktliche Warensendungen Anzahl Reklamationen Kundenzufriedenheit lt. Umfrage Marktanteil Anteil Wiederholungskäufer
Innovations- und Lernperspektive	Innovationen und Verbesserungen	Verbesserungsvorschläge pro Mitarbeiter Anteil neuer Produkte am Umsatz
Prozessuale Perspektive	Internes Serviceniveau Mitarbeiterzufriedenheit	Pünktliche Auftragsbearbeitung Ausschuß und Reklamationen Umschlagshäufigkeit Bestände Fluktuationsrate Trainingsstunden pro Mitarbeiter

Abb. 67. Balanced Scorecard eines Geschäftsbereichs Aftersales (Beispiel)[148]

Eine solche Art der Führung stellt ein überaus *voraussetzungsreiches* Konzept dar. Es erfordert entsprechende Fähigkeiten der beteiligten Mitarbeiter und Führungskräfte zur Selbststeuerung und vorzugweise Arbeit in Teams. Denn nur so können wechselseitige Verbindlichkeit im Sinne von Ordnung und Erwartungssicherheit entstehen und sich selbst korrigieren. In ihnen wird jener Entscheidungsbedarf abgearbeitet, der immer wieder von Neuem die Rahmenbedingungen hervorbringt, die das alltägliche Mit- und Gegeneinander in den internen Kunden- Lieferantenbeziehungen steuern hilft. Dies zeigt aber auch, was Integration in Organisationen mit einer relativ hohen Autonomie der Teilbereiche heißt: *wechselseitige Einschränkung von Freiheitsgraden* der beteiligten Subsysteme.

146 Vgl. Gadamer (1975), S. 344 ff.; Weiß (1995), S. 91.
147 Hierzu allgemein Popper (1964).
148 Vgl. leicht verändert nach Burgdörfer (1997), S. 41.

Maßnahmen der *Personal- bzw. Teamentwicklung* führen zu gewandelten Anforderungen an Führungskräfte, deren zukünftige Aufgaben mit Begriffen wie z. B. Orientierung geben, Verbindungen schaffen, Ziele vermitteln, dienen und Vorbild sein oder Mut machen für Veränderung beschrieben werden können.[149] Dabei kann und muss der Einzelne von einer *Unternehmenskultur* Unterstützung erfahren, die Werte fördert wie z. B. Kommunikation und Zusammenarbeit, Vertrauen und Verantwortung, Offenheit und Innovation.[150]

5.3 Führung im Lean-Paradigma

5.3.1 „Veränderungsorientierte" Führung als Leitidee

In arbeitsteiligen Organisationen hat Führung eine auf Koordination von verschiedenen Organisationseinheiten und Menschen bezogene Funktion. Gleichzeitig ist Führung ein Verhalten, welches Verhalten anderer verändert und welches Kommunikation voraussetzt und damit Interaktionen und Interventionen initiiert.

Somit zielt Führung immer auch auf sachlich-soziale Kontrolle im Unternehmen, die in direkter oder indirekter Form erbracht werden kann. *Direkte* Führung meint dabei die Beeinflussung der Einstellungen und des Verhaltens von Organisationsmitgliedern sowie der Interaktionen in und zwischen Gruppen, mit dem Zweck, bestimmte Ziele zu erreichen.[151] *Indirekte* Verhaltensbeeinflussung geschieht v. a. über Organisationsgestaltung und Technologieeinsatz, mit Hilfe derer Führungskräfte personenorientiere Führung ergänzen, substituieren oder neutralisieren können. Die bereits für Netzwerkorganisationen als sinnvoll präsentierte *„Kontextsteuerung"* ist eine mögliche Form, direkte personenorientierte Führung fallweise durch indirekte regelbasierte, laterale Selbstabstimmung und Interaktionen der einem Problem am nächsten stehenden bzw. am besten geeigneten Entscheidungsträgern zu verringern.

„Fremdsteuerung" der Organisationsmitglieder erfolgt dabei durch strategische Vorgaben („Leitplanken"), die dadurch definierte, wenngleich größere Handlungs-Spielräume eröffnen, die ein Mitarbeiter im Sinne der Organisationsziele *selbstorganisierend* nutzen kann. Damit kann einheitliche Willensbildung durchgesetzt werden bei gleichzeitiger Nutzung des besseren Wissens der *vor-Ort* tätigen Mitarbeiter.

Das Verhältnis von direkter/indirekter Führung ist dabei abhängig vom *Führungsbedarf* im Unternehmen, der wiederum proportional zum *Koordinationsbedarf* verläuft und letztlich von den strukturellen Gegebenheiten einer Organisation abhängig ist (z. B. Netzwerkorganisation vs. pyramidale Organisation). Aus Sicht der Lenkung eines Systems entscheidet die *gelungene Komplexitätsverarbeitung* darüber, welches Verhältnis von direkten/indirekten Führungsformen zielführend ist.

---

149 Vgl. Fuchs (1997), S. 3.
150 Vgl. im Einzelnen Struthoff (1999), S. 181 f.
151 Vgl. Staehle (1989), S. 303 ff.

Für die Einen hat personelle Führung überhaupt nur eine *Lückenfüller*-Funktion, der nach Einsatz der indirekten Formen den verbleibenden Restbedarf an Führung als Residualfaktor abdeckt.[152] Andere setzen wiederum eindeutig auf ein Mehr an direkter Führung.

Natürlich haben Führungskräfte der oberen Hierarchieebene oder im Entscheidungszentrum deutlich mehr Möglichkeiten, strukturelle Entscheidungen über Prämissen zu treffen, gleichwohl gilt auch für diese, dass v. a. die direkte Führungsleistung die Gesamtspitzenleistung fördert. Indirekte und direkte Formen der Führung sind situativ aufeinander zu beziehen und d. h. v. a. auf organiationsstrukturelle und -kulturelle Belange Rücksicht zu nehmen.

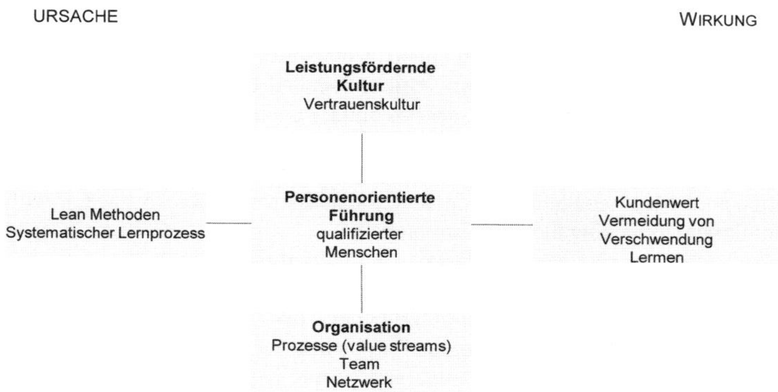

Abb. 68. Wechselwirkungszusammenhang zwischen direkter und indirekter Führung

Unternehmen bzw. Organisationen sind zwar als Orte mit besonderer Rationalität zu verstehen, aber auch als „*lebendige soziale Organismen*". So gesehen, sind sie ein zentraler Ort der *Selbstverwirklichung* der Organisationsmitglieder und haben daher auch soziale Bedürfnisse zu befriedigen. Eine lean-adäquate Führungskonzeption muss daher neben der eigentlichen technischen Ermöglichung angestrebten Tuns auch das Unternehmen als *Ort des Lernens* und *gemeinschaftlichen Erlebens* betrachten, wo Sachaufgaben im sozialen Kontext zeitlich zu einer permanent zu optimierenden Gesamtleistung verknüpft werden. Dies macht auch der folgende Auszug aus einem Interview deutlich (siehe Informationskasten):
So gesehen, geht es bei der Führung im Lean-Paradigma um ein „*veränderungsorientiertes Führungsverhalten*", das nicht nur auf den erwähnten polyzentrischen, netzwerkartigen Organisationsstrukturen aufruht, sondern auf Produktion, Entwicklung und Begründung des Verhaltens möglichst aller Organisationsmitglieder abzielt.[153] Basis hierfür ist, dass nicht nur das Handlungsergebnis verfolgt wird, son-

[152] Vgl. Türk (1981).
[153] Suzaki (1994), 56 ff. spricht dies salopp an: „Leute machen, bevor Produkte gemacht werden." Liker/Meier (2007) widmen sich sehr ausführlich der Darstellung der Mechanismen der „Verhaltensproduktion" bei Toyota.

dern v. a. auch die Bedingungen seines Zustandekommens systematisch nachzuvollziehen sind, die „Herstellungsqualität“ sozusagen.[154]

Einen großen Teil seiner Wirksamkeit zieht das Lean-Paradigma auch daraus, dass es die aus der Führungsforschung bekannten Konzepte zu *integrativ* wirkender Einheit bringt und scheinbar gegensätzliche, idealtypische Formen der Führung in ein wechselseitiges Steigerungsverhältnis bringt: Nicht entweder autoritär oder demokratisch, sondern sowohl autoritär als auch demokratisch. Das „sowohl-als auch“ macht den Unterschied.

„*McKinsey:* What are the most important things that leaders must believe for lean management to work for their organization?

Marv Adams: I see four beliefs as essential. *First*, clients matter more than anything and their perspective trumps almost all other considerations. That also means taking care of the associates, since they are the ones taking care of the clients. Companies are often tempted to monetize their productivity gains too quickly via layoffs. Unless handled exceptionally well, layoffs will undermine the trust that lean management seeks to build. People already have preconceived notions about the relationship between lean management and layoffs, and such action only serves to reinforce that misconception. Conversely, companies that protect this newfound trust and instead rely on attrition and redeployment through practices that associates perceive as fair will earn a continued commitment to making the organization better.

Second, most people come to work every day wanting to do a good job and serve the client – not to create problems. So when there are problems or somebody makes a mistake, the first response cannot be blame. So many dysfunctional things occur when people are afraid of being associated with problems – they not only hide individual problems, but they also distance themselves from complex situations. But once the fear eases and people begin to feel comfortable uncovering problems themselves, excitement builds and performance takes off.

Third, whatever the organization is doing, there is probably a better way of doing it – and people are individually and collectively responsible for pursuing that new way of doing things. It's not enough just to want to find a better way; people must commit to lean management's approaches and tools, which take effort to learn and adapt to the organization. But they are essential because they systematically guide the creation of new structures for orchestrating resources more effectively.

Finally, lean management is a holistic system for achieving permanent change, *not an isolated project or collection of tools for meeting short term goals*. Most of these beliefs are rooted in trust. I think leaders absolutely have to convey that trusting your colleagues is critical to having a team, to having one company from the eyes of the client.

McKinsey: What value should leaders expect to see?

Marv Adams: The easy answer is *productivity*, but another of lean management's virtues is that productivity gains *are actually a by-product of other changes* that are more significant and lasting. For example, client-satisfaction rates will improve because the client experience will be simpler and better integrated. Innovation improves as well, especially over time.

Initially the daily huddles will focus on problems, but as those get resolved and associates gain confidence, the discussions will turn more to new ideas. At the same time, a simpler organization with greater capacity will make it easier to bring these innovations to market. *Risk controls* also become more effective. Valueless complexity obscures important sources of risk. The exercise of identifying value streams reveals the real sources of risk, allowing the organization to realign its controls so they are more targeted and effective.

[154] Vgl. Bleicher (1991), S. 261 ff. zum Thema Problemverhalten.

> As for the productivity „side benefit," if an organization hasn't previously implemented a lot of efficiency programs, it's not uncommon to free up 20, 40, or even 50 percent of labor capacity in the first year. The important difference between lean management and the typical efficiency program is what happens after the initial burst. In an efficiency program, not much happens, whereas lean management's legacy is the continuous-improvement engine, which typically yields at least 5 percent further improvement year after year.
> But I would argue against launching a transformation by setting an artificial target for any of these dimensions. The danger is that people will then think that lean management is only for achieving that single target. As a result, they will implement lean management poorly, forgetting that the reason it works is that it is a holistic system."[155]

Ein lean-adäquates *Führungs-Konzept* verändert im direkten Führungsprozess Führungsstil und -aufgaben ebenso stark wie Informations-, Interaktions- und Kommunikationsverhalten. Das sind Lehren aus der jüngsten Vergangenheit. Denn wie gut auch immer man Lean-Methoden kopierte und implementierte, der Lackmus-Test für eine selbstragende und nachhaltige Umsetzung mit den zu erwartenden positiven Ergebnissen war v. a. die direkte *Interaktion* zwischen Führungskräften und Mitarbeitern. Lean-Methoden, die lediglich vorhandenen Führungs- und Organisationsstrukturen aufgepfropft wurden, zeigten wenig Wirkung.

Erst die auf einen veränderten Kontext rückgebundene *Führungsleistung* macht einen Unterschied. Dies wurde vergleichsweise spät klar.[156] Demnach kann auch nicht im Geiste des Lean Management sein, was ein Großteil der anfänglichen, sehr oberflächlichen Kritik gegen „Lean Methoden" thematisierte: Die Leistungssteigerungen zu erklären durch Ausbeutung mit der Jugendlichkeit der Mitarbeiter („Arbeiter mit Turnschuhen").

Da wir im Vorabschnitt 5.2. mit der Organisationsgestaltung einen wesentlichen Einflussfaktor bereits besprochen haben, und in 5.4 mit dem Thema Unternehmenskultur noch einen weiteren wichtigen Faktor indirekter Führung besprechen werden, können wir uns im vorliegenden Abschnitt schwerpunktmäßig mit der *direkten, personenorientierten Führung* befassen. Im Einzelnen wollen wir die u. E. wesentlichen Aspekte einer lean-adäquaten Führung erörtern.

- Unternehmerisch orientiertes Rollenverhalten der Führungskräfte
- fähigkeitsorientierte Mitarbeiter-Entwicklung – die Produktion des richten Verhaltens
- Kooperatives, dialogorientiertes Führungsverhalten mit v. a. auf Sinnvermittlung angelegter Verhaltensbegründung.

Es wird sich zeigen, dass die lean adäquate Führungsphilosophie ihren prototypischen Ausdruck findet in dem, was wir als „*Führung vor Ort*" bezeichnen werden.

155 Vgl. McKinsey (2014), S. 22–31, 24 f.

156 Vgl. Rother (2010), der sich intensiv, aber vergleichsweise spät hinter den Lean-Methoden-Kulissen bei Toyota umgesehen hat.

5.3.2 Notwendige Veränderung von Führungs-Kompetenzen

5.3.2.1 Manager oder Leader – eine viel strapazierte Unterscheidung

Im klassisch-rationalen Modell heißt Führen das Setzen von Zielen, Durchsetzung von Zielerreichungsmaßnahmen (Organisation, Mitarbeitereinsatz) und Kontrolle. Unzureichende Ergebnisse können dann ihre Ursache in schlechter Ausführung und/oder in mangelhafter Zielsetzung haben. Implizite Vorstellung dabei war immer ein „Super-Unternehmer", der alle Ziele setzt, sie widerspruchsfrei aufeinander bezieht und Vorgaben macht, damit die verschiedenen Organisationsteile ihre Arbeit tun können. Vermutlich hat die lange Tradition der Führungsforschung mit dieser „Personifizierung" organisatorischen Geschehens zu tun, nämlich die Fokussierung auf den *Eigenschaftsansatz* und später auf *Kleingruppenforschung*, die auch die *Engführungen* auf direkte, *personenorientierte* Führung und die Abblendung indirekter Führungsformen mit sich brachte.

Natürlich war die Frage, was unterscheidet eine erfolgreiche von einer erfolglosen Führungskraft eine sehr wesentliche, wenn auch letztlich erfolglos gestellte. Wir wissen heute, dass sich aus den Eigenschaften einer Führungskraft nach herrschender Meinung ein zu geringer Erklärungsbeitrag für den Gesamterfolg eines Unternehmens ableiten lässt. Im Grunde handelt es sich dabei immer wieder um andere Kombinationen dessen, was der *Eigenschaftsansatz* von Führung gewollt hatte: Führungstypen klassifizieren, um damit Rückschlüsse auf den Erfolg von Unternehmen bzw. Organisationseinheiten zu ziehen. Von den konkreten Gegebenheiten wurde zunächst weitgehend abstrahiert.

Untersuchungen zeigen jedoch, dass Organisationsgegebenheiten am stärksten die Tätigkeit von Führungskräften beeinflussen.[157] Die personifizierte Funktion des Unternehmers wurde im Zuge des Größenwachstums von Unternehmen über *Hierarchie, Programme* und *Budgets* ergänzt, wenn nicht gar mehr und mehr substituiert. Das Mittel wurde somit auch immer mehr zum Ziel.

Gerade in jüngerer Zeit versuchte man – und dies ist vermutlich als Gegenreaktion auf ausufernde IT-gestützte Systemlandschaften mit all ihren Entfremdungserscheinungen zu werten – *Führertypen* auf die Unterscheidung Manager vs. Leader zuzuspitzen.[158] Der *Manager* bevorzuge eher eine *unpersönliche*, *distanzierte* Einstellung gegenüber den Unternehmenszielen, bevorzugt *bekannte* Problemlösungen, sieht in Kollegen und Mitarbeitern lediglich *Funktionsträger*. *Leader* (Führer) hingegen sind von *neuen* Ideen zu begeistern, arbeiten mit *Visionen*, nehmen kalkulierte *Risiken,* haben eine *personenorientierte* (empathische) Einstellung zu Mitarbeitern und treiben *Veränderungen* voran. Kurzum: „*Managers do things right, leaders do the right things.*"[159]

---

[157] Vgl. Mintzberg (2011).
[158] Vgl. Staehle (1989), 799 ff.
[159] Bennis/Nanus (1985).

Leader vs. Manager wird somit zu einem Gegensatz hochstilisiert, um doch nur festzustellen, dass allein die Eigenschaften einer Führungskraft nur unzulänglich erfassen, was Führungsverhalten ausmacht. Führungsverhalten ist *kontextabhängig*, situativ. Und ein Führungsstil ist auch nicht nur angeboren, sondern v. a. eine über viele Entscheidungsgelegenheiten und -situationen erworbene und beobachtbare Kompetenz, die man auch von anderen als Identität zugerechnet bekommt.

Solche einfachen Reduktionen i.S.e. Zuspitzung auf eine Entweder-oder-Entscheidung führen u. E. nicht weiter, auch wenn man im Zusammenhang mit Lean-Fragen angesichts heutiger Verhältnisse nicht zuletzt eine Neigung zum Typ Leader/Führer verspüren mag. Toyota als anerkanntes „Lean"- Unternehmen setzt beispielsweise eindeutig auf den Typ *Leader*: Sie sollen zum einen als *Vorbilder* für Mitarbeiter (auch in ihrem privaten Verhalten) fungieren und zum anderen als *Mentoren*, die geeignete Nachfolger heranziehen. Und darüber hinaus sollen sie mit *unternehmerischer* Attitüde die Organisation und Mitarbeiter führen.

Wir wollen eher Mintzberg folgen. Er ist einer von denen, die das Wesen des Managens wohl am tiefsten ergründet und in einer Vielzahl empirischer Studien beleuchtet haben. Seine Vorschläge unterlaufen letztlich die Unterscheidung Leader/Manager.[160] Mintzbergs Vorstellung ist die: Jeder Manager ist in eine *Situation* eingebunden (eigene Einheit, Beziehungen zu anderen Einheiten innerhalb und außerhalb der Organisation) und muss ein *vielseitiges* Aufgabenspektrum verrichten. Er agiert dabei *gleichzeitig* auf *drei Ebenen* (Informationsebene, zwischenmenschliche und Aktionsebene), wobei jeder dieser Ebenen zwei *Rollen* zugeordnet sind:

- *Kommunizieren* und *Lenken/Kontrollieren* auf der Informationsebene
- *Führen* und *Vernetzen* auf der zwischenmenschlichen Ebene
- *Handeln* (nach innen) und *Verhandeln* (nach außen)

Auf allen diesen Ebenen muss ein Manager seine Aufgaben *konzipieren* und *terminieren.* Alle diese Rollen muss er gleichzeitig und übergreifend managen, wobei die entsprechenden Aktivitäten in verschiedenen Rollen *fließende* Übergänge haben.

160 Vgl. hierzu die auf empirischen Untersuchungen beruhenden Befunde bei Mintzberg (2011).

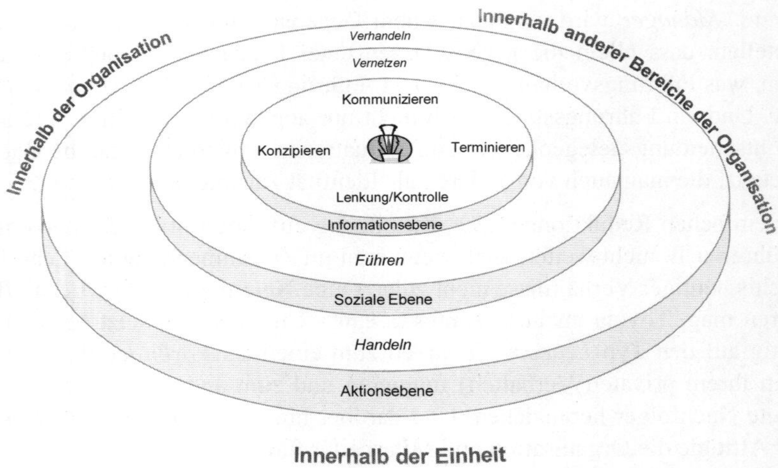

Abb. 69. Managementrollen nach Mintzberg

Vorlieben einer einzelnen Führungskraft sind nicht ausgeschlossen. Kein Manager wahrt das perfekte Gleichgewicht zwischen den verschiedenen Ebenen bzw. Rollen. Ein Manager mag (un-)ausgesprochene Präferenzen für einzelne der Rollen haben und andere Aktivitäten abblenden. Gleichwohl lässt sich schon aus wenigen Situationsfaktoren das Verhaltensmuster von Führungskräften ableiten. V. a. die Form der Organisation erweist sich dabei als einflußreicher Faktor:

- *Unternehmerische* Organisation, um eine bzw. wenige Führungspersönlichkeiten herum strukturiert, die selbst viel handeln und verhandeln und eine strategische Vision entwickeln.
- In *einer formal strukturierten Maschinenorganisation* mit hohen Routinetätigkeiten operieren Manager in klar gestuften Hierarchien und verbringen viel Zeit mit Lenkung und Kontrolle.
- In *Organisationen der Professionals* mit hochqualifizierten und weitgehend eigenständig arbeitenden Mitarbeitern, konzentrieren sich die Manager auf extern ausgerichtete Aufgaben der Vernetzung und des Verhandelns und unterstützen und schützen die Professionals.[161]

Nicht nur die dynamische *Balance* zwischen den Rollen ist im Einzelfall schwierig darzustellen. Vielmehr ist die Tätigkeit eines Managers auch grundsätzlich von einer Reihe von *Dilemmata* geprägt, die er handhaben können muss, aber die dem Grunde nach nicht wirklich zu lösen sind. Daher ist der Erfolg ähnlich wahrscheinlich wie das Scheitern, welches aus einer Reihe von Gründen erfolgen kann, wie z.B.: Persönliches Versagen, unmögliche Jobs, Fehlbesetzungen, Nicht-Fit von

[161] Vgl. Mintzberg (2011), S. 140 ff., der seine eigene Organisationstypologie zugrundelegt.

Anforderungen und Kompetenzprofil, erfolgsbedingtes Scheitern, unglücklich gemanagte Familienunternehmen.[162]

Es gibt somit keine triviale, keine Festverdrahtung zwischen einem „richtigen“ Managerverhalten und unternehmerischen Erfolg, weil das, was „richtig“ ist, a priori nicht bestimmbar ist, sondern ein Ergebnis einer historischen Zeit-, Entscheidungs- und Erlebnisreihe reflektiert. Systemorientierte Führungsansätze bringen ein solches Führungsverständnis mit Begriffen, wie an Komplexitätshandhabung orientiertes, indirektes, ungewissheitsbehaftetes und evolutionäres Einwirken (Intervenieren) zum Ausdruck.[163] Sie ist als eine Managementaufgabe von Vielen für Viele auf Dauer angelegt.

In der Organisationspsychologie gibt es die verbreitete Vorstellung, man könne durch die Unterscheidung verschiedener Führungsstile als Manager je nach den Gegebenheiten die jeweils adäquate Rolle einnehmen, um den größtmöglichen Erfolg zu erziehen. Leader/Manager ist eine solche *Engführung*; eine andere stammt von Goleman. Er unterscheidet folgende Stile: *autoritär*, *autoritativ*, *harmoniebetont*, *demokratisch*, *coachend*. Diese könnten je nach Situation frei gewählt werden, um das bestmögliche Resultat zu erzielen.[164]

Aber ist das realistisch? In dieser Sicht werden Führungsstilfragen auf *zwischenmenschliche* Fragen verengt, Informations- und Aktionsebene fast komplett ausgeblendet. Auch spricht der empirisch beobachtbare Umstand dagegen, dass Manager verschiedene Ressourcen einsetzen, die in unterschiedlichem Maße auf verschiedene Situationen übertragbar sind. Erfolgreich ist wohl eher der Manager, dessen natürlicher Stil ins Umfeld passt, als derjenige, der seinen Stil dem Umfeld adäquat anpassen will oder die Situation an seinen Stil anpasst.[165] Daher sind für uns die üblicherweise intensiv diskutierten Fragen von Führungsrollen weniger relevant. Sie wirken eigenartig steril, weil gerade der Kontext eine erhebliche Rolle spielt. Stilfragen sind v. a. *Wie*-Fragen, wobei der Inhalt (Was?), das „unternehmerisch-gestalterische Element“ nicht selten zu kurz kommt. Wir sehen daher die nominal-definierte Unterscheidung Manager/Leader als wenig fruchtbar an und wollen diese auch frei von einer Wertung halten.

5.3.2.2 Mit kleinen Führungsspannen zurück zu den Menschen und zur Sache

Gerade weil das organisatorische Umfeld so entscheidend ist, muss es einen Unterschied machen, wenn man in netzwerkartigen, teambasierten Strukturen führt und gestaltet. Die über geeignete Team-Plattformen mit ihren je spezifischen Aufgabenstellungen und Arbeitsrhythmen abgewickelte Kommunikation erfordert ein anderes Führungsverhalten/-stil.

---

162 Vgl. Mintzberg (2011), S. 205 ff.
163 Vgl. Baecker (1999), S. 242 ff.
164 Vgl. Goleman (2000).
165 Vgl. Mintzberg (2011), S. 166.

Mit den oben vorgestellten Organisationsformen macht man die Behandlung von *Komplexität* zum Ausgangpunkt. Die unvermeidbaren *strukturellen Spannungen* müssen durch permanente Reduktion von Komplexität und Ungewissheit gehandhabt werden.[166] Jeder Manager muss einerseits seine Aufgaben gestalten und diese andererseits schlicht erledigen.[167] Die komplexitätsinduzierten Spannungen erzeugen eine Reihe von *Dilemmata*, denen sich Manager auf allen *drei* Ebenen gegenüber sehen, von denen vor allem die *Informations-* und *Aktionsebene* strukturbildende Wirkung entfachen.

– *Informationsdilemmata*, v. a. Distanzierungs- und Delegierungsdilemma
Das *Distanzierungsdilemma* lautet im Kern, wie kann ein Manager informiert bleiben, wenn die Managertätigkeit als solche ihn von dem distanziert, was er managt? „*Manche Menschen behaupten, die Distanz mache den Manager objektiver. Wohl wahr. Aber ein anderer meinte, Objektivität sei, wenn man Menschen wie Objekte behandle. Ist es das, was wir von einem Manager erwarten?*" fragt Mintzberg zu recht.[168] Natürlich bilden sich in größeren Organisationen Hierarchiebenen aus, die zwangsläufig den Fluss der Kommunikation und der Informationen beeinträchtigen. Es bilden sich auch horizontale Schichten aus, die dazu führen können, dass ein *informatorische Lücke* entsteht zwischen jenen, die verwalten und jenen, die die Arbeit an der Basis leisten.
Delegierungsdilemma: Wie delegieren, wenn so viele relevante Informationen persönlicher, mündlicher und privilegierter Natur sind? Was ist überhaupt relevant? Welches Problem liegt eigentlich vor und wie kann man dieses arbeitsteilig lösen?[169]

– *Aktionsdilemmata*, v. a. Entscheidungs- und Veränderungsdilemma
Das *Entscheidungsdilemma* entsteht infolge Ungewissheit und Komplexität von Entscheidungssituationen, die entschlossenes und problemlösendes Handeln beeinträchtigt. Vor allem bei *Veränderungen* gesellt sich die Frage hinzu: Wie kann man Veränderungen managen, wenn gleichzeitig die Notwendigkeit zur Wahrung von Kontinuität besteht?

Die *Kommunikation* selbst ist der „*richtige Ort*" und die Garantie, richtige Entscheidungen zu treffen. Auf die „Wirklichkeit" sich zu verlassen hieße dann ganz wesentlich auch: sich auf seine Mitarbeiter verlassen. Das setzt eine gehörige Portion *Vertrauen* in die Fähigkeiten Mitarbeiter voraus, die man erst durch *gemeinsames* Entscheiden und Handeln gewinnen kann.[170] Somit wird verständlich, warum in Lean-Unternehmen der Fokus auf *Nähe* zur Wertschöpfung (Basis) und die

166 Vgl. Baecker (1999), S. 169 ff. spricht von „richtigen Reduktionen".
167 Vgl. Mintzberg (2011), S. 174.
168 Mintzberg (2011), S. 218 f.
169 Vgl. Mintzberg (2011), S. 225 f.
170 Die wohl am meisten fundierte Betrachtung des Phänomens Vertrauen verdanken wir Luhmann (1989); vgl. hierzu die entsprechenden Hinweise bei Pfeiffer/Weiß (1994), S. 219 ff. Siehe auch Peters (1993), S. 313 ff.; Vertrauen folgt komplexen Mechanismen.

intensive Führungsarbeit mit und an den Menschen gelegt wird, weil dadurch die Wirkungen der genannten Dilemmata positiv beeinflusst und die Qualität der Entscheidungen verbessert werden.

Veränderungsorientierung setzt also eine Einstellung voraus, die man wie folgt auf den Punkt bringen kann: „*Zurück zu den Menschen; zurück zu den Sachen.*" Dieses Motto ist auch eine Umschreibung dafür, wie bei Unternehmen im Lean-Paradigma Wertschöpfungsorientierung und Lernen interpretiert werden können.

Vor diesem Hintergrund muss man das von japanischen Lean-Unternehmen propagierte „*Genchi-Genbutsu*"-Prinzip sehen, das nur in Verbindung mit einer intensiven *personenorientierten* Führung sich entfalten kann. „*The principle of genchi genbutsu says you must go and see for yourself and understand the actual situation. So some legwork is required. You have to go and see and talk to employees and managers. What is our real culture? How does it match our stated philosophy? There will be a gap. There is a gap at Toyota – we suspect smaller than most.*"[171] Der „*wirkliche Ort*" (japanisch: Gemba), die „*wirkliche Sache*" (Genbutsu) und die „*wirklichen Fakten*" (Genjitsu) erst bringen den notwendigen *Realitätsbezug*, um als Führungskraft besser und schneller zu entscheiden. D. h. anstatt an der (Fakten-) Oberfläche im Umgang mit Unsicherheit zu verweilen, begeben sich die Lean-Manager an den *Ort des Geschehens*.

Eine wichtige Funktionsvoraussetzung für ein solches Führungs-Konzept ist jedoch die Verkleinerung der *Führungsspannen*, die es erlaubt, den Mitarbeitern Entwicklung und Unterstützung angedeihen zu lassen.

Hier offenbart sich ein wesentlicher Unterschied zwischen konventionellen und Lean Unternehmen. Was in hiesigen Unternehmen als Hierarchieabbau interpretiert und umgesetzt wurde, bringt jedoch eine Vergrößerung der Spannen mit sich. Die Reduktion von Hierarchieebenen ist *Resultante* der oben beschriebenen objektorientierten, segmentierten Organsationsstrukturierung und dem Bestreben, die als Lernbedingung umgestaltete Führungsstruktur mit kleinen Führungsspannen zu etablieren. Das Missverständnis war, die Verringerung von Hierarchieebenen als Aktionsparameter zu sehen und nicht als Konsequenz anderer Entscheidungen, wie z. B.: Erst Kleinarbeitung der Struktur, um dann mit einem lernorientierten Führungsstil näher am Menschen, näher an der Sache zu sein.

Da Prozess- bzw. wertstromorientierte Organisationen sich operativ weitgehend selbst regeln und sich die Störungsanfälligkeit der geführten Einheit deutlich reduziert, kann sich in diesem Kontext die Führung viel stärker auf Unterstützungsaufgaben verlegen. D. h. auch, die Verminderung der Hierarchieebenen ist eine zwangsläufige Folge des Umbaus des Führungssystems in Richtung auf *Selbststeuerung* der Subsysteme. Der organisatorischen Kleinarbeitung der Aufgaben auf Or-

[171] Liker/Meier (2006), S. 23.

ganisationsseite entsprechen auf Führungsseite „kleinere" Führungsspannen (Anzahl der einer Führungskraft direkt zugeordneten Stellen).

Hierarchieabbau ist *Wirkgröße* und keine Ursachengröße. Im Fall von Porsche war es nicht bloßes „*Organisationsstripping*"[172], also bloßes Herausschneiden von Hierarchieebenen, sondern der Umbau in Richtung Teamstrukturen, kontinuierliche Verbesserung und *kleinere Führungsspannen* führte zu weniger Hierachieebenen (siehe Informationskasten „Hierarchieabbau – das Beispiel Porsche").

Kleinere, am Wertstrom ausgerichtete Produktions-Teams, die organsatorisch zusammengefasst sind mit den Unterstützungs-Teams ermöglichen eine direktere Führung mit vielen Konsequenzen für einer verbesserte wirtschaftliche Arbeitsweise. Man ist zugleich schneller Vor-Ort, näher am Menschen und näher an der Sache. Das Vor-Ort-Prinzip der Führung soll im Wesentlichen dazu beitragen herauszufinden, welche Unterstützung die Führungkraft geben kann. Ein solches Verständnis hat Konsequenzen für die erforderlichen Führungskompetenzen.

172 Vgl. zu einer entsprechenden Vorgehensweise o. V. (1992), S. 116.

Hierarchieabbau – das Beispiel Porsche[173]

Anfang der 1990er Jahre hatte Porsche eine Absatzkrise zu verzeichnen: Von 50.000 weltweit verkauften Einheiten in 1986 (davon 32.000 in Amerika), fiel der Absatz auf 14.000 weltweit (bzw. 4.000 in Amerika) in 1992. Ursächlich hierfür waren eine verfehlte Produktpolitik und um 30% zu hohe Produktkosten.

Mit Wiedeking konnte man einen Produktionsmanager gewinnen, der mit japanischen Methoden die Kostenlücke mit einem *Vier-Stufen-Programm* mithilfe externer Beratungsunterstützung schließen sollte: Reorganisation der Produktionsfunktion, Qualitätsoffensive, neues Verbesserungsvorschlagswesen, Porsche Verbesserungs Process (PVP). Das Vier-Stufen-Programm wurde umfassend Mitte 1993 gestartet.

Der erste Schritt war eine *Reorganisation* der Produktionfunktion: Vier operative *Cost Center* (Karosserie/Lackierung, Motoren, Montage, Subcontractor-Montage) wurden mit drei *Support Center* (Beschaffung, Qualität, Planung/Arbeitsvorbereitung) zusammengefasst.

Zugleich wurde eine neue *Teamstruktur* installiert. Die vormals 17 Produktionbereiche mit jeweils 25 bis 40 Mitarbeitern, die über drei Meister-Hierarchieebenen geführt wurden, wurden in jeweils 2 bis 3 Teams von je 8 bis 10 Mitgliedern umgebaut. Jedes dieser Teams berichtete direkt an einen Meister. In ähnlicher Weise wurden die Support Center umgebaut.

Durch diese Restrukturierungsmaßnahmen konnte die Gesamtzahl der Führungskräfte von 328 auf 226 reduziert werden. Die positiven Erfahrungen wurden später in weiteren Bereichen, v. a. Produktentwicklung, wiederholt. Diese Umdispositionen im Sinne des Lean-Paradigmas sind u. E. als eine wichtige Grundlage neben anderen richtigen strategischen Entscheidungen für den späteren, bis heute andauernden Unternehmenserfolg von Porsche anzusehen.

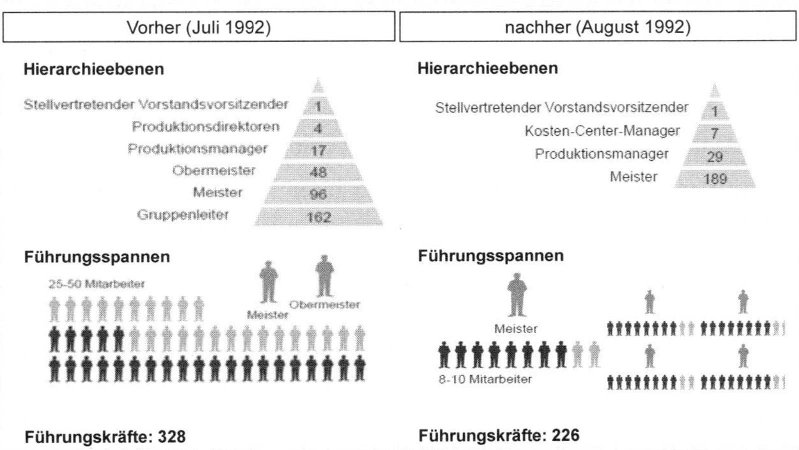

173 Vgl. Womack/Jones (1996), S. 191 ff.

5.3.2.3 Verschiebung der Führungs-Kompetenzen

Neue Strukturen erfordern neue Führungsfähigkeiten. Netzwerke und fluide Strukturen wollen anders geführt werden als traditionelle, mit vermeintlich direktem Zugriff auf die Beteiligten. Um in netzwerkartigen Umgebungen relevant zu führen, muss ein Manager überall in ihm agieren.[174] In lose gekoppelten Systemen, die in ihrer Funktionsweise auf ein intensives *Miteinander* der jeweiligen Einheiten bzw. Mitarbeiter angewiesen sind, ist die Bewältigung des enorm gestiegenen *Kommunikationsaufwandes* zum zentralen Engpass geworden.

Im Management genau dieses Engpasses liegt heute einer der wichtigsten Beiträge, die eine Führungskraft zur Wertschöpfung eines Unternehmens beizutragen hat. Sie muss zu den Mitarbeitern hingehen, statt sie an den Schreibtisch zu zitieren (Go to gemba). Das führt zu Priorisierung des *Vernetzens* gegenüber dem klassischen Führen (Anleiten zum konkreten Tun), des *Verhandelns* gegenüber dem Handeln, des *Überzeugens* gegenüber dem Anweisen (*Lenken)*.[175] Managementtypische Aufgaben dissipieren in die Teams bzw. zu den Mitarbeitern, aktionsorientierte Aufgaben, das Entwerfen und Umsetzen von Initativen und Mobilisierung Mitarbeter gewinnen an Bedeutung.

In Abb. 70 findet sich eine grobe Abschätzung der *Kompetenzverschiebung* auf den verschiedenen Führungsdimensionen zwischen Lean- zu konventionellen Unternehmen. Nicht überraschen kann die Zunahme der Anforderungen hinsichtlich der kommunikativen Inhalte und der Aktionskompetenzen, wohingegen sich die Anforderungen an Führung und Verwaltung durch den erhöhten Selbstorganisationsanteil der zu führenden Einheit verringern. Die Zunahme von Entscheidungen, die ab einem bestimmten Grad an Unsicherheit und Intransparenz gefällt und priorisiert werden müssen, machen eine Umstellung von Sicherheit auf Möglichkeiten der Risikoübernahme erforderlich. Das erhöht den Vernetzungs- und Kommunikationsbedarf ebenso wie es die *Autoritätsquellen* verändert.

Der Umbau von Organisationen in Richtung loser Koppelung der Einheiten entzieht einem *traditionellen* Autoritätsverständnis den Boden. Beschleunigt wird dieser Erosionsprozess einer hierarchiestützenden Autorität durch eine Reihe gesamtgesellschaftlicher Veränderungsprozesse, die es Organisationen immer schwerer machen, an den überkommenen Vorstellungen festzuhalten, weil Hierarchie nicht mehr als zweifelfreier Autoritätslieferant funktioniert[176]. Bei heutigem Grad an Eigenkomplexität von Organisationen zerbricht die *klassische Einheit* von Verantwortung für das Ganze und fachlicher Expertise. *„Diese Veränderungen betreffen einerseits die Disziplinierung von Kommunikation durch Schichtung, ferner die Relevanz von formaler Ausbildung für den Arbeitsplatz und schließlich einen Faktor, den man die Verfallszeit von Erfahrung nennen könnte. Die Möglichkeiten, sich*

---

[174] Mintzberg (2011), S. 164 ff.
[175] Vgl. Mintzberg (2011), S. 165.
[176] Vgl. Baecker (1999), S. 182 ff.

in der Kommunikation auf Erfahrung zu berufen und sich damit weitere Argumente zu ersparen, nehmen deutlich ab.“[177]

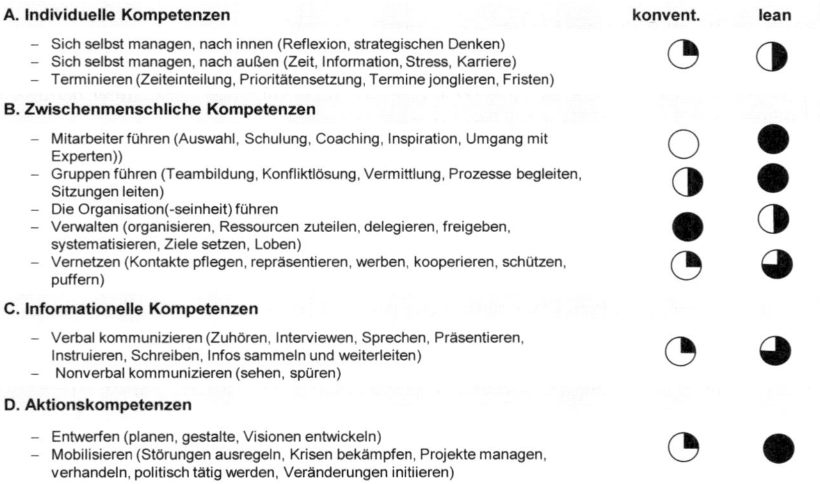

Abb. 70. Kompetenzverlagerungen des Managens[178]

Die zentrale Funktion von Autorität war es, Unsicherheit bewältigbar zu machen und gleichzeitig möglicherweise heikle Kommunikationsprozesse zu vermeiden. Darin liegt die Stärke von Hierarchie: Kommunikation zu vermeiden und Konflikte zu unterdrücken. Der Rückgriff auf ein solches Autoritätsverständnis kann bei den heutigen Organisationsverhältnissen weder die erforderlichen sachliche Qualität von Entscheidungen gewährleisten, noch versetzt er in der Lage, angesichts des hohen Autonomiegrades der beteiligten Einheiten die notwendige Akzeptanz und Verbindlichkeitswirkung zu erzeugen. Unterschiede im Prozess der Unsicherheitsabsorption können daher nicht mehr als Unterschiede der Autorität beschrieben werden. *„Als Autorität bezeichnen wir also nicht die besondere Fähigkeit einer charismatischen oder ausdrucksgewandten Persönlichkeit, sondern eine den Kommunikationsprozess abkürzende Unterstellung, die sehr verschiedene Gründe haben kann.*“[179]

Wenn man hingegen unter Autorität *„die Fähigkeit zur Vermehrung, zum Wachsenlassen (augere) der Überzeugungsgrundlagen in der Kommunikation*“[180] versteht, dann verlagert sich die Quelle dafür unter den heutigen Organisationsverhältnissen in Richtung *Prozesskompetenz* und *Prozesswissen*. Das zeigt sich schon daran, dass

177 Luhmann (2006), S. 150.
178 Vgl. Mintzberg (2011), S. 122.
179 Luhmann (2006), S. 149.
180 Luhmann (1992), S. 174.

bei einschlägigen Anforderungsprofilen mittlerweile kaum mehr der Hinweis auf das notwendige Methodenwissen fehlt.

Anforderungen an Führungskräfte – Das Beispiel Toyota

Toyota legt allergrößten Wert auf die Qualität seiner Führungskräfte. Neben der zweifelsohne notwendigen fachlichen Qualifikation sind es vor allem folgende Zusatzqualifikationen:

- Methodische Qualifikation in Sachen Lean Management
  - Sie sollen den Geist des Toyota Way (Lean Management) praktisch vorleben und dafür sorgen, dass die Mitarbeiter ihn verinnerlichen
  - Sie müssen dafür sorgen, dass ihre Mitarbeiter die Methoden des TOYOTA PRODUKTIONSSYSTEM, beherrschen. Sie sind nicht nur KVP-Experten, sondern auch Veränderungs-, Change-Manager
- Führungsqualifikation
  - Sie sind in hohem Maße dafür verantwortlich, dass sich die Mitarbeiter ihren Fähigkeiten entsprechend entwickeln.
  - Dazu müssen sie aktive Personalentwicklung leisten
  - Sie sind ausgebildet, Mitarbeiter zu trainieren und sie bei Problemen zu unterstützen.
- Die Qualität der Führung wird an vier Schlüsselkennziffern gemessen:
  - Qualität: Training, Prozessverbesserung und Problemlösung
  - Produktivität: Umfasst die konsequente Befriedigung der Kundenanforderungen und das Ressourcenmanagement
  - Kosten: bedeutet die Erfüllung der drei oberen Kriterien sowie Kostenkontrolle und Kostensenkung
  - Arbeitssicherheit/Ergonomie: Senkung von Arbeitsunfällen und Verbesserung der Arbeitsgestaltung

Quelle: Liker/Meier (2007)

Der „*Motor*" der Verbesserungsorganisation liegt auch in der intensivierten Zusammenarbeit zwischen Führungskräften und Mitarbeitern. *„There is a significant difference between the approach and activities of managers at Toyota versus managers in our organizations. Both work with goals, targets, and outcome metrics, of course, but that is only a start for the Toyota manager/mentor, because she or he is charged with teaching."*[181]

Die Coachingarbeit obliegt hier nicht einer Fachabteilung, sondern ist Teil der „normalen" Führung. Gefragt sind demnach zunehmend *Transformational Leaders*[182]. Sie sollen die Mitarbeiter dabei unterstützen, adäquate neue Vorgehensweisen zu entwickeln, um Steuerung und Einfluss bei abnehmender hierarchischer Macht und schwindender physischer Präsenz zu verwirklichen. Change Management in einem unterschiedlichem Ausmass wiederholt sich Laufe der Zeit und das

181 Rother (2010), S. 224 f.
182 Vgl. Staehle (1989), S. 800.

erforderliche Wissen wird so für die einzelne Führungskraft mehr und mehr Bestandteil der Führung.[183]

Wenn Führung sich immer stärker auf Teams und Selbstorganisationsmechanismen beziehen muss, dann verschieben sich die Anforderungen mehr und mehr auf *Aktions- und zwischenmenschliche Kompetenzen* und auf die Bereitschaft, den Mitarbeitern bzw. Teams die Entscheidungen weitgehend im Wege der *Selbstorganisation* zu ermöglichen. Denn für die Handlungsfähigkeit eines sozialen Systems ist es ganz wesentlich, dass die anfallenden Entscheidungslasten, die Entscheidungskompetenzen und die Kommunikationswege möglichst zusammenpassen. Ist dies nicht der Fall kommt es zu *Selbstüberforderungen* und entsprechenden *Abwehrreaktionen*. Führung bewährt sich in einem solchen Zusammenhang vor allem dadurch, für die Bearbeitung von Fragen problemadäquate *Vorgehensweisen* zu wählen und für die Qualität des dafür erforderlichen Kommunikationsgeschehens zu sorgen. Dazu zählt auch die Kunst, zu wissen, für welche Themen die aufwendige und gleichzeitig sehr störungsanfällige Organisationsform der Teamarbeit geeignet und unerlässlich ist und für welche nicht. Eine lernende Organisation ist sich daher ihrer Selbständerung in hohem Maße gewiss und weiß damit auch um das Thema Komplexität.[184]

Autorität gewinnt man unter diesen Bedingungen v.a. durch eine *professionelle Steuerung* des heute ungleich intensiver gewordenen Kommunikationsgeschehens: Gerade, weil moderne Unternehmen Feedback-intensiv sind, funktioniert nichts mehr ohne Rückfrage. Jeder Mitarbeiter ist in arbeitsteiligen Zusammenhängen ein Experte eines Zwischenschritts (Teilprozesses) und wird daher bei jeder halbwegs anspruchsvollen Aufgabe zum Objekt einer Rückfrage. Daher liegt auch das Bild von „Gemba" nahe: Am Ort des Geschehens die Dinge regeln, weil dann Kommunikation folgenreich und schnell von statten geht. Gleichzeitig kann durch Führungsunterstützung am Ort des Geschehens (in Fabrik und/oder Büro) die Effektivität der Mitarbeiter (deutlich) gesteigert werden kann.

Den Unterstützungsleistungen auf Seiten der Führungskräfte entspricht spiegelbildlich das Engagement der Mitarbeiter, die in Teamarbeit einen Großteil des heikleren und emotional sensibleren Kommunikationsaufwandes einer Organisation abarbeiten müssen. Die Mitarbeiter orientieren sich am Vorbild der Führungskraft, akzeptieren Verbesserungsprozesse und Lean-Methoden, starten und zeigen Engagement in vielerlei Initiativen.
Organisationen sind an sich weder rational, noch irrational.[185] Organisationen sind v.a. auch soziale Orte, freilich mit spezifischen *Rationalitätszumutungen* an die Mitarbeiter.[186] Wer heute in der Lage ist, sich selbst inhaltlich *befragbar* zu ma-

183 Capgemini Consulting (2012).

184 Komplexität = Einheit der Unterscheidung einfach/komplex. Vgl. Luhmann (1990), S. 59–76.

185 Hierzu ist eine zu große Vielzahl von *Methaphern* über Organisationen und ihr tägliches Geschehen im Umlauf. vgl. Weick (1985), S. S. 72 ff.; vgl. auch Ortmann (2001).

186 Vgl. Türk/Lemke/Bruch (2006), S. 13.

chen und den zunehmenden Kommunikationsbedarf ziel- und ergebnisorientiert zu bewältigen sowie gleichzeitig die beteiligten Kommunikationspartner in ihrer Energie und Eigenverantwortung zu mobilisieren, der muss nicht um seine Einflussposition fürchten. Wer fragt führt, heißt es. Aber kann einer überhaupt führen, wenn er nicht fragt?

5.3.3 Nachhaltige Entwicklung von Fähigkeiten der Mitarbeiter

5.3.3.1 Fähigkeitsorientierte Mitarbeiterentwicklung

„The primary task of Toyota's managers and leaders does not revolve around improvement per se, but around increasing the improvement capability of people. That capability is what, in Toyota's view, strengthens the company. Toyota's managers and leaders develop people who in turn improve processes through the improvement kata. We now accept the fact that learning is a lifelong process of keeping abreast of change. And the most pressing task is to teach people how to learn."[187] scheibt Rother über Toyotas Führungsansatz.

Führung als Produkion eines *permanenten, lebenslangen Lernverhaltens* also. Nicht zuletzt dieses Verständnis hat in den Nicht-Lean-Unternehmen im Westen zu intensiven Diskussionen darüber geführt, ob und inwieweit westliche Führungstheorien und -einstellungen noch ein brauchbares *Menschenbild* verfolgen. Bereits McGregor hatte mit seiner *Theorie X* und *Theorie Y* im Rahmen der Führungsforschung zwei kontroverse Menschenbilder konzipiert,[188] aber später selbst *„Theorie Z"* als Synthese vorgeschlagen.

Ouchi hat diese aufgegriffen und weiterentwickelt. Er beschreibt im Grunde die dem Lean Management zugrundeliegende Führungsphilosophie bzw. -kultur,[189] die auf Entwicklung der Mitarbeiter, auf Erweiterung und Vertiefung ihrer Fähigkeiten und Fertigkeiten, auf *Sinnerarbeitung und -vermittlung* als relevante Größen zielt. Autoritäre Leitung mit Druck und Härte fördert allenfalls wenig zielführende, unproduktive Verhaltensweisen, die die Mitarbeiter vom vollen Einsatz ihrer Fähigkeiten abhalten.[190] „*Theorie Z*" nimmt an, dass eine starke Mitarbeiterbeteiligung in Entscheidungs- und Problemlösungsprozessen, gewährte *Handlungsspielräume* und individuelle *Verantwortungsübernahme* der Mitarbeiter, langfristige ausgerichtete *Karrierewege* und nachvollziehbare *Beförderungskriterien* mithilfe transparente Leistungsbeurteilungskriterien mit regelmäßigen Abteilungswechseln (*job rotation*) zu höherer Produktivität führt.

Investition in Humanvermögen auf ganzer Linie und – wenn möglich – über den gesamten *Mitarbeitslebenszyklus*. Nichts anderes wollte eigentlich schon immer eine *„veränderungsorientierte Führung"* westlicher Prägung: kooperatives Füh-

187 Rother (2010), S. 186.
188 Siehe oben Abschnitt 3.4.1.
189 Vgl. Ouchi (1981). Brunner (2011), S. 75 f.
190 Vgl. Mintzberg (2011).

rungsverhalten, fähigkeitsfördernde Mitarbeiterentwicklung aus einer generalistischen Sicht (Entspezialisierung) mit unternehmerischer Attitüde. Es geht um Wertschätzung und Vertrauen zu den Arbeitnehmern, um wechselseitige Achtung und Loyalität zum Unternehmen – ganz im Sinne der *Theorie Y*[191].

Eine den Organisationsmitgliedern mehr Entscheidungs- und Handlungspielräume einräumende Führung setzt nicht nur eine nachhaltige Unterstützung seitens der Führungskräfte voraus, sondern zugleich auch geeignete organisatorische Vorkehrungen (insb. Informations- und Anreizsysteme), um die für *permanentes Lernen* erforderliche Selbstverpflichtung hervorzurufen und zu erhalten.[192] Vielfältige *Unterstützungsmöglichkeiten* der Mitarbeiter *einerseits* und konsequente *Aus- und Weiterbildung* anderseits. Im Unterschied zu konventionellen Logiken, wo der Block *Weiterbildung* von Mitarbeitern weitgehend die Aufgabe des Human Resources Management (Weiterbildung in internen, externen Akademien, Vergütung, Karriereplanung, Sonstiges Arbeitsumfeld) ist,[193] vollzieht sich im *Lean-Kontext* ein großer Teil des Lernens in der *direkten Führungsbeziehung*.

Nicht zuletzt deshalb, weil sich hierdurch in der Organisation informelle Beziehungsnetzwerke bilden können und damit eine Basis für das unentbehrliche *wechselseitige Vertrauen* entsteht.[194] Die *Verhaltensentwicklung* kann somit über die zwischenmenschlicher Ebene mit intensiver Kommunikation „*on the job*" geleistet werden: *Learning by doing*. Geübt wird intensiv und für alle verbindlich die *Art und Weise des Problemlösens* mittels bestimmter Lean-Techniken.[195]

[191] Vgl. McGregor (1973).

[192] Vgl. hierzu z. B. die Fallstudie einer Produktinnovation bei General Electric, mit der ein technologischer Durchbruch im Kühlgerätesektor erzielt wurde. Wenn man Keith Moore, den verantwortlichen Werkleiter fragt, was der entscheidende Erfolgsfaktor für das Gelingen dieses Durchbruchs in Technik und Wirtschaftlichkeit gewesen sei, weist er mit allem Nachdruck darauf hin, dass es letztlich nicht die Hardware gewesen sei, sondern die Freiheit und Verantwortung, die er seinen einzelnen Arbeitern übertragen habe bzw., dass er ihnen letztlich durch intensive Ausbildung und Schulung das entsprechende Potential vermittelt habe. vgl. Magaziner/Patkin (1989), S. 114–124. vgl. hierzu auch Griepenkerl (1990).

[193] Vgl. Staehle (1989), S. 812.

[194] Ouchi (1981). Theorie Z nach Ouchi differenziert drei Arten von Organisationen. Typ A bezeichnet die amerikanischen, Typ J die japanischen Betriebe und Typ Z repräsentiert eine neue Kultur: „Kultur Z".

[195] „It takes conditioning to make behavioral routines become second nature, and consequently a lot of Toyota's managerial activities involve having people practice the improvement kata with their guidance." Rother (2010), S. 186.

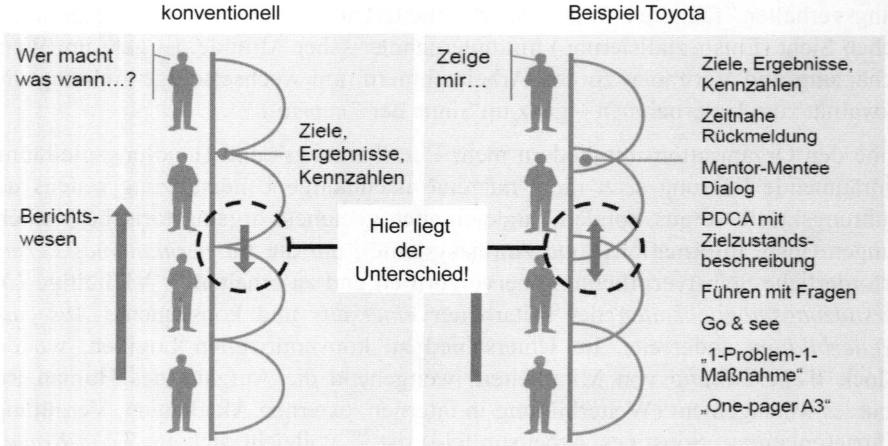

Abb. 71. „Motor der Zusammenarbeit"[196]

Ein wesentliches Ziel der Bemühungen ist dabei die *Entspezialisierung* durch *Job-Rotation* zur Vermeidung einseitigen Spezialistentums auf allen Ebenen der Unternehmung. *„Japanische Nachwuchskräfte werden nicht spezialisiert, sondern sie wechseln häufiger Arbeitsplatz und Aufgaben, sogar über Fachgrenzen hinweg. (...) Bei diesen Job-Rotationen wird bei allen Nachwuchskräften auf Marketingorientierung geachtet. Der Entwicklungsingenieur lernt den Vertriebsbereich auch deshalb kennen, damit er später nicht, wie so oft bei uns, ahnungslos von den Überlegungen dort an seinem Reißbrett sitzt. (...) Ständige Kontakte zur Abnehmerseite gehören einfach dazu, damit etwaige Markterfordernisse durch abteilungsübergreifende Teambildungen rasch auf die Produkte übertragen werden können.* "[197]

Polyvalente Mitarbeiter, die in der Lage sind, eine Reihe von Tätigkeiten innerhalb einer Organisationseinheit auszuführen, erhöhen nicht nur die *Austauschbarkeit* auf zugleich höheren Know-how-Niveaus, sondern auch die *Flexibilität*. Die *Karriereentwicklung* ist strikt auf die Kompetenzerfordernisse ausgericht. Sie geschieht nicht mehr in den berühmten „*Silos*" – einmal Vertrieb, immer Vertrieb! –, sondern abwechselnd zwischen innen/außen, zwischen Ausland/Inland, zwischen Linie/Stab, zwischen Generalist/Spezialist.

196 Vgl. Rother (2010), S. 225.
197 Vgl. Griepenkerl, (1990, S. 18; siehe auch Abschnitt 3.2.3 Gestaltung des Supernetzwerks Lieferant-Produzent-Abnehmer als ein lernendes System.

MultiFunction Worker Training bei Toyota (MFWTT)

The development of employee talent is too important to leave to chance. Planning for the development process not only increases the likelihood of success, it also demonstrates the importance of development to the individuals of the team and lets them know the leaders place high importance on talent development.

Learning the skills necessary to perform the work for which a person was hired should be the first priority of every leader. This is the value-adding work. The development of the training plan to learn the work is based on the premise of „how much, by when."

In other words, how many tasks must a person learn and in what period of time?

If a person was hired for a routine manufacturing operation, a typical expectation would be for that person to become proficient in the first job within a few weeks (depending on the complexity) and to be capable of performing three jobs within three months. Toyota has discovered the value of having employees capable of performing multiple jobs. Gone are the days of one person working on one machine who has done a single job for 35 years.

Creating *multifunctional workers* not only increases flexibility and helps support the system, but it also allows team members to have some variety in their work, to rotate jobs for ergonomic benefit, and to learn and grow in talent and capability. We often hear of supervisors who are struggling because they are unable to complete a critical task or staff a position by moving people to vacant positions because of the lack of necessary skills among other employees.

Developing a multifunctional workforce should be at the top of every leader's *priority* list. Toyota adapted the training plan development process initially introduced by Training Within Industry (TWI) and created what it refers to as the Multifunction Worker Training Timetable (called a training timetable by TWI). This plan is designed to show the skill levels needed to support the work area and the skill development of each worker.

Conceptually it is very simple. Identify the job tasks in the work area, list the people in the work area, evaluate each person's capability for each job, identify the gaps in skill levels between the current level and the desired level, and set a time frame for developing the necessary people to close the gaps. Keep it simple by focusing on your intended outcome – exceptionally talented people producing great results!

The MFWTT also provides a visual indicator of the status of skill development within the team or group, which can be posted in the team meeting area.

With brief study anyone can see the status of skill development for all employees. This is a reflection of the importance of talent development by the leadership and should be taken very seriously. Management has the responsibility for ensuring that every leader is making efforts to fully develop the talents of all members of the team.[198]

Förderlich sind weiterhin das Arbeitsumfeld und strukturierte Karrierewege. Das *Arbeitsumfeld* begünstigt durch eine offene Informationspolitik, geeignete Anreizsysteme, Demokratisierung der Entscheidungsabläufe, Teamarbeit und darüber hinaus die Vereinfachung der Organisation durch *„kleine Einheiten"*, z. B. infolge einer Wertschöpfungsnetzwerk-Segmentierung, mit einer räumlichen Zusammenfassung von Entwicklung, Produktion, Marketing, Fabrik-in-der-Fabrik-Konzepte,

198 Liker/Meier (2007), S. 207 ff.

u. ä.[199] Letztlich prägen sich so zwei Typen von Führungskräften aus: *Generalisten*, die innerhalb eines Wertstroms alle Bereiche überblicken und *Spezialisten*, die immer wieder zwischen Fachorganisations- und Wertstromfunktion wechseln. Dieses Rotationsprinzip verringert zugleich Änderungswiderstände.

Wie gründlich und systematisch Toyota die „Produktion" eines auf nachhaltige, ständige Verbesserung ausgerichteten Mitarbeiterverhaltens betreibt, zeigt Abb. 75, wo das gesamte Spektrum von Personalentwicklungsmaßnahmen im Mitarbeiterzyklus Aufgaben- und Arbeitsplatz-bezogen dargestellt ist.

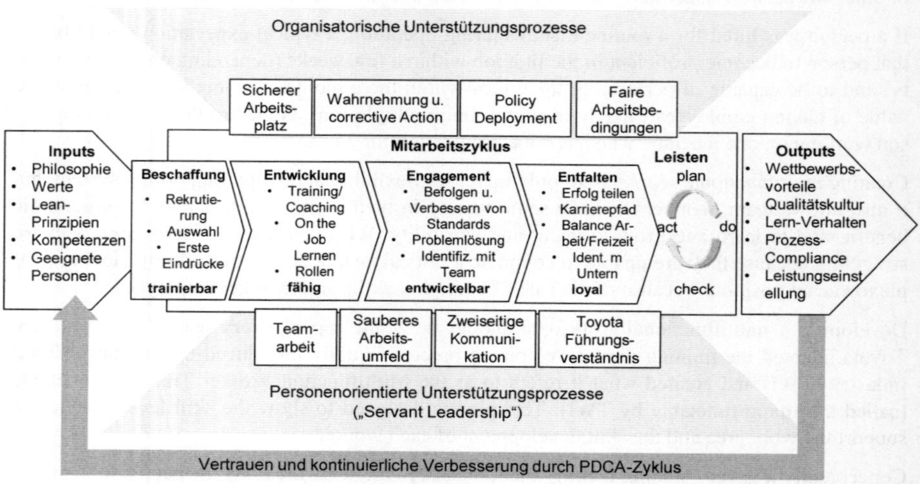

Abb.72. Toyotas „Human System Lean Management"-Modell[200]

Man kann erahnen, dass eine solche Lean Management-adäquate *Personalentwicklung* mit erheblichen Investitionen verbunden ist.[201] Natürlich setzt das alles auf Seiten der Mitarbeiter die Fähigkeit und Bereitschaft voraus, den Leistungsanforderungen durch vielfältige Lernprozesse gerecht zu werden. „*The people whom Toyota selects must have the capacity and desire to learn.*"[202]

---

[199] Peters/Waterman (1984), S. 187 geben eine Kurzcharakteristik „aktionsorientierter Unternehmen": „*Sie geben nicht klein bei und rufen ständig neue Ausschüsse oder auf Jahre angelegte Arbeitsgruppen ins Leben. Sie geben sich nicht mit langen Berichten ab. Ebenso hüten sie sich vor starren Matrix-Strukturen. Sie berücksichtigen die grundlegenden menschlichen Eigenschaften (...): Der Mensch kann nun einmal immer nur wenige Informationen gleichzeitig verarbeiten, und er blüht auf, wenn er sich auch nur ein wenig eigenständig fühlen darf (z.* B. *bescheidene Experimente machen).*"

[200] Liker/Meier (2007), S. 25.

[201] Laut Aussagen eines Experten investieren japanische Unternehmen durchschnittlich 4 bis 5 Mal so viel in Aus- und Weiterbildung wie europäische. Dabei wird ebenfalls im Unterschied zu hiesigen Unternehmen antizyklisch vorgegangen: In schlechter Geschäftssituation (= wenn Gefahr droht) wird mehr investiert.

[202] Liker/Meier (2007), S. 18.

5.3.3.2 Systematische Problemlösung als methodisches Rüstzeug

„Alles Leben ist Problemlösen.“ betitelte *Popper* dereinst eines seiner Bücher.[203] Aber was genau heißt das im vorliegenden Kontext? In Nicht-Lean-Unternehmen heißt es: Stellt das Problem ab, egal wie. Wir müssen das Ziel erreichen, koste es, was es wolle! Im Lean-Kontext wird stets versucht, die Problementstehungsbedingungen nachhaltig zu beseitigen.

5.3.3.2.1 „Learning by doing“ – Problemlösung

Aus den vorgestellten Lern-Prinzipien wissen wir, dass bei jedweder arbeitsteiligen Aufgabe es darauf ankommt, nicht nur an den Symptomen zu kurieren, sondern zu den *„tieferliegender Ursachen“* durchzustoßen. In lernenden Unternehmen spielt daher die Suche nach den *tieferliegenden Ursachen*, nach den Bedingungen der Möglichkeit der Problementstehung eine zentrale Rolle. Der Sache auf den Grund gehen, weil erst die genaue Problembeschreibung eine nachhaltige Lösung ermöglicht. *„..., in Toyota's way of thinking if the solution to a problem is not yet obvious, it means we have not yet understood the situation sufficiently. Time to go and see again....“*[204] Es sollen die Treiber für Störungen und Fehler identifiziert werden. Erst das Problem verstehen, um es zunächst zu lösen, aber v. a. zukünftig auch zu vermeiden. Entscheidend dabei ist, dass die Komplexität des laufenden Geschehens (Störungen, Veränderungen) ohne eine strikte Systematik kaum zu bewältigen ist. Lösen aus Verstehen. Vermeiden, anstatt nur zu bekämpfen. Das Problem fassen, die Frage vorrangig richtig beantworten!

In der Praxis wird nicht selten unterschieden zwischen Problemlösung und Verbesserung. Während erstere reaktiv auf Entstörung abstellt, zielt letztere auf proaktive kontinuierliche Verbesserung von Prozessen, Strukturen und Technologien. Wir halten das für eine unnötige begriffliche Engführung. Problemlösung sehen wir als übergreifenden Begriff sowohl für die Entstörung akuter Probleme als auch für proaktive Vermeidung zukünftiger potentieller Störungen. Wird Problemlösung so verstanden, dann entspricht das zutiefst *dem erfahrungswissenschaftlichen* Charakter des *Lernens,*[205] demgemäß immer eine Verbesserung durch konkretes Tun möglich ist: *„Learning by doing.“*[206]

Eine solche Vorstellung *pragmatischen Lernens* durch systematisches Tun, kommt Sysiphos sehr nahe: Ewig das Rad drehen, bis eine zufriedenstellende oder „beste Lösung“ gefunden ist. Es ist immer eine kleine „griechische Tragödie“, einer Idee (Eidos) oder einem konkreten Ziel zu folgen und sein Denken und Handeln auf dieses Ziel zu fokussieren. In immer gleicher Wiederholung von verschiedenen *kognitiven* und *aktiven* Operationen, streng ausgerichtet auf eine zu erfüllende Erwar-

---

203 So der Titel von Popper (1994).

204 Rother (2010), S. 156.

205 Vgl. Pfeiffer (1971), S. 37 ff.

206 „From the beginning, the Toyota Production System has been about learning by doing.“ Liker/Meier (2006), S. 456.

tung, die aber doch immer unerreichbar bleibt. Änderungen werden durch *correcti-ve actions* berücksichtigt. Der Weg wird zum Ziel.

Das alles ist zutiefst altgriechisch, nur die Permanenz und Konsequenz, die sich in Lean-Unternehmen beobachten lassen, verweist auf eine asiatische Anmutung. *„Despite what the words „problem solving" might lead us to think, the primary focus in problem solving at Toyota is not solutions, but understanding the current situation in a work system so deeply, firsthand, that the right solution (called a countermeasure) becomes obvious and practically falls in your lap. Most of the effort of problem solving at Toyota is placed in grasping the situation – deeply understanding the conditions that led to the problem – as opposed to hunting for solutions.*"[207] – Durchstoßen zu den *tieferliegenden* Ursachen also.

Die Ausgangssituation *(Ist-Zustand) ist wichtig.* Daher beginnt jede *Verbesserungsepisode* mit der ausführlichen Diskussion und Beschreibung eines Verständnisses vom Ausgangs- bzw. Ist-Zustands einer Situation (z. B. Prozess).[208]

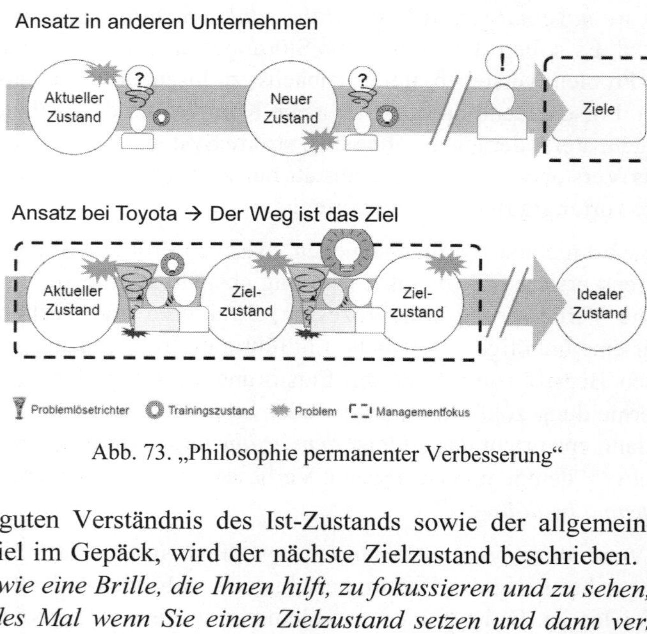

Abb. 73. „Philosophie permanenter Verbesserung"

Mit einem guten Verständnis des Ist-Zustands sowie der allgemeinen Richtung oder dem Ziel im Gepäck, wird der nächste Zielzustand beschrieben. *„Ein Zielzustand wirkt wie eine Brille, die Ihnen hilft, zu fokussieren und zu sehen, was Sie tun müssen. Jedes Mal wenn Sie einen Zielzustand setzen und dann versuchen, sich dorthin zu bewegen, werden Sie Probleme und Hindernisse entdecken. Das ist vollkommen normal, und Sie haben zwei Optionen: 1. Das Hindernis vermeiden und sich in eine andere Richtung als auf die Vision zuzubewegen oder 2. sich durch das Hindernis durcharbeiten, indem Sie seine Ursache(n) verstehen und beseitigen.* "[209]

207 Rother (2010), S. 156.
208 Erinnert sei an das Fundamentalprinzip oben Abschnitt 3.5.
209 Rother (2013), S. 90.

Es macht einen großen Unterschied, Dinge einfach geschehen zu lassen („Das ist halt so“) oder an Erwartungen, Zielvorstellungen, wünschbare Zustände zu binden. Im einen Fall handelt es sich um bloße Ereignisse, im anderen Fall um eine Aufforderung, die Dinge zum Besseren, zur Vervollkommung zu wenden. Man mag darin eine angeborene Experimentierneigung oder erworbene Fähigkeit sehen, wobei ein Neugierverhalten allen Menschen grundsätzlich nicht fremd ist.

Lernen vollzieht sich v. a. dann, wenn sich Ereignisse als *Hindernis* dem Verbesserungsprozess in den Weg stellen. Nach jedem Zwischenstadium erfolgt eine *Reflexion* darüber, was im jeweils letzten Durchgang der verschiedenen Verbesserungsrunden erreicht wurde. Wenn eine Lösung für ein Problem noch nicht offensichtlich ist, weil es noch zu sehr nach „Kurieren an Symptomen“ erinnert, dann bedeutet das, die Situation noch nicht ausreichend verstanden zu haben. Höchste Zeit, sich das Problem noch einmal vor Ort genau anzuschauen.[210]

„*Probleme sind Juwelen*“, heißt es bei Toyota, weil sie Anlass sind, neue Wege in Richtung eines geplanten Zielzustands einzuschlagen. Es sind vor allem die Misserfolge, aus denen man viel lernt. Daher muss man *experimentieren* und ein Ziel gelegentlich verfehlen (vorzugsweise im kleinen Massstab, der den Kunden nicht betrifft), um den passenden nächsten Schritt zu sehen. „*Der Hauptgrund für die Durchführung eines Experiments besteht nicht darin, zu prüfen, was funktionieren wird, sondern zu erfahren, was nicht wie erwartet läuft, und was wir tun müssen, um weiter voranzukommen.*“[211] Durch eine solch strukturierte, weitgehend standardisierte Vorgehensweise entsteht eine nachhaltige V*erbesserungs-Ideologie,* deren Basis die Vorstellung ist, dass es kein Ende gibt; wenigstens so lange nicht, bis strukturelle Veränderungen die Karten wieder neu mischen. Alles Tun hat etwas *transitorisch Ereignishaftes* an sich – ein immer währendes Noch-nicht. Man könnte es noch zuspitzen: Zielerreichung wird zu einer angestrebten, verstehenden Erkenntnis und als Kuppelprodukt billigend in Kauf genommen. Es geht immer weiter …! Deshalb: *Kein Problem ist ein Problem.*[212]

– *Festlegung der Zieletappen*

Entscheidend sind die *kurz-zyklischen* Zieletappen. Der nächste Schritt erfolgt erst, wenn der vorgängige Zielzustand reproduzierbar erreicht ist. Ohne einen angestrebten Zielzustand neigt jeder in Gang gesetzte Verbesserungsprozess zum Zurückfallen. So entstehen in vielzähligen, zeitverbrauchenden Verbesserungszyklen Z*weck-Mittel-Ketten*, die einen Mangel des Ausgangszustandes Schritt für Schritt beseitigen oder wenigsten mindern. Allerdings erst ex post: Die Zweck-Mittel-Ketten sind a priori nicht planbar, sondern – und das ist die Eigenart des „learning by doing“ – sie sind *evolutionäres Resultat* laufender Vergleiche mit einem gesetzten Ziel, Cor-

210 Vgl. Rother (2013), S. 164.
211 Rother (2013), S. 147.
212 So bringt es Peters (2009), S. 44 f. auf den Punkt.

rective Actions und einer Gesamtreflexion als Folge von Hindernissen und Störereignissen.

Ein Wissenschaftler überprüft jede Beobachtung daraufhin, inwieweit die aufgestellte Hypothese gültig ist oder nicht. Wie beim Gehen setzt er einen Fuss vor den anderen und gleicht laufend Weg und Ziel ab.

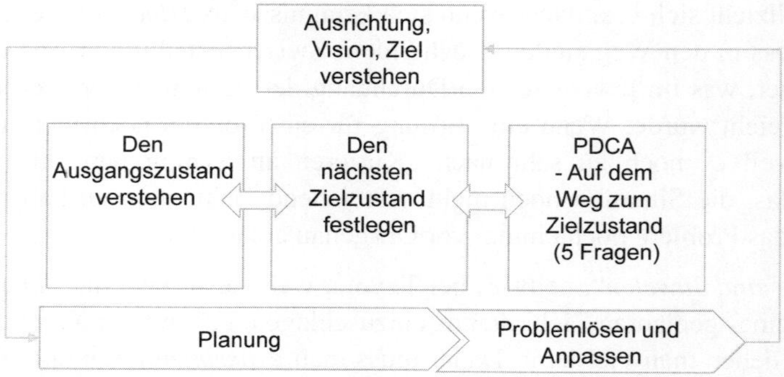

Abb. 74. Grundidee einer permanenten Verbesserung[213]

Nach jedem Verbesserungsschritt wird zugleich *überprüft*, ob nicht das Teilziel oder die Maßnahmen an die aktuelle Situation anzupassen sind. Dieses Vorgehen ist etwas gänzlich anderes als sich lediglich durch die *Zweck-Mittel-Pyramiden* eines vorher festgelegten Plans mit allen seinen Maßnahmenlisten zu arbeiten. Es ist eine *experimentelle* Art des Lernens, wie wir sie in einem anderen Zusammenhang schon kennengelernt hatten.[214]

5.3.3.2.2 Der PDCA-Zyklus

Die verschiedenen Stufen der Verbesserungsarbeit basieren wesentlich auf dem sog. PDCA-Zyklus (Abb. 75).[215] Er unterliegt jedem erfahrungsbasierten und wissenschaftlichen Erwerb von Wissen, also jedem Lernvorgang.[216] Demnach durchläuft jede angestrebte Problemlösung immer die gleichen Schritte:[217]

– *Plan*: Definieren der Erwartung (Hypothese oder Vorhersage), was man tun will bzw. was geschehen wird.
– *Do (*oder *Ausprobieren)*: Überprüfen der Erwartung (Hypothese), durch plangemäß ausgeführen Handlungen zur Verbesserung der Situation in keinen Schritten und unter genaue Beobachtung (wie in jedem Experiment).

213 Rother (2013), S. 165.
214 Vgl. Rother (2013), S. 129 ff. Siehe oben „entdeckungsfreudiges Marketing" Abschnitt 3.4.2.4.
215 Vgl. Suzaki (1989), (1993); Liker/Meier (2006), Rother (2010), S. 134 ff.
216 Vgl. allgemein zum Charakter von Informationsgewinnungsprozessen Pfeiffer (1971), S. 43 ff.
217 Eine eleborierte, wissenschaftstheoretische Grundlegung für solche Lernprozesse findet sich z.B. bei Randolph (1979).

- *Check:* Vergleich und Analyse des tatsächlichen Ergebnisses mit dem erwarteten Ziel.
- *Act* (Was ist der nächste Schritt?): Standardisieren und stabilisieren dessen, was funktioniert oder starten eines PDCA-Folgezyklus.

Die konsequente Befolgung dieser Systematik bringt den Vorteil mit sich, sich auf den *Verbesserungs-Prozess* zu konzentrieren, statt nach Schuldzuweisungen zu suchen. *„Sei streng mit dem Prozess, aber sanft mit den Mitarbeitern."* heißt es bei Toyota.[218] Eine direkte Augenscheinnahme (*go to gemba*) durch die verantwortlichen Führungskräfte ist – soweit möglich – eine zwingende Voraussetzung für ein zügiges und effektives Lernergebnis.

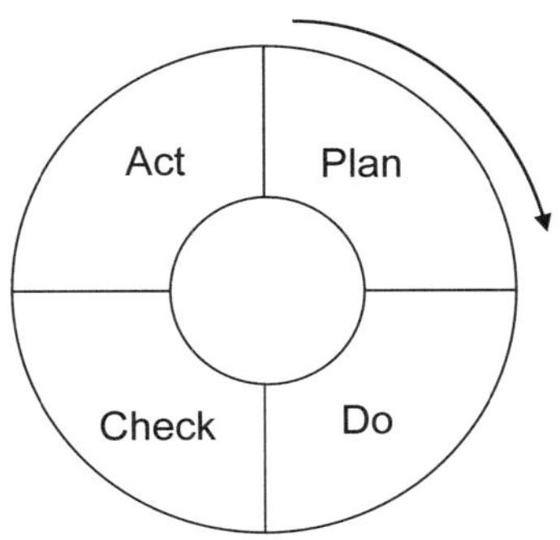

Abb. 75. Der „PCDA"-Zyklus

Es geht nicht darum, Misserfolge zu stigmatisieren, den Schuldigen zu suchen, sondern darum, aus Fehlern zu lernen, Ursachen zu finden, um die Situation besser verstehen und sich selbst weiterentwickeln zu können. Daher werden immer wieder die gleichen Fragen gestellt:

- Was ist der angestrebte Zielzustand bzw. worin liegt die Herausforderung? Wie ist der jetzige Zustand?
- Welche Hindernisse müssen beseitigt werden, um den Zielzustand zu erreichen? Was davon soll als Nächstes angegangen werden?
- Was ist der konkrete nächste Schritt? (Start des nächsten PDCA-Zyklus)
- Wann kann der Lernfortschritt „vor Ort" angesehen/überprüft werden?[219]

---

218 Rother (2013), S. 150.
219 Vgl. Rother (2013), S. 163.

Toyotas Practical Problem Solving – Schrittfolge

1. Das Problem aufnehmen: Problembewusstsein
   – Identifizieren eines Problems, das Priorität hat
2. Die Situation erfassen (go and see)
   – Das Problem verdeutlichen.
   – Was sollte geschehen?
   – Was geschieht wirklich?
   – Das Problem, falls nötig, in einzelne Probleme aufbrechen.
   – Falls nötig, temporäre Maßnahmen einsetzen, um Abnormalitäten abzugrenzen, bis die Ursache benannt werden kann.
   – Den Ursachenpunkt lokalisieren. Beginnen Sie keine Ursachenanalyse, bis Sie den Ursachenpunkt finden.
3. Ursachen untersuchen
   – Identifizieren und Bestätigen der unmittelbaren Ursachen der Abnormalität.
   – Führen Sie eine „Fünf-mal-Warum"-Untersuchung durch, um eine Ursachen-Wirkung-Kette bis hin zum Problem aufzubauen.
   – Stopp an der Ursache, die angegangen werden muss, um ein Wiederauftreten zu verhindern.
4. Entwickeln und Testen von Gegenmaßnahmen
   – Ergreifen Sie eine konkrete Gegenmaßnahme zur Ursache.
   – Verändern Sie jeweils nur einen Faktor, um Ursache und Wirkung erkennen zu können.
5. Follow Up
   – Verfolgen und Verifizieren der Ergebnisse.
   – Standardisieren Sie erfolgreiche Gegenmaßnahmen.
   – Reflektieren Sie: Was haben wir während dieses Problemlösungsverfahren gelernt?

5.3.3.2.3 Kontinuierliche Verbesserung[220]

Toyotas Strategie, sich in Richtung einer Vision zu bewegen, lautet: Zielzustände formulieren, im Learning-by-Doing-Modus ständig das Verbesserungsrad (PDCA) drehen – das alles ist *kein Geheimnis* mehr. Jede Unternehmung, die etwas auf sich hält, verweist auf ihr eigenes *Continuous Improvement Program* (CIP). Gleichwohl machen Systematik und Vollständigkeit den Unterschied. Weil *jedes* Team nach der immer gleichen Methodik an *vielen* Stellen der Organisation auf der Suche nach Verbesserungspotenzialen sind, geschehen Tausende von PDCA-Zyklen gleichzeitig, die irgendeine Verbesserung für das Gesamte erreichen wollen, wie z.B. Kosten, Qualität und Service.

In diesem Sinne heißt „lean" sein, permanent unterwegs sein, permanent und konsequent die *Verbesserungstreppe* hinaufzusteigen. Schnelles Lernen durch experimentelle kleine Schritte und schnelle Korrekturmöglichkeiten durch schnelles Feedback bei geringem Risiko (kleine Schritte, kleine Fehler[221]). Sich immer wieder die Fragen nach der wirklichen Herausforderung (*5-Why-Methodik)* zu stellen

220 Für viele ist es noch immer eine modernisierte Form eines „betrieblichen Vorschlagswesen".
221 Vgl. Kormann, H. (2005), S. 5 ff.

und daraus konsequent und zügig *Konsequenzen* zu ziehen, macht Lean-Unternehmen so robust.[222] „*Sie trennen nicht in gute und schlechte Situationen, sondern halten Probleme für etwas Normales und als willkommene Gelegenheiten, Unternehmensprozesse tiefer zu verstehen und weiterzuentwickeln.*“[223] Mangelnde Anpassungsfähigkeit birgt stets die Gefahr des Misserfolgs. „*Der Erfolg ist das Produkt tiefer Furchen. Tiefe Furchen zerstören wiederum die Anpassungsfähigkeit.*“[224]

In einer solchermaßen *verstetigten Veränderung* liegt das innovative Geschick von Toyota: Mit seiner pragmatischen Methodik hat sich das Unternehmen stets auf unvorhersehbaren Wegen in Richtung nur allgemein formulierter Visionen weiterentwickeln zu können. Der Weg ist das Ziel. Im Nachhinein erscheint als Ergebnis, was wie eine im vornehinein definierte Strategie aussieht. Diese „*prozessuale Kompetenz*“ des permanenten und systematischen Verbesserns, Überprüfens, Neuausrichtens in vielen kleinen Schritten an vielen unterschiedlichen Stellen in der Organisation trägt dazu bei, aus Erfolg nicht Misserfolg werden zu lassen.[225] Es ist nicht der perfekte, a priori erstellte und exakt umgesetzte Plan, sondern eine solcherart *evolutionäre* Vorgehensweise einer Abfolge und (Um-)Priorisierung vieler *experimenteller* Schritte, die zu einer Art „*adaptive Nachhaltigkeit*“[226] führen.
Die Rolle der Führungskraft für den permanten Vebesserungsprozess ist dabei essentiell, da diese zu ständiger Verbesserung ermutigen und die Verbesserungsbemühungen strukturieren sowie mit anderen Führungskräften abstimmen muss.

5.3.3.3 Standardisierung der Kommunikation und des Feedback-Verhaltens

5.3.3.3.1 Umfassende und kurz-zyklische Regelkommunikation

Zentral im Rahmen permanenten Verbesserns ist die Kenntnis des Zielzustands, der Lern- bzw. Verbesserungsmethodik und der Kommunikation des erreichten neuen (Zwischen-)Zustands. *Ziele* formulieren bzw. vereinbaren kann nur derjenige, der welche hat bzw. zu generieren vermag, was ein Mindestmaß an Autonomie und entsprechendem Können voraussetzt. Nicht jeder, der seither nur auf Gehorsam programmiert war, kann dies von sich behaupten.[227]

Der „*learning by doing*“-Ansatz, der eigentlich eine programmierte Veränderungsphilosphie darstellt, erfordert bei arbeitsteiligen Aufgabenvollzügen häufige Rückkopplungen zwischen kognitiven und realen Operationen. Störungen und Hemm-

---

222 Liker/Meier (2006), S. 327 f. sprechen u.a. von einer „*2nd path 5 Why-Methode*“ (a.a.O. S. 344).

223 Rother (2013), S. 169.

224 Die Kapitelüberschrift in Peters (1993), S. 775 ff. zeigt genau diesen Sachverhalt an. vgl. allgemein Weiß (1989).

225 Allgemein zum bekannten Phänomen „*Leaders tend to lose*.“ vgl. Weiß (1989).

226 Diese Begrifflichkeit stammt von Pascale (1984).

227 „Wer sein ganzes Berufsleben an Anordnung und Ausführung gewohnt war, wird Schwierigkeiten haben, sich – als Untergebener und Vorgesetzter – teamfähig, kooperativ und mit Eigeninitiative zu zeigen.“ schreibt z. B. mit Recht Poppe (1992), S. 45.

nisse im Ablauf, nicht erreichte Zielzustände und Abweichungen jedweder Art müssen an die jeweils beteiligten Aufgaben- und Entscheidungsträger übermittelt werden. Das *kurz-zyklische Feedback* ist hier entscheidend, weil sie die Robustheit von Prozessen erhöht.

Jede *robuste* Ablauforganisation setzt dabei v.a. eine straffe organisierte *Regelkommunikation* voraus. *Regelkommunikation* ist programmierte Kommunikation, typischerweise basierend auf *Teamstrukturen:*

- Es *werden* bestimmte *Besprechungsinhalte* definiert und routinemäßig der Leistungsstand der jeweiligen Organisationseinheit besprochen
- Auch werden die Besprechungen selbst in einem abgestimmten Besprechungskalender mit definierten *Befugnissen* und *Teilnehmerkreis* durchgeführt. Die sowohl täglichen als auch wöchentlichen Besprechungen sind für alle Teilnehmer verbindlich.
- Es gilt das Prinzip, dass die Probleme am Ort der direkten Wertschöpfung („vor Ort") direkt besprochen und gelöst werden müssen. Je nach der erforderlichen Unterstützung zur nachhaltigen Problemlösung werden die zu bearbeiteten Themen „*hochkaskatiert*" an die Stellen mit entsprechenden Entscheidungsbefugnissen.
- Was Abb. 76 am Beispiel des Produktionsbereiches zeigt, lässt sich ohne weiteres auf jeden anderen Organisationsbereich ausdehnen. Freilich müssen die jeweiligen *Inhalte* der Regelkommunikation angepasst werden.

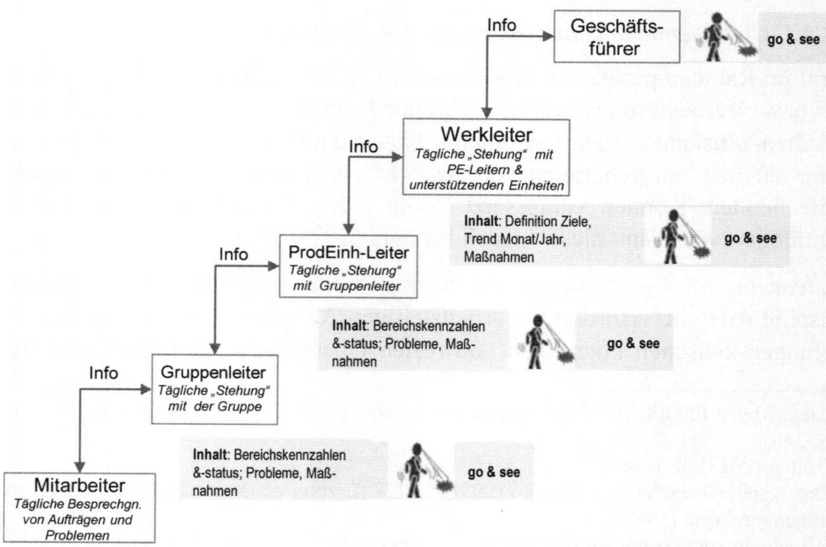

Abb. 76. Regelkommunikation als Besprechungskaskade

„Scrum-Technik" – als kurz-zyklische, evolutionäre Regelkommunikation
Das Ziel von *Scrum* ist die schnelle, kostengünstige und qualitativ hochwertige Entwicklung von (Software-)Produkten entsprechend einer formulierten Vision. Die Umsetzung der Vision in das fertige Produkt erfolgt nicht durch die Aufstellung möglichst detaillierter Anforderungslisten (vgl. Lastenheft/Pflichtenheft), die dann phasenweise umgesetzt werden. Scrum reduziert die Komplexität der Aufgabe nicht, strukturiert sie aber in kleinere und weniger komplexe „Häppchen", den Inkrementen. Die Regeln sind im *Scrum Guide* definiert.

Scrum als Framework besteht nur aus wenigen Regeln, die im Kern *fünf* Aktivitäten, *drei* Artefakte und *drei* Rollen definieren. Die Gesamtheit dieser Rollen wird als *Scrum Team* bezeichnet, welches mit weiteren Rollen in der Organisation (Stakeholder) in Kontakt tritt. Im Einzelnen handelt es sich um: *Product Owner*, *Entwicklungsteam* und *Scrum Master*.

Scrum ist für Teams mit einer Größe von 3 bis 9 Personen konzipiert. Größere Entwicklungsprojekte oder größere Entwicklungsabteilungen benötigen einen weitergehenden Rahmen, der die Koordination mehrerer Teams organisiert.

Ein *Sprint* ist ein Arbeitsabschnitt, in dem ein Inkrement einer Produktfunktionalität implementiert wird. Er durchläuft den *Zyklus* (Sprint Planning, Sprint Review und Sprint Retrospektive). Während eines Sprints sind *keine* Änderungen erlaubt, die das Sprint-Ziel beeinflussen. Ein Sprint folgt unmittelbar auf den vorherigen. Ein Sprint wird niemals verlängert – er ist zu Ende, wenn die Zeit um ist. Ein Sprint markiert ein Zeitenfenster von ein bis vier Wochen (kürzer ist besser). Alle Sprints sollten idealerweise die gleiche Länge haben, um so dem Projekt einen Takt zu geben.
Ist das Ziel eines Sprints nicht mehr zu erreichen, beispielsweise weil das Team die Komplexität falsch eingeschätzt hat oder der Produkt Owner das Produktinkrement so nicht mehr will, dann kann der Sprint vom Entwicklungsteam oder vom Product Owner abgebrochen werden. In diesem Fall wird der aktuelle Sprint mit einer *Sprint Retrospektive* beendet und der neue Sprint ganz normal mit Sprint Planning begonnen.

In Scrum spricht man von *Ereignissen* oder *Aktivitäten* statt von Meetings, um klar zu stellen, dass es sich um Arbeit und nicht um Sitzungen handelt. Alle Aktivitäten von Scrum haben feste Zeitfenster (Timeboxen), die nicht überschritten werden sollen. Das Product Backlog Refinement (früher auch „Grooming" genannt) ist das Hinzufügen von Details, Schätzungen und einer Ordnung zu Einträgen im Product Backlog.

Im Gegensatz zu den anderen Aktivitäten ist das Product Backlog Refinement ein fortlaufender Prozess, bei dem der Product Owner und das Entwicklungsteam gemeinsam das Product Backlog mit seinen Details und Schätzungen zu Product Backlog-Einträgen und deren Ordnung im Product Backlog weiterentwickeln
Fortschritt und Artefakte sind für alle Projekt-Stakeholder transparent. Stakeholder dürfen bei den meisten Aktivitäten zuhören.
In Scrum werden die Anforderungen in Form klarer Eigenschaften aus der Anwendersicht formuliert. Die Liste dieser Anforderungen ist das Product Backlog. Diese Anforderungen werden Stück für Stück in zwei bis vier Wochen langen Intervallen, sogenannten Sprints, iterativ und inkrementell umgesetzt. Am Ende eines jeden Sprints steht bei Scrum die Lieferung eines fertigen Teilprodukts (das Product Increment).

Das Produktinkrement sollte in einem Zustand sein, dass es an den Kunden ausgeliefert werden kann (*potentially shippable product*). Im Anschluss an den Zyklus werden Produkt, Anforderungen und Vorgehen überprüft und im nächsten Sprint weiterentwickelt.[228]

Eine ähnliche kurz-zyklische Feedback-Kommunikation wird im Management von FuE-Projekten angewandt.[229] Im „*Lean Development*" erfreut sich die in der Soft-

[228] Schwaber (2007); Gloger (2011) Poppendieck/Poppendieck (2003).
[229] Vgl. Hübner (1989), S. 145–158.

warentwicklung entstandene Projektmanagementmethode „*Scrum*“ (englisch für Gedränge) steigender Beliebtheit.[230] *Scrum* ist für Teams mit einer Größe von 3 bis 9 Personen konzipiert. Größere Entwicklungsprojekte oder größere Entwicklungsabteilungen benötigen einen weitergehenden Rahmen, der die Koordination mehrerer Teams organisiert.

5.3.3.3.2 Veröffentliche Leistungsmessung durch Visualisierung

Bedingungen der Möglichkeit guter Leistungen im arbeitsteiligen Kontext ist nicht nur eine *kurz-zyklische Regelkommunikation*, sondern auch eine aktuelle Erfassung (Messung) von *Leistungen,* um über die dann feststellbare Soll-Ist-Abweichung die Zielerfüllung zu messen. Die Zeiten, wo im Qualitätsmanagement „*Werker-Selbstkontrolle*“ noch zu einem Aufschrei geführt haben, sind wohl weitgehend vorbei. Eine Selbstverpflichtung des Mitarbeiters auf systematische Problemlösungen impliziert, dass die konkreten Erwartungen durch Ziel- und Leistungskriterien bekannt sind, und dass das eigene Leistungsergebnis einer Person oder Gruppe auch beeinflußbar ist.

– *Zielkriterien*

Sowohl Routine- als auch Non-Routine-Leistungen werden anhand vorgegebener, teilweise vereinbarter oder vom übergeordneten Management autonom gesetzter Ziele ausgeführt und optimiert. In japanischen Lean-Unternehmen ist eine Methodik etabliert, die als *Policy Deployment* (japanisch: „*Hoshin Kanri*“) bekannt wurde. Hoshin Kanri ist die Art und Weise, wie Ziele im Unternehmen *systematisch* von der Unternehmensspitze bis zu den einzelnen Teams und konsequent auf die jeweiligen Adressaten zugeschnitten *entfaltet* werden.[231]

Für eine sichere und robuste Umsetzung der übergeordneten Ziele in konkrete Vorgaben und Maßnahmen für die jeweilige Organisationseinheit sind möglichst viele Beteiligte zu erreichen. Das ist nicht nur ein Mitteilungsproblem, sondern vor allem eine Frage des Verstehens. Daher bedarf es einer *adressatensspezifischer Aufbereitung*, mit der Vorstellung, dass Zielkriterien über die verschiedenen Hierarchieebenen je spezifisch ausgearbeitet werden müssen, wie z.B.:

- *Unternehmensführung*: Zeit, Qualität, Kosten, Innovation, Motivation, Vision, Ergebnis
- *Manager*: Detailvorgaben zu Verbesserung der Prozesse, Unterstützung vor Ort, Prozess- und Projektmanagement
- *Teams*: Arbeitsplan, Ausführung, Messung, Lösungsmaßnahmen, Shopfloor Management, Qualitätszirkel

---

230 Vgl. Gloger (2011); Schwaber (2007). Wenn diese Koordination den gleichen Prinzipien wie Scrum folgt (empirische Kontrolle, iterativ und inkrementell), dann spricht man von *Scaled Agile Frameworks*. Diese bauen alle auf Scrum auf.

231 Es leitet sich letztlich ab aus dem von Prof. Yoji Akao entwickelten Quality Function Deployment ab. Vgl. Akao (1992).

Es ist leicht einsichtig: Ohne *Teamstrukturen* geht so etwas kaum. Allein die Veröffentlichung der Zielvorstellungen und -vorgaben ist ein erster Beitrag zur *Transparenz.* Transparenz stellt den Versuch dar, Komplexität zu veranschaulichen, um sie handhaben zu können.

Anhand von vorgegebenen standardisierter Kritierien wird auf *Handlungsbereiche* rückgeschlossen und der jeweilige (System-)Zustand der Organisationseinheit kenntlich gemacht. Durch *Veröffentlichung* der Vorgaben und Leistungskriterien werden die Erkenntnisse einer jeden Organisationseinheit „entprivatisiert“ und grundsätzlich für alle nachvollziehbar gemacht; d. h. auch vergleichbar gemacht. Im Lernkontext betrachtet, geht es darum Anreize zum Nach- und Andersmachen zu gewinnen.

Die *Visualisierung* aller wichtigen *Kennzahlen* der Organisationseinheit (z. B. Sicherheit, Mitarbeiterbelegung, Produktionsstand, Qualität & Problemlösung sowie weitere prozessbezogene Kennzahlen) hilft das operative Geschäft zuverlässig zu steuern und Abweichungen zu erkennen. Nicht nur *Abweichungen*, sondern auch die daraus folgenden *Korrekturmaßnahmen* werden visualisiert.

Die *Form der Kommunikation* ist dabei keineswegs unbedeutend. Die Weitergabe von Informationen erfolgt technisch-niederschwellig über einfache Informationstafeln, um den Erstellungsaufwand so gering wie möglich zu halten und um möglichst *barrierefrei Beobachtungen* zuzulassen. Jeder, der eine *Büro- oder (Produktions-)Abteilung* durchläuft, kann somit anhand der gezeigten Kennzahlen auf einen Blick den aktuellen Systemzustand im Bereich erkennen.

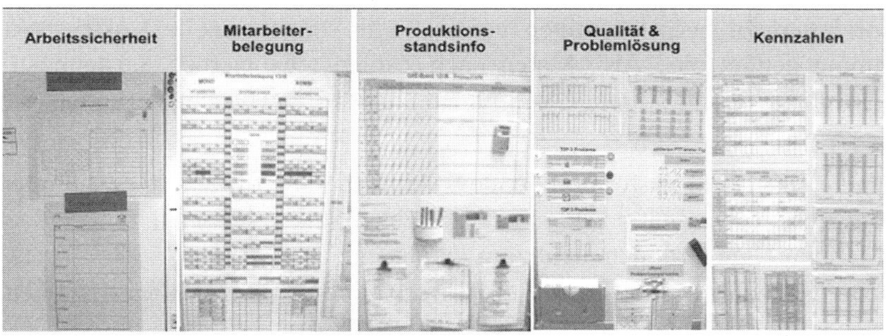

Abb. 77. Beispiel für Visualisierung von Zustandsbeschreibungen und Leistungskriterien

Die *Kennzahlen* werden (z. B. stunden-, schicht- oder tagesweise) durch die Mitarbeiter und Führungskräfte aktualisiert und sind so gestaltet, dass sie verständlich und mit wenig Aufwand handhabbar sind. „Wie es läuft“, erfährt man als Führungskraft dann weniger aus aufwändig erstellten Berichten fernab des Geschehens, sondern vor allem aus unmittelbarer Nähe am *Ort des Geschehens*.

Die Besprechungen finden kurz-zyklisch, dafür mehrmals am Tag statt, z. B. 5 bis 10 Minuten. Durch die getaktete, kurzyklische Feedback-Kommunikation ist auch die *Aktualitätsproblematik* gelöst. Intensiv eingebunden in die Regelkommunikation kann damit die Informationsversorgungsaufgabe recht einfach erledigt werden. Man verliert keine Zeit mit dem Warten auf den nächsten schriftlichen Bericht. Vermeidung von Verschwendung auch hier. Die Führungskraft hat dann erheblich mehr Zeit, Mitarbeiter in der Problemlösungsaufgabe zu *unterstützen*, anstatt sich als „*Feuerwehrmann*" mit Entstörungs-Management zu betätigen.

Und vielleicht könnte dann Realität werden, was J. E. Welch, ehemaliger Vorstands-Chef von General Electric, geradezu visionär gefordert hatte: Jeder Mitarbeiter solle seinen Chef täglich herausfordern: „*Why do you require me to do these wasteful things? Why don't you let me do things you shouldn't be doing so you can move on and create? That's the job of a leader – to create, not to control. Trust me to do my job, and don't make me waste all my time trying to deal with you on the control issue.*"[232]

5.3.3.3.3 Verhaltenssteuernde Konsequenzen

Man braucht natürlich neben einem Messinstrumentarium auch adäquate Mitarbeiter, um permanent die Systemzustände bewerten und verbessern zu können. In konsequenter Verfolgung und Umsetzung der Lean Management-Philosophie wird deutlich, dass *kosten-* und *zeitgerechtes* Verhalten nicht erprüft (controlled) werden kann, sondern am Ort der Wertschöpfung *produziert* werden muss. Kostenstrukturen sind das Abbild von Sachprozessen. Wer Sachprozesse ändert, wird Kostenwirkungen erzeugen, auch wenn er diese im Rechnungswesen nicht immer entscheidungsorientiert zu berücksichtigen vermag. Für konventionelle Kostensenkungsprogramme genügt eine Art „Malen nach Zahlen": Es werden Kostenpositionen nach Art und Umfang so lange vermindert, bis das gewünschte Ergebnis erreicht ist.

Die generelle – leicht zu formulierende – Aufforderung, in einem bestimmten Bereich die Kosten (Qualität u. ä.) um x % zu senken (zu verbessern), führt jedoch aus einer Mehrzahl von Gründen nicht zum Erfolg:[233]

- Solche Maßnahmen beseitigen i. d. R. nicht die existierenden ineffizienten Methoden und unlogischen Aktivitäten(-folgen).
- Sie ermöglichen den Managern, die ‚ihre' Organisationsstruktur vehement verteidigen, diese wiederherzustellen, wenn der offizielle (Kosten-)Druck nachgelassen hat.
- Sie entfernen Mitarbeiter, ohne die Produktivität zu erhöhen oder den Arbeitsablauf effizienter zu gestalten.
- Sie unterschätzen das AnwendungsPotenzial von Innovationen.

---

[232] Welch (1989), S. 118.
[233] Vgl. Vajta (1991), S. 54.

- Sie sind nur auf die Kostenseite fixiert und ignorieren die Steigerung der Erlöse als Mittel zur Verbesserung der Unternehmenssituation.

Wir halten daher solche Aktionen (*cost cutting*) für ein untaugliches Mittel zur nachhaltigen Steigerung der Produktivität. Kostendenken ist kein Selbstzweck.[234] Gerade im Zusammenhang mit Managementssystemen, v. a. Rechnungswesen finden sich noch viele *Relikte* des Taylorismus/Fordismus.[235] Der „*one-best-way*", das ewige Voraus(be)rechnen und das Festhalten von Entscheidungen, hat den Fokus auf die *Informationsversorgungsaufgabe* verschoben, während die *motivierende* Funktion außer Acht gelassen wurde.[236]

Und so ist es gerade die *Asymmetrie* zwischen Information und Motivation, die dazu geführt hat, dass sich das *Rechnungswesen* zu einem *Rechtfertigungsinstrument* entwickelt hat und damit grundsätzlich permanenten Verbesserungsbemühen *entgegensteht*. Kostensenkungen müssen sein, aber letztlich mit einem anderen Charakter. 80% der Aktivitäten in Richtung einer wettbewerbsfähigen Kostenposition resultieren aus langfristig-strategischen Dispositionen und höchstens 20% aus dem, was gemeinhin als ‚Rationalisierung'[237] – häufig noch einschränkend im Sinne einer Reduktion der direkten Arbeitskosten verstanden – bezeichnet wird.[238]

Die kontinuierliche Verbesserung, wie wir sie hier verstehen, funktioniert proaktiv und gestaltend, weil laufende Verbesserungen von Prozessen und Strukturen mit einem reflexiven Zielabgleich einhergehen. Umfassend angelegt, können *Verbesserungsprogramme* für jede Unternehmensebene in den unterschiedlichen Bereichen entwickelt und aktuell gehalten werden. Wichtig ist dabei, dass über die verschiedenen Verbesserungsprogramme lückenlos *alle* Unternehmensbereiche erfasst werden und sich eine *Kultur* der ständigen Verbesserung einstellt. So ziehen Alle am gleichen Strang, weil jeder versteht, wozu das dient, was er erreichen soll. Für jedes Teil-Verbesserungsprogramm wird es Schlüsselprozesse geben, die davon besonders betroffen sind und für die klare Zielsetzungen vorgegeben werden.

Betriebwirtschaftlich betrachtet, werden auf diese Weise Verbesserungen *nachhaltig*, weil von den *Sachprozessen auf Kostenwirkung* geschlossen wird und nicht umgekehrt. Daher kann man von mangelnder Beherrschung der Geschäfts- und

234 Vgl. Großmann (1993), S. 1.

235 Johnson/Kaplan analysieren verschiedene Phasen der Entwicklung des Rechnungswesens, die interessanterweise zeitlich und sachlich analog zu den Phasen der in Kapitel 2 aufgezeigten Produktionssysteme verlaufen. vgl. Johnson/Kaplan (1987).

236 Vgl. Hiromoto (1989), S. 318.

237 Vgl. Pfeiffer (1993) zum Begriff der Rationalisierung, wie wir ihn explizieren im Gegensatz zu dem oft nur auf die Produktion bezogenen Begriffsverständnis.

238 „Rund 40 Prozent aller fertigungswirtschaftlichen Wettbewerbsvorteile resultieren aus Faktoren, die nur langfristig geändert werden können (Zahl, Größe, Standort und Kapazität der Produktionsstätten), oder aus personal- und materialwirtschaftlichen Grundsatzentscheidungen. Weitere 40 Prozent ergeben sich aus neuen Ausrüstungen und Produktionstechnologien. Nur die letzten 20 Prozent lassen sich mit Hilfe der konventionellen Produktivitätsprogramme erzielen." Skinner (1987), S. 18.

Produktionsprozesse direkt auf eine Kostenunterlegenheit und folglich auf eine preisliche Unterlegenheit schließen. Dies ist auch der Grund, warum in Lean-Unternehmen wie Toyota so viel Wert auf Ertüchtigung der Mitarbeiter gelegt, wobei jeder Führungskraft das Training der Mitarbeiter weitgehend selbst obliegt.

5.3.3.4 Ohne „Slacks" geht es nicht – oder: Wer macht die Verbesserungen?

Die systematischen Problemlösungsprozesse sind Bestandteil des operativen Routinegeschehens. Aber wer führt die Prozessverbesserungen konkret durch? Wenn die Verantwortungen ungeklärt sind, ist keiner verantwortlich. Wer macht es? Der einzelne Mitarbeiter? Ein spezielles Team? Der Zufall?[239]

Shimizu veröffentlichte 2004 einen Aufsatz über *kontinuierliche Verbesserung* der Produktionsprozesse in Toyotas Fabriken. In diesem Artikel unterteilt Shimizu die Prozessverbesserungsaktivitaten bei Toyota in zwei Kategorien:

(1) „*voluntary improvement activities*", d. h. Verbesserungen, die von den *Prozessmitarbeitern selbst* durchgeführt werden, durch Qualitatszirkel, das Vorschlagswesen u. ä.

(2) *Verbesserungen*, die durch Teamleiter, Aufsichtspersonal und Ingenieure in der Produktion als Bestandteil ihrer Aufgabe durchgeführt werden.[240]

Shimizu zeigte, dass ca. 90 % der bei Toyota durchgeführten Produktivitäts- und Kostenverbesserungen auf Kategorie 2 zurückzuführen sind, die restlichen 10% auf Kategorien 1 entfallen. Die Erklärung, die hierfür gegeben wird, lautet in etwa so: Für Prozessmitarbeiter ist es unmöglich, das Produktionsziel zu erfüllen und gleichzeitig Prozessverbesserungen vorzunehmen. Daher sei es „*respektlos gegenüber den Menschen*" – gemeint sind die Prozessmitarbeiter am Ort der Wertschöpfung – von ihnen zu verlangen, Teile herzustellen und gleichzeitig Lösungen für aufgetretene Probleme zu erarbeiten. Die eigentliche *Verbesserungsarbeit* der Prozessverbesserung müsse vielmehr durch entsprechende *Spezialisten* geleistet werden: Teamleiter, Gruppenleiter, Abteilungsleiter und unterschiedlichen Ebenen von Manufacturing Engineers sind diejenigen, die permanente Verbesserung treiben und die Anwendung coachen.

Das klingt zunächst einleuchtend. Daraus aber den Schluss zu ziehen, dass Konzepte wie *selbstbestimmte Teams* kein sehr wirksames Mittel für eine Organisation darstellten, Menschen einzubinden, zu „*empowern*", halten wir für problematisch.[241] Es wird vom beoachteten Sein auf das Sollen geschlossen und ist damit – methodisch gesprochen – kaum mehr als ein *„naturalistischer Fehlschluss"*.

---

239 Vgl. Rother (2013), S. 183 f.

240 Shimizu (2004).

241 Rother (2013), 187 ff. schreibt: Derzeit gibt es keine autonomen, selbstgesteuerten Teams bei Toyota. Das heist nicht, dass wir Prozessmitarbeiter nicht empowern und einbinden sollen. Tatsächlich aber ist das Unterrichten von Mitarbeitern in der Verbesserungs-Kata durch Einbeziehung in den Verbesserungsprozess entscheidend fur Toyotas Erfolg.

Natürlich muss man sich klar machen, in welcher *Situation* man sich befindet: am Montageband oder im Entwicklungsbüro. Am Montageband wird der Mitarbeiter dafür bezahlt, eine definierte Anzahl Teile oder Produkte herzustellen. Sein Zutun zu Prozessverbesserungen kann sich ja nur auf die *Feststellung* von Problemen erstrecken, weil er sonst in Konflikt mit der (täglichen) Zielerfüllung geriete. In solchen Situationen kann sich das Mitwirken des Mitarbeiters vor Ort primär auf die *Feststellung* einer Störung und die Weiterleitung eines Signals an die *Entstörspezialisten* beschränken. Allerdings muss dann die Reaktion *sofort* erfolgen („bias towards action") und zwar aus folgenden Gründen:[242]

- Direkt zu reagieren bedeutet, Anpassungen vornehmen zu können, um das Tagesziel evtl. noch zu erreichen.
- Die Chance zu lernen wird vertan, wenn mit der Suche nach den Ursachen von Problemen gewartet wird. Zudem wird die Problemlösung schwieriger.
- Wenn kleine Probleme nicht angegangen werden, akkumulieren sie und wachsen zu großen und schwieriger handhabbaren Problemen heran.
- Den Menschen zu sagen, dass Qualität wichtig sei, und dann nicht auf Probleme zu reagieren, bedeutet, das eine zu sagen und etwas anders zu tun.

Abstellen könnte der Mitarbeiter ein Problem nur dann, wenn a) das Problem hinreichend klein und somit die Lösung im persönlichen Nahfeld zu finden ist und/oder wenn er b) nicht mit seinem Wertstrom zu eng an andere gekoppelt ist, weil er dann durch Unterbrechung störende Fernwirkungen entfachte. Man wird daher in solchen Fällen das Bild des *„Boxenstopps"* vor Augen haben müssen, wenn es um Störungsbeseitigung mit anschließenden Verbesserungsmaßnahmen geht. Somit kann nicht verwundern, dass im Ergebnis die Verbesserungsbeiträge zu *Kategorie 1* einen geringen Anteil aufweisen. Vermutlich wurde dies nicht mit in die Untersuchung einbezogen.

Demnach ist auch die Lösung von Toyota dem *konkreten Kontext* geschuldet und nicht etwa grundlegenden Erwägungen. Toyota setzt für die Beobachtung von Prozess(problem)en qualifizierte Spezialisten bzw. Teamleiter ein. Er beobachtet den Prozess, nicht um Fehler zu kontrollieren, sondern um mit der Funktionsweise des Prozesses vertraut zu sein. Er muss die geplanten Zielzustände im Fokus haben und beurteilen, ob der Zielkorridor eingehalten wird. Er ist daher erster Ansprechpartner für die „Entstörungs- und Verbesserungsspezialisten". Obwohl Teamleiter auf jede Abweichung reagieren, löst nicht jede Reaktion ein Problemlösungszyklus aus. Über ein schnelles Reaktionssystem zu verfügen, verschafft Toyota dann die Möglichkeit, seine Produktionsprozesse mit der richtigen Anzahl von Mitarbeitern zu besetzen, was wiederum Probleme schnell sichtbar werden lässt. Diese Kombination stellt ein sich selbst verbesserndes System dar.

Toyota fügt damit zwar eine zusätzliche Ebene *indirekter Mitarbeiter* ein, ermöglicht damit aber eine *zeitnahe* und *nachhaltige Prozessverbesserung* mit hinrei-

[242] Rother (2013), S. 187 ff.

chend viel Problemlösungskapazität in den Verbesserungsaktivitäten. Damit werden nicht nur „*organisatorische Slacks*“ bewahrt und sogar aufgebaut, sondern zugleich mehr Probleme abgehandelt; es wird intensiver und schneller verbessert und gelernt. Interessanterweise führt das nicht dazu, dass verglichen mit dem einschlägigen Wettbewerb mehr Personal beschäftigt ist. Man erhält somit einen *Trade-off* zwischen gezielt aufgebauten, „überschüssigen“ Verbesserungsressourcen und den Mitarbeitern in Routineprozessen.

Darin liegt kein Widerspruch zum Prinzip Aufhebung der Trennung von Denken und Handeln. Denn eine Mitwirkung der Mitarbeiter bei Prozessverbesserungen außerhab einer rigiden Störsituation im Rahmen geplanter Fortbildung und Workshops ist damit nicht ausgeschlossen. Erst, wenn dies nicht gewährleistet ist, besteht eine Gefahr der tayloristischen Trennung von Kopf und Hand. In einem anderen Kontext, wo die einzelnen Wertschöpfungsbereiche nicht durch einen Takt eng gekoppelt sind, ergeben sich andere Möglichkeiten, diese Arbeitsteilung zu gestalten. Hier könnten teilautonome Gruppen als Netzwerk in wechselseitiger Abstimmung, aber auch in enger Abstimmung mit Spezialisten agieren.

In einem taktgetriebenen Kontext verbleiben den Teammitgliedern vor Ort zwangsläufig nur die Möglichkeiten, auf Störungen hinzuweisen, während Gruppen- und Teamleiter sich auf das Verstehen und Lösen täglicher Probleme konzentrieren. Die Aufgabe dieser Führungskräfte ist es, die Bedingungen und die reibungslose Durchführung für die Mitarbeiter zu gewährleisten. Mit dieser Arbeitsteilung ist die Trennung von Kopf und Hand zwar nicht vollständig aufgehoben, aber deutlich gemildert. Daraus erklären sich auch weitgehend die Strukturveränderungen.[243]

Verglichen mit konventionellen Unternehmen liegt der Unterschied beim *Lean*-Unternehmen im *mittleren Management* und *auf Teamleiterebene*. Liker/Meier beschreiben die Führungsstruktur auf der ShopfloorEbene als „umgekehrte Pyramide“, um damit auszudrücken, dass die wesentliche Führungsfunktion darin besteht, die Teammitglieder bei ihrer Arbeit zu unterstützen. Diese Aufgabe fällt besonders den Gruppenleitern zu, die als unterste Managementebene gilt.

Ein Gruppenleiter ist in der Regel für 20 bis 30 Produktionsmitarbeiter zuständig, die in Teams von 5 bis 7 Produktionsmitarbeitern zusammengefasst sind. Die Zahlen variieren natürlich in Abhängigkeit von den konkreten Produktionsprozessen und -bedingungen. Der Teamleiter ist eine Vollzeitfunktion, der ein wenig besser bezahlt wird als die Teammitarbeiter. Er muss alle Arbeiten im Teambereich ausführen können. Gruppenleiter und Teamleiter sind direkt für alle die Produktion und die Personalführung betreffenden Probleme und Entscheidungen verantwortlich und entscheidungsbefugt. In allen zwei Schichten ist ein Assistant Manager für

[243] Vgl. oben Abschnitt 5.3.2.

4 bis 6 Gruppen zuständig. Alle Assistant Manager berichten einem Abteilungsleiter.[244]

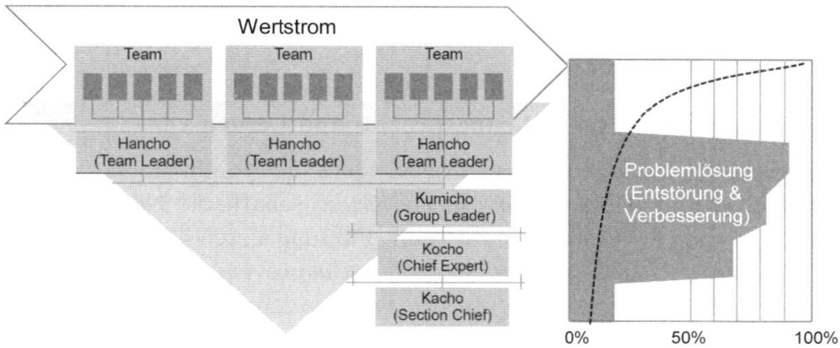

Abb. 78. Umgekehrte Pyramide und Verbesserungsreserve

Die Umwandlung von Ergebniszielen auf Prozesszielzustände beginnt in der Regel auf der *Gruppenleiterebene*. Sie stellen sicher, dass Zielzustände, Verbesserungsbemühungen und Projekte in den einzelnen Prozessen dem Denken der permanenten Verbesserung unterliegen. Auch sorgen sie durch abteilungsübergreifende Kommunikation, dass sich diese zu einem fließenden Wertstrom zusammenfügen, der die Kundenforderungen und die Unternehmensziele erfüllt. Themen, Ziele, Pläne und Initiativen werden durch das Senior Management bekanntgegeben. Auch eine Art *Kontextsteuerung*: Die einen setzen den Rahmen, die anderen treiben innerhalb dessen das operative Geschehen.

Wegen der häufigen Anwesenheit des Teamleiters kann der Prozess mit der richtigen Anzahl an Mitarbeitern besetzt werden, anstatt weitere Reserve-Prozessmitarbeiter haben zu müssen. Weil es ein stringentes Reaktions- bzw. ein Verbesserungssystem gibt (angefangen mit dem Teamleiter), wird die Produktivität mit der Zeit verbessert. Wer also vorschnell *„indirekte Mitarbeiter"* reduzieren oder die Organisation „verflachen" will, verringert zwar die Personalkosten, erhöht jedoch die organisatorische Anfälligkeit für Fehler, schöpft die Verbesserungspotenziale nicht aus, erhöht somit die Kosten der Wertschöpfung und verhindert damit letztlich auch ein lernendes System.

Man kann jetzt erahnen, welche Potenziale im gesamten Wertschöpfungsnetzwerk entstehen, wenn man den *„learning by doing*"-Ansatz mit der Methode der *permanenten Verbesserungen* über viele PCDA-Zyklen und viele organisatorischen Einheiten ausgreifen lässt. So zu Ende gedacht, schmilzt das Lean-Konzept nicht nur zentrale, rein verwaltende Stellen ab, sondern deckt auch die unentdeckten *Leerkapazitäten* im gesamten Wertschöpfungsnetzwerk auf, die auch aus einer Verlage-

244 Liker/Meier (2006), S. 223.

rung von Leistungen nach „außen" resultieren.[245] D.h. aber umgekehrt auch, dass Veränderungenen dann am besten in einem Wachstumskontext durchzuführen sind, weil dann die freiwerdenden Kapazitäten eingesetzt werden können, bei gleichzeitiger Verbesserung der Faktor-Produktivitäten. Wachstums- und Produktivitätssteigerungen laufen somit parallel.

5.3.4 personenorientierter Führungsprozess und Lernen

Die Befolgung der Lean-Prinzipien, insbesondere die Kombination aus *Lernprinzip*, *Mitarbeiter*- und *Wertschöpfungsorientierung* schafft die Notwendigkeit, das Distanzierungs- und Lerndilemma zu lösen. Führung durch Coaching ist hier ein zielführender Weg: *„If you want to integrate an improvement kata into an organization's way of doing things, then you will have to develop some kind of coaching approach.*"[246] Entscheidend für die Leistung eines sozialen Systems sind neben den geschriebenen Regeln einer Organisation ganz wesentlich die ungeschriebenen *Verhaltensgesetze*, die das Führungs- und Mitarbeiterverhalten bestimmen.

5.3.4.1 Coaching-Konzept als Methodik zur lernorientierten Führung

Eine lernorientierte, veränderungsfördernde Organisationsumwelt setzt Experimentierfreude, Fehlertoleranz, Offenheit und Robustheit gegen Erwartungsenttäuschungen voraus – und auch frei. Wiederholte, experimentelle Versuche mit Konzentration auf das *Noch-nicht-Gute* werden wieder und wieder durchlaufen (PDCA-Zyklus).

Wenn Lernen im Unternehmen möglich sein soll, dann geht dies nicht ohne Vertrauen, Fehlertoleranz, ohne Bereitschaft und Fähigkeiten der Organisationsmitglieder; und ebenso wenig ohne adäquate organisatorische Vorbedingungen. Je mehr *misstrauensorientiert* eine Organisation ist, umso geringer sind die Spielräume und umso höher ist ceteris paribus der spezifische Bedarf an organisatorischen Regelungen für die Sicherung erwünschten Verhaltens der Organisationsmitglieder und umgekehrt. Die Gegenläufigkeit der Parameter verbietet ein scharfes „Entweder-oder"-Kriterium; sie verweist vielmehr auf ein weites betriebswirtschaftliches Optimierungsfeld.

Coaching ist eine besondere Form einer *„personenorientierten*" Führung. Es wird bei einer Vielzahl von *Trainings- und Beratungskonzepten* zur Entwicklung und Umsetzung persönlicher oder beruflicher Ziele und der dazu notwendigen Kompetenzen eingesetzt.

In *konventionellen* Unternehmen kennt man das Coaching-Konzept als Instrument der Personalführung zur Verbesserung und Entfaltung von Leistungspotenzialen

---

245 Hier ist nicht nur an die frei werdenden Fertigungskapazitäten mit ihren entsprechenden personellen Strukturen zu denken, sondern darüber hinaus „an ganze Legionen von Teilekonstrukteuren sowie Einkäufern samt ihren Vorgesetzten". vgl. o. V. (1992a), S. 20.

246 Rother (2010), S. 227. Vgl. auch Argyris (1991).

bei Mitarbeitern, aber auch als Führungsstil zur wechselseitigen Reflexion des Führungsverhaltens.[247] Nach diesem Konzept zeigt eine Führungskraft als Coach weniger dirigierendes, dafür mehr *unterstützendes* Verhalten. Sie berät den Mitarbeiter bei Problemen, Krisen oder besonderen Herausforderungen. Hierbei wird ein *Mentor* grundsätzlich als neutraler Ansprechpartner gesehen, der bei außerordentlichen Problemen zwischen Vorgesetztem und neuen Mitarbeiter vermitteln und ggf. eine unabhängige Potenzialbeurteilung beisteuern soll.[248] Der Mentor übernimmt als eine hierarchisch höher gestellte, organisationserfahrene Führungskraft für eine Nachwuchskraft (*Mentee*) eine Beratungs- und Unterstützungsrolle. Als Coach ist er nicht nur „Pfadfinder", sondern zugleich Vorbild in persönlicher, fachlicher, sozialer und führungsmäßiger Hinsicht.[249] V.a. für wenig organisationserfahrene Mentees hat er die Aufgabe über die geschriebenen und ungeschriebenen Gesetze der Unternehmung, über Arbeitsplatz und -umgebung zu informieren.

Im *Lean-Kontext* hat der Coaching-Ansatz der Führung eine völlig andere *Intention*. Der Mentor ist *zugleich* Coach und damit *aktiver Unterstützer*, nicht bloß Moderator in Konfliktsfällen. „*Each employee is assigned a more experienced employee – a mentor – who provides active guidance through the process of making actual improvements or dealing with work-related situations. That mentor, in turn, has his or her own mentor who is doing the same. It is the buddy system, or two-man rule, with one buddy being the mentor.*"[250]

Wir übernehmen somit nicht die Unterscheidung, die Rother und Liker treffen, weil sie eine unnötigte begriffliche Engführung darstellt: Ersterer meint den Vorgesetzten als Mentor, Liker meint mit dem Coach den Lean-Experten, den man im Transformation von alter (Fordismus) zur neuen „Lean"-Welt einsetzen sollte. Der von Liker beschriebe Lean-Coach ist ein zu 100% freigestellter Lean-Experte, der den Change Agent und das Management im Change unterstützt; ihn braucht man nur im Lean-Transformationsprozess (Übergang auf Lean-Paradigma). Später im evolutionären Verbesserungsprozess wird das Verändern Teil der täglichen Führungsarbeit, der Lean Coach in Likers Sinne wird nicht mehr gebraucht. Diese Rolle übernehmen mehr und mehr die Führungskräfte, die sich zu Mentoren in Rothers Sinne entwickeln.

Wenn man im Kontext einer Beratungssituation, den Begriff Coach für einen externen Berater und Mentor für die Führer-Geführten-Beziehung reservieren möchte, um damit Verwechslungen zu vermeiden, ist das pure Pragmatik. Sonst macht diese begriffliche Engführung (Verknüpfung von Rolle und Inhalt) wenig Sinn.

---

247 Vgl. Pelz (2014).

248 Im Grunde handelt es sich um eine Maßnahme des Unternehmens, die *Karriereentwicklung* von Führungskräften über den Mitarbeitszyklus zu positionieren und zu begleiten.

249 Vgl. hierzu Kakabadse (1984).

250 Rother (2010), S. 188.

Coaching bezeichnet ein bestimmtes personenorientiertes Führungsverständnis, das über die konkrete Beziehung Führungskraft-Mitarbeiter etwas aussagt. Ein Mentor ist eine erfahrene Führungskraft (Organisationsmitglied), die ein anderes Organisationsmitglied während der Organisationszugehörigkeit in vielerlei Fragen unterstützend begleitet. Ein Vorgesetzter kann somit gleichzeitig Coach und Mentor sein, er muss es aber nicht. Und: Ein Coach ist demnach immer auch ein Mentor, während ein Mentor nicht unbedingt ein Coach sein muss. Er ist es ja nur, wenn er über die Fähigkeiten eines „Lean"-Coaches im Sinne Likers verfügt. Wir verwenden daher Coaching und Mentoring weitgehend synonym; Unterschiede ergeben sich aus dem Kontext und den verschiedenen Rollen.

„Becoming a Lean Coach"[251]

The lean coach is a staff position. It is some person or group inside the company that has been assigned to be the internal expert or experts. In the transition to lean, this role is critical. Unfortunately, everyone is busy, and lean is just one more thing to do. For a full-time lean coach, this is their job, and it usually becomes a passion more than a job.

Lean needs to be driven by the line organization, not a staff organization. The line organization has responsibility and accountability for delivering results. The people doing the value-added work are in the line organization.

They need to use all the lean systems, so they should own the lean systems. Take, for example, standardized work. Going back to Frederick Taylor, the father of time and motion studies, the idea of standardizing how work gets done was thought to be a staff job. Taylor envisioned large staffs of industria engineers who were expert in „scientific management."

With their scientific management, which people on the floor did not understand, they could determine the one best way to do the job, and the foreman was required to enforce this one best way. The unanticipated result was the conflict this created between labor and management and the antagonism toward the „efficiency experts."

The job of the lean coach includes:

- Leading model line programs
- Leading value stream mapping
- Leading kaizen events
- Teaching lean tools and philosophy (short courses and through lean activities)
- Coaching leaders at all levels
- Developing the lean operating system (principles, metrics, assessment approaches, standard operating procedures)
- Internally promoting Lean-Transformation
- Externally learning and bringing back new ideas

Mit diesem Verständnis der *Coaching*-Führung ist nicht nur die Entdeckung der *weichen* Faktoren der personenorientierten Führung adressiert, sondern auch eine direkte Folge des *Lern*-Prinzips angesprochen, welche von der Grundidee des permanenten Lernens getragen wird: *„A person's need for coaching never goes a-*

[251] Liker/Meier (2006), S. 434 f. Lean-Coach im engen Verständnis eines Lean-Experten, der andere in der Anwendung von Lean-Techniken unterweist und unterstützt.

way.“[252] Verbesserungs- und Coaching-Philosophie begünstigen sich wechselseitig und werden bei hinreichender Übung zu einer „zweiten Natur“.

Permanente Verbesserungen in Teams und ein Mentoren-System bedingen sich ebenfalls wechselseitig: „*The intention is that both the improvement kata and the coaching kata increasingly become second nature (automatic and reflexive) as a person rises in the organization.*“[253] Es geht um „*Meisterschaft*“, um Qualitätsbesessenheit, um Perfektion in allen, auch in den kleinen Dingen und auf allen Ebenen. Gerade weil die *Mentor/Mentee-Beziehungen* nicht der formalen Organisationshierarchie folgen müssen, ist auch die Beziehung nicht von Dauer, sondern richtet sich situativ nach den Einsätzen des Mentees, so dass dieser im Laufe der Zeit mit verschiedenen Mentoren zu tun hat. Wechsel schafft Veränderungsbereitschaft.

Wenn jeder Beschäftigte einen Mentor hat (wie dies im Falle Toyota zutrifft), dann kann auch das entstehen, was man gerade in Lernprozessen benötigt: (Selbst-)*Vertrauen*, radikale *Offenheit* und *Experimentierfreude*. Nur so ist auch das Offenhalten eines *Zweifels* möglich[254]. Diese ist Bedingung eines jeden Lernprozesses, *vertrauensbasierte* Interaktionen zwischen Führungskräften und Mitarbeiter der Seinsgrund. Der Umgang mit Vertrauen muss gelernt werden – am besten im täglichen Umgang. Blind gewährtes Vertrauen ist naiv und auch nicht zielführend.

Wo keine Offenheit ist, kann auch kein Vertrauen gedeihen. Misstrauen erzeugt organisatorische Verschwendung und Raubbau an psychischen Energien der Organisationsmitglieder. Die Folgen für das Leistungsverhalten von Organisation und deren Mitarbeiter, sind als *Dysfunktionalitäten*, beispielsweise in der Erscheinung „*organisatorischer Pathologien*“ hinlänglich bekannt.[255]

Auf Organisationsebene kommen diese Dysfunktionalitäten dann zum Vorschein als *betriebswirtschaftliche Ineffizienzen* („Herrschaftskosten“, „Mängelkosten“, „Kompensationskosten“) ebenso wie als *psychische Kosten* (Frustrationen, erhöhte Anstrengungen zur Überwindung von Motivationsstörungen, psychische Störungen wie Nutzlosigkeit Angst, Minderwertigkeitsgefühle infolge von Orientierungs- und Identitätsverlusten) und *soziale Kosten* (eingeschränkt funktionierende Arbeitsbeziehungen auf der Ebene von Gruppen und Organisationseinheiten).[256]

---

252 Rother (2010), S. 187 f.

253 Rother (2010), S. 188.

254 Vgl. Weick (1985).

255 Um nur die bekanntesten Dysfunktionen von Organisationen zu nennen: Tendenz zur Ausweitung von Stellen und Personal, Stellen-Remanenzen, Übermaß an Vorschriften, Kontrolle, ritualisierte Regelbefolgung, Schwerfälligkeit von Entscheidungen, Verantwortungsverschiebungen, Überlastung von Führungsstellen. vgl. Bleicher (1991a), S. 72 ff. mit weiteren Literaturhinweisen.

256 Vgl. Türk (1978), S. 166.

Beispiel: So entsteht radikale Offenheit – „Werteprofil“ und „Wertelandkarte“

Für jedes Mitglied einer Führungsmannschaft wird mittels Fragebogen ein *Werteprofil* erstellt und in der Gesamtheit als *Wertelandkarte* dargestellt. Wertelandkarten integrieren die Werteprofile der einzelnen Führungskräfte und machen die Wertelandkarte dadurch rückverfolgbar. Mit diesem Instrumentarium lassen sich auch „tiefere“ Schichten der Organisationskultur erkunden.

Die *Wertelandkarte* gibt Auskunft darüber, welche (1) spezifischen Werte die Führungskräfte persönlich im Vergleich zu den (2) heute gelebten Werte der Organisation und den (3) für die Zukunft gewünschten Werten der Organisation habe.

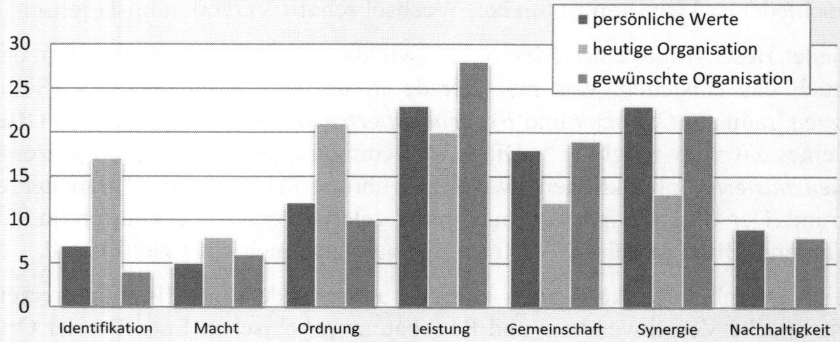

Das individuelle *Werteprofil* dient als wechselseitige Referenz von Vergleichspersonen. Es zeigt auf, welche Werte in welcher Ausprägung jeden Einzelnen wichtig sind.

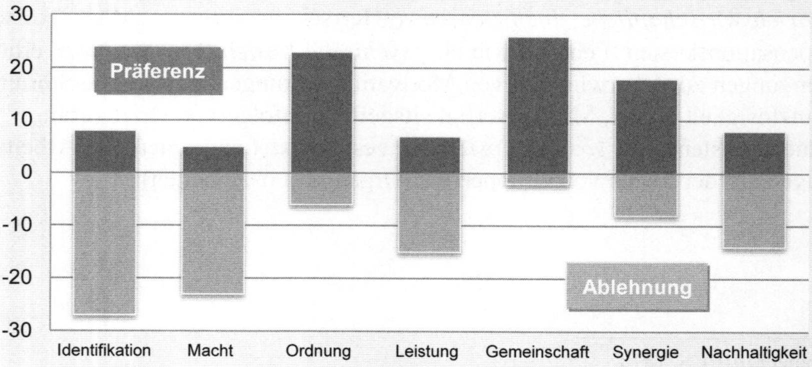

Quelle: Schleuter (2009), S. 90 ff.

Die Verschwendung kann für die Organisation erheblich sein, nicht zuletzt weil sie bei den Organisationsmitgliedern leistungsschmälernde Identitäts-, Motivations-, Orientierungs-, Konformitäts- und Kooperationsstörungen verursachen.[257]

Offenheit zu proklamieren reicht aber nicht aus, sie muss *erzeugt* werden. Schleuter, ein ausgewiesener Praktiker mit einschlägigen Reorganisationserfahrungen, schlägt ein interessantes *Instrumentarium* im Rahmen von Veränderungsprozessen vor, wie man *radikale Offenheit* erzeugen kann. Es ist ganz generell anwendbar auch für Führungsbelange.

- Abteilungen bewerten im moderierten Dialog nach expliziten Spielregeln *wechselseitig* ihre Zusammenarbeit (Cross-Beurteilung);
- *Workshops* zwischen verschiedenen Teams und Abteilungen, wo es darum geht offene Wünsche zu äußern und Maßnahmen zur Realisierung zu entwickeln;
- *Werteprofile* und *-landkarten* von Führungsteams, um den „*Die da*"-Effekt des Suchens nach einem Schuldigen zu überwinden;
- „*Beichtstunden*" und laufendes Monitoring im Umgang mit Fehlern.[258]

Dass ein solch konsequent durchgängiger Coaching-Anzatz keine triviale Angelegenheit ist, beschreibt Rother: „*It easily takes 10 years of practicing the improvement kata and the coaching kata before both become so ingrained that one can be a good mentor. This is one reason why Toyota has in the past avoided bringing managers in from outside the company, and instead preferred to develop them from within. One of Toyota's key challenges while growing rapidly is to have enough mentors.*"[259]

5.3.4.2 Mentor/Mentee-Dialog zur Förderung unternehmerischen Verhaltens

Im *Mentor/Mentee-Dialog* schult ein Mentor einen Mentee mittels eines *wechselseitigen Dialogs* über einen bestimmten Zeitraum hinweg in der Anwendung bestimmter Verbesserungslogiken und -techniken. Ein solcher Dialog ist Teil einer Coaching-Führung und wird immer dann genutzt, wenn eine aktuelle Situation analysiert, ein Zielzustand entwickelt wird oder wenn Frageroutinen zur Verbesserung der Situation in Frage kommen.[260]

Der Mentor/Mentee-Dialog ist eine bekannte *Lehrmethode*, mit Hilfe derer der Mentee Sachverhalte selbst klären soll. Man wirft sich wechselseitig die Bälle zu. Der Dialog beginnt zumeist seitens des Mentors in der Regel mit bewusst vagen Fragen- bzw. Aufgabenstellungen. Die Antwort darauf hilft dem Mentor zu erkennen, wie der Mentee denkt, und welchen Input er dem Mentee als nächstes geben soll. Deshalb ist die Aufgabe oder Herausforderung vom Mentor oft etwas vage, um zu sehen, wie der Mentee die Situation angeht.

257 Vgl. ausführlich Türk (1976).
258 Vgl. Schleuter (2009), S. 85 ff.
259 Rother (2010), XVII f.
260 Vgl. oben 5.3.3.2.2 das Beispiel von Toyotas „Practical Problem Solving"-Fragen.

Der Mentee erklärt seine Beobachtungen oder Vorschläge – zum Beispiel in Stichworten auf einem einseitigen Dokument („*A3-Report*"). Nachdem dem Mentor dies vorgetragen wurde, wird das Dokument im ersten Zyklus häufig an den Mentee zurückgegeben, verbunden mit einer Anregung wie »Denken Sie bitte weiter darüber nach« oder einfach der Frage „Warum?" Das ist nur der erste von mehreren Zyklen, durch den die Analyse und der Vorschlag des Mentees unter der Anleitung des Mentors sukzessive besser entwickelt und detaillierter werden.

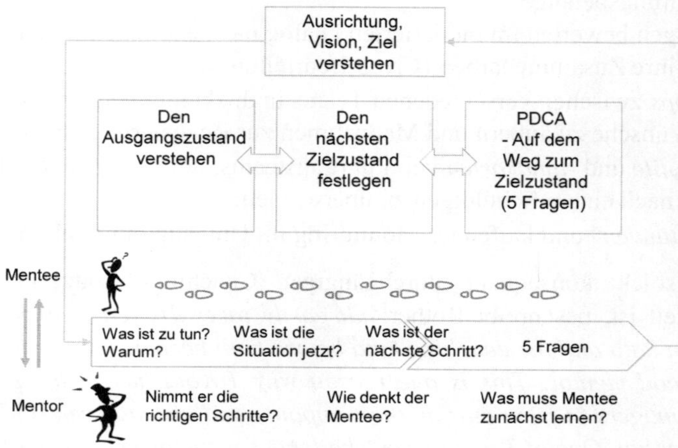

Abb. 79. Mentor-Mentee-Dialog und permanente Verbesserung

Wenn die aktuelle Situation ausreichend verstanden worden und der Zielzustand zur Zufriedenheit des Mentors erstellt ist, beginnt der Mentee, PDCA-Zyklen zu planen und auszuführen – ebenfalls unter Aufsicht des Mentors. Dabei muss der Mentee häufig Schritte vor seinem Mentor rechtfertigen und im Voraus definieren, was das erwartete Ergebnis eines Schrittes ist. Entscheidend hierbei ist, dass der Mentor dem Mentee keine Fragen stellt, um ihn in Richtung einer bestimmten Lösung zu steuern – obwohl es so scheinen kann –, sondern um zu erfahren, was und wie der Mentee denkt und wie er an die Situation herangeht.
Durch Fragen führt der Mentor den Mentee durch die Verbesserungsepisode. Die Fragetechnik eröffnet Problem- und Lösungsperspektiven, die der Mentee systematisch abarbeitet. Gesteuert durch Fragen des Mentors lernt der Mentee durch Erkenntnisse, die er selbst sammelt.

Während ein Mentee für das Tun verantwortlich ist, trägt ein Mentor Verantwortung für die Ergebnisse, obwohl er keine Lösung vorgeben soll. Dies soll eine Vertrauensgrundlage zur Produktion des gewünschten Verhaltens schaffen, um im angestrebten Zielkorridor zu bleiben. Genau so konsequent wird darauf geachtet, dass die im Learning-by-doing-Ansatz unvermeidlichen *Fehler* zur Quelle von neuen Erkenntnissen gemacht werden können.

Der Mentor lässt den Mentee kleine Fehlschritte machen, solange diese nicht den Kunden betreffen, anstatt dem Mentee von vorneweg Antworten zu geben. Dazu passt die *Einstellung*: Ein Problem ist in der Regel ein Problem, dass durch das System verursacht wird. D.h., wenn wir anstelle dieses Mitarbeiters wären, wäre das Problem ebenso aufgetreten. Es gibt für alles einen Grund und wir können zusammenarbeiten, um den Grund eines Problems zu verstehen.[261] *Fehlertoleranz* und *Sachlichkeit* statt Schuldzuweisungen also.

Dem zugrunde liegt ein adäquates *Menschenbild*: Jeder Mitarbeiter will gute Leistung abliefern. Er tut dies so lange, wie er von Führung und Organisation nicht daran gehindert wird. So gesehen, unterstützt ein Mentorensystem die Teamarbeit. Und erst kleine Führungsspannen verbessern die Führungsleistung und ermöglichen das intensive *on the job*-Lernen.

Die Denkweise, dass eine Abweichung oder ein Problem weder positiv noch negativ ist, verschiebt den Fokus von der Person auf den Prozess. Im Rahmen des Problemlösungsprozesses verbindet die Führungskraft gleichzeitig problemlösendes Lernen mit der Weiterentwicklung der Mitarbeiter.

Konkrete Verhaltenshinweise für einen Mentor-Mentee-Dialog

- Die Führungskraft fördert durch „Führen durch Fragen" die geistige Entbindung des Mitarbeiters, um diesen besser zu verstehen und zu unterstützen: Wer fragt, führt.
- Die Führungskraft wertschätzt die Zeit der Mitarbeiter, bereitet sich daher auf Gespräche vor und fasst sich kurz anstatt lange Monologe zu halten.
- Die Führungskraft will die Gründe für Widerstand verstehen, um diesen nachhaltig zu behandeln anstatt zu brechen
- Die Führungskraft wirkt ausgeglichen und lässt ihre Emotionen so wenig wie möglich ihr Führungsverhalten beeinflussen
- Die Führungskraft macht nur Zusagen, die sie einhalten kann. („Charity begins at home.")
- Die Führungskraft interessiert sich für die Mitarbeiter und möchte diese verstehen, was sich im aktiven Zuhören und ihrer Empathie zeigt.
- Die Führungskraft sieht Feedback als Chance für Wachstum, reflektiert sich daher selber, nimmt Feedback an und bietet dies auch den Mitarbeitern an
- Die Führungskraft möchte, dass die Mitarbeiter selbst Lösungen entwickeln, und betreibt daher kein Mikromanagement sondern unterstützt bei Bedarf
- Die Führungskraft toleriert in der Lernsituation Fehler und fördert Ein-Faktor-Experimente
- Durch Go&See steigert die Führungskraft ihr Urteilsvermögen und schafft sich gemeinsam mit den Mitarbeitern vor Ort ein Bild der aktuellen Situation
- Die Führungskraft hält die Augen für Verschwendungen offen und sensibilisiert die Mitarbeiter für Verschwendungen

[261] Vgl. Rother (2013), S. 150.

Im *Mentor-Mentee-Dialog* leitet der Vorgesetzte den Mitarbeiter durch den Problemlösungsprozess und entwickelt seine Fähigkeiten in der Ursachenanalyse und im systematischen Problemlösen weiter. Gleichzeitig sorgt er dabei für die Einhaltung der Problemlösungsstruktur, um so eine nachhaltige Problemlösung zu unterstützen. Dieser Prozess hilft auch der Führungskraft, sich durch Erfahrungen weiter zu entwickeln und z. B. ihre Fähigkeiten im aktiven Zuhören auszubauen.

Die *Autorität* der Führungskraft liegt weder in einem technokratischen Selbstverständnis, noch in ihrem Spezialwissen begründet, sondern in der *gelingenden* Aufgabenteilung zwischen Mentor und Mentee: Der Mentor ist für das Ergebnis, der Mentee für Aktion zuständig. So verstanden ist ein Mentor in seiner Funktion als Katalysator besser beschrieben als durch Transmissionsriemen in einer komplexen Maschinerie, weil unternehmerisches Verhalten unterstützt und ermöglicht wird.

Mit einem solchen auf Mentor/Mentee-Dialog basiserendem Führungsverhalten sind auch die praxisüblichen, sehr beliebten Führungsgrundsätze leichter zu implementieren. *Führungsgrundsätze* sind schriftlich formulierte Richtlinien, die Führungskräfte bei ihrer Führungstätigkeit zugrundlegen sollen.[262] Freilich muss jede Führungskraft in den entsprechenden Führungstechniken geschult und erfahren sein. Typischerweise wird diese Aufgabe der Führungskräfteentwicklung wiederum durch ein Coaching durch externe Berater sinnvoll vorgenommen werden.

5.3.4.3 Der A3-Report – ein Dokument zur Unterstützung des Mentor-/ Mentee-Dialogs

Der Coaching-Prozess soll grundsätzlich *kurz-zyklisch* und *persönlich* erfolgen. Da sich verbale Kommunikation oft zu wenig auf Daten stützt, sollten ergänzend dazu die wesentlichen *Themen* eines Mentor/Mentee-Dialogs auch *schriftlich* fixiert werden: Zusammenfassungen von einfachen Beobachtungen, Darstellung von Ist- und Zielzuständen, Vorschläge, Pläne, Kernpunkte aus Reflexionen.

Ein „*A3-Report*" ist die Grundlage, mit Hilfe derer eine Führungskraft den Mitarbeiter durch die einzelnen Phasen der Problemlösung begleitet, um so die Lösung von Problemen und die Weiterentwicklung des Mitarbeiters unmittelbar miteinander zu verbinden.[263] Mittels eines strukturierten, möglichst einseitigen Dokuments wird im Wesentlichen der *Lernfortschritt* einer Mentor/Mentee-Kommunikation über die vielen Coachingzyklen explizit festgehalten.

Der A3-Report (in der Regel handelt es sich um ein Dokument im DIN A3-Format: daher der Name) soll als Begrenzung dienen, weil es
- den Mentee zwingt, das Thema sorgfältig zu durchdenken und die Ecktermine für Prozessüberprüfungen festzulegen;
- dem Mentor die Denkweise des Mentees vor Augen führt

---

[262] Vgl. Staehle (1989), 797 ff. Siehe unten 5.4.3.
[263] Zur A3-Methodik vgl. Matthews (2011).

„A3-Report" als Führungsinstrument

Bei Toyota werden einseitige Dokumente als „A3-Reports" bezeichnet, weil sie oft auf einem DIN-A3-Blatt stehen. Das Format eines A3 spiegelt üblicherweise nicht nur das jeweilig erreichte Ergebnis, sondern auch dessen Entstehungsgeschicht stichpunktartig und prägnant wider. Ein A3 entsteht durch den iterativen *Kommunikationsprozess* zwischen Mentor und Mentee. Es ist somit keine Formalität, mit der man sich eine bestimmte Vorgehensweise freigeben („absegnen") lässt. Wenn ein A3 nicht mehrfach zwischen Mentor und Mentee hin- und herwandert, wird es nicht korrekt genutzt, weil nur durch die Iteration ein fortschreitend besseres Verständnis der Situation und des Zielzustands über die einzelnen Abschnitte des A3 Schritt für Schritt gemeinsam entwickelt werden kann.

Aufbau eines A3-Reports

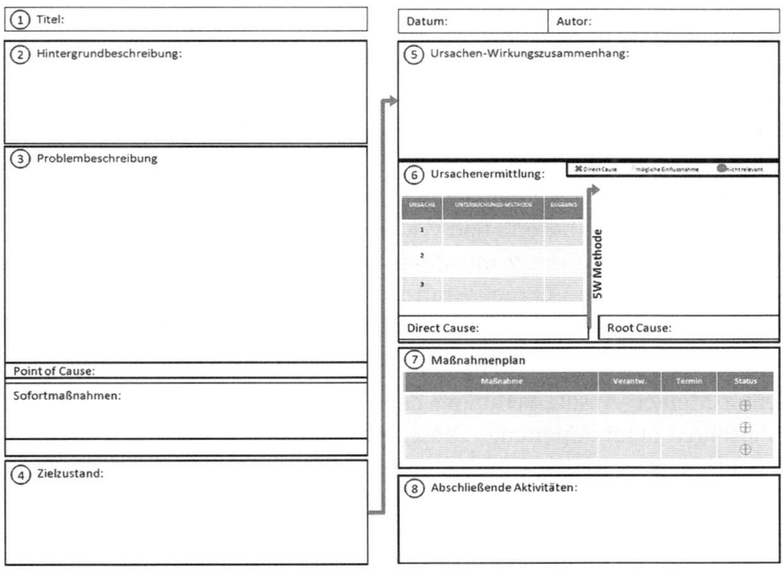

Hinweise zur Arbeit mit „A3-Reports"

Ein gutes A3 zu entwickeln, dauert länger, manchmal Wochen oder sogar Monate. Der Mentor richtet den Fokus des Mentees während der Entwicklung des A3 immer auf jeweils einen Abschnitt, denn jeder Abschnitt bildet das Bezugssystem für den nächsten. Änderungen sind wahrscheinlich, wie in jedem Lernprozess, in dem vorwärts geplant und rückwärts Annahmen wieder geändert werden. Sobald das A3 vervollständigt und unterschrieben vorliegt, wird es zu einem Werkzeug für Prozess-Checks (für den Mentor), während der Mentee in Richtung des Zielzustands arbeitet.

Eine gute Methode, mit einem A3 zu beginnen, ist, dem Mentee mit einer offenen Frage um seinen Vorschlag zu bitten, und zu warten, was er daraus macht. Dann ist ersichtlich, wie der Mentee denkt; der Folgeschritt ist dann offensichtlich. Die Kommunikation sollte unbedingt im direkten persönlichen Kontakt ablaufen, wenn möglich vor Ort und nicht aus dem Stehgreif, sondern entlang der Ausführungen des A3. Zu Beginn eines jeden Coaching-Treffens sollte der Mentee die den erreichten Stand und die offenen Punkte zusammenfassen, um einen effektiven Verlauf zu gewährleisten[264].

– den Coachingprozess fokussiert und effizient hält und letztlich Missverständnisse vermeidet bezüglich Inhalt und Vorgehensweise der Aktionen.

Für sich genommen ist ein „A3“ daher wenig nützlich. Der Wert entsteht durch seine Verwendung, wie Rother anhand ein seiner Experimente herausgefunden hat. *„Ein Großteil des Nutzens eines A3 liegt in seinem Entstehungsprozess, denn es zwingt Sie, mit Daten und Fakten zu arbeiten und zu durchdenken, was Sie tun.“*[265] Die Kommunikation per E-Mail ist nur ergänzend zu den Coaching-Gesprächen erlaubt, gleichwohl weitestgehend zu vermeiden.

5.3.4.4 Nutzen des Coaching-Ansatzes[266]

Mit dem Mentor/Mentee-Lehransatz hat Toyota eine intelligente Antwort auf die Frage erarbeitet, wie eine Organisation ihren Mitgliedern die permanente Verbesserung beibringen und am Laufen halten kann. Das Ziel dabei ist, Probleme, die das Erreichen von Unternehmenszielen verhindern, durch Erkennen und Beseitigung der „*tieferliegenden Ursachen*“ nachhaltig zu lösen.
Wenn man akzeptiert, dass arbeitsteilige (sozial geteilte) *Komplexitätsverarbeitung* nachhaltig nur über strukturierte und v. a. *systematische Problemlösung* möglich ist, dann muss eine *Führungskraft* im Mentor-Mentee-Dialog durch den Prozess führen. Dabei verbindet die Führungskraft das Lösen von Problemen mit der Weiterentwicklung der Mitarbeiter: Insbesondere entwickelt er die Fähigkeiten in der Ursachenforschung und im systematischen Arbeiten weiter.

Der Mentor/Mentee-Ansatz verknüpft dabei *Learning by Doing* mit dem *Trial and Error*-Verfahren unter Anleitung. Dieser Ansatz garantiert letztlich auch eine richtige Verknüpfung zwischen Unternehmenszielen und dem Verhalten am Arbeitsplatz. Er priorisiert, orientiert und gibt Feedback über den jeweils erreichten Stand der Dinge und eröffnet gleichzeitig individuelle Handlungsspielräume zum Lernen.

Da die Bedürfnisse des Mentees das nächste Mentoring und Training bestimmen, bedeutet dies, dass Informationen in der Organisation sowohl nach unten als auch nach oben fließen. Infolgedessen können strategische Entscheidungen stärker synchron mit der wirklichen Situation auf Prozessebene getroffen werden. Der Schlupf zwischen Gesolltem und Gewolltem in der Organisation wird deutlich geringer.

Coaching ist daher wirksamer, um Organisationskultur weiterzugeben bzw. spezifische Verhaltensmuster zu entwickeln, als sich auf schriftliche Dokumentation oder Frontalunterricht zu verlassen oder jemandem zu sagen, was zu tun ist. Während in konventionellen Unternehmen Mitarbeiter Anweisungen erhalten, dies oder jenes Ziel zu erreichen („Mach’ es, egal wie!“), heißt es in Lean-Unternehmen in vergleichbaren Situationen: „Mache einen Plan und passe deine Realisierungsschritte auf die jeweils aktuelle Situation an.“ Der Mentor unterstützt dabei dieses Vorge-

[264] Vgl. Rother (2010), S. 220 ff.
[265] Rother (2013), S. 225.
[266] Vgl. Rother (2013), S. 196 ff.

hen durch enge Fristen und Lagebesprechungen (auch ad hoc!) – regelmäßig auch am Ort des Wertschöpfung. Nicht jeder Zweck heiligt die Mittel, sondern die Zielerreichung wird mit einer Art „B-Note“ für Ausführungsqualität bei der Anwendung bestimmter Fragetechniken versehen. Das Ziel ist kein Selbstzweck, sondern der Weg das Ziel!

Im Coaching-Prozess kann eine Führungskraft daher aufgrund der Interaktionsdichte besser erkennen, wie ein Mentee denkt. Nur so kann er auch erkennen, welche Fähigkeiten Mitarbeiter entwickeln können und sollten. Verantwortung und Initiative des Einzelnen werden gestärkt, während er zugleich auch für gemeinsame Ausrichtung und Vorgehensweise sorgt. Da der Verbesserungsprozess stärker und direkter auf die *soziale und Aktionse*bene verlagert ist, wird es wahrscheinlicher, angestrebte Zielzustände erfolgreich umzusetzen.

Aus Sicht der Führungskraft werden Information, zwischenmenschliche Kommunikation und Aktionen im Rahmen des Mentor-Mentee-Dialogs räumlich, sachlich, sozial und zeitlich *verdichtet*. Das hat Kommunikationsvorteile (Rückfragen sind möglich), die Richtigkeit der Interpretation der Problemsituation (Verstehen) und der daraus folgenden (zügigen) Handlungen.

Einige Lessons Learned bezüglich Coaching-Zyklen

- Die ersten Zielzustände für einen Mentee sollten anfänglich auf den Zeithorizont von einer Woche beschränkt werden. Auf diese Weise kann der Mentee mehr Erfahrung mit der gesamten Verbesserungsmethodik sammeln, zügig erste Erfolge verbuchen und beginnen, einen Rhythmus zu entwickeln. Schritt für Schritt kann der Horizont des Zielzustands ausgedehnt werden, zum Beispiel auf zwei bis vier Wochen.
- Ein jeder Check ist ein Anfang und nicht ein Ende einer Coachingepisode. Checks sollten daher am Anfang, nicht am Ende eines Arbeitstages vorgenommen werden. Zudem signalisiert das eine hohe Priorität und ein klares Coaching-Ziel.
- Bei jedem Start sollten die fünf Fragen durchlaufen werden.[267] Damit prägen sich stereotyp Denk- und Handlungsweise ein. Die fünfte Frage („Wann können wir uns vor Ort ansehen, was wir aus diesem Schritt gelernt haben?“) hat sich als Stolperstein entpuppt. Neue Coaches denken beim Stellen dieser Frage oft, dass der nächste Schritt eine Gegenmaßnahme oder Lösung sein muss, weshalb der Mentee entsprechende Alternativmaßnahmen verfolgt. In vielen (oder gar den meisten) Fällen besteht der nächste Schritt jedoch darin, die Situation noch eingehender zu erfassen (Konsequenz und Permanenz!).
- Fokus auf einen Zielzustand und einen Mentee, andernfalls wird der Dialog schnell zu allgemein, und die Mentees sprechen vielleicht weniger offen über Probleme. Jeder Mentee befindet sich in einer spezifischen Situation und hat auch in der Regel spezifische Unterstützungs- und Entwicklungsbedürfnisse.[268]

267 Vgl. auch oben Abschnitt 5.3.3.2.2, insbesondere Informationskasten „Toyotas Practical Problem Solving“.

268 Vgl. Rother (2013), S. 251.

Der Prozess hilft der Führungskraft auch, sich durch Erfahrungen weiter zu entwickeln und z. B. ihre Fähigkeiten im aktiven Zuhören bzw. Verstehen der Probleme auszubauen. Ohne eine Einstellungsänderung der Manager zu einer ganzheitlichen, sinnorientierten Mitarbeiterführung gibt es keine vollwertige Leistung im Unternehmen. Allerdings setzt das voraus, dass die Führungskräfte einen spürbaren Anteil ihrer verfügbaren Arbeitszeit auf die *direkte Unterstützung* der Mitarbeiter in Lernprozess verwenden.

Immer wieder wird der Coaching-Ansatz mit *Mikro-Management* gleichgesetzt bzw. als eine Sonderform davon. Gemeint ist damit die Neigung von Führungskräften, mittels *„übertriebener Detailorientierung"* meist unter Umgehung der organisatorischen Zuständigkeiten die Probleme selbst zu lösen. Eine praktische Lösung des bereits festgestellten *Delegationsdilemmas*, aber meist mit dem Risiko einer *„Verzettelungsgefahr"*.[269] Wird darauf verzichtet, Aufgaben zu delegieren, zielt der Coaching-Ansatz auf Ertüchtigung des Mitarbeiters. Wenn der Lösungsvorschlag des Mentee das Problem hinreichend löst, muss das ein Mentor akzeptieren. Er kann natürlich in weiteren Schritten auf eine erneute Behandlung des Themas Einfluss nehmen.

Es gibt in lernenden Systemen keine durchgängige hierarchische Anweisungskette, die ein festgestelltes Problem planerisch voll durchstrukturiert und über Umsetzungshandlungen löst. Genau betrachtet, stellt der *Coaching*-Ansatz eine Form der „*Kontextsteuerung*" dar, weil er einen Rahmen setzt, aber für optimierendes, individuelles Handeln gleichzeitig Spielräume schafft. Statt Ziele vorzugeben, werden angestrebte Prozesszustände beschrieben. Damit ist es auch möglich, früh verschiedene Interessen zu poolen und in entsprechender Runde zu diskutieren und gleichzeitig in zügiges Handeln umzusetzen.[270]

Allein Kennzahlen vorzugeben, erzeugt keinen Verbesserungsprozess (KVP). Entscheidend ist immer, dass der Mentor und Mentee in einem *offenen* Kommunikationsprozess zu einer *gemeinsamen Lösung* kommen und das primär durch Konzentration auf Systeme und Prozesse und nicht nur auf Ergebnisse – Ursachen bekämpfen, statt Symptome zu behandeln. Darin muss ein wesentliches Ziel einer *intensiven personenorientierten Führung gesehen werden*.[271]

Auffällig ist, dass Lean-Unternehmen zwar ingesamt weniger Mitarbeiter beschäftigen, aber der Anteil von indirekten Mitarbeitern deutlich höher liegt. Das ist den

---

[269] Vgl. Nöcker (2006): „Er (der Begriff, d.V.) beschreibt einen Führungsstil, der sich in erster Linie durch übertriebene Detailorientierung auszeichnet. „Übertrieben" bedeutet hierbei auch ‚nicht der Hierarchiestufe angemessen'. Dem im Jahr 2012 verstorbenen, ehemaligen Apple-Chefs Steve Jobs wird nachgesagt, ein großer Mikromanager gewesen zu sein. Er kümmerte sich oft um winzigste Details und überging dabei die zuständigen Mitarbeiter regelmäßig.

[270] Laut Peters/Waterman (1984), S. 149 zeichnen sich besonders erfolgreiche Unternehmungen durch Aktionsorientierung aus.

[271] Manch einer mag in der Kombination der als notwendig erachteten Teamarbeit und der Führung durch starke Persönlichkeiten einen Widerspruch erkennen – wir nicht!

zusätzlichen Aufgaben der Führung geschuldet, die mit ungefähr 50% ihrer Arbeitszeit sich mit Verbesserungsbemühungen der Mitarbeiter beschäftigen.[272]

Freilich müssen die zur Problemlösung benötigten methodischen, fachlichen und sozialen Kompetenzen den Führungskräften ebenso klar sein wie den Mitarbeitern.

5.3.5 „Führung vor Ort“ als Protobeispiel einer Lean-adäquaten Führung

Unsere Überlegungen zu Führungsaspekten im Lean-Paradigma schlagen sich nieder in dem, was gemeinhin als *Shopfloor Management* bezeichnet wird.[273] Seit Suzaki dem *Shopfloor Management* zu einer gewissen Prominenz verholfen hat, blieb es umstritten. Für die Einen schien es eine gute Idee für „Andere“ zu sein, „die ruhig mal Ordnung in den Laden bringen könnten“. Die Anderen haben mit Verweis auf moderne IT-Möglichkeiten davon gesprochen, dass mit einem Shopfloor Management ohnehin nur Verschwendung betrieben werde. Tatsächlich ist bei Toyota der „Shopfloor“ nicht mit dem IT-System verbunden. *„Managerial accounting control systems can exacerbate the negative effects of managing from a distance via metrics, since reported data arrives late and leaders interact even less with the reality of the situation. This is why accounting control systems have little or no place on factory floors at Toyota. Factory leaders at Toyota do not refer to accounting reports to get an understanding of a situation. They are taught to go and observe the situation firsthand. In order to develop and guide good improvement practice, Toyota leaders interact with the unfolding situation at the process level, by following the improvement kata.“*[274]

Für uns steckte hinter der Shopfloor-Konzeption immer schon ein bestimmter „Geist“, nämlich die Mitarbeiter zum Mitdenken zu bringen – eine wichtige Basis für jedes lernende System. Wir wollen den Begriff erweitert wissen auf alle Aufgabenvollzüge mit dem Anspruch auf *„operative Exzellenz“*. Daher sehen wir den *Shopfloor i. w. S.* überall da, wo Menschen in einer Organisation aktiv, gemeinsam und arbeitsteilig am Vollzug von Aufgaben wirken, sei es direkt oder indirekt wertschöpfend. Auch sehen wir, dass die lean-adäquate Führungsphilosophie ihren prototypischen Ausdruck findet in dem, was wir als *„Führung vor Ort“* (FvO)bezeichnen und im Folgenden näher erläutern wollen.

Protoypisch meint, dass hier verschiedene Realisierungspfade möglich sind.[275] Wir haben uns bemüht, aus dem vorgeschlagenen Theoriekontext des lernenden Systems die wesentlichen Gedanken abzuleiten, um nicht einem bloßen „Toyotismus“

---

272 Vgl. Rother (2013).

273 *„Selbsterklärende Fabrik bzw. Büro“*, *„Glasswall-Management“* sind weitgehend synonyme Begrifflichkeiten. Zum Shopfloor Management v. a. Suzaki (1993), (1989).

274 Rother (2010), S. 167.

275 Siehe z. B. Peters (2009) und Unterlagen der Staufen AG, die als ein renomiertes Beratungsunternehmen seit Jahren wesentlich an der Umsetzung des Lean-Gedankens in der Wirtschaft arbeitet. Vgl. hierzu auch das Fallbeispiel in Abschnitt 6.3.

oder engführenden Pragmatismus zu verfallen. Daher tauchen verschiedene Themen der Vorabschnitte immer wieder auf.

5.3.5.1 Begriff, Intention und „Bausteine"

Man kennt sie: Die regelmäßigen Rundgänge der Geschäftsführer bzw. Gesellschafter vor Ort, vornehmlich in mittelständischen Unternehmen. Für den einen Information vor Ort, für den anderen eine gute Gelegenheit, dem Chef bestimmte Ereignisse direkt zu berichten. Der Frage des Chefs („Wie läuft's?") folgt die Antwort des Mitarbeiters: „Es läuft!" – auch das ist regelmäßige Kommunikation. Aber nicht jeder Gang vor Ort ist bereits *„Führung vor Ort"*, denn dann würde Unternehmensführung von zu vielen Zufällen abhängig gemacht.

„Führung vor Ort" (kurz: FvO) – wie wir es verstehen wollen – ist vor allem:

- *Interaktions-, dialogorientierte* und *regelkommunikationsbasierte* Führung,
- am *Ort der Wertschöpfung* (Gemba[276])
- mit Hilfe *systematischen Problemlösungsverhaltens* und *visuellem* Managements[277]
- mit dem Ziel, eine *Entstörung* durch *kurzzyklische* Regelkreise zu gewährleisten (aufgetretene Störungen schnell zu beseitigen oder erwartete zu vermeiden durch schnelle und richtige Korrekturmaßnahmen),
- um die Wertschöpfungsprozesse *permanent* zu *verbessern.*

„Vor Ort"-Management wollen wir allgemeiner, eher in einem metaphorischen Sinne verstanden wissen als jedes Management, das an *Sach-Prozessen* und *Personen* interessiert ist. *„Vor Ort"* ist überall da, wo direkt für den *internen/externen Kunden* wertschöpfend gearbeitet wird: sowohl in Fabrik bzw. Produktion als auch im Büro, gleichviel in welchen wertschöpfungsunterstützenden betrieblichen Bereichen. Wir ziehen dabei den Begriff *„Führung vor Ort"* dem in der Praxis gebräuchlichen Begriff *„Shopfloor Management"* vor, da dieser eine zu starke Fokussierung des Produktionsbereichs aufweist.

Auch wenn wir der besseren Anschaulichkeit halber immer wieder Beispiele anhand der Produktion erläutern, *„Führung vor Ort"* ist grundsätzlich auch in *produktionsfernen* betrieblichen Bereichen und Unternehmen anwendbar, wenn man sich die *Intention* klarmacht und über das übliche Imitationsverhalten hinausgeht. *„FvO"* ist eine wichtige Voraussetzung für eine *„veränderungsorientierte Führung(skultur)"*. Sie soll das frühzeitige Erkennen von Problemen, die regelmäßige und kurz-zyklische Überprüfung der Zielerreichung ermöglichen und zugleich eine strukturierte und methodische Problemlösung fördern. Dies trägt auch zu einer kon-

---

276 „A Japanese word that literally means ‚the Real Place'. Used in the context of KAIZEN, Gemba usually refers to the shop floor or to the place where the Core Process is going on. In a broader sense, Gemba refers to any place in a company where work is being performed; thus one may have an engineering gemba, a sales gemba, an accounting gemba, etc." Vgl. KAIZEN Institute, Glossar „Gemba".

277 Vgl. v. a. zum Shopfloor-Management Suzaki (1993), (1989); Peters (2005).

sequenten Umsetzung der Unternehmenswerte und -ziele bei. Sie dient gleichsam der *Produktion eines Lernverhaltens* der Mitarbeiter unter Zuhilfenahme von bestimmten Techniken, um durch eine Problemlösungsverhalten eine schnelle *Ent-Störung* der Wertschöpfungskette zu erreichen (bias toward action).

„FvO“ kann dann als sehr effektives und effizientes Führungsinstrument gesehen werden, wenn es gelingt, die Mitarbeiter auf allen Hierarchieebenen auf die durch die Unternehmensleitung gesteckten Zielen (Qualität, Kosten, Lieferzeiten etc.) in allen Bereichen zu verpflichten. „FvO“ verfolgt dabei das Ziel, die operative Exzellenz der Unternehmung und damit die *Lerngeschwindigkeit* der Organisation als entscheidenden Wettbewerbsvorteil ständig zu erhöhen.

Es ermöglicht, Probleme im status nascendi zu erkennen bzw. der Führungskraft (dem Mitarbeiter) jederzeit den Zustand am Ort des Geschehens (Produktion, Verwaltung) aufzuzeigen sowie Abweichungen vom Soll-Zustand sichtbar zu machen, sei es ein positiver, sei es ein negativer Trend. Durch „FvO“ steigert die einzelne Führungskraft die Wirksamkeit der Mitarbeiter, die damit wiederum die Führungsleistung über ein bestimmtes Führungsverhalten und durch die Anwendung von Führungsinstrumenten steigern.

Prinzipien lernendes System	Bausteine eines Shop Floor Managements	
Möglichst weitgehende Übertragung von Aufgaben und Kompetenzen auf diejenigen, die zur direkten Wertschöpfung beitragen Umkehrung der hoch arbeitsteiligen Organisationsstruktur	Strukturierte Problemlösung zur permanenten Verbesserung aller Strukturen und Prozesse	• Priorisierung von Problemen • Problemlösung nach PDCA Logik mit Tools • Überprüfung uns Standardisierung der lösungen • Konstruktive und proaktive Problemlösungskultur
Einrichtung eines effektiven und effizienten Systems zur sofortigen Erkennung von Fehlern, zur Identifizierung der (tieferliegenden) Ursache und zur wirksamen Fehlerbeseitigung	Transparenz und Visualisierung System von Infotafeln	• Messkriterien und Ziele festlegen • Leistung anhand Kriterien visualisieren (Status transparent machen (rot/grün) • Verschwendung in Abläufen aufdecken
Aktivierung der Mitarbeiter zur intensiven Mitgestaltung an Verbesserungsprozessen	Abgestimmte Teamstrukturen	• Teams festlegen • Team-Kalender
Aufgabenorientierte Information und Kommunikation Strikte Umsetzungsorientierung im Sinne eines 'bias toward action'	Führung vor Ort	• FK regelmäßig vor Ort: kurzzyklisch, dafür häufiger • FK begleiten MA als Coach bei Umsetzen von Projekten • FK haben höhere Sach- und Prozesskompetenz • FK coachen MA auch bei systematischer Problemösung

Abb. 80. „FvO“-Intention und Prinzipien des lernenden Systems[278]

„FvO“ ist keine empirische Besonderheit eines Unternehmens (v. a. Toyota), sondern eine *Operationalisierung* der verschiedenen Lean-Führungsprinzipien und Lean-Instrumentarien in Kombination mit einem spezifischen Führungsverständnis, wie aus den vorangegangenen Ausführungen ersichtlich wird. Mithilfe standardisierter und organisatorisch konsequent vermaschter *Regelkommunikation* will

[278] Siehe oben 3.4.3.

„*FvO*“ über möglichst *einfache* Kommunikationsmedien systematisch aufbereitete Standard- und Abweichungsinformationen in spezifischen Besprechungs- und Teamstrukturen mithilfe spezifischer Informationsgewinnungs- und Analysemethoden schnell und fehlerfrei Abweichungsereignisse kommunizieren, entscheiden, um dadurch eine permanente Verbesserung der Strukturen und Prozesse zu erreichen.

Über systematisierte Problemlösungs- und Kommunikationsroutinen mithilfe eines vorstrukturierten *Tagesablaufs*, abgestimmter *Teamstrukturen* und *Besprechungskalender*, *Prozessbestätigungen* (Kontrolle), *Visualisierung* und *Standards* soll *kontinuierlich* die *Führungsleistung verbessert* werden.

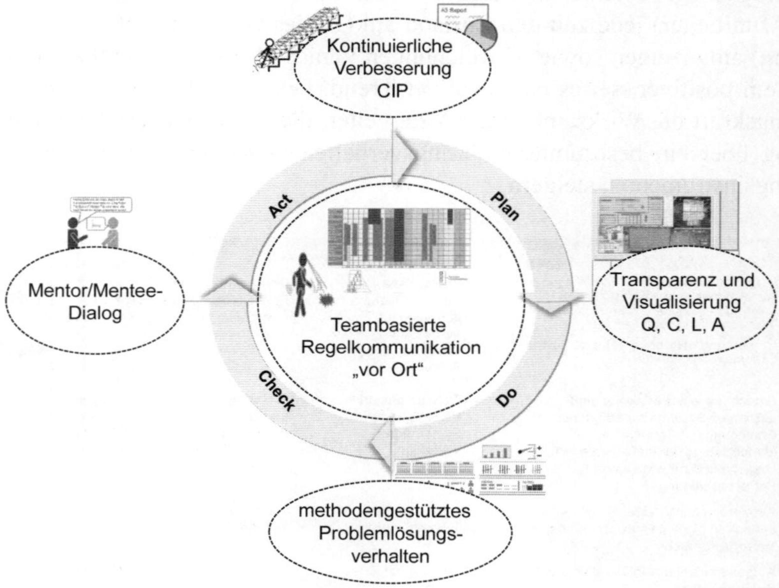

Abb. 81. Bausteine der „Führung vor Ort“

Die Gestaltung von *Visualisierungs-* und *Regelkommunikationsinhalten* sind ein zentraler Hebel für die nachhaltige Entwicklung und Steigerung der Führungsleistung. Aus den allgemeinen Managementaufgaben der *Informations-*, *sozialen* und *Aktionsebene* leiten sich *spezifische* Aufgaben bei der „*Führung vor Ort*“ ab:

- Befähigung der Mitarbeiter zu strukturiertem Lösen von Problemen
- mittels konsequentem (Regel-)Kommunikations- und Feedbackverhalten
- zur permanenten Verbesserung von Strukturen und Prozessen

So gesehen besteht das FvO-System aus mehr als nur *Informationstafeln;* sie sind lediglich der *sichtbare* Teil, genauso wie die regelmäßige *Kommunikation*. Da die einzelnen Bausteine (vgl. Abb. 81) bereits ausführlich beschrieben sind, wollen wir uns im Folgenden noch mit ausgewählten Bausteinen „Transparenz und Visualisierung“ und „Regelkommunikation“ näher befassen.[279]

5.3.5.2 *„Ort des Geschehens“*

Am *Ort des Geschehens* sticht als ehesten ein *„Infocenter“* ins Auge, wenn man Lean-Unternehmen besucht. In einem eigenen oder vom operativen Geschehen etwas abgeteilten Bereich werden an Stehtischen die operativen Aktivitäten geplant, besprochen und kontrolliert. Dort finden die regelmäßigen Besprechungen statt und dort werden die Leistungsergebnisse und Verbesserungsaktivitäten visualisiert. Auch informiert man sich dort über den aktuellen Leistungsstand, diskutiert ungelöste und gelöste Probleme; dort initiiert man Projekte zur Verbesserung von Strukturen, Prozessen, Technologien und Produkte.

Alle operativ notwendigen Führungskräfte sind vor Ort präsent und fungieren bei festgestellten Abweichungen von Standards als Initiatoren der schnellen Problemlösung und als Coach. Sie lenken Ursachenfindung und Problemlösung durch geeignete Fragetechniken[280]. Gespräche zur Steuerung des operativen Geschäfts finden weitgehend „Vor Ort“ statt, sowohl im Infocenter als auch am Ort der Wertschöpfung. Regelmäßige Besprechungen außerhalb werden auf eventuelle Überschneidungen und Dopplungen hin überprüft und entsprechend an die Vor-Ort-Besprechungsroutinen angepasst.

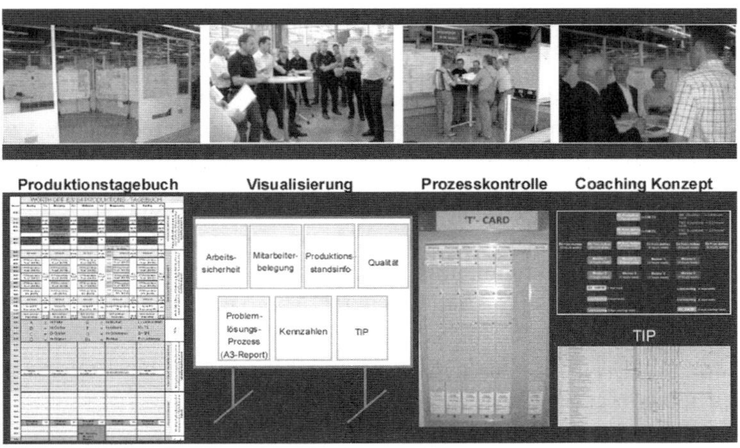

Abb. 82. Führen am „Ort des Geschehens“: Beispiel für ein „Infocenter“

279 Der Mentor/Mentee-Dialog zur Förderung unternehmerischen Verhaltens vgl. Abschnitt 5.3.4.2. Systematische Problemlösung als methodisches Rüstzeug (Abschnitt 5.3.3.2); Operative Umsetzung des Lerngedankens bzw. kontinuierliche Verbesserung (Abschnitt 5.3.3.2.3).

280 Siehe oben Abschnitt 5.3.4.1 f.

5.3.5.3 Visualisierung des aktuellen Systemzustands

5.3.5.3.1 „Realtime Feedback" durch Visualisierung

Ein zielorientiertes lernendes System benötigt ständig die Kenntnis seines eigenen Zustands, um auf Störungen adäquat reagieren zu können und diese durch geeignete Maßnahmen (*corrective actions*) auszuregeln. Gerade in einem arbeitsteiligen Zusammenhang mit vielen Betroffenen, ist es erforderlich, Stör-, Änderungs- und Verbesserungsinformationen in Kommunikations- und Entscheidungsroutinen einzubauen.[281]

Ein durchgängiges System von Komponenten *Visuellen Managements* soll Mitarbeiter und Führungskräfte schnell, übersichtlich und somit effizient über den Stand der Dinge informieren. Die Idee ist die einer vollen Transparenz über Ziele, Maßnahmen und Status; daher auch der Begriff des *„Glasswall Managements"*.[282] Es ist gewissermaßen als eine *evolutionäre Errungenschaft* zu bezeichnen, dass *Informationstafeln* am Ort der Wertschöpfung eine Prominenz erfahren haben. Ein einfaches, jedem bekanntes Kommunikationsmittel in einer komplexen Welt. Sie sind der sichtbre Ausdruck des Lernens, um das es geht: mit dem Fokus auf Abläufe, Technologie und Wertschöpfung.

Hierbei geht es um den Kern, nicht nur um die Bedienungserfodernisse einer x-ten Version einer digital-technischen Apparatur, welche zur Bedienung einer anderen technischen Apparatur und der notwendigen Anschlußkommunikation erforderlich ist. Eine solche nicht-wertschöpfendende De-Fokussierung dürfte auch dem Program *„Industrie 4.0"* deutliche Grenzen setzen.

Der Vorteil der Visualisierung ist eine *Easy-Entry-Lösung*. Kommunikation über Probleme und Abweichungen kann unmittelbar, ohne große technische Vorkehrungen im Kreis der wertschöpfend Arbeitenden effektiv in Gang gesetzt werden.

Die Errungenschaft des Lean-Denkens lag ja gerade darin, durch vielfältige Maßnahmen, Verbesserungen der Prozesse durch geteiltes und aktuelles Wissen in intensiver persönlicher Kommunikation zu erreichen. Warum also dann im Nahbereich durch elektronische Hilfsmittel wieder Anonymisierung und Problemferne schaffen? Eine Störung bleibt zunächst eine Störung, egal ob über Zettel oder über Smart-Phone mitgeteilt. Wer aber stellt diese ab? Wer macht ein Ereignis mit hoher Priorität zu seiner eigenen Sache?

---

281 Vgl. zur umfangreichen Implementationsforschung im Rahmen von Neuerungsaktivitäten verschiedenster Art z. B. Schreyögg (1984); Ansoff (1984); Eine ausgedehnte Literatur zur Implementierung von organisatorischen, personellen und technologischen Neuerungen steht hierfür als Indiz. vgl. z. B. Hermann (1984); Ansoff (1984); Bleicher (1995).

282 Vgl. Suzaki (1994), S. 65 ff.

Industrie 4.0[283]

In der Industrie 4.0 werden (1) Informations- und Kommunikations-, (2) Automatisierungs- und (3) Produktionstechnologien miteinander verzahnt.

Ziel von Industrie 4.0 ist die intelligente Fabrik (Smart Factory), die sich durch Wandlungsfähigkeit, Ressourceneffizienz und Ergonomie sowie die Integration von Kunden und Geschäftspartnern in Geschäfts- und Wertschöpfungsprozesse auszeichnet. Technologische Grundlage sind Cyber-physische Systeme und das Internet der Dinge.

Der Begriff *Industrie 4.0* wurde erstmals 2011 zur Hannovermesse in die Öffentlichkeit getragen. Im Jahr 2012 wurden der Bundesregierung Umsetzungsempfehlungen des Arbeitskreises Industrie 4.0 der Promotorengruppe Kommunikation einer Forschungsunion und 2013 auf der Hannover-Messe der Abschlussbericht des Arbeitskreises Industrie 4.0 übergeben.

Zeitgleich nahm die von den Branchenverbänden Bitkom, VDMA und ZVEI eingerichtete Plattform Industrie 4.0 ihre Arbeit auf. Sie soll die Aktivitäten in dem Zukunftsfeld künftig koordinieren. Diese Kooperation dreier großer Verbände bildet die Konvergenz der Technologien ab, für die sie stehen.

Noch ist offen, ob das Programm einer digitalisierten Produktion & Logistik nur eine modernisierte Neuauflage der früheren „Computer integrated X"-Phantasien wird oder einen echten Mehrwert im Hinblick auf Anpassungsfähigkeit von Organisationen bringt.

Man muss kein Gegner des digitalen technischen Fortschritts sein, um zu erkennen, dass eine erneute technokratische Überspitzung von den Grundproblemen der Führung ablenkt. Im Zweifel findet man die diskutierten Führungsaspekte auf einer höher entwickelten Kostenebene wieder.

Nicht zuletzt war die Philosophie permanenten Verbesserns als Reaktion auf die permanenten Störungen und notwendigen Anpassungen steigender logistischer und organisatorischer Komplexität entstanden. Jedenfalls scheint uns ein verantwortungsvoller Umgang mit IT-, Human- und finanziellen Ressourcen angezeigt, um nicht wieder Lean-Errungenschaften zugunsten unerfüllbarer Erwartungen aufzugeben. Insofern ganz es auch nur um Ergänzung und nicht um Substitution gehen.

Wir halten daher wenig davon, Lern- und Kommunikationstechniken für den Fernbereich in einem kommunikativen Nahbereich einzusetzen. Für einen Teamkontext sind sie zu umständlich, zu langsam, zu einlinig – zu unterkomplex. Beim Lernen im sozialen Kontext geht es ja um deutlich mehr als nur um schnelle Mitteilung von Informationen.

Visuelles Management ist v.a. ein Instrument des operativen *Wissensmanagement* und darauf angelegt, dass Fortschritte im Lean-Prozess auch für andere Bereiche des Unternehmens zugänglich gemacht werden. Daher repräsentiert es auch das *experimentelle* Lernen der gesamten Organisation. Es geht dabei nicht nur um Kopieren, sondern v.a. auch um (Ideen-)Wettbewerb: Was dort gesehen wird, kann auch hier Wirkung entfalten.

Im *Visuellen Management* widerspiegelt ein System von Informationstafeln die Struktur der Organisation. Inosfern kann ein jeder Beobachter (interne wie externe)

283 Vgl. Bauernhansl/ten Hompel/Vogel-Heuser (2013).

sofort den Zustand der jeweiligen Organisationseinheit erkennen und sich ein Bild über die Abläufe in den verschiedenen Bereichen machen.

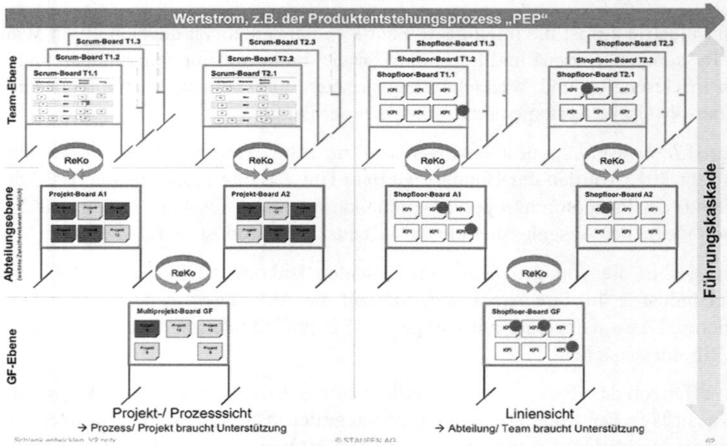

Abb. 83. Informationstafel-Aggregation (Beispiel Produktentwicklung)

Die *Visualisierung* von Informationen erfolgt einerseits nach verschiedenen Darstellungsbereichen strukturiert (z. B. Leistungskennzahlen, Prozesskontrolle, Verbesserungsmaßnahmen u. ä.). Jede Informationstafel enthält verschiedene Themen, die sich grob in zwei Themengruppen zuordnen lassen:

- Organisation und Leistungs-Monitoring
- Lernen: Verbesserung und Problemlösung

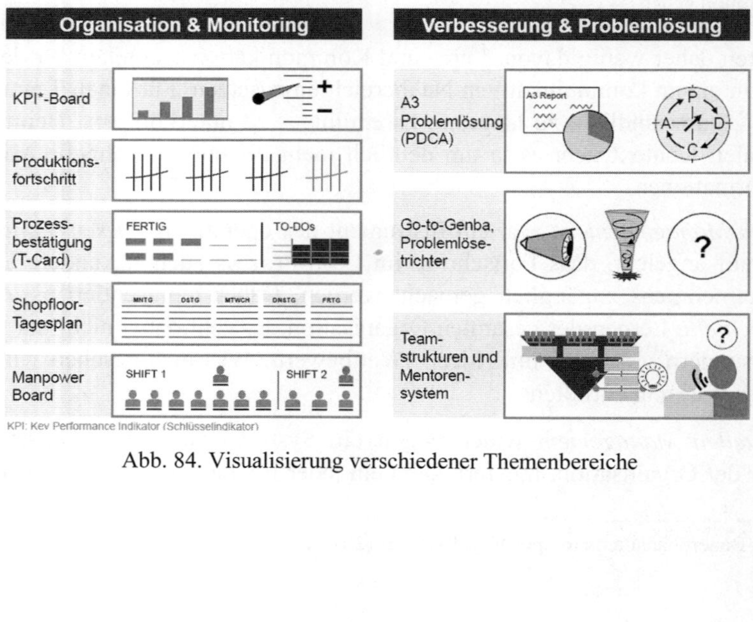

Abb. 84. Visualisierung verschiedener Themenbereiche

- Selbstverständlich sind sämtliche Themen und Zielvorstellungen aufeinander abgestimmt, weil alle Unternehmensbereiche lückenlos erfasst werden. Damit ermöglicht es auch das, was wir bereits als Zielentfaltung (*Policy Deployment*) bezeichnet hatten und welches Leistungs-Ziele im Unternehmen systematisch von der Unternehmensspitze bis zu den einzelnen Arbeitsgruppen und kundenspezifisch auf die jeweiligen Adressaten (Teams) zugeschnitten abbildet.

5.3.5.3.2 Monitoring von Organisation und Leistung

Die Visualisierung aller wichtigen *Kennzahlen* der Organisationseinheit (z. B. Sicherheit, Mitarbeiter-belegung, Produktionsstand, Qualität & Problem-lösung sowie weitere prozessbezogene Kennzahlen) hilft das Tagesgeschäft operativ zu steuern und Abweichungen vom SOLL zu erkennen. Die Kennzahlen werden (z. B. stunden- oder tagesweise) durch die Mitarbeiter und Führungskräfte aktualisiert und sind so gestaltet, dass sie verständlich und mit wenig Aufwand handhabbar sind.

Entscheidend hierbei ist, dass tatsächlich nur solche Informationen visualisiert werden, die für die jeweilige Zielgruppe auch von unmittelbarer Relevanz sind. Daher muss auf verschiedenen Hierarchieebenen eine Aggregation vorgenommen werden, um die jeweils handlungsrelevanten Informationen den betreffenden Mitarbeitern in einer angemessenen Form zur Verfügung stellen zu können.

Soll-Ist-Abweichungen vom jeweiligen Zielzustand werden sichtbar gemacht, priorisiert und im Zuge systematischen Verbesserns in Maßnahmen umgewandelt, die ebenfalls visualisiert sind. Die Kennzahlen-Bilder zeigen beim Leistungs-Monitoring auf einen Blick den aktuellen Stand im Bereich auf.

Die Analyse der Soll-Ist-Abweichungen wird einer Warum-Fragen-Logik unterzogen, um Ansatzpunkte und Stellhebel zur Ableitung von Maßnahmen und zum Auslösen der strukturierten Problemlösung zu identifizieren. Durch Ampel-Analogie (rot-grün) wird der jeweilige Status der entsprechenden Kennzahlen, Maßnahmen markiert und schafft somit Transparenz des Systemzustandes: bei grün gut, bei häufigen Rot-Markierungen nicht so gut.

Die Führungsleistung fokussiert sich auf rot, nicht auf grün! Nur gut informierte Mitarbeiter sind in der Lage gemeinsam an den Unternehmenszielen zu arbeiten!

Die *Kontrolle*, oftmals in Form eines *T-Karten-Systems (T-Card-Board)*, zeigt den aktuellen Stand der Abarbeitung der täglichen Aufgaben. Dabei können zeitlich unbeschränkte Aufgaben (Teilnahme an Meetings, stündliche Zählungen etc.), und zeitlich beschränket Aufgaben (zusätzlich Prozesskontrollen) abgebildet werden. Diese sind Verantwortlichen und Tageszeiten zugeordnet.

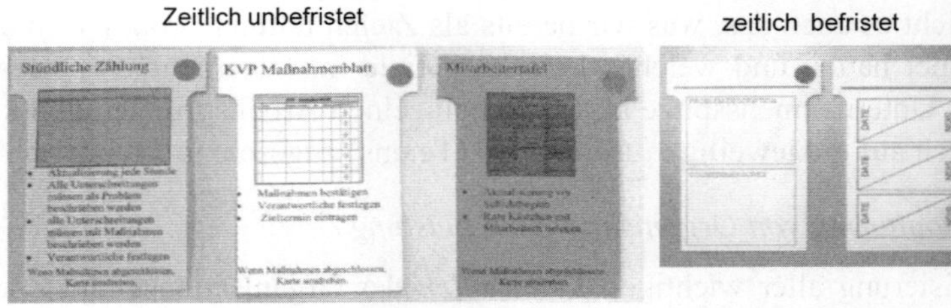

Abb. 85. Visualierung von T-Cards

Das *T-Karten-System* dient der Transparenz und der Eigenkontrolle der Führungskräfte bezüglich des Abarbeitungsgrads ihrer wiederkehrenden Aufgaben. Es hilft dabei, einen standardisierten Tagesablauf einzuhalten und den Abarbeitungsstatus der täglichen Aufgaben aufzuzeigen.

Allein die Darstellung von Ergebniskennzahlen an bunten Tafeln in einem Meeting wirkt nicht leistungssteigernd. Nicht die Informationstafeln allein, sondern die dahinterstehenden Teams- und Besprechungsstrukturen mit dem Lern- und personenorientierten Führungsansatz machen erst die FvO aus. Gleichwohl wird allein die Veröffentlichung der Kennzahlen allein einen Wettstreit zwischen verschiedenen Teams und Organisationseinheiten entfachen.

5.3.5.3.3 Verbesserungsaktivitäten visualisieren – „KVP Board"

Im Bereich *„kontinuierliche Verbesserung"* der Informationstafeln im *„Infocenter"* und auf einzelnen *Visualisierungstafeln* werden Verbesserungsideen und deren Bearbeitungsstand visualisiert. Dies geschieht meist über ein standardisiertes Dokument (*„A3-Problemlösungsblatt"*), welches ein Mitarbeiter zur Darstellung seiner Idee verwendet. Dieses wird dann über die Visualisierung mit einem Status versehen (in Arbeit, erledigt, abgelehnt, weitergeleitet, neue Ideen,…).

Der *Prozess kontinuierlicher Verbesserung* wird in etablierte organisatorische Strukturen eingebunden, wie z.B. KVP-Runden, Spielregeln für Vorschläge und deren Abarbeitung. Er wird weitgehend über *Teamstrukturen* und *Workshops* entwickelt. Diese finden außerhalb der Wertschöpfungszeit der Mitarbeiter regelmäßig in kurzer Abfolge statt – und halten dadurch den „Drive" aufrecht. Solche Veranstaltungen werden i.d.R. von Stabstellen organisiert. In diesen wird Umsetzung gemeinsam (Mitarbeiter und Führungskräfte) erlebt.

Jede Führungskraft ist Teil des Teams und befähigt – sofern erforderlich – als Mentor die Mitarbeiter. Sie ermutigt zu Verbesserungsideen und kanalisiert die resultierenden Veränderungsenergie (und deren Umsetzung) auf allen Unternehmensebenen. Aufbau einer Arbeitskultur, die aus einer positiven Unzufriedenheit heraus eine Zusammenarbeit fördert, um das *PDCA-Rad* drehen zu lassen.

Das permanente und konsequente Lernen – v. a. auch aus Fehlern – soll weitgehend in der *täglichen* Operation (learning by doing) geschehen. Dazu gilt es die Problemlösungskreisläufe schnell zu schließen. Schnell heißt hier vor allem pragmatisch: *Lieber 80% sofort, als 100% nie!* Nicht das Rad schneller drehen, sondern die Veränderungsschritte so wählen, dass ein schnelleres Feedback erfolgen kann. *Experimentierfreude*, schnelle Lernerfolge durch *Rapid Cycles*[284] und *Führungsunterstützung* fördern dann Fähigkeiten und Motivation der Mitarbeiter.

Unterstützung des kontinuierlichen Verbesserungsprozesses durch eine *visuelle Struktur* hilft aufgenommene Verbesserungsideen und deren Abarbeitungsstatus transparent zu machen. Das *Problemlösungsblatt* (A3-Report) ist deshalb geeignet, weil es eine Struktur im Sinne der PDCA-Logik vorgibt, deren Einhaltung eine strukturierte Vorgehensweise bei der Lösung von Problemen garantiert: Titel, Hintergrund- und Problembeschreibung, Sollzustand, Ursachenanalyse und Maßnahmen sowie deren Nachverfolgung und Verbreitung in der Organisation unterteilen.[285]

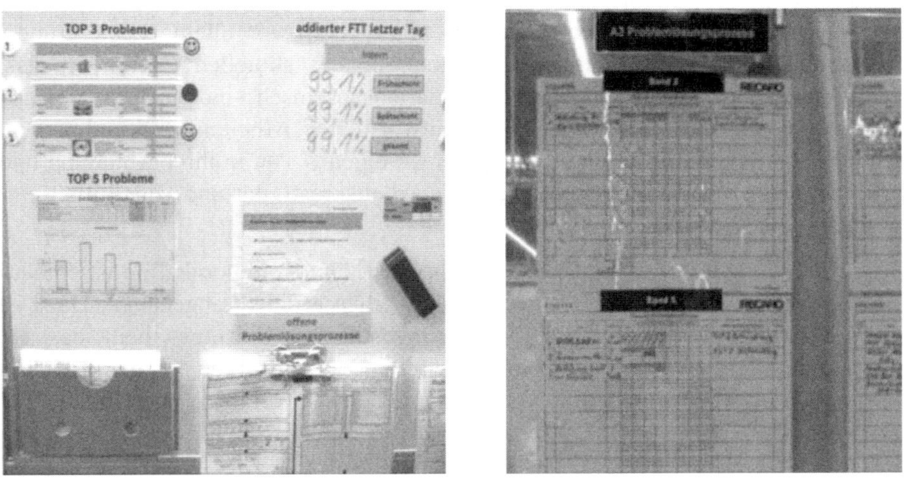

Abb. 86. Visualisierung von Verbesserungsaktivitäten (Beispiel)

Hier *kreuzen* sich sichtbar Mentor/Mentee-Dialog und Verbesserungsaktivitäten. Ziel einer Visualisierung von Verbesserungsbemühungen und Führungsunterstüt-

284 Vgl. Rother (2010), S. 149 ff.

285 Vgl. oben Abschnitt 5.3.3.2.2 „Toyotas Practical Problem Solving“.

zung ist immer das individuelle Lernen, welches über Visualisierung veröffentlicht wird und ein *organisationales Lernen* fördert in immer gleichen Rhythmus:

- Unterstützung der strukturierten Vorgehensweise in der Problemlösung
- Präzises schriftliches Festhalten von erarbeiteten Erkenntnissen
- Unterstützen von Lernen, Präzision und Zusammenarbeit
- Transparente Problemlösung schaffen.

5.3.5.4 Regelkommunikation zur Vermeidung von Verschwendung

Mit *Regelkommunikation (ReKo)* ist eine spezifische Form der Kommunikation in einem jeweils definierten Kreis von Mitarbeitern gemeint. Die Regelkommunikation geschieht im Unterschied zu anderen Formen aktions- und problemlösungsorientiert, in kurzen Zyklen und Besprechungsdauern unter Beteiligung aller an der Wertschöpfung beteiligten Mitarbeiter bzw. Organisationseinheiten. Die FvO-Regelkommunikation unterscheidet sich von anderen Besprechungsarten, insbesondere in Dauer, Ort und Häufigkeit.

– *Regelkommunikation mittels abgestimmter Besprechungsstrukturen*

Jede Aufgabenspezialisierung hinterlässt organisatorische Strukturen, die über Kommunikations- und Führungsstrukturen zu einer ganzheitlichen Leistung für den Kunden gebracht werden müssen. Aber gerade der Informationsaustausch über die Hierarchieebenen und Abteilungsgrenzen hinweg gestaltet sich oftmals sehr holprig. Das führt dazu, dass den einzelnen Mitarbeitern vor allem (Hintergrund-) Informationen verborgen bleiben. Die Kenntnis der aktuellen (Veränderungs-) Ereignisse und ein kontinuierlicher Informationsaustausch sind wichtig, um den Mitarbeitern selbständiges und eigenverantwortliches Arbeiten zu ermöglichen. Mitarbeiter erhalten die Befugnis, sich über ihr eigenes Tun in ihrer Abteilung und darüber hinaus zu informieren, ihre eigene Arbeitskreativität und -flexibilität einzubringen und sich weiterzuentwickeln.

Die *Besprechungen* selbst sind wie folgt angelegt: Die Kommunikation ist eindeutig und durchgängig und die Besprechungen werden effizient abgehalten. Dazu ist eine gute Vorbereitung aller Beteiligten notwendig. Im Einzelnen heißt das: (1) kurz, auf den Punkt, (2) im vereinbarten Zeitrahmen, (3) Probleme und Aktivitäten priorisieren, (4) Maßnahmen und Aktivitäten gemeinsam verabschieden.

Vergleich ausgewählter Kommunikationsformen

Merkmal	SFM-ReKo	Mitarbeiter-gespräch	Meeting	Versammlung
Ort	Genba / vor Ort	Meetingraum	Meeting- / Projektraum	Versammlungsraum
Setting				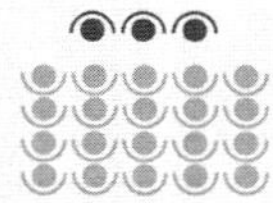
Dauer	10-20 min	1-2 h	1-4 h	1-4 h
Häufigkeit	1-2x täglich je Thema	1-4x jährlich	Nach Bedarf oder als Jour-fixe regelmäßig	Geplant oder bei einschneidender Veränderung
Inhalt (Beispiele)	KPIs Maßnahmen Problemlösung	Leistungsbewertung Ziele Entwicklungsschritte	Projektstatus	Mitteilung der Unternehmens-führung
Teilnehmer	Leiter Organisa-tionseinheit (OE) Leiter Unter-OE DL der OE	1 Führungskraft 1 Mitarbeiter	Mindestens 1 Führungskraft 1 Mitarbeiter	Mindestens 1 Führungskraft alle betroffenen Mitarbeiter
Instrumente	KPI-Charts Maßnahmenliste Problemlösungsblatt →Info Center	Mitarbeiterbogen	Beamer PC Flipchart	Mikrofon Beamer PC
Manage-ment- / Führungs-leistung	Zeitnahe Entschei-dungsfindung ba-sierend auf Zahlen, Daten, Fakten und deren Auswirkun-gen auf Ziele der OE	Individuelle Mitarbeiterförderung	Vorgehensweise festlegen; Wissens- und Meinungs-austausch ermöglichen	Mitarbeiter-information
Ergebnis	Informations-austausch Entscheidungen über weiteres Vorgehen zu allen offenen Punkten	Entwicklungs-maßnahmen Zielvereinbarungen	Wissensaustausch Entscheidungen	Informations-austausch
Wirkungs-richtung	Bottom-up →Aufladen mit Infos →entscheidungs-fähig machen	Top-Down →Entwicklung im Sinne des Unternehmens	Top-Down →projektbezogene Entscheidungen	Top-Down →Information über Status / Entscheidung

Quelle Staufen AG

Entscheidend ist, dass der Alltag jeder Führungskraft durch die im *Besprechungs-kalender* abgebildeten Regelkommunikationen strukturiert ist. Der Besprechungskalender ist verbindlich für mehrere Bereiche und Hierarchieebenen. Parallele und sequentielle Besprechungen sichern die Effektivität und Effizienz der Besprechungsstruktur ab. Aufgabe der Führungskraft ist es, dies in der Regelkommunikation sicherzustellen und die Teilnehmer durch Fragen herauszufordern.

Inhaltliche Schwerpunkte

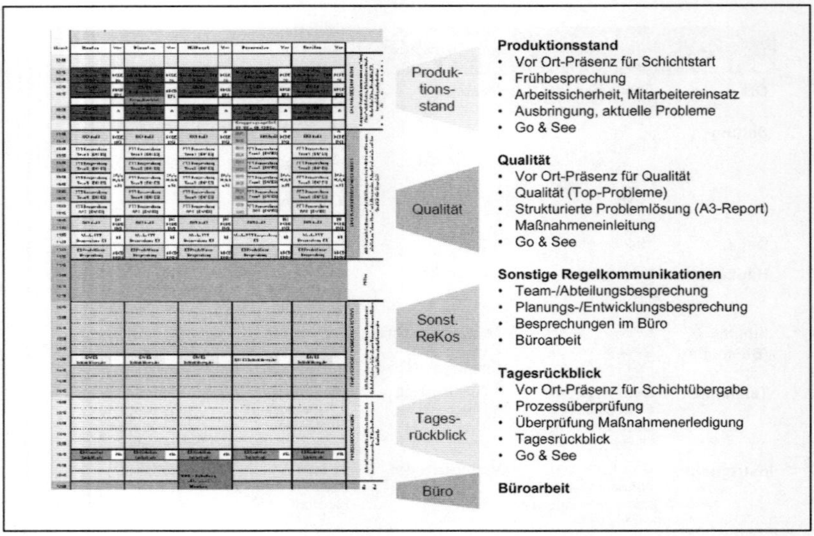

Tägliche und wöchentliche Aktivitätenblöcke

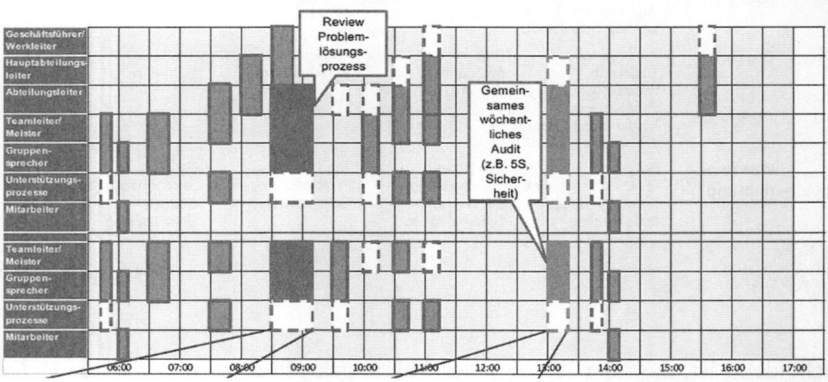

Abb. 87. FvO-Besprechungskalender – inhaltliche und zeitliche Schwerpunkte

Der *Besprechungskalender* sieht für die Leiter von Organisationseinheiten bestimmte Zeitabschnitte vor. Entsprechend den inhaltlichen Schwerpunkten ist die Teilnahme an der Regelkommunikation obligatorisch oder bedarfsgesteuert. Für letztere ist entscheidend, ob ein Teilnehmer einen wertschöpfenden Beitrag leisten kann.

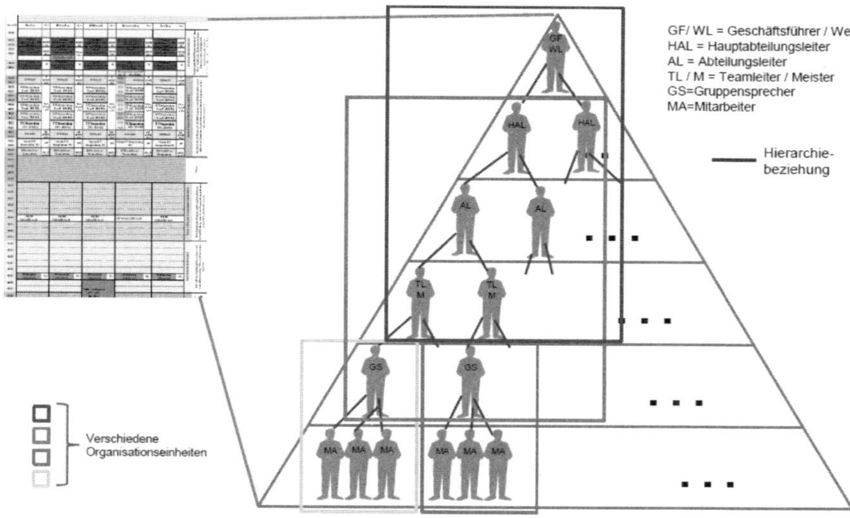

Abb. 88. FvO-Besprechungsstrukturen

– *Besprechungsinhalte*

Die Besprechungsarchitektur wird entsprechend den Inhalten der Regelkommunikation so gestaltet werden, dass

- so viele Teilnehmer wie nötig und so wenige wie möglich anwesend sind;
- die Anzahl an Besprechungen so gering wie möglich gehalten wird..
- die Teilnehmer benötigte Informationen bekommen oder mitbringen;

Im Tagesablauf einer Führungskraft finden geplante, formelle Besprechungen sowie ungeplante und informelle Gespräche statt. Besprechungen und Gespräche sollten so effektiv wie möglich sein. Inhaltlich bauen die verschiedene Besprechungen aufeinander auf.

5.3.5.5 Nutzenaspekte einer FvO

Das vorgestellte System „FvO" ist eine konkrete Ausprägung eines Lernsystems. Es kann gleichwohl als Muster dienen, weil es die bekannten *Lernprinzipien* berücksichtigt.[286] Auch, wenn viele Formen möglich sind, lassen sich für solcherart gestaltete Systeme unserer Erfahrung nach allgemeingültige Nutzenaspekte angeben.

– *Zeitgewinn durch Standardisierung von Besprechungen*

Der Alltag einer Führungskraft wird weitgehend durch die im „Besprechungskalender" vorgegebenen Regelkommunikationen strukturiert, wodurch ein hoher Informationsgrad über die operativen Geschehnisse erzielt wird. Insofern kann dadurch nicht nur das *Distanzierungsdilemma*[287] ein Stück weit behandelt werden. Sondern es ergeben sich durch die standardisierten Kommunikationen neue *zeitliche Freiräume*, die für Verbesserungsbemühungen und für die Bearbeitung strategischer Fragen eingesetzt werden kann. Insgesamt ist damit die Arbeitszeit der Führungskraft im Sinne des „*Fundamentalprinzips*"[288] deutlich effektiver genutzt.

Beispiel für *tägliche Routinen* auf *Abteilungsebene*

- Jede Arbeits-Schicht beginnt mit der *Schichtübergabe* zwischen den Meistern und Gruppenleitern.
- Die Schicht-*Startbesprechung* findet im Anschluss an die Schichtübergabe gemeinsam mit den Mitarbeitern statt.
- In den *Frühbesprechungen* informieren sich die Führungskräfte über alle produktivitätsrelevanten Themen der letzten 24 Stunden.
- Das Thema *Qualität* wird in einer separaten Besprechungskaskade abgedeckt, meist im Zusammenhang mit der Problemlösungsarbeit
- Mit einem *Tagesrückblick* mit dem Werkleiter endet der Tag für die Führungskräfte

Bei *Abweichungen* gibt es klar definierte Aufgaben: Klare, niedergeschriebene *Eskalationswege* und *-kriterien* für verschiedene Typen von Problemen (Produktivität, Qualität, Sicherheit) sichern eine zeitnahe Unterstützung bei der Bearbeitung des Problems. Die *Eskalationskriterien* beinhalten zu überschreitende Kriterien/Kennzahlen /Zeitspannen, die dazu führen, dass der direkte Vorgesetzte informiert wird, wenn das Problem nicht gelöst werden kann. Dieser bewertet sodann, welche Unterstützung er in der aktuellen Situation anbieten kann. Sollte diese das Problem abermals nicht lösen, wird der nächsthöhere Vorgesetzte informiert. Die Eskalationskriterien legen somit fest, wer bei einer Abweichung zu informieren ist und welche Unterstützung die direkten Linienverantwortlichen bei der Problemlösung erhalten, um einen positiven Anspannungsgrad im System zu erhalten.

---

286 Siehe oben 3.4.3.

287 Siehe oben 5.3.2.1.

288 Siehe oben 3.5.1.

In unseren Praxisfällen bestätigt sich regelmäßig: Durch solche standardisierte Kommunikationsroutinen und Regelabläufe reduzieren sich die erforderlichen Besprechungszeiten, die dann für weitere *Vor-Ort-* oder *Verbesserungsarbeit* eingesetzt werden kann nicht unbeträchtlich. Gleichzeitig verteilte sich die Belastung nicht auf wenige Entscheider, sondern gleichmäßiger auf alle Beteiligten.
Erst Standards schaffen eine eindeutige Basis, auf der Kreativität in Form von kontinuierlicher Verbesserung stattfinden kann. Allein die Darstellung von Ergebniszahlen an mehr oder weniger bunten Tafel wirkt nicht leistungssteigernd. So gesehen besteht das FvO-System aus mehr als nur *Informationstafeln;* sie sind lediglich der *sichtbare* Teil, genauso wie die regelmäßige *Kommunikation*. Eine „*Zettelwand*" hilft, nur die notwendigen Informationen, am Ort des Geschehens, allen zugänglich zu machen.

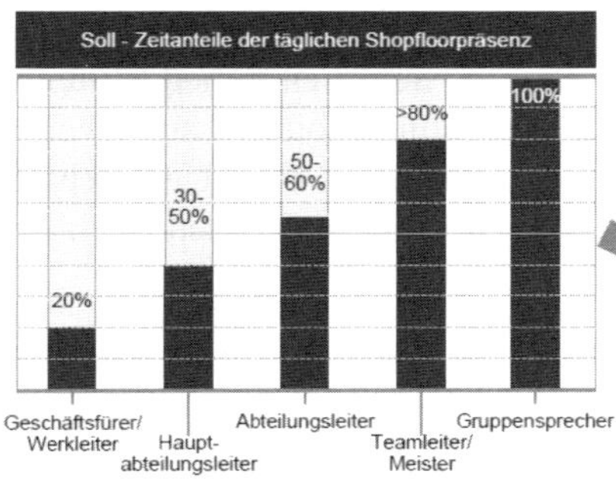

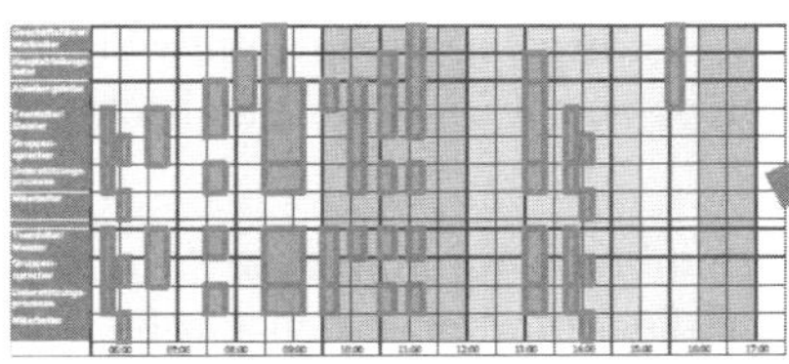

Hierarchie-ebene	Tägliche SOLL-Zeit am Shopfloor	Tägliche SFM-Besprechungszeit	Täglich frei verfügbare Shopfloor-zeit
Geschäfts-führer/ Werkleiter	1h 36min (20%)	20-50min	46-76min
Hauptabtei-lungsleiter	2h 24min-4h (30-50%)	70min-1h 45min	39min
Abteilungs-leiter	4h-4h 48min (50-60%)	85min-1h 45min	65min-3h 23min
Teamleiter/ Meister	Mind. 6h 24min (>80%)	90min-2h 50min	3h 34min-4h 54min
Gruppen-sprecher	8h (100%)	1h 35min-2h 25min	5h 35min-6h 25min
Unterstüt-zungs-prozesse	Abhängig von Hierar-chieebene	50min-2h 25min	Abhängig von Hierar-chieebene
Mitarbeiter	hat keine Führungs-aufgaben	10 min	hat keine Führungs-aufgaben

Abb. 89. Zeitgewinn durch Regelkommunikation (Beispiel)

Erst durch das Zusammenwirken verschiedener Bausteine kann FvO im Sinne eines lernenden Systems zur *operativen* Umsetzung des *Lean*-Lerngedankens beitragen: Regelkommunikation, strukturierter Tagesablauf, Prozessbestätigungen, Standards, regelmäßige Kontrolle und zeitnahe Führungs-Unterstützung sichern Vertrauenszuwachs und tragen zur Erhöhung der Führungsleistung.

Durch Schematisierung und Standardisierung entstehen *Freiräume*, die wirklich frei gestaltbar sind und genutzt werden können. Führungsaspekte (Delegation von Aufgaben, Kontrolle der Ausführung, Unterstützung bei der Umsetzung vor Ort), und gewollte *Verhaltensänderung* durch Anwendung von Lean-Instrumentarien erleichtern das Monitoring des Geschehens.

Es ist offensichtlich: Der beschriebene Coaching-Ansatz ist eine notwendige Ergänzung, die *Abweichungs*-Informationen in ihren sachlich-zeitlichen-sozialen Wechselbeziehungen auf operativer Ebene schnell verfügbar zu machen und durchkalkulieren zu können.

– *Unterstützung eines verhaltenssteuernden Controllings*

Wird die Lean-Philosophie so konsequent umgesetzt wie im FvO hat das *unternehmenskulturelle* Konsequenzen, weil es das Verhalten der Mitarbeiter positiv beeinflusst. Kosten- und zeitgerechtes Verhalten der Mitarbeiter kann nicht erprüft (controlled) werden, sondern es muss am Ort der Wertschöpfung im gesamten Netzwerk produziert werden, v.a. durch *Führungsunterstützung* und durch *systematische Problemlösung*.

Damit wird ein wichtiger Beitrag geleistet, die *Motivationsfunktion* des Rechnungswesens besser zu erfüllen: Mit weniger „Papierkrieg" werden die Ziele durch veränderungsorientierte Führung laufend verschoben. Somit entstehen Systemwirkungen in indirekten Bereichen – nicht nur im Controlling, sondern auch weit darüber hinaus in den gesamten kaufmännischen Bereichen auf allen Unternehmensebenen –, die man als Verschwendung deklarieren und entsprechend behandeln kann.

FvO trägt dabei zu einer anderen Art Monitoring des operativen Geschehens bei. Durch intensivere *Einbindung* der Führungskraft entsteht mehr Hintergrundwissen, welches einem Absicherungs- und Rechtfertigungsverhalten entgegenläuft. Das Controlling hat sich über lange Zeit durch ständige Intensivierung der Controllingaktivitäten zu einem meisterhaften *Rechtfertigungsinstrumentarium* entwickelt mit der Folge aufgeblähter organisatorischer Bereiche selbst im mittelständischen Unternehmen.

Letztlich kommt dadurch – wie es Krystek/Zumbrock formulierten[289] – eine destruktive *Misstrauensspirale* in Gang, bei der die Mitarbeiter den Großteil ihrer Arbeitszeit darauf verwenden, präventive Verteidigungsstrategien zu entwerfen, anstatt wertschöpfend für den Kunden tätig zu sein. Im Zuge des Ausarbeitens des *Rechtfertigungsinstrumentariums* entstehen jene voluminösen Papierberge, die trotz ihrer Richtigkeit (was fraglich ist) vielfach pragmatische Nützlichkeit vermissen lassen. Allerdings kommt es gerade auf diese Nützlichkeit an. Denn es wird letztlich kein „Wert geschöpft", wenn der Kunde nicht bereit ist, den dafür notwendigen Arbeitsprozess zu bezahlen bzw. keinen Nutzen für sich erkennen kann.

Der Kundennutzen (Kundenwert) ist im Lean-Unternehmen das Ziel aller Bemühungen. Aufgabe eines verhaltensorientierten Controllings ist es dann, diese Ziele in für alle Mitarbeiter unfassbare Ziele umzugießen, indem die gewünschten Zustände und die Missstände visualisiert werden, d.h. jedem deutlich vor Augen geführt werden, so dass niemand sich hinter Zahlen zu verstecken braucht.

---

289 Vgl. Krystek/Zumbrock (1993), (1993a).

STAUFEN AG: Erfolgreiches Shopfloor-Management in der Praxis

Die STAUFEN AG ist eine weltweit tätige Unternehmensberatung mit Schwerpunt Lean Management Transformation. In 25 Ländern werden Unternehmen des Mittelstands und Gorßunternehmen in allen Branchen bei der Lean-Transformation unterstützt und begleitet.
Ein wesentlicher Baustein hierbei ist die nachhaltige Implementierung von Shopfloor-Management-Systemen, da nur die Entwicklung von Führungsleistung im Sinne des Lean Management nachhaltige Spitzenleistungen möglich macht.

Dabei gilt gerade für das Shopfloor-Management, dass das Führungsverhalten und die Anwendung von *Führungsinstrumenten* von der zu erledigenden *Führungsaufgabe* abhängig sind. STAUFEN AG verfolgt einen situativen Führungsansatz. Daher muss die Führungskraft den verschiedenen Rollen des disziplinarischen Vorgesetzten, des Trainers, des Moderators oder des Mentors gerecht werden. Es muss dann in Abhängigkeit von der Führungssituation vor Ort entscheiden, welche Rolle einzunehmen ist.

Die *Kommunikation* wird zum Schlüsselfaktor des Erfolgs: Sie ist eindeutig und durchgängig und die Besprechungen werden effizient abgehalten Z.B. bei der Prozessbestätigung wird die Einhaltung von Standards beobachtet, um mit dem Mitarbeiter zeitnah Unterstützungsbedarf und Verbesserungsideen abzuleiten. Immer geht es auch um Mitarbeiterentwicklung, und somit das Schaffen von Lernsituationen.

Die Entwicklung des *kontinuierlichen Verbesserungsprozesses* (KVP) wird durch die Führungskraft daher aktiv gefördert und unterstützt. Bei der strukturierten Problemlösung steht der Mentor-Mentee-Dialog im Vordergrund.

Shopfloor Management

mit *fünf* zentralen *Führungsaufgaben*

1 Kurzzyklische Regelkommunikation, Visualisierung von Kennzahlen und „Go&See“
2 Aktives Bestätigen der Prozesse vor Ort
3 Strukturiertes Lösen von Problemen
4 Die Führungskraft als Treiber der kontinuierlichen Verbesserung
5 Befähigung der Mitarbeiter

mit *zwölf Verhaltensprinzipien*:
Die Führungskraft …

1 … unternimmt keine Schuldzuweisungen
2 … wendet Fragetechniken an
3 … fasst sich kurz
4 … will Gründe für Widerstand verstehen
5 … wirkt ausgeglichen
6 … macht verbindliche Zusagen
7 … hört aktiv zu
8 … gibt und holt sich selbst Feedback
9 … betreibt kein Mikromanagemet
10 ….lässt in Lernsituationen Fehler zu
11 … schafft sich ein eigenes Situationsbild
12 … erkennt vor Ort Verschwendungen.

Erfolgreiches Shopfloor-Management arbeitet konsequent und systematisch mit verschiedenen Lean-Tools:

- Im Produktionstagebuch sind alle stattfindenden Regelkommunikationen inklusive Zeit, Teilnehmerkreis und Schwerpunktthema abgebildet
- Die Kennzahlencharts zeigen auf einen Blick den aktuellen Stand im Bereich auf und ermöglichen das Erkennen von Abweichungen
- Die Visualisierung stellt dar, wie der aktuelle Stand in dem entsprechenden Bereich ist und an welchen Abweichungen aktuell gearbeitet wird
- Die Darstellung der Abweichungen in der SOLL-IST-Abweichung-Warum-Logik, unterstützt durch rote und grüne Farben, schafft Transparenz
- Einer der Hauptfehler im Shopfloor Management ist ein nicht geschlossener Kreislauf von der Problementdeckung zur Problemlösung. Gutes Shopfloor Management beinhaltet immer einen geschlossenen Problemlösungskreislauf .

Erst die Anwendung von Shopfloor-Management und nicht das alleinige Aufbauen eines Informations-Centers ermöglichen nachhaltige Veränderungen.

Bei der nachhaltigen *Einführung* von Shopfloor-Management liegt der Schwerpunkt demnach auf der methodischen und sozialen Weiterentwicklung der Führungskräfte und nicht nur auf dem Einüben von Lean-Tools.

Aus Erfahrung ist die Einführung auch kein schnelles Projekt. Will man nachhaltigen Erfolg absichern, muss man in der Regel ca. 12 bis 18 Monate für die Implementierungsphase veranschlagen:

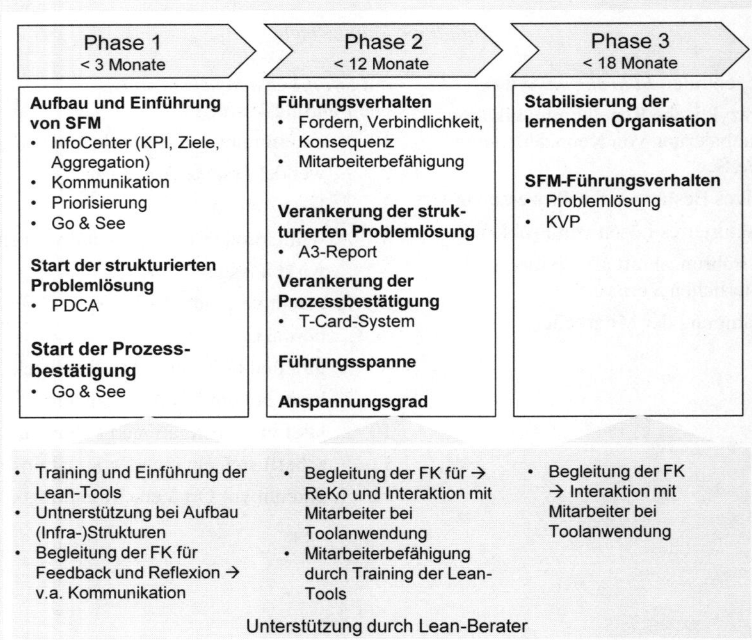

Quelle: Unterlagen der Staufen AG; Peters (2005)

Durch eine FvO-Konzeption kann daher auch die *Asymmetrie* zwischen *Informationsgewinnungsfunktion* und der *Motivation* des Rechnungswesens gemildert werden. Nicht nur das Feststellen von Sachverhalten, sondern das *Abstellen* von Hindernissen, Störungen und Verschwendung steht dabei im Vordergrund. Gefragt sind damit weniger komplexe Verrechnungssysteme, deren Methodik ohnehin nur die Spezialisten verstehen, sondern die Schaffung von adressatenadäquaten transparenten (Ziel-)Größen für die Mitarbeiter jeder Unternehmensebene. Es kommt weniger darauf an, die Fertigungskosten präzise zu erfassen, sondern darauf, auch in Zukunft wettbewerbsfähig zu bleiben.[290]

Ein japanischer Controller denkt nicht daran, *„ein System zu entwerfen, das genaue Informationen für strategische Entscheidungen liefert"*, sondern konzentriert seine Anstrengungen auf *„den Entwurf eines Systems, das die Mitarbeiter veranlasst, in Übereinstimmung mit der Unternehmensstrategie zu handeln und strategisch zu denken*", schreibt Hiromoto ganz in diesem Sinn.[291] Erfolg oder Misserfolg soll für jeden Beteiligten unmittelbar einsichtig sein.[292] Denn erst konkrete Maßstäbe ermöglichen eine individuelle Orientierung an den Zielen des Unternehmens und geben den Mitarbeitern die Chance, sich im eigenen Arbeitsumfeld über die anstehenden Aufgaben klarzuwerden. Die Notwendigkeit, Wissen zu dezentralisieren und an den Ort der direkten Wertschöpfung zu bringen, zieht umgekehrt – scheinbar – einen Kontrollverlust nach sich.[293] Dieser kann nur durch Vertrauen kompensiert werden.

FvO setzt Vertrauen voraus, produziert aber gleichwohl Vertrauen. *„Das richtige Handeln (kann) nicht im Voraus genau genug erkannt werden. Erfolg stellt sich erst nach dem Handeln ein – oder nicht ein. Man muss sich jedoch vorher engagieren. Dieses Zeitproblem überbrückt das Vertrauen, das als Vorschuß auf den Erfolg im Voraus auf Zeit und auf Widerruf gewährt wird."*[294] Im *Mentor-Mentee-Dialog* als Teil des FvO-Systems kann das erforderliche Vertrauen produziert werden. Die kurz-zyklische Kommunikation in direkter Interaktion zwischen Führungskraft und Mitarbeiter vor Ort[295] gibt hinreichend viele Gelegenheiten, das

290 Vgl. Hiromoto(1989).

291 Vgl. Hiromoto (1989), S. 322.

292 Vgl. zu einem Überblick zum Thema Verhaltenswissenschaft und Rechnungswesen: Holzer/Lück (1978).

293 Hierbei ist das sehr schwierig herzustellende Balanceverhältnis von Selbst-/Fremdorganisation angesprochen. vgl. hierzu die sehr aufschlussreichen Ausführungen bei Kieser (1994).

294 Luhmann (1989), S. 26.

295 Vgl. hier auch das Beispiel der Firma Löhr & Bromkamp, die u. a. die Position des Werkleiters/Abteilungsleiters abgeschafft haben. Bezeichnend ist hierbei, dass die Hauptabteilungsleiter, vor allem die Werkleiter ein Problem haben: „Sie haben teilweise die in den kleinen Units nötigen Fähigkeiten verloren, an der Basis zu arbeiten." o. V. (1992b), S. 31.

Vertrauen zu testen und zu entwickeln[296]. Das senkt den operativen *Personalführungsbedarf* erheblich und nachhaltig.[297]

Eine FvO unterscheidet sich natürlich kategorial von dem, was folgendes Zitat zum Ausdruck bringt: *„In den vergangenen 30 Jahren neigten Topmanager dazu, Führungskräfte zu beschäftigen, ‚die wie Monstren umherstolzieren – ein erhobener Zeigefinger, ein starker Nacken, ein Magen, ein Ellbogen, aber niemals ein ganzer Mensch'.“*[298]

„Verhaltenssteuerndes Controlling“: Genchi, Gembutsu in der Praxis

- „go and see“ statt „meet and mail“. Die Führungskraft soll das Problem verstehen, dazu muss man an den Ort des Problems gehen
- zu viele X,Y,Z-Probleme machen das System handlungsunfähig, weil die „Veränderungsreserve“ mit „unwichtigen“ Problemen verbraucht wird
- „Transparenz und Fokussierung“ statt „Informationsflut“ nur 4 Kennzahlen im SFM, z.B. bei Recaro: Arbeitssicherheit, Mitarbeiter, Kapazität, Qualität
- „Folienstift“ statt „Powerpoint und SAP“. Das beschreibt die Kommunikationskultur: wenn Vorarbeiter/Meister das Problem auf die Tafel schreiben
  - müssen sie das Problem zuvor strukturieren und bezeichnen
  - müssen sie sich fragen, ob sie das Problem nicht selber lösen können.
- Anstatt z.B. auf Tonnen von Papier, sollte eine Führungskraft sich v.a. auf die Wirklichkeit verlassen, da die Erhöhung des Realitätsbezugs zugleich bessere Entscheidungen zeitigt.
- „5-Minuten-Management“ statt „50-Minuten Präsentation“ die Führungskraft lernt zu fokussieren und die wesentlichen Störungen zu kommunizieren. Durch eine geringere Anzahl an Schnittstellen finden die Führungskräfte mehr Zeit, um am Ort des Geschehens zu sein.
- „Disziplin und Vorbildfunktion“ statt „laissez-faire und Hierarchiegehabe“. Pünktlichkeit bei täglichen Routinen. Unterstützung und aktives Leben der Lean-Routinen und „Lean-Rituale“
- „Coachen und Befähigen“ statt „Anweisen und belehren“
- Teamleiter 100% am Shopfloor vs. SAP-MIS

FvO setzt setzt notwendigerweise entsprechende Qualifikationen hinsichtlich fachlicher und sozialer Kompetenz von Führungskräften und deren Mitarbeitern voraus.[299] Weder fallen *„Schwergewichts-Projektleiter“* vom Himmel,[300] ebenso wenig wie Mitarbeiter, die in Teams Probleme zu lösen in der Lage sind. *„Statt eindeutig festgelegter Befehls- und Kontrollstrukturen müssen die Manager im zweiten und dritten Glied bis hinunter zum Meister als Mitglieder eines Teams und ihrer*

---

[296] „Für Sinngebung sorgen“ heißt es richtigerweise bei Griepenkerl (1990), S. 14 f.

[297] Türk (1981), S. 146.

[298] Hayes/Jaikumar (1989), S. 80.

[299] Vgl. hierzu schon Sebening/Weiß (1989).

[300] Vgl. ausführlich zu den Anforderungen an einen Heavyweight Product Manager Clark/Fujimoto (1991), S. 256 ff.

Linienfunktion ‚plötzlich verhakt, vernetzt und in wechselseitigen Wirkbeziehungen denken'".[301]

5.4 Unternehmenskultur: Schaffen eines Lern- und leistungsfördernden Arbeitsumfelds

Wie man aus den Ausführungen des Vorabschnittes leicht folgern kann: Mehr denn je wird der Wettbewerb auch durch eine Führungskultur entschieden werden, die Mitarbeiter auf allen Ebenen zu Lernen und Leistung anhält. Wir verwenden dafür den Begriff „*veränderungsorientierte Führung*", weil dadurch keine Vorfestlegung auf eine Seite der Unterscheidung Führer/Geführte bindend wird.

Wir haben gesehen, dass hierbei das Thema *Lernen* sehr breiten Raum einnimmt, v.a. die Art und Weise, dieses unternehmensspezifisch in den Führungsprozess einzubinden. Dadurch rückt die Arbeit an – mehr und mehr generationsübergreifenden[302] – Konzepten für ständige Kompetenzerweiterung und Leistungsverhalten in den Vordergrund. Die Schlüsselfrage aus Unternehmenssicht lautet dann: Wie kann in diesem Kontext sichergestellt werden, dass die Mitarbeiterstruktur einen zukunftsfähigen Mix an Kompetenzen repräsentiert, um die zukünftigen Herausforderungen zu bestehen?

Nur eine breite Verankerung von *Veränderungsfähigkeit*, vor allem auch bei Führungskräften, schafft die Voraussetzung dafür, dass Unternehmen an *Agilität* gewinnen.[303] Das ist nicht nur, aber ganz wesentlich eine Frage eines lern- und leistungsfördernden Arbeitsumfelds, die eine entsprechende Führungsethik mit ausgeprägter Sozialkompetenz zwingend macht. Darauf dürfte auch der „Geist" von Lean-Unternehmen zurückzuführen sein.

5.4.1 Unternehmenskultur als Erfolgsfaktor: Die (Wieder-)Entdeckung des Sozialen in der Organisation

5.4.1.1 Unternehmenskulturdebatte und „Japan-Phänomen"

Im Rahmen der „*Inkubationsphase*" des Lean-Denkens spitzte sich nach Aufkommen des „*Japan-Phänomens*" (Erfolg japanischer Unternehmen am Weltmarkt) die kulturvergleichende Managementforschung Ende der 1970er Jahre auf zwei Länder zu: USA und Japan. Vor allem waren es amerikanische Wissenschaftler und Praktiker, die länderspezifische Unterschiede im Management fernöstlicher und westlicher Unternehmen untersuchten. Dies war keineswegs neu. Denn ausgehend von der psychologisch-orientierten Organisationsforschung in den 1930er Jahren hat

---

301 So die Feststellung von Arthur-D.-Little-Consultant Friedrich W. Bock: o.V. (1992a), S. 21 u. 24. Es sei noch einmal zurück erinnert an die notwendigen Veränderungen von Führungs-Kompetenzen oben in 5.3.2.

302 Kaum ein Unternehmen wird es sich noch lange leisten können, Mitarbeiter 40 plus aus den Weiterentwicklungsaktivitäten auszuklammern. Vgl. Capgemini Consulting (2012).

303 Vgl. Capgemini Consulting (2012).

man die Bedeutung des *Betriebsklimas* als „Zwischenprodukt“ zwischen Struktur und Mitarbeiterverhalten entdeckt und näher studiert.[304] Demgemäß schaffen bestimmte organisatorische Einflussfaktoren ein informelles Organisationsklima, welches sich in bestimmten motivationale Wirkungen niederschlägt und somit das Verhalten der Mitarbeiter messbar beeinflusst.

Später stellte man fest, dass neben der formalen organisatorischen Gestaltung („harte“ Faktoren) auch „*weiche Faktoren*“ für den Erfolg von Unternehmen wirksam sind. Damit hat man die soziale Bestimmtheit in der betriebswirtschaftlichen und technischen Zahlenrealität (wieder) entdeckt. *Peters/Waterman* lösten eine erste Resonanzwelle aus, indem sie auf die Frage nach Erfolg und Misserfolg von Unternehmen die Antwort präsentierten, man möge nicht nur auf technische *Rationalität des* Handelns, sondern v. a. auch auf *Motivation zum* Handeln setzen.

Das jedoch war ein glatter Gegensatz zur bis dato herrschenden orthodoxen Managementlehre. Entscheidungen waren mithin auch auf die richtige Motivation und nicht nur auf Rationalität zu gründen, wobei Spannungen, Widersprüche, Fehler u. ä. nicht mehr als Deformation, als Abweichung von der Vorgabe, sondern als gute Motivationsressourcen zur Erleichterung allfälliger Anpassungen gesehen wurden.[305] Die Entdeckung der „*weichen* Faktoren“ (Skills, Style, Shared values, Staff) wurde neben den rahmengebenden Faktoren (Strategie, Struktur, Systeme) als besonders wichtiges Erfolgskriterium präsentiert.[306] Neben *sachliche* Belange (Rationalität) treten kompensatorisch deren *soziale* Bestimmtheit (v. a. Kommunikation): „*Eine gute Struktur, die den ‚menschlichen Faktor‘ unberücksichtigt lässt, gibt es einfach nicht.*“[307]

Deal /Kennedy griffen die Ideen auf und präzisierten sie. Nunmehr wird Arbeit nicht mehr allein aus vorgegebener Arbeitsteilung technisch-rational abgeleitet, sondern im Kontext einer sich selbst regulierenden *Kommunikation* begriffen.[308] Damit konnte man auch den vorherigen Vorschlag von Ouchi (*„Theorie Z“)* einordnen, die dieser aus den Arbeiten von McGregor (Theorie X und Y) fortentwickelt hatte. Indem Ouchi die gesellschaftliche Dimension ins Spiel brachte, hat er einen wesentlichen Beitrag zum Einfluss der Kultur geliefert: westliche Unternehmen seien *skill-centred*, japanische Lean-Unternehmen *company-centred.*[309] Später stellte sich das Managementberatungsunternehmen McKinsey – bewusst oder unbewusst – in diese Tradition, als es vor gut einem Jahrzehnt den „*war for talents*“ ausgerufen hat.[310]

---

304 Staehle (1989), S. 457.
305 Vgl. Peters/Waterman (1984). Ausführlich hierzu Baecker (1999), S. 114 ff.
306 Vgl. hierzu das 7S-Konzept bei Peters/Waterman (1984).
307 Peters/Waterman (1984), S. 31.
308 Deal/Kennedy (1982).
309 Vgl. Ouchi (1981); Pascale/Athos (1981); Deal/Kennedy (1982) und Peters/Waterman (1984), deren Arbeiten als Ausgangspunkt einer *funktionalistischen* Sichtweise der Organisationskultur gelten. Vgl. Baecker (1999), S. 120 ff.
310 Chambers et al. (2007).

Heute zeigt sich, dass nahezu jede namhafte Unternehmung viele Anstrengungen unternimmt, im „*war for talents*" die eigene Attraktivität für Mitarbeiter zu präsentieren. Man verspricht (zukünftigen) Mitarbeitern Anreize, die neben dem Gehalt viele Nebenleistungen (permanente Weiterbildung, Gesundheitsversorgung, Vereinbarkeit von Familie und Beruf etc.) umfassen und fordert umgekehrt ein Höchstmaß an Einsatzbereitschaft, Flexibilität und breitem Fähigkeitsspektrum.

Das Management der „*weichen*" Faktoren wird somit zu einem wesentlichen Träger der eigentlichen Unternehmenspolitik. Als *unternehmenskulturelle Errungenschaft* etikettiert, sollen sie integrierend, orientierungsgebend und motivationssteigernd wirken. Für den vorliegenden Zusammenhang sind ein paar Fragen von Bedeutung:

- Gibt es einen direkten Zusammenhang zwischen Kultur und Erfolg?
- Ist Unternehmenskultur überhaupt und wenn ja, inwieweit gestaltbar?
- Wie kann eine *Lean*-kompatible Unternehmenskultur aussehen?

5.4.1.2 Unternehmenserfolg und Unternehmenskulturen

Eine jede Organisation bzw. Unternehmung entwickelt als Ganzes in Auseinandersetzung mit ihrer Umwelt unverwechselbare Vorstellungs- und Orientierungsmuster, die das Verhalten der Mitglieder bzw. Subsysteme wirkungsvoll beeinflussen prägen (sollen). Kulturen entstehen beiläufig, gewissermaßen als *Kuppelprodukt* von Entscheidungen und Handlungen:[311] All das, was Entscheidungen und Handlungen ausmacht, wird in endloser Wiederholung von Operationsroutinen wieder und immer in einem bestimmten sozialen Kontext durchlaufen. Zugrunde gelegte Prioritäten und Routinen, sichtbares Verhalten, erinnerte Geschichten und Erfahrungen etc. wechselwirken mit den Operationen und den Organisationsmitgliedern und schaffen das, was man Unternehmens- bzw. Organisationskultur nennt: „*Unter Kultur läßt sich allgemein ein System von Wertvorstellungen, Verhaltensnormen sowie Denk- & Handlungsmuster verstehen, welches von einem Kollektiv von Menschen erlernt und akzeptiert worden ist und welches bewirkt, dass sich diese soziale Gruppe deutlich von anderen Gruppen unterscheidet.*"[312]

Dabei verleiht Kultur einer Institution als Ganzes *unverwechselbare* Systemidentität – nach außen und innen (*Corporate Identity*). Das war es, was man in der Lean-Diskussion im Westen von Anfang an sah: Gestaltung der „*sociostructure*". Aber das war nur die „Oberfläche". Was aber verbarg sich dahinter?

Anhand des *3-Ebenen-Modell* der Unternehmenskultur von Schein kann man Organisationskultur durchleuchten.[313] Unternehmenskultur macht sich demnach fest an der sichtbaren „*Oberflächenstruktur*" und an *Werten* sowie an den dahinterstehenden *grundlegenden Annahmen* (Axiome):

---

311 Johnson (1998).
312 Bleicher (1991a), S. 732; vgl. auch Schein (1985), S. 9.
313 Vgl. Schein (1985); vgl. auch Bleicher (1991a), S. 149.

- an der Oberfläche liegen die *sichtbaren* Symbolsysteme, Verhaltensweisen und andere physische Manifestationen, Artefakte und Erzeugnisse. (Beispiele hierfür sind das Kommunikationsverhalten unter und mit Mitarbeitern, Kunden und Lieferanten, Logo, Parkplätze, Bürolayout, verwendete Technologie, das Leitbild, aber auch die Rituale und Mythen der Organisation.
- Auf der mittleren Ebene liegen *Werte, Normen und Standards*, die vorgeben, wie die Dinge *sein sollen*; kollektive *Werte* („Ehrlichkeit", „Freundlichkeit", „Technik-Verliebtheit", „spielerisch", „konservativ" usw.) und *Normen* prägen das Bewusstsein und Verhalten der Organisationsmitglieder.
- Auf der untersten Ebene sind die Dinge, die als selbstverständlich angenommen werden für die Art und Weise, mit welchen *Grundannahmen* (*basic assumptions)* und *Weltanschauungen* man auf die Umwelt reagiert. Die Weltanschauungen sind sozial vermittelt (Maximen, Ideologien, Verhaltensrichtlinien, Verbote) und bleiben im Normalgang unhinterfragt und auch undiskutiert.

So betrachtet hat eine jede Führungskraft in der Rolle eines *„symbolic"* Managers ein tiefes Verständnis für die bestehende Kultur (*Corporate Identity*), anerkennt ihre Bedeutung für den langfristigen Erfolg und betreibt bei Bedarf eine vorsichtige Anpassung der Kultur an Umweltveränderungen.[314] Kulturprodukte, also Symbole bzw. Zeichen mit Bedeutungsinhalt, wie z. B. Symbole, Rituale (Feiern), Mythen und Sagen, Geschichten, Legenden und Gerüchte, Sprache, sind tief im Denken verwurzelt und werden von Mitgliedern der Organisation im Normalbetrieb nicht bewusst wahrgenommen. Sie wirken als „*Werte-Kleister*" und halten die Organisation zusammen.[315]

Ökonomischer Erfolg hängt dann wesentlich von den Fähigkeiten des Managements ab, Unternehmenskultur und Umwelt in Einklang zu bringen, wobei Fokussierung auf „weiche Faktoren" und deren geschicktes Management auch am meisten Erfolg verspricht.[316] Die Betonung der „*weichen*" und die Abblendung der „*harten*" Faktoren hat zu dem (Kurz-)Schluss geführt, dass die Kulturen als *die Art und Weise, wie wir Wert durch Menschen schöpfen* einen immer stärkeren Wettbewerbsvorteil darstellen können – wenn man es besser macht als die Konkurrenz[317].

Die Unterscheidung hart/weich und stark/schwach wurden gewissermaßen kurzgeschlossen und transportierte die Vorstellung, dass starke Organisationskulturen auch erfolgversprechender sind. *Stark* ist eine Organisationskultur v. a. dann, wenn sie hohe *Prägnanz* (eindeutige Anleitung zum Handeln, klare Trennung zwischen erwünscht und unerwünscht), großen *Verbreitungsgrad* hat (sehr viele Mitarbeiter, idealerweise alle), eine große *Verankerungstiefe* aufweist (Werte werden bedenkenlos- und gedankenlos verwendet) und lange *unveränderlich* (persistent) ist.[318]

314 Vgl. Deal/Kennedy (1982), 141 ff.
315 Vgl. Smircich (1983).
316 So etwa lautet in etwa der Tenor von Deal/Kennedy (1982).
317 Vgl. Pfeffer (2002).
318 Vgl. Steinmann /Schreyögg (2000).

In ihrer Sicht sei eine Unternehmung umso erfolgreicher, je besser es gelänge, sich an den von ihnen isolierten Erfolgsfaktoren zu orientieren und diese in ihr Handlungsprogramm aufzunehmen. Aktionsparameter für die Gestaltung der Organisation waren somit

- Einräumung größerer Partizipationschancen für alle Mitarbeiter,
- stärkere Akzentuierung der historischen Individualität eines Unternehmens und
- Förderung von emotionalen Bindungsbereitschaften.

Damit war die in der Organisationstheorie lange Zeit ausgeblendete soziale Dimension wieder salonfähig gemacht.[319] So wichtig die Arbeiten für das Verständnis realen Geschehens auch gewesen sein mochten, mittlerweile kann man den einfachen Zusammenhang zwischen starker Kultur und Unternehmenserfolg nicht mehr aufrechterhalten. Wie aber dann soll und kann man Unternehmenskultur gestalten?

5.4.1.3 Problem der Gestaltbarkeit von Unternehmenskulturen

Auch wenn er nicht explizit von Kultur sprach, kann man seit Burns wissen, dass kulturelle Transformationen nicht unmöglich sind, aber deren gewollte Gestaltung auch kein einfaches Unterfangen ist. Burns beobachtete, dass gerade *mechanistische* Unternehmenskulturen in Verfolgung des Ziels, sich organischer zu gestalten zu *Pathologien* neigen und trotz aller Anstrengungen das Veränderungsziel nicht erreichen.[320]

Tatsächlich kreist die Diskussion über die Gestalt- und Veränderbarkeit von Unternehmenskultur um zwei Positionen: Kultur als etwas, das eine Organisation *ist (Variablen-Ansatz)* im Gegensatz zu etwas, das eine Organisation *hat (Root Metaphor-Ansatz)*.[321] In ersterer Hinsicht („ist“) wirkt Kultur als mächtiges Werkzeug, welches Verhalten steuert, ein Gefühl von Identität vermittelt und akzeptierte und anerkannte Methoden zur Entscheidungsfindung liefert. In letzterem Zusammenhang („hat“) ist Kultur untrennbarer Bestandteil von Organisationen.

Je nach Sichtweise ergeben sich für die Gestaltbarkeit verschiedene Optionen.

- Man kann einmal auf „schicksalhaft Gewordenes“ (Geschick) verweisen und von einer Unmöglichkeit einer Gestaltbarkeit ausgehen, wie im folgenden Zitat: *„Wenn Organisationskultur durch das Unbewusste entsteht und somit nicht immer ‚ordentlich‘ ist, dann ist es unwahrscheinlich, dass Anstrengungen eine solche Kultur zu managen, präzise vorhersehbar oder kontrollierbar sind.“*[322]
- Man kann aber auch Gestaltbarkeit unterstellen. Denn was eine Kultur sich angeeignet hat, kann sie auch wieder *ent-lernen* und durch Anderes ersetzen. Das

---

[319] Vgl. Baecker (1999), S. 368; hier v. a. (1) Handeln von Unternehmern/Manager werden beobachtet, v. a. daraufhin was deklariert im Unterschied zum tatsächlichen Verhalten. (2) Unternehmerisches Handeln findet im Kulturraum statt.

[320] Vgl. Burns (1963); allgemein zum Themenkreis von Organisationspathologien vgl. Türk (1976).

[321] Vgl. Smircich (1983).

[322] Krefting/Frost (1985).

folgt unmittelbar aus der oben skizzierten Sichtweise von Schein. Zudem gibt es ausreichend Literatur über Kulturveränderungen, die wenngleich nicht alle erfolgreich, so doch in einer konkreten Unternehmensentwicklung stattgefunden und das Überleben des Unternehmens gesichert haben. Insofern kann eine Kultur durchaus verändert werden, wenn sie den Umweltanforderungen nicht mehr adäquat ist. Davon wollen wir ausgehen.

Bis heute gibt es jedoch (noch) kein klares Konzept, welches erklären könnte, wie grundlegender Kulturwandel sicher herbeizuführen ist. Empirische Studien belegen, dass das Management von Unternehmenskultur immer mit nicht beabsichtigten Konsequenzen im Organisationsgefüge rechnen muss und dass man auch den Transformationsprozess technokratisch nicht durchsteuern kann wie z. B. eine Marketingkampagne.

Denn Kultur(management) ist immer Entscheidung über Werte. Eine Unternehmung muss sich immer für bestimmte Werte engagieren, sei es in der Produktion, bei verwendeten Technologien, beim Personal und bei den Produkten und Märkten (Corporate Identity). *„Kulturarbeit setzt die Fähigkeiten voraus, selbstverständliche Gewohnheiten in Frage zu stellen und kontingent zu setzen. Erst wenn man sieht, was unter Umständen wegfallen kann, erkennt man, was immer noch wichtig ist, redet über das, was man nicht für wichtig hält, und tut das, was man für wichtig hält.“*[323]

Hierfür benötigt man eine *Vision,* die als Vergleichsmaßstab fungiert und alles Bekannte in eine andere Perspektive rückt. Die Adoption des „Lean-Paradigmas“ im eigenen Unternehmen ist eine solche Vision, deren Realisierung immer auch ein Stück weit eine Reise ins Unbekannte mit offenem Ausgang ist; man erfährt nachher, was man sich vorher nicht richtig hat vorstellen können. Ein solches Abenteuer wird manchen Beteiligten abschrecken.

323 Baecker (1999), S. 372.

Tom Burns' wegweisende Unterscheidung: mechanistisch vs. organistisch[324]

Burns versuchte im Rahmen einer Studie elektronische Entwicklungstätigkeiten in traditionellen schottischen Unternehmen einzuführen. Als sich fast keines der traditionellen schottischen Unternehmen in die Entwicklung von elektronischen Baugruppen einarbeiten konnte, entstanden bei Burns Zweifel, ob sich Unternehmen überhaupt geplant verändern könnten.

In seiner Studie entstand die bis heute wegweisende Unterscheidung, Unternehmen als mechanistisch oder organi(sti)sch zu bezeichnen. Der *mechanistische* Typ ist an relativ stabile Umweltbedingungen angepasst. Organisation und Aufgaben des Managements sind funktional und hierarchisch klar strukturiert und mit klaren Kommunikationslinien ausgestattet. Der *organi(sti)sche* Typ ist vertraut mit instabilen Umwelten, an die er sich permanente und durch ständige Neudefinition der Aufgaben und Prozesstrukturen anpasst. Strikte Befehl und Gehorsams-Kommunikation wird ersetzt durch partnerschaftlichen und beratenden Informationsaustausch.

Burns behauptet, dass ein Verständnis von Organisationskulturen aus dem Verständnis von drei sozialen Systemen folgen kann. *Formale Autoritätsstrukturen, Karrieresysteme, politisches System.*

„Pathologische" Systeme ergeben sich aus dem Versuchen mechanistischer Unternehmen, sich selbst organischer zu gestalten, um mit unsicherer Umwelt zurechtzukommen. Hierzu einige Ergebnisse:

- In schnell veränderlichen Umwelten wird es zunehmend notwendig, Klärungen herbeizuführen, was in mechanistischen Unternehmen mit dem Vorgesetzten stattfindet. Kann dieser das Problem nicht lösen, so klettert das Problem die Hierarchieebenen nach oben und endet auf dem Tisch des Unternehmensleiters („Kamineffekt"). Schnell wird klar, dass viele Entscheidungen ohne die Führung nicht getroffen werden können. Es entwickelt sich ein System mit unklaren Rollenverteilungen (engl. *ambiguous figure system*), bei dem es ein offizielles und ein inoffizielles System von Zweierbeziehungen zwischen dem Leiter und einer Vielzahl von mittlerem Management gibt. Als Folge ist der Leiter überlastet und viele seiner direkten Führungskräfte sind frustriert, weil sie ständig übergangen werden.
- Andere Unternehmen versuchen das Problem zu lösen, indem sie zusätzliche Stellen in die bürokratische Hierarchie einfügen, z. B. Kontakt-Manager etc. Das führt zu einem System, welches Burns als mechanistischen Dschungel (*mechanistic jungle*) bezeichnet, wo ein neuer Job oder eine neue Abteilung erzeugt wird, deren Existenz vom Fortbestehen der Probleme abhängt.
- Die dritte pathologische Lösungsmethode, die Burns erkannte, war die Einführung von Komitees (Komitee-System, super-personal oder committee system). Das Komitee ist die traditionelle Methode, mit vorübergehenden Problemen umzugehen, die nicht von einer einzelnen Funktion oder Person gelöst werden können. Als Dauerlösung ist das Komitee völlig ungeeignet, da es die Loyalitäten und Karrierestrukturen der Abteilungen zerstört.

[324] Vgl. Burns (1963).

Deal/Kennedy vermittelten uns eine Vorstellung davon, wie schwierig organisatorische Veränderungen sein können, nicht nur, aber gerade bei *„starken"* Unternehmenskulturen. Denn starke Kulturen ziehen sehr kosten- und zeitintensive Konsequenzen bei Kulturveränderungen nach sich:

- *„To achieve even half of the change a company attempts, it must spend an amount equivalent to between 5 and 10 percent of its annual budget for the personell whose behaviour is supposed to be changed.*"
- *„It is so expensive, in fact, that the very expense itself is a significant barrier to change.*"

Eine der Ursachen dafür lässt sich verhältnismäßig schnell klarmachen. Genau genommen gibt es *die* Unternehmenskultur nicht. Vielmehr bilden sich innerhalb einer Unternehmung vielerlei Subkulturen aus wie in einer Art *„Zwiebelschalenmodell"*: (1) Die Privatkultur eines Individuums, die eingebettet ist in eine (2) Unternehmenskultur, diese wiederum in eine (3) Branchen- und (4) Gesellschaftskultur.

Jedes Management muss daher neben den der formalen organisatorischen Gestaltung die informelle Integration über Kultur in ihren vielfältigen Bezügen nach innen (Subkulturen) und außen (Branche und Gesellschaft) sicherstellen. Dabei wird die Harmonisierung der verschiedenen Teilkulturen zum Problem.[325] Und genau aus den mannigfachen *Harmonisierungsproblemen* von Kulturen, ihren Um- und Subkulturen, erklären sich auch die beträchtlichen *Zeitkonstanten jeder kulturellen Veränderung* in einem Unternehmen: Aus der einen Perspektive sieht man das Problem, das ein anderer noch nicht als solches sieht oder mit anderer Priorität. Der eine sieht als Maßnahme für eine Problemlösung diese Alternative, ein anderer diese nicht, dafür eine weitere.

Aus dem vielfachen *zirkulären* Zusammenhang zwischen Kultur und Verhalten einerseits und den vielfältigen Spiegelungen in den verschiedenen Perspektiven und Bezugssystemen andererseits resultieren leicht entzündliche *Konfliktpotenziale*, die als System- und Verhaltenswiderstände an der Oberfläche sichtbar werden. Deren Behandlung ist *zeitintensiv* ist und erzeugt *Ergebnisunsicherheit*.

Angesichts dessen wird man ohne eine *evolutionäre* Vorstellung nicht sehr weit kommen: Planung *und* Zufall – die Mischung macht es. Unstreitig ist nur: Der Führung kommt eine prägende Rolle für Unternehmenskultur zu.[326] Auch weil Führungshandeln genau beobachtet wird, ist jede Entscheidung zugleich ein Hinweis darauf, wie Mitarbeiter sich verhalten werden.

Jede Reaktion der Führung auf kritische Ereignisse und Organisationskrisen, jede Unterstützung bei Unterweisungen des Mitarbeiter, Art und Weise der Entscheidung für Zuweisung von Ressourcen und Status und angewendete Kriterien für die Selektion, Einstellung und Beförderung und das Ausscheiden von Mitarbeiter ist

325 Vgl. hierzu das „Perspektiven"-Modell bei Weiß (1995).
326 Vgl. Peters/Waterman (1984).

orientierungsgebend und motivationsbeeinflussend. Das „*Wie*" entscheidet ebenso, nicht nur das „*Was*".

5.4.2 Lean Management-adäquate „*verpflichtende* Unternehmenskultur"

Die Führungskraft ist v.a. *Vorbild*, da nicht nur Verhalten beobachtet als solches, sondern auch in Bezug auf Leitlinien, Werte und Normen (Symbolik) beobachtet wird. Nicht zuletzt deshalb ist das Commitment der zuständigen Entscheidungsträger bei Organisationsveränderungen so bedeutsam. Akzeptanzprobleme tauchen immer dann auf, wenn unternehmenspolitische Vorgaben nicht im Einklang stehen mit kulturellen Werten und Normen. Schließlich dient den Mitarbeitern in ihren Entscheidungs- und Kommunikation Kultur als „Leitplanke". Unternehmenskultur trägt die Unternehmenspolitik und strategischen Programme nur dann, wenn sie wechselseitig aufeinander bezogen sind.[327]

Alle Mitarbeiter glauben an die subtil vermittelten Werte und Normen und richten ihr Verhalten entsprechend danach aus. Tarnen und Täuschen kommt vor, aber vorzugsweise in *Misstrauenskulturen*. „*Eine opportunistische Verhaltensgrundlage ist gekennzeichnet durch eine geschlossene, traditionsbestimmte, insulare Unternehmenskultur, deren kohäsiver Zusammenhalt durch eine Werteintegration getragen wird, die über eine starke Spitzenorientierung zu einer Einheitskultur neigt.*"[328]
Kultur und Struktur wechselwirken mit den prägenden Rollen von Mitarbeitern und Führungskräften. Diese vier Dimensionen können mit zwei dichotomisch angelegten weiter differenziert werden und spannen dann mit acht Dimensionen ein Feld auf (siehe Abb. 90).
Nur wenn es gelingt, eine *verpflichtende* Vertrauenskultur zu etablieren, ist das Klima für die erfolgreiche Anwendung der Lean-Prinzipien und -Methoden geschaffen. Nur eine *Vertrauenskultur* als Vorbedingung ist mit dem Lean-Gedanken kompatibel: „*Eine dem Sachlichen und Sozialen verpflichtete Unternehmenskultur muss sich ... gegenüber den unterschiedlichen und differenzierten Interessen als offen und veränderungsbereit erweisen. Zukünftige Entwicklungen in Interessenkonstellationen sind zu antizipieren, was durch eine sensitiv auf Trends im Wandel ausgerichtete Unternehmenskultur möglich wird. Da die Komplexität, die sich mit einem differenzierten Eingehen auf vielfältige Veränderungen in Teilen des Umsystems verbindet, eine zentralistische Lenkung hoffnungslos überfordern würde, lässt sich* die *Umweltvernetzung nur über ein präsituatives Agieren vielfältiger Subsysteme am der Peripherie des eigenen Systems erreichen. Dies verlangt eine wertdifferenzierende subkulturelle Basisorientierung einer Unternehmung.*"[329]

Mithilfe dieser verschiedenen Merkmale (Dimensionen) lassen sich dann Unternehmens- bzw. Organisationskulturen beschreiben und analysieren. (siehe Abb.

---

[327] Vgl. Bleicher (1991), S. 167 ff.; (1991[2]).
[328] Bleicher (1991), S. 167.
[329] Bleicher (1991), S. 168.

90).[330] Bringt man alle Dimensionen zusammen, lassen sich zwei Typen von Unternehmenskulturen unterscheiden: opportunistische und verpflichtende Unternehmenskultur.[331]

Führungskräften kommt eine wesentliche Rolle bei der Kulturprägung zu. Sinn- und Symbolorientierung, Belohnungsattitüde und Fehlertoleranz machen eine *entwicklungsorientierte* Kulturprägung aus. Statt nur technokratisch-instrumenteller, kostenorientierter Machbarkeit, rückt in dieser Perspektive auch der Kundennutzen und die Einsicht in den Aufbau von Ressourcenpotenzialen und Arbeit an Werten im Sinne einer *„unternehmerischen Organisationskultur“* in den Vordergrund.

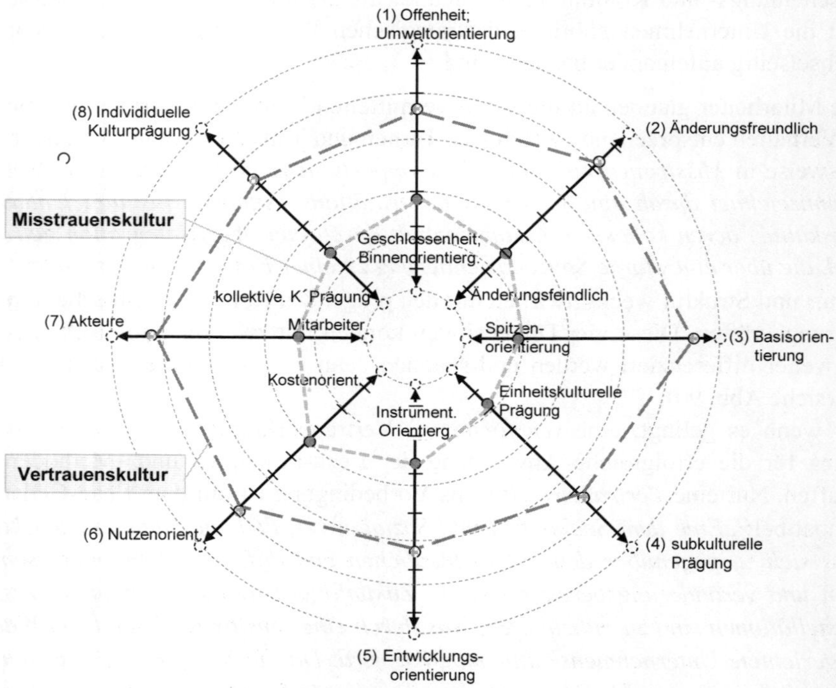

Abb. 90. Typisierung von Misstrauens- und Vertrauenskultur[332]

Aber auch den *Mitarbeitern* kommt eine kulturprägende Rolle zu. Wer sich als Organisationsmitglied begreift und vom Gesamtzusammenhang nur seinen eigenen Weltausschnitt betrachtet, fremdverantwortete Aufgaben exekutiert und Firmenzu-

330 Vgl. Bleicher (1991²), S. 756 ff.

331 Vgl. Weiß/Koch/Osterloh (2009); Bleicher (1991), S. 76 ff. weist parallel zu unserem Anliegen verschiedene Tendenzen auf dem Wege zu einer „Vertrauensorganisation“ nach.

332 Vgl. Bleicher (1991a), S. 748.

gehörigkeitsdauer als wichtigen Wert erachtet, ist ein Patient (Duldender) und kein Akteur, der aktiv, leistungs-, veränderungs- und zielorientiert sich ergebende Chancen auf Veränderung und Verbesserung der Situation anstrebt.

Gelingt einzelnen Akteuren eine herausragende Leistung, so vermag dies im Gegensatz zu kollektiver Prägung die Entstehung einer individualistischen Organisationskultur zu fördern. Man sieht: Eine *Vertrauenskultur* entwickelt eine Organisation erst dann, wenn sie auf *Flexibilisierung*, *Entformalisierung* und *selbstorganisatorische* Prozesse Wert legt.

Als Unterstützung, situative Erlebnistiefe durch prägende Elemente zu erzeugen, gibt es ein vielseitiges *Repertoire* an
- formalen Regeln (Führungs- und Mitarbeitergrundsätze, sinnvermittelnde Maßnahmen, welche die *Unternehmensmission* für Mitarbeiter greifbar macht
- Symbolen und Werterlebnissen (z. B. dokumentierte Reflexion über Gründerlegenden und Unternehmensgeschichte, Veranstaltungen);
- Unterstützende Maßnahmen zur Schaffung einer starken und nach innen und außen ausstrahlenden Corporate Identity (Standardisierung von Gebäuden, Prozessen, Gebäude und räumliche Anordnung und Ausgestaltung);
- *strukturellen* Überlagerungen der dauerhaft gebundenen Organisation durch interdisziplinäre Organisationsformen auf Zeit, wie z. B. Funktions- bzw. Segment-übergreifende task forces oder Projekte;
- an Maßnahmen der *Personalentwicklung* (Job-Rotation zwischen Funktionen bzw. Segmenten; Ausrichtung von materiellen Anreizsystemen auf gesamthaftes Verhalten/Ergebnisse; Immaterielle Anreize zur Balancierung Job/Familie, Gesundheit etc.)

All diese Maßnahmen vermögen zu einer „*kollektiven Programmierung*“[333] eines Unternehmens beizutragen.[334] Weder eine Führungsphilosophie, die den Fokus primär auf Ergebnisse des Handelns legt, noch eine solche, die auf die reine Befolgung von Regeln und Normen (Konformität) abstellt, wird ausreichen, dem Mitarbeiter hinreichend Anreize zu einem veränderungsorientierten Verhalten zu verschaffen.

Auch sind wir nicht so naiv zu glauben, als würde die Welt sich dem hier diskutierten Schema fügen. Vertrauens- und Misstrauenskultur stellen keine Gegensätze dar. Sie sind vielmehr idealtypisch als Pole einer Skala zu sehen, die realiter in vielfältigen Mischformen in Erscheinung treten können.

---

333 Vgl. Hofstede (1980), Sp. 1169.

334 Vgl. rahmengebende Maßnahmen zur Förderung einer gesamthaften Unternehmenskultur Bleicher (2011), S. 171.

Die beiden Formen können durchaus aneinander gesteigert werden:

- Vom Vertrauensdenken her werden z. B. gezielt Misstrauenselemente eingebaut und umgekehrt. Ersteres geschieht beispielsweise bei vielen Formen *indirekter Führung*. Indirektes Führen bedeutet, dass Führen über *symbolische* Handlungen und Interpretationen von geteilten, sozial vermittelten Überzeugungen sowie durch Erschließung von *Sinnpotenzialen* geschieht.
- Von der Perspektive Misstrauen herkommend, lassen sich Vertrauenselemente in die Führung einbauen, z.B. dann, wenn eine an sich restriktive Regelung grundsätzlich Ermessen einräumt, das im Einzelfall in der Situation von einem handelnden Organisationsmitglied verantwortlich interpretiert werden darf.

Die oben bereits diskutierte „Kontextsteuerung" ist ein Mittel der wechselseitigen Steigerung von *Vertrauens*- und *Misstrauenskomponenten*.[335] Ein Mentoren-Ansatz bringt hierfür deutliche Vorteile, weil der die Bedingungen des Erfolgs *konditional* programmiert, d.h. in ein „Wenn-dann"-Schema zwingt.[336] Das genau steckt hinter dem, was Rother *„establishing a target condition"* nennt.[337]

Es handelt sich somit um eine (Konditional-)Programmierung bestimmter Verhaltensweisen, die nicht primär den Handlungserfolg im Sinne des Erreichens eines Zieles – im Auge haben, sondern vielmehr auf eine formale *Vorgehenssystematik* konzentriert bleiben. Der Prozess wird betrieben, in der Annahme, eine Verbesserung zur Meisterschaft sei immer möglich. Somit liegt der Handlungserfolg – bereits in einer abgeleiteten Problemvariante – in der *Erfüllung* von Lernbedingungen und weniger im Erreichen eines relevanten Ziels selbst.[338]

---

335 s.o. Abschnitt 5.2.4.2. vgl. Willke (1993).

336 „Bei beiden Programmformen, und darin stimmen sie überein, handelt es sich um die Einführung einer künstlichen Unterscheidung, die nicht vorgefunden wird, sondern im System selbst konstruiert und durch Entscheidung verbindlich gemacht werden muss. Konditionalprogramme unterscheiden zwischen Bedingungen und Konsequenzen, Zweckprogrammen zwischen Zielen und Mitteln". Luhmann (2006), S. 261.

337 Rother (2010), Kapitel 5, S. 77 ff.

338 In der einschlägigen Bürokratieforschung werden solche Phänomene schon lange intensiv diskutiert. Vgl. statt vieler Luhmann (1964).

5.4.3 Ein Blick in die Praxis: Leistungs- und motivationsfördernde Unternehmenskultur

Welche Organisationskultur zu einem Lean Management adäquat sein kann, wollen wir an einem Praxisbeispiel deutlich machen. Was sich für einen Beobachter als sichtbare organisationale und unternehmenskulturelle Oberfläche wahrnehmen lässt, stellt sich für einen Mitarbeiter als „Arbeitswelt" dar. Der Automobilzulieferer Brose mit Stammsitz in Coburg gibt mit seiner „Brose Arbeitswelt" ein prototypisches Beispiel dafür, wie man ein Lean Management durch unternehmenskulturelle Belange unterstützen kann. Wir meinen, in der „Brose Arbeitswelt" einen wesentlichen Faktor für die höchst erfolgreiche Unternehmensentwicklung von Brose erkennen zu können.[339]

5.4.3.1 Das Fallbeispiel Brose

Brose ist Partner der internationalen Automobilindustrie und gehört zu den TOP 40 der weltweiten Automobilzulieferer. Brose beliefert rund 80 Automobilmarken sowie über 30 Zulieferer mit mechatronischen Systemen für Fahrzeugtüren, Heckklappen und Sitze sowie mit elektrischen Antrieben. Im Geschäftsjahr 2014 erwartet das Unternehmen einen Umsatz von rund 5 Milliarden Euro. Jedes dritte Neufahrzeug weltweit ist mit mindestens einem Brose-Produkt ausgestattet.

Rund 23.000 Mitarbeiter sind an 57 Standorten in 23 Ländern für das fünftgrößte Familienunternehmen der Branche tätig. Seine weltweite Technologie- und Marktführerschaft will das Unternehmen in den kommenden Jahren festigen und weiter ausbauen. Hierfür fließen in die Entwicklung von Produkten und Fertigungsmethoden jährlich ca. acht Prozent des Umsatzes. Über 2.500 Ingenieure und Techniker stellen sich der Aufgabe, die Forderungen nach Leichtbau und Effizienzsteigerung mit dem Wunsch nach mehr Komfort und Sicherheit in Einklang zu bringen. Mit Innovationsfähigkeit, modernster Fertigungstechnologie und strategischen Investitionen bei stabilen Eigentumsverhältnissen ist Brose für seine Kunden ein langfristig agierender Partner.

Aktuell ist der Mechatronik-Spezialist weltweit Marktführer bei Fensterhebern, Türsystemen, Schlossmodulen, Motoren für elektrische Bremssysteme (EBS), Getriebeaktuatoren, Heiz- und Klimagebläse sowie Kühlerlüftermodulen. Bei elektrischen Sitzverstellungen ist der Automobilzulieferer die Nummer eins in Europa. Hier ist das erklärte Ziel, mittelfristig die führende Position im Weltmarkt zu erreichen.

---

339 Alle Daten der folgenden Ausführungen sind veröffentlichten Materialien des Unternehmens entnommen. Vgl. hierzu auch „Brose – ein Familienunternehmen" von Historiker Schöllgen (2008), der auf den Seiten 260 ff. über die Brose Arbeitswelt informiert. Wir bedanken uns bei allen Damen und Herren, die uns die entsprechenden Unterlagen und Informationen haben zukommen lassen.

5.4.3.2 Gründe für die Einführung der „Brose Arbeitswelt"

Schon in 2001 wurde die „Neue Brose Arbeitswelt" initiiert als Reaktion auf allgemeine *Herausforderungen der Branche*, allen voran:

- Kostendruck durch verstärkten internationalen Wettbewerb; Konzentrationsprozess bei Herstellern und Zulieferern,
- ständige steigende Leistungsanforderungen durch Kosteneinsparungen und Effizienzsteigerung in der Produktion bei völliger Transparenz der Leistungserbringung der Produktion
- Zunehmender Kampf am Arbeitsmarkt – „*war for talents*", der sichtbar wird an Engpässen bei der Rekrutierung qualifizierter technischer Hochschulabsolventen und durch Steigerung der Attraktivität des Unternehmens für Talente ausgeglichen werden muss.

Im Einzelnen sollte in der auf starkes Wachstum ausgerichteten Unternehmensentwicklung durch eine entsprechende Gestaltung der „Brose Arbeitswelt" den genannten Herausforderungen mit folgende *Zielen* Rechnung getragen werden:

- Erhöhung der Flexibilität und Anpassung an die internationalen Aktivitäten
- Effizienz- und Leistungssteigerung durch Flexibilität und mehr Eigenverantwortung
- Größere Attraktivität des Unternehmens für neue Mitarbeiter und die, die bereits bei Brose beschäftigt sind.

Entscheidend war dabei: Von vorneherein wurde nicht nur an den „Shopfloor" gedacht, sondern v. a. auch an die Verwaltungs- und „Pre Processing"-Bereiche, wie Entwicklung, Produktionssteuerung und Logistik. Die flexible (Arbeitszeit-) Gestaltung dieser Organisationsbereiche spielt in der konsequent segmentierten Führungs- und Organisationsstruktur (Sitzsysteme, Türsysteme, Elektromotoren) für den Unternehmenserfolg u. E. eine ganz wesentliche Rolle.

5.4.3.3 Bausteine der „Brose Arbeitswelt"

Die „Brose Arbeitswelt" ist kein synoptischer Gesamtentwurf, auch wenn bestimmte Prinzipien von Anfang an handlungsleitend waren und bis heute sind. Sie entspringt vielmehr einem evolutionären Vorgehen. Erste Überlegungen wurden in erste konkrete Maßnahmen umgesetzt, die wiederum die Ausgestaltung und Umsetzung weiterer Maßnahmen induziert haben.
Gemäß der Zielstellung galt es zunächst, Mitarbeiter zu *motivieren* für Lust auf Leistung durch Vereinbarkeit von Familie und Beruf. Sodann sollte durch Arbeitsplatz und Büroumgebung das unmittelbare *Arbeitsumfeld* (Büro) effizienzfördernd und systematisch gestaltet werden, um eine schnittstellenarme *Zusammenarbeit* der Mitarbeiter gewährleisten zu können, die angesichts des permanenten Unternehmenswachstums zwingend erforderlich war.

Nach heutigem Stand charakterisieren folgende Bausteine die „Brose Arbeitswelt“:
- Führungs- und Verhaltensgrundsätze
- Gestaltung des Arbeitsumfelds (Gebäude, Bürolandschaft)
- Teamstrukturen und weltweite Standardisierung der Prozesse
- Leistungsmotivierende Anreize

5.4.3.3.1 Grundsätze für Führungs- und Mitarbeiterverhalten

Mit Unternehmenswerten, Führungs- und Mitarbeiterprinzipien werden die normativen Grundlagen von Brose explizit gemacht. Auf Basis von dokumentierten *Unternehmenswerten*, werden *Führungsgrundsätze* sowie *Mitarbeitergrundsätze* abgeleitet. Die gewählten *Unternehmenswerte* sind dabei typisch für mittelständische Unternehmen mit langer Tradition (Tradition und Veränderungsbereitschaft; Internationalität mit regionaler Verbundenheit; Erfolgsorientierung und Leistungsbereitschaft; Engagement und Verantwortung; Verlässlichkeit und Ehrlichkeit), wobei es gelingt, widersprüchliche Werte erfolgreich aufeinander zu beziehen (z. B. Tradition und Veränderungsbereitschaft zum aktiven Wandel), abzulesen an den verschiedenen Kennzahlen der Unternehmensentwicklung.

Führungsgrundsätze

Kommunikation
Unsere Führungskräfte informieren aktiv, kritisieren konstruktiv und sind selbst offen für Kritik. Auch unangenehme Dinge werden konkret angesprochen.

Entscheidungen:
Unsere Führungskräfte finden pragmatische Lösungen, treffen klare Entscheidungen und setzen diese schnell um. Sie übernehmen Verantwortung und verzichten auf Ausreden.

Leistungsorientierung
Unsere Führungskräfte setzen sich und ihren Mitarbeitern hohe Ziele. Sie fordern ihre Mitarbeiter, aber sie fördern sie auch.

Vorbild
Unsere Führungskräfte sehen sich gegenüber ihren Mitarbeitern in einer klaren Vorbildrolle; sie stellen ihre Aufgabe und nicht ihre Person in den Vordergrund.

Visionen
Unsere Führungskräfte sind informiert, urteilsfähig und begeistern ihre Mitarbeiter mit neuen Ideen.

Mitarbeitergrundsätze

Zusammenarbeit
Unsere Mitarbeiter arbeiten mit Vorgesetzten, Kollegen und Geschäftspartnern konstruktiv zusammen. Durch Zuverlässigkeit und Loyalität fördern sie ein positives Arbeitsklima.

Eigeninitiative und Verantwortung
Unsere Mitarbeiter unterstützen durch Initiative und Einsatzbereitschaft die Ziele des Unternehmens. Sie übernehmen Verantwortung und denken über ihren Arbeitsbereich hinaus.

Kommunikation
Unsere Mitarbeiter informieren ihre Vorgesetzten und Kollegen umfassend, aktiv und rechtzeitig. Auch unangenehme Dinge sprechen sie offen an.

Qualität
Unsere Mitarbeiter erfüllen ihre Aufgaben schnell und präzise und erreichen Arbeitsergebnisse von hoher Qualität – am Schreibtisch ebenso wie an der Werkbank.

Lernbereitschaft
Unsere Mitarbeiter entwickeln ihre Fähigkeiten ständig weiter. Neuen Aufgaben und Veränderungen stehen sie aufgeschlossen gegenüber.

Quelle: Brose Unternehmensunterlagen, Stand 2013

Wiederum auf Basis der Unternehmenswerte werden Führungs- und Mitarbeitergrundsätze vorgegeben, die eine auf Veränderung ausgerichteten Unternehmensentwicklung sinnvoll unterstützen. Sie entsprechen weitgehend den von uns o.g. Anforderungen. Diese und weitere normativen Grundlagen des Unternehmens dienen als Mittel der *„kulturellen Programmierung"*, die v.a. sicherstellen soll, dass individuelle Entscheidungs- und Handlungsspielräume der Organisationsmitglieder im situativen Geschehen im Sinne des Unternehmens genutzt werden.

5.4.3.3.2 Gestaltung des Arbeitsumfelds (Gebäude, Bürolandschaft)

Mit einer wohl einzigartigen Konsequenz wurde das Thema *Corporate Design* als zentraler Baustein der „Brose Arbeitswelt" verfolgt. Es dokumentiert den Anspruch des Unternehmens nach innen und außen. Transparenz und Offenheit sind zum Beispiel Unternehmensgrundsätze, die für die Führung und die Zusammenarbeit der Mitarbeiter ebenso gelten wie für die Gebäude. Der einheitliche Auftritt unterstreicht die Marke Brose in der Automobilzulieferindustrie und fördert die Identifikation aller Mitarbeiter mit dem Unternehmen.

Standardisierung ist dabei ein Mittel zu Einfachheit und Einheit. Weltweit durchgängig gestaltet sind daher

- das Design von Fassaden und Farben sämtlicher Fabrik- und Verwaltungsgebäude (unabhängig von deren Baujahr);
- die Gestaltung und Inneneinrichtung sämtlicher Fabrikations- und Büroräume sowie aller Eingangsbereiche und Konferenzräume;
- die Sozialeinrichtungen für Verpflegung, Gesundheit und Fitness;
- alle betrieblichen Kraftfahrzeuge, incl. Leasing-Autos der Mitarbeiter;
- die Betriebs- und Sportkleidung;
- alle Drucksachen und Medien (Filme, Präsentationen, Internet).

Die Grundsätze für die Gestaltung waren ebenso einfach wie zwingend:

- zeitlose Farben (ausschließlich s/w-Skala und rot (Firmenlogo))
- maximale Transparenz und Durchsichtigkeit innerhalb aller Gebäude und nach außen (Öffentlichkeit).

Man sieht bereits hier: Standardisiertes *Corporate Design* mit Fokus auf Systematik, Offenheit, Transparenz. Dabei stand die Wirtschaftlichkeit durchaus im Vordergrund. Denn infolge des stetigen Wachstums weltweit, sollten Planungs-, Ausführungs- und Unterhaltskosten für Gebäude und des Arbeitsumfeld durch Standardisierungslösungen gering gehalten werden.

Konkret bedeutet das, durch zentrale Vorgaben die Entscheidungsfreiheit an den weltweiten Standorten einzuschränken zugunsten der Förderung der Identifikation aller Mitarbeiter mit dem Familienunternehmen. Ziel ist es, „für jeden Mitarbeiter erkenn- und erlebbar sein, dass er im Unternehmen Brose ist – egal in welchem Brose-Standort auf der Welt er sich gerade befindet." Das stärkt die Loyalität und die Wahrnehmung für die Unterschiede zu anderen Wettbewerbern.

Was als Oberfläche nach außen sicht- und erlebbar gemacht wird, sollte auch nach innen Wirkung entfalten: *Systematik*, *Standardisierung* und *Flexibilität* durch *Transparenz* auch in der „Bürolandschaft" als prägendes Arbeitsumfeld.

Ein *flexibles Bürokonzept* mit *standardisierter* Büroausstattung für die Arbeit erleichtert dem Mitarbeiter nicht nur die Orientierung, sondern verkürzt die typischen „Rüstzeiten". *Der* Verzicht auf Einzelbüros verkürzt Wege und unterstützt die Zusammenarbeit zwischen den verschiedenen Disziplinen, die räumlich konzentriert sind. *Desk Sharing*-Betrieb ermöglicht eine effiziente Nutzung der Büro-Ressourcen und sichert zugleich über eine *Clean Desk-Policy* über alle Hierarchieebenen hinweg einen hohen Ordnungs- und Sauberkeitsgrad. Und beides steht in Wechselwirkung zueinander.

Im Ergebnis steigert dies nicht nur die Zufriedenheit der Mitarbeiter (weniger Verschwendungsaktivitäten durch unnötiges Suchen, Fragen, Warten), sondern auch deren Arbeitsproduktivität. So teilen sich 12 Mitarbeiter nur 10 Arbeitsplätze. Zudem haben die Mitarbeiter einen höheren Kenntnisstand auch über das Geschehen in anderen, v. a. angrenzenden Wertschöpfungs-Bereichen und können daher eigenständiger agieren, ohne dabei das Projektziel und Unternehmensinteresse gänzlich aus dem Auge zu verlieren. Selbstverständlich hat jeder Mitarbeiter *zu jeder Zeit* an jedem beliebigen *Ort* in der Brose-Organisation elektronischen Zugriff auf die arbeitsnotwendigen (eigenen) Daten und die vielfältigen Datenbanken.

Abb. 91. Impressionen zur „Brose Arbeitswelt"

5.4.3.3.3 Teamstrukturen

Eine konsequente *Team-Organisation* in Produktion als auch in *funktionsübergreifenden* Produktentwicklungs-Teams – Entwicklung, Fertigungsplanung und Logistik, Einkauf, Qualität, Controlling – bilden einen weiteren Baustein. Diese Teams sind als „Linien-Organisationseinheit" konzipiert mit bis zu 15 Team-Mitgliedern. Klare Zuständigkeitsregelungen für Produkte und Prozesse lassen Konflikte in einem frühzeitigen Stadium erkennbar werden, wo es noch hinreichend viele sinnvolle Lösungsalternativen gibt.

Die Aufbauorganisation ist weltweit standardisiert ebenso wie die Prozesse und Produkte nach weltweit gültigen Standards arbeiten. Die Beschreibung von Aufgaben und Verantwortungen erleichtert die Vergleichbarkeit von Leistungen, aber auch das Identifizieren von Talenten. (Kunden-)Orientierung, Klarheit und Motivation fördern bei den Teammitgliedern Teamgeist und -leistung. Das Ziel gleicher Qualitätsniveaus an den weltweiten Produktionsstandorten ist nur zu erreichen, durch weltweit gültige Standards bei Prozessen, Produktionstechniken und Produkten. Denn nur so können hohe Niveaus an Prozessqualität und Kostenvorteilen sowie einheitlichem Produkt- und Anwendungs-Know-how gehaltet werden.

Wesentliche Voraussetzung für den kundenübergreifenden Einsatz von Standardkomponenten und für die einheitlichen Prozesse und Arbeitsabläufe sowie für die Verfügbarkeit aller relevanten Produktionsverfahren ist eine effiziente IT-Nutzung, die eine operative Zusammenarbeit der Mitarbeiter über Zeitzonen hinweg ebenso unterstützt wie den weltweiten Transfer von Anwendungs-, Produkt- und Technologiewissen. Der schnelle Zugriff weltweit auf alle Projekt- und Auftragsdaten informiert verschwendungsfrei über Arbeitsstände (einheitlich zentrale Ablagestruktur). Zum Einsatz kommt dabei ein weltweit einheitliches ERP- und Telefonkonferenzsystem und neueste Techniken zur Daten- und Videokommunikation.

5.4.3.3.4 Leistungsmotivierende Anreize

Hohe Leistungsbereitschaft und Verantwortungsübernahme sowie flexible Anpassung der Arbeitszeiten an die Erfordernisse internationaler (Kunden-)Projekte bekommt vom Mitarbeiter nur, wer attraktive Anreize für die Mitarbeitermotivation zu setzen vermag. In der „Brose Arbeitswelt“ kommen folgende leistungsbezogenen Mitarbeiteranreize zur Anwendung:
- Individuelle Zielvereinbarungen (fachliche und persönliche Ziele)
- Leistungsorientierte Vergütung (Leistungszulage bis 30% auf das Grundeinkommen)
- Variable Arbeitszeit in Abhängigkeit des Arbeitsvolumens und der Projektphasen

Andererseits wird die Vereinbarkeit von Beruf, Freizeit und Familie beachtet, um die volle Leistungsfähigkeit der Mitarbeiter zu erhalten. Das geschieht durch Maßnahmen wie
- Flexibles Arbeiten (Home-office, Sabbatical, individuelle Fortbildung);
- Vielfältige Angebote für Kinderbetreuung;
- Unterstützung in der Pflege hilfsbedürftiger Angehöriger;
- Gesundheitsbewusste, ausgewogene und frische Verpflegung;
- Firmeneigenes Fitness Studio mit physiotherapeutischer Betreuung.

Neben interner Sportförderung und Programmen zur Gesunderhaltung der Mitarbeiter dienen die externen Sponsorings von Mannschaftssportarten (z. B. Brose Baskets in Bamberg) und eine Vielzahl weiterer Sponsorings in kulturellen, sozialen und Bildungsbelangen nicht zuletzt der hohen Identifikation mit dem Unternehmensmotto „*Dynamik mit System*“.

5.4.3.4 Erfahrungen

Die „*Brose Arbeitswelt*“ ist ein zentraler Baustein der Brose-Unternehmenskultur. Sie repräsentiert eine sowohl dem sachlichen als auch dem sozialen *verpflichtete Unternehmenskultur*, die auch gegenüber den unterschiedlichen und differenzierten Interessen der Stakeholder als offen und veränderungsbereit zu sehen ist. Starke *Global Core*-Aktivitäten und flexible *lokale* Aktivitäten vereinbaren zentralistisch-straffe Organisation mit dezentraler Selbstorganisation. Nur dadurch kann eine hinreichend gute Umweltvernetzung durch die verschiedenen dezentralen Subsysteme an der Peripherie des eigenen Systems erreicht werden, die für das Erkennen von Veränderungen so bedeutsam sind.

Wir erkennen in der skizzierten „Brose Arbeitswelt“ unschwer die oben bereits erläuterten Gestaltungshinweise für eine auf *Veränderung* getrimmte Führung und Organisation wieder. Auffällig ist die strikte Standardisierung vieler organisatorischer Vorgaben, die Mancher als Widerspruch empfinden mag. Genauer betrachtet handelt es sich dabei um eine notwendige Voraussetzung. Erst durch eine Standardisierung von Regelungen aller Art – Corporate Design, Standardisierung von Bürowelten, organisatorischen Regeln der Zusammenarbeit und der Struktur etc. – wird eine Entlastung durch Organisation für den Mitarbeiter spürbar. Er kann sich somit auf die Ausschöpfung seiner Möglichkeiten konzentrieren und die situativ adäquate Alternative gestalten. Freilich gilt es dabei ein „Wuchern" der zentralen Serviceabteilungen zu verhindern.

All die vorgenannten Maßnahmen sind auch ein sichtbarer Beleg für das Prinzip „Investition in Humanressourcen", um ein hohes persönliches Engagement der Mitarbeiter zu ermöglichen und sicherzustellen, dass die Mitarbeiter dies auch nachhaltig tun können. Durch Leidenschaft und Teamgeist, in der jeder Einzelne in der Gemeinschaft sein Bestes geben kann.

Die „*Brose Arbeitswelt*" kann als ein besonders gelungenes, sehr fortgeschrittenes und wegweisendes Beispiel gelten; als ein bis dato herausragend gelungenes (Kunst-)Werk, das sich laufend infolge der ständigen Herausforderungen von Technik, Markt und Gesellschaft bewähren, aber auch ändern muss. Mit der *„Brose Arbeitswelt"* ist eine wesentliche *kulturprägende* und positive Voraussetzung für die Erfüllung von Führungs- und Lernbedingungen installiert, die eine positive *Veränderungskultur* tragen können. Dabei ist der Wille zu einer *wertorientierten* Prägung der Unternehmung – wie es für Familienunternehmen typisch ist – auch für die mittlerweile bereits sehr groß gewordene Brose Gruppe unverkennbar.

Dass die „*Brose Arbeitswelt*" ein veränderungsorientiertes, offen-dynamisches Sub-System bleibt, wird über verschiedenste *Feedbackebenen* (z. B. Befragungen zur Kunden- und Mitarbeiterzufriedenheit, online-Plattformen) und durch regelmäßige *Messungen* der Zielerreichungsgrade der verschiedenen „Korrektur"-Maßnahmen seit dem Einführungsjahr 2001 laufend sichergestellt, angepasst und fortentwickelt. Wie gut das im Einzelnen auch immer auf Dauer gelingen mag, erfolgreiche Unternehmensentwicklung bleibt immer eine Aufgabe von konkreten Menschen und deren konkreten Fähigkeiten, die ohne Fortune und intensives gemeinschaftliches Arbeiten in laufend verändernden Situationen nicht recht gelingen wird. Ein zentraler Bezugspunkt bleibt dabei die Kombination von *Arbeitszufriedenheit* und *Leistungsanreiz* getreu dem Motto „*Fordern und Fördern*".

Kapitel 6: Lean-Transformation – Konzept und Erfahrungen

Unsere Ausführungen in den ersten vier Kapiteln haben uns mit dem Lean-Denken und dessen Hintergründe vertraut gemacht. Im vorangegangenen Kapitel haben wir ausführlich dargelegt, wie der Voraussetzungszusammenhang beschaffen sein muss, um eine hohe Realisierungswahrscheinlichkeit der vollen Ergebniswirkung des Lean-Paradigmas entfalten zu können.

Wir sehen die Transformation hin zu einem Lean-basierten Unternehmen (Lean-Transformation) als „geplante“ kulturelle Veränderung, wohlwissend, dass man diese nur im *evolutionären* Sinne steuern kann. Uns interessieren hier die grundlegenden Fragen, die man angehen muss, um die lean-paradigmatische, tiefgreifende *„kulturellen Veränderung“* mit Erfolg angehen zu können.

Wir wollen die folgenden Ausführungen eher kursorisch halten (Abschnitt 6.1 und 6.2), gleichzeitig über verschiedene Fallbeispiele (Abschnitt 6.3. bis 6.7) mit eigenen Erfahrungen Lean-Transformationen verdeutlichen. Wir verlegen unsere bisherigen Ausführungen gewissermaßen in die zeitliche Dimension: *„We knew all about lean, but could not answer the question ‚How do you get from here to there?‘“*[1]

6.1 „Lean-Transformation“ – konzeptionelle Vorüberlegungen

„One of the best ways to understand the world is to try to change it.“[2]

6.1.1 Lean-Transformation als radikaler Wandlungsprozess

Eine *Lean-Transformation* – ist kein „Action-Plan“ wie viele andere in einem Unternehmen. Ein Paradigmenwechsel berührt immer alles, nur kann nicht alles zugleich geschehen. Ein Veränderungsprozess des Managements auf Basis des „Lean-Paradigmas“ gleicht einem tiefgreifenden *kulturellen Wandel.*[3] In diesem Sinn kann man Rother folgen: *„Developing new behavior patterns across an organization involves a more significant effort and further-reaching change – particularly in leader behavior – than what you may have assumed that ‚lean manufacturing‘ is about.“*[4]

---

1 Daniel Jones, zitiert nach Holweg (2007), S. 432.
2 Kurt Lewin, zitiert nach Argyris/Putnam./McLain Smith (1985), S. XII.
3 Vgl. noch einmal Abb. 4.1 in Kapitel 4.
4 Rother (2010), S. 232.

Ein großer Teil der Beschäftigung mit der Implementierung von Lean Management in Wissenschaft und Praxis verkennt dabei, wie tief das Denken des „Fordismus-Paradigma“ heutiges Tun noch immer beeinflusst.[5] Wir wundern uns über Widerstandspotenziale auf allen Ebenen, ärgern uns über die zu geringe Veränderungsbereitschaft der Organisationsmitglieder und sehen nicht, dass die Transformation hin zum Lean-Paradigma eher einer *„schöpferischen Zerstörung“* von Vorhandenem gleicht als dem bloßem Hinzufügen von etwas Neuem. Es ist nicht damit getan, neue Lean-Instrumente zu installieren, sondern es muss das Verhalten von Organisationsmitgliedern auf allen Ebenen verändert, gewissermaßen *„consistent behavior patterns across the organization“*[6] hergestellt werden. Das ist angesichts einer Reihe von „problematischen fordistisch-tayloristischen Resten“ kein einfaches Unterfangen.

Gerade, weil dabei lange Zeit zu technisch-rational vorgegangen und der Fokus auf das reine Anwendungswissen neuer Instrumentarien gelegt wurde, konnten Enttäuschungen nicht ausbleiben. Ein nachhaltig signifikanter Erfolg, wird sich nur einstellen können, wenn man an der *Führungsleistung* arbeitet. Einschlägige *Praxiserfahrungen* bestätigen dies.[7] Immer wieder das gleiche Bild: Man startet aufgrund einer Unzufriedenheit mit der Leistung im Unternehmen, konzentriert sich auf die Bekämpfung von Symptomen, streicht schnelle Sofort-Ergebnisse (quick wins) ein und gibt sich zunächst damit zufrieden. Ziel erreicht. So stellt sich natürlich nachhaltiger Erfolg nicht ein. Warum? Man belässt das seitherige Führungsverständnis, ändert die organisatorische Grundstruktur nicht wirklich und an einer geeigneten Lernkultur fehlt es auch. Kurzum: all das, was wir unter Kapitel 5 ausführlich erörtert haben, wird nicht genügend berücksichtigt. Das Lean-Paradigma stagniert auf dem Methoden- bzw. Projekt-Niveau.

Was das im Einzelnen bedeutet, vermittelt der Auszug aus einem Interview über die Implementierung von Lean Management in einem praktischen Fall. Die Interview-Aussagen deuten an, worum es geht: Je nach dem Ausgangspunkt ist die Umstellung einer Unternehmung auf das Lean-Paradigma ein höchst *anspruchsvolles Veränderungsprogramm*, das strategisch eingebunden sein muss und einer möglichst breiten Unterstützung des (Senior-)Managements bedarf.

---

5 siehe oben Kapitel 4.

6 Rother (2010), S. 232. Erinnert sei auch an Abb. 57, die anzeigt, wo das Thema Lean in die Unternehmensführung eingebettet ist.

7 Gurdjian/Halbeisen/Lane (2014).

Eine Stimme aus der Praxis

McKinsey: *What were TD Ameritrade's initial goals in pursuing lean management?*

Marv Adams: It started with the *CEO*, who simply wanted the organization *to be better*. Over the years, he has consistently avoided phrases such as „best in class“, which can imply a limit to how good an organization can become. Instead, his focus has long been on „better,“ regardless of how good the organization may become. It was lean management's focus on *continuous improvement* that drew him to the concept. The CEO also recognized that under current conditions, the financial sector's persistent profitability challenges were unlikely to change without a major intervention. He wanted cost reduction, but in a way that would build TD Ameritrade's muscle rather than strip it away.

McKinsey: *Where did you start and why?*

Marv Adams: We started off in several *key value streams*, including retail new-account opening and call centers, institutional client onboarding and service, and shared brokerage operations. The scale meant that our improvements would have a substantial effect on the organization, both financially and psychologically. For example, across the industry, new-account opening can be frustrating for clients because it cuts across many functions and every step involves important compliance requirements. Brokerages struggle to reduce the number of clients who never fund their accounts, either because they lose interest or because they end up with errors in their applications. Even modest reductions in this type of „leakage“ add up to significant new Lean management at TD Ameritrade business for us. Improvements were therefore highly visible and helped position *lean as a growth story* – the main goal was to *increase revenues*, with efficiency gains as a welcome consequence.

I'd estimate that about half of the benefit we have seen comes from *productivity and efficiency improvements*. But what's more important over the long run is that the other half comes from *growth sources*, such as clients opening more new accounts and call centers pursuing more high-quality leads.

Most important of all, by fundamentally changing how 3,000 *people work* across all of our sites, our transformation has propelled our employee-engagement scores into a new category. Our survey partner tells us that we are now among the best-performing companies in all of financial services. That's what makes further improvement possible. We have not been afraid to make *tough decisions*. In areas such as new-account opening and brokerage operations, we have redrawn the organizational boundaries to deliver better value for our clients, with minimal internal coordination and redundancy. It is a strong sign that leaders now advocate to do what is right for our clients and the company without regard to their personal fiefdoms.

McKinsey: *How have the communications evolved over the last year?*

Marv Adams: I think the most important change is that the *communications* are becoming much more bottom-up. People are reporting their achievements in town halls, posting them online in our newsletters. Our surveys show that even the registered investment advisers we serve are becoming excited; their most important metrics have all improved – client satisfaction, error rates, controls, even revenues. Some of our institutional clients are asking us how lean management might help them in their businesses.

McKinsey: *What kinds of support are people asking for across the organization?*

Marv Adams: For parts of the organization that have already implemented lean management, we see a *big pull for more help with developing lean leadership skills and building new structures to support faster problem solving and talent development*. They want to do more. For those that have not experienced lean yet, there's a different sort of pull. When they first hear of the results, they get very interested. But then there's a middle stage when they push back, because change is difficult and they come to realize that lean management is a whole new way of working. Once they start engaging, they come to realize that the long-term outcome is worth the commitment.

McKinsey: *Where does lean go next?*

Marv Adams: Because we believe that lean management *applies everywhere*, the next step is to expand *across all support functions*. IT is already under way.

McKinsey: *What are the similarities and the differences you have seen in extending lean management into IT?*

Marv Adams: I've been in IT since 1981, and since then I've managed a lot of IT organizations. The patterns of IT work are largely consistent, regardless of industry or scale: the challenges of infrastructure management or application development are pretty similar whether at Ford Motor Company or Citigroup or TD Ameritrade. So I can say with great, great conviction that the processes of IT that have built up over the last three or four decades are rich with opportunities that lean management can address – they're just as rich as in any classic value stream. But the *culture* is different in IT, which is filled with people who are more independent, generally more introverted, and very narrow and deep in a technical field. ... Historically, IT professionals have been supposed to solve their own problems themselves, so the idea of sharing problems for others to help solve is a radical change.

Then there is the question of *metrics*. Measuring the output of other value streams or functions is usually pretty clear: we can add up the number of transactions or phone calls or open accounts, then see how many we have completed and how long each one took. Trying to evaluate individual productivity in an application-development project involving 25 people over three months is a lot less clear. It's doable, but there is more of a learning curve. Now, having said that, IT is not only a rich target for lean management but an absolutely critical one – especially in a business such as TD Ameritrade's, which is mostly online. In this context, IT figures highly in every area of the business that is important to the client. If we say that we are *client centric*, we must engage IT deeply in the whole system of activities.

McKinsey: *How is lean management changing IT at TD Ameritrade?*

Marv Adams: The early indicators are promising. In application development, for example, we're adapting rigorous methodologies such as visual modeling, collaborative requirements analysis, and more frequent iteration in the software development life cycle. Infrastructure operations has created a single „front door“ for requests, together with clearer segmentation, better resource pooling, and more accurate metrics for throughput and productivity. We expect to free up about 30 percent of our capacity in both application development and infrastructure. We have not yet decided on whether to reinvest that capacity into faster speed to market or to improve our efficiency, but we are excited that we will be running significantly more effectively than we ever have before.

McKinsey: *And after IT?*

Marv Adams: We will expand to other functions such as HR and marketing. But what's even more interesting to us is to *„surf the improvement wave,“* expanding our ambitions as lean management takes hold. For example, in IT the transformation is already turning into an *important source of innovation*. We recently held a daylong „hackapalooza“ to generate new IT ideas, in which the best ideas won awards and are on track for implementation.[8]

Befragt man die einschlägige Literatur, so findet man dort Antworten, wo es um geplanten Wandel bzw. um Veränderung von Organisationsgebilden geht.[9] Ein Paradigmenwechsel erfordert aber nicht nur solch graduelle Anpassungen, sondern *tiefe Eingriffe* in Selbstverständnis, Struktur und Kultur einer Organisation. Je mehr unternehmerische Faktoren (Menschen, Struktur, Technologie, Kultur, Output/Aufgaben) gleichzeitig sich verändern, umso radikaler ist eine geplante Transformation.

Gerade weil ein Veränderungsprogramm, das eine *Lean-Transformation* zum Ziel hat, nur *radikal* sein kann, geht es nicht immer nur rational zu, sondern zuvorderst

8 Vgl. McKinsey (2014), S. 8.

9 Khandwalla (1977), S. 266 benennt Grenzen des Organisationsspielraums.

politisch, wie folgendes Zitat verdeutlicht: „*We mean that in any real-life organization, even Toyota, there are different people with different interests and agendas. Those who are passionate about any change in the organization have a vision. This vision will be embraced by those who see it as supporting their interests and opposed by those who do not. The degree of support and opposition will vary depending on a number of factors, such as how strongly it supports or violates interests, how strongly the interests are held, and the degree to which the organizational culture supports alignment around common goals. The political process is how these different interests work themselves out over time. Those leading the change would like to simply have everything fall into place like moving pieces on a chessboard. In reality there are always compromises to navigate through the murky waters of other people's interests. Push too hard, violate too many interests, and you will create a block of organized resistance that can stop the change process in its tracks.*"[10]

Jede Organisation muss daher danach trachten, ein *Gleichgewicht* zwischen den, die bestehende Struktur stabilisierenden und den progressiven, verändernden Kräften herzustellen.[11] Soll dann ein gegebener Gleichgewichtszustand zugunsten eines neuen Zustands verändert werden, müssen die im status quo herrschenden (Beharrungs-)Kräfte modifiziert, der Gleichgewichtszustand *aufgetaut* werden. Ein erfolgreicher *Wandlungsprozess* (Change Process) umfasst neben einer *Auftau*-Phase des gegenwärtigen Gleichgewichts, die *Bewegung* zum neuen Gleichgewicht (angestrebter Zielzustand) und erneutem *Einfrieren* des neuen Gleichgewichts.[12]

Unfreezing, Moving, Freezing – das ist der Rhythmus, in dem sich (radikaler) organisatorischer Wandel vollzieht.[13] Dabei wird man es mit allen möglichen Hemmnissen zu tun bekommen. Insofern ist die diagnostische Analyse von hemmenden, aber auch fördernden Kräften immer eine *zentrale* Managementaufgabe, weil nur durch hinreichend starke (politische) Einflussnahme der Prozess in Bewegung gehalten wird – erst recht bei paradigmatischen Transformationen.[14]

Einer Vielzahl von Ansätzen des gesteuerten organisatorischen Wandels zufolge, geschieht eine Anpassung nicht ohne Widerstände.[15] Eine *rationale* Theorievorstellung folgt der Idee, dass man den sicher *erwartbaren Widerständen* nur durch *Einsicht* (Information und Aufklärung) eine umfassende Veränderung begegnen kann. Andere Konzepte setzen auf richtig eingesetzte *Einflusspotenziale* (Macht). Man wird vermutlich nur mit einer *Kombination* von Einsicht und Einfluss weiter kom-

---

10 Liker/Meier (2006), S. 427.

11 So die Vorstellung von Lewin (1963). Vgl auch Staehle (1989), 547 ff.

12 Zu realen Verläufen von Transformationen vgl. Lynch/Kordis (1998); auch Schleuter (2009), 31 ff.

13 Lewin (1947), S. 34; vgl. statt Vieler: Doppler/Lautenburg (1996); Kotter (1997).

14 Vgl. hierzu Weiß (1989) im Kontext von radikalen Innovationsproessen; allgemein Staehle (1989).

15 Vgl. Huse/Cummings (1985); Argyris/Putnam/McLain Smith (1985); Königswieser/Exner (2006).

men, um die angesichts der in Transformationen stets gegebenen Unsicherheiten entstehenden Hemmnisse zu mildern.

Die *organisatorische Balance* aus Vortriebs- und Widerstandskräften herzustellen, ist daher eine vornehmste Aufgabe des Top-Managements, weil nur dies die anstehenden Kulturänderungen initiieren und begleiten kann. Jede Unentschlossenheit, jedes Zögern des Top-Managements schlägt durch auf die nachfolgenden Ebenen in der Organisation.

Typische Hemmnisse – Erfahrungen
Bei unserem Experimentieren stießen wir auf etliche Hindernisse, erlebten viele „Aha-Momente“ und zahlreiche Kurskorrekturen. Als Beispiele hier einige häufige Hindernisse. Sie werden noch viel mehr entdecken.

– Dem Drang zu widerstehen, eine Liste von Action Items aufzustellen, fällt Menschen schwer.
– Auch Senior-Führungskräften fällt es oft schwer, die fünf Fragen zu verinnerlichen.
– Wir mögen es, etwas zu tun, aber weniger, es zu überprüfen und Anpassungen vorzunehmen.
– Wir stürzen uns auf Lösungen und überspringen sorgfältige Beobachtung und Analyse.
– Die Menschen missverstehen den Coaching-Stil von Toyota. Es geht nicht darum, dass der Mentee herausfinden soll, welche Lösung der Mentor im Kopf hat.
– Der unklare Weg in Richtung Zielzustand löst bei vielen Personen Unbehagen aus. Menschen wissen gern im Voraus, wo es langgeht, selbst wenn das in Wahrheit nur eine Prognose ist.
– Iteration ist irritierend. Menschen haben den Eindruck, etwas falsch gemacht zu haben, wenn man sie bittet, noch einmal hinzuschauen oder einen Schritt zu wiederholen. Dabei ist dies sehr wichtig für das Lernen und Gewinnen eines tieferen Verständnisses.
– Viele Personen werden diese Bemühungen lediglich wie ein weiteres Projekt betrachten statt als die Entwicklung einer neuen Führungsart. Anfangs sieht es natürlich so aus, als bedeute dieses Vorhaben, nur noch mehr Arbeit auf die täglichen Managementpflichten zu packen – und nicht wie eine andere Form der Durchführung des täglichen Managements.
– Anfangs nehmen Coaching-Zyklen oft viel Zeit in Anspruch und werden dadurch zu einer Last. Nachdem ein Zielzustand erstellt ist, können Coaching-Zyklen oft in 15 Minuten abgewickelt werden. Weniger ist mehr.
– Coaching-Zyklen vor Ort ohne endlose Diskussionen durchführen und durch systematisches Fragen den nächsten Schritt finden. Die Initiierung des nächsten Schrittes markiert zugleich das Ende des Coaching-Zyklus.

Quelle: Rother (2013), S. 260 f.

Es gibt die Vorstellung, demnach die Population der von einer Veränderung potentiell Betroffenen einer Normalverteilung folgt: Eine kleine Gruppe (<15%) *begrüßt jede* Änderung, weil dadurch u. a. Chancen entstehen, allfällige hemmende Sachverhalte zu verbessern. Eine ebenso große Gruppe ist grundsätzlich strikt *gegen* eine Veränderung, auch und gerade wenn sie die befürchteten Folgen aus früher nicht gewollten Änderungen nicht erlebt haben. Die mit 60 bis 70% größte Gruppe ist aus durchaus unterschiedlichen Gründen auf „*Abwarten*“ programmiert. Daher ist es Aufgabe des Top-Managements, die Mitglieder dieser Gruppe zu überzeugen oder zu überreden. Einmal, weil diese Gruppe die Art und Weise des Organisationshandelns und damit die Unternehmenskultur bestimmt. Zum andern wirkt die vom Top-Management vorgelebte Verbesserungs-Philosophie verhaltensleitend für andere Führungskräfte. Insofern kann auch die kulturelle Transformation nicht von den Top-Führungskräften an andere delegiert werden.[16]

Die Etablierung eines sog. *machtvollen Kompetenz-Team*s („*Advanced Group)*“ wird daher bei jeder Lean-Transformation als sehr nützlich gesehen.[17] Demnach ist die praxisübliche Alternative, die Verantwortung für ein Lean-Transformationsprogramm auf „zuständige“ Fachabteilungen (zumeist Personalabteilung) oder andere Stabsabteilungen zu übertragen wenig nicht zielführend. Letztlich sind diese ja selbst entscheidend von der Restrukturierung betroffen.[18]

6.1.2 Lean-Transformation als komplexer Meta-Lern-Prozess

Transformationsprozesse sind daher v. a. *Meta-Lernprozesse*. Aufgrund des Komplexitätsgrads der Aufgaben und der beteiligten Interessen, ist das Scheitern mindestens genauso wahrscheinlich wie das Gelingen. Insbesondere dann, wenn man versucht, am Anfang die Gesamtkomplexität synoptisch in einem Masterplan zu erfassen, um diesen dann über verschiedene Teilpläne umzusetzen. Ein solches *triviales* Schema wird angesichts immer durchschlagender Störungen aus Um- und Innenwelt nicht funktionieren. Man muss daher solche Transformationen als *offene* Lern-Prozesse betrachten, die durch *kurz-zyklische* Denk- und Handlungsaktionen schnelle Verbesserungsschritte und ggf. schnelle Kurskorrekturen ermöglichen.

Es ist die Eigenart von Lern-basierten Veränderungsprozessen, dass anfänglich wenig zu geschehen scheint. Zunächst sind es wenige Organisationsmitglieder, die als „*Advanced Group*“ aktiv sind und Prinzipien und Instrumentarien erlernen müssen. Als „Power-User“ multiplizieren sie dann die Erkenntnisse in ihren jeweiligen Organisationseinheiten. Der soziale Multiplikationsprozess und die Suche nach einer Vorstellung, wie man in der jeweiligen Situation den besten Weg für die Umsetzung des Lean-Paradigmas konfigurieren kann, entscheiden über die Geschwindigkeit der Transformation. Solche Verläufe – es geschieht lange nichts, dann kommt die Veränderungsschub – sind in der Praxis hinreichend geläufig.

Aus der Diffusionsforschung wissen wir: Jede Innovation wird schneller aufgenommen, wenn sie für den Käufer testbar ist. Er hat dann Zeit, das spezielle Produkt in den eigenen individuellen Erlebniszusammenhang einzuwohnen. Die schöpferische Zerstörung beruht darauf, dass seitherige Gewohnheiten entlernt,

16 Vgl. Rother (2013), S. 246.

17 Vgl. Rother (2013), S. 247 ff.

18 Wir widersprechen damit explizit Reiß, der darin eine neue Aufgabe der Personalführung auszumachen zu können glaubte. vgl. Reiß (1992), S. 456–461.

neue gelernt werden müssen. Das braucht Zeit. Der wesentliche Grund liegt in der Art und Weise unseres Denkens. Die Theorie der „*kognitiven Dissonanz*“[19], die einen als unangenehm empfundener Gefühlszustand bezeichnet, der dadurch entsteht, dass ein Mensch mehrere Kognitionen (Wahrnehmungen, Meinungen, Ein- und Vorstellungen, Wünsche) hat, die zunächst nicht miteinander vereinbar sind und daher nach Entspannung bzw. Auflösung eines Konflikts trachtet.[20]

Wer Lernerfahrungen machen (lassen) will, muss *Lernexperimente* ermöglichen. Aus diesem Grund ist die Philosophie *permanenter* Verbesserung so bestechend, weil sie – im beschriebenen Modus des „*learning by doing*“ ausgeführt – die Chance bietet, durch Training und konkretes Tun Handlungswirkungen in realen Arbeitsprozessen *(on the job)* lernend zu erfahren. Eine „learning-by-doing“-Philosophie als wichtigste Voraussetzung einer nachhaltigen Transformation muss dabei drei Faktoren integrieren: *Verbesserungsphilosophie*, *Coaching* und *Dringlichkeit*. Keine dieser drei Faktoren allein vermag eine Veränderung in der Organisationskultur zu bewirken. *Dringlichkeit* ohne Mittel bringt keine nachhaltige Verbesserung, nur Hektik. Menschen brauchen ein Mittel, wie sie Verbesserung angehen können. *Coaching* braucht einen klaren Sachbezug zu definierten Aufgaben. Und permanent geforderte Dringlichkeit mag u. U. Veränderung bringen, aber nicht unbedingt nachhaltiges Lernen durch konkretes Tun – also auch nicht das angestrebte Lern-Verhalten der Mitarbeiter.[21]

Wir erlernen Haltungen, automatisieren Verhalten durch wiederholtes Tun und im Erfolgsfall wenden wir das Erlernte wieder und wieder an. „*If we want people to understand and buy into the assumptions of lean manufacturing, let them experience it firsthand. Direct experience, with on-the-scene immediate coaching and feedback, will change behavior over time.*“[22]

Der Besuch einschlägiger Veranstaltungen in Seminarräumen bringt zwar Wissen, ändert aber nicht die Einstellungen der Organisationsmitglieder. Demgegenüber ist wiederholtes Üben – Konditionieren – durch „learning by doing“ effektiver: Es lässt individuell neue neuronale Strukturen entstehen, die über Kommunikation mit anderen mit der Zeit *kulturprägend* wirken. Durch wiederholte praktische Anwendung der Verbesserungstechniken „*lernt man zu sehen*“ und sich in die Situation einzuarbeiten, um diese verbessern zu können. Situation und Verhalten konditionieren sich wechselseitig und zirkulär: Man sieht nur, was man weiß und umgekehrt.

Veränderung des Denkens ist einfacher als Veränderung des Verhaltens. Wenn wir Personen in neue strukturelle Zusammenhänge bringen, ändern sich mit der Zeit auch deren Sichtweisen und Einsichten. Der Wechselwirkungszusammenhang zwischen Attitüden und handlungsleitenden Prinzipien wird aufgebrochen. „…*if we*

---

19 Vgl. Festinger (1978).
20 Vg. hierzu auch Liker/Meier (2006), S. 427.
21 Vgl. Rother (2013), S. 240 ff.
22 Liker/Meier (2006), S. 455.

can change behavior, we can influence attitudes“[23]. Entscheidend ist, wie stark ein irritierendes, neues Signal ist, das die individuelle Wahrnehmung beeindruckt.

Motivationsreden, Video-Lernkurse, Trainings – all das sind Voraussetzungen für eine Verhaltensänderung, aber ohne eine „*Gestaltänderung*“ in der Wahrnehmung rutscht das Verhalten immer wieder in alte Routinen zurück. Ohne eine Art „*Umklapp-Prozess*“ der Wahrnehmung, wie *Gestaltpsychologen* sagen würden, kommt es nicht zum „*Quantum Change*“: Man wird dann immer geneigt sein, eine gewachsene, harmonische Konfiguration lange beibehalten und den revolutionären Übergang zu einer neuen, in sich kohärenten Konfiguration zu vermeiden trachten.[24] Deshalb ist die Übernahme einzelner Lean-Konzepte oder -Techniken selten nachhaltig, wenn nicht Führungskräfte und Mitarbeiter durch eine Art „Trommelfeuer“ mit Lean-Prinzipien und -Techniken beaufschlagt werden. Diese Aufgabe obliegt weitgehend den Führungskräften (Coaches als Changemanager).

Neue Dinge müssen intensiv gelernt, gleichzeitig aber auch alte Gewohnheiten *verlernt* werden.[25] Dabei ist die konkrete Anschauung so wesentlich: Bewusstmachen und persönliches Erleben nimmt die Ungewissheit. Man muss sich einleben in neue Systematiken und Prozesse, an deren Gestaltung man selbst teilhaben kann. Learning by doing mit einem Mindestmaß an Dringlichkeit bei gleichzeitiger Führungsunterstützung sind eine hinreichend gute Basis für jeden grundlegenden Transformationsprozess.

Man muss eine Transformation als Abfolge sehen von verschiedenen Episoden des „Sehens“, Lernens, Handelns, „Er-Lebens“, die inhaltslogisch und zeitlich verknüpft sind. In vielen Transformationsprojekten hat sich daher folgender Lern- bzw. Veranstaltungsmix bewährt (Abb. 92).

- Das „*Sehen*“ dient vor allem der Bewusstmachung dessen, was mit Lean-Denken gemeint sein kann. Durch Besuche bei Best-Practice-Unternehmen und Erfahrungsaustausch mit Führungskräften und Mitarbeitern, können wichtige Rückschlüsse für das eigene Unternehmen gezogen werden.
- „*Lernen*“ beschäftigt sich mit dem Lean-Instrumentarium selbst. Prinzipien und Methoden werden gelernt, wechselnd zwischen vorbereitenden „Classroom Training“ und Trainings Vor-Ort.
- „*Handeln*“. Hier geht es vor allem um selbstständiges Anwenden der erlernten Instrumentarien.
- „*Er-Leben*“ meint in Übereinstimmung mit Lean-Prinzipien unter Verwendung von Lean-Systematiken (v. a. Coaching, KVP, FvO) leben.

23 Liker/Meier (2006) vgl. allgemein Pfeiffer (1971), S. 52 ff.
24 Vgl. hierzu Staehle (1989), S. 61 mit Verweis auf Miller/Friesen (1984).
25 Vgl. Baecker (2003), S. 179 ff.

Der Mix aus verschiedenen Lern-Situationen und *Veränderungsmanagement-Instrumenten* und deren konsequente Befolgung haben starken Einfluss auf die Unternehmenskultur. Besonders wesentlich ist die Einrichtung eines *Kernteams* („*advanced group*“) für die Vorbereitung einer Transformation so wichtig, weil gezielte, begrenzte Lean-Pilotprojekte neues Wissen für das eigene Unternehmen verfügbar machen können. „*After the intense period of the project, management attention must continue in order for the culture change to continue and deepen. It can easily take three or more years to develop a lean culture where people understand flow, see waste, feel free to eliminate waste, and develop the discipline to sustain changes.*“[26]

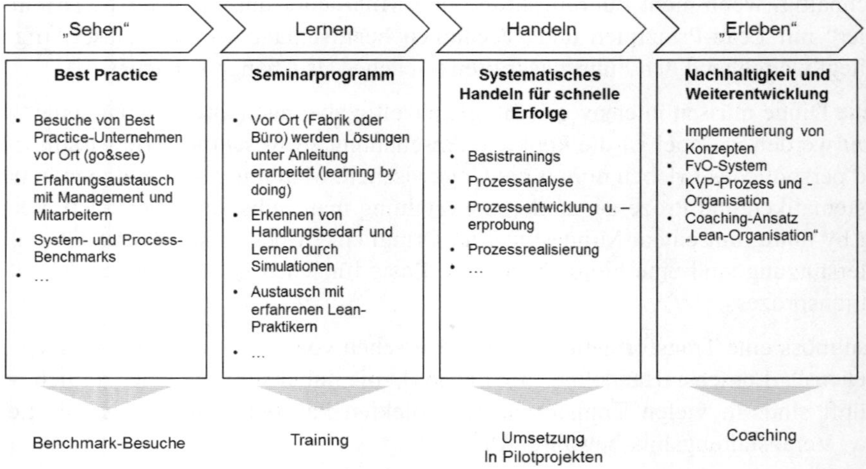

Abb. 92. „Lern-Mix“ in der Lean-Transformation

Natürlich kann kultureller Wandel nur durch die betroffenen Menschen selbst gefördert und gemacht werden. In diesem Sinn lässt sich die Aussage des Ehrenvorsitzenden von Toyota, Fujio Cho, interpretieren: „*There are many things one doesn't understand, and therefore we ask them why don't you just go ahead and take action; try to do something? You realize how little you know and you face your own failures and you simply can correct those failures and redo it again, and at the second trial you realize another mistake or another thing you didn't like so you can redo it once again.*“[27] Da jede Transformation bei laufendem Betrieb durchgeführt werden muss, muss nicht nur gelernt und verlernt werden, sondern es müssen auch immer wieder Veränderungen im Lernen und Verlernen vorgenommen werden.[28]

---

26 Liker/Meier (2006), S. 452–458.

27 A. a. O.

28 Vgl. Baecker (2003), S. 192. Er bezeichnet diese Art des Lernens (*Lerntyp III.)* als anspruchsvollste Art des Lernens.

6.1.3 Stellhebel für eine Lean-Transformation

Jede Transformation von Führung, Strukturen, Kulturen muss als offener, evolutionärer Organisationsveränderungs-Prozess gesehen werden, für den es zwar viele Ansätze und Techniken, aber keine Erfolgsgarantien gibt. Natürlich muss man eine Vorstellung darüber entwickeln, (1) wie und warum man mit einer Transformation beginnen soll; (2) welche Transformationsstrategien im Einzelnen man einsetzen muss und (3) in welchen Zeiträumen und -folgen man die einzelnen Veränderungsschritte vornimmt.

Man wird auf *Einsicht* ebenso setzen müssen wie auf *Um-Lernen* von kulturellen Verhaltensprägungen sowie auf Verwendung von *Machtmitteln*. Im Einzelnen mögen es viele Stellhebel sein, die es zu bewegen gilt (siehe Abb. 6.40). Bei jeder Transformation gilt es, die situationsadäquate Konfiguration der Stellhebel herauszuarbeiten.

Einige *„best practice“*-Vorgehensweisen kristallisieren sich auch hier heraus:
- Gesteuerte Top-down-Ansätze schlagen (virale) Bottom-up-Verfahren.
- Bei der Wahl der Interventionen wird im Change Management eher auf bewährte Methoden zurückgegriffen, hierzu passt auch, dass face-to-face stärker vertraut wird als technisch unterstützter Kommunikation (insb. digitale Medien)
- Pragmatismus schlägt strategisch geplante Interventionen.
- In der Transformation ist der Managertyp „Change Agent“ gefragt. Eine Kombination aus Macht-/Fachpromotor.[29]
- Macht und Überzeugung werden nicht (mehr) als Gegensatz gesehen.[30]

Ein erfolgreiches Lean-Transformationsprojekt bedarf der konsequenten Unterstützung durch das jeweilige *Top-Management*. In idealer Weise steht am Anfang eine authentische Identifikation mit der Lean Management-Philosophie z. B. in Form eines Vision / Mission Statement. Darauf aufbauend kann als nächstes ein klares Zielsystem definiert werden. *„Wir machen jetzt mal ‚lean‘“* – das ist nicht operational und damit für die Mitarbeiter und Organisation auch nicht richtig greifbar. Mit richtigen Zielen verbinden wir Aspekte, wie (1) klar formulierte Ziele (qualitativ und quantitativ), (2) Erreichbarkeit und Umsetzbarkeit der Ziele und (3) realistischer Zeitbezug.

Neben dem Top Management ist die Einbeziehung von *Drittparteien* durch *externe Berater* in der Regel sinnvoll, da oftmals ist im Unternehmen noch kein ausreichend fundiertes Lean Managementverständnis vorhanden ist. Die Rolle externer Berater kann dabei von traditioneller Projektleitung und -durchführung bis zum reinen Coaching reichen. D. h. je nach Situation können Analysen, Methoden und Interpretationen von externen Consultants durchgeführt und erarbeitet werden oder in gemischten Projektteams. Oder der externe Berater wirkt im Hintergrund als

[29] Vgl. hierzu ursprünglich das Konzept von Witte (1973).

[30] Vgl. Capgemini Consulting (2012).

Coach, Personal- und / oder Kulturentwickler für das Projektteam und die Organisation. Grundsätzlich sollte ein Berater-Einsatz sich auf die Vorbereitungs- und Konzeptionsphase beschränken und in der Umsetzungsphase sich auf die Beobachtung verlegen. Denn nur so kann das immer wieder beobachtbare „Stellvertreterhandeln" durch Berater vermieden werden.

Stellhebel	Erläuterung
Strategische Anbindung	Vision und Lernphilosophie, Aufklären und Bewusstsein über neue Situation schaffen
Einbindung Top-Management	Gut informierter Verantwortungsträger, aktiver Change Agent-Partner
Vorgehenstaktik und Durchdringung	Einzelne Lean-Techniken, Module (FvO, Coaching) und Diffusion Produktion, Entwicklung, Vertrieb, Verwaltung
Eingriffsthemen und -objekte	– Personal (Individuum, Gruppe), Struktur, Kultur – Stelle, Abteilung, Werk, Unternehmen, Unternehmensnetzwerk
Interventionsebene und -intensität	Top down und/oder Bottom up Standardisiert, individualisiert radikal, inkrementell
Aktoren	Promotoren, Coaches, Kompetenz-Team, Drittparteien (Berater)
Change-Instrumentarium	Workshops, Lernstatt, Trainings, Rituale, Symboliken, Events

Abb. 93. Stellhebel einer Unternehmens-Transformation

Empirische Befunde zeigen eine zunehmende *Professionalisierung* im Transformations- bzw. Change Management und eine zunehmende Komplexität, die eine Klärung der Rollen erforderlich macht, die Führungskräfte, Change Manager und weiteren Beteiligte zukommt: wer leistet was im Change-Prozess.[31]

Eine Delegation von Lean Programmen an Personalabteilung betrachten wir als wenig erfolgreiche Engführung einer Lean-Transformation. Auch ist die Frage, welche (personelle) *Kontinuität* in einer Führungsmannschaft gegeben sein muss, um erfolgreiche Lean-Transformationen zustande zu bringen, nicht eindeutig zu beantworten. Toyota ist ein „Musterbeispiel" für Kontinuität und Verfeinerung in der Top-Führungsmannschaft, aber wohl auch als ein Sonderfall zu betrachten.[32]

---

[31] Vgl. Capgemini Consulting (2012).

[32] Seit Gründung waren alle Präsidenten Eigengewächse, zunächst innerhalb der Familie Toyoda, zwischendurch Mitte der 1990er Jahre mit drei Familienfremden (Hiroshi Okuda, Fujio Cho, Katsuaki Watanabe) und seit 2009 wieder mit einem Präsidenten aus der Familie (Akio Toyoda).

Kontinuität ist insofern bedeutsam, weil Lean-Transformationen als komplexe Lernprozesse mehrjährige Anstrengungen darstellen und durchaus mit 5-Jahresverträgen von Geschäftsführern kollidieren können. Solche lang andauernden Prozesse erfordern daher neben finanziellen Aufwendungen massive persönliche Unterstützung, um von Erfolg gekrönt zu sein. Dabei steigt das Erfolgspotenzial umso mehr, je umfassender und ganzheitlicher das Lean Programm angelegt ist; also je mehr Bereiche, Abteilungen, Funktionen, Standorte in den Prozess einbezogen werden.

Typischer Weise führt ein *Lean-Kompetenz*-Team gemeinsam mit einzelnen Projekt-Teams erste Pilotprojekte durch, wie z. B. Prozessverbesserungen mithilfe der PDCA-Logik und verschiedenen Lean-Instrumenten 5S-Methode, Wertstromanalyse. Aus den Reaktionen und Ergebnissen ergeben sich Schlussfolgerungen auch für die weitere Vorgehensweise: Multiplikation der Ergebnisse in weiteren Pilotprojekte und/oder Vertiefung von einzelner Themen. Damit ist ein Kompetenz-Team leicht für zwei bis sechs Monate beschäftigt – ein vergleichsweiser geringer Zeitraum für organisationskulturelle Veränderungen. Diese Pilotaktivitäten sind entscheidend dafür, ein konsequentes und diszipliniertes Arbeiten mit den Lean-Instrumenten zu erlernen. Das Kompetenz-Team entwickelt und veröffentlich sowohl kompakte Dokumentationen („One Pager") über Methoden und Best Practices als auch anwendungsbezogene Handbücher, z. B. über Wertstromdesign oder Kanban.

Der Weg zur Lean Enterprise beginnt mit einem *Masterplan*, der *Vorgehenstaktik* und zeit- und sachlogische Durchdringung der Unternehmung mit Lean-Themen grob festlegt. Man kann Wertströme ausgehend vom Kunden stromaufwärts abschnittsweise analysieren, optimieren und verbessern. Sofern geschehen, kann man post- und preprocessing-Bereiche unter die Lupe nehmen. Entscheidend ist, die Funktionsbereichsperspektive aufzugeben und lieber „Objekte" ganzheitlich bearbearbeiten: Das können einzelne Prozesse, segmentierte Wertströme innerhalb eines Wertschöpfungsabschnittes sein oder auch eine ganze Supply Chain.

Da man selbst als Top-Manager Kollegen überzeugen muss, geschieht dies umso leichter, wenn man mit *konkreten* Lernerfahrungen aufwarten kann. Man kann daher im *eigenen* Verantwortungsbereich anfangen, an einzelnen Pilotprojekten isoliert arbeiten und aus den Erfahrungen Folgerungen für das Gesamtsystem ziehen.

Angelehnt an das Fundamentalprinzip (*Ganzheitlichkeitsdimension*) sollte man dort beginnen, wo auch die Entscheidungs- und Handlungsbefugnisse der unterstützenden Führungskraft weitgehend ausreichen: Stelle, Abteilung, Werk, Unternehmen, Unternehmensnetzwerk oder in Teilen oder Ganzen Wertströmen mit entsprechenden Instrumentarien.[33] Mit einem solchen *„organisatorischen Demonstrator"* vereinfacht sich jede weitere Argumentation.

---

33 Siehe oben Abschnitt 3.5. Vgl. hierzu auch Liker/Meier (2006), S. 395 ff.: Kapitel 19: Lean Implementation Strategies &Tactics.

Auch zeigt sich immer wieder, dass in *frühen* Phasen einer Transformation sehr wirksam ist, über schnell realisierte Erfolge („*Quick Wins*“) Vertrauen in die eigene Leistung zu schaffen. Vor allem für die Überzeugung einer noch nicht überzeugten „*Abwarte*-Kohorte“ können identifizierte Potenziale *Unsicherheits-absorbierend* wirken und durch die realisierten Veränderungserfolge letztlich auch Bewusstseinsveränderungen schaffen.

Change-Instrumentarium: Grundsätzlich kommt das gesamte Spektrum an Techniken zur Gestaltung organisatorischen Wandels auch hier in Frage.[34] Bewährt haben sich im Lean-Kontext v. a.

- (on the job-)Workshops und Lernstatt-Konzepte
- Trainingsprogramme für Lean-Instrumentarium, Teamentwicklung, gruppendynamische Sensitivity Trainings sowie
- Kommunikationsmaßnahmen wie Rituale, Symboliken, Events zur kulturellen Identitätsförderung.[35]

Sie gehören zur Grundausstattung. Diese Werkzeuge werden in jeder Phase im Veränderungsprozess benötigt, was sicherlich zu ihrer Popularität beiträgt. Anleitungen für Kommunikationsmaßnahmen und Workshop-Designs sind mittlerweile fester Bestandteil der unternehmenseigenen Change Management Toolbox. Workshops, Veranstaltungen und (persönliche und schriftliche) Kommunikationsmassnahmen Interviews und Befragungen werden als Feedback eingesetzt.

Spätestens mit den kursorischen Ausführungen zu den Stellhebeln einer Transformation ist klar: Bei einer Lean-Transformation handelt sich um keine einfache Restrukturierung im Rahmen der Entwicklungsphasen eines Unternehmens, sondern gleichzeitig um eine Veränderung des *Selbstverständnisses,* die bis in die strategischen Grundfragen *(*v. a. *Geschäftsmodell)* hineinreichen kann. Das heißt es wird an Themen im „kleinen“ – Lean-Instrumente lernen und Implementieren – aber auch im „Großen“ – Schaffung neuer normativer Grundlagen, wie neues Bewusstsein bzw. Kultur, und Strategische Veränderungen – gearbeitet. Man sieht es schon: Es kann nur ein *zeitverbrauchender* Prozess sein, da eine Vielzahl von Themen auf der Ebene des Unternehmens und der Mitarbeiterentwicklung zu bearbeiten und aufeinander abzustimmen sind. Und zu einer *evolutionären* Vorgehensweise zwingt schon der veränderungsinduzierende Umwelt.[36]

---

34 Vgl. den Überblick bei Staehle (1989), S. 846 ff.

35 Vgl. Capgemini Consulting (2012).

36 Vgl. Weick (1985).

6.2 „Lean-Transformation“ als Phasenprozess

Der Übergang von seitherigem Management in die Lean Management-Welt ist eine besonders radikale Veränderung, aber wie jede Transformation allgemein beschreibbar. Die besondere Herausforderung bei einer „Lean-Transformation“ liegt in der gleichzeitigen Entwicklung eines Unternehmens und dessen Mitarbeiter im Hinblick auf eine „Lean Enterprise“. Viele Aktivitäten müssen zeitlich und sachlich aufeinander abgestimmt und realisiert werden.

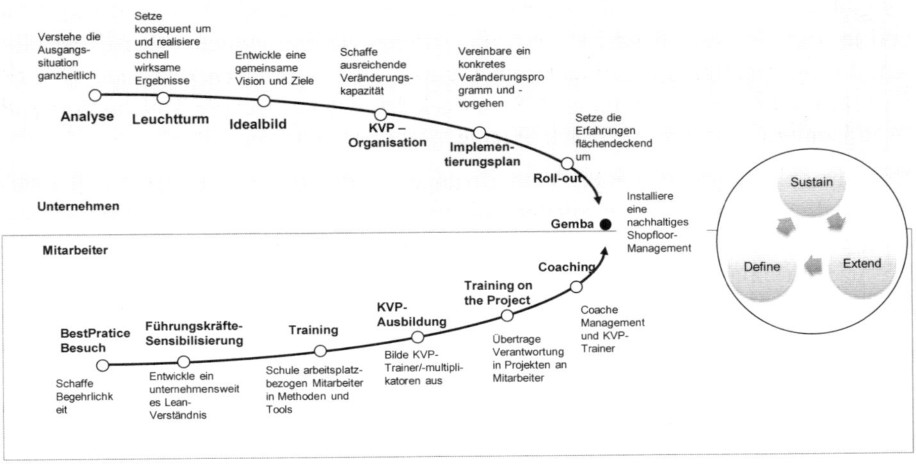

Abb. 94. Koevolution von Mitarbeiter- und Unternehmensentwicklung[37]

Es gibt hierfür eine Reihe von *Phasenmodellen* zur Bewältigung des Veränderungsprozesses. Wir wollen hier auf Grundlage der sehr erfolgreichen Transformationserfahrungen der Staufen AG ein *Drei-Phasen*-Schema mit verschiedenen Schritten vorstellen.

6.2.1 Vorbereitungs- und Startphase einer Lean-Transformation

Bevor alles startet, gilt es, die wirkliche Motivation und den Auslöser der beabsichtigten Lean-Transformation zu verstehen.

- Geht es dem Unternehmen bereits schlecht, sprich werden Verluste geschrieben oder ist man in einer absoluten Wachstumsphase und hat aktuelle und künftig absehbare Kapazitätsengpässe bzw. hat sich die globale Wettbewerbssituation grundsätzlich verändert/verschärft
- Gibt es Kennzahlen, die darauf hindeuten, dass man zukünftig nicht mehr „so weiter machen kann, wie bisher“, z. B. steigende Qualitätskosten, die von den Kunden geforderte Lieferzeiten können nicht mehr bzw. nur noch durch Erhö-

[37] Zu typischen Unternehmensentwicklungsschwellen vgl. Greiner (1972).

hung der Lagerbestände erreicht werden oder man verliert immer mehr Aufträge wegen nicht wettbewerbsfähiger Preise
- Will man „lean“ sein weil es andere auch machen und es trendy ist bzw. weil Mitarbeiter gerade begeistert von einer Lean-Veranstaltung kommen und von der Nützlichkeit von „Lean“ schwärmen
- Vielleicht gibt es auch eine neue Führungskraft mit Lean-Erfahrung aus einem anderen Unternehmen die jetzt auf eine Lean-Transformation drängt

Es gibt also verschiedenste Ursachen und Anlässe für eine Lean-Transformation und je nach Ausgangslage ist der Anfangsfokus unterschiedlich. Aber es ist klar: jede Lean-Transformation braucht einen guten Anlass. „*Our current success is the best reason to change the things*.“ So aufgeklärt, wie der frühere Toyota-Vorstand, Iwao Isomura, das zum Ausdruck brachte, geschieht es leider selten.

Der Entschluss, grundlegende Veränderungen vorzunehmen verdankt sich regelmäßig eher krisenartig zugespitzten Situationen, in denen man zum Handeln gezwungen ist als zu geplantem strategischem Wandel. Die Ursache liegt in der Wechselwirkung von strukturell-kulturellen und operativen Funktionszusammenhang. Wie mehrfach schon erwähnt: Individuelles Verhalten entwickelt sich nach den situativen Gegebenheiten. Es gibt immer gute Gründe, so weiterzumachen wie bisher. „War doch bislang erfolgreich!“ oder „So viel falsch können wir doch nicht gemacht haben.“ „Business as usual“ ist aus Führungssicht weit weniger komplex als eine Restrukturierung.

Zögerlich wird auch derjenige eine Lean-Transformation angehen, der befürchtet, dass sich eigene Entscheidungen der Vergangenheit aus der Sicht des Lean-Paradigmas als Fehlentscheidungen darstellen und als *versteckter Vorwurf* interpretiert werden könnten. Und schließlich gibt es angesichts der immensen Managementaufgabe immer gute Gründe, sich vor einer konsequenten Umsetzung zurückzuhalten. Es gibt immer Vordringlicheres zu tun, als sich mit ungewissen zukünftigen Themen zu beschäftigen.

Oft wird der Handlungsbedarf schlichtweg ignoriert und die stärkste Waffe von Veränderungsfeinden sind in die Irre führende *„Worthülsen“*. Man verwendet Begriffe aus der „neuen“ Welt und führt sie auf längst Bekanntes zurück. Alter Wein in neuen (löchrigen) Schläuchen. „Das ist doch alles nichts Neues für uns! Denn wir betreiben schon lange das, was im Lean Management heute diskutiert wird – so der Tenor vieler Manager:
- *„Flachere Hierarchien als bei uns gibt es wohl kaum. Ich als Unternehmer spreche direkt mit meinen Meistern. Kann es denn direkter gehen?“*
- *„Wir sind schon lean. Wir haben schon lange Projektmanagement und Gruppenarbeit bei uns eingeführt.“*
- *„Bei uns ist der Kunde schon König – mehr Kundenorientierung geht wohl nicht.“*

Man sieht es schon: Nichts ist schädlicher für eine Beschäftigung mit Lean-Paradigma als *Killerphrasen*, *Worthülsen* oder ähnliche *Produkte der jeweils existierenden Unternehmenskultur.*[38] Sie verschleiern Probleme. „Worthülsen“ haben eine beharrungsinduzierende Funktion: sie nehmen den Handlungs- und Veränderungsdruck. Im Übrigen wirken auch eigene negative Erfahrungen und missglückte Versuche anderer in ähnlicher Weise als Veränderungsbremse.

Krisen vereinfachen die Sache. In Krisensituationen werden Bedenken, Widerstände und negative Erfahrungen unter dem Diktat des per definitionem gegebenen Zeitdrucks zurückgestellt. Genauso werden Vorschläge für Maßnahmen zur Verbesserung der Situation zügiger adoptiert, wenn sie schnell Besserung versprechen. In der Sprache von Lewins Konzept verringern Krisen die Beharrungskräfte und steigern gleichzeitig die Vortriebskräfte. Verminderung und Steigerung zugleich! Warum also warten, bis die nächste Krise kommt? Wer Krisen als *Chance* begreift, der kann diese auch selbst erzeugen, ehe die Wettbewerbssituation einen dazu zwingt. Anspruchsvolle Ziele können proaktiv eine schöpferische Zerstörung einleiten. Anspruchsvoll meint das Niveau, wo seitherige Mittel und Lösungen nicht mehr ausreichen, die Kosten- und Leistungsziele ohne weiteres zu erreichen. Man ersetzt damit echte Krisen durch unternehmerische Unzufriedeneheit.

Was ist also in der Vorbereitungsphase zu tun? Wenn ein Handlungsbedarf und ein Lean-Vorbereitungsgrad noch nicht erkennbar ist wird man in der ersten Phase zunächst den Schwerpunkt auf Sinnvermittlung legen „Warum soll man Lean Management einführen?“. Ist dagegen der Handlungsbedarf eindeutig und zudem ein grundsätzliches Lean-Verständnis vorhanden dann richtet sich die Perspektive eher auf die Frage „Wie geht man die Lean-Transformation an?“

Die Vorbereitungsphase gliedert sich in verschiedene Schritte.
- Ein Kompetenz-Team installieren
- Führungskräftesensibilisierung, Durchführung von Best-Practice-Besuchen (Benchmarking) bei Lean-Unternehmen
- Eine Potenzialanalyse durchführen und einen Projektplan erstellen
- Erste Erfolge nachweisen, indem in ausgewählten Bereichen kleinere Projekte durchgeführt werden („Leuchtturmprojekt“)
- Eine Lean-Mission/Vision entwickeln und kommunizieren und ggf. durch Zielvereinbarungen und Projektmarketing unterstützen.

6.2.1.1 Kompetenz-Team installieren

Natürlich muss es irgendwie gelingen, dass das notwendige Lean Management-Wissen bei allen Beteiligten vorhanden ist. Also wird zunächst wird ein *Komptenzteam*[39] „on the job“ qualifiziert, welches Lean-Vision, -Prinzipien und -Instrumentarium umfasst. Daran anschließend werden weitere (interne und externe) Change

[38] Vgl. hierzu im Kontext des Innovationsmanagements Weiß (1989).

[39] Synonym hierfür: Lean-Kern-Team, „Advanced Group“ vgl. Rother (2013), 247 ff.

Mangement-Promotoren bzw. Change Agents ausgewählt. Gemeinsam kann dann eine Transformations-Strategie erarbeitet werden.

Das „*Kompetenz-Team*“ ist keine Stabsgruppe oder Lean-Abteilung, die als interner Berater für das komplette Mentoring und Training zuständig ist oder für Verbesserungen auf der Prozessebene. Das unterliegt der Verantwortung der lokalen Manager und Führungskräfte auf jeder Ebene und in jedem Bereich der Organisation. Diese Gruppe ist für die Organisation sozusagen der *Promotor* der Transformationsphilosophie.

In gewissem Umfang wird das Kompetenz-Team natürlich im Coaching auf allen Organisationsebenen mitmachen und es unterstützen, damit diese Gruppe stets ein Verständnis für den aktuellen Ist-Zustand in der Organisation haben kann. Durch das Coachen der nächsten Gruppe können die Personen in der höheren Ebene ein besseres Gefühl für die tatsächliche Situation, sprich für die derzeitigen Fähigkeiten von Mitarbeitern, erhalten. Auf diese Weise kann Schritt für Schritt im experimentellen Lernmodus das Lean-Wissen breit vermittelt und verankert werden. Das kostet natürlich Zeit. Dieser zeitverbrauchende Prozess kann durch Beteiligung Dritter – externer Change Managment-Beratungsgesellschaften – sinnvoll verkürzt werden.

Der Aufbau eines *Lean- Kompetenz-Teams* ist von zentraler Bedeutung für den Transformationsprozess. Ein solches Team ist typischerweise mit Führungsverantwortlichen aus den jeweils relevanten Bereichen besetzt, die sich als erste mit dem Erwerb des notwendigen Wissens über Lean-Philosophie, Prinzipien und Methodiken befassen. Das Komptetenz-Team ist verantwortlich für *Überwachung*, Feinabstimmung und Weiterentwicklung (mittels PDCA) des Lernansatzes (Learning by doing-Philosophie) der Organisation.

Solche Aktivitäten des Lean-Kompetenz-Teams sind eine gute Möglichkeit, mit dem Training der ersten *internen Coaches* zu beginnen. Zwei oder drei potenzielle Coaches werden in das Kompetenz-Team integriert und sind zunächst v.a. bei den Aktivitäten vor Ort dabei, um die Verbesserungs-Philosophie anzuwenden und zu erlernen. Diese Coaches sind auch der Schlüssel, mit dem die Bereitschaft der beteiligten Mitarbeiter aufgeschlossen werden kann.

Es gilt, sie für den Prozess zu gewinnen, sie einzubeziehen, sie zu begeistern, zu befähigen und ihre kontinuierliche Weiterentwicklung sicherzustellen. Daher werden im Rahmen eines umfassenden Trainingskonzeptes Mitarbeiter (z.B. durch Planspiele) befähigt Lean-Methoden zu verstehen und zu leben, denn langfristig ist man nur erfolgreich, wenn man weiß, warum man erfolgreich ist.

Für jeden Aktionsbereich kann ein Kompetenz-Team (bzw. ein Lean-Coach) installiert werden, welches die Aktivitäten mit anderen Projektmitgliedern systematisch durcharbeitet und damit das Lean-Wissen auf weitere Organisationsmitglieder multipliziert. Je nach Größenordnung des Unternehmens, kann das in einem „Pilotprojekt“ oder in einer Vielzahl gleichzeitig stattfindender Projekte durchgeführt werden.[40] Das gelingt allerdings nur auf der Grundlage eines Plans und in enger Abstimmung der wichtigsten Aktoren (Kompetenz-Team mit Coach, Lean-Eperten und Teammitgliedern).

Wenn das Kompetenz-Team ein höheres Niveau an Erfahrung, Fähigkeit und Lean-Perspektive erreicht haben, obliegt ihm das Coaching der Mitarbeiter auf der nächsten Ebene (siehe horizontale Pfeile in Abb. 95).

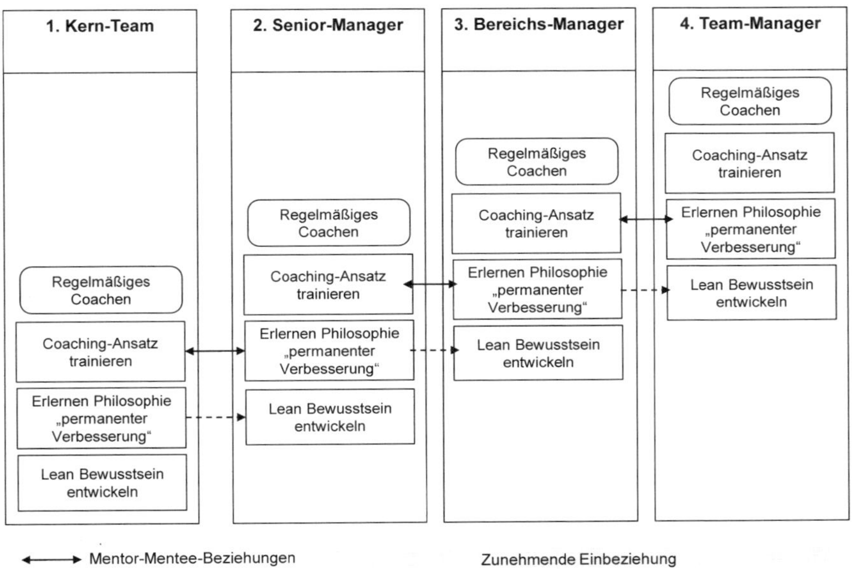

Abb. 95. organisatorischer Multiplikationsprozess des Lean-Denkens

6.2.1.2 Führungskräfte sensibilisieren

Das ist einer der wichtigsten Schritte, vor allem dann, wenn die Handlungsnotwendigkeit noch nicht erkannt und die Sinnhaftigkeit einer Lean-Transformation noch nicht grundsätzlich in der Organisation als Ganzem verstanden ist.

Motivation entsteht durch Sinn. Hinter jedem Tun steckt ein Grund. Die Führungskräfte müssen zu überzeugten Treibern der Lean-Transformation gemacht werden. Eine Lean-Transformation kann nicht delegiert werden. Wir fordern hier keine „Lean-Gurus“, jedoch sollten die Führungskräfte in der Lage sein, „Verschwendung sehen zu lernen“, die wichtigsten Lean-Prinzipien zu verstehen und den Nutzen einer Lean-Transformation anzukennen.

Wie kann so etwas praktisch umgesetzt werden? Die Führungsmannschaft muss sich zu Projektbeginn 3 Tage Zeit nehmen: am ersten Tag wird eine Lean-Grundlagenschulung durchgeführt evtl. mit einem Spiel oder einer Simulation

[40] Vgl. Fallbeispiel 4 in Abschnitt 6.7.

kombiniert. Am zweiten Tag wird ein BestPractice Besuch durchgeführt. Am dritten Tag erfolgt die Besuchsauswertung, das Benchmark, und zu guter letzt sollte einem Commitment für den Projektstart nichts mehr im Wege stehen. Dieses sog. „Frontloading“ ist einer der wesentlichen Erfolgsfaktoren einer Lean-Transformation. Und genau an diesem Frontloading wird häufig gespart und die „es geht nicht“-Abwehrhaltung äussert sich z. B. in Aussagen wie: „Wie stellen Sie sich das vor, wie sollen wir unsere gesamte, erste Führungsebene für 3 Tage freischaufeln? Das geht nicht, dann bricht der Betrieb zusammen!“

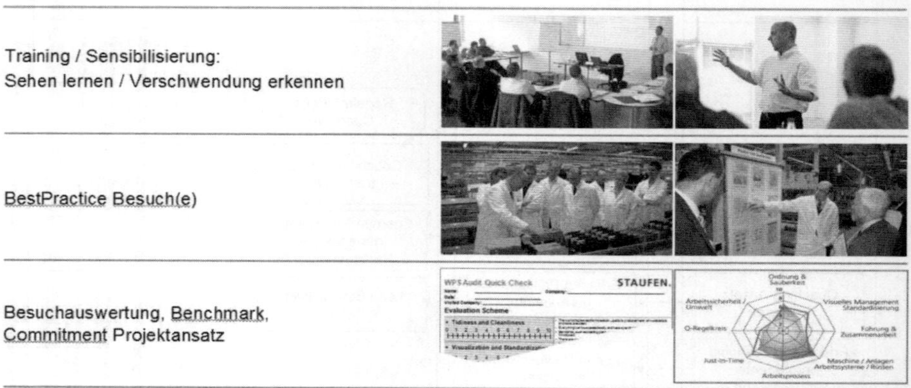

Abb. 96. Sensibilisierungsaktivitäten für Lean-Philosophie

Genau das ist das Problem: Die erste Führungsmannschaft ist zu sehr mit operativen Themen beschäftigt, betreibt *„firefighting“*, kommt nicht aus der operativen Tretmühle heraus, nimmt sich aber für die strategische Ausrichtung der zukünftigen Wertströme nicht die notwendige Zeit.

Eine wichtige Funktion der Vorbereitungsphase ist daher die Konfrontation mit der Lean-Gedankenwelt. Persönliches Erleben und Bewusstmachung durch unmittelbare Anschauung in Unternehmen, die die Lean-Transformation als Lernerfahrung schon hinter sich haben.

6.2.1.3 Ausgangssituation analysieren

Erst Aufgabe des Kompetenz-Teams – ggf. in Zusammenarbeit mit externen Beratungspartnern – ist die Erfassung und Analyse der Ausgangssituation. Hier kommen die bekannten und inzwischen weit verbreiteten Analyseinstrumentarien erstmals zum Einsatz. In der aller Regel beginnt man an der direkten Wertschöpfung, dem sog. Wertstrom. Da dort einerseits oftmals die operativen und relativ schnell und einfach beseitigbaren Problemursachen zu finden sind und zum anderen an der Basis der Wertschöpfung der Kundennutzen und die Kundenzufriedenheit geschaffen wird.

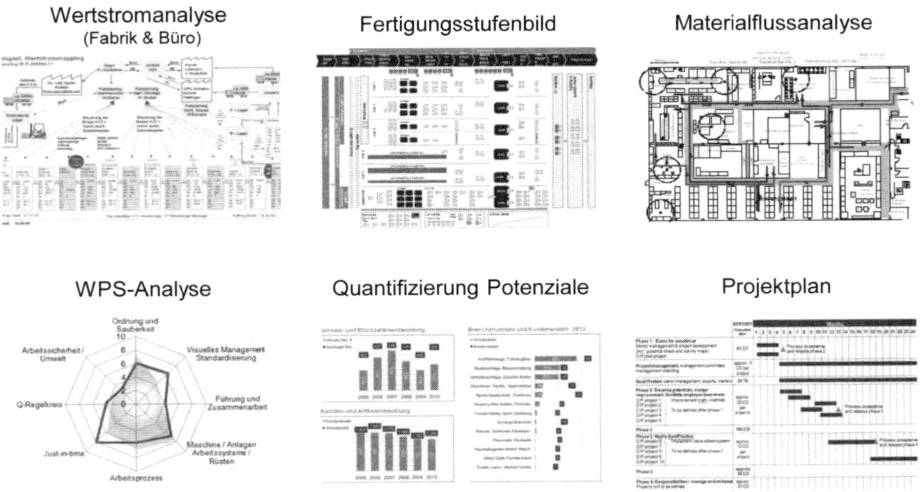

Abb. 97. Lean-Analyse-Tools

Ist einmal der Wertstrom erfasst können darauf aufbauend alle weiteren Aktivitäten initiiert werden. Hinzuweisen ist auf das Phänomen, dass sog. „Quick checks“ als Irritationspotenziale den organisatorischen Lernprozess positiv beeinflussen können. Unabhängig von der konkreten Situation wird man in einer Vorbereitungsphase sehr schnell feststellen können, wie groß der Änderungsbedarf ist, um ein leanbasiertes Unternehmen zu sein und wie komplex der Transformationsprozess sein wird.

„Quick Checks“ sind ein probates Mittel, für jeden Mitarbeiter Änderungsbedarfe sichtbar zu machen. Die Durchführung von Quick Checks hält einen Spiegel vor. Die Bewertung, inwieweit Lean-Prinzipien und -Methoden bereits implementiert sind, lenkt das Augenmerk auf Lücken, die beseitigt werden können: von stellenbezogenen Instrumentarien, die jeder Mitarbeiter schnell erlernen kann (MUDA-Check, 5S-Check), über faktorbezogene (z. B. OEE, KVP) bis hin zur Führungsleistung (z. B. Coaching).

An dieser Stelle kommt wieder die *Best-Practice*-Erfahrung ins Spiel: aufgrund der oftmals festzustellenden Einstellung „wir sind schon lean“ kann man durch den Best-Practice-Vergleich seine eigene Leistung – das „Lean-Niveau“ – objektiver einschätzen.

Komplex ist natürlich die Situation in großen Unternehmen mit verschiedenen Geschäftsbereichen und zahlreichen Produktions- und ggf. Vertriebs- und Entwicklungsstandorten.

In solchen Fällen muß zudem eine Auswahl der globalen Regionen und Standorte getroffen werden und die durchaus problematische Frage der Übertragbarkeit von

Ergebnissen in einem Unternehmensbereich auf einen anderen beantwortet werden (siehe Informationskasten).

Beispiel für eine Transformationsprojektplanung in einem global tätigen Unternehmen[41]

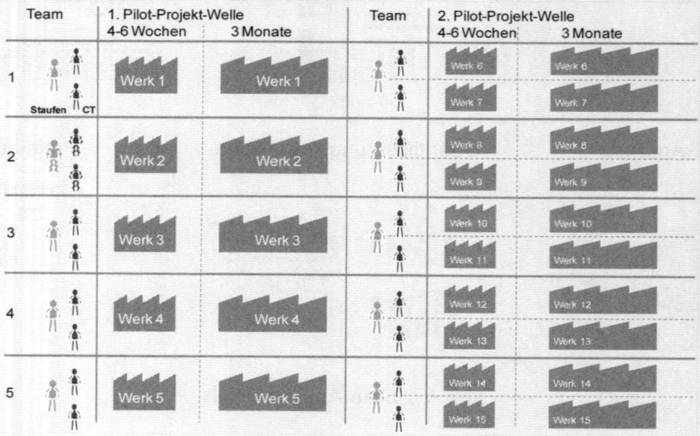

Jedes Team startet ‚sanft' mit einem kleinen Projekt, welches 4–6 Wochen dauert. Danach werden innerhalb von 3 Monaten die Potenziale zu ‚Low hanging fruits' für das gesamte Werk erschlossen.

– In der 2. Pilot-Projekt-Welle werden parallel 2 Projekte an 2 unterschiedlichen Standorten mit der gleichen zeitlichen Struktur durchgeführt.
– Nutzen der Quick Wins Phase
– Potenziale zu ‚Low hanging fruits' sind erschlossen
– Reaktionsfähigkeit der operativen Einheiten ist verbessert
– Kulturwandel ist angestoßen
– Grundverständnis in den einzelnen Werken zum Lean-Projekt verbessert

Auf jeden Fall muss bei komplexen, globalen Projekten ein maximales Parallelisieren aller Aktivitäten im Lean-Transformationsprozess angestrebt werden um damit alle Möglichkeiten die Projektlaufzeit zu reduzieren auszuschöpfen.

Auch hier ist oftmals die Unterstützung externer Berater eine sinnvolle „time compression technique" für das Projektmanagement, da einerseits das komplexe und unternehmenspolitisch aufgeladene Projektmanagement verlagert werden kann und zudem durch das externe Know-How schnell und effizient Lean-Erfahrung ins Unternehmen transferiert werden kann.

6.2.1.4 eine Lean-Mission/Vision entwickeln – Der „Lean-Masterplan"

Spätestens nach dem erfolgreichen Umsetzen von einem oder mehreren Leuchtturm-Projekten, kommt die Frage nach dem „Big Picture". Man sollte sich fragen,

[41] Siehe hierzu Fallbeispiel 4 in Abschnitt 6.7.

was würde denn passieren, wenn man nun das im Leuchtturm Angewandte und Gelernte konsequent im gesamten Unternehmen und sogar darüber hinaus (im Netzwerk) anwenden würde. Diese Frage sollte die Vision beantworten.

Eine gut formulierte Vision ist die emotionale Basis für die Transformation und gibt dieser eine Richtung. Die Vision ist die Antizipation der Zukunft aber kein exakt definierter Sollwert. Sie beschreibt ein angestrebtes Zukunftsbild des Unternehmens, nahe genug, dass die Realisierbarkeit noch gesehen wird, aber schon fern genug, um die Begeisterung für eine neue Wirklichkeit zu erwecken. „Wo wollen wir in X Jahren stehen?“

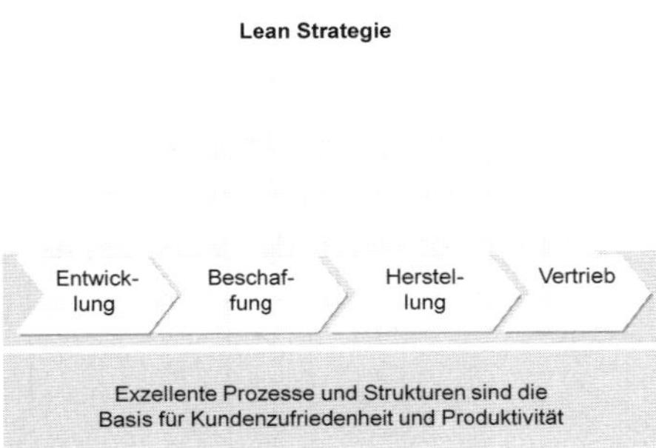

Entwicklung/ Innovation	Unsere Produkte … sind montagegerecht konstruiert … für die Anwendung einer Massenfertigung konstruiert Der Neuanlauf erfolgt nach einem abgestimmten Rhythmus mit der Produktion Bei Bedarf beziehen wir andere Funktionen in die Produktentwicklung mit ein
Beschaffung	Unsere Zulieferteile sind bei Bedarf in der richtigen Qualität und am richtigen Ort verfügbar Bei der Beschaffung neuer Maschinen orientieren wir uns am Kundentakt und planen Bedarfs-schwankungen mit ein Die Materialanlieferung der Teile erfolgt kurzzyklisch und in einem bestimmten Rhythmus Die Bestellung von Teilen erfolgt nach dem tatsächlichem Verbrauch und nicht nach dem Forecast
Herstellung	Die unendlich lange und ununterbrochene Prozesskette ist für uns das IDEAL Der Kunde gibt den Takt vor Lean beginnt mit Null-Fehlern Die Senke ist für die Materialanforderung verantwortlich
Vertrieb	Die Frozen Zone ist stabil und wird nicht geändert Unsere Aufträge werden täglich ins Vertriebssystem eingegeben Dem Vertrieb ist die Produktionsauslastung bekannt und orientiert sich am Kundentakt Vertrieb plant auf Basis von „echten“ Kundenaufträgen

Abb. 98. Eine Lean-Vision entwickeln[42]

Eine Vision sollte möglichst in einem Bild visualisiert sein. Die Prinzipien und Leitsätze, die hinter dem Bild stecken, sollten in kurzen Sätzen beschrieben sein. Die Prinzipien formulieren den Zielzustand – die Leitsätze beschreiben den Weg zum Ziel. Eine Vision darf kein „Marketinggag“ sein, der mit kernigen Sätzen wie eine Präsentation auf Hochglanzpapier ankommt. Projektmarketing ist allerdings bitter notwendig.

Die Erfahrung aus über 200 Projekten der Staufen AG hat gezeigt, dass in 99% der Projekte viel zu wenig kommuniziert wird. Damit die „Lean“-Botschaft ankommt, muss jeder erdenkliche Kommunikationskanal genutzt werden. U. E. ist aber die Integration von Lean-Vision und Lean-Strategie mit der Unternehmensentwicklungsplanung, gerade in großen Unternehmenssystemen, ein notwendiger Erfolgsfaktor. Durch eine professionelle Visionskommunikation wird Sinn und Zweck der Lean-Philosophie für die Unternehmenszukunft formuliert. Sicher wird es nicht

[42] Quelle: Staufen AG.

immer so weit gehen, „Lean“ als ein Unternehmensziel neben anderen Sach- oder Formatzielen zu definieren.

6.2.2 „Roll-out“ – Unternehmensweite Lean-Aktivitäten initiieren

Wenn die erste Phase erfolgreich überstanden ist, hat man den Grundstein für die Lean-Transformation gelegt. Die Handlungsnotwendigkeit und der Sinn einer Transformation sind erkannt, erste kleine Erfolge konnten mit „Leuchtturm“-Projekten beweisen werden und nehmen etwas die Angst vor der großen Veränderung. Die Vision ist erarbeitet und gibt die Richtung vor.

Um die Transformation des Ganzen angehen zu können, müssen jetzt weitere Aktivitäten in Angriff genommen werden:
– Eine permanente Veränderungseinstellung muss geschaffen werden
– Eine Verbesserungs-Organisation ist zu installieren
– Weiter OptimierungsPotenzial werden erschlossen

Drei Lernerfahrungen helfen dabei, einen erfolgreichen Roll-out sicherzustellen:
– „Bootcamp“: Intensives Workshop-Lernen der Lean-Grundlagen
– Miniworkshop: „Sehen lernen“ in Mini-Workshops erweitert das Verständnis für Wertschöpfung und Verschwendung
– Pilotprojekte, die als Referenz dienen können.[43]

6.2.2.1 Den „Change“ managen

Ein Change ist notwendig, wenn die Handlungen des Unternehmens nicht mehr zum Marktumfeld passen. Change bedeutet ein Prozessmusterwechsel, d.h. eine tiefgreifende Veränderung für das Unternehmen – oft geht es ums Überleben. Im Change erfolgt ein absoluter Paradigmenwechsel, das Unternehmen wird „auf den Kopf gestellt“. Deshalb kann Change kein Dauerzustand sein.

„Change“ beschreibt vielmehr den Wechsel auf ein neues Know-How-Niveau ähnlich dem Gedanken, den wir beim Paradigmenwechsel hin zur Lean-Philosophie mit einer „S-Kurve“ didaktisch einprägsam präsentiert haben. Damit ist auch die Abgrenzung zum Begriff der „kontinuierlichen Verbesserung (KAIZEN)“ offensichtlich, da diese die Optimierung auf der „S-Kurve“ bzw. dem Know-How-Niveau beschreibt, nämlich inkrementale Verbesserung.

Im vorliegenden Kontext meint Change den Zwischenbereich zwischen alter „puffered“- und neuer „Lean“-Welt. Jeder „Change“ bedarf eines Change Agents. Das kann eine Einzelperson sein oder auch ein Lean-Kompetenz-Team. Der Change Agent kann nur erfolgreich sein, wenn das Management Team ihn zu 100% unterstützt und ihm den Rücken deckt.

---

43 Siehe oben 6.1.2.

Der Grund für viele gescheiterten Transformationen liegt daran, dass sich die Führungsmannschaft uneinig war, manche starke Führungskräfte „gegen Lean geschossen haben“ und niemand den Mut zu unangenehmen Entscheidungen hatte – auch der Change Agent nicht.

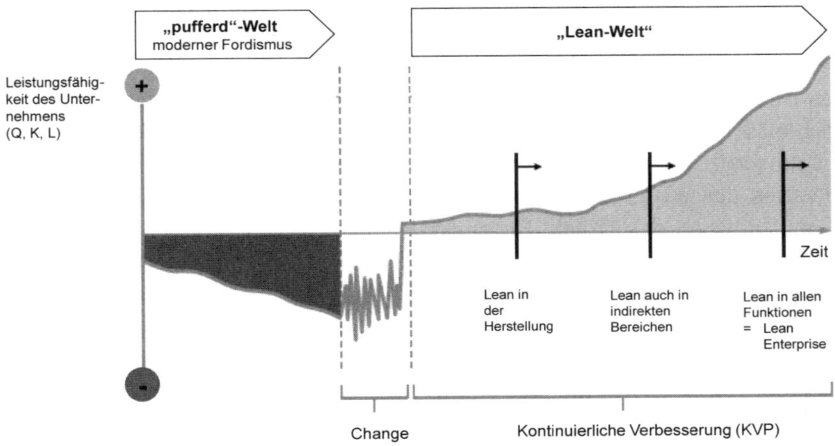

Abb. 99. Change als Übergang zwischen „alter“ und „neuer“ Welt

Den Übergang managen, heißt auch einen klaren mittelfristigen und kurzfristigen Projektplan zu haben, mit klar definierten Meilensteinen, Zielen, Verantwortlichen aber auch der benötigten Mitarbeiterkapazität. Regelmäßige Lenkungsausschüsse, in denen die Führungskräfte über den Fortschritt, die Erfolge, die Probleme berichten und benötigte Unterstützung anfordern, finden mindestens einmal im Monat statt.[44]

Zehn Punkte erfolgreicher Change Agents

1. Erreicht Commitment von der Führungsmannschaft
2. Feiert Erfolge
3. Gibt eine klare Richtung vor
4. Unternimmt nur notwendige Änderungen
5. Räumt Zeit für Planung, Strategie und Taktik ein
6. Kommuniziert sogfältig und ausdauernd
7. Versteht die Anliegen und Sorgen von Mensche
8. Ist mit Haut und Haar dabei
9. Achtet das Selbstwertgefühl von Menschen
10. Arbeitet mit Widerstand – nicht dagegen

[44] Vgl. Schleuter (2009).

6.2.2.2 Verbesserungen organisieren

Im Change braucht man eine interne Verbesserungsorganisation. Das sind zu 100% freigestellte Mitarbeiter, die keine andere Aufgabe haben als sich um den Change zu kümmern. Sie werden in Sachen Lean sehr gut ausgebildet und sind i. d. R. die internen Ansprechpartner der unterstützenden Berater. Anfangs werden die Projekte/Workshops von den Beratern durchgeführt und moderiert und die internen Lean Spezialisten assistieren und lernen. Nach einer gewissen Zeit und einigen vom externen Beraterteam mit den internen Change-Agents absolvierten Projekten – erfahrungsgemäß in einem Zeitraum von 3–6 Monaten – werden die Rollen im Transformationsprozess sukzessive getauscht. Der interne Lean Spezialist übernimmt die Moderation der Workshops, der Externe beobachtet und greift nur noch im „Notfall" ein. Je weiter das Projekt fortschreitet und je mehr Erfahrung die Internen haben umso mehr übernehmen die Internen die Rolle des externen Beraters. Letztere übernehmen immer mehr die Rolle eines Coachings für die handelnden internen Personen.

Eine noch zu Recht häufig gestellte Frage ist die nach der richtigen Anzahl von Lean Experten, die man für eine erfolgreiche Transformation braucht. Ein schon fast idealer Wert wäre 1:100, 2:200 bzw. 1:300 entspricht eher die Realität. Wenn die betrachtete Organisation/Fabrik z. B. 900 MA hat, dann sollten mindestens drei Lean-Experten im Einsatz sein.

6.2.2.3 Potenziale erschließen

Potenziale erschließen heißt Projekte, Projekte, Projekte und Workshops, Workshops, Workshops durchführen. Der Projektplan gibt vor, wo man welche Workshops zu welchem Thema macht. Grundsätzlich geht man von „innen nach außen", „vom Leichten zum Schwierigen", „vom Element zum System" (vgl. Abb. 100).

Die Projektpläne sind nicht statisch. Jede neue Erkenntnis aus der bisherigen Arbeit fließt zurück in die weitere Vorgehensweise und wenn nötig, wird diese angepasst. Es ist wesentlich, den Fortschritt und insbesondere den Mangel desselben messen können.

Zwei Kategorien von Kennzahlen erweisen sich als hilfreich:

– Eine Kategorie von Metriken hat mit Coaching zu tun. Es können zum Beispiel die Anfangs- und Schlusszeiten der Coaching-Zyklen sein, die Anzahl der gecoachten Prozesse, wer das Coaching durchführt, wie oft die Coaching-Zyklen stattfinden und ob der nächste Schritt gemacht wird oder nicht. Es ist allerdings auch denkbar, eine spezifizierte Anzahl von Coaching-Zyklen durchzuführen und keine oder wenig Verbesserung im Produktionsprozess zu bewirken. Stets gilt es, das übergeordnete Ziel einer „kontinuierliche Verbesserung" von Kosten und Qualitätsleistung auf Prozessebene im Bewusstsein zu halten.

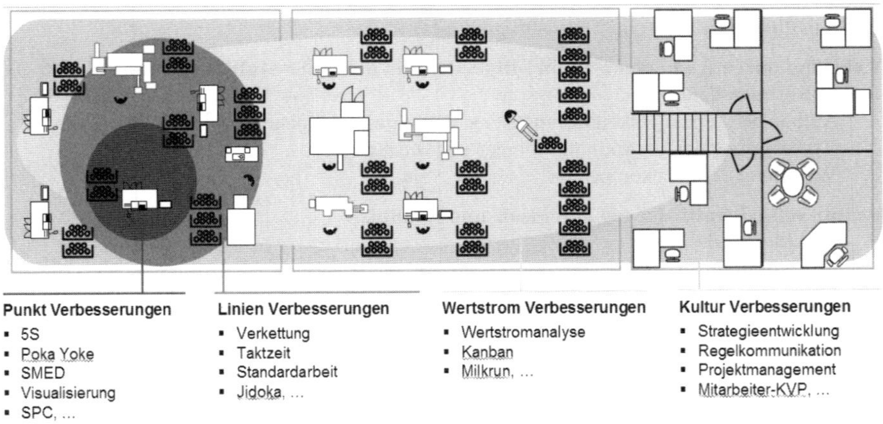

Abb. 100. „Zwiebelschalen-Logik“

- Coaching-Zyklen müssen mit einer zweiten Kategorie von Kennzahlen auf ihre Effektivität hin überwacht werden. Sie betreffen die Prozessverbesserungen. Diese Kennzahlen entstammen unmittelbar den Zielzuständen der entsprechenden anvisierten Produktions- und Geschäftsprozesse. Wenn die Coaching-Zyklen wie geplant ausgeführt, die Zielzustände der verschiedenen Prozesse nicht erreicht werden, ist das Coaching selbst zu analysieren.

Die Beschaffung der Kennzahlen erfolgt so einfach wie möglich: Mit Papier und Bleistift am Prozess. Eine gute Faustregel ist, die Kennzahlen nicht in das IT-System einzugeben. Um uns die benötigten Metriken zu erhalten, sollten wir zu dem Prozess gehen. Der Mentee liefert nicht Kennzahlen an den Mentor. Es ist im Grunde eher wie ein Pull-System, bei dem Mentor und Mentee zum Prozess gehen, um sich vor Ort die benötigten Daten und Fakten zu besorgen.

Viele Organisationen haben versucht, als Bestandteil Ihrer Bemühungen Lean-Konzepte zu implementieren: Systeme mit Punktvergaben einzuführen, um Fortschritt anzutreiben und zu bewerten. Hier ist Vorsicht geboten, weil zu leicht das Barometer mit dem Wetter verwechselt wird. Oftmals interessieren sich Mitarbeiter mehr am Sammeln von Punkten als daran, die Verhältnisse durch konkrete Masnahmen zum Besseren zu wenden.

Rollout-Phase (Beispiel eines Lean-Programmes)

Coaching durch Kompetenz-Team Mitglieder und der Lean-Multiplikatoren in den Business Units
- Aufbau der Persönlichkeitskompetenzen (Steuerung gruppendynamischer Prozesse)
- Verbesserung der Vermittlungskompetenz (Didaktik)
- Vertiefung der Fachkompetenz

Auditierung, Identifizierung Potenziale und Roadmap
- Auditdurchführung
- Bewertung ‚Lean Status'

Anstoß von Maßnahmen zur Erschließung der ungenutzten Umsetzungsreserven
- Mit Konsequenz zur Exzellenz
- BestPractice Besuch

Dokumentation XY-Produktionssystem
- Definition der SPS-Leitsätzen und -Prinzipien
- Festlegung der SPS-Struktur und Inhalte
- Dokumentation der XY-Methoden und -Tools (z. B. TPM, SMED, Kanban)
- Anwendungsbegleitung durch Berater

Einführung Shopfloor Management (in 5 Werken)
- Nutzung der visuellen Fabrik zum Führungsdialog
- Face-to-Face Coaching der Werk- und BU-/BS-Leiter

Probleme treten auf, sobald Punkte mit dem Abschluss oder der Implementierung von Aktivitäten (z. B. Zahl der absolvierten Kurse, durchgeführten Aktivitäten oder der implementierten Werkzeuge) verknüpft sind – was leicht zu messen ist – statt mit dem Erreichen einer Ebene persönlicher Kompetenz oder eines Zielzustands (was zugegebenermaßen schwieriger zu messen ist). Levels sind an der vom Mentee gezeigten Fähigkeit oder dem Erreichen von Zielzuständen zu messen.
Das zu Beginn installierte Kompetenz-Team unterstützt jetzt eigenständig als Inhouse Consulting den „Roll-Out"-Prozess.

6.2.3 Stabilisierung und Nachhaltigkeit

In dieser Phase steht das Stabilisieren und „Verfeinern/Verändern“ im Mittelpunkt. D.h. der Wechsel aus der Change- in die KVP-Phase muss sichergestellt werden. Und dazu sind zwei Phasen zu empfehlen:

- Einführung von Shopfloor Management („FvO“)
- Dokumentation eines Produktions- bzw. Wertschöpfungssystems sowie die Einführung eines (Lean)Auditmanagements

6.2.3.1 „Führung vor Ort“ installieren

In der Regel wird schon in der Phase der „Leuchtturm-Projekt“ mit der Installation von Shopfloor-Managementsystemen begonnen. Jetzt geht es aber darum, Shopfloor-Management nicht als Projektbeispiel sondern als grundsätzliches Führungskonzept unternehmensweit einzuführen. Die geforderte problemlösungs- und befähigungsorientierte Kultur kann im gesamten Unternehmen mittels des Konzepts „Führung vor Ort“ eingeführt und stabilisiert werden.

Wir erinnern noch einmal daran: In der Lean-Transformation ist nicht die Einführung von neuen Prinzipien und Methoden eine große Herausforderung, sondern definitiv die Veränderung der Unternehmenskultur und des Führungsverhaltens. Deshalb ist diese Aufgabe sehr zeitaufwendig und erstreckt sich über mehrere Monate oder gar Jahre.[45] Mit dem Begriff „Führung vor Ort“ wollen wir darauf hinweisen, dass dieses Führungsmodell nicht ausschließlich für den Produktionsbereich nützlich ist, sondern dessen Prinzipien und Philosophie ganz generell in allen Unternehmsbereichen sinnvoll anwendbar ist.

6.2.3.2 Lean-Audit

Mit jedem durchgeführten Projekt/Workshop entstehen neue Standards zur Arbeitsplatzgestaltung, zur Planung und Steuerung, zur Logistik, zu Informationscenter, etc., etc. Die Definition und Beschreibung der wesentlichen Prinzipien und Standards münden in ein Wertschöpfungssystem.
Regelmäßige Audits führen zu Austausch und gegenseitigem Lernen, sichern eine schnelle, globale und zielorientierte Umsetzung. Wichtig ist, dass alle zukünftig neu entwickelten bzw. verbesserten Standards in das Wertschöpfungssystem wieder einfließen, wieder auditiert und in die Breite getragen werden. Eine lernende Organisation entsteht.

Es hat sich in vielen Transformationsprojekten gezeigt, dass das formale Auditsystem ein sehr effizienter Weg des „internen Betriebsvergleiches“ darstellt, wenn es gelingt die Lean-Erfolge eine anderen Bereichs unvoreingenommen zu analysieren und die Übertragbarkeit auf den eigenen Bereich ohne Vorbehalte zu prüfen. Hier

[45] Zum Konzept, den Instrumenten und Führungsqualifikation in der „Führung-vor-Ort“ vgl. oben Kapitel 5.3.5.

sind wir wieder beim Thema Kultur: nur eine veränderungstolerante Kultur wird dazu in der Lage sein.

Nachfolgend ein Beispiel für einen Vergleich von „Lean-Profilen" in zwei verschiedenen Unternehmensbereichen, das interessanter Weise durch Selbsteinschätzung der Teammitglieder entstanden ist:

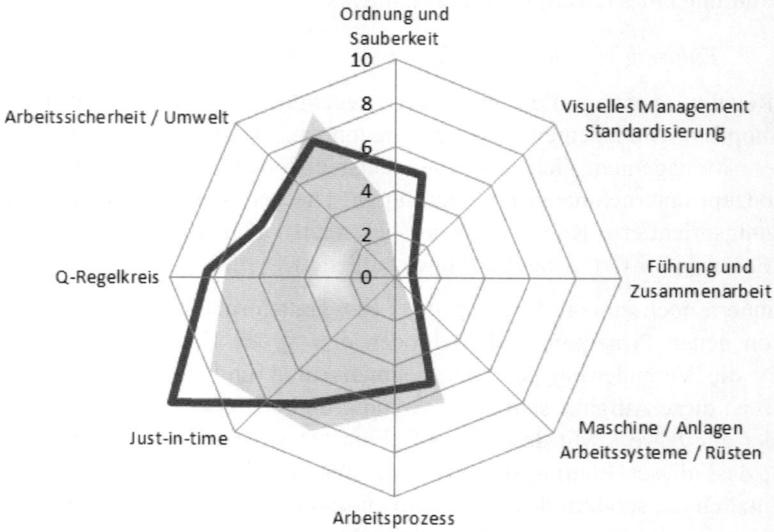

Abb. 101. Lean-Audit – Indikatoren

6.3 Lean-Transformations – Erfahrungen in Praxisbeispielen

Waren bisher die Ausführungen eher allgemeingültig gehalten, wollen wir in den folgenden Abschnitten Fallbeispiele vorstellen, die in mehr oder weniger großem Umfang Lean-Transformationen als Ganzes oder in Teilen darstellen. Alle Fallbeispiele stammen aus unmittelbarer Anschauungserfahrung der Autoren mit Lean Management-Transformationsprozessen. Wir verfolgen damit den Zweck, Erfahrungen bei der Umsetzung des Lean Management-Konzepts zu veranschaulichen und weiterzugeben.

Um einen Überblick und eine bessere Einordnung der Fallbeispiele möglich zu machen, werden wir diese zunächst in die wesentlichen Module des zuvor ausgearbeiteten Lean Management Konzepts einordnen.
Bei der Auswahl der Beispiele haben wir darauf geachtet, ein möglichst *breites Spektrum* an Inhalten, Methoden, Prinzipien abzubilden. Von besonderer Bedeutung ist uns dabei, den Fokus nicht nur auf die bereits weit verbreitete Lean Production v. a. in der Automotive Branche zu richten, sondern gerade Beispiele aus ver-

schiedensten Branchen und aus möglichst allen Unternehmensbereichen im Sinne einer „Lean Enterprise“ abzubilden.

Die Beispiele sollten eine möglichst große *thematische Variationsbreite* hinsichtlich verschiedener Merkmale abbilden:[46]

- *Inhaltlicher Lean-Fokus*: Fabrikplanung, Führung vor Ort, Entwicklung, Lean Enterprise
- *Hierarchischer Lean-Fokus*: Stelle / Abteilung – Abteilung / Standort – Standort / Wertschöpfungsnetzwerk
- *Branche*: Anlagenbau – Komponenten – Zulieferer
- *Fertigungstyp*: Einzelfertigung – Kleinserie – Massenproduktion
- *Ausdehnung*: lokal – regional – global
- *Unternehmensgröße*: Mittelstand – Konzern

Unter Rückgriff auf das oben in Kapitel 3 eingeführte „*Fundamentalprinzip der Wertschöpfungsnetzwerkgestaltung*“ systematisiert Abbildung 102 in Verbindung mit den jeweiligen thematischen Schwerpunkten die Beispiele und zeigt, dass wir die gesamte Wertschöpfungskette abbilden mit Bezügen zu den verschiedenen betrieblichen Funktionen:

- Fabrikplanung und Lean Enterprise
- Einführung eines Shopfloor Management,
- Lean Development
- Weltweite Lean-Transformation

Und zugleich beleuchten wir je nach Aktionsebene von Stelle/Abteilung bis hin zu einer ganzen Unternehmensgruppe verschiedene Lean-Gedanken.

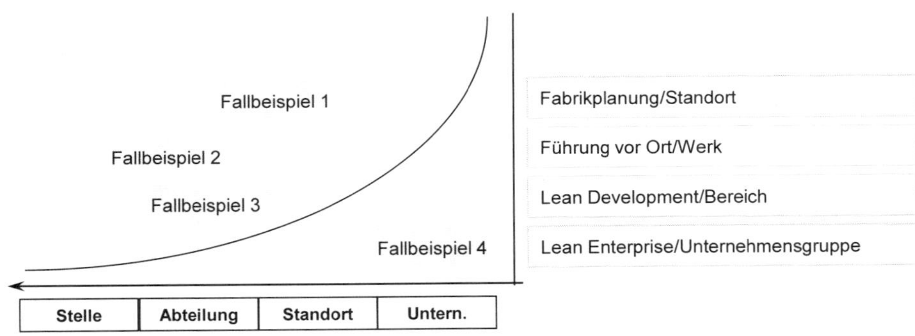

Abb. 102. Einordnung der Fallbeispiele

---

46 Vgl. zum „Variationsprinzip“ als einem grundlegendem Erkenntnisinstrument Pfeiffer (1971), S. 46 ff.

Jedes Fallbeispiel wird dabei nach dem gleichen Schema diskutiert:
- Wir beginnen jeweils mit einer kurzen Skizze der fallspezifischen Rahmenbedingungen bzgl. Unternehmen, Markt und Wettbewerb
- Darauf folgt die Beschreibung der Ziele der Lean-Transformation und der Projektphasen der Zielerreichung
- Dabei zeigen wir, welche der zuvor beschriebenen Prinzipien, Methoden und Techniken des Lean Management in den einzelnen Phasen zum Einsatz kamen
- Und schließlich werden die Ergebnisse des Lean-Transformationsprozesses präsentiert

Alle nachfolgenden Beispiele illustrieren eine Vielzahl der in den Vorkapiteln ausführlich erörterten Sachverhalte.

Im *Praxisbeispiel 1* behandeln wir das Thema strategische Werksplanung und können damit zeigen, wie ein systematischer Planungsprozess bei gegebenen Strukturen ein zukunftsoffenes Fabriklayout mit enormen Wachstums- und Effizienzreserven ermöglicht.

Im *Praxisbeispiel 2* werden wir uns intensiv mit der Lean-Transformation auf der Grundlage der Einführung eines *Shopfloor-Management-Systems* beschäftigen und damit die zuvor in Kapitel 5. behandelten Führungsaspekte, wie z.B. Teamstrukturen, lernorientierter Führungsstil, Verhaltensentwicklung und vor allem *„Führung vor Ort"* praktisch veranschaulichen.

Der bis heute in der Lean-Diskussion noch zu wenig beachtete Forschungs- und Entwicklungs-Bereich steht im *Praxisbeispiel 3* im Mittelpunkt. Wir können zeigen, wie das Verständnis von Lean Management auch in diesen Unternehmensbereichen wichtige Einsichten und Verbesserungspotenziale eröffnet.

Das *Praxisbeispiel 4* verdeutlicht die Lean-Transformation eines weltweit operierenden Standortverbundes. Die hohe Anzahl der Standorte und andererseits die kulturelle Vielfalt waren die besondere Herausforderung und Komplexitätstreiber dieses Projekts.

6.4 Fallbeispiel 1: „Lean-orientierte", strategische Werksentwicklungsplanung

6.4.1 Ausgangssituation und Problem[47]

Die Voith GmbH setzt Maßstäbe in den Märkten Energie, Öl & Gas, Papier, Rohstoffe und Transport & Automotive. Gegründet 1867 ist Voith heute mit mehr als 39.000 Mitarbeitern, 5,3 Milliarden Euro Umsatz und Standorten in über 50 Ländern der Welt eines der großen Familienunternehmen Europas. Heute wird ein Drittel der gesamten Papierproduktion auf Voith-Papiermaschinen produziert. Ein Drittel der weltweit aus Wasserkraft gewonnenen Energie wird mit Turbinen und Generatoren von Voith Hydro erzeugt. Antriebselemente von Voith Turbo werden rund um den Globus sowohl in industriellen Anlagen als auch auf Schiene, Straße und im Wasser eingesetzt. Voith Industrial Services ist einer der führenden Anbieter technischer Dienstleistungen.

Voith Turbo ist ein Konzernbereich der Voith GmbH. Als führender Spezialist für Antriebstechnik und solider, kompetenter Partner von Kunden in aller Welt steht Voith Turbo für Innovationskraft, Zuverlässigkeit und Fairness in unterschiedlichsten Einsatzbereichen.
Das starke Wachstum im Werk Voith Turbo Crailsheim, ein über fünf Jahrzehnte stückweise gewachsener Standort, deckte im Jahr 2005 Probleme auf, deren Lösung bis dahin wenig Priorität genossen, wie z. B. zu hohe Bestände, Kapazitätsengpässe und sich verschlechternde Liefertreue. Letztere stellte die langjährigen, durch gegenseitiges Vertrauen und Zuverlässigkeit gekennzeichnet Kundenbeziehungen und nicht zuletzt den Ruf des Unternehmens aufs Spiel.

Die Kapazitätsgrenze im Werk Crailsheim war erreicht. Die Prozesse wurden von teilweise veralteten und verschachtelten Gebäudestrukturen bestimmt – mit allen daraus resultierenden Nachteilen in Layout und Logistik, v. a. mit negativen Wirkungen auf Durchlaufzeit und Effizienz. Gewachsene Strukturen, Kapazitäts- und Raumengpässe, ein ausgeprägtes Werkstättenprinzip und daraus resultierende hohe Bestände und lange Durchlaufzeiten sowie eine suboptimale Logistik, viele Handlingaktivitäten und oftmals lange Transportwege waren die Folge. Eine Veränderungskultur, die diese Probleme als relevant akzeptiert und Lösungen erarbeitet, war kaum vorhanden.

Die anspruchsvolle Aufgabe, die es zu lösen galt lautete: Wie kann vor dem Hintergrund der strategischen Enwicklungen hinsichtlich Umsatzwachstum und Wettbewerb die Produktionskapazität verdoppelt werden bei gleichzeitiger Halbierung der Lieferzeit? Im Rahmen einer zukunftsorientierten Werksentwicklungsplanung sollten diese Fragen beantwortet und in messbare Ergebnisse umgesetzt werden.

---

[47] Wir danken den Verantwortlichen des Unternehmens Voith AG für die Erlaubnis, die Projektergebnisse veröffentlichen zu dürfen.

Das Ziel war nicht weniger als einen „Weltklasse-"-Wertschöpfungsprozess zu erreichen, um Wettbewerbsfähigkeit und Standort zu sichern.

6.4.2 Vorgehensweise und Instrumente

Das sehr komplexe Projekt wurde dazu mit Hilfe einer externen Beratergruppe auf drei Ebenen und in 9 Teilprojekte gegliedert. Die Werksleitung entschied sich für eine systematische Transformation des Standorts in vier Phasen (siehe Abb. 103).

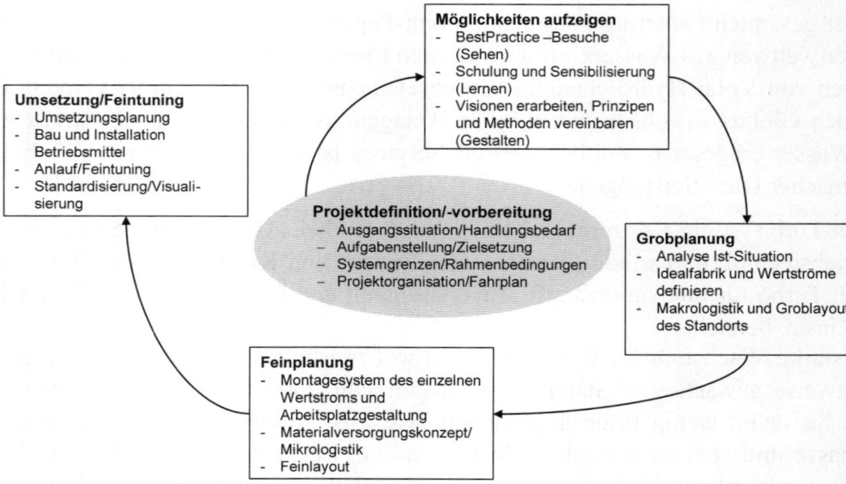

Abb. 103. Werksentwicklungsplanung in vier Schritten

6.4.2.1 *Möglichkeiten aufzeigen*

Kein Veränderungsprozess ist von Erfolg gekrönt, ohne die Unterstützung des Top-Managements und der Führungskräfte der ersten beiden Ebenen.
Die *erste* Phase hatte demnach das Ziel, bei den Führungskräften und Mitgliedern des Projektteams ein grundlegendes Verständnis für die *Lean-Transformation* aufzubauen. Sie sollten Lean Management sehen und erleben und dadurch ihr eigenes Unternehmen mit anderen Augen wahrnehmen. Es galt eine Vision zu entwickeln, wie es zukünftig aussehen könnte.
Durch den *Besuch* von vergleichbaren Unternehmen, die in Teilbereichen oder im gesamtheitlichen Zusammenwirken von Lean-Mechanismen schon eine beachtliche Wegstrecke hinter sich gebracht haben, bot sich ein Einblick in effiziente Fabriken, exzellente Funktionsbereiche und nachhaltige Führungssysteme an.
Das erste Ziel, Verständnis und Begeisterung über exzellente Prozesse zu schaffen, wurde somit erreicht. Anregungen für das eigene Vorgehen wurden dadurch abgeleitet. Diese positive Anschauungserfahrung, ganz wesentlich auch durch den persönlichen Erfahrungsaustausch mit den Mitarbeitern der Benchmark-Unternehmen

geprägt, wurde anschließend durch *„Lean lernen"* verstärkt. Schon dadurch verringerte sich die sonst übliche Ungewissheit.
Mittels Seminare, Workshops, Schulungen und thematisch passenden Planspielen wurden Lean-Prinzipien (z. B. getaktete Fließmontage, Material im Fluss, …) und -Methoden (wie z. B. Rüstzeitreduzierung, Cardboard Engineering, Poka Yoke, ...) vermittelt und eingeübt.
Die Qualifizierung der Projektteam-Teilnehmer führte dazu, dass in der täglichen Arbeit die erworbenen Lean-Kompetenzen selbständig anwendbar waren. Besuche bei Benchmark-Unternehmen, Schulungen und Erlernen der Lean-Methoden waren das Rüstzeug für den Lean-Transformationsprozess.

6.4.2.2 Grobplanung

Vorab mussten jedoch die strategischen Rahmenbedingungen geklärt werden, da diese die grundlegenden Voraussetzungen und Anforderungen an jegliche strategische Werksentwicklungsplanung darstellen. Daher oblag der Geschäftsleitung aus den Businessplanungen das Mengengerüst (qualitativ und quantitativ) vorzugeben, um daraus wichtige Angaben zu Kapazität, Kundentakt, Volumen, Kräne, Statik etc. abzuleiten.
Danach begann die Analysephase, wobei je nach Problemstellung verschiedenste Lean Instrumente zum Einsatz kamen (siehe Abb. 104), u. a.:

- *Wertstromanalyse* zur Ermittlung der tatsächlichen Wertschöpfungsprozesse;
- *Materialflussanalyse* zur Abbildung des Materialstroms auf dem gesamten Standort, einschließlich der Puffer- und Zwischenlager;
- *Transportmatrix* = Quellen und Senken der Materialbewegungen
- *„Spaghettidiagramm"* zur Abbildung der Personalwege in Strecke / Tag und Strecke / Jahr;
- *Tätigkeitsanalysen* und *Multimomentaufnahmen* zum Feststellen der Verteilung von Aktivitäten (z. B. Laufen, Transportieren, Schreiben, EDV-Arbeit, Rüsten, Reinigen, Waren, Gespräche führen) und damit zur Identifikation von wertschöpfenden und nicht-wertschöpfenden Aktivitäten.

Als Ergebnis dieser umfassenden *Ist-Aufnahme* wurde einerseits der tatsächliche Veränderungsbedarf identifiziert und entsprechender Problemdruck bei den Mitarbeitern geschaffen und andererseits wurden zugleich Optimierungspotenziale und Investitionsbedarfe aufgezeigt.

Jetzt machte sich das Projektteam daran, eine *Idealfabrik* zu konzipieren. Die Beteiligten sollten sich das optimal funktionierende Werk ausmalen: Eine *Fabrik der Zukunft* auf der „grünen Wiese", frei von jeglichen Restriktionen des gegenwärtigen Standorts.

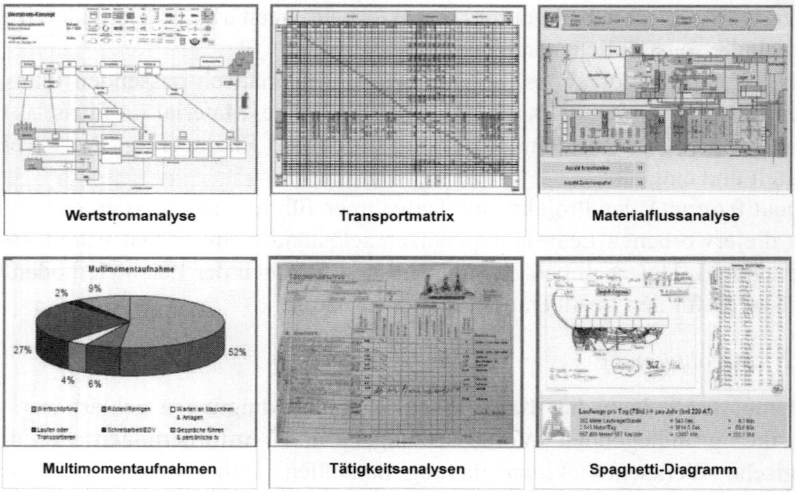

Abb. 104. Eingesetzte wesentliche Analyseinstrumente

Ziel war es, zunächst eine Vorstellung einer Voith-Idealfabrik mit tatsächlichen Wertströmen zu bekommen. Daraus leitete man die *Realfabrik* mit Groblayout und Makrologistik ab. Es handelt sich dabei um einen kreativen Prozess der neue Ideen entwickeln lässt, z. B.

- Für welchen Wertstrom werden x m^2 Fläche benötigt?
- Wo ist der ideale Standort für jeden Wertstrom?
- Was sind die idealen externen/internen Schnittstellen der Makrologistik?
- Was ist der optimale interne Materialfluß?
- Wie ist das Layout für Maschinen und Arbeitsplätze zu gestalten?

In einem iterativen Prozess ausgehend vom Idealbild unter Berücksichtigung aller Randbedingungen und Restriktionen (Grundstück, vorhandene Gebäude, Verkehrserschließung, …) enstand ein *Realbild* als Kompromiss aus Idealem und Machbarem. Dieses ist das maßgebliche Referenz-Konzept, auf das sich sämtliche Folgeaktivitäten beziehen, wie z. B.

- die finalen Wertströme (u. a. Materialfluss / Montagestruktur, …);
- die optimale Logistik (u. a. Materialbereitstellungskonzept);
- die zukünftige Steuerungsphilosophie (u. a. Make or Buy, Dispositionsstrategie, Beschaffungsstrategie, Wiederbeschaffungszeit, Durchlaufzeit, ...).

6.4.2.3 Feinplanung

Aufbauend auf die Grobplanung erfolgte die Feinplanung für die Montage- und Logistikprozesse sowie die Layouts der einzelnen Hallen im Hinblick auf die optimalen Herstellungsabläufe. Im Unterschied zur klassischen Fabrikplanung, bei der sich der Produktionsablauf anhand der Infrastruktur (v. a. Arbeitsplatz, Arbeitssystem, Logistik, Gebäude) ergibt, wurden bestimmte Optimierungen der Infrastruktur zugelassen.

Wie auch auf der übergeordneten Makroebene war es nötig, hier zunächst die Transparenz der Ist-Situation sicherzustellen. Produktprogramm, Stückzahlentwicklung, Kapazität und Auslastung wurden analysiert. Durch *Wertstromdesign*, *Fertigungsstufenbild* sowie *Produkt-Maschinen-Matrix* wurden die Anforderung an die Infrastruktur abgeleitet.

Im Kernproduktionsbereich „regelbare Antriebe“ berücksichtigte man z.B. Rahmenbedingungen wie Büros, Sozialräume, maximale Länge und Gewicht der Komponenten, aber auch der Energiebedarf. Ein Konzept ermöglichte den Material-/Güterfluss durch die Organisation (Mikrologistik) entsprechend der definierten Wertschöpfungslogik. So definierte man für jede der Warengruppen das passende Anlieferprinzip (JIS, JIT, Kanban, …).

Entsprechend der Wiederbeschaffungszeit und des Verbrauchs des Materials legte man für jedes Teil den logistischen Regelkreis fest. Durch die Analyse des Produktes und der zugehörigen Prozesse, ergab sich eine passgenaue Planung der Anordnung der Montagestation gemäß Produktionsablauf. Arbeitsplatzstruktur und Arbeitsplatzumfeld stimmte man ebenfalls präzise aufeinander ab.

Aus dieser Simulation resultierten die Gestaltung und die Struktur von Arbeitsplatz, Montagesystem und erforderlichen Betriebsmitteln. So wurde beispielsweise ersichtlich, wie die optimale Bekranung der Montagehalle auszusehen hatte. Aus der Summe aller Montage- und Logistikprozesse ergab sich ein Pflichtenheft für den Architekten.

Es schloss sich eine schrittweise *Detailplanung* an: Auf die Planung der Montage- und Logistikprozesse sowie der Layouts der einzelnen Hallen folgte die Simulation jedes Prozesses und im Ergebnis die Arbeitsplatzstrukturen und Betriebsmittel. Sämtliche Ist-Prozesse wurden mit bewährten Methoden analysiert.
Zum Einsatz kamen auch hier einschlägige Instrumente wie Wertstrom-, Materialfluss-, und Arbeitsablaufanalyse, Transportmatrix, *Spaghetti-Diagramm, Cardboard Engineering und 3D-Simulation (*siehe Abb. 105*)*.

Dabei wurde nach dem sog. „*Zwiebelschalen-Prinzip*“ verfahren.[48] Um die Fabrik verschwendungsarm zu gestalten, erfolgt die Planung von innen nach außen. Die Leistung des Wertstromes stellt den einzig relevanten Wert für den Kunden dar. Jeder Prozess wird entsprechend der Wertschöpfung ausgerichtet. Daher erfolgen alle Verbesserungen aus Sicht des Produktes in der Herstellung.

Zum Einsatz kamen auch hier einschlägige Instrumente wie *Wertstromanalyse*, *Transportmatrix*, *Materialflussanalyse*, *Arbeitsablaufanalyse*, *Tätigkeits-* und *Rüstzeitanalyse*, *Bestandsaufnahmen* und *Spaghetti-Diagramm*. Dabei wurde nach dem sog. „*Zwiebelschalenprinzip*“ verfahren: Um die Fabrik verschwendungsarm zu

[48] Siehe oben Abschnitt 6.2.2.3.

gestalten, erfolgt die Planung von innen nach außen. Jeder Prozess wird entsprechend der Wertschöpfung ausgerichtet. Die Leistung des Wertstromes stellt den einzig relevanten Wert für den Kunden dar. Daher erfolgen alle Verbesserungen aus Sicht des Produktes in der Herstellung.

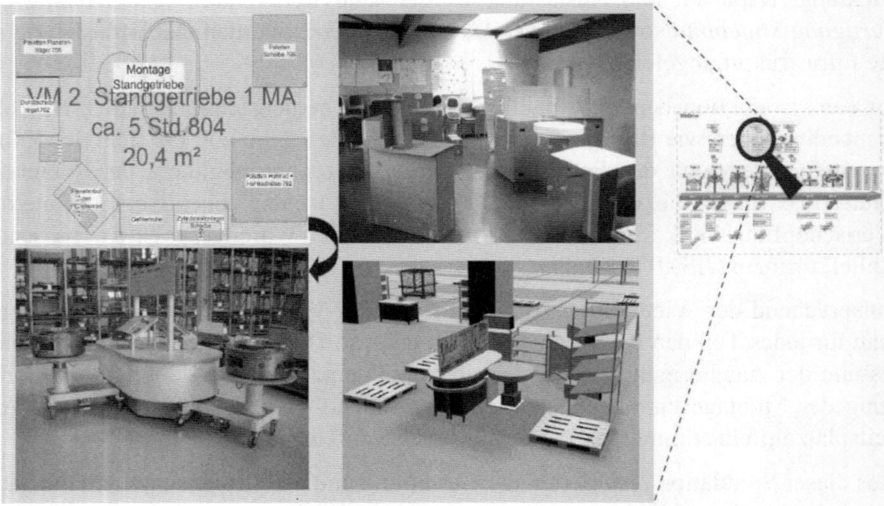

Abb. 105. Planung erfolgt auch aus Sicht des zu verändernden Produktes

6.4.2.4 Umsetzung

Grundlage der Realisierungsphase stellt eine *„Roadmap“* dar. Während den Umbau- und Umzugsmaßnahmen war das *Projektteam* mit dem kontinuierlichen Controlling sämtlicher Kosten und Termine beauftragt. Es wurde zudem ein Konzept entwickelt, das aufzeigt, wie man den Informations- und Qualifikationsbedürfnissen der im Prozess beteiligten Mitarbeiter entsprechen kann.

- Auf die Installation der Betriebsmittel folgte der Anlauf. Hierbei wurden sämtliche Abläufe in der Realität beobachtet und bewertet.
- Die Planung erfolgt aus „Sicht des Produktes in der Herstellung“. Die Materialbereitstellung folgt strikt der Wertschöpfungslogik (siehe Abb. 106).
- Für jede der fünf Warengruppen werden unterschiedliche Anlieferprinzipien definiert.
- Für jedes Teil wird entsprechend der Wiederbeschaffungszeit und des Verbrauchs der logistische Regelkreis definiert.
- Prozess dominiert Struktur: aus der Summe aller Montage- und Logistikprozesse ergibt sich das Pflichtenheft für die Fabrik.

Natürlich treten in solchen Prozessen immer wieder Hindernisse auf. Prozesse, die noch Optimierungspotenzial aufwiesen, mussten durch zielgerichtetes „Feintuning“ angepasst werden.

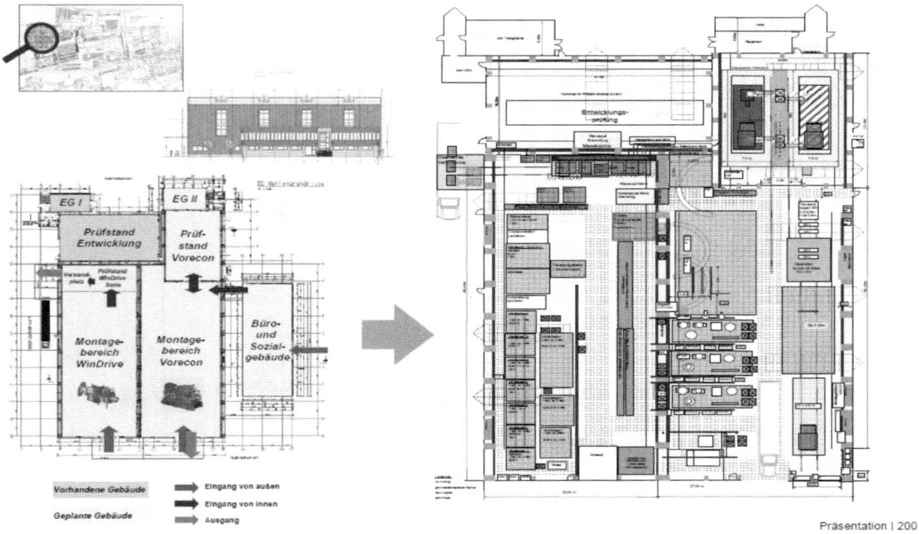

Abb. 106. „Prozess dominiert Struktur“-Layout

Um nur einige Beispiele zu nennen:

- Bei der Beschaffungslogistik war die Komplexität im Beschaffungsprozess zu reduzieren. Anfänglich nutzten Lieferanten verschiedene Transportbehältnisse und Ladungsträger, mal Gitterboxen, mal Paletten, mal Kartons. Dies lähmte nicht nur Handling und Einlagerung, sondern den gesamten Supply Chain Prozess. Interne Standards und Rahmenverträge mit den Lieferanten lösten dieses Problem und steigerten Nachhaltigkeit und Wertschöpfung im Bereich Supply Chain.
- Zusätzlich wurde die Fertigung in eine andere Lieferfrequenz gebracht.
- Der Auftragsabwicklungsprozess wurde optimiert.
- Nach dem Erreichen einer zufrieden stellenden Qualität stand nun der Standardisierung der einzelnen Prozesse nichts mehr im Weg.

Hilfreich waren sog. „visualisierte Standards“: Diese Standards definieren nun die Arbeitsabläufe, aber auch Farbgebung, Kennzeichnung/Beschilderung, Bodenoberflächen, Infotafeln und die Beschriftung der Betriebsmittel.

Regelmäßige Veränderungen und Prozessverbesserungen erfordern ein Führungsverständnis, welches die Mitarbeiter in ihrer täglichen Arbeit, im Erkennen von Handlungsnotwendigkeit und im Setzen von Prioritäten nachhaltig unterstützt.

Um dies zu erreichen, entschied man sich für die Konzeption und Einführung eines *Shopfloor Management Führungssystems*. Dies unterstützte das konsequente Entwickeln der Prozesse und Abläufe am Ort des Geschehens. Es resultierte eine wirksamere Führungsarbeit vor Ort. Die Präsenz der Führungskräfte in den Produktionsbereichen und deren Fokussierung auf Abweichungen vom Standard beschleunigte die Entscheidungen erheblich und die Lösungen konnten direkt umgesetzt werden (siehe Abb. 107).

Abb. 107. Shopfloor Management – Meetings vor Ort

Die Zusammenarbeit war geprägt durch einfachere Führungsinstrumente. Eine verbesserte Kommunikation mit erhöhter Kompetenz und Verantwortung an der Basis war die Folge. Shopfloor Management sicherte den Lean-Erfolg und bestärkte dabei eine neue Unternehmenskultur. Die Offenheit gegenüber Veränderungen stieg.

6.4.3 Ergebnis

Nach Abschluss der zuvor aufgezeigten Schritte fand die Montage im Kundentakt statt. Der Materialfluss war synchronisiert und die Logistik optimiert. Arbeitsplätze waren weitgehend standardisiert organisiert. Ordnung und Sauberkeit brachten eine neue Dimension der Übersichtlichkeit (siehe Abb. 6.6). Der motivationale Grundstein der Mitarbeiter für eine kontinuierliche Verbesserung war gelegt.

In der Konzeption wurde das Optimierungspotenzial errechnet. Man erwartete, dass die Produktivität um mindestens 20% steigt und die Durchlaufzeit um mindestens 30% sinkt. Es war zudem klar, dass die vorhandenen Flächen effizienter genutzt werden. Inzwischen ist deutlich erkennbar, dass der Wandel tatsächlich substanzielle Vorteile für das Unternehmen mit sich brachte, teilweise über die Erwartungen hinaus.

Der Erfolg zeigt sich in beeindruckender Weise am Beispiel der regelbaren Planetengetriebeproduktion.

- In den Jahren 2007 und 2008 lag die durchschnittliche Reichweite der Lagerbestände knapp ein Drittel über dem Durchschnitt anderer Unternehmen im VDMA[49], zwei Jahre später schon deutlich unter dem Verbandsdurchschnitt.
- Drei Jahre nach Projektbeginn stieg bei gleicher Anzahl der Mitarbeiter die Auslieferungsmenge um 50% und die Durchlaufzeit reduzierte sich um 40%.

Montage vorher

Montage nachher

Abb. 108. Vorher-Nachher-Vergleich

Sensibilisierung, Schulung und Coaching der Mitarbeiter zahlte sich aus. Heute kennen sie nicht nur die Schlüsselfaktoren, die für den Erfolg des Unternehmens entscheidend sind, sondern wissen vor allem, wie man diese in Ihrem Unternehmen rasch und nachhaltig umsetzt. Spürbar, messbar und für alle Beteiligten nachvollziehbar. Sie können die unterschiedlichen Methoden und Tools zur Produktivitätssteigerung eigenständig anwenden.

Es wurde deutlich, dass die hohe Transparenz und die Zuverlässigkeit der Prozesse und Strukturen zu einer deutlichen Steigerung von Arbeitssicherheit, Motivation und Zufriedenheit der Mitarbeiter beiträgt. Dies hatte eine positive Wirkung auf die Unternehmenskultur. Beherrschte vorher „Feuerwehrtaktik“ das betriebliche Handeln, agiert man nun als souveräner Problemlöser. Tieferliegende Problemursachen werden an der Wurzel angegangen, um damit nachhaltige Verbesserungen sicherzustellen. Somit war es ebenfalls möglich die Unfall- und Verletzungsgefahr deutlich zu reduzieren und dem Ideenmanagement einen neuen Schwung zu verleihen.

[49] Verband Deutscher Maschinen- und Anlagenbau e.V.

Nach Abschluss des Projektes verfügt das Werk Voith Turbo Crailsheim über ein *leistungsorientiertes* Management- und Führungssystem. Das Unternehmen ist funktional und prozessual exzellent aufgestellt. Ein hoch qualifiziertes Lean-Team, das sogenannte „*Operational Excellence Team*“, begleitet als interner Partner mit Systematik und Beharrlichkeit den *kontinuierlichen Verbesserungsprozess*. Durch diese verschiedenen Veränderungen entstand eine Vertrauens- und Problemlösungskultur. Die Basis für künftige Lean-Projekte zu verschiedenen Themen und unterschiedlichen Unternehmensbereichen war geschaffen: „*Man hat einiges erreicht, aber auch noch einiges vor*.“

6.5 Fallbeispiel 2: Durch Shopfloor Management („Führung vor Ort“) zu operativer Exzellenz[50]

6.5.1 Ausgangssituation und Problem

RECARO Aircraft Seating ist heute ein weltweit tätiger Lieferant von Premium-Flugzeugsitzen. Mit knapp 2.000 Mitarbeitern, davon rund 900 in Deutschland, zählt RECARO zu den größten Flugzeugsitzherstellern weltweit. An Standorten in Deutschland, Polen, Südafrika, China und den USA entwickelt, fertigt und vertreibt das Unternehmen Fluggastsitze, die sich durch hohe Qualität, ergonomischen Komfort, geringes Gewicht und innovatives Design auszeichnen. Im Jahr 2013 wurde ein Umsatz von 337 Millionen Euro erwirtschaftet, in den folgenden Jahren wird ein Umsatzwachstum oberhalb des Marktwachstums erwartet, also eigentlich hervorragende Rahmenbedingungen. Doch das war nicht immer so.

Im Jahr 2007 durchlief das Unternehmen eine Phase der Instabilität. Nachdem sich in den Jahren von 2005 bis 2007 der Umsatz in sehr kurze Zeit verdoppelte, traten die Grenzen von Organisation und Prozessen deutlich zutage. In der Praxis zeichnete sich das z. B. durch hohe Nacharbeitsquoten ab. Die Liefertreue war nicht mehr marktfähig. Hohe Umlaufbestände, lange Durchlaufzeiten, hohe Taktverluste, geringe Transparenz und eine hohe Verschwendung in fast allen Bereichen waren die Folge. Das interne Controlling deckte hohe Potenziale in der Produktivität auf. Hinzu kam ein durch die Wettbewerbssituation bedingter Kostendruck.

Die Geschäftsleitung entschied sich nicht für kurzsichtige und -atmige Reorganisationsschritte, sondern strebte eine *„Lean-Transformation“* an, die nachhaltig wirken sollte. Mit Hilfe von verschiedenen Lean-Aktivitäten das scheinbar Unmögliche möglich zu machen: die Produktivität und Qualität messbar und sichtbar zu verbessern. Dieses Ziel sollte primär durch die Optimierung von Montage- und Logistikprozessen und die parallele Einführung von „Shopfloor Management“ (Führung vor Ort) erreicht werden.
Es war klar, dass Prozesse optimiert und wettbewerbsfähigere Kostenstrukturen geschaffen werden mussten. In dieser Situation formulierte die Geschäftsleitung ein prägnantes Leitbild – *„Wir sind der beste Sitzhersteller aus Sicht unserer Kunden“* – das von den Mitarbeitern anfänglich nur müde belächelt wurde. Heute ist es fester Bestandteil in allen Werken aber wie wurde dies erreicht?

[50] Unser Dank gilt dem Unternehmen Recaro, das die Veröffentlichung der Projektergebnisse vorbehaltlos unterstützt hat. Besonderen Dank schulden wir Herrn Ley für den Erfahrungsaustausch in offenen und konstruktiven Gesprächen.

6.5.2 Vorgehensweise und Instrumentarium

6.5.2.1 Transformationsphasen eines Shopfloor Managements

Interessanterweise wurde erkannt, dass zunächst eine stabile Situation hinsichtlich Kundenbeziehungen und Prozess geschaffen werden mussten. Daher wurden in einem *vierjährigen Transformationsprozess* in drei Kernphasen *Recovery*, *Stabilisierung* und *Excellence* differenziert.

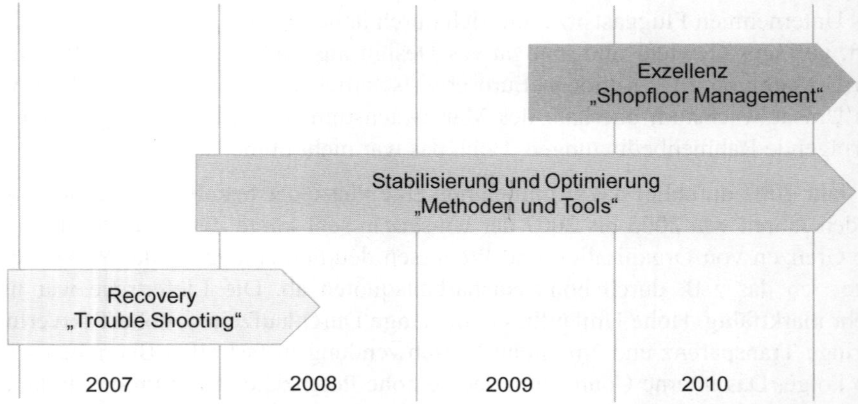

Abb. 109. Schwerpunkte der Lean-Aktivitäten

– *Recovery*

In der Recovery-Phase wurde die Perspektive auf traditionelles „Trouble Shooting" gelegt, d.h. Krisensitzungen, Vor-Ort-Unterstützung des Kunden, Prioritätenlisten, Überstunden für Nacharbeit, Wochenendarbeit, Task Forces. D.h. erst nach dieser Phase konnte mit der eigentlichen Lean Transformation begonnen werden. Es macht wenig Sinn in einer Krisensituation, in der das Geschäft mit kurzfristigen Aktivitäten aufrecht erhalten werden muss, die Organisation und die personellen Kapazitäten zusätzlich mit Aktivitäten zu beaufschlagen die davon ablenken.

– *Stabilisierung*

Die nachfolgende Potenzialanalyse zeigte den Handlungsbedarf in Form langer Durchlaufzeiten, hoher Umlaufbestände, hoher Austaktungsverluste, mangelnder Transparenz und hoher Verschwendung im Arbeitsprozess. Mit diesem Überblick über den Umfang des Veränderungsbedarfes stand das weiterführende Ziel fest: die Notwendigkeit sowohl die Prozesse als auch die Führung nach den Prinzipien und Methoden des Lean Management entlang der gesamten Wertschöpfungskette zu gestalten, um dadurch das Unternehmen wieder flexibel und wettbewerbsfähig zu machen.

Der Veränderungsprozess wurde zur Chefsache erklärt. Der CEO agierte als erster Change Agent. Alle wesentlichen Führungskräfte waren in die Projektleitung eingebunden.

Kennzeichnend für diese Phase war die Tatsache, dass „feuerwehrtaktische“ Massnahmen Schritt für Schritt durch „problem solving“ substituiert wurden. Die angewendeten Lean-Tools ermöglichten der Organisation zusehends, Probleme zunächst frühzeitiger zu identifizieren, um diese dann nachhaltig abzustellen.

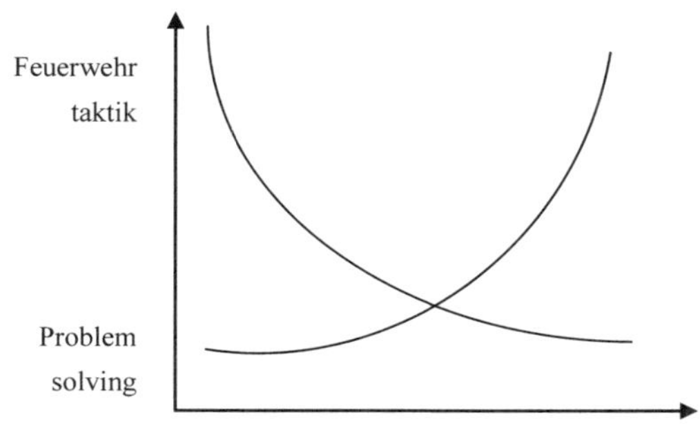

Die organisatorischen Prozesse gewannen an Stabilität, Störungen wurden reduziert und in der Folge die Kapazität, Durchlaufzeit und Qualität spürbar für alle verbessert.

Für die operativen Prozesse mit dem Fokus auf Montage und Logistik wurde die Idee verfolgt, sog. „*Best Practice-Linien*“ aufzubauen die als „*Leuchtturm*“ mit Vorbildcharakter für das weitere Projekt dienen sollten.
Der Leuchtturm ist der Teilbereich, in dem die Prozesse und Strukturen durch Umsetzung der Lean-Methoden Benchmark-Niveau erreicht haben. Als öffentlichkeitswirksamer Vorreiter übernimmt dieser Bereich die Vorbildfunktion für die unternehmensweite Umsetzung. Er gibt die Richtung vor, zeigt was machbar ist und bildet somit die Grundlage eines erfolgreichen Rollouts.
Man wollte damit zeigen, wie Verschwendung eliminiert werden kann und vor allem auch die Ängste und Vorbehalte der Mitarbeiter durch das Erkennen der enormen Vorteile zu entkräften. Ziel war zudem, das Wissen und die Erfahrungen bezüglich der Lean-Maßnahmen aus der Leuchtturm-Montagelinie für den anschließenden Rollout auf die übrigen Montagelinien zu nutzen.

Ein ganzes Bündel verschiedener *Lean Management Methoden* kam zum Einsatz: Wertstromanalyse, 5S-Workshops, Line Balancing, One-piece-flow, Kanban, Just-in time, SMED-Workshops, Kaizen, Cardboard Engineering, Just-in sequence, KVP, Value stream mapping, KPI, „5xWarum“, C-Teile Management. Die *Taktzeit* wurde abgestimmt. Die Produktionsabläufe wurden nach dem *Pull-Prinzip* ausgerichtet und durch *Kanban* ergänzt. C-Teile stellte man in einem *Supermarkt* bereit. Heute können Kunden sowohl Just-in-Time als auch Just-in-Sequence beliefert werden.
Die gezielte Optimierung des Produktions- und Materialflusses ergab eine Produktivitätssteigerung im hohen zweistelligen Prozentbereich. Durchlaufzeiten, Umlaufbestände sowie die Fertigungs- und Fehlerkosten konnten ebenfalls deutlich reduziert werden. Qualität, Liefertreue und Produktivität erreichten ein mehr als wettbewerbsfähiges Niveau.

– *(operative) Exzellenz*

Nach erfolgreichem Abschluss der Stabilisierungsphase und der Erreichung der Prozessexzellenz musste nun das Thema „*Exzellenz auf allen Führungsebenen*“ bearbeitet werden. Das Lean-Paradigma funktioniert nur, wenn Führung, Kommunikation und Mitarbeiter in die Prozesse gezielt eingebunden werden.

Die effektive Führungsleistung war klassisch für einen Produktionsbereich straff und direkt, zeigte jedoch unter „Lean-Gesichtspunkten“ noch Schwächen. Kennzahlen existierten, jedoch fehlte zu häufig die Aktualität. Abweichungen vom Sollzustand und der damit verbundene Handlungsbedarf wurden somit erst verzögert festgestellt. Problemursachen konnten nicht immer korrekt zugeordnet werden.

Selten leiteten Mitarbeiter und Führungskräfte selbstständig kurzfristig nachhaltige Problemlösungsmaßnahmen ein. Meist wurden effektiv die Symptome bekämpft, die konkrete Ursache wurde zu selten abgestellt.

Ein *Kulturwandel* insbesondere in der Führungsorganisation sollte eingeleitet werden, denn ständige Veränderungen und Prozessverbesserungen erfordern ein Führungsverständnis und ein Führungssystem, welches die Mitarbeiter in ihrer täglichen Arbeit, im Erkennen von Handlungsnotwendigkeit und im Setzen von Prioritäten nachhaltig unterstützt.

Die Aufgabe der Führungskraft in einer lernenden Organisation ist Führungsverantwortung *am Ort der Wertschöpfung* zu übernehmen und umzusetzen, in dem sie den Mitarbeiter befähigt. Man erkannte die Notwendigkeit der „Führung vor Ort“ und entschied sich dafür ein Führungsinstrument einzuführen, das genau das erreichen kann: Shopfloor Management.

6.5.2.2 Vorbereitungsaktivitäten für ein Shopfloor Management

Nach einer *Lean-Grundlagenschulung* wurde die Ist-Situation analysiert. Anzugehende Maßnahmen wurden definiert. In einem *Taktischen Implementierungsplan* (TIP) wurde der genaue zeitliche Ablauf der Maßnahmenumsetzung festgelegt.

Ein *Handbuch* für das Führungsteam, das sogenannte Produktionstagebuch, wurde eingeführt. Es regelt die täglichen „Shopfloor-Besprechungen“ und deren Themenschwerpunkte. Die zur Zustandsmessung der Leistung wesentlichen Kennzahlen wurden festgelegt: *Arbeitssicherheit*, *Mitarbeiterbelegung*, *Ausbringung* und *Qualität*.

Anschließend wurde das *Infocenter* am Ort des Geschehens, also für alle sichtbar im Eingangsbereich der Produktion aufgebaut. Die Mitarbeiter finden dort alle wesentlichen Informationen auf einen Blick, kurz und prägnant aufbereitet.

Für die Bereitstellung dieser Informationen sind die Linienverantwortlichen der einzelnen Montagelinien selbst verantwortlich. Sie erfassen zuerst die *Arbeitssicherheit* inklusive der ergriffenen Maßnahmen und notieren dann ihre Ist-Zahlen zu den *Mitarbeitern* der jeweiligen Schicht in einem Formblatt.

Die *Ausbringung* wird drei Mal pro Schicht festgehalten. Zudem wird in einem Trenddiagramm der aktuelle Stand der Qualität eingetragen. Dies hat den Vorteil, dass mögliche Probleme sehr schnell erkannt werden.

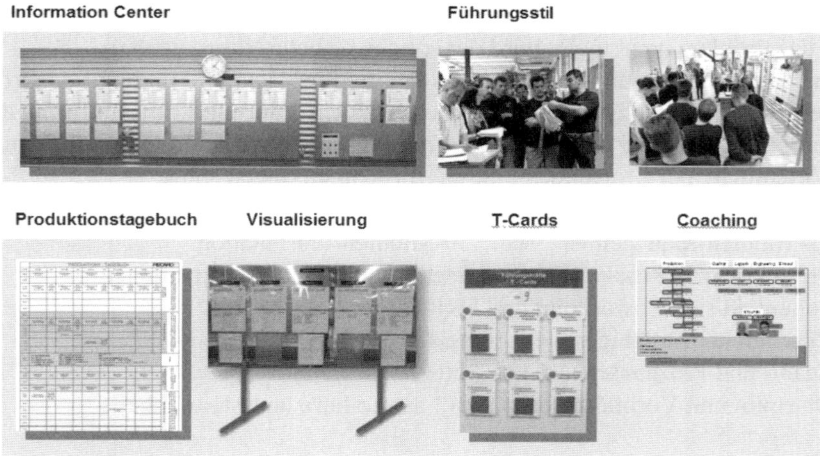

Abb. 110. Shopfloor Management – Instrumente und Führungsprinzipien[51]

Die *Qualität* der Produktion wird täglich in *Defects per Unit* (DPU) gemessen und mit dem Monatsverlauf verglichen. Jede Montagelinie hat ihre eigene Vorgabe, je nachdem, wie komplex das Produkt ist, das dort gefertigt wird. Den DPU-Sollwert markiert ein roter Balken in einem Diagramm, der aktuelle Wert wird mit den vorhergehenden zu einer Verlaufskurve verbunden. Unterhalb des Soll-Werts ist diese grün, oberhalb rot. Darüber hinaus markiert eine rote oder grüne Karte neben dem Diagramm den Tagesstand, so dass man diesen bereits von Weitem erkennen kann. Sind also gemäß Soll-Wert zu wenige Mitarbeiter am Band, setzt der Linienverantwortliche eine roten Markierung neben die Zahlen auf dem Formblatt „Mitarbeiterbelegung". Gleiches geschieht bei der Dokumentation der Leistungszahlen.

Wie alle Kennzahlendiagramme auf dem „Shopfloor Board" folgt man hier dem *Ampelschema-Prinzip*: rot alarmiert, grün signalisiert i. O.-Zustände. Eine solche *Visualisierung* ermöglicht das sogenannte *Drei-Minuten-Management*: Die Führungskräfte müssen sich nicht durch unzählige E-Mails und Notizen kämpfen oder Präsentationen durcharbeiten. Durch das *„Infocenter"* erhalten sie auf den ersten Blick eine Übersicht über den Status quo und können gezielt an den roten Bereichen ansetzen. Zudem finden sie neben den *tagesaktuellen* Informationen die Kennzahlauswertungen von *Monat* und *Jahr*.

Das Info-Board gibt aber auch schnell und einfach Auskunft über die Art der aufgetretenen Probleme. Die Verantwortlichen für die Produktionslinien halten nicht nur fest, ob sie zu viel oder zu wenig produziert haben, sie geben auch die jeweiligen Gründe dafür an. Das Problem wird direkt hinter der aktuellen Zahl notiert und im Detail auf dem gesonderten Blatt „Probleme – Sofortmaßnahmen" beschrieben.

[51] Vgl. Vortrag Dr. Hiller, CEO Recaro Aircraft Seating, Lean Management. Best Practice Day 2013, Darmstadt 2013.

Hier wird auch notiert, wie weit der Problemlösungsprozess fortgeschritten ist. Besteht das Problem nicht mehr, wird der sprichwörtliche Haken gesetzt.
Doch *Visualisierung* und Infocenter alleine ist noch keine „Führung vor Ort" im Sinne des Lean *Managements*. Die ausgewählten Führungskräfte mussten durch *„One to One Coaching*" auf das neue *Führungsverständnis* vorbereitet werden, das im Wesentlichen den folgenden Führungsprinzipien folgen sollte[52]:

- „Go and See" statt „meet and mail"
- „5-Minuten-Management" statt „50-Minuten-Präsentation"
- Transparenz/Fokussierung statt Leseberechtigungen/Informationsflut
- Folienstift statt PowerPoint und ERP-System
- Coachen und Befähigen statt Anweisen und Belehren
- Team- und Prozessdenken statt Abteilungsdenken
- Disziplin und Vorbildfunktion statt Laissez-faire und Statusgehabe

„Es gibt kein Shopfloor Management ohne Infocenter, aber es gibt viele Infocenter ohne Shopfloor Management."
Joachim Ley, Vice President Supply Chain

Go&See (japan. „Genchi Genbutsu") bedeutet so viel wie „zur Quelle gehen, um Fakten zu finden, um die richtigen Entscheidungen zu fällen, Einigung zu erzielen und Ziele zu erreichen".
Die Führungskräfte wurden anfänglich bei allen „Go&See"-Terminen von einem erfahrenen Coach begleitet und lernten dadurch die notwendigen Fähigkeiten direkt vor Ort. Die Führungskräfte in der Produktion vom Produktionsleiter bis zum Schichtführer wurden täglich durch Coaching begleitet. Auch der Geschäftsführer und weitere Bereichsleiter wurden im wöchentlichen Rhythmus im Veränderungsprozess begleitet.

In der ersten Phase erlernten Mitarbeiter und Führungskräfte die systematische Anwendung des strukturierten Problemlösungsprozesses. Die aktive Begleitung ermöglichte ein schnelle Veränderung der Führungskultur. Die Einführungsphase war als Startschuss des Veränderungprozesses sehr intensiv, aber die Mühe zahlte sich aus: Nach neun Monaten war *„Shopfloor Management*" vollständig etabliert.

6.5.2.3 Intensive Kommunikation, z. B. Frühbesprechung

Das *Infocenter* ist der Treffpunkt, an dem pünktlich um 7:45 Uhr die morgendliche Frühbesprechung startet. An ihr nehmen der Produktionsleiter, die (acht) Linienverantwortlichen, die Meister, der Montageleiter sowie Mitarbeiter aller unterstützenden Abteilungen teil, v.a. Qualität, Einkauf und Logistik. Zudem haben sich die Bereichsleiter dieser Abteilungen verpflichtet, einmal pro Woche anwesend zu sein.

Auch der Geschäftsführer lässt es sich nicht nehmen, einmal pro Woche selbst an der Frühbesprechung teilzunehmen. Das hat v.a. symbolische Wirkung und schafft

[52] Vgl. Vortrag Dr. Hiller, CEO Recaro Aircraft Seating, Lean Management. Best Practice Day 2013, Darmstadt 2013.

Akzeptanz. Führungskräfte behalten so nicht nur den Kontakt zu Produktion und Mitarbeitern, sondern sind wöchentlich auf dem aktuellen Stand. Sie erfahren potenzielle Probleme aus erster Hand. Der entscheidende Vorteil: Alle greifen auf *dieselbe, stets aktuelle Informationsquelle* zu.

Die *Teilnahme* der Führungskraft wird per Ampelfunktion festgehalten. Für jedes Mitglied dieses Kreises wird am Shopfloor Board eine Karte mit Namen befestigt, deren Vorderseite rot und deren Rückseite grün markiert ist, eine sogenannte *T-Card*. Am Ende jeder Kalenderwoche werden sie auf rot gesetzt – nimmt die jeweilige Person an der Frühbesprechung teil, dreht sie ihre Karte auf grün.

Jeder Linienverantwortliche berichtet anhand der Informationen auf dem Board von seinem Montageband, beginnend mit der Sicherheit am Arbeitsplatz. Anschließend geht es um Mitarbeiterbelegung und Ausbringung. Vor allem aber erörtert er Probleme, die an seinem Band aufgetreten sind und evtl. dazu geführt haben könnten, dass das Soll nicht erfüllt wurde. Dabei gibt er auch im Detail Aufschluss darüber, welche Lösungsmaßnahmen getroffen wurden und welchen Status der Lösungsfortschritt hat. Im Prinzip ist zwar alles, was im Informationscenter festgehalten ist, an sich selbsterklärend und auf den ersten Blick ersichtlich.
Mit der *Frühbesprechung* schafft das Unternehmen etwas, das früher durchaus eine Herausforderung war: alle Parteien *gleichzeitig* an einen Tisch zu bekommen. Die Besprechungen werden kurz und bündig am Stehtisch durchgeführt. Gepaart mit einer konsequenten Vorbereitung aller Teilnehmer sind diese nun wesentlich effizienter. Die *kurzzyklischen Feedbackschleifen* am Shopfloor Board beschleunigten die interne Kommunikation, förderten das Prozessdenken und verminderten ein Abteilungsdenken.

Shopfloor Management bedarf der Installation gewisser „Lean- Tools“, geht aber über das Treffen an bunten Tafeln hinaus. Den Unterschied macht der vorbereitete Mensch, der das instrumentelle Gerüst und die Organisation mit Leben füllt.

6.5.2.4 Permanente Problemlösung im Shopfloor Management

Der Lösung von Problemen wird besondere Aufmerksamkeit geschenkt. Aus der Frühbesprechung heraus definiert der Montageleiter gemeinsam mit dem Leiter der operativen Qualitätssicherung in der Montage die *Top-X-Probleme* der Woche. Diese werden dann als Zielvorgabe am Shopfloor Board festgehalten und sichtbar gemacht.

Im *täglich* stattfinden *Qualitätszirkel* von 10:00 bis 10:15 Uhr, der vom Leiter der operativen Qualitätssicherung moderiert wird, schenkt man diesen Problemen besondere Beachtung. Die Mitarbeiter erläutern gemeinsam mit den Linienverantwortlichen aus der Produktion alle aufgetretenen Probleme, die bisher ergriffenen Maßnahmen und den Status des Lösungsprozesses.

Zur Lösung der Top-X-Probleme braucht die Montage meist die Unterstützung der anderen Abteilungen, die demzufolge in den Problemlösungsprozess eingebunden sind. Zunächst kümmert sich beispielsweise der Bereich Qualitätssicherung um das Problem und gleichzeitig oder anschließend ist die Entwicklung gefragt.

Einmal pro Woche nehmen daher alle Bereichsleiter und die Geschäftsführung am Qualitätszirkel teil. Anschließend informiert der Montageleiter im so genannten *Qualitätsregelkreis*, der ohne Linienführer, Meister und Qualitätsmitarbeiter stattfindet, explizit zu seinen Top-X-Problemen. Hier sitzen – beziehungsweise stehen – dann wieder alle Parteien an einem Tisch und berichten über ihre jeweiligen Fortschritte.

Jedes Problem wird hier noch einmal gesondert am Info-Board festgehalten, inklusive dessen Status und Fortschritt. Möchte einer der Bereichsleiter die Informationen zudem mit in seine interne Besprechung nehmen, kann er das Blatt einfach kurz vom Board nehmen und kopieren. Der Problemlöseprozess beginnt und endet am *Info-Board.*

Die psychologische Wirkung ist enorm: Die Mitarbeiter in der Produktion sehen, dass sie nicht allein gelassen werden und dass sich die Führungskräfte genauso einsetzen wie sie selbst. Sie verstehen, dass es hier nicht um Bloß-, sondern um Hilfestellung geht. Denn das Ziel ist ein lernorientierter Problemlösungsprozess, der nicht mit Schuldzuweisungen startet, sondern mit der zentralen Frage: „Warum ist das passiert?“.

6.5.2.5 Führungsleistung durch Coaching

Problemlösungskompetenz erfordert Führungsleistung. Führungskräfte verstehen sich als Mentoren und befähigen ihre Mitarbeiter, Probleme soweit wie möglich eigenständig zu lösen.

Gemäß dem Motto „*Go&See*“ passiert das am Ort der Wertschöpfung (Montage). Ausgangspunkt ist auch hier das Shopfloor Board. Von dort aus bewegt sich die Führungskraft an die Stelle, wo die Probleme auftreten, macht sich selbst ein Bild und unterstützt die Mannschaft bei der Lösung. Ihr Verhalten zeichnet sich durch gezieltes Fragen und aktives Zuhören aus. Es ist nicht mehr das Ziel, die Lösung selbst vorzugeben, sondern anderen Mitarbeitern das Handwerkszeug zur Problemlösung zu vermitteln.

Die Devise ist „Coachen und Befähigen statt Anweisen und Belehren“. Im Rahmen des Problemlösungsprozesses verbindet die Führungskraft das Lösen von Problemen mit der Weiterentwicklung der Mitarbeiter.

Im *Mentor-Mentee-Dialog* leitet sie den Mitarbeiter durch den Problemlösungsprozess und entwickelt seine Fähigkeiten in der Ursachenforschung weiter. Gleichzeitig sorgt sie dabei für die Einhaltung der Problemlösungsstruktur, um so die nachhaltige Problemlösung zu unterstützen. Dieser Prozess hilft auch der Führungskraft sich durch Erfahrungen weiter zu entwickeln und beispielsweise ihre Fähigkeiten im aktiven Zuhören auszubauen.

6.5.3 Ergebnis

Shopfloor Management ist heute bei RECARO Aircraft Seating fest verankert. Auch heute, lange nachdem sich die externen Coaches aus dem Projekt zurückgezogen haben, trägt es entscheidend zum konstant hohen Leistungsniveau des Unternehmens bei. Mitarbeiterorientierung und Mitarbeitereinbezug führten zu einem höheren persönlichen Engagement, zu einem verstärkten Mitdenken und Mitgestalten, zu mehr Ideenreichtum und attraktiveren Lösungsvorschlägen. Das Fundament des kontinuierlichen Verbesserungsprozesses ist gelegt.

Bei RECARO Aircraft Seating nahm die *Problemlösungskompetenz* stetig zu. Mehr als 80% der in der Produktion auftretenden Probleme werden strukturiert im Shopfloor Management in den Regelbesprechungen gelöst, die verbleibenden 20% löst man mit der gewonnen Zeit ad-hoc vor Ort.

Damit ist das Fundament für die lernende Organisation gelegt. Heute können die meisten Probleme direkt auf der relevanten Führungsebene gelöst werden. Kleinere und mittlere Herausforderungen erledigen die Mitarbeiter vor Ort sofort, selbstständig und unbürokratisch.

Beeindruckend sind auch weitere Leistungszahlen: Vier Jahre nach Beginn des Prozesses erreichte das Unternehmen ein deutlich verbessertes Ergebnis. Die Fertigungs- und Fehlerkosten konnten im zweistelligen Prozentbereich gesenkt, die Durchlaufzeit mehr als halbiert werden und der Umlaufbestand nahezu halbiert werden. Besonders beeindruckend war die Verbesserung der Qualität mit der Einführung von Shopfloor Management. In nur neun Monaten gelang es, die Fehlerquote am letzten internen Quality Gate um 90% zu senken; Nacharbeit ist fast vollständig eliminiert. Ein allgemeines Qualitätsbewusstsein wurde geschaffen. Der Pünktlichkeit steht also nichts mehr im Weg.

In Sachen *Liefertreue* ist das Unternehmen Branchenprimus. Nahezu 100% aller Bestellungen werden termingerecht ausgeliefert. RECARO genießt ein hohes Vertrauen bei seinen Kunden und liefert die Sitze teilweise nur 24 Stunden vor dem Einbau Just in Sequence direkt an den Flugzeughangar. Für diese überdurchschnittlich hohe Liefertreue in Verbindung mit dem Qualitätsniveau wird RECARO immer wieder von seinen Kunden ausgezeichnet.

Das Shopfloor Management brachte auch Verbesserungen in Transparenz und Fokussierung. Joachim Ley, der Vice President Supply Chain, bringt dies auf den Punkt: *„Selbst wenn ich eine Woche weg bin brauche ich maximal 5 Minuten und bin wieder dank aktueller Informationen auf dem neuesten Stand."*

Die übliche Informationsflut und ein IT-Labyrinth mit komplexen Leseberechtigungen entfallen. Viele Emails sind mittlerweile überflüssig, Die Führungskraft kann sich um die wirklich relevanten Themen kümmern, anstatt sich im Tagesgeschäft von Problem zu Problem durchzukämpfen. Das Abstellen von komplexen Problemstellungen wird als gemeinsamer Erfolg gesehen. Alle Beteiligten gehen motivierter an die Arbeit.

Bei RECARO machte man auch die Erfahrung, dass Shopfloor Management interkulturell kompatibel ist. Ob in den Vereinigten Staaten, Südafrika, Polen oder Deutschland, ansehnliche Erfolge wurden in jedem Werk eingefahren. Das Konzept hilft Führungsleistung zu verbessern, über die Grenzen der verschiedenen Kulturkreise hinweg. Und es schafft Vertrauen.

„Das Shopfloor Management leistet einen wesentlichen Beitrag zur nachhaltigen Umsetzung der Exzellenz-Strategie bei Recaro Aircraft Seating."

Dr. Mark Hiller, CEO der Recaro Aircraft Seating

Mitarbeiter sehen Shopfloor Management und die ständige Sichtbarkeit ihrer Fehler nicht als Kontrolle, die ihnen persönlich schaden kann. Vielmehr können sie darauf vertrauen, dass die unmittelbar Verantwortlichen leistungsmindernde Probleme beseitigen. Bei RECARO Aircraft Seating wird diese Vertrauenskultur gelebt. Die Führungskräfte leisten einen entscheidenden Beitrag. Die positiven Erfahrungen in der Produktion führten schließlich dazu, dieses Führungsinstrumentarium auch in administrativen Bereichen flächendeckend einzuführen.

.

6.6 Fallbeispiel 3: „Lean Development“ – Lean Management im Entwicklungsbereich

6.6.1 Ausgangssituation und Problem[53]

Als ein global agierendes Unternehmen der Antriebs- und Automatisierungstechnik ist SEW Eurodrive in einem breiten Branchenspektrum (u. a. Automotive, Nahrungs- und Genussmittelindustrie, Krananlagen, Intralogistik, Flughafen-Logistik) tätig. Die Marktentwicklung führte zu einer steigenden Anzahl von Neuprodukten und mechatronischen Systemen bei gleichzeitig wachsendem Funktionsumfang und zunehmender Vernetzung in den Anwendungssystemen. Mit mehr als 15.000 Mitarbeitern erzielte SEW im Jahr 2013 an 13 Fertigungs- und 67 Montagewerken einen Gruppenumsatz von über 2,5 Mrd. EUR weltweit.

Der *Entwicklungsbereich* mit über 500 Mitarbeitern war organisatorisch in verschiedenen Business-Einheiten jeweils nach Fachdisziplinen gegliedert: Mechanik, Elektronik, Software- und Regelungstechnik.
Nicht zuletzt die gewählte Differenzierung führte zu verschiedenen feststellbaren organisatorischen *Symptomen*:

- Komponenten wurden in verschiedenen unabhängigen Bereichen parallel entwickelt.
- Eine Integration der domänenspezifischen Entwicklungsergebnisse fand zum Teil erst im Prototyp statt (sequentielle Arbeitsweise).
- Keine abgestimmten Entwicklungspläne für Vor- und Produktentwicklung und geringe Transparenz über den Status der Projekte,
- Zu lange Projektlaufzeiten, zu hohe Entwicklungskosten und Terminverzögerungen durch späte Fehlererkennung im Produktentstehungsprozess und demzufolge eine große Anzahl von Iterationsschleifen („zu spät, zu viele Aktivitäten“).

Die *Ursachen* hierfür waren vor allem: Zu geringe Wertstromorientierung, zu viele Projekte mit unklaren Prioriäten, Multitasking und Zersplitterung der Ressourcen infolge zu kleinteiliger Projektlandschaft, nicht aufeinander abgestimmte Entwicklungspläne der Vor- und Produktentwicklung und nicht abgestimmte Ressourcenauslastung. Die (mangelnde) Effektivität und Effizienz der Entwicklung wurde als Schlüsselfaktor für die künftige Unternehmensentwicklung gesehen, womit *Strategie* und *Operation* im Entwicklungsbereich grundsätzlich neu ausgerichtet werden mussten.

Das *Zielsystem* für die organisatorische Transformation wurde umfassend angelegt:

- Trendsetter in der Antriebstechnik sein: Produkt- und Prozessinnovationen sollen für höchstmögliche Produktivität beim Kunden sorgen;

[53] Wir bedanken uns sehr herzlich bei Herrn Soder, technischer Geschäftsführer der SEW-Group, für die Möglichkeit, über gemeinsam durchgeführte Projekte und Ergebnisse berichten zu dürfen.

- Effizienzsteigerung von Entwicklungsprojekten durch konsequentes Vermeiden von Verschwendung im Entwicklungsprozess;
- Verbesserung, Förderung, Beschleunigung der abteilungsübergreifenden Zusammenarbeit in den Prozessen Innovation, Planung, Produktentwicklung, Produktion und Markteinführung und dadurch nachhaltige Verbesserung der Durchlaufzeiten von Entwicklungsprojekten;

Durch einen für alle organisatorischen Entwicklungseinheiten *standardisierten* und verbindlichen *Entwicklungsprozess* hinweg sollte eine durchgängige und konsistente Synchronisation aller Aktivitäten gewährleistet sein. Eine erwartete Verbesserungen von Führungsphilosophie und Entwicklungskultur sollte nicht nur für die nachhaltige Sicherung der einzelnen Maßnahmen sorgen, sondern auch zugleich infolge verbesserter Zusammenarbeit in der Produktentwicklung *vernetzte Baukastenlogiken* im Sinne einer einheitliche Produktarchitektur sowie ein systematisches Release-Management ermöglichen.

Eine solche, neue strategische Ausrichtung sollte SEW in die Lage versetzen, zu einem agilen *Wertschöpfungspartner* der Kunden zu werden, einen Mehrwert für den Kunden zu schaffen und den eigenen Unternehmenswert durch Verzahnung der Wertschöpfungsprozesse für Produkt- und Prozessinnovationen zu steigern.

Man beschloss die Transformation auf Basis der Prinzipien und Methoden des Lean Managements in Angriff zu nehmen.

6.6.2 Vorgehensweise und Instrumente

6.6.2.1 Leitidee einer Lean-basierten Entwicklung[54]

Im *Produktentwicklungsprozess* ist der größte Anteil an Aktivitäten eigentlich Verschwendung. Sie wirkt sich durchlaufzeitverlängernd und durch Ressourenmehrverbrauch auch produktivitätsmindernd aus.

Im Zentrum aller Bemühungen stand daher das konsequente Bestreben, Verschwendung im gesamten Entwicklungsprozess zu vermeiden; also Wertschöpfung nicht noch „wertschöpfender" zu machen, sondern Verschwendungen zu vermeiden bzw. zu reduzieren. Im Ergebnis sollte dies zu deutlich verkürzten Projektlaufzeiten und geringeren Produktherstellkosten[55] führen.

Wertschöpfend sind Aktivitäten im FuE-Bereich, wie bspw. Lastenheft abstimmen, Pflichtenheft erstellen, Design erstellen, Konzept erarbeiten, Zeichnen/Konstruieren, Programmieren, Testen, Versuche durchführen.

---

[54] Vgl. hierzu weiterführend Romberg (2010); Herms/Romberg (2013).

[55] Also nicht nur direkte Wirkungen im FuE-Bereich, sondern auch die indirekten Systemwirkungen unterliegen der Nutzenbetrachtung. Unsere einschlägigen Erfahrungen zeigen: Interdisziplinäre Zusammenarbeit inkl. der Integration der Kernlieferanten bringt deutliche Reduzierungen der Herstellkosten bis zu 42 %.

Dem gegenüber stehen Prozesse *„notwendiger“ Verschwendung*, z. B. Konformitäten nachweisen, Benutzer-Handbucherstellen, Service-Dokumentation erstellen, Meilensteindokumentation/-nachweise erstellen, Projektreporting, -controlling und -tracking durchführen. *Echte Verschwendung* liegt vor als

- *unnötige, verdeckte Verschwendung*, z. B. durch redundante Aufgaben, zu viele Schnittstellen im Prozessablauf, zu spätes Designfreeze, Wartezeiten durch zu große „Freigabelose“, interne Änderungen, zahlreiche Iterationen, fehlerhafte Auslegung, zusätzliche Besprechungen infolge ungünstiger organisatorischer Führugs- und Organisationsgegebenheiten;
- *Unnötige, offene Verschwendung*: zu viel/zu aufwändiges Reporting und Controlling, Warten auf Spezialisten, negatives Multitasking, Sonderaufgaben usw.

Die Gestaltung von Gesamt- und Teilprozessen erfolgt vor allem nach folgenden Prinzipien einer „leanen“ Entwicklung:[56]

- *Störungsfreiheit und Null-Fehler-Prinzip*: Anstreben robuster Prozesse durch permamente Verbesserung aufgetretener Probleme und deren zukünftige Vermeidung auf Basis Systematik, Ordnung und Sauberkeit
- *Fließprinzip*: kontinuierlicher Fluss mit geringen Weitergabemengen zur Durchlaufzeitminimierung
- *Prinzip Rhythmus und Vermeidungsfokus*: Frühe Projektklärung in der Konzeptionsphase und getaktete kurz-zyklische Regelkommunikation unter Nutzung von Standards
- *Pull-Prinzip:* Bedarfsstellen haben Verantwortung für Informations- und Entscheidungsnachschubsteuerung.

Innovations- und *Entwicklungsprozesse* sind durchgängig von der ersten Idee bis hin zum erfolgreichen Serienanlauf (SOP) beschrieben: Von der Klärung der Kunden- und internenen Anforderungen, über die technische Klärung der Funktionen und Wirkkonzepte bis hin zur Bau(teile)struktur wird v. a. die *Konzeptphase* (Kick off bis Design freeze) konstruktionssystematisch erarbeitet und die verschiedenen Lösungskonzepte mittels einschlägiger Instrumentarien, wie z. B. Wertanalyse, FMEA, Risikoanalysen bewertet.

[56] Vgl. hierzu oben Abschnitt 3.2.

Dabei erfordert der gesamte *Produktentstehungsprozess* (PEP) nicht nur ausreichend Zeit, sondern v. a. ein Höchstmaß an interdisziplinärer, systematierter und synchronisierter Zusammenarbeit (vgl. Abb. 111).

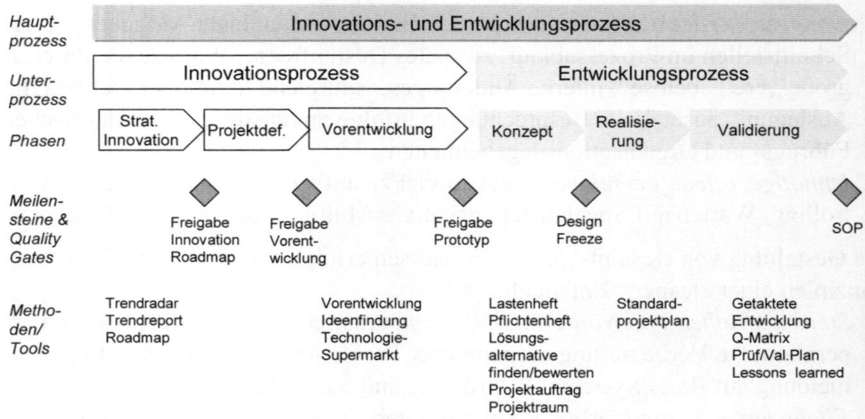

Abb. 111. PEP – Durchgängigkeit und intensive, systematische Kommunikation[57]

6.6.2.2 *Masterplan erarbeiten*

Für das Projekt wurde eine Gesamtdauer von ca. zwei Jahren festgelegt. Über verschiedene *Lernerfahrungen* wurden Einsichten gewonnen, v. a. durch Benchmark-Besuchen bei einschlägigen Unternehmen, aber auch durch Spiegelung an der eigenen Organisationswirklichkeit (Quick Checks). Im Rhythmus von Einsicht (Sehen), Lernen, Handeln und nachhaltig anwenden („Leben") wurden eine Reihe weiterer Aktivitäten über viele Pilotprojekte durchgeführt und schrittweise implementiert.

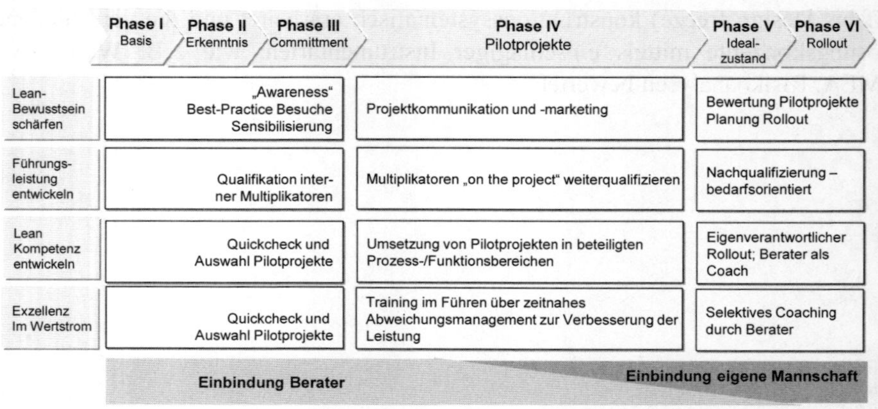

Abb. 112. Der Masterplan für die Lean-Transformation im Entwicklungsbereich

57 Unterlage von Staufen AG.

Allen Beteiligten war daher von Beginn an klar, dass es sich bei diesem Projekt nicht um ein typisches Restrukturierungsthema handelt, sondern eine Veränderung der Führungs- und Organisationskultur im Entwicklungsbereich eingeleitet werden musste. Mangels einschlägiger Kenntnisse über Lean-organisierte Entwicklungsorganisationen konnte das nur gemeinsam mit externen Beratern angegangen werden.

Neben diesen *vorgehensorientierten* Aufgaben sind eine Reihe organisatorischer Voraussetzungen zu schaffen gewesen, deren vollständige Implementierung erst ein *Lean Development* nachhaltig werden lassen.

6.6.2.3 Entwicklungsstrategie erarbeiten

Als Grundlage für eine leane Entwicklungsorganisation sollte eine zukunftsorientierte Innovationsstrategie entwickelt werden, aus der Handlungsprogramme für vier Themenfelder erarbeitet werden sollten:
- Aufzubauende Fähigkeiten und Kompetenzen
- Zu erschließende und zu bearbeitende Märkte
- Zu entwickelnde Produkte und Dienstleistungen
- Die Art und Weise ihrer Entwicklung, Herstellung und Positionierung

Dazu wurden in Marktbeobachtungs- und Produktdefinitionsteams Kundenwünsche und Anforderungen abgefragt, Wettbewerber und Produkte beobachtet, Technologietrends und -sprünge identifiziert und schließlich Marktentwicklungen beurteilt und Prognosen erarbeitet. Diese Erkenntnisse konnten anschließend in Produktvorschläge für die einzelnen *Produkt-Strategie-Geschäftsfelder* dokumentiert und über eine Unternehmens-*Roadmap* verdichtet werden. Die Roadmap dient als verbindliche Grundlage zur Steuerung der Entwicklungsprozesse.

Aus der Unternehmens-Roadmap werden die Jahresentwicklungspläne abgearbeitet. Der neu definierte Entwicklungsprozess mit entsprechenden Entwicklungs-Methoden ist verbindlich für jeden *Produktentwicklungsprozess*.

Die wesentlichen Elemente der *Prozessoptimierung* waren hierbei:
- Integrierte, verzahnte Produkt- und Prozessentwicklung im Produktentstehungsprozess
- Interdisziplinäre Teamarbeit zur Prozessplanung
- Einfachheit in der Simulation und Planung (Cardboard Engineering)
- Frühzeitige Erprobung und Kostenbewertung
- Realisierung robuster, wandlungsfähiger Multifunktionslinien
- Integration von geschlossenen Qualitätsregelkreisen
- Ganzheitlicher Ansatz, vom Rohteil zur fertigen Komponente
- Flexibles Arbeitssystem, durch konsequente Prozessorientierung

Weitere wichtige Voraussetzungen waren eine schnelle Linien- und Betriebsmittelrealisierung und wertschöpfungsoptimierten Arbeitsplatzsysteme, um die Projektlaufzeit weiter zu kürzen (vom cardboard-Modell zum perfekten Arbeitssystem in nur 12 Wochen).

Prozessoptimierung, „Rapid Prototyping bei Betriebsmitteln", Teamstrukturen und adäquate Führung als teil einer leistungs- und lernorientierten Organisation sind ein weiterer Pfeiler im Lean Development.

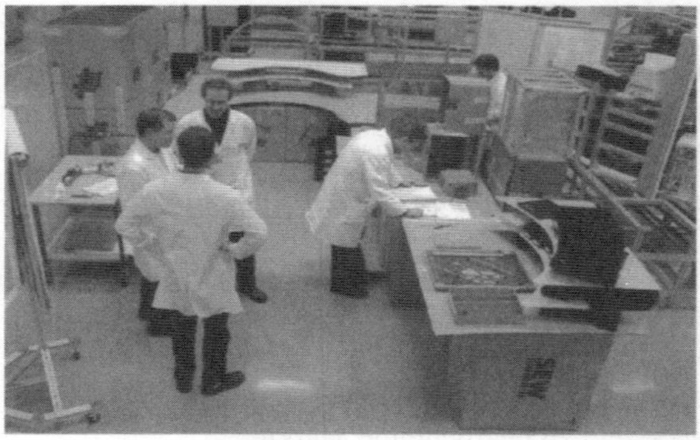

Abb 113. Vorbereitung der Prototypenfertigung („Rapid Prototyping")

Heute wird ein klar strukturierter Phasenprozess (Prioritäten, Themen, Zeithorizont) verfolgt, mit permanenten Abstimmungen und kurz-zyklischen Rückkopplungen zwischen den Beteiligten. Im Ergebnis führt dies zur merklichen Verkürzung der Projektlaufzeiten und Einhaltung von Markteinführungsterminen bei gleichzeitiger Entlastung der Ressourcen.

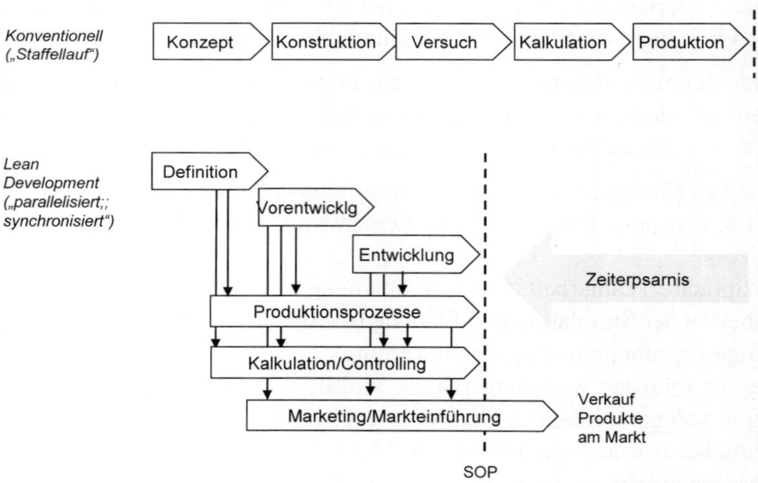

Abb 114. Verkürzung der Projektlaufzeit durch Lean Development[58]

58 Siehe auch oben Abschnitt 3.4.4.2.

6.6.2.4 Entwicklungsorganisation ausrichten

Der Weg zu einem Lean Development System erfordert einen geänderten Fokus: „Durchlaufzeitorientierung statt Auslastungsorientierung“. Der bisherige auslastungsorientierter Ansatz war gekennzeichnet durch funktionale Organisation, sequentielle Prozesse, Vollauslastung der Ressourcen, Spezialistentum und viele parallele Projekte mit wechselnden Prioritäten. Der angestrebte durchlaufzeitorientierte Entwicklungsprozess sollte dagegen parallele, wertstromorientierte Prozesse mit kürzesten Durchlaufzeiten und flexibler Performance in einer Multiprojektlandschaft möglich machen. Es mussten somit die organisatorischen Strukturen und Prozesse angepasst werden, um die Projektzeiten vom Kick off bis zum Markteinführungszeitpunkt erheblich zu verkürzen.

Man entschied sich für Segmentierung, Kompetenzfeldgliederung und Wertstromorientierung:
- Das *Prinzip der Segmentierung* ermöglicht die Reduzierung von negativem Multitasking, da man Wertstrom-Zuständigkeiten entkoppeln kann und dadurch das Störungsaufkommen reduziert. Damit sinken die Projektdurchlaufzeiten als auch der Zeitbedarf für Serienbetreuungsaktivitäten.
- Das *Prinzip der Kompetenzfeldgliederung* unterstützt die Effektivität, da hier die Basis geschaffen ist Standardisierung zu betreiben und Baukastensysteme zu installieren. Die Folgen sind eine höhere Flexibilität und eine höhere technische Innovationsrate.
- Das *Prinzip der Wertstromorientierung* stellt den Prozess in den Vordergrund und nicht wie sonst im Entwicklungsbereich üblich das Produkt. Dazu muß eine klare Rollendefinition aller Mitglieder in der Hierarchie im Produktentwicklungsprozess erfolgen.

6.6.2.5 Projektmanagement als „Führung vor Ort-System“ konzipieren

Das Projektmanagement wurde grundsätzlich als *„Shopfloor Management“* gestaltet, indem man die bekannten Prinzipien des Shopfloors aus den Produktionsbereichen in den Entwicklungsbereich übertrug:[59]
- Kaskadierte Information und Kommunikation
- Projektstatusblätter unterstützen Steuerungstransparenz
- Die Projektetafel visualisiert die Projektanzahl und Projektzustände
- Wochenpläne definieren realistische Arbeitspakete je Mitarbeiter oder Team
- Die Visualisierung der Wochenpläne ermöglicht eine Ressourcenplanung mit simultanen Entwicklungsschritten

Die Entwicklung der Führungskultur im Sinne Transparenz, Abweichungsorientierung und „Führen am Ort des Geschehens“ sichert die Nachhaltigkeit des installierten Prozesses und das bedeutet: Visuelles Management, Regelkommunikation, Priorisierung der Top-Probleme, Go & See, strukturierte Problemlösung.

[59] Siehe oben Abschnitt 5.3.5.3.

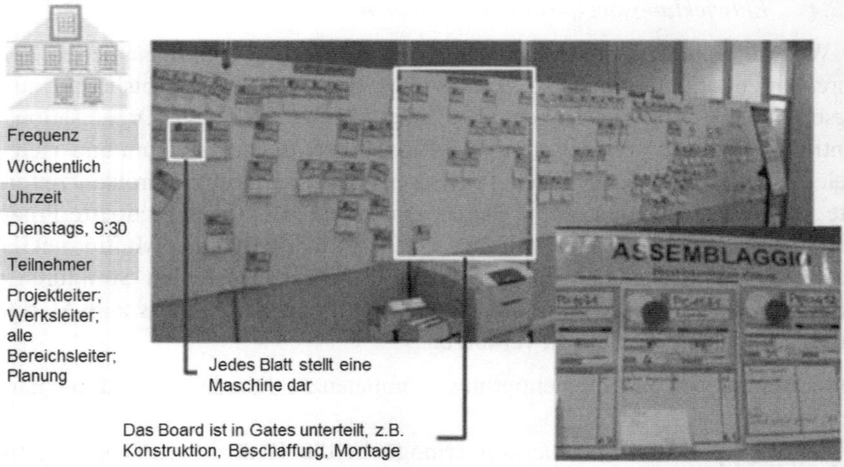

Abb. 115. Eine Tafel visualisiert Anzahl und Status der Entwicklungs-Projekte

Die *Scrum-Board-Technik* ist hierbei ein zentrales Element und kann die verschiedensten Methoden und Werkzeuge der Projektsteuerung integrieren, z. B. Value-Engineering-Methoden/Target Costing, Design To Process (DTP), Quality Function Deployment (QFD), Failure Mode Effect Analysis (FMEA), Design for Manufacturing / (DFM) Design for Assembly (DFA).

Scrum Board Technik
Arbeitsschritte

1. Entwicklung und Aufbau eines Scrum-Boards
2. Ableitung und Einführung von Prozess-Kennzahlen
3. Arbeiten mit den Kennzahlen
4. Führungen über Abweichungsmanagement
5. Begleitung des Führungsprozesses
6. Kaskadieren der Information

Abb. 116. Scrum-Board-Technik

6.6.2.6 Führungssystem – Kaskadierende, abgestimmte Führung

Dieses Projektmanagement erfordert aber auch ein neues Profil der FuE-Führungskraft, die fachliche Kompetenz mit Mentoring- und Coachingkompetenzen zur Deckung bringt.
Um den kommunikativen Anforderungen im Lean Development zu genügen, müssen die Mitarbeiter vorbereitet und entwickelt werden. Das erfordert von der Führungskraft Kommunikations- und Teamfähigkeit, Offenheit und vor allem ein hohes Maß an Disziplin. Hierbei tritt die Führungsaufgabe der Vernetzung über interne und externe Schnittstellen hinweg in den Vordergrund.[60]
Analog zum kaskadierenden Informationsfluss wurde eine 3-stufig *kaskadierte Führungsstruktur* mit folgenden Verantwortungsträgern aufgebaut:

– *Produktfeld*-Manager (PFM)
Ein PFM trägt die Verantwortung für den Produktbaukasten des Produktfeldes, betreut die aktuellen Produkte am Markt und begleitet fachlich die Entwicklungsprojekte des Produktfeldes als Systemintegrator.

– *Fachkreis*-Manager (FKM)
Sie entwickeln einen Technologiebaukasten, der langfristig und nachhaltig ausgerichtet ist, entsenden die in den Projekten benötigten Ressourcen,begleiten die entsandten Mitarbeiter und gestalten zu Beginn des Projekts die übergreifende Systemarchitektur.

– *Entwicklungsprojekt*-Manager (EPM)
Der EPM übernimmt die Verantwortung für die Steuerung und Koordination des Entwicklungsprojekts über alle involvierten Geschäftsbereiche, erarbeitet die Arbeitspakete, Detailterminpläne in Zusammenarbeit mit dem PFM und vertritt das Projekt im Lenkungsausschuss.

Kaskadierte Führung von Wertströmen heißt dabei aber nicht „Control und Report“; sondern „Information und Support“. Als zentrale Aufgabe der Führungskraft wurde das Ziel definiert, das praxisübliche *Multitasking* zu vermeiden.

Negatives Multitasking ist eine der Hauptursache für Ressourcenverschwendung. Es ensteht vor allem:

- in nicht priorisierten Multiprojektlandschaften (mehr Projekte als Kapazitätsverfügbarkeit);
- durch überhöhte Arbeitsbestände bei einzelnen Spezialisten, die zum Engpaß werden durch zu viele freigegebene Arbeitspakete;
- durch konkurrierende Wertströme (Projektarbeit vs. Serienbetreuung) laufen über eine Ressource, z. B. Prüflabor;
- durch mangelhafte Selbstorganistion (E-Mails, Telefonate, Ad-hoc-Besprechungen sorgen für Unterbrechung)

---

60 Vgl. oben Abschnitt 5.3.2.3.

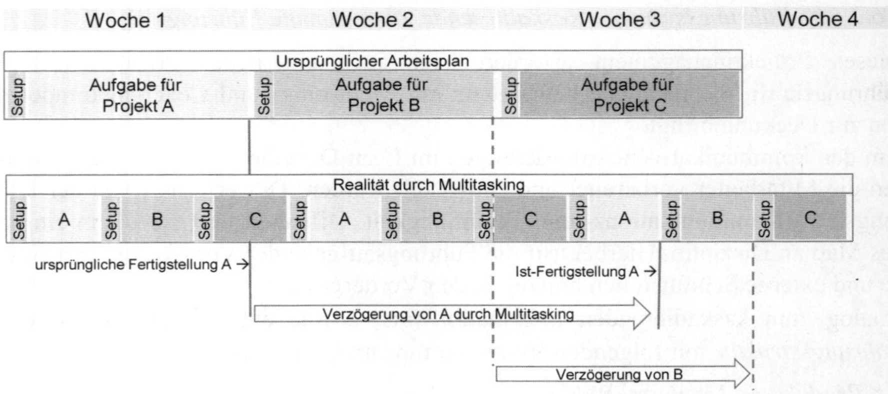

Abb 117. Multitasking als Ursache von Ressourcenverschwendung

– *Schwerpunkt: Interne Kommunikation als Instrument zur Verbesserung*

Wie realisiert man eine interne Kommunikation, die der Information und Motivation der MA dient? Durch Aufbau und Förderung einer direkten, offenen Kommunikation, um die bisher noch nicht voll ausgeschöpften Identifikations- und Leistungspotenziale zu erschließen.[61]

„Wir müssen das Wissen unserer Mitarbeiter in Nutzen umsetzen und die Herausforderung dabei ist, eine Balance zwischen Kreativität, Leistung und Formalismus zu finden. Der Martkerfolg der Produkte ist immer auch ein Spiegel des Könnens im FuE-Bereich“

Johann Soder, Geschäftsführung Technik

- die Bereitschaft und den Antrieb aller Beteiligten gewinnen, auch neue und ungewöhnliche Wege zur Steigerung der Innovationsleistung zu gehen.
- Mitarbeiter motivieren, innovativ und dialogfähig zu sein und mehr zu leisten als die Minimalanforderungen ihres Jobs dies verlangen.
- die Kommunikationskultur im Unternehmen als einen kontinuierlichen Prozess gestalten und nicht als gegeben betrachten.
- kritische Reflexionen fördern und Glaubwürdigkeit vermitteln.
- Vertrauen und zwanglose Kooperation ausbauen.

[61] Siehe oben Abschnitt 5.3.4.1 Informationskasten: „So entsteht radikale Offenheit“.

6.6.3 Ergebnis

Die quantitativen und qualitativen Ergebnisse des Lean-Development-Projektes sind direkt messbar. Es wurden folgende Ergebnisse erzielt:

- Transparenz, systematische Kommunikation und Koordination der Zusammenarbeit haben sich deutlich verbessert
- Steigende Produktinnovationsrate von 2,3% auf 25,2 %
- Effizienssteigerung der eingesetzten Ressourcen (10–14%)
- Projektdurchlaufzeit verkürzt (20–80%)
- Projektdurchsatz erhöht (10–25%)
- Projekte in Wochentaktung, zunächst im Pilot-, später im gesamten Entwicklungsbereich

Die Effizienzsteigerungen wurden durch das Vermeiden von verschwendeter Zeit, nicht durch Vermeidung von Arbeitsinhalten erzielt. Die verbesserte Koordination steigerte die Qualität, reduzierte Fehler-Potenziale und schaffte mehr Freiraum für wertschöpfende Tätigkeiten.

Auch ist die Mitarbeiterakzeptanz während der Lean-Transformation deutlich gestiegen; nicht zuletzt, weil negativer Stress und negatives Multitasking durch die neue Arbeitskultur vermieden werden konnte.

Zwar erhöhte sich die Anzahl der Besprechungen, gleichwohl ist der Zeitbedarf deutlich reduziert worden, da diese durch das vor-Ort-Management geplant und regelmäßig „getaktet“ stattfinden. Dabei haben die Mitarbeiter positiv erlebt, dass Probleme und Fehler entweder im Vorfeld im Team antizipiert und vermieden werden oder aber auftretende Störungen sofort behoben werden können. Die Entwicklungsprozesse wurden immer störungfreier.
Das kaskadierende systematische Projektmanagement führte zu einer Flussorientierung der Projekte: Vom Lastenheft bis zum Serienstart werden die Projekte heute konzentriert und mit minimalen Durchlaufzeiten abgewickelt.

6.7 Fallbeispiel 4: Umfassende Lean-Transformation zur „Lean Enterprise"

6.7.1 Ausgangssituation und Problem[62]

Die SCHOTT AG ist ein internationaler Technologiekonzern mit mehr als 125 Jahren Erfahrung auf den Gebieten Spezialglas, Spezialwerkstoffe und Spitzentechnologien. Als einer der weltgrößten Produzenten von technischen Gläsern und Glasartikeln wird in 7 Business Units ein breites über die Branchen Hausgeräteindustrie, Pharmazie, Medizintechnik, Elektronik, Optik, Automotive und Aviation angeboten.

Das Unternehmen beschäftigt weltweit 15.400 Mitarbeiter, davon 5.300 in Deutschland. Im Geschäftsjahr 2012/13 machte SCHOTT einen Umsatz von 1,84 Mrd. Euro weltweit, davon 86 % außerhalb Deutschlands. Das Unternehmen ist mit 51 Fabriken an 40 Produktionsstandorten und Vertriebsniederlassungen in 35 Ländern der Welt vertreten. In diesen heterogenen Märkten bewältigt SCHOTT Einzel- und Serienfertigung. Die Internationalität ist ein entscheidender Wettbewerbsvorteil und eine zugleich eine große Herausforderung.

Bei SCHOTT wurde in den vergangenen Jahren die Lean-Transformation gestartet, sowie ein *eigenes Lean-Produktionssystem* entwickelt. Die Implementierung der Lean-Methoden führte in bestimmten Teilbereichen des Konzerns zu bemerkenswerten Verbesserungen.

Dem vorausgegangen war eine selbstkritische Bestandsaufnahme, da der Konzern seine selbst gestecken Ziele hinsichtlich der Produktivitätsentwicklung gefährdet sah. Bezogen auf Methoden- und Problemlösekompetenz wiesen die Mitarbeiter an verschiedenen Standorten deutlich unterschiedliche Niveaus auf. Der Produktivitätsfortschritt der einzelnen Werke zeigte große Unterschiede. Hier Implementierungserfolge, verliefen dort Implementierungsbemühungen im Sande. Dieser Zustand punktueller Optimierungserfolge sollte durch eine *globale Lean-Transformation* auf ein neues und einheitliches Niveau gehoben werden.

> „The Lean Enterprise System is the basis to achieve our strategic company goal, to transform SCHOTT into an efficient enterprise. With the involvement of all our employees we will be able to create fast, beneficial and high quality processes, which will produce a visible benefit for our customers".
>
> *Dr. Konz, Member oft he Management Board*

Zudem sollte als Unternehmensziel eine nachhaltige, also nicht nur einmalige, sondern alljährliche Produktivitätssteigerung von 4 % in allen Werken weltweit erzielt werden. Dies entspräche einer jährlichen Produktivitätssteigerung in Höhe eines zweistelligen Millionenbetrages in Euro.

62 Unser Dank gilt dem Unternehmen Schott AG für die Veröffentlichungserlaubnis der Projektergebnisse. Besonders danken wir Herrn Vorstand Dr.-Ing. Konz für die vorbehaltlose Unterstützung.

Von Anfang an wurden ergänzende qualitative Ziele verfolgt:
- Kulturwandel
- Train-the-trainer-Concept und
- Einführung von Lean Methoden.

Die größte Herausforderung auf dem Weg zu einer einheitlichen und ganzheitlichen Lean-Implementierung stellte die weltweite Verteilung, der zum Teil technologisch komplexen Produkte, auf 40 Produktionsstandorte in 35 Ländern dar. Dazu kamen alle denkbaren Unterschiede hinsichtlich Wissensniveau, Sprache und Kultur.

6.7.2 Vorgehensweise und Instrumente

Das Projekt der globalen Lean-Transformation wurde unter dem Projektnamen MOVE (**M**ove **O**perations to **V**isible **E**xcellence) gestartet und sollte in 33 Monaten abgeschlossen werden. Der Gesamtablauf wurde in vier Teilphasen gegliedert (siehe Abb. 118).

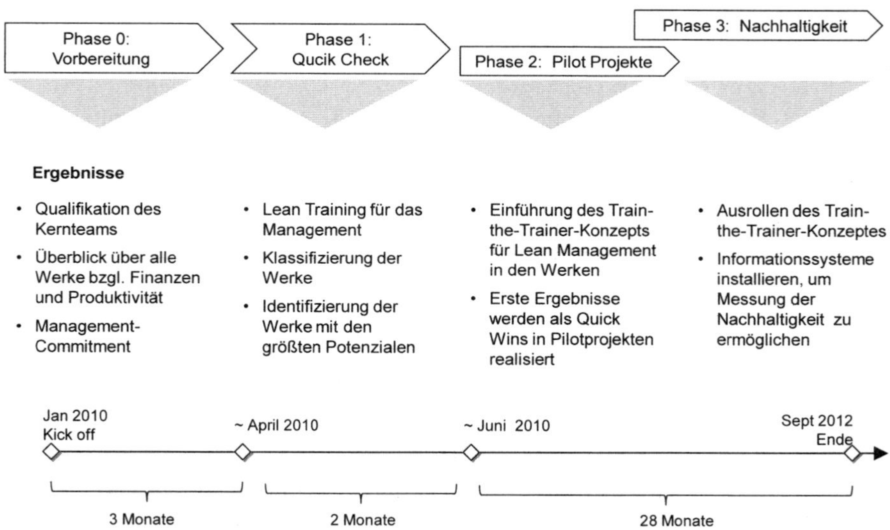

Abb. 118. „4-Phasen-Struktur“ des Lean-Transformationsprozesses

6.7.2.1 *Vorbereitung*

Nachdem die Konzernführung das Projekt freigegeben hatte, ging es an die Auswahl des MOVE-Kernteams. Es wurde mit Vertretern *aller* Business Units, Technologie- und Querschnittsfunktionen gleichmäßig besetzt. Hinzu kamen externe *Methodenexperten* die vor allem die Aufgabe hatten, das MOVE-Team zu coachen und zu befähigen künftig eigenverantwortlich Lean Projekte erfolgreich zu initiieren und umzusetzen.

Befähigung war demnach der Zweck der externen Berater. Demzufolge wurde in allen Phasen strikt darauf geachtet, den „MOVE"-Teammitgliedern Schritt für Schritt mehr Projektverantwortung zu übertragen.

Handlungsleitend hierfür war ein „*3-Stufen-Modell*", das einmal verschiedene Aktivitätenlevel (*See, Learn, Act*) und zum anderen die *Beteiligungsintensität* von internen Team-Mitgliedern und externen Beratern regelt.

- *See*: Es geht darum die Teammitglieder auf die Lean-Philosophie vorzubereiten, z. B. mit Besuchen von Benchmark-Unternehmen und Teilnahme an Best-Practice-Workshops bzw. Quick-Checks.
- *Learn*: In dieser Phase werden von externen und ggf. internen Methodenspezialisten über Trainingsspiele relevantes Methoden- und Instrumenten-Know-how vermittelt, bis die Lean Prinzipien von allen vollständig verinnerlicht wurden.
- *Act:* In der Umsetzungsphase werden von den Teammitgliedern eigenständige Projekte, Trainings etc. durchgeführt. Die externen Berater haben hier noch die Rolle eines Mentors der Ratschläge und Hinweise bzgl. Kommunikation und Führung gibt.

Der Zeitaufwand der externen Berater sinkt dabei von der Phase „see" bis hin zur Phase „act" deutlich ab.

Das *MOVE-Kernteam* selbst hatte vor allem folgende Aufgaben zu bewältigen:

- Organisation und Führung des gesamten Projektes,
- Durchführen von Projekten und Workshops an allen Standorten,
- Etablieren des „Train the Trainer"-Konzept,
- Befähigen der Führungskräfte und Lean-Manager,
- Stärken der Zuversicht und des Vertrauens der Mitarbeiter in den kulturellen Veränderungsprozess,
- Einleiten von Verbesserungen in Produktion und Verwaltung und

Aufzeigen der Potenziale durch Anwendung der Lean-Methoden durch das erste Erfolge und praktische Beispiele.

Angesichts der *Standortvielzahl* erarbeitete das MOVE-Kernteam zunächst für jede der 51 Fabriken einen Überblick bzgl. Organisation, Produktprogramm, Finanz- und Produktivitätskennzahlen. Es wurden dann 4 Fertigungsbereiche für ein „*Go & See*" ausgewählt, um sich vor Ort einen Eindruck zu verschaffen. Parallel dazu wurde unter Leitung der externen Methoden-Experten die Sensibilität und das Bewusststein hinsichtlich der Lean-Philosophie geschärft und trainiert, u. a. durch JIT-Spiele, KAIZEN-Workshops und *Best Practice*-Besuche an denen Vorstand, Business Unit Leiter und Werksleiter teilnahmen.

In den vergleichenden *Lean-Audits* zeigte sich das Ausmaß an Verbesserungspotenzial in den eigenen Werken. Anhand der Kriterien *Sicherheit/Umweltschutz*, *work process /Equipment*, *Production planing*/JIT, *Zero Defect Quality* u. ä. wurden durch die Teilnehmer *Lean-Best-Practice*-Unternehmen mit einem SCHOTT-Standort verglichen und beurteilt. Die *Visualisierung* der Auditergebnisse und vor allem die Selbsteinschätzung der Team-Mitglieder erleichterten die Überzeugung aller Beteiligten bezüglich der Wirksamkeit und Effektivität von Lean-Methoden.

6.7.2.2 Quick checks

Das MOVE-Kernteam und das Management wählten aus dem globalen Produktionsnetzwerk 25 Fabriken aus, in denen Quick Checks durchgeführt wurden. Diese Quick checks hatten die Aufgabe das abgeschätzte Potenzial des MOVE-Projekts zu validieren. Waren die gesetzten Ziele tatsächlich erreichbar? Dabei musste auf eine repräsentative Auswahl hinsichtlich Region, Technologie, Business Unit, Produktivität, Bereichsgröße, Bedeutung für den Gesamtkonzern, etc. geachtet werden.

Als nächstes wurden die *Lean-Instrumente* und *-Methoden* ausgewählt, mit denen die Pilotfabriken untersucht werden sollten, aber auch die zu erfassenden *Kenngrößen* wie z. B. Bestände, Energie, Personalkosten, Anlagenintensität, Qualitätskennzahlen, Durchlaufzeiten.

Die Quick Checks wurden von 5 MOVE-Teams durchgeführt, die jeweils aus einem externen Methodenexperten und zwei MOVE-Teammitgliedern bestanden. Damit wurde bereits in dieser frühen Projektphase das *„train-the-trainer"*-Konzept in Angriff genommen. Nachdem diese 5 MOVE-Teams im Umgang mit den ausgewählten Methoden trainiert waren, konnten die insgesamt 25 Quick-Checks in Angriff genommen werden.[63]

Die MOVE-Teams führten in den Pilotwerken jeweils sog. *LEAN-Audits* durch. Es wurden dabei verschiedene Lean-Instrumente und -Methoden eingesetzt, z. B. Anlysen zu Wertströmen, Arbeitsplätzen, Anlageneffizienz (OEE-Analysen). Das standardisierte Vorgehen ermöglichte es den Teams, innerhalb von nur 5 Tagen das Optimierungspotential für jedes Pilotwerk abzuschätzen.

Nach 5 Wochen Analyse wurden alle Ergebnisse dokumentiert, zusammengefasst und präsentiert. Zum Ende dieser Phase erarbeiteten die Teammitglieder vor allem Vorschläge für Pilotprojekte im nächsten Projektabschnitt.

---

63 Siehe hierzu Informationskaste „Beispiel für eine Transformationsprojektplanung in einem global tätigen Unternehmen" in Abschnitt 6.2.1.3.

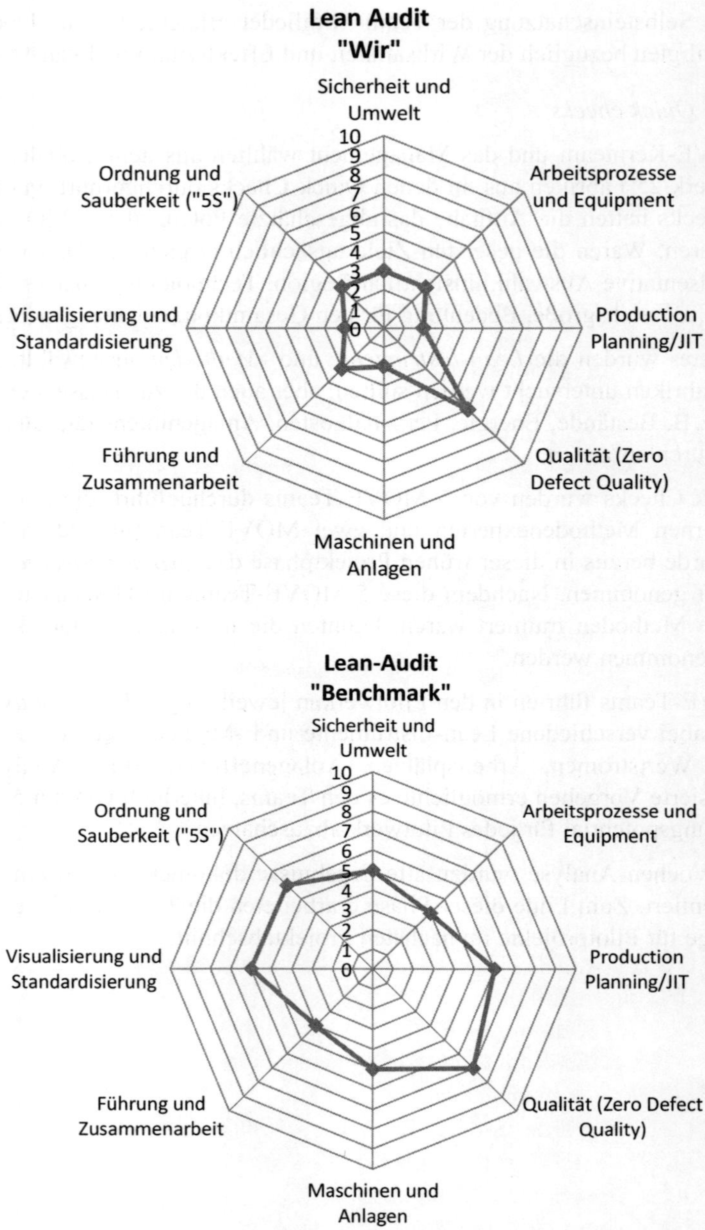

Abb. 119. Lean Audit – Vergleich mit Benchmark

6.7.2.3 Pilotprojekte / Lighthouse

Die Pilotprojekte hatten für das globale Produktionsnetzwerk vor allem eine „*Leuchtturm-Funktion*“. Damit sollte der Vorbildcharakter dieser Projekte für die anderen Werke deutlich gemacht werden. Zugleich wurden in diesen Projekten die Lean-Organisation und Lean-Manager in den Pilotwerken installiert.

Die Auswahl dieser *Leuchtturm-Projekte* war anspruchsvoll, mussten dabei doch eine Reihe wichtiger Voraussetzung erfüllt werden:
- Werksleiter, die vom Lean-Ansatz überzeugt sind,
- Personal mit der richtigen Einstellung,
- Aufgabenstellungen, die auf andere Werke übertragbar sind,
- interessante Optimierungspotentiale,
- Berücksichtigung aller Regionen und Business Units, um spätere Widerstände bei der Übertragung zu vermeiden,
- schnelle Umsetzung der Maßnahmen – angestrebt war ein Zeithorizont von nur 12 Wochen,
- gut messbare und quantifizierbare Ergebnisse.

Bei allen *Pilot-Projekten* wurde wieder ein einheitliches, langfristig orientiertes Konzept eingehalten: Um ein unkoordiniertes, kurzfristig orientiertes Agieren zu vermeiden, wurde stets auf folgenden Problemlösungsmechanismus geachtet:
- Die Verbesserung des gegenwärtigen Status beginnt stets mit der Entwicklung eines Idealzustands;
- Der Idealzustand gibt eine langfristige Orientierung für die Entwicklung der Zwischenzustände der nahen und ferneren Zukunft;
- Hindernisse bei der Entwicklung des Status Quo hin zum ersten Zwischenziel sind mit Lean Projekten zu beseitigen.

In einem ersten Schritt führten die MOVE-Teammitgleider unter Leitung der externen Berater Projekte in den Werken durch. Meist auf Basis von KAIZEN-Workshops wurden in 4–6 Wochen verschiedenste Optimierungsmaßnahmen durchgeführt. Die MOVE-Teammitglieder konnten diese Phase als *Coaching* nutzen. Danach nahm man komplexere Projekte in Angriff, die unter der Leitung der SCHOTT-MOVE-Teammitglieder durchgeführt wurden. Die externen Berater hatten hier nur noch die Rolle des teilnehmenden Beobachters, der als Coach Ratschläge für das Projektmanagement geben konnte.
Im *zweiten Schritt* wurde in allen Werken eine *interne Lean-Organisation* aufgebaut. Gut ausgebildete Lean Experten und Lean Trainer sind die Voraussetzung für die nachhaltige Ausschöpfung der Verbesserungspotenziale.
Je besser diese Multiplikatoren qualifiziert sind, umso wirksamer werden sie den kontinuierlichen Verbesserungsprozess leben können. Folglich wurden Mitarbeiter ausgewählt und *on-the-job* im Rahmen der ersten Aktivitäten ausgebildet, die vollzeitlich sicherstellen, dass die Aktivitäten vor Ort weiterentwickelt werden.

Abgeschlossen wurde die Pilotphase mit verschiedenen Trainingseinheiten und der gemeinsamen Erarbeitung von Exzellenzprinzipien und Leitsätzen in dem das lokale Management mit eingebunden war.

6.7.2.4 Nachhaltigkeit

In der vierten und letzten Phase war es das Ziel, für stabile Gegebenheiten zu sorgen, die notwendig sind, um einen nachhaltigen Transformationsprozess zu etablieren. Hierfür waren drei Schritte sinnvoll:

- *Evaluation des bisher Erreichten*: Im ersten Schritt fand dazu eine regelmäßige Bewertung der lokalen IST-Situation statt. Jedem Werk stand dazu ein standardisiertes Bewertungstool zur Verfügung. Die individuelle Bewertung von Kennzahlen wie z.B. KVP-Fortschritt, Führungsunterstützung, Motivation, Prozessstabilität, Fehlerquote und Wertstromorientierung, machten Abweichungen vom SOLL-Zustand schnell sichtbar, was das Ableiten von notwendigen Korrekturmaßnahmen zuließ.
- *Stärkung der lokalen Lean-Organisation*: Der zweite Schritt fokussierte den Reifegrad der internen Lean-Organisation. Bei den Lean-Experten wurden wesentliche Kompetenzen geschult. Um die Lean-Kompetenz von der Geschäftsleitung über die Bereichsleiter bis hin zu den Werkleitern entsprechend zu gewährleisten wurden Teammitglieder des MOVE-Projektes einzelnen Führungskräften zugeordnet. Unterstützung fand somit am Ort der maximalen Wirkungskraft statt. Lokale Lean Experten wurden dazu entsprechend gecoacht und befähigt.
- *Etablierung des SCHOTT-Produktionssystems*: Die Entwicklung eines SCHOTT-Produktionssystems schloss die dritte Phase ab.

Mit dem Beginn der Leuchtturm-Projekte übernahm das SCHOTT-MOVE-Team das Projektmanagement. In allen Werken wurden Lean-Projekte gestartet. Das Kernteam konnte inzwischen auf eine Lean-Organisation in den Werken zurückgreifen. Anders wäre die Steuerung der unzähligen Lean-Projekte nicht mehr möglich gewesen. Die Lean-Organisation ist direkt in der Konzernführung verankert. Der kleine Stab in der Zentrale kommuniziert mit je einem Lean Champion, der den jeweiligen BU-Leitern direkt unterstellt ist, und den Lean Managern, die direkt den Werkleitern unterstellt sind.

Den Projektstatus bildet man in einem in allen Werken installierten *Lean-Berichtssystem* ab. Dadurch kann der Zielerreichungsgrad und Projektfortschritt permanent überwacht werden. Die Nachhaltigkeit wird im Rahmen von Lean-Audits überprüft und die lokalen Lean-Manager werden *regelmäßig gecoacht,* um einem Stillstand in der Lean-Transformation vorzubeugen. Die ehemaligen Mitglieder des MOVE-Kernteams sind in verantwortungsvollen Positionen installiert, z.B. Lean Manager, Werks- oder Produktionsleiter.

6.7.3 Ergebnis

Die *Lean-Transformation* bei SCHOTT erfolgte nach einem Master-Plan auf Basis eines Organisationsentwicklungsansatzes. In vier Stufen sollten mit unterschiedlichen Angriffspunkten und mit einem Maßnahmen-Mix das Lean-Wissen an betroffene Mitarbeiter vermittelt, in verschiedenen Aktivitäten getestet und in Lernerfahrungen verdichtet werden. Die Herausforderung, in kurzer Zeit alle Standorte und Bereiche der Organisation simultan zu beaufschlagen, war enorm groß, der Multiplikationsansatz über das „*Train-the-trainer*“-Konzept der einzig sinnvolle Weg.

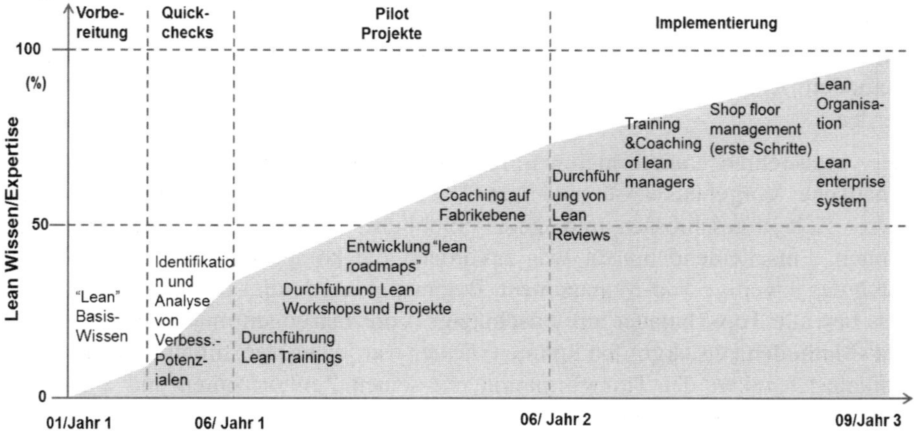

Abb. 120. „MOVE“-Projektverlauf

Im Ergebnis brachte die Lean-Transformation bei Schott – unter dem Label MOVE initiiert – am Ende des Projekts von ca. 28 Monaten einen hohen Zielerreichungsgrad:

- Signifikante Verbesserung der Produktivität bei gleichzeitig geringeren Projektkosten,
- Weltweites Trainingsprogramm zum Aufbau des Lean-Know Hows in der Implementierungsphase,
- Deutlich transparenterer und standadisierter Prozess der kontinuierlichen Verbesserung und Vergleichbarkeit zwischen den Standorten,
- Implementierung von klaren Lean-Zuständigkeiten innerhalb der Organisation,
- Intranet-basiertes „Lean Enterprise System“ (Best Practice Box und Lean Prinzipien).

Ein Lean-Transformationsprojekt der vorliegenden Größenordnung ist ohne externe Unterstützung nicht zu bewältigen. Externe Unterstützung bei der Wissensvermittlung *on-* und *off-the-job* und bei der Umsetzung kann aber – wie hier gezeigt – nur als Hilfe zur Selbsthilfe konzipiert sein. Der Erfolg basiert dabei ganz wesentlich darauf, dass alle externen Unterstützungsleistungen als Aktivierungsenergie an den richtigen Stellen, in allen relevanten Bereichen und Standorten gleichzeitig und mit vorher qualifizierten Teammitgliedern eingebracht werden. Der Erfolg der Lean-Transformation zeigt sich nicht zuletzt daran, dass der Begriff „*Lean*" explizit als Element der Unternehmensstrategie kommuniziert wird: „*Schott is a lean enterprise*".

6.8 Fazit aus den Fallbeispielen

Die kursorisch vorgestellten Fallbeispiele machen schon deutlich, dass es keinen „one best way" auf dem Weg zur „Lean Enterprise" gibt. In jedem speziellen Kontext müssen eine Vielzahl individueller Entscheidungen bzgl. Projektmanagement, Methoden, Rolle von externen Beratern und Terminen bzw. Zeitdauern getroffen werden.

Alle vorgestellten Transformations-Projekte sind Belege dafür, dass durch eine systematische Vorgehensweise eine Lean-(Teil-)Transformation in vergleichsweise kurzer Zeit abgeschlossen und dabei erhebliche Verbesserungen erzielt werden können. Entscheidend hierfür war zuvorderst die kompromisslose Unterstützung durch das jeweilige Top-Management. Begünstigt wurde dies nicht zuletzt dadurch, dass fast alle Top-Manager auf einschlägige Vorerfahrungen mit Lean-Philosophie und -Methoden zurückgreifen konnten. Daher war jedem der Initiatoren sowohl der radikale Charakter der Transformation mit seinen Zeithorizonten und Voraussetzungszusammenhängen klar.

Eine Lean-Transformation ist kein einfaches Task-Force-Projekt, sondern gleicht einem komplexen, Jahre dauernden Prozess, der mehrstufig und mehrgliedrig angelegt sein muss. Die Wahrscheinlichkeit für das erfolgreiche Zu-Endebringen einer Transformation steigt, wenn das Unternehmen bereit ist, die nicht unbeträchtlichen personellen und anfänglich auch finanziellen Aufwendungen zu tragen. Diesem Aufwand stehen gleichwohl Nutzen gegenüber. Das Erfolgspotenzial einer Lean-Transformation ist potenziell umso größer, je umfassender und ganzheitlicher ein Lean-Programm angelegt ist. Je mehr Bereiche, Abteilungen, Funktionen, Standorte in den Prozess einbezogen werden, umso größer ist zwar der zu tätige Einmalaufwand, umso größer und nachhaltiger können jedoch die Nutzeneffekte sein. Freilich steigt damit auch die Komplexität des Programms.

Das von uns vertretene Verständnis von Lean Management (Lean 2.0) ist eine auf Nachhaltigkeit und Zukunfts-Potenzial ausgerichtete (Lern-)Perspektive. Das Ziel ist letztlich immer, durch Lean-Projekte eine lernende Organisation zu schaffen. Deshalb ist auch es sinnvoll, in Schritten vorzugehen und verschiedene aufeinander aufbauende Projektepisoden zu definieren. Nachhaltigkeit der Anstrengungen lässt sich nur gewährleisten, wenn der Prozess von innen heraus gelebt wird. Die Langfristigkeit der zugrunde gelegten Ausrichtung ist ein entscheidender Erfolgsfaktor.

Darauf aufbauend können sodann klare Ziele definiert werden. „Wir machen jetzt mal in ‚Lean'" ist nicht genug, weil nicht operational und damit für die Mitarbeiter und Organisation auch nicht greifbar. Mit richtigen Zielen verbinden wir Aspekte, wie zum Beispiel (1) klar formulierte Ziele (qualitativ und quantitativ); (2) Erreichbarkeit und Umsetzbarkeit der Ziele und (3) realistischer Zeitbezug der Ziele.

Die Beispiele zeigen auch, dass die Vorerfahrungen des Managements über eine authentische Identifikation mit der Lean Management-Philosophie den kulturellen Wandel zwar begünstigt haben: Man konnte ohne große Umwege und Diskussionen eine alle Mitarbeiter verpflichtende Vision/Mission von Lean-Management etablieren. Viel wichtiger jedoch für den Erfolg war u. E. ein konsequentes und diszipliniertes Arbeiten mit den eingeführten Lean-Instrumenten. Dazu bedarf es einiger – eigentlich selbstverständlicher – Tugenden, wie z. B. Pünktlichkeit, nachhaltige, sachliche und problemorientierte Kommunikation. Diese Eigenschaften hängen ganz wesentlich von der jeweiligen Unternehmenskultur ab. Daher trägt eine gelingende Lean-Transformation trägt immer auch wesentliche Aspekte einer Kulturveränderung in sich.

Es zeigt sich auch in allen Fällen, dass das Projektmanagement sinnvoll durch externe Berater unterstützt werden muss. Dies liegt v. a. daran, dass oftmals im Unternehmen noch kein ausreichend fundiertes Lean- Management-Verständnis vorhanden ist. Schließlich kann man nicht wissen, war man nicht weiß. Die Rolle externer Berater ist situationsspezifisch in einem breiten Spektrum gestaltetbar: von einer traditionellen Projektleitung und -Durchführung bis hin zu einem reinen Coaching des Transformationsprozesses. Je nach Situation können auch Analysen, Methoden und Interpretationen von externen Consultants allein durchgeführt und erarbeitet werden oder gemeinsam in gemischten Projektteams. Auch kann ein externer Berater im Hintergrund als Coach, Personal- und / oder Kulturentwickler für das Projektteam und die Organisation mitwirken.

Eine Lean-Transformation zu beginnen, an deren Ende eine Lean-adäquate Unternehmenskultur geschaffen werden soll, ist in einer akuten Krisensituation nicht sinnvoll. Krisen- und Sanierungssituationen sind daher zuerst einmal kaufmännische und prozessual zu stabilisieren. Das operative Tagesgeschäft muss grundsätzlich funktionieren. Störungen, wie z. B. Lieferengpässe, Qualitätsprobleme, Terminprobleme sind daher erst einmal zu beseitigen. Auch muss das jeweilig verfolgte Geschäftsmodell schlüssig und tragfähig sein.

Ein Lean-Programm ist kein krudes Kostensenkungsprogramm. Es ist vor allem ein Lern-Programm, welches geordnete, transparente und zukunftsfähige Verhältnisse voraussetzt. Die beteiligten Mitarbeiter sind die entscheidende Stellschraube, nicht nur wegen der Angst, Mitarbeiter immer schwieriger für das eigene Unternehmen gewinnen zu können („war for talents"). Respekt und Vertrauen in die Leistungsfähigkeit und -bereitschaft der eigenen Mitarbeiter bestimmen den Erfolg maßgeblich.

Erst wenn ein Unternehmen verstanden hat, dass der kontinuierliche Verbesserungsprozess in den Köpfen *aller* Mitarbeiter beginnt, sind die Weichen in Sachen Wertschöpfungsexzellenz gestellt. Durch Einsatz des gesamten gezeigten personalpolitischen Instrumentariums über den ganzen Mitarbeitszyklus kann eine nachhaltige Entwicklung einer Kultur des Lernens sichergestellt werden. Denn langfristig wird nur der Misserfolg vermeiden können, der auch die Bedingungen seines Erfolges genau kennt.

Nur durch langjährige, kontinuierliche Weiterentwicklung der Fähigkeiten der Mitarbeiter können diese zu motivierten, aber auch zu loyalen Mitarbeitern heranwachsen. Zunächst heißt das: Im Rahmen eines umfassenden Trainingskonzeptes werden Mitarbeiter (z. B. durch Planspiele) befähigt, Lean-Methoden zu verstehen und zu leben.

Führung im Lean Management fühlt sich daher durchaus anders an, als man sonst gewöhnt sein mag. Die vorangegangenen Ausführungen sollten das deutlich gemacht haben. Aber auch all jene, die in Lean-Transformationen aktiv beteiligt waren können das bestätigen. Ein Produktionsleiter, der nach einer erfolgreichen Lean-Transformation (Shopfloor Management) von uns danach befragt wurde, was für ihn der größte Erkenntnisgewinn gewesen sei, antwortete: *„Am meisten ärgere ich mich darüber, dass wir nicht selbst darauf gekommen sind. Es ist kein Hexenwerk! Heute ist alles viel einfacher, motivierender und stressfreier. Ein vernünftiges, ruhiges Arbeiten, das uns zum Nachdenken kommen lässt.“*

Literaturverzeichnis

Abbas, Z.; Khaswala, N.; Irani, S. (2001): Value network mapping (VNM):visualization and analyis of multiple flows in value stream maps, Lean Management Solutions Conference, St. Louis 2001

Abbeglen, J. (1958): The Japanese Factory, Glencoe 1958

Abernathy, W.J.; Clark, K.C.; Kantrow, A.M. (1983): Industrial Renaissance, New York 1983

Adler, P.S. (1993): Cole, R.E.: Designed for Learning: A Tale of Two Auto Plants, in: Sloan Management Review, Spring 1993, S. 85–94

Adler, P.S.; Cole, R.E. (1994): Rejoinder, in: Sloan Management Review, Winter 1994, S. 45–49

Akao, Y. (1992): QFD-Quality Function Deployment. Verlag Moderne Industrie, Landsberg/Lech 1992

Amponsem, H. (1997): Die Schnittstellen-Problematik bewältigen, in: Blick durch die Wirtschaft vom 24.02.1997, S. 9

Albach, H. et al. (1991): Quellen, Zeiten und Kosten von Innovationen. Deutsche Unternehmen im Vergleich zu ihren japanischen und amerikanischen Konkurrenten, in: ZfB 61. Jg., 1991, S. 309–32

Albert, H. (1984): Theorie und Prognose in den Sozialwissenschaften, in: Topitsch, E. (Hrsg.): Logik der Sozialwissenschaften, 11. Auflage, Köln, Berlin 1984, S. 126–143

Altenpohl, D. (1975): TP – Die Zukunftsformel, Frankfurt 1975

Andersen Consulting (1993): The Lean Enterprise Benchmarking Report, London (1993).

Ansoff, H.I. (1984);

Argyris, C. (1957): Personality and Organization, Oxford 1957

Argyris, Ch.; Putnam, R.; McLain Smith, D. (1985), Action Science, San Francisco/London 1985

Argyris, C. (1991): Teaching smart people how to learn, in: HBR May–June 1991, S. 99–109.

Baecker, D. (1991): Komplexität und Chaos im Betrieb, in: Blick durch die Wirtschaft v. 2.4.1992, S. 1.

Baecker, D. (1993): Die Form der Unternehmung, Frankfurt 1993

Baecker, D. (1994): Postheroisches Management, Berlin 1994

Baecker, D. (1999): Organisation als System, Frankfurt/Main 1999

Baecker, D. (2003): Organisation und Management, Frankfurt/Main 2003

Bartölke, K. (1992): Teilautonome Arbeitsgruppen, in: Handwörterbuch der Organisation, hrsg. v. E. Frese, 3., völlig neu gestaltete Auflage, Stuttgart 1992, Sp. 2384–2399

Bateman, N. (2000): Factors Affecting the Sustainabiltiy of Process Improvement Activities, Industry Forum, Birmingham 2000

Bauernhansl, T; ten Hompel, M.; Vogel-Heuser, B. (Hrsg.) (2014): Industrie 4.0 in Produktion, Automatisierung und Logistik. Anwendung, Technologien, Migration, Wiesbaden 2014

Becker, H. (2006): Phänomen Toyota, Springer Verlag Berlin, 2006

Bellinghausen, C.: Lean Production in der Automobilindustrie, Vortrag am 12.02.1993 bei der Audi AG

Benjamin, R.; Levinson, E. (1993): A Framework for Managing IT-Enabled Change, in: SMR, Summer 1993, S. 23–33,

Bennis, W.G.; Nanus, B. (1985/1987): Leaders: The strategies für taking charge, New York u. a. 1985; deutsch: Führungskräfte, Frankfurt/Main/New York, 3. Auflage New York u. a. 1987

Berekoven, L. (1986): Grundlagen der Absatzwirtschaft, 3. Auflage, Berlin 1986

Berggren, Ch. (1991): Von FORD zu VOLVO. Automobilherstellung in Schweden, Berlin u. a. 1991

Berggren, Ch. (1994): NUMMI vs. Uddevalla, in: Sloan Management Review, Winter 1994, S. 37–45

Bertels, T.; Walz, H. (1993): Das Unternehmen wird zur lernenden Organisation, in: Blick durch die Wirtschaft v. 8.12.1993

Bhasin, S.; Burcher, P. (2006): Lean viewed as a philosophy, in: Journal of Manufacturing Technology Management, Vol. 17 No.1, 2006, pp. 56–72

Bicheno, J. (1999): The New Lean Toolbox, London 1999

Blaxill, M.F.; Hout, T.M. (1992): Hersteller brauchen vor allem robuste Produktionsverfahren, in: Harvard Manager 1/1992, S. 84–93

Bleicher, K. (1991): Integriertes Management, Stuttgart 1991

Bleicher, K. (1991a): Organisation. Strategien – Strukturen – Kulturen, 2., vollständig neu bearbeitete und erweiterte Auflage Stuttgart 1991

Bleicher, K. (1995): Technologiemanagement und organisationaler Wandel, in: Zahn 1995, S. 597–596

Bleicher, K. (2011): Integriertes Management. Visionen, Missionen, Programme, 8., aktualisierte und erweiterte Auflage, Frankfurt 2011

Blüthmann, H. (1992): „Absolut tödlich", in: Die Zeit, Nr. 15 v. 3.4.1992, S. 26.

Blum, P. (1992): So produktiv wie die Japaner, in: Produktion v. 17.6.1992, S. 21

Bönig, J. (1989): Fließarbeit und Bandarbeit in der deutschen Rationalisierung der 1920er Jahre, in: Technikgeschichte Bd. 56 (1989) Nr. 3, S. 237–263

Boynton, A.C. (1993): Punktlandung statt Blindflug – mit den richtigen Informationssystemen, in: HM 4/1993, S. 59–67

Braun, G. E.. u. Beckert, J. (1992): Funktionalorganisation, Handwörterbuch der Organisation, hrsg. von E. Frese, 3., völlig neu gestaltete Auflage, Stuttgart 1992, Sp.640–655

Brimson, J. (1986): How advanced Manufacturing Technologies are reshaping Cost Management, in: Management Accounting, March 1986, S. 25–29

Bruhn, M. (1999): Kundenorientierung. Bausteine für ein exzellentes Customer-Relationship-Management (CRM). München 1999

Brunner, F. (2011): Japanische Erfolgskonzepte, 2. überarbeitete Auflage, München 2011,

Burgdörfer, F. (1997): Management Accounting in Learning Organisations, Gießen 1997

Bullinger, H.-J.(1978): Integriertes Produktionsmanagement, in: RKW Handbuch „Führungstechnik und Organisation", Berlin 1978. 31. Lieferung 11/93, 1122, S. 1–43

Bullinger, H.-J. (1990): Die Produktlebenszyklen werden immer kürzer, die Amortisationszeiten teilweise länger, in: Handelsblatt v. 31.7.1990, S. 12

Bullinger, H.-J. (1993): Integriertes Produktionsmanagement, in: RKW Handbuch „Führungstechnik und Organisation", Berlin 1978. 31. Lieferung 11/1993, 1122, S. 1–43.

Burckhardt, R. (1991): Außen Feinde, innen Mängel, in: Industriemagazin 9/1991, S. 30–36

Burkhardt, R. (1991a): Runde für Runde ohne Gnade, n: Industriemagazin 1/1991, S.42–50

Burkhardt, R.; Schäfer, G. (1992): Eine Branche spant ab, in: TopBusiness, April 1992, S. 17–22

Burns, T. (1963), Industry in a New Age New Societey, 31 January 1963, no. 18 (reprinted in Derek S. Pugh (ed.) (1997) Organization Theory, Penguin 1997

Burns, T.; Stalker, G. M. (1961): The Management of Innovation, Tavistock, London 1961

Capgemini Consulting (Hrsg.) (2012): Change Management Studie 2012, München 2012

Carlisle, J.A.; Parker, R.C. (1989): Beyond Negotiation: Redeeming Customer-Supplier Relationships, Chichester 1989

Chambers, E.; Foulon, M.; Handfield-Jones, H.; Hankin, S.M.; Michaels III, E.G. (2007): The war for Talent, in: The McKinsey Quarterly, August 2007

Chandler, jr. A.D. (1963): Strategy and Structure, Second Printing, Cambridge (Mass.) 1963

Chandler, jr. A.D. (1964): Giant Enterprise. Ford, General Motors, and the Automobile Industry, New York 1964

Chandler, jr. A.D. (1977): The Visible Hand, Cambridge (Mass.), London 1977

Chew, B.W.; Leonard-Barton, D.; Bohn, R.E. (1991): Beating Murphy's Law, in: Sloan Management Review, Spring 1991, S. 5–16.

Chiarini, A. (2013): Lean Organization: from the Tools of the Toyota Production System to Lean Office, Bologna 2013
Choobineh, F. (1988): A framework for the design of cellular manufacturing, in: International Journal of Production Research 7/1988, S. 1161–1172
Christopher, M.; Towill, D.R. (2001): „An integrated model for the design of agile supply chains", International Journal of Physical Distribution & Logistics Management, Vol. 31, No. 4, pp. 235–46.
Clark, K.B.; Fujimoto, T. (1991): Product Development Performance. Strategy, Organization and Management in the World Auto Industry, Boston, Mass. 1991
Clark, K.B.; Fujimoto, T. (1991a): Das Erfolgsgeheimnis integrer Produkte, in: HM 2/1991, S. 113–123
Clark, R. (1979): The Japanese Company, New Haven u. a. 1979
Cole, R.E. (1971): Japanese Blue Collar. The Changing Tradition, Berkeley u.a. 1971;
Cusumano, M.A. (1994): „The limits of ‚lean'", Sloan Management Review, Vol. 35 No. 4, pp. 27–35.
Davenport, T.H. (1993): Process Innovation. Reengineering Work through Information Technology, Boston 1993
Davenport, T. (2000): Working Knowledge: How Organizations Manage What They Know, Mcgraw Hill Professional 2000
Davidow, W.; Malone, M. (1992): The Virtual Corporation: Structuring and Revitalizing the Corporation for the 21st Century, New York 1992
Deal, T.E. u. Kennedy, A.A. (1982): Corporate Cultures: The Rites and Rituals of Corporate Life, Reading, Mass. 1982; deutsche Übersetzung: Unternehmenserfolg durch Unternehmenskultur, Bonn 1984
Deutsch, C. (1992): Mittelständische Attitüden, in: Management Wissen 7/1992, S. 9–11
Deming, W.E. (1994): The New Economics. For Industry, Government, Education. 2nd edition. Massachusetts Institute of Technology, Center for Advanced Engineering Study, Cambridge, MA 1994
Dirsch, H. (1999): Technik-gestützte Informations- und Kommunikationssysteme in der Lernenden Organisation, Göttingen 1999
Dögl, R.(1986): Qualitätsmanagement, Göttingen 1986
Doppelfeld, V. (1993): Die Organisation des Automobilproduktionsbereichs bei BMW, in: Hoffmann, F. (Hrsg.): Konzernhandbuch, Wiesbaden 1993, S. 523–539
Doppler, K. u. C. Lauterburg (1996): Change Management. Den Unternehmenswandel gestalten, 5. Auflage, Frankfurt 1996
Done, K. (1990): A ‚lean' revolution in car making, in: Financial Times vom 17.9.1990, S. 18
Dore, R.P. (1973): British Factory – Japanese Factory: The Origins of National Diversity in Industrial Relations, Berkely 1973
Drew, J. (2005): Unternehmen Lean, Frankfurt 2005
Drucker, P.(1991): So funktioniert die Fabrik von morgen, in: Harvard Manager, 1/1991, S. 9–17
Drucker, P.F. (1991a): Information ist, was man braucht, um zu handeln, in: Blick durch die Wirtschaft v. 27.2.1991, S. 1.
Duimering, P.R.; Safayeni, F.; Purdy, L. (1993): Integrated Manufacturing: Redesign the Organization before Implementing Flexible Technology, in: Sloan Management Review, Summer 1993, S. 47–56.
Dumaine, B. (1994): The Trouble With Teams, in: Fortune v. 5.9.1994, S. 76–82
Eglau, O. (1992): Schlank und rank, in: Die Zeit v. 14.2.1992, S. 31.
Eglau, O. (1993): Scharfer Wind in der Chefetage, in: Die Zeit v. 6.8.1993, S. 17
Ehrlenspiel, K. (1988): Kostengesteuertes Design – Konstruieren und Kalkulieren am Bildschirm, in: Konstruktion 40(1988), S. 359–364, insb. S. 360
Ellinger, T. (1959): Ablaufplanung, Stuttgart 1959

Ellinger, T. (1963): Industrielle Wechselproduktion und Vorbereitungsgrad, ZfhF 15/1963, S. 481–498
Ellinger, T. (1978): Rationalisierung als Entscheidungsproblem aus betriebswirtschaftlich-technologischer und humaner Sicht, in: RKW (Hrsg.), Rationalisierung heute, Veränderungen und Folgen, München 1978, S. 87–94.
Ellinger, T. (1985): Industrielle Wechselproduktion. Grundprinzipien und Gesetz der Wechselproduktion, Stuttgart 1985
Ellinger, T.; Schüring, K.-H.; Weber, H.-J.; Winter, K.-H. (1977): Industrielle Produktionsmutationen aus betriebswirtschaftlich-technologischer und humaner Sicht, in: BFuP, September 1977, S. 381–394
Ernst, A. (1989): Subkontraktbeziehungen in der industriellen Zulieferung in Japan, in: Ifo-Schnelldienst 5–6/89, S. 9–24
Eversheim, W. (1989): Simultaneous Engineering – eine organisatorische Chance, in: VDI-Gesellschaft Produktionstechnik (Hrsg.): Simultaneous Engineering – neue Wege des Projektmanagements, VDI-Bericht Nr. 758, Düsseldorf 1989, S. 1–26
Festinger, L. (1978): Theorie der Kognitiven Dissonanz. Bern 2012, unveränderter Nachdruck der Ausgabe von 1978, herausgegeben von Martin Irle.
Fischer, T.M. (1993): Sicherung unternehmerischer Wettbewerbsvorteile durch Prozeß- und Schnittstellenmanagement, in: ZfO 5/1993, S. 312–318
Foerster, H.v. (1984): Principles of Self-Organisation – in a Socio-Managerial Context, in: Ulrich, H. u. Probst, G.J.B. (Hrsg.): Self-Organization and Management of Social Systems, Berlin u. a. 1984, S. 2–24
Ford, H. (1926): Today and Tomorrow, Garden City 1926, S. 82 (Nachdruck: Cambridge 1988).
Ford, H.(1923): Mein Leben und Werk, 24. Auflage, Leipzig 1923
Foster, R. N.; Gluck, F. W. (1983): Management des technischen Fortschritts, in: HM 4/1983, S. 7–15
Franke, J. (1980): Sozialpsychologie des Betriebes, Stuttgart 1980
Freimuth, J.; Klaus, P. (1993): Lernende, innovationsfähige Dienstleistungsorganisation, in: GVB (Hrsg.): Die innere Stärkung der Güterverkehrsunternehmen in Deutschland, GVB-Schriftenreihe Heft 26, Nürnberg 1993, S. 107–127, hier S. 116
Frese, E. (1987): Grundlagen der Organisation, 3., vollständig neu bearbeitete Auflage, Wiesbaden 1987
Frese, E. (1993): Geschäftssegmentierung als organisatorisches Konzept, in: ZfbF 45(1993)12, S. 999–1024
Frenz, G. (1920): Kritik des Taylor-Systems, Berlin 1920
Friedman, G. (1952): Der Mensch in der mechanisierten Produktion, Köln 1952, S. 224.
Fucini, J.; Fucini, S. (1990): Working tor the Japanese, New York 1990
Fuchs, J. (1997): Relikte aus der Leibeigenschaft sollten Manager aus ihrem Denken und Handeln verbannen, in: Blick durch die Wirtschaft vom 19.11.1997, S. 3
Fujimoto, T. (1999): The Evolution of a Manufacturing System at Toyota, Oxford 1999
Gadamer, H.-G. (1975/1990): Wahrheit und Methode: Grundzüge einer philosophischen Hermeneutik, Tübingen 1975; (6. Aufl., Tübingen 1990)
Gaitanides, M. (2007): Prozessorganisation. 2., vollständig überarbeitete Auflage, München 2007
Galbraith, J.R. (1982): Designing the innovating organization, in: Organizational Dynamics, Winter 1982
Garrahan, P.; Stewart, P. (1992): The Nissan Enigma. Flexibility at Work in a Local Economy, London 1992
Garvin, D.A. (1994): Nicht schöne Worte – Taten zählen, in: Harvard Business Manager 1/1994, S. 74–85.
Gendo,F.; Konschak, R. (1999): Mythos Lean Production. Die wahren Erfolgskonzepte Japanischer Unternehmen, Betrieb & Wirtschaft 1999

Geschka, H. (1993): Wettbewerbsfaktor Zeit, Landsberg/Lech 1993

Ghoshal, S. u. Bartlett, C.A. (1995): Changing the Role of Top Management: Beyond Structure to Processes, in: Harvard Business Review, Jan.–Feb. 1995, S. 86–96

Gilbreth, F.B. (1917): Das ABC der wissenschaftlichen Betriebsführung, Berlin 1917

Gise, A. (1991): Die Abhängigkeit der Kraftfahrzeug-Zulieferer von ihren Auftraggebern grenzt für manche an blanke Erpressung. Unter der Knute der mächtigen Autokonzerne, in: Nürnberger Nachrichten v. 12.4.1991, S. 9

Gloger, B. (2011): Scrum-Produkte zuverlässig und schnell entwickeln. 3. Auflage, Hanser Verlag, 2011

Götzfried, F. (1959): Permanente Verlust- und Schwachstellenforschung in der Betriebspraxis, in: Werkstatt und Betrieb 92 (1959) 5, S. 249 ff.

Goldratt, E. (1990): The Theory of Constraints, North River Press, New York, NY 1990

Goleman, D. (2000): Leadership That Gets Results, Harvard Business Review, März/April 2000, S. 78–90

Gorecki,P.; Pautsch, P. (2013): Praxisbuch Lean Management. Der Weg zur operativen Excellence, München 2013

Gottl-Ottlilienfeld, F. v. (1925): Fordismus? Von Frederik W. Taylor zu Henry Ford, Jena 1925.

Gottl-Ottlilienfeld, F. (1923): Wirtschaft und Technik, Tübingen 1923

Gottschall, D.; Hirn, W. (1992): Schlanke Linie, in: Manager Magazin 4/1992, S. 202–221

Greiner, L.E. (1972): Evolution and revolution as organizations grow, in: Harvard Business Review July/August 1972, S. 37–46

Gurdjian, P.; Halbeisen, T.; Lane, K. (2014): Why leadership-development programs fail, in McKinsey Quarterly, Januar 2014, S. 1–6

Gutzler, E.H. (1992): Fertigung als strategische Waffe zur Erzielung von Konkurrenzvorteilen, in: Die Pharmazeutische Industrie, 12/1992

Göppert, K. (1989): Menschliche Fabrik. Ist das Fließband am Ende?, in: WiWo v. 13.10.1989, S. 80–83

Griepenkerl, H. (1990): Was japanische Personalführung uns lehrt, in: HM 1/1990, S. 14–20.

Großmann, A. (1993): Kostensenkung mit dem „Rasenmäher" wirkt demotivierend. Innovation bei Sparaktionen erhalten, in: Blick durch die Wirtschaft v. 30.7.1993, S. 1.

Gutenberg, E. (1971/1983): Grundlagen der Betriebswirtschaftslehre. Erster Band: Die Produktion, 18. neu bearbeitete Auflage, Berlin u. a. 1971; (24. Auflage, Berlin, Heidelberg, New York 1983)

Halacy, D. S. (1970): Charles Babbage, Vater des Computers . Crowell-Collier Press, 1970

Hamel, G.; Prahalad, C.K. (1992): So spüren Unternehmen neue Märkte auf, in: HM 2/1992, S. 44–55

Hammer, M. (1990), „Reengineering work: don't automate, obliterate", in: Harvard Business Review, Vol. 68 No. 4, pp. 104–109

Hammer, M.; Champy, J. (1994): Business Reengineering. Die Radikalkur für das Unternehmen, Frankfurt a. M.; New York 1994.

Hammer, M. /Champy, J. (1993): Business Reengineering, Frankfurt1993; 7. Auflage 2003

Hansen, R.A.; Kern, W. (Hrsg.) (1992): Integrationsmanagement für neue Produkte, ZfbF-Sonderheft 30, Düsseldorf, Frankfurt 1992

Harmon, R.; Peterson, L. (1990): Die neue Fabrik, Frankfurt, New York 1990

Harrison, A. (1992): Just-in-Time in Perspective, Prentice Hall, London 1992

Hayek, F.A. (1952): Individualismus und wirtschaftliche Ordnung, Erlenbach-Zürich 1952

Hayek, F.A.(1968): Der Wettbewerb als Entdeckungsverfahren, Kiel 1968

Hayek, F.A. (1975): Die Anmaßung von Wissen, in: ORDO, Jahrbuch für die Ordnung von Wirtschaft und Gesellschaft, 26. Jg., Stuttgart 1975.

Hayek, F.A. (1991): Der Weg zur Knechtschaft, 1. Auflage, Neuauflage, München 1991.

Hayes, R.; Wheelwright, S.; Clark, K. (1988): Dynamic Manufacturing, New York 1988

Hayes, R.H.; Jaikumar, R. (1989): Neue Fertigungstechnologien revolutionieren die Unternehmen, in: HM 2/1989, S. 73–80
Hayes/Wheelwright/Clark, K.B. (1988): Dynamic Manufacturing. Creating The Learning Organization, New York 1988
Hedberg, B.; Nystrom, P.; Starbuck, W. (1976): Camping on Seasaws: Prescriptions for a self-designing organization, in: Administrative Science Quarterly 21/1976, S. 41–65
Hedberg, B. (1981): How Organizations Learn and Unlearn, in: Nyström, P.C. u. W.H. Starbuck (Hrsg.): Handbook of Organizational Design, New York 1981
Hedlund, G. (1986): The hypermodern MNC: A heterarchy?, in: Human Resource Management 25(1986)1, S. 9–36
Helmer, W. (1993): Ein gutes Pferd schlägt man nur einmal, in: FAZ vom 3.5.1993, S. 18.
Helmy, M (1992): Volvo nimmt Abschied von der Musterfabrik. Schmerzhafte Neuorientierung in der schwedischen Autoindustrie, in: VDI-Nachrichten v. 13.11.1992
Hennig, K.W. (1948): Betriebswirtschaftslehre der industriellen Fertigung, 2., durchgesehene Auflage, Braunschweig 1948
Henkoff, R. (1994): Keeping Motorola On A Roll, in: Fortune v. 18.04.1994, S. 51–56.
Henzel, F. (1936): Der Unternehmer als Disponent seiner Kosten, in: ZfB 12/1936, S. 139 ff.
Hermann, U. (1984): Die Implementierung betrieblicher Rationalisierungshandlungen und der personelle Widerstand, Göttingen 1984
Herms, M.; Romberg, A. (2013): Schlank entwickeln, in: Harvard Business Manager 09/2013, S. 60–65
Herzberg, F. (1975): Der weise alte Türke, in: Fortschrittliche Betriebsführung und Industrial Engineering, 24(1975)1, S. 5–12, hier S. 6
Hillebrand, W. (1992): Die Erben sehen rot, in: Manager Magazin 4/1992, S. 34–43
Hines, P. (1999): Value stream Mapping, London (1999)
Hines, P.; Rich, N. (1997), The seven value stream mapping tools, International Journal of Operations & Production Management, Vol. 17 No. 1, pp. 46–64.
Hines, P.; Holweg, M.; Rich, N. (2004): Learning to evolve. A review of contemporary lean thinking International Journal of Operations & Production Management, Vol. 24 No. 10, 2004, pp. 994–1011
Hines, P. u Taylor, D. (2000): Going Lean, Cardiff 2000
Hino, S.; Dillon, A. (2005): Inside the Mind of Toyota: Management Principles for Enduring Growth, New York 2005
Hinterhuber, H.H.; Krauthammer, E. (1993): Besser führen, heißt weniger führen, in: Blick durch die Wirtschaft v. 6.10.1993, S. 7
Hirano, H. u. Rubin, M. (Ed.) (2007): 5s for operators : 5 pillars of the visual workplace. New York 2007
Hiromoto, T. (1989): Management Accounting in Japan, in: Controlling, Heft 6, November 1989, S. 316–322,
Hoffmann, K.; Kaplinsky, R. (1988): Driving Force, Boulder 1988
Hofstätter, P.R. (1956): Zur Dialektik der Gruppenleistung, in: Kölner Zeitschrift für Soziologie und Sozialpsychologie, 8. Jahrgang 1956, S. 608–622
Hofstede, G. (1980): Kultur und Organisation, in: HWO, hrsg. v. Grochla, E., 2. A., Stuttgart 1980, Sp. 1168–1182
Holweg, M.; Pil, F. (2001): Successful build-to-order strategies start with the customer, in: Sloan Management Review, Vol. 41 (2001), Nr. 1, S. 74–83
Holweg, M. (2007): The genealogy of lean production, Journal of Operations Management 25 (2007), S. 420–437
Holz, B.F. (1986): Gemeinkosten senken – einmal anders, in: FAZ v. 10.6.1986, S. B17
Holzer, H.P.; Lück, W. (1978): Verhaltenswissenschaft und Rechnungswesen, in: DBW 38(1978)4, S. 509–523

Horstig, W. v. (1993): Unternehmungen als operationell geschlossene Systeme. Überlegungen zu einer Theorie der Autonomie, Dissertation, St. Gallen 1993

Hubka, V. (1973): Rationalisierung der Konstruktionsarbeit, in: Industrielle Organisation 42(1973)7, S. 329–334

Hübner, H. (1989): Die Realisierung kurzer Innovationszeiten durch Consensus-Management, in: Hax, H.; Kern, W.; Schröder, H.-H. (Hrsg.): Zeitaspekte in betriebswirtschaftlicher Theorie und Praxis, Stuttgart 1989, S. 145–158

Hüttenrauch, M; Baum, M. (2008): Effiziente Vielfalt. Die dritte Revolution in der Automobilindustrie, Berlin, Heidelberg 2008

Huse, E.F. u. Cummings, Th. G. (1985): Organization development and change, St. Paul u.a. 1975, 2. Aufl. 1980; mit Cummings, Th. G. (1985)

Hutchins, D. (2008): Hoshin Kanri. The Strategic Approach to Continuous Improvement; Hampshire 2008

Ihde, G.B. (1988): Die relative Betriebstiefe als strategischer Erfolgsfaktor, in: ZfB 1/1988, S. 13–23

Imai, M. (1986): KAIZEN – The Key to Japan's Competitive Success, New York 1986; deutsch: KAIZEN. Der Schlüssel zum Erfolg der Japaner im Wettbewerb, München 1992

Irle, M. (1976): Lehrbuch der Sozialpsychologie, Göttingen u. a. 1975

Jackson, T.L. (2009): 5 S for Healthcare, Boca Raton u. a. 2009

Johnson, G. (1998): Rethinking Incrementalism, Strategic Management Journal 1998, Vol. 9. pp. 75–91.

Johnson, Th. H.; Kaplan, R.S. (1987): Relevance Lost, Boston, Mass. 1987

Johnston, R.; Lawrence, P.R. (1989): Vertikale Integration II: Wertschöpfungspartnerschaften leisten mehr, in: Harvard Manager 1/1989, S. 81–88

Jones, D.T. (1992): Lean Production fordert die Fertigungstechnik heraus, in: VDI-Nachrichten v. 14.2.1992, S. 20

Jones, D.T.; Womack, J.P. (2002): Seeing the Whole. Mapping the extended value stream, Lean Enterprise Institute, Brookline, Mass. 2002

Jürgens, U.; Malsch, T.; Dohse, K. (1989): Moderne Zeiten in der Automobilfabrik, Berlin u. a. 1989

Jürgens, U. (1992): In Japan stößt die „Lean Production" bereits an ihre Grenzen, in: Blick durch die Wirtschaft v. 19.5.1992, S. 7

Jürgens, U. (1992a): Mythos und Realität, in: IAT/IGM/IAO/HBS (Hrsg.), Lean Production, Tagungsband, Düsseldorf 1992, S. 25–34

Kaiser, W. (1994): Von Taylor und Ford zur „lean production", Manuskript, RWTH Aachen 1994

Kakabadse, A.P. (1984): The Politics of Management, Aldershot, Hants 1984

Khandwalla, P.N. (1977): Design of Organizations, New York u. a. 1977

Kanter, R.M. (1983): The change masters, New York 1983

Kaplan, R.S. u. Norton, D.P. (1997): Balanced Scorecard. Strategien erfolgreich umsetzen, Stuttgart 1997

Kaplan, R. S./Norton, D. P. (1992): The Balanced Scorecard – Measures that Drive Performance, in: Harvard Business Review January/February 1992, S. 71–79;

Kaplan, R. S./Norton, D. P. (1993): Putting the Balanced Scorecard to Work, in: Harvard Business Review September/October 1993, S. 134–147;

Kaplan, R. S./Norton, D. P. (1996): Using the Balanced Scorecard as a Strategic Management System, in: Harvard Business Review January/February 1996, S. 75–85

Katzenbach, J.R. u. Smith, D.K. (1993): The Wisdom of Teams: Creating the High-Performance Organization, Boston 1993

Katzenbach, J.R. u. Smith, D.K. (1993a): The Disciplin of Teams, in: Harvard Business Review, April/March 1993, S. 111–120

Kern, H.; Schumann, M. (1984): Ende der Arbeitsteilung?, München 1984

Kern, H.; Schumann, M. (1998): Kontinuität oder Pfadwechsel? Das deutsche Produktionsmodell am Scheideweg, in: SOFI-Mitteilungen Nr. 26/1998, S. 7 bis 14

Kieser, A. (1994): Fremdorganisation, Selbstorganisation und evolutionäres Management, in: zfbf 46 (3/1994), S. 199–228

Kieser, A. (Hrsg.) (1999): Organisationstheorien, 3. erweiterte und überarbeitete Auflage, Stuttgart 1999

Kirsch, W.; Klein, H.K. (1977): Management-Informationssysteme II – Auf dem Weg zu einem neuen Taylorismus, Stuttgart, Berlin, Köln, Mainz 1977, S. 9–90

Klevers, T. (2007): Wertstrom-Mapping und Wertstrom-Design. Verschwendung erkennen – Wertschöpfung steigern, München 2007

Klotz, U. (1993): Management by Potemkin „Lean Production" – Modebegriff, Mythos oder Mißverständnis?, in: Elektronik (4), 1993

Koch, A. (2004) Technologiebilanz: Instrument zur Beurteilung und Steuerung von Erfolgspotentialen, Göttingen 2004

Koch, A. (2008): OEE für das Produktionsteam. Das vollständige OEE-Benutzerhandbuch – oder wie Sie die verborgene Maschine entdecken, Ansbach 2008

Koch, T. (Ed.) (2006): Lean Business Systems and Beyond, First IFIP TC 5 Advanced Production Management Systems Conference (APMS'2006), Tagungsband, Wroclaw, Poland, September 18–20, 2006

Königswieser, R; Exner, A. (2006): Systemische Intervention – Architekturen und Designs für Veränderungsmanager;(9. Auflage), Stuttgart 2006

Koether, R. (Hrsg): (2006), Taschenbuch der Logistik, 2. Auflage, München 2006

Kormann, H. (2005): Grundfragen des Familienunternehmens, in: Scherer et al.: Familienunternehmen, Erfolgsstrategien zur Unternehmenssicherung, S. 5 ff

Kosiol, E. (1962): Organisation der Unternehmung, Wiesbaden 1962

Kotter, J.P. (1997): Chaos, Wandel, Führung, Düsseldorf 1997

Krafcik, J.F. (1988): Triumph of the Lean Production System, in: Sloan Management Review, 1/1988, S. 41–52

Krefting, L. A.; P. J. Frost (1985): Untangling webs, surfing waves, and wildcatting: a multiple metaphoric perspective on managing culture, in P. J. Frost et al. (eds.) Organization Culture, Beverly Hills, CA 1985

Kreikebaum, H. (1979): Organisationstypen der Produktion, in: Kern, W. (Hrsg.) Handwörterbuch der Produktionswirtschaft, Stuttgart 1979, Sp. 1392–1402)

Krause, R. (1962): Die Ermittlung und Beeinflussung kostenmäßig nicht darstellbarer Verlustquellen in der Fertigung und Verwaltung, in: Industrielle Organisation 7/1962, S. 203–214

Kruse, P. (2013): Erfolgreiches Management von Instabilität, Offenbach 2013

Krystek, U. (1987): Beschreibung, Vermeidung und Bewältigung überlebenskritischer Prozesse in Unternehmungen, Wiesbaden 1987

Krystek, U.; Zumbrock, S. (1993): Planung und Vertrauen. Die Bedeutung von Vertrauen und Mißtrauen für die Qualität von Planungs- und Kontrollsystemen, Stuttgart 1993

Krystek, U.; Zumbrock, S. (1993a): Controlling stößt in der Praxis immer öfter auf Mißtrauen, in: Blick durch die Wirtschaft v. 11.8.1993, S. 1 und 8.

Küßner, M. (1999): Organisation in der Lean-Unternehmung. Göttingen 1999

Kuhn, T.S. (1962): The Structure of Scientific Revolutions. Chicago 1962

Laqua, I. (2012): Lean Administration. Das Ergebnis zählt, Ludwigsburg 2012

Lederer, K. G. (1984): Produktionsstrategien in Japan, USA und Deutschland – Versuch eines Vergleichs, in: Fortschrittliche Betriebsführung und Industrial Engineering 33(1984)6, S. 327–333

Lee, H. L. et al. (1997): Information Distortion in a Supply Chain: The Bullwhip Effect. In: Management Science. 43(1997)4, S. 546–558

Lehner, F. (1992): Ohne Humankapital geht es nicht, in: Produktion v. 17.6.92, S. 20

Lender, F. (1991): Innovatives Technologie-Marketing, Göttingen 1991
Lewin, K. (1951/1963): Field theory and social science, New York 1951; deutsch: Feldtheorie in der Sozialwissenschaft, Bern/Stuttgart 1963
Lewis, J. (2001): Set the stage for success, Upholstery Design & Management, Vol 14, No.9, pp 14
Lienhard, H. (1993): Schwerpunkt Finanzierung und Wandel im Selbstbild der Ingenieure, in: Blick durch die Wirtschaft v. 20.7.1993, S. 8
Liker, J.K. (2004): the Toyota Way – 14 Management Principles from the World's Greatest Manufacturer, New York 2004
Liker, J., Meier, D. (2006): The Toyota Way Fieldbook. A Practical Guide for Implementing Toyota's 4Ps, New York u. a. 2006
Liker, J.; Meier, D. (2007): Toyota Talent. Developing your People. The Toyota Way, New York u. a. 2007
Linden, F.A. (1991): Der Durchbruch, in: Manager Magazin 10/1991, S. 132–141
Linden, F.A. (1994): Zeit der Samurai, in: Manager Magazin 1/1994, S. 60–66
Locher, D. A. (2008): Value Stream Mapping for Lean Development. A How-To Guide for Streamlining Time to Market, Boca Raton u. a. 2008
Löhner, M. (2005): Führung neu denken, Frankfurt/Main 2005
Lohmann, E. (1955): Arbeitsanweisung, Arbeitsabläufe, Arbeitsuntersuchungen, Wiesbaden 1955, S. 77 f
Luber, T. (1991): Deutsche Chefs im Stimmungstief, in: Industriemagazin 5/1991, S. 52–56.
Luhmann, N. (1964): Funktion und Folgen formaler Organisation, Opladen 1964
Luhmann, N. (1973): Unternehmenszweck und Systemrationalität, Frankfurt 1973
Luhmann, N. (1981): Organisation und Entscheidung, in: Luhmann, N.: Soziologische Aufklärung 3, Opladen 1981, S. 335–389
Luhmann, N. (1984): Soziale Systeme, Frankfurt/Main 1984
Luhmann, N. (1989): Vertrauen. Ein Mechanismus der Reduktion sozialer Komplexität, 3., durchgesehene Auflage, Stuttgart 1989; (1. Auflage, Stuttgart 1973)
Luhmann, N. (1990): Haltlose Komplexität, in: Soziologische Aufklärung Band 5, S.59–76
Luhmann, N. (1992): Beobachtungen der Moderne, Opladen 1992
Luhmann, N. (2006): Organisation und Entscheidung, 2. Auflage, Wiesbaden 2006;
Lunau, S. (Hrsg.) (2007): Six Sigma+Lean Toolset. Verbesserungsprojekte erfolgreich durchführen 2., überarbeitete Auflage, Springer 2007
Lynch, D. u. Kordis, P. (1998): DelphinStrategien: Managementstrategien in chaotischen Systemen, 5. Auflage, Gilching 1998
MacInnes, R.L (2002): The Lean Enterprise Memory Jogger. Create Value and Eliminate Waste throughout Your Company, Goal/QPC 2002
Mäckbach, F. (1926): Was ist Fließarbeit?, in: Mäckbach, F.; Kienzle, O. (Hrsg.): Fließarbeit, hrsg. im Auftrage des Ausschusses für wirtschaftliche Fertigung beim Reichskuratorium für Wirtschaftlichkeit von Dipl.-Ing. Frank Mäckbach und Dr.-Ing. Otto Kienzle, Berlin 1926, S. 1–15
Männel, W. (1992): Kostenmanagement – Bedeutung und Aufgaben, in: kostenrechnungspraxis 5/1992, S. 289–291
Magaziner, I.C.; Patkin, M. (1989): Cold Competition: GE wages the refrigerator war, in: Harvard Business Review, March–April 1989, S. 114–124
Magnet, M. (1992): The Truth about the American Worker, in: Fortune v. 4.5.1992, S. 54–63
Maidique, M.A.; Zirger, B.J. (1985): The new product learning cycle, in: Research Policy 14 (1985), S. 299–313
Malik, F. (2000): Strategie des Managements komplexer Systeme, 6. Aufl. Haupt, Bern/Stuttgart /Wien 2000

Martin, P. (2002): Geschichte und Geschichten. 50 Jahre Semikron. Die Chronik von 1951 bis 2001, Kempten 2002
Maskell, B. (2000): Lean Accounting for lean manufacturers, Manufacturing Engineering, Dec 2000, pp 2–5
Matthews, D.D: (2011): The A3 Workbook: unlocl your problem-solving mind, New York 2011
Mayer, A. (1961): Die Integration der industriellen Arbeit, in: Studium Generale, 1961, Nr. 6, S. 324–333
McElroy, J. (1984): Quality Goes In Before the Part Comes Out, in: Automotive Industries, November 1984, S. 51–52
McGregor, D. (1960): The Human Side of Enterprise, New York 1960; deutsch: Der Mensch im Unternehmen, Düsseldorf 1973
McKinsey (Hrsg) (2014): Driving lean management. An interview with the COO of TD Ameritrade, in: McK vom Februar 2014
Meyer, C. (1991): Die Japaner – fleißig, aber nicht übermächtig, Rosengarten 1991
Miller, J. G.; Vollmann, T. E. (1986): Die verborgene Fabrik, in: HM 1/1986, S. 84–89
Minssen, H. (1993): Lean production – Herausforderung für die Industriesoziologie1, in: Arbeit, Heft 1, Jg. 2 (1993), S. 36–52
Mintzberg, H. (1979): The Structuring of Organizations, Englewood Cliffs, N.J. 1979
Mintzberg, H. (1995): Die strategische Planung: Aufstieg, Niedergang und Neubestimmung, München u. a. 1995
Mintzberg, H. (2011): Managen, 2. Auflage, Offenbach 2011
Morus (1927): Wie sie groß und reich wurden, Berlin 1927
Moll, H. H. (1985): Mehr Produktivität durch weniger Arbeitsteilung, in: ZfB 3/1985, S. 282–289 (Nachdruck des Vortrags, gehalten anlässlich der Mitgliederversammlung des Förderkreises für Rationalisierung am 18.11.1983 in Baden-Baden)
Monden, Y. (1983): The Toyota Production System, Portland 1983
Morita, A. (1986): Made in Japan, Bayreuth 1986, S. 138
Morus (1927): Wie sie groß und reich wurden, Berlin 1927
Nakajima, S. (1984): Introduction to TPM: Total Productive Maintenance. Cambridge, MA, 1984
Naujoks, H. (1994): Autonomie in Organisationen: Perspektive und Handlungsleitlinie des Managements, Dissertation St. Gallen 1994
Naujoks, H. (1994a): Konzernmanagement durch Kontextsteuerung – die Relevanz eines gesellschaftstheoretischen Steuerungskonzepts für betriebswirtschaftliche Anwendungen, in: Schreyögg, G./Conrad, P. (Hrsg.): Managementforschung 4: Dramaturgie des Managements – Laterale Steuerung, Berlin, New York 1994, hier S. 105–141
Naylor, B.J., Naim, M.M.; Berry, D. (1999): „Leagility – integrating the lean and agile manufacturing paradigms in the total supply chain“, International Journal of Production Economics, Vol. 62, pp. 107–18
Nöcker, R. (2006): Kernkompetenz Verzetteln. Mikro-Managern bleibt die große Karriere häufig versagt, in: FAZ vom 7.7.2006
Nonaka, I.; Takeuchi, H. (1995): The Knowledge-Creating Company: How Japanese Companies Create the Dynamics of Innovation. Oxford 1995
Nonaka, I. (1992): Wie japanische Konzerne Wissen erzeugen, in: Harvard Manager 2/1992, S. 95–103
Odrich, P. (1993): Die ‚zentralisierte Dezentralisierung‘ fördert den Individualismus der Arbeitsgruppen, in: BddW v. 2.9.1993, S. 8
Ohno, T. (1988): The Toyota Production System: Beyond Large-Scale Production, Portland 1988; deutsch (1993): Das Toyota-Produktionssystem, Frankfurt/Main, New York 1993
Ohno, T. (1993): Das Toyota-Produktionssystem, Frankfurt/Main, New York 1993

Oliver, R. K.; Webber, M. D. (1982): Supply Chain Management: Logistics Catches up with Strategy; (nachgedruckt in: M. Christopher (Ed.): Logistics: The Strategic Issues, London 1992, pp. 63–75)

Olleros, F.-J. (1986): Emerging Industries and the Burnout of Pioneers, in: Journal of Product Innovation Management 1/1986, S. 5–18

Opitz, H. (1970): Moderne Produktionstechnik, Essen 1970

Ortmann, G. (2001): Die Fähigkeit des Erstaunens. Organisation, Strukturation, Dekonstruktion . Anmerkungen anläßlich der Tagung „Theoretische Ansätze in der soziologischen Organisationsforschung“ der Arbeitsgruppe Organisationssoziologie am 23./24.3.2001 in Bielefeld;

Osterloh, M. (1993): Die innovative Organisation im Spannungsfeld von Aufbau- und Ablauforganisation, in: Krulis-Randa, J.S.; Staffelbach, B.; Wehrli, H.P. (Hrsg.): Führen von Organisationen, Bern, Stuttgart, Wien 1993, S. 95–108

Ouchi, W. (1981) Theory Z: How American business can meet the Japanese challenge. In: Business Horizons 24.6. 1981, S. 82–83.

o.V. (1972): Revolution am Fließband?, in: Blick durch die Wirtschaft v. 14.3.1972, S. 1

o.V. (1989): Lordstown – Produktive Sabotage, in: Thekla, November 1989, S. 125–146

o.V. (1989a): Prophet und Despot. Henry Ford und die Ford Motor Company, in: Der Wertpapiersammler 11/1989, S. 6–11, hier: S. 10;

o.V. (1989b): In Gruppenarbeit unter Palmen schwedische Autos bauen, in: FAZ v. 23.10.1989, S. 22

o.V. (1990): Jede vierte Fachkraft als Hilfsarbeiter eingesetzt, in: Süddeutsche Zeitung v. 30/31.12.1989/1.1.1990, S. 27.

o.V. (1990): Saab-G.M. Unit Set Up, in: New York Times vom 23. März 1990

o.V. (1991): Der weite Weg zu lean production, in: Sonderdruck aus Automobil-Produktion, August 1991; Pressemeldung abgerufen von http://saabcars.com/en/news/

o.V. (1991a): Die Astra Produktion startet mit neuen technischen Akzenten, in: Blick durch die Wirtschaft vom 24.10.1991, S. 8

o.V. (1992): Aus dem Gleichgewicht, in: WiWo v. 19.6.1992, S. 116

o.V. (1992a): Die Mohren können gehen, in: TopBusiness 7/1992, S. 16–29

o.V. (1992b): Totaler Rollenwechsel, in: TopBusiness 7/1992, S. 31. → 343

o.V. (1992c): Volvo-Chef Sören Gyll fordert Lohnstop. Werksstillegungen beschlossen, in: FAZ v. 5.11.1992, S. 22

o.V. (1992d): Fähigkeiten der Mitarbeiter bleiben ungenutzt. Studie: Deutsche Werkzeugmaschinenindustrie nicht produktiv genug, in: FAZ v. 24.6.1992, S. 16

o.V. (1993): Die meiste Zeit arbeiten Manager unproduktiv, in: Blick durch die Wirtschaft v. 28.6.1993, S.1

o.V.(1993a): „Endlich wieder ein Wagen für das Volk“. Gespräch mit dem Vorstandsvorsitzenden Dr. F. Piëch –. „Wir können die Japaner schlagen“, in: HB v. 3.8.1993, S. 13–14.

o.V. (1993b): López hat die kontinuierlichen Verbesserungen potenziert. in: FAZ v. 26.10.1993, S. 22.

o.V. (1998a): Nur 350 Gleichteile, in: Automobil-Entwicklung Mai 1998, S. 22–25

o.V. (2011): Saab. Das endgültige Aus, in Focus-online vom 19.12.2011;

Parkinson, C.N. (1957): Parkinson's law, And Other Studies in Administration, Cambridge 1957; deutsch: Parkinsons Gesetz und andere Untersuchungen über die Verwaltung, Düsseldorf 2006

Pascale, R. T. (1984): Perspectives on Strategy, in: California Management. Review (1984)

Pascale, R.T. u. A.G. Athos (1982): Geheimnis und Kunst des japanischen Managements, München 1982

Pelz, W. (2014): Das 360-Grad-Feedback zur Erkennung und Entwicklung von Potenzialträgern. In: Sauer, Joachim/Cisik, Alexander: In Deutschland führen die Falschen, wie sich Unternehmen ändern müssen. Berlin 2014

Pahl, G.; Beitz, W. (1986): Konstruktionslehre, Berlin, Heidelberg u. a. 1986.
Penrose, E.T. (1963): Theory of the growth of the firm, Oxford 1963
Pentzlin K. (Hrsg.) (1963): Meister der Rationalisierung, herausgegeben von Dr. Kurt Pentzlin in Zusammenarbeit mit dem Rationalisierungskuratorium der Deutschen Wirtschaft (RKW), Düsseldorf, Wien 1963
Pernicky, R. (1990): Die letzte Reserve, in: Manager Magazin 3/1990, S. 256–271
Peters, R. (2009): Shopfloor Management. Führung am Ort der Wertschöpfung, Ludwigsburg 2009
Peters, T.J. (1992): Liberation Management, New York 1992; deutsch: Jenseits der Hierarchie, Düsseldorf u. a. 1993
Peters, T. J.; Waterman, R.H. (1984): Auf der Suche nach Spitzenleistungen, 6. Auflage Landsberg/Lech 1984
Peters, T.J.; Waterman, R.H. (1984): Auf der Suche nach Spitzenleistungen, 6. Auflage Landesberg/Lech 1984
Pfau, B.; Detzel, D.; Geller, A. (1991): Satisfy your Internal Customers, in: The Journal of Business Strategie, Nov.–Dec. 1991, S. 9–13.
Pfeffer, J. (2002): Competitive Advantage through People. In Jane Henry und David Mayle (2002): Managing Innovation and Change, Open University/Sage Publications, London 2002
Pfeiffer, W. (1971): Allgemeine Theorie der technischen Entwicklung als Grundlage der Planung und Prognose, Göttingen 1971
Pfeiffer, W. (1980): Innovationsmanagement als Know-How-Management, in: Hahn, D. (Hrsg.): Führungsprobleme industrieller Unternehmen, Berlin, New York 1980, S. 421–452, hier S. 433 f.
Pfeiffer, W. (1982): Neue Formen der Arbeitsorganisation – Humanisierung und Wirtschaftlichkeit, in: Eifler, G.; Saame, O.; Schneider, P. (Hrsg.), Arbeit: Realität und Problem, Mainzer Universitätsgespräche Sommersemester 1982, Mainz 1982,
Pfeiffer, W. (1993): Rationalisierung, in: Wittmann, W., Kern, W.; Köhler, R.; Küpper, H.-U.; Wysocki, K. (Hrsg.), Handwörterbuch der Betriebswirtschaft, 5. Auflage, 3. Teilband, Stuttgart 1993, Sp. 3939–3648
Pfeiffer, W.; Bischof, P. (1981): Produktlebenszyklen – Instrument jeder strategischen Produktplanung, in: Steinmann, H. (Hrsg.): Planung und Kontrolle, München 1981, S. 133–166.
Pfeiffer, W.; Dögl, R. (1986): Das Technologie-Portfolio-Konzept zur Beherrschung der Schnittstelle Technik und Unternehmensstrategie, in: Hahn, D.; Taylor, B. (Hrsg.): Strategische Unternehmensplanung, Stand und Entwicklungstendenzen, 4. Auflage, Heidelberg, Wien 1986, S. 149–177
Pfeiffer, W.; Randolph, R. (1979): Rationalisierung, betriebliche in: Kern, W. (Hrsg.), Handwörterbuch der Produktionswirtschaft, Stuttgart 1979, Sp. 1757–1776.
Pfeiffer, W; Weiß, E. (1990): Zeitorientiertes Technologie-Management, in: dies. (Hrsg.), Technologie-Management, Göttingen 1990, S. 1–40
Pfeiffer, W.; Weiß, E. (1992): High-Tech-Wettbewerb: Herausforderungen – Lösungen – Erfahrungen. Eine Einführung, in: Pfeiffer, W.; Weiß, E.: Internationaler High-Tech-Wettbewerb. Herausforderungen, Lösungen, Erfahrungen, Berlin 1992, S. 1–18
Pfeiffer, W. u. Weiß, E. (1992): Lean Management. Grundlagen der Organisation und Führung industrieller Unternehmen, Berlin 1992; dies.: (1994): Lean Management. Grundlagen der Organisation und Führung lernender Unternehmen, 2. überarbeitete und erweiterte Auflage, Berlin 1994
Pfeiffer, W.; Dörrie, U.; Stoll, E. (1977): Menschliche Arbeit in der industriellen Produktion, Göttingen 1977, S. 77.
Pfeiffer, W.; Weiß. E.; Hartmann, M. (1993): Heutige Lean Management-Prinzipien sind keine spezifisch japanischen Erfindungen. Schon Henry Ford verwirklichte die konsequente Prozessorientierung/Die „Ford-Psychose“ nicht wiederholen (1), in: Blick durch die Wirtschaft

v. 18.3.1993; dies.: Westliche Unternehmen haben die Anpassung an die moderne Zeit versäumt/Die „Ford-Psychose“ nicht wiederholen (2 und Schluß), in: Blick durch die Wirtschaft v. 19.3.1993

Pfeiffer, W.; Weiß, E.; Horneber, M. (1993): Warum in die Ferne schweifen, wenn das Gute so nahe liegt?, in: Blick durch die Wirtschaft vom 5., 6., 7., 8.4.1993.

Pfeiffer, W.; Weiß, E.; Volz, T. (1994): Begriff und Prinzipien des Lean Management, in: DSWR 1/2/1994, S. 9–13.

Pfeiffer, W.; Metze, G.; Amler, R.; Schneider, W. (1982): Abwarten kann die Zukunft kosten, in: Blick durch die Wirtschaft v. 24.12.1982

Pfeiffer, W.; Metze, G.; Schneider, W.; Amler, R. (1991): Technologie-Portfolio zum Management strategischer Zukunftsgeschäftsfelder, 6. durchgesehene Auflage, Göttingen 1991

Pfeiffer, W.; Weiß, E.; Volz, T.; Wettengl, S. (1997): Funktionalmarkt-Konzept zum strategischen Management prinzipieller technologischer Innovationen, Göttingen 1997

Pfeiffer, W.; Weiß, E. u. Strubl, C.; Küßner (1999): Systemwirtschaftlichkeit. Konzeption und Methodik zur betriebswirtschaftlichen Fundierung innovationsorientierter Entscheidungen, 2. Auflage, Göttingen 1999

Pfister, J. (1992): Absatzgesteuerte Produktion – ein flexibles Logistikkonzept auf JIT-Basis, in: Der Betriebsleiter, Sonderheft „Automatisierung“ 1992

Picot, A. (1991): Ein neuer Ansatz zur Gestaltung der Leistungstiefe, in: ZfbF, 43(1991), S. 336–357

Picot, A.; Reichwald, R.; Wigand, R. T. (2001): Die grenzenlose Unternehmung – Information, Organisation und Management, 4. Aufl., Wiesbaden 2001.

Picot, A.; Franck, E. (1996): Prozeßorganisation – eine Bewertung der neuen Ansätze aus Sicht der Organisationslehre, in: Nippa, M.; Picot, A. (Hrsg.): Prozeßmanagement und Reengineering. Die Praxis im deutschsprachigen Raum, 2. Aufl., Frankfurt a. M., New York 1996, S. 13–39.

Pil, F.K.; MacDuffie, J.P. (1999): What makes transplants thrive?, in: Journal of World Business 34 (4), 372–391.

Pine, B. Josef II (1993): Mass Customization: The new frontier in business competition. Boston: Harvard Business, 1993;

Piller, Frank T. (2006): Mass Customization : Ein wettbewerbsstrategisches Konzept im Informationszeitalter. 4. Aufl. Wiesbaden: Deutscher Universitätsverlag, 2006

Poppe, P. (1992): Wo der Verlust an Macht und Status neue Freiräume gibt, in: FAZ v. 28.3.1992, S. 45.

Poppendieck, M. u., Poppendieck, T. (2003): Lean Software Development: An Agile Toolkit, Addison-Wesley, Upper Saddle River, 2003

Popper, K.R. (1964): Naturgesetze und theoretische Systeme, in: Albert, H. (Hrsg.): Theorie und Realität, Tübingen 1964, hier S. 87–102

Popper, K. (1973): Objektive Erkenntnis. Ein evolutionärer Entwurf, Hamburg 1973

Popper, K.R. (1994): Alles Leben ist Problemlösen. Über Erkenntnis, Geschichte und Politik, München/Zürich 1994

Porter, M.E. (1983): Wettbewerbsstrategie, Frankfurt/Main 1983

Porter, M.E. (1985): Wettbewerbsvorteile. Spitzenleistungen erreichen und behaupten, Frankfurt u. a. 1985

Porter, M.E. (1985): Wettbewerbsvorteile. Spitzenleistungen erreichen und behaupten, Frankfurt u. a. 1985

Probst, G., Raub, St., Romhardt, K. (2006): Wissen managen – Wie Unternehmen ihre wertvollste Ressource nutzen. Gabler. 2006

Probst, G.J.B. (1992): Organisation: Strukturen, Lenkungsinstrumente, Entwicklungsperspektiven, Landsberg/Lech 1992

Pümpin, C. (1982): Management strategischer Erfolgspositionen, Bern 1982

Randolph, R. (1979): Pragmatische Theorie der Indikatoren. Grundlagen einer methodischen Neuorientierung, Göttingen 1979

Rathnow, P. (1993): Integriertes Variantenmanagement, Integriertes Konzept zum Management der Produktvielfalt, Göttingen 1993

Rathnow, P. (2010/2014): Management weltweit: Mit praxiserprobten Instrumenten zu Spitzenleistungen, München 2010; (2. Auflage, München 2014)

Rapoport, C. (1992): How Barnevik Makes ABB Work, in: Fortune v. 29.6.1992, S. 24–27

Regber, H.; Zimmermann, K. (2007): Change-Management in der Produktion. Prozesse effizient verbessern im Team, 2. aktualisierte und erw. Auflage, München 2007

Rehfeld, J. E. (1991): Japan I: Methoden, die Sie nicht kennen – ein Topmanager berichtet, in: HM 3/1991, S. 81–92

Reitz, A. (2008): Lean TPM. In 12 Schritten zum schlanken Managementsystem, München 2008

Reiß, M. (1992): Schlanke Produktion: Primär Personalführung ist gefordert!, in: Personalführung 6/1992, S. 456–461.

Rich, N; Bateman, A. E.; Esain, A.; Massey, L; Samuel, D. (2006): Lean Evolution. Lessons from the Workplace, Cambridge u. a. 2006

Richter, K.; Pfeiffer, W.; Staudt, E. (Hrsg.) (1978): Einführung neuer Formen der Arbeitsorganisation in Industriebetrieben, Göttingen 1978

Rieppel, P. (1925): Ford-Betriebe und Ford-Methoden, München und Berlin 1925

Röpke, J. (1970): Innovation, Organisation und wirtschaftliche Entwicklung: Zu den Ursachen des wirtschaftlichen Aufstiegs von Japan, in: Jahrbuch für Sozialwissenschaft Bd. 21, 1970, S. 203–231

Romberg, A. (2010): Schlang entwickeln, schnell am Markt: Wettbewerbsvorteile durch Lean Development, Ludwigsburg 2010

Rommel, G.; Brück F.; Diederichs, R.; Kempis, R.-D.; Kluge, J. (1993): Einfach überlegen, Stuttgart 1993

Roos, D., (2003): The Development of Engineering Systems at MIT. Engineering Systems Workshop, MIT, October, Cambridge, Massachusetts 2003

Ropohl, G.(1979): Baukastensysteme, in: Kern, W. (Hrsg.), HWProd, Stuttgart 1979, Sp. 293–302

Rose, B. (1991): Bei der CAD-Einführung über den Tellerrand der Konstruktionsabteilung hinausschauen, in: Blick durch die Wirtschaft v. 8.5.1991, S. 8

Rother, M. (2010): Toyota Kata. Managing People for Improvement, Adaptiveness and Superior Results, New York u. a. 2010; deutsch: Die Katas des Weltmarktführers. Toyotas Erfolgsmethoden, 2., erweiterte Auflage, Frankfurt/Main 2013

Rother, M.; Shook, J. (1998), Learning To See: Value Stream Mapping to Add Value and Eliminate Muda, The Lean Enterprise Institute, Brookline, MA.

Ruegg-Stürm, J. (2003): Das neue St. Galler Management-Modell, 6. Nachdruck der 2. durchgesehenen und korrigierten Auflage, Bern 2003

Ruffa, S. A. (2008), Going Lean: How the Best Companies Apply Lean Manufacturing Principles to Shatter Uncertainty, Drive Innovation, and Maximize Profits, o. O. 2008

Sakurai, M./Keating, P.J. (1994): Target Costing und Activity-Based Costing, in: Controlling März/April 1994, S. 84–91

Sauer, H. (1992): Neue Formen der Arbeitsorganisation – Basis einer flexiblen Produktion, in: Bullinger, H.-J. (Hrsg.), Kundenorientierte Produktion, Tagungsband zum IAO-Forum v. 26.5.1992, S. 65–82

Schäfer, E.(1970): Die Unternehmung, 7. Auflage, Köln und Opladen 1970

Scheer, A.-W. (1990): Computer Integrated Manufacturing – der computer-gesteuerte Industriebetrieb, 4. Auflage, Berlin u. a. 1990

Schein, E. (1985): Organizational culture an d leadership: A dynamic view, San Francisco u. a. 1985

Schein, E.H.; Bennis, W.G. (1965): Personal and organizational change through group methods: The laboratory approach, New York 1965
Schleuter, W. (2009): Die sieben Irrtümer des Change Managements und wie wir sie vermeiden, Frankfurt/Main, New York 2009
Schlote, S. et al. (1992): Aus dem Gleichgewicht, in: WiWo v. 19.6.1992
Schneider, H. (1992): Management werkstofforientierter Innovationen, Göttingen 1992
Schöllgen, G. (2008): Brose. Ein deutsches Familienunternehmen 1908–2008, Berlin 2008
Scholz, R. (1994): Geschäftsprozeßoptimierung. Crossfunktionale Rationalisierung oder strukturelle Reorganisation, Bergisch Gladbach, Köln 1994
Schonberger, R.J. (1982): Japanese Manufacturing Techniques, New York, London 1982
Schonberger, R.J. (1983). Work improvement programmes: quality control circles compared with traditional western approaches. International Journal of Operations and Production Management 3 (2), 18–33
Schonberger. R.J (1988): Fabriken in der Fabrik, in: Harvard Manager 10(1988)2, S. 24–30,
Schroeder, D.; Robinson, A. (1991): America's Most Successful Export to Japan: Continuous Improvement Programs, in: Sloan Management Review, 1/1991, S. 67–81
Schumann, M. (1992): Das Ende der Arbeitsteilung gilt noch nicht für die Handarbeit, in: Blick durch die Wirtschaft v. 11.3.1992, S. 7
Schumann, M. (1992a): Lean Production – Kein Erfolgsrezept, in: IAT/IGM/ IAO/HBS (Hrsg.), Lean Production, Tagungsband, Düsseldorf 1992, S. 35–42
Schreyögg, G. (1984) : Unternehmensstrategie – Grundfragen einer Theorie strategischer Unternehmensführung, Berlin, New York 1984
Schuster, L. (1993): Lean Banking – Modewort oder Notwendigkeit, in: Gehrig, B.; Schwander, I. (Hrsg.), Banken und Bankrecht im Wandel. Festschrift für Beat Kleiner, Zürich 1993, S. 221–228
Schwaber, K. (2012): Agiles Projektmanagement mit Scrum. Microsoft Press Deutschland, 4. Oktober 2007
Sebening, B.; Weiß, E. (1989): Lebenslanges Lernen und soziale Kompetenz, in: Blick durch die Wirtschaft v. 16.5.1989
Seifert, E. (1997): Plattform-Strategie, in: Süddeutsche Zeitung vom 04.01.1997, S. U1/11., 1997
Seitz, K. (1990): Die japanisch-amerikanische Herausforderung: Deutschlands Hochtechnologie-Industrien kämpfen ums Überleben, München 1990
Sennet, R. (2008): Handwerk, Berlin 2008
Serfling, K./Schultze, R. (1997): Benchmarking als Tool der Unternehmensführung und des Kostenmanagements, in: Kostenrechnungspraxis 4/1997, S. 193–202
Seubert, R. (1919): Aus der Praxis des Taylor-Systems, 3. berichtigter Neudruck, Berlin 1919
Shanklin, W.L. u. Ryans, J.K. (1984): Organizing for high-tech-marketing, in: Harvard Business Review1984/6, S. 164–171
Shimizu, K. (2004): „Reorienting Kaizen Activities at Toyota: Kaizen, Production Efficiency, and Humanization of Work," Okayama Economic Review, vol. 36, no. 3, Dec. 2004, pp. 1–25.
Shingo, S. (1985): A Revolution in Manufacturing: The SMED System, Cambridge 1985
Shingo, S. (1986): Zero Quality Control: Source Inspection and the Poka-yoke System. Productivity Press, Cambridge 1986
Shingo, S. (1988): Non-Stock Production: The Shingo System for Continuous Improvement. Productivity Press, Cambridge, Mass, 1988
Shingo, S. (1992): Das Erfolgsgeheimnis der Toyota-Produktion, München 1992.
Shipper, F. u. Manz, C. (1992): An Alternative Road to Empowerment, in: Organizational Dynamics Winter 1992, S. 48–61
Short, J.; Venkatraman, N. (1992): Beyond Business Process Redesign: Redefining Baxter's Business Network, in: Sloan Management Review, Fall 1992, S. 7–20
Shunji, Y. (2007): Das synchrone Managementsystem, Landsberg/Lech 2007

Sibley, Lisa (2010): Tesla officially replaces NUMMI in Fremont, in: Silicon Valley Business Journal vom 27.10.2010
Siebeneicker, A. (2001): Offizianten und Ouvriers: Sozialgeschichte der Königlichen Porzellan-Manufaktur und der Königlichen Gesundheitsgeschirr-Manufaktur in Berlin 1763–1880, de Gruyter, Berlin /New York 2001
Simon, H. (1989): Die Zeit als strategischer Erfolgsfaktor, in: ZfB 59 (1989) 1, S.70–93
Simon, H. (1993): Stein der Weisen, in: manager magazin 2/1993, S. 134–140
Singh, N.; Divakar, R. (1996): Cellular Manufacturing Systems Design, Planning and Control, London 1996
Skinner, W. (1974): The Focused Factory, in: Harvard Business Review, May/June 1974, S. 113–121
Skinner, W. (1987): Das Produktivitätsparadoxon, in: HM 1/1987, S. 17–21
Smircich, L. (1983): Concepts of Culture and Organizational Analysis, in: Administrative Science Quarterly 28(1983), S. 339–358
Soderberg, L. G. (1989): Facing to the Engineering Gap, in: The McKinsey Quarterly, Spring 1989, S. 2–18
Sprenger, R.K. (1992/2014): Mythos Motivation, Frankfurt, New York 1992; 20. Auflage, Frankfurt u. a. 2014
Sprenger, R. K. (1992): Der Gerechte fällt sieben Mal am Tage, in: HM 1/1992, S. 38–42
Sprenger, R.K. (2002): Vertrauen führt. Worauf es im Unternehmen wirklich ankommt, Frankfurt/Main 2002
Springer, R. (1991): Kommt die Renaissance der Facharbeit?, in: BddW v. 1.10.1991, S. 7
Staehle, W. (1989): Management. Eine verhaltenswissenschaftliche Perspektive, 4. neubearbeitete Auflage, München 1989
Stalk, G. and Hout, T. (1990): Competing Against Time: How Time-based Competition is Reshaping Global Markets, New York, NY 1990; deutsch: Zeitwettbewerb, Schnelligkeit entscheidet auf den Märkten der Zukunft, Frankfurt, NewYork 1991
Stalk, G.; Evans, P; Shulman, L. E. (1992): Competing on Capabilities: The New Rules of Corporate Strategy, in: Harvard Business Review, March–April 1992, S. 57–69
Stalk, G. u. Hout, T.M. (1991): Zeitwettbewerb. Schnelligkeit entscheidet auf den Märkten der Zukunft, Frankfurt/Main 1991
Stata, R. (1989): Organizational Learning – The Key to Management Innovation, in: Sloan Management Review, Fall 1989, S. 63–74.
Staudt, E. (1979): Planung als „Stückwerktechnologie“, Göttingen 1979
Staudt, E. (1987): Maschinen haben keinen Ermessensspielraum, in: Blick durch die Wirtschaft v. 13.2.1987, S. 3
Steger, H.-D. (2004): Systemflexibilität : Konzeption und Gestaltungsansätze einer systemorientierten Unternehmensflexibilität, München 2004
Steinbuch, K. (1992): Kollektive Dummheit, München 1992
Steinmann, H.; Heinrich, M. u. Schreyögg, G. (1976): Theorie und Praxis selbststeuernder Arbeitsgruppen, Köln 1976
Steinmann, H.; Schreyögg, G. (1990/2000): Management, 2. Aufl., Wiesbaden 1990; 5. Auflage, Wiesbaden 2000
Stewart, Th. A. (1990): Lessons from U.S. Business Blunders, in: Fortune v. 23.04.1990, S. 84–88
Striening, H.-D. (1988): Prozeß-Management – Ein Weg zur Hebung der Produktivitätsreserven im indirekten Bereich, in: technologie & management 3/1988, S. 16–26
Strubl, C. (1993): Systemgestaltungsprinzipien, Göttingen 1993
Struthoff, R. (1999): Führung und Organisation von Unternehmensnetzwerken : Ein Konzeptentwurf am Beispiel intraorganisatorischer Netzwerke in der Automobilzulieferindustrie, Göttingen 1999

Smith, K.K. u. Berg, D.N. (1987): A Paradoxical Conception of Group Dynamics, in: Human Relations 40, S. 633–658
Specht, G. (1995): Institutionalisierung eines Technologiemanagements, in: in: Handbuch Technologiemanagement, hrsg. v. E. Zahn, Stuttgart 1995, S. 491–519
Suri, R. (1999): Quick Response Manufacturing, Portland 1999
Suzaki, K. (1985): Japanese Manufacturing Techniques: Their Importance to US Manufacturers, in: The Journal of Business Strategy, Vol. 5, 3/1985, S. 10–19
Suzaki, K. (1987), The New Manufacturing Challenge: Techniques for Continuous Improvement 1987; deutsch: Modernes Management im Produktionsbetrieb, München 1989
Suzaki, K. (1993): The New Shopfloor Management, New York u. a. 1993; deutsch: Die ungenutzten Potentiale. Neues Management im Produktionsbetrieb, München, Wien 1994
Sydow, J. (1992): Strategische Netzwerke und Transaktionskosten, in: Managementforschung 2, hrsg. v. W.H. Staehle und P. Conrad, Berlin, New York 1992, S. 239–311, S. 248)
Takeda, H. (1995): Das synchrone Produktionssystem, Landsberg/Lech 1995
Takeuchi, H.; Nonaka, I. (1986): The new product developement game, in: Harvard Business Review, Jan.–Feb. 1986, S. 137–146
Taylor, F. W. (1919): Die Grundsätze wissenschaftlicher Betriebsführung (1919), Nachdruck der Original-Ausgabe von 1919, (2. Auflage, hrsg. Von Gesellschaft für sozialwissenschaftliche und ökologische Forschung e.V., München 1983)
Taylor, F. W. (2007): Shop Management. In: Transactions, American Society of Mechanical engineers, Bd. XXVIII (1903), S. 1337–1480. Deutsch: Die Betriebsleitung insbesondere der Werkstätten. Berlin: Springer, 2007 (Nachdruck der 3., vermehrten Aufl. Berlin, 1914; 2., unveränd. Neudr. 1919)
Taylor III, A. (1990): Why Toyota keeps getting on better and better and better, in: Fortune v. 19.11.1990, S. 32–49, S. 40
Teubner, G. (1992): Die vielköpfige Hydra: Netzwerke als kollektive Akteure höherer Ordnung, in: Krohn, W. u. G. Küppers (Hrsg.): Emergenz: Die Entstehung von Ordnung, Organisation und Bedeutung, Frankfurt/Main 1992, S. 189–216
Thompson, J.D. (1967): Organizations in Action, New York 1967
Toyota Motor Corporation (1998): The Toyota Production System – Leaner manufacturing for a greener planet; TMC, Public Affairs Division, Tokyo, 1998
Tsigkas, A. C. (2013): The Lean Enterprise. From the Mass Economy to the Economy of One, Berlin/Heidelberg 2013
Türk, K. (1976): Grundlagen einer Pathologie der Organisation, Stuttgart 1976
Türk, K. (1978): Grundstrategien von Handlungssystemen, in: Türk, K. (Hrsg.) Handlungssysteme, Opladen 1978, S. 121–141
Türk, K. (1981): Personalführung und soziale Kontrolle, Stuttgart 1981
Türk, K.; Lemke, T.; Bruch, M. (2006): Organisation in der modernen Gesellschaft. Eine historische Einführung, 2. Auflage, Wiesbaden 2006
Ulrich, H.(1968): Die Unternehmung als produktives soziales System, Bern u. Stuttgart 1968
Ulrich, H. (1984): Management. Gesammelte Aufsätze, Bern 1984
van Hoek, R.; Harrison, A.; Christopher, M. (2001): Measuring agile capabilities in the supply chain, in: International Journal of Operations & PRoduction Management, Vol 21 (2001), Nr. ½, S. 126–147
Vershofen, W. (1927): Die Grenzen der Rationalisierung, Nürnberg 1927
Vajta, P.G. (1991): A Vision to Look Beyond Cost Control, in: The Journal of Business Strategy, January/February 1991, S. 54–57
Volz, T. (1989): Zeit und Kostensenkungspotenziale durch Plattformkonzepte, in: „Innovative Unternehmensführung. Festgabe zum 65. Geburtstag von Prof. Dr. Werner Pfeiffer, hrsg. von E. Weiß, Nürnberg 1998, S. 215–237

Walleigh, R. (1989): Product Design for Low-Cost Manufactruing, in: The Journal of Business Strategy, July/August 1989, S. 37–41
Walton, R.E.; Susman, G.I. (1987): Personalmanagement in der Fabrik der Zukunft, in: HM 4/1987, S. 60–68
Warnecke, H.J. (1996): Die Fraktale Fabrik. Rowohlt 1996
Ward, A. C. (2007): Lean Product and Process Development. The Lean Enterprise Institute Inc. 2007
Warnecke, H.J. (1996): Die Fraktale Fabrik. Hamburg 1996
Weber, H. (1994): Vom Individual- zum Organisationslernen, in: BddW v. 8.3.1994, S. 7
Weick, K.E. (1976): Educational Organizations as loosely coupled systems, in: Administrative Science Quarterly 21 (1976), S. 1–19
Weick, K.E. (1982): Management of Organizational Change Among Loosely Coupled Elements, in: Goodman, P.S. & Associates (eds.), Change in Organizations: New Perspectives on Theory, Research and Practice, San Francisco 1982, S. 375–408
Weick, K. E. (1985): Der Prozeß des Organisierens, Frankfurt 1985
Weick, K.E. (1995): Sensemaking in Organizations, Thousand Oaks California 1995
Weiß, E. (1989): Management diskontinuierlicher Technologie-Übergänge, Göttingen 1989
Weiß, E. (1995): Zeitorientiertes Management technologischer Innovationen. Konzeption einer Technologiesteuerung auf Basis der Theorie autopoietischer Systeme, Habil., Nürnberg 1995
Weiß, E. (Hrsg.) (1998): Innovative Unternehmensführung. Festgabe zum 65. Geburtstag von Prof. Dr. Werner Pfeiffer, Nürnberg 1998
Weiß, E.; Struthoff, R. (1998): Führung und Organisation von Unternehmensnetzwerken in der Automobilzulieferindustrie, in: Weiß (1998), S. 241–263
Weiß, E.; Koch, A.; Osterloh, J. (2009): Unternehmensführung, in: Praxishandbuch Corporate Compliance. Grundlagen. Checklisten. Implementierung, hrsg. von Jäger, A.; Rödl, C. u. Campos Nave, J.A., Weinheim 2009, S. 51–93
Welch, J. (1989): Speed, Simplicity, Self-Confidence. An Interview with J. Welch, in: Harvard Business Review, Sept.–Okt. 1989, S. 112–120
Wettengl, S. (1999): Initiierung technologischer Systeminnovationen. Wege zur Vermeidung von Abwarteblockaden in Innovationsnetzwerken, Göttingen 1999
Wheelwright, S.C. u. Clark, K.B. (1994): Revolution der Produktentwicklung. Spitzenleistungen in Schnelligkeit, Effizienz und Qualität durch dynamische Teams, Frankfurt/Main New York 1994
Whitehill, A.; Takezawa, S.(1968): The Other Workers, Honolulu 1968;
Whitney, D. (1989): Mit multifunktionalen Teams die Fertigungskosten halbieren, in: Harvard Manager 1/1989, S. 106–113
Wiendieck, G. (1992): Teamarbeit, in Handwörterbuch der Organisation, hrsg. v. E. Frese, 3., völlig neu gestaltete Auflage, Stuttgart 1992, Sp. 2375–2384
Wildemann, H. (1988): Die modulare Fabrik, München 1988
Wildemann, H. (1989): Fabrikplanung, Frankfurt/Main 1989
Wildemann, H. (1994): Prozeßkosten senken ist gemeint und nicht Preisdrückerei, in: Beschaffung aktuell (1994) 4, S. 26–33
Wildemann, H. (2012): Entstörmanagement. Leitfaden zur Realisierung störungsrobuster Wertschöpfungsprozesse, München 2012
Wildemann, H. (o.J.): Konzeptwettbewerb und Know-how-Schutz in der Automobil- und Zulieferindustrie, TCW München, o.J. (http://www.tcw.de/management consulting/innovationsmanagement/konzeptwettbewerb-168)
Williams, K.; Haslam, C.; Williams, J.; Adcroft, A.; Johal, S. (1993): The Myth of the Line: Ford's Production of the Model T at Highland Park, 1909–16, in: Business History, Vol. 35, No. 3, (1993), S. 66–87

Willke, H. (1989): Controlling als Kontextsteuerung: Zum Problem dezentralen Entscheidens in vernetzten Organisationen, in: Eschenbach, R.: Super-controlling: Vernetzt denken, zielgerichtet entscheiden, Wien 1989, S. 63–96

Willke, H. (1993): Systemtheorie entwickelter Gesellschaften. Dynamik und Riskanz moderner gesellschaftlicher Selbstorganisation, 2. Auflage, Weinheim, München 1993

Wilson, L. (2010): How to Implement Lean Manufacturing, The McGraw-Hill Companies, Inc, 2010

Wimmer, R. (1998): Das Team als besonderer Leistungsträger in komplexen Organisationen. In: Ahlemeyer, H.W./Königswieser, R. (Hrsg.): Komplexität managen. Frankfurt a.M., S. 105–130

Witte, E. (1973): Organisation für Innovationsentscheidungen – Das Promotorenmodell. Göttingen 1973

Witte, I.M. (1925): Taylor, Gilbreth, Ford, München und Berlin 1925

Wolff, G.; Göschel, G. (1980): Informationsdefizite im Unternehmen erkennen, in: Blick durch die Wirtschaft v. 8.2.1980, S. 1

Womack, J.P.; Jones, D.T; Roos, D. (1990): The Machine That Changed the World, Perennial 1990; (deutsch: Die zweite Revolution in der Autoindustrie, Frankfurt, New York 1991)

Womack, J.P.; Jones, D.T. (1994): From Lean Production to the Lean Enterprise, in: Harvard Business Review, March/April 1994, S. 93–103.

Womack, J.P.; Jones, D.T. (1996): Lean Thinking, New York, 1996; (deutsch: Auf dem Weg zum perfekten Unternehmen, Frankfurt/New York1998)

Wulf, H.A. (1987): »Maschinenstürmer sind wir keine« Technischer Fortschritt und sozialdemokratische Arbeiterbewegung, Frankfurt/Main 1987

Zwicky, F. (1966): Erfinden und Konstruieren im Morphologischen Methode, München 1966

Autoren

Prof. Dr. Dr. habil. Enno Weiß, Dipl.-Kfm.; Ing. (grad.)
Nach Gymnasium, technischer Lehre, Ingenieur- und BWL-Studium promovierte und habilitierte sich Enno Weiß an der Friedrich-Alexander-Universität Erlangen-Nürnberg (Lehrstuhl für Industriebetriebslehre, Prof. Dr. Werner Pfeiffer).
Er bekleidete verschiedene Führungspositionen und ist heute neben seiner apl. Professur als geschäftsführender Gesellschafter eines auf Restrukturierungs- und Strategieberatung spezialisierten Beratungsunternehmens tätig.
Er fungiert darüber hinaus als Aufsichtsrat in verschiedenen Unternehmen und ist (Ko-)Autor einer Vielzahl von Veröffentlichungen zum Innovations-, Lean- und Strategischen Management.

Dr. Christoph Strubl
Nach dem Abitur studierte und promovierte Christoph Strubl an der Friedrich-Alexander-Universität Erlangen-Nürnberg (Lehrstuhl für Industriebetriebslehre, Prof. Dr Werner Pfeiffer). Er ist seit ca. 20 Jahren als geschäftsführender Gesellschafter eines mittelständischen Unternehmens der kunststoffverarbeitenden Industrie tätig.

Wilhelm Goschy, Dipl.-Kfm
Nach technischer Lehre und BWL-Studium in Deutschland und England arbeitete Wilhelm Goschy zunächst als Controller und Projektleiter bei der Dr. Ing. h.c. Porsche AG.
Nach langjähriger Beratungserfahrung ist er als Vorstand bei der auf Lean Management spezialisierten Unternehmensberatung Staufen AG für deren internationale Entwicklung verantwortlich.